甘肃古树名木名录

甘肃省绿化委员会办公室　编

甘肃科学技术出版社

甘肃·兰州

图书在版编目（CIP）数据

甘肃古树名木名录 / 甘肃省绿化委员会办公室编
. -- 兰州 : 甘肃科学技术出版社, 2024. 3
ISBN 978-7-5424-3193-6

Ⅰ. ①甘… Ⅱ. ①甘… Ⅲ. ①树木－甘肃－名录
Ⅳ. ①S717.242-62

中国国家版本馆CIP数据核字(2024)第054034号

甘肃古树名木名录
甘肃省绿化委员会办公室　编

责任编辑：刘　钊
封面设计：孙顺利

出版：甘肃科学技术出版社
社址：兰州市城关区曹家巷1号　730030
电话：0931－2131570(编辑部)　0931－8773237(发行部)

发行：甘肃科学技术出版社　　印刷　甘肃华希翔印务传媒有限公司印刷
开本：889毫米×1194毫米　1/12　印张　26.5　　字 数 731千
版次：2024年5月第1版
印次：2024年5月第1次印刷
印数：1～1100册
书号：ISBN 978－7－5424－3193－6　　定价：320.00元

编委会

序言

古树参天立，岁月见证长。古树名木是自然界和祖先留下来的珍贵遗产，被誉为“绿色的瑰宝”“有生命的文物”，它们见证历史变迁，是连接人类和自然的重要纽带，具有重要的历史、文化、生态、科学、景观和经济价值。保护古树名木是传承中华文明、守护历史记忆的需要，是保护生物多样性和优良种质基因的需要，是建设生态文明和实施乡村振兴战略的需要，也是满足人民群众对优美生态环境期盼的需要。

自古以来，人类对树木有着天然的亲近。庄子笔下的大树自由浪漫，“何不树之于无何有之乡，广漠之野，彷徨乎无为其侧，逍遥乎寝卧其下”。李白笔下的松树高洁傲岸，“何当凌云霄，直上数千尺”。毛泽东笔下的杨柳则寄托对故人的思念，“我失骄杨君失柳，杨柳轻飏直上重霄九”。新时代，我们更要加强对古树名木历史文化内涵的挖掘阐释，总结凝练好古树名木蕴含的宝贵精神，赋予古树名木新的时代内涵，为建设人与自然和谐共生的美丽中国提供有力支撑。

党的十八大以来，习近平总书记高度重视古树名木保护工作，先后作出一系列重要指示批示。在 2023 年调研四川广元“翠云廊”古树名木保护工作时作出“把古树名木保护好，把优秀传统文化传承好”的重要指示，为我们做好新时代古树名木保护工作提供了根本遵循。省委胡昌升书记在平凉调研古树名木保护工作时也强调“深怀对自然的敬畏之心，加强古树名木的资源调查和科学保护，要对

徽县古银杏

全省的古树名木开展普查，做好监测、病虫害防治、防火”。我到任甘肃省林草局工作以来，多次调研古树名木保护工作，发现古树名木资源底数不清依然是制约古树名木保护工作的主要因素之一。为此，甘肃省绿化委员会办公室在2023年组织开展全省古树名木资源补充调查，查清古树名木资源，在此基础上，编纂了《甘肃古树名木名录》。

该书共收录散生古树名木10 590株，古树群334个，全面记载了全省古树名木的翔实信息，将古树名木所经历的岁月变迁、乡愁思绪浓缩到一个个数字信息里，使广大读者对全省古树名木有一个较为直观深入的认识。希望《甘肃古树名木名录》的问世，对我省推进古树名木保护，弘扬生态文明理念，增强全社会尊重自然、顺应自然、保护自然的意识，起到一定的积极作用。

保护古树，留住名木，赓续中华文脉，寄托陇原乡愁。愿本书能唤起更多的人对古树名木的热爱与关注，让这大自然的瑰宝继续枝繁叶茂，焕发绿色生机。

张旭晨

2024年2月26日

前言

甘肃省位于中国西部地区，地处黄土高原、青藏高原、内蒙古高原三大高原交汇处，地跨长江、黄河、内陆河三大流域。境内山地、高原、平川、河谷、沙漠、戈壁交错分布，亚热带季风气候、温带季风气候、温带大陆性（干旱）气候和高原高寒气候依次更替。复杂的地形地貌，多样的气候类型，丰富的自然资源，悠久的人文历史，使分布在陇原大地的古树名木铭刻着时代的印记，承载着绵延的乡愁记忆。

古树是指树龄在100年以上的树木，名木是指具有重要历史、文化、科学、景观价值或者具有重要纪念意义的树木，古树群是指一定区域范围内相对集中生长、形成特定生境的古树群体。古树分为三个等级，树龄500年以上的为一级古树，树龄300年以上不满500年的为二级古树，树龄100年以上不满300年的为三级古树。名木不受树龄限制，不分等级。

古树名木记录了大自然的历史变迁，传承了人类发展的悠久文化，孕育了自然绝美的生态奇观，承载了人民群众的乡愁情思。加强古树名木保护，对于保护自然与社会发展历史，弘扬绿色发展理念，推进生态文明和美丽中国建设具有十分重要的意义。

为认真贯彻习近平生态文明思想，牢固树立“绿水青山就是金山银山”理念，全面推动新时代古树名木保护工作迈上新台阶，2023年3~12月，省绿化委员会办公室在前4次古树名木普查工作的基础上，组织开展了全省古树名木资源补充调查。各市州绿化委员会办公室及古树名木相关管理部门负责组织外业调查，甘肃省林业科学研究院负责完成内业资料整理工作。补充调查工作重点对全省古树名木的树种、树龄、树高、胸围、冠幅以及经纬度、具体位置、生长环境、立地条件、权属、管护单位或个人、历史人文故事等因子进行了反复核对，逐一查证，并对树体、枝叶、花果等进行拍照存档，进一步完善了甘肃省古树名木信息管理数据库。

▲ 皋兰县什川古梨园

为巩固、展示和宣传古树名木资源补充调查工作成果，甘肃省绿化委员会办公室组织编纂出版《甘肃古树名木名录》。编者以原始资料为基础，追踪溯源，孜孜求证，以详实的资料、清晰的逻辑，对全省古树名木进行了全面梳理和归类。全书共收录散生古树名木10 590株，古树群334个，涉及的树种主要有槐、侧柏、旱柳、榆树等47科110属212种。

全书按我省14个市州分区域编写，由马全林、王斌杰负责文字统稿。其中王斌杰负责武威市、张掖市及全部古树群内容编写，字数8.1万。芦娟负责白银市、酒泉市、临夏州、天水市部分内容编写，字数12.1万。张露荷负责陇南市内容编写，字数12.1万。俞潇潇负责嘉峪关市、金昌市、庆阳市、甘南州内容编写，字数8万。张洋军负责定西市、平凉市部分内容编写，字数8.1万。刘在国负责兰州市、天水市内容编写，字数8.1万。王润娟负责天水市部分内容编写，字数8.3万。李庆林负责平凉市部分内容编写，字数8.3万。

本书所用地图均为甘肃省自然资源厅监制、甘肃省基础地理信息中心编制的审图号为甘S（2023）13号的政区图，所用古树图片由兰州市、陇南市、平凉市绿化委员会办公室提供。全省古树名木补充调查和《甘肃古树名木名录》编纂工作，离不开各市州绿化委员会的大力支持，更离不开全省从事古树名木保护工作干部职工的辛勤付出，他们不畏暑寒、顶风冒雨，翻越一座座山岭，涉过一条条河流，以严谨的态度、高度的责任心，调查完善每株古树名木的翔实信息，确保了调查数据的真实性、准确性、完整性，为全省古树名木保护工作奠定了坚实基础。甘肃省政协高度关注古树名木保护利用，联合甘肃省林草局组织开展了古树名木保护利用专题调研。甘肃农业大学孙学刚、西北师范大学陈学林、兰州大学潘建斌、天水师范学院汪之波、天水林业职业技术学院王晓春、陇东学院马世荣、甘肃省治沙研究所李得禄、兰州市园林科学研究所吴永华等专家对本书的编纂工作提供了技术指导。在此，一并表示衷心的感谢！

由于编纂时间紧迫，编者水平有限，难免有纰漏之处，敬请广大读者批评指正。

编 者

2024年2月

目录

甘肃省古树名木资源概况

古树名木是弥足珍贵的物种资源，记录了大自然的历史变迁，传承了人类发展的历史文化，孕育了自然绝美的生态奇观，承载了广大人民群众的乡愁情思。加强古树名木保护，对于保护自然与社会发展历史，弘扬先进生态文化，推进生态文明和美丽中国建设具有十分重要的意义。习近平总书记高度重视古树名木保护工作，在外出考察的多个不同场合都强调古树名木保护的重要性。2018 年，总书记在北京考察时作出“让古树活起来”的重要指示。2021 年 4 月，习近平总书记在广西桂林考察时，看到一棵 800 多年的酸枣树郁郁葱葱，他说：“我是对这些树龄很长的树，都有敬畏之心。人才活几十年？它已经几百年了。”2023 年 7 月，总书记在四川蜀道翠云廊考察调研时对当地干部群众嘱托道：“要把古树名木保护好，把中华优秀传统文化传承好。”按照党中央、国务院有关部署要求，2022 年底，公安部、住建部、国家林草局三部门联合开展了打击破坏古树名木违法犯罪活动专项整治行动。2023 年又联合印发了《关于加强协作配合 健全防范打击破坏古树名木违法犯罪工作机制的意见》，进一步巩固专项整治成果，建立健全长效机制。可以说，国家保护古树名木的力度得到空前的提升和强化。

近年来，甘肃省坚持以习近平生态文明思想为指导，认真践行“绿水青山就是金山银山”理念，按照全绿委有关要求，各地采取有效措施，全面加强古树名木保护，全省古树名木生存环境得到显著改善，生长状况持续好转，古树名木在传承历史文化、弘扬生态文明中的独特作用得到充分发挥。甘肃省先后组织开展了四次古树名木资源普查工作，初步掌握了全省古树名木资源的基本情况。当前，国家对古树名木保护工作提出了更高的要求，根据平常掌握的情况来看，由于多种原因，甘肃省的古树名木资源管理系统还存在数据不准确、信息不完善、资料不全面、图片不清晰等问题，与国家的统一管理要求还有一定的差距。为进一步全面准确掌握全省古树名木资源现状，完善古树名木信息管理系统，省绿委办于 2023 年 3~12 月组织开展甘肃省古树名木资源补充调查工作，通过后期对数据整理分析，现将我省古树名木资源现状展示给大家。

01 资源概况

1. 古树名木分布状况

甘肃省共有古树名木 94 401 株，其中散生古树名木 10 590 株，古树群 334 个，古树群古树数量 83 811 株，每木调查 15 823 株（包括散生古树 10 590 株，古树群古树 5233 株）。

甘肃省古树名木在 14 个市州均有分布，定西市古树名木数量最多，为 40 112 株，占总数的 42.5%；兰州市 16 867 株、白银市 12 087 株、陇南市 8768 株、天水市 5348 株、甘南藏族自治州 4725 株，占比分别为 17.9%、12.8%、9.3%、5.7% 和 5.0%。平凉市、张掖市、庆阳市和武威市古树名木数量均超过 1000 株，其余市州古树名木资源相对较少。

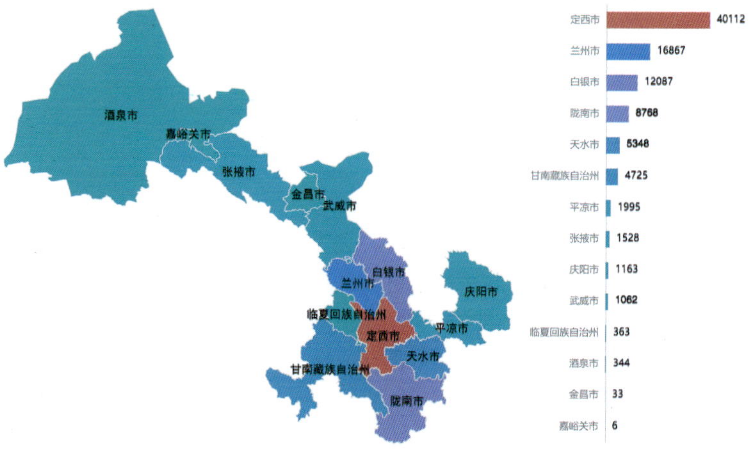

图 1 甘肃省各市州古树名木资源数量分布图（单位：株）

我省散生古树名木 10 590 株，天水市、陇南市和平凉市分布较多，分别有 3326 株、2020 株和 1498 株。除嘉峪关市和金昌市，其他市州散生古树名木都超过 100 株。

古树群共有 334 个，天水市分布最多，有 112 个古树群；白银市、甘南州、陇南市均超过 40 个。古树群古树数量 83 811 株，定西市分布 39 624 株，占比 47.3%；兰州市、白银市和陇南市分别有 16 389 株、11 986 株和 6748 株，占比分别为 19.6%、14.3%、8.1%。古树数量超过 1000 株的古树群一共有 8 个，分别为岷县石墩沟古树群（23 250 株）、岷县木寨岭古树群（15 840 株）、皋兰县什川古树群（9423 株）、安宁区安宁堡古树群（5983 株）、礼县祁山古树群（5000 株）、景泰县五佛古树群（1599 株）、靖远县石门古树群（1068 株）和靖远县兴隆古树群（1026 株）。

表 1 甘肃省散生古树和古树群统计表

行政区域	散生古树（株）	古树群（个）	古数群古树数量（株）
兰州市	478	5	16 389
嘉峪关市	6	0	0
金昌市	33	0	0
白银市	101	48	11 986
天水市	3326	112	2022
武威市	743	4	319
张掖市	213	11	1315
平凉市	1498	19	497
酒泉市	184	6	160
庆阳市	589	14	574
定西市	488	17	39 624
陇南市	2020	40	6748
临夏回族自治州	267	12	96
甘南藏族自治州	648	46	4077

2. 古树名木的生长场所

对 15 823 株古树名木开展了每木调查，根据生长区域统计，生长在乡村街道的有 7442 株，占比为 47.1%；生长在远郊野外的有 5481 株，占比为 34.6%；生长在城区的有 2900 株，占比为 18.3%。

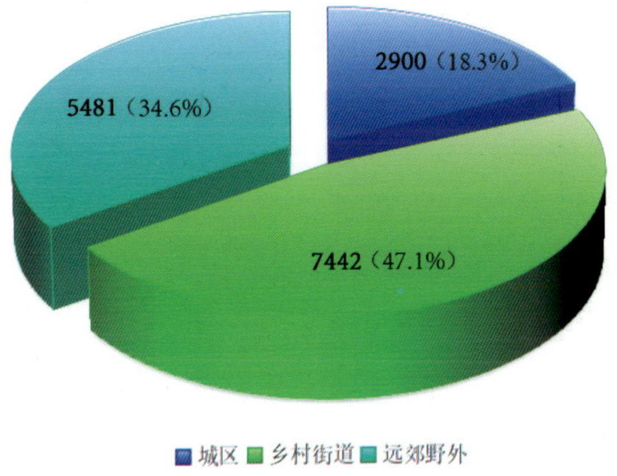

图 2 古树名木不同生长场所数量分布图（单位：株）

3. 古树名木等级和年龄结构

根据古树名木鉴定规范（LY/T2737-2016）》相关规定，按照树龄鉴定结果将古树划分为三个等级，树龄在 100~299 年的树木定为三级古树，树龄在 300~499 年的树木定为二级古树，树龄达到 500 年以上的为一级古树。名木以姿态奇特、历史典故、奇闻轶事和重要科学价值而闻名，不受树龄限制，不分等级。根据每木调查结果，有一级古树 1342 株，占比为 8.5%；二级古树 2175 株，占比为 13.7%；三级古树 12 270 株，占比为 77.6%；名木 36 株，占比为 0.2%（既是古树又是名木 419 株，已包含在古树统计中）。千年以上古树共 304 株，陇南市 154 株、天水市 78 株、平凉市 34 株、庆阳市 12 株，四个市占比 92.1%，其余各市州都不超过 8 株。我省树龄最长的为平凉市崇信县锦屏镇一株 3200 年槐，树高 26 米，胸围 13 米，平均冠幅 35.6 米，并获得“2023 年全国双百古树”称号。

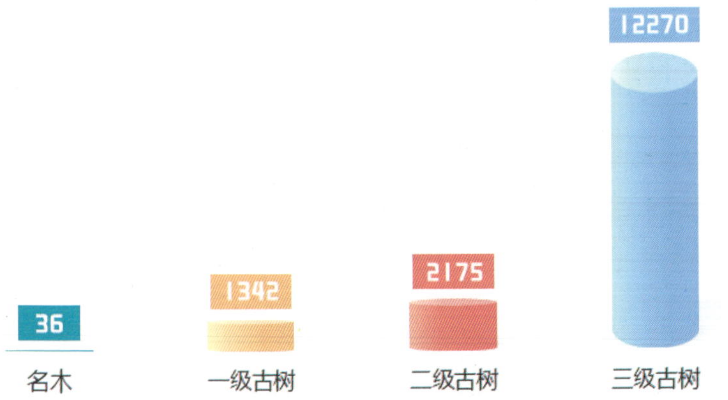

图 3 古树名木各等级数量分布图（单位：株）

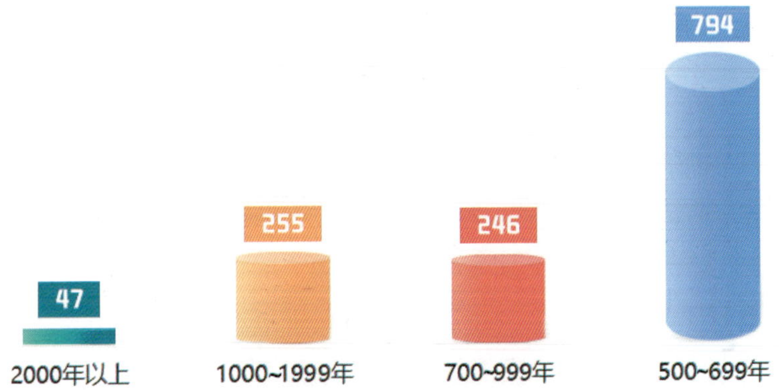

图 4 一级古树各树龄段数量分布图（单位：株）

4. 古树名木的权属

根据每木调查结果，古树名木权属统计，所有权归个人的古树名木有7482株，占比为47.3%；所有权归集体的有7568株，占比为47.8%；所有权归国有的为773株，占比为4.9%。

图5 古树名木权属统计图（单位：株）

5. 古树名木的科属种组成

我省植物资源丰富，根据每木调查结果全省古树名木隶属47科110属212种。鼠李科4505株，占比为28.4%；柏科2222株，占比为14.12%；豆科2170株，占比为13.71%；杨柳科1707株，占比为10.77%；蔷薇科1553株，占比为9.8%；胡桃科、松科、榆科和壳斗科分别为806株、683株、549株和308株，占比为5.08%、4.28%、3.46%和1.94%。其他科共1320株，占比为8.34%。其中主要为枣属、侧柏属、胡桃属、槐属、梨属、柳属、杨属、榆属。主要树种为枣、槐、侧柏、胡桃、榆树、白梨、秋子梨和旱柳，其他204个树种，共4494株。

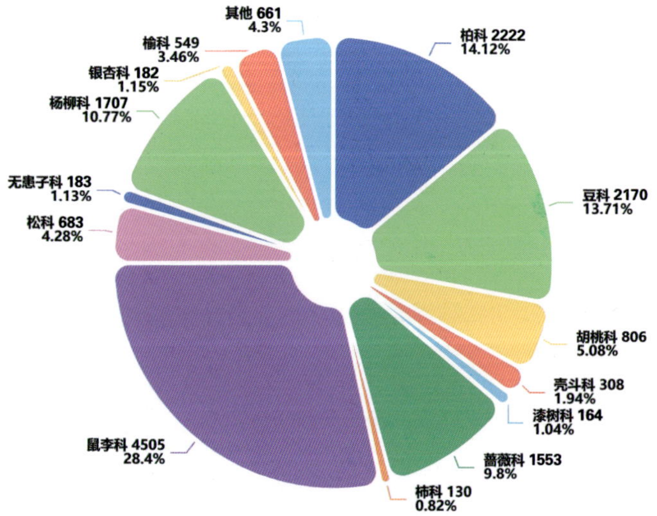

图6 古树名木各科数量统计图（单位：株）

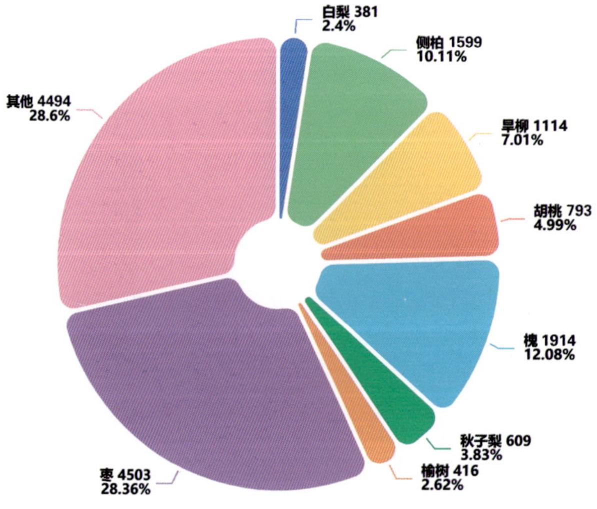

图7 古树名木各树种数量统计图（单位：株）

6. 古树名木的生长势

根据树木的叶片、枝条和树干生长状态，将古树名木生长势划分为正常、衰弱、濒危和死亡四个级别。正常株的正常叶片量占叶片总量的95%以上，枝条生长正常，新梢数量多，树干基本完好无坏死；衰弱株正常叶片量占叶片总量的50%–95%，新梢生长偏弱，枝条有少量枯死，树干局部损伤或少量坏死；濒危株正常叶片量占叶片总量的50%以下，枝条枯死较多，树干大部分坏死，干朽或成空洞；死亡株无正常叶片，无新梢，树干枯死。根据每木调查结果，我省古树名木13 867株生长正常，占比为87.65%；衰弱长势的有1693株，占比为10.67%；濒危长势的为263株，占比为1.68%。总体生长状况良好。

02 存在的主要问题

1. 保护立法进程有待加快

近年来，随着对生态环境的愈加重视，各地对古树名木保护工作立法意愿也愈加强烈。目前，国家层面古树名木保护专项法律制度尚未出台，省级层面关于古树名木的立法工作尚未列入省人大立法计划，全省只有6个市州出台了古树名木保护地方性法规或管理办法，现行《森林法》《环境保护法》仅有原则性规定，缺乏具体措施。导致在实际保护管理工作中遇到一些瓶颈问题，难以找到对应的法律法规条款予以有效解决。同时由于古树名木保护的法律法规支撑不足，造成各地在保护利用工作中存在思想认识不一致、保护标准不统一、执行力度有差异的现象，依法保护工作任重道远，保护立法进程应进一步加快推进。

2. 资金投入力度有待加大

古树名木保护是一项多学科的系统工程，且具有公益性、长期性，需要投入大量的人力、物力和财力。我省古树名木多为过熟林木，生长分布在乡村街道和远郊野外的占比约为81.7%，随着气候灾害、病虫危害、人为活动等因素影响，极易造成古树名木加快衰老及死亡，抢救性保护工作迫在眉睫，需要进一步加大投资保障，加强监测管理和科学养护。但与其他发达省份相比，因受财力所限，我省财政没有设立古树名木专项保护资金，没有固定资金来源和项目，各地古树名木保护投入明显不足，从根本上弱化了保护力度，古树名木的日常养护管理和抢救复壮工作得不到有效落实。

3. 科学保护水平有待提升

古树名木的存活、复壮及其繁衍是一项世界性难题。目前，我省古树名木保护缺乏科研人才和专业队伍，科技手段和管理措施落后，古树名木保护还处于低端养护阶段，古树名木遭受“伤病”后难以获得及时、科学、有效地救治修复。由于缺乏专业团队及时参与服务，各地在古树名木保护管理工作中，均存在“好心办坏事”现象，很多古树名木被过度保护，树干周围地面大面积硬化，围栏加固加高且空间格外紧缩局促，这些主观上希望保护古树名木的想当然措施，不但浪费了大量经费，也改变了古树名木原有的生存环境，致使树木生长面积小，透气性差，阻碍了雨水对树木的自然浇灌，影响根系吸收水分，造成树木营养缺失生病等。过度保护、乱保护或不保护现象，已经成为当前古树名木保护工作中亟待纠正的突出问题，科学保护水平亟待提升。

4. 保护性开发利用有待加强

古树名木在园林中可构成独特景观，是名胜古迹的最佳景点。因此，从生态、科研、地理、人文、旅游等诸多角度看，古树名木的保护性开发都有极为重要的现实意义。目前，我省丰富的古树名木资源价值和文化旅游潜力没有得到充分挖掘和利用，没有形成特色鲜明的古树名木旅游景观，大多数古树名木与当地文化景观缺乏内在联系，与其他方面的文化元素融合也不够紧密，同质化打造、低水平利用问题比较突出，重视古树名木旅游资源的社会氛围没有形成，古树名木资源开发利用与保护特色没有彰显，古树名木的经济价值、社会价值和生态价值没有充分体现。在保护中合理开发利用，在开发利用中有效保护，实现古树名木生态、经济、社会三大效益之间的最大化，将是今后工作中需要解决的问题。

03 下一步努力方向

1. 完善法规制度，加强依法保护力度

结合我省实际，加强古树名木保护地方性法规制修订工作，组织力量逐步制订和完善古树名木鉴定普查、养护复壮、价值评估、死亡鉴定等技术规范，不断健全法律法规制度体系，提高依法行政、依法治理能力和水平。在甘肃省绿化委员会的统一领导下，加强林草、住建、公安等部门配合力度，依法严厉打击破坏、采挖、移植、买卖古树名木的违法行为，持续营造严打高压态势，切实维护古树名木资源安全，确保全省古树名木保护工作逐步走向法制化、规范化。

2. 拓宽筹资渠道，构建多元化投入机制

加强与国家林草局汇报沟通，继续争取中央财政古树名木抢救复壮项目支持；加强与财政部门协调，争取地方财政配套资金；持续推进“互联网 + 古树名木保护”工作，加强与中国绿化基金会汇报沟通，策划实施“左公柳”保护线上公益募捐项目；加强与甘肃省绿化基金会的合作，积极筹措古树名木保护专项资金。鼓励社会各界、社团组织和个人通过认捐、认养等多种形式参与古树名木管护，凝聚社会力量，构建多元化投入机制，多渠道筹措古树名木管护资金。

3. 强化科技支撑，提升科学化保护水平

不断加大科技赋能古树名木保护力度，充分发挥林业科研院校的技术优势，组建专家团队，在保护规范制定、树龄甄别鉴定、抢救复壮标准、古树优良基因扩繁、开发利用等技术难题方向进行攻关，加强多学科综合研究，注重专业人才队伍培养。积极开展古树名木保护各项技术培训，指导督促各地对照古树名木保护规范、复壮技术标准等开展管护工作，提高古树名木保护复壮的科技含量。对我省古树名木保护工作中亟需解决的问题协调设立相应项目，广泛吸引社会各界科研力量开展科学研究，助力全省古树名木资源保护。

4. 加强规划衔接，提升保护利用成效

古树名木在建设生态家园，推进乡村振兴中，承载着特殊的作用，是自然景观，也是人文景观。我省古树名木资源丰富，各地要积极主动与城乡绿地规划部门加强衔接与沟通，依托城乡绿地景观开发、文化旅游开发等规划方案，将古树名木做为一种重要的特色旅游资源，统筹规划，划定重点保护区，提升保护性开发的建设水平，积极打造古树名木生态旅游公园，建设特色风情线、人文长廊、经济乐园、自然科研教育基地，形成“保护——开发——增值——保护”的良性循环，促进乡村振兴与生态经济持续性双赢。

兰州市古树名木

古树编号	树种	树种拉丁名	估测树龄	树高 (m)	树围 (cm)	平均冠幅 (m)	具体地点	管护单位 / 人
银杏科								
62010200023	银杏	*Ginkgo biloba*	120	8	150	4	城关区雁南路街道雁滩路与天水路交叉口平安银行正前方	雁南路街道办事处
62010200024	银杏	*Ginkgo biloba*	120	9	140	5	城关区雁南路街道雁滩路与天水路交叉口平安银行东南侧	兰州黄河风情线大景区管委会
62010200061	银杏	*Ginkgo biloba*	100	13	190	8	兰州大学城关校区西区专家楼西侧 30 米处	兰州大学
62010200062	银杏	*Ginkgo biloba*	100	11	160	8	兰州大学城关校区西区专家楼西侧 35 米处	兰州大学
松科								
62010200056	雪松	*Cedrus deodara*	100	11	230	15	兰州大学城关校区西区正门国旗广场正对面	兰州大学
62010200068	雪松	*Cedrus deodara*	100	13	210	14	兰州大学城关校区勤博楼东南侧	兰州大学
62010200075	雪松	*Cedrus deodara*	40	7	63	5	市民公园中央喷泉西侧绿地内北侧路边	市民公园
62010200076	雪松	*Cedrus deodara*	40	9	90	6	市民公园中央喷泉西侧绿地内靠近喷泉边缘	市民公园
62010200077	雪松	*Cedrus deodara*	60	9	185	13	市民公园中央喷泉西侧绿地内靠近西侧园路	市民公园
62010200078	雪松	*Cedrus deodara*	60	12	185	12	市民公园中央喷泉西侧绿地内靠近西侧园路	市民公园
62010200079	雪松	*Cedrus deodara*	60	12	210	13	市民公园中央喷泉西侧绿地内靠近西侧园路	市民公园
62010200080	雪松	*Cedrus deodara*	40	9	70	4	市民公园中央喷泉东侧绿地内靠喷泉边缘	市民公园
62010200132	雪松	*Cedrus deodara*	50	14	115	7	五泉山公园莲花池北侧	五泉山公园
62010200154	雪松	*Cedrus deodara*	50	13	130	11	五泉山公园游客服务中心西南侧	五泉山公园
62010200030	云杉	*Picea asperata*	50	5	30	4	白塔山公园三台大殿西北侧小台阶上	白塔山公园
62010200031	云杉	*Picea asperata*	50	5	55	5	白塔山公园三台大殿西北侧小台阶上	白塔山公园
62010200032	云杉	*Picea asperata*	50	5	55	4	白塔山公园三台大殿西北侧小台阶上	白塔山公园
62010200033	云杉	*Picea asperata*	50	6	40	3	白塔山公园三台大殿东北侧小台阶上石碑旁	白塔山公园
62010200034	云杉	*Picea asperata*	50	5	60	4	白塔山公园三台大殿东北侧小台阶上石碑旁	白塔山公园
62010200035	云杉	*Picea asperata*	50	5	35	3	白塔山公园三台大殿东北侧小台阶上石碑旁	白塔山公园
62010200036	云杉	*Picea asperata*	50	5	40	4	白塔山公园三台大殿东北侧小台阶上石碑旁	白塔山公园
62010200037	云杉	*Picea asperata*	50	5	30	3	白塔山公园三台大殿东北侧小台阶上石碑旁	白塔山公园
62010300081	云杉	*Picea asperata*	130	9	210	9	七里河区阿干镇马场村马场村小组	阿干镇政府
62010300082	云杉	*Picea asperata*	100	10	145	9	七里河区阿干镇马场村马场村小组	阿干镇政府
62010300083	云杉	*Picea asperata*	100	12	170	8	七里河区阿干镇马场村马场村小组	阿干镇政府
62012100040	云杉	*Picea asperata*	120	12	155	6	永登县红城镇宁朔村康家亭子西北侧	宁朔村委会
62012100041	云杉	*Picea asperata*	120	11	188	7	永登县红城镇宁朔村康家亭子北侧	宁朔村委会
62012300048	云杉	*Picea asperata*	100	11	180	9	榆中县小康营乡徐家峡村妥家山	妥文德

古树编号	树种	树种拉丁名	估测树龄	树高 (m)	树围 (cm)	平均冠幅 (m)	具体地点	管护单位 / 人
62012300049	云杉	*Picea asperata*	120	9	135	7	榆中县小康营乡徐家峡村妥家山	妥文德
62012300050	云杉	*Picea asperata*	150	9	120	5	榆中县小康营乡徐家峡村庙儿沟 8 社金龙爷庙院内西侧	徐家峡村委会
62012300053	云杉	*Picea asperata*	100	10	155	6	榆中县小康营乡徐家峡村徐家峡小学西侧	小康营乡政府
62010200189	青杆	*Picea wilsonii*	60	3	22	3	五泉山公园东长廊南尽头西 20 米处	五泉山公园
62010300002	青杆	*Picea wilsonii*	500	9	130	5	七里河区黄峪镇赵李家洼村赵二村小组	李德云
62010300003	青杆	*Picea wilsonii*	120	4	100	3	七里河区黄峪镇邵家洼村陡咀子村小组 13 号	黄峪镇政府
62010300004	青杆	*Picea wilsonii*	180	11	240	9	七里河区黄峪镇邵家洼村村委会院内西侧	黄峪镇政府
62010300005	青杆	*Picea wilsonii*	180	11	158	6	七里河区黄峪镇邵家洼村村委会院内东侧	黄峪镇政府
62010300006	青杆	*Picea wilsonii*	100	15	153	11	七里河区黄峪镇邵家洼村陈家沟村小组 8 号	黄峪镇政府
62010300007	青杆	*Picea wilsonii*	100	14	145	8	七里河区黄峪镇鲁家村方神庙东侧	黄峪镇政府
62010300008	青杆	*Picea wilsonii*	100	11	176	6	七里河区黄峪镇鲁家村方神庙西侧	黄峪镇政府
62010300011	青杆	*Picea wilsonii*	100	11	170	7	七里河区西果园镇草源村小盘道村小组原小盘道小学东侧	西果园镇政府
62010300012	青杆	*Picea wilsonii*	100	11	155	7	七里河区西果园镇草源村小盘道村小组原小盘道小学西侧	西果园镇政府
62010300013	青杆	*Picea wilsonii*	200	19	220	11	七里河区西果园镇草源村古路坡村小组打麦场路下方	西果园镇政府
62010300014	青杆	*Picea wilsonii*	200	10	194	7	七里河区西果园镇草源村古路坡村小组打麦场路上方	西果园镇政府
62010300015	青杆	*Picea wilsonii*	230	23	422	16	七里河区西果园镇草源村大盘道村小组松树洼路上方	西果园镇政府
62010300016	青杆	*Picea wilsonii*	230	17	409	13	七里河区西果园镇草源村大盘道村小组松树洼路下方	西果园镇政府
62010300027	青杆	*Picea wilsonii*	100	12	150	5	七里河区阿干镇深沟掌村深沟掌村小组大圣庙院内东北侧	阿干镇政府
62010300028	青杆	*Picea wilsonii*	100	9	115	5	七里河区阿干镇深沟掌村深沟掌村小组大圣庙院内西南侧	阿干镇政府
62010300029	青杆	*Picea wilsonii*	100	9	118	5	七里河区阿干镇深沟掌村干沟掌村小组方神庙院内东南侧	阿干镇政府
62010300030	青杆	*Picea wilsonii*	100	10	133	6	七里河区阿干镇深沟掌村干沟掌村小组方神庙院内西南侧	阿干镇政府
62010300031	青杆	*Picea wilsonii*	100	9	148	7	七里河区阿干镇深沟掌村干沟掌村小组方神庙院内西北侧	阿干镇政府
62010300032	青杆	*Picea wilsonii*	100	10	110	7	七里河区阿干镇深沟掌村东沟村小组二郎庙路北侧二台北侧	阿干镇政府
62010300033	青杆	*Picea wilsonii*	100	10	88	6	七里河区阿干镇深沟掌村东沟村小组二郎庙路北侧二台西侧	阿干镇政府
62010300034	青杆	*Picea wilsonii*	100	16	175	7	七里河区阿干镇深沟掌村东沟村小组二郎庙路北侧一台西侧	阿干镇政府
62010300035	青杆	*Picea wilsonii*	110	7	160	5	七里河区阿干镇深沟掌村东沟村小组二郎庙路南侧	阿干镇政府
62010300036	青杆	*Picea wilsonii*	110	14	182	8	七里河区阿干镇深沟掌村东沟村小组二郎庙路南侧	阿干镇政府
62010300037	青杆	*Picea wilsonii*	110	13	187	9	七里河区阿干镇深沟掌村东沟村小组二郎庙路南侧	阿干镇政府
62010300038	青杆	*Picea wilsonii*	100	13	160	12	七里河区阿干镇深沟掌村东沟村小组二郎庙路南侧	阿干镇政府
62010300039	青杆	*Picea wilsonii*	140	15	213	7	七里河区阿干镇深沟掌村东沟村小组二郎庙栈道北侧	阿干镇政府
62010300040	青杆	*Picea wilsonii*	120	15	202	8	七里河区阿干镇深沟掌村东沟村小组二郎庙栈道南侧	阿干镇政府
62010300041	青杆	*Picea wilsonii*	100	20	150	7	七里河区阿干镇深沟掌村东沟村小组二郎庙清水泉旁	阿干镇政府
62010300042	青杆	*Picea wilsonii*	100	10	160	7	七里河区阿干镇琅峪村二郎庙院内	阿干镇政府
62012300003	青杆	*Picea wilsonii*	110	11	190	8	榆中县马坡乡白家堡村白家祠堂院内	马坡乡政府
62012300005	青杆	*Picea wilsonii*	100	9	100	7	榆中县马坡乡太平沟村龙王庙院内中间	马坡乡政府
62012300006	青杆	*Picea wilsonii*	100	11	115	7	榆中县马坡乡太平沟村龙王庙院内门后	马坡乡政府
62012300007	青杆	*Picea wilsonii*	100	7	50	3	榆中县马坡乡石头沟村	马坡乡政府

古树编号	树种	树种拉丁名	估测树龄	树高 (m)	树围 (cm)	平均冠幅 (m)	具体地点	管护单位 / 人
62012300008	青杆	*Picea wilsonii*	200	13	126	8	榆中县小康营乡深沟子村深沟子小学院内东侧	深沟子小学
62012300009	青杆	*Picea wilsonii*	200	15	180	10	榆中县小康营乡深沟子村深沟子小学院内西侧	深沟子小学
62012300011	青杆	*Picea wilsonii*	500	10	260	5	榆中县夏官营镇双店子村双店子学校门外西侧	夏官营镇政府
62012300023	青杆	*Picea wilsonii*	200	9	155	7	榆中县定远镇歇家咀村蒋家庙院内	歇家咀村委会
62012300025	青杆	*Picea wilsonii*	300	15	224	8	榆中县连搭镇孙家坡村大柳树社新建威特生物药厂南侧	陶兴平
62012300026	青杆	*Picea wilsonii*	100	11	145	9	榆中县连搭镇孙家坡村大柳树社宫母殿院内	连搭镇政府
62012300028	青杆	*Picea wilsonii*	100	7	220	6	榆中县连搭镇麻家寺村麻家寺庙院内	连搭镇政府
62012300030	青杆	*Picea wilsonii*	200	14	280	8	榆中县连搭镇薛家营村村委会院内	连搭镇政府
62012300031	青杆	*Picea wilsonii*	150	8	185	5	榆中县连搭镇薛家营村玉皇庙院内	连搭镇政府
62012300032	青杆	*Picea wilsonii*	160	10	105	5	榆中县连搭镇马家岻村马家岻小学操场南侧	马家岻小学
62012300033	青杆	*Picea wilsonii*	150	11	150	9	榆中县连搭镇马家岻村马家岻小学操场北侧	马家岻小学
62012300034	青杆	*Picea wilsonii*	180	6	90	6	榆中县连搭镇马家岻村阴岻咀	连搭镇政府
62012300035	青杆	*Picea wilsonii*	200	10	158	6	榆中县连搭镇马家岻村香云寺西侧	香云寺
62012300036	青杆	*Picea wilsonii*	200	11	120	7	榆中县连搭镇马家岻村香云寺东侧	香云寺
62012300054	青杆	*Picea wilsonii*	420	10	146	6	榆中县连搭镇麻家寺村龙王庙东南侧 5 米处	麻家寺村委会
62012300055	青杆	*Picea wilsonii*	420	6	114	6	榆中县连搭镇麻家寺村龙王庙东南侧 6 米处	麻家寺村委会
62012300056	青杆	*Picea wilsonii*	420	11	110	5	榆中县连搭镇麻家寺村龙王庙西南侧	麻家寺村委会
62012300057	青杆	*Picea wilsonii*	150	9	129	6	榆中县连搭镇马家岻村二社梁成员家门口	梁成员
62012300063	青杆	*Picea wilsonii*	380	11	172	6	榆中县和平镇祁家坡村下河社白马庙东侧	祁家坡村委会
62012300064	青杆	*Picea wilsonii*	380	12	210	6	榆中县和平镇祁家坡村下河社白马庙西侧	祁家坡村委会
62012300068	青杆	*Picea wilsonii*	120	8	159	5	榆中县小康营乡南北关村三社龙王庙南侧	南北关村委会
62012300069	青杆	*Picea wilsonii*	130	7	161	5	榆中县小康营乡小康营社龙王庙西侧	小康营村委会
62012300070	青杆	*Picea wilsonii*	130	8	180	10	榆中县小康营乡高家岔村将军庙	高家岔村委会
62012300029	油松	*Pinus tabuliformis*	200	13	140	9	榆中县连搭镇薛家营村委会院内	连搭镇政府
柏科								
62012100035	圆柏	*Juniperus chinensis*	110	10	175	9	永登县第二中学大礼堂西侧	永登县第二中学
62012100036	圆柏	*Juniperus chinensis*	110	10	160	11	永登县第二中学大礼堂东侧	永登县第二中学
62012100037	圆柏	*Juniperus chinensis*	310	10	140	4	永登县红城镇宁朔村康家亭子东南侧	宁朔村委会
62012300015	圆柏	*Juniperus chinensis*	380	9	282	7	榆中县中连川乡黄蒿湾村偏头沟社杨化寺云秀山北侧	中连川乡政府
62012300016	圆柏	*Juniperus chinensis*	200	9	80	4	榆中县中连川乡黄蒿湾村偏头沟社杨化寺云秀山南侧	中连川乡政府
62012300024	圆柏	*Juniperus chinensis*	1000	9	155	7	榆中县定远镇矿湾村龙泉寺院内	矿湾村委会
62010200012	水杉	*Metasequoia glyptostroboides*	100	13	125	4	甘肃农业职业技术学院办公楼北侧	甘肃农业职业技术学院
62010200069	水杉	*Metasequoia glyptostroboides*	100	10	145	8	兰州大学城关校区勤博楼西侧	兰州大学
62010200026	侧柏	*Platycladus orientalis*	200	12	120	7	白塔山公园法雨寺院内东厢房门前	白塔山公园
62010200027	侧柏	*Platycladus orientalis*	200	12	110	7	白塔山公园法雨寺院内西厢房门前	白塔山公园
62010200028	侧柏	*Platycladus orientalis*	200	9	105	6	白塔山公园三官殿院内东侧	白塔山公园

古树编号	树种	树种拉丁名	估测树龄	树高 (m)	树围 (cm)	平均冠幅 (m)	具体地点	管护单位 / 人
62010200029	侧柏	*Platycladus orientalis*	200	6	65	4	白塔山公园三关殿院内西侧	白塔山公园
62010200052	侧柏	*Platycladus orientalis*	120	9	145	7	兰州市第一工人俱乐部院内应义轩西侧	兰州市第一工人俱乐部
62010200054	侧柏	*Platycladus orientalis*	500	12	220	5	兰州市第一工人俱乐部院内缘玉堂南侧	兰州市第一工人俱乐部
62010200139	侧柏	*Platycladus orientalis*	130	9	185	6	五泉山公园浚源寺院内大雄宝殿前台阶下西侧	五泉山公园
62010200140	侧柏	*Platycladus orientalis*	130	12	170	5	五泉山公园浚源寺院内大雄宝殿前台阶下东侧	五泉山公园
62010200141	侧柏	*Platycladus orientalis*	130	12	270	9	五泉山公园浚源寺院内大雄宝殿前台阶上	五泉山公园
62010200145	侧柏	*Platycladus orientalis*	130	15	185	7	五泉山公园酒仙祠堂院内	五泉山公园
62010200152	侧柏	*Platycladus orientalis*	140	12	188	7	五泉山公园嘛呢寺院内	五泉山公园
62010300023	侧柏	*Platycladus orientalis*	200	10	234	7	七里河区魏岭乡白家岘村七道沟村小组	魏岭乡政府
62010300050	侧柏	*Platycladus orientalis*	180	11	150	4	兰州市第一工人文化宫院内敬艺苑西南侧	兰州市第一工人文化宫
62010300051	侧柏	*Platycladus orientalis*	180	10	197	4	兰州市第一工人文化宫院内敬艺苑西北侧	兰州市第一工人文化宫
62010300053	侧柏	*Platycladus orientalis*	180	9	190	7	兰州市第一工人文化宫院内文昌宫西侧	兰州市第一工人文化宫
62010300054	侧柏	*Platycladus orientalis*	310	12	405	12	兰州市第一工人文化宫院内文昌宫西厢房东侧	兰州市第一工人文化宫
62010300055	侧柏	*Platycladus orientalis*	180	10	140	6	兰州市第一工人文化宫院内文昌宫东厢房西侧	兰州市第一工人文化宫
62010300056	侧柏	*Platycladus orientalis*	180	11	182	7	兰州市第一工人文化宫院内云水堂东侧	兰州市第一工人文化宫
62010300057	侧柏	*Platycladus orientalis*	180	10	283	6	兰州市第一工人文化宫院内文昌宫东侧	兰州市第一工人文化宫
62010300059	侧柏	*Platycladus orientalis*	180	9	200	6	兰州市第一工人文化宫院内云水堂后东北侧	兰州市第一工人文化宫
62010300063	侧柏	*Platycladus orientalis*	100	9	120	7	兰州市第一工人文化宫院内魁星阁东北侧	兰州市第一工人文化宫
62010300064	侧柏	*Platycladus orientalis*	100	7	133	4	兰州市第一工人文化宫院内魁星阁东南侧	兰州市第一工人文化宫
62010300070	侧柏	*Platycladus orientalis*	220	14	255	8	兰州市第一工人文化宫院内天师堂前	兰州市第一工人文化宫
62010400003	侧柏	*Platycladus orientalis*	300	7	220	6	西固区新城镇青春村孙家祠堂西侧	新城镇政府
62010400004	侧柏	*Platycladus orientalis*	300	7	156	5	西固区新城镇青春村孙家祠堂东侧	新城镇政府
62010400007	侧柏	*Platycladus orientalis*	100	9	155	7	西固区河口镇青杨村（原古城子小学门）北侧	河口镇政府
62010400008	侧柏	*Platycladus orientalis*	120	8	110	5	西固区河口镇青杨村（原古城子小学门）南侧	河口镇政府
62012100007	侧柏	*Platycladus orientalis*	500	8	240	6	永登县连城镇鲁土司衙门大堂门前东南侧	鲁土司衙门博物馆
62012100008	侧柏	*Platycladus orientalis*	500	8	240	4	永登县连城镇鲁土司衙门大堂门前东北侧	鲁土司衙门博物馆
62012100009	侧柏	*Platycladus orientalis*	500	9	230	5	永登县连城镇鲁土司衙门大堂门前西南侧	鲁土司衙门博物馆
62012100010	侧柏	*Platycladus orientalis*	500	12	350	11	永登县连城镇鲁土司衙门大堂门前西北侧	鲁土司衙门博物馆
62012100013	侧柏	*Platycladus orientalis*	120	7	190	4	永登县连城镇鲁土司衙门绿照厅西北侧	鲁土司衙门博物馆
62012100014	侧柏	*Platycladus orientalis*	140	7	140	4	永登县连城镇鲁土司衙门绿照厅东北侧	鲁土司衙门博物馆
62012100030	侧柏	*Platycladus orientalis*	120	8	175	5	永登县红城镇野泉村野泉学校教学楼东南侧	野泉学校
62012100031	侧柏	*Platycladus orientalis*	120	7	150	4	永登县红城镇野泉村野泉学校教学楼西南侧	野泉学校
62012100038	侧柏	*Platycladus orientalis*	310	6	130	4	永登县红城镇宁朔村康家亭子东北侧	宁朔村委会
62012100039	侧柏	*Platycladus orientalis*	310	9	180	9	永登县红城镇宁朔村康家亭子西北侧	宁朔村委会
62012200004	侧柏	*Platycladus orientalis*	150	9	270	7	皋兰县什川镇北庄村广场	什川镇政府
62012300004	侧柏	*Platycladus orientalis*	170	10	101	4	榆中县马坡乡窑沟村张家院内	张禄宗
62012300010	侧柏	*Platycladus orientalis*	100	7	150	6	榆中县小康营乡深沟子村深沟小学院内	深沟子小学

古树编号	树种	树种拉丁名	估测树龄	树高 (m)	树围 (cm)	平均冠幅 (m)	具体地点	管护单位 / 人
62012300013	侧柏	*Platycladus orientalis*	170	11	150	9	榆中县夏官营镇下彭家营村槐树滩龙王庙前	夏官营镇政府
62012300027	侧柏	*Platycladus orientalis*	350	9	364	12	榆中县连搭镇孙家坡村咬家河社太师庙院内东南侧	连搭镇政府
62012300040	侧柏	*Platycladus orientalis*	240	14	150	10	榆中县青城镇新民村四社高氏祠堂院内	新民村委会
62012300041	侧柏	*Platycladus orientalis*	250	7	170	5	榆中县青城镇青城村城隍庙院内钟楼旁	青城村委会
62012300042	侧柏	*Platycladus orientalis*	250	10	162	6	榆中县青城镇青城村城隍庙院内鼓楼旁	青城村委会
62012300043	侧柏	*Platycladus orientalis*	250	8	200	6	榆中县青城镇青城村城隍庙院内浩然正气殿西侧	青城村委会
62012300052	侧柏	*Platycladus orientalis*	150	8	130	4	榆中县小康营乡徐家峡村庙儿沟	徐家峡村委会
62012300059	侧柏	*Platycladus orientalis*	400	10	155	12	榆中县和平镇柳沟店社圣母宫南侧	圣母宫
62012300060	侧柏	*Platycladus orientalis*	400	9	165	7	榆中县和平镇柳沟店社圣母宫北侧	圣母宫
62012300061	侧柏	*Platycladus orientalis*	490	9	240	6	榆中县和平镇袁家营村二社圣母宫南侧	袁家营村委会
62012300062	侧柏	*Platycladus orientalis*	490	7	220	7	榆中县和平镇袁家营村二社圣母宫北侧	袁家营村委会
62012300065	侧柏	*Platycladus orientalis*	380	9	185	5	榆中县和平镇祁家坡村下河社白马庙西南侧	祁家坡村委会
杨柳科								
62010200131	银白杨	*Populus alba*	240	8	513	7	五泉山公园莲花池西北侧	五泉山公园
62010200143	银白杨	*Populus alba*	240	10	560	6	五泉山公园西龙口东侧 50 米绿地内	五泉山公园
62010500003	银白杨	*Populus alba*	110	19	345	23	中共甘肃省委党校图书馆东侧学员 2 号楼西南侧	省委党校
62012100022	小叶杨	*Populus simonii*	540	11	410	7	永登县民乐乡卜洞村 145 号西南侧 50 米处	民乐乡政府
62012100023	小叶杨	*Populus simonii*	540	15	385	16	永登县民乐乡卜洞村 145 号西南侧小溪边	民乐乡政府
62012100024	小叶杨	*Populus simonii*	500	16	500	16	永登县民乐乡西川村涝池西侧	民乐乡政府
62012100025	小叶杨	*Populus simonii*	300	17	314	12	永登县民乐乡漫水村二郎庙西侧	民乐乡政府
62012100026	小叶杨	*Populus simonii*	400	15	500	16	永登县民乐乡漫水村涝池北侧	民乐乡政府
62012100027	小叶杨	*Populus simonii*	200	12	300	8	永登县民乐乡红岭村 204 号西侧 70 米处	民乐乡政府
62012100028	小叶杨	*Populus simonii*	600	27	800	26	永登县中堡镇邢家湾村 176 号门前	中堡镇政府
62012100048	小叶杨	*Populus simonii*	100	15	310	14	永登县民乐乡八岭村下八岭杨氏宗祠南侧	八岭村委会
62012100049	小叶杨	*Populus simonii*	100	17	350	14	永登县民乐乡八岭村下八岭杨氏宗祠北侧	八岭村委会
62012300001	小叶杨	*Populus simonii*	100	15	285	9	榆中县马坡乡白家堡村六社彩门口	马坡乡政府
62012300002	小叶杨	*Populus simonii*	100	19	270	12	榆中县马坡乡白家堡村六社抬水路	马坡乡政府
62010400028	白柳	*Salix alba*	100	30	361	24	西固区四季青街道西沙游园园内	西固区城市绿化管理所
62010400029	白柳	*Salix alba*	100	15	280	20	中国石油西北销售兰州分公司（西固区）院内	中国石油西北销售兰州分公司
62010200001	旱柳	*Salix matsudana*	150	16	480	21	城关区东岗西路街道南滨河东路夏园内	城关绿化所
62010200002	旱柳	*Salix matsudana*	150	22	475	18	城关区东岗西路街道南滨河东路 514 号西侧	城关绿化所
62010200003	旱柳	*Salix matsudana*	150	12	480	13	城关区东岗西路街道南滨河东路 514 号西侧	城关绿化所
62010200004	旱柳	*Salix matsudana*	150	17	535	12	城关区东岗西路街道南滨河东路 514 号西侧	城关绿化所
62010200005	旱柳	*Salix matsudana*	150	12	530	14	城关区东岗西路街道南滨河东路 516 号东侧	城关绿化所
62010200006	旱柳	*Salix matsudana*	150	12	525	17	城关区东岗西路街道南滨河东路 516 号东侧	城关绿化所
62010200007	旱柳	*Salix matsudana*	150	20	630	24	城关区东岗西路街道南滨河东路 516 号西侧	城关绿化所
62010200014	旱柳	*Salix matsudana*	120	16	328	16	兰州电影制片厂家属院内	拱星墩街道办事处

古树编号	树种	树种拉丁名	估测树龄	树高 (m)	树围 (cm)	平均冠幅 (m)	具体地点	管护单位 / 人
62010200021	旱柳	*Salix matsudana*	120	10	335	9	城关区拱星墩街道南河庭院院内	拱星墩街道办事处
62010200022	旱柳	*Salix matsudana*	120	19	380	13	城关区渭源路街道南宁小区院内	兰宁小区
62010200025	旱柳	*Salix matsudana*	140	14	455	11	城关区雁南路街道南滨河东路黄河风情园内	兰州黄河风情线大景区管委会
62010200060	旱柳	*Salix matsudana*	100	19	310	19	兰州大学城关校区西区校医院东侧	兰州大学
62010200063	旱柳	*Salix matsudana*	100	17	380	17	兰州大学城关校区西区化学 2 号楼南侧	兰州大学
62010200064	旱柳	*Salix matsudana*	100	15	400	15	兰州大学城关校区西区物理楼西侧	兰州大学
62010200065	旱柳	*Salix matsudana*	100	20	330	22	兰州大学城关校区西区逸夫科学馆西侧	兰州大学
62010200066	旱柳	*Salix matsudana*	100	16	350	14	兰州大学二分部 14 号楼东南侧	兰州大学
62010200067	旱柳	*Salix matsudana*	100	20	290	16	兰州大学二分部 14 号楼西南角	兰州大学
62010200083	旱柳	*Salix matsudana*	120	18	430	19	三爱堂医院外科楼西南侧	三爱堂医院
62010200087	旱柳	*Salix matsudana*	120	13	280	12	三爱堂医院家属院中门门口西侧	三爱堂医院
62010200088	旱柳	*Salix matsudana*	150	12	420	6	城关区五泉街道五泉路 195 号	五泉街道办事处
62010200090	旱柳	*Salix matsudana*	150	15	290	15	城关区五泉街道五泉路 102 号	五泉街道办事处
62010200091	旱柳	*Salix matsudana*	150	19	400	18	城关区五泉街道五泉路 62 号	五泉街道办事处
62010200092	旱柳	*Salix matsudana*	150	19	282	18	城关区五泉街道五泉路 64 号	五泉街道办事处
62010200093	旱柳	*Salix matsudana*	150	11	280	12	城关区五泉街道禄家巷社区	五泉街道办事处
62010200094	旱柳	*Salix matsudana*	150	10	330	6	兰州市旅游学校东门南侧路对面	五泉街道办事处
62010200095	旱柳	*Salix matsudana*	150	19	376	18	城关区五泉街道五泉路 42 号南侧五泉菜市场西门北侧	五泉街道办事处
62010200096	旱柳	*Salix matsudana*	150	14	314	14	城关区五泉街道五泉路 11 号五泉市场尽头西侧	五泉街道办事处
62010200097	旱柳	*Salix matsudana*	150	14	408	16	城关区五泉街道五泉路 2 号天桥下	五泉山公园
62010200100	旱柳	*Salix matsudana*	150	10	320	10	五泉公园西门外西侧	五泉街道办事处
62010200101	旱柳	*Salix matsudana*	120	9	250	10	城关区五泉街道五泉南路 185 号门东侧	五泉街道办事处
62010200102	旱柳	*Salix matsudana*	120	11	345	15	城关区五泉街道五泉南路 185 号门北侧	五泉街道办事处
62010200103	旱柳	*Salix matsudana*	120	9	345	9	城关区五泉街道五泉南路 187 号门东侧	五泉街道办事处
62010200104	旱柳	*Salix matsudana*	140	10	502	8	城关区五泉街道五泉南路 189 号门东侧	五泉街道办事处
62010200105	旱柳	*Salix matsudana*	140	14	345	14	城关区五泉街道五泉南路 191 号门东侧	五泉街道办事处
62010200106	旱柳	*Salix matsudana*	140	9	314	12	城关区五泉街道五泉南路 164 号门口	五泉街道办事处
62010200107	旱柳	*Salix matsudana*	140	13	252	11	城关区五泉街道五泉南路 76 号门口	五泉街道办事处
62010200110	旱柳	*Salix matsudana*	150	12	420	10	五泉山公园上广场东侧	五泉山公园
62010200112	旱柳	*Salix matsudana*	140	16	375	19	五泉山公园上广场西北侧	五泉山公园
62010200113	旱柳	*Salix matsudana*	120	11	295	10	兰州市林业局大门西北侧	五泉山公园
62010200114	旱柳	*Salix matsudana*	120	10	360	11	兰州市林业局大门东侧	五泉山公园
62010200115	旱柳	*Salix matsudana*	140	21	325	14	兰州市林业局大门东南侧	五泉山公园
62010200116	旱柳	*Salix matsudana*	140	11	325	9	兰州市林业局大门东南侧	五泉山公园
62010200117	旱柳	*Salix matsudana*	140	12	255	7	兰州市林业局大门东南侧	五泉山公园
62010200118	旱柳	*Salix matsudana*	140	14	297	12	兰州市林业局大门东南侧	五泉山公园
62010200119	旱柳	*Salix matsudana*	150	15	350	19	兰州市林业局大门东南侧	五泉山公园

古树编号	树种	树种拉丁名	估测树龄	树高 (m)	树围 (cm)	平均冠幅 (m)	具体地点	管护单位 / 人
62010200120	旱柳	*Salix matsudana*	140	18	280	20	五泉公园正门西北侧 50 米处	五泉山公园
62010200122	旱柳	*Salix matsudana*	120	19	420	21	五泉公园西门内西侧	五泉山公园
62010200123	旱柳	*Salix matsudana*	120	15	283	13	五泉公园东料厂门口	五泉山公园
62010200124	旱柳	*Salix matsudana*	120	14	250	16	五泉公园东料厂门口南侧小桥边	五泉山公园
62010200125	旱柳	*Salix matsudana*	120	16	235	15	五泉公园东料厂门口西侧	五泉山公园
62010200126	旱柳	*Salix matsudana*	140	12	340	12	五泉公园蝴蝶厅前 50 米	五泉山公园
62010200127	旱柳	*Salix matsudana*	140	13	350	12	五泉公园蝴蝶厅东北侧	五泉山公园
62010200128	旱柳	*Salix matsudana*	140	14	295	9	五泉公园蝴蝶厅东侧	五泉山公园
62010200130	旱柳	*Salix matsudana*	140	16	300	14	五泉公园东龙口大路边	五泉山公园
62010200133	旱柳	*Salix matsudana*	150	12	405	13	五泉山公园九曲桥东侧台阶边	五泉山公园
62010200134	旱柳	*Salix matsudana*	140	13	270	7	五泉山公园二龙壁北侧	五泉山公园
62010200135	旱柳	*Salix matsudana*	140	13	320	10	五泉山公园二龙壁东北侧	五泉山公园
62010200136	旱柳	*Salix matsudana*	140	5	368	6	五泉山公园二龙壁东南侧	五泉山公园
62010200137	旱柳	*Salix matsudana*	140	8	320	8	五泉山公园二龙壁西侧莲花池中间	五泉山公园
62010200142	旱柳	*Salix matsudana*	120	12	310	8	五泉山公园梅花门水池北侧	五泉山公园
62010200144	旱柳	*Salix matsudana*	140	12	400	7	五泉山公园西龙口东侧路边	五泉山公园
62010200146	旱柳	*Salix matsudana*	120	13	250	8	五泉山公园酒仙祠堂西侧绿地内	五泉山公园
62010200147	旱柳	*Salix matsudana*	120	15	330	11	五泉山公园太昊宫门西侧	五泉山公园
62010200148	旱柳	*Salix matsudana*	120	13	270	10	五泉山公园惜影池东侧路边	五泉山公园
62010200149	旱柳	*Salix matsudana*	120	10	360	13	五泉山公园惜影池西北侧	五泉山公园
62010200150	旱柳	*Salix matsudana*	100	12	228	7	五泉山公园半月厅西侧	五泉山公园
62010200157	旱柳	*Salix matsudana*	120	15	250	10	五泉山公园山门内广场东侧绿地内南侧	五泉山公园
62010200158	旱柳	*Salix matsudana*	120	14	350	10	五泉山公园东长廊东侧自北向南	五泉山公园
62010200159	旱柳	*Salix matsudana*	100	10	220	6	五泉山公园东长廊东侧自北向南	五泉山公园
62010200160	旱柳	*Salix matsudana*	100	15	215	6	五泉山公园东长廊东侧自北向南	五泉山公园
62010200161	旱柳	*Salix matsudana*	100	13	235	4	五泉山公园东长廊东侧自北向南	五泉山公园
62010200162	旱柳	*Salix matsudana*	100	12	235	4	五泉山公园东长廊东侧自北向南	五泉山公园
62010200163	旱柳	*Salix matsudana*	100	12	215	5	五泉山公园东长廊东侧自北向南	五泉山公园
62010200164	旱柳	*Salix matsudana*	120	17	360	12	五泉山公园军民共建池北侧距池	五泉山公园
62010200165	旱柳	*Salix matsudana*	120	17	278	14	五泉山公园军民共建池北侧距池	五泉山公园
62010200166	旱柳	*Salix matsudana*	100	10	240	9	五泉山公园军民共建池东侧	五泉山公园
62010200168	旱柳	*Salix matsudana*	100	11	285	9	五泉山公园“云山有路”石头旁南侧	五泉山公园
62010200169	旱柳	*Salix matsudana*	100	12	255	5	五泉山公园“云山有路”石头旁南侧	五泉山公园
62010200170	旱柳	*Salix matsudana*	100	8	230	5	五泉山公园“云山有路”石头旁南侧	五泉山公园
62010200171	旱柳	*Salix matsudana*	100	19	205	22	五泉山公园“云山有路”石头旁南侧	五泉山公园
62010200173	旱柳	*Salix matsudana*	100	11	238	7	五泉山公园园中园内东侧水渠边	五泉山公园
62010200174	旱柳	*Salix matsudana*	100	11	246	6	五泉山公园园中园子午厅东侧	五泉山公园

古树编号	树种	树种拉丁名	估测树龄	树高 (m)	树围 (cm)	平均冠幅 (m)	具体地点	管护单位 / 人
62010200176	旱柳	*Salix matsudana*	100	12	380	8	五泉山公园园中园八卦池东侧	五泉山公园
62010200177	旱柳	*Salix matsudana*	150	13	310	8	五泉山公园兰山索道站院内“兰山索道”字下	五泉山公园
62010200178	旱柳	*Salix matsudana*	150	10	314	10	五泉山公园兰山索道站院内西北侧铁栅栏东侧 3 米处	五泉山公园
62010200179	旱柳	*Salix matsudana*	150	8	250	11	五泉山公园兰山索道站院内西北侧铁栅栏旁	五泉山公园
62010200180	旱柳	*Salix matsudana*	150	13	320	10	五泉山公园碰碰车游乐场东北侧	五泉山公园
62010200181	旱柳	*Salix matsudana*	150	11	400	10	五泉山公园碰碰车游乐场西北侧	五泉山公园
62010200183	旱柳	*Salix matsudana*	110	12	230	15	五泉山公园东门西侧家属院内	五泉山公园
62010200188	旱柳	*Salix matsudana*	150	11	305	12	五泉山公园悬崖吐液北侧	五泉山公园
62010200196	旱柳	*Salix matsudana*	150	6	355	4	城关区天水北路高速路口东侧九毛九小游园东侧距墙 2 米处	兰州市黄河风情线大景区管委会
62010200198	旱柳	*Salix matsudana*	150	12	377	12	兰州市东郊小学院内	兰州市东郊学校
62010300017	旱柳	*Salix matsudana*	100	17	325	12	七里河区西湖街道汽车西站家属院西湖西街 8 号	西湖街道办事处
62010300018	旱柳	*Salix matsudana*	100	16	276	9	七里河区西湖街道建工中街社区院内	西湖街道办事处
62010300019	旱柳	*Salix matsudana*	100	19	446	17	七里河区魏岭乡沈家岭村芦家湾村小组涝池内	魏岭乡政府
62010300020	旱柳	*Salix matsudana*	100	13	377	12	七里河区魏岭乡沈家岭村芦家湾村小组涝池外	魏岭乡政府
62010300045	旱柳	*Salix matsudana*	200	11	410	10	七里河区八里镇崖头村石嘴子村小组 112 号门旁	八里镇政府
62010300046	旱柳	*Salix matsudana*	100	18	255	21	兰州市第九中学院内图书馆前	兰州市第九中学
62010300048	旱柳	*Salix matsudana*	100	22	330	13	七里河区建兰路街道原兰州木器厂院内	建兰路街道办事处
62010300072	旱柳	*Salix matsudana*	140	22	407	23	第九四〇医院小西湖西侧廊厅北侧“勿以恶小而为之”字旁	中国人民解放军联勤保障部队第九四〇医院
62010300073	旱柳	*Salix matsudana*	140	15	328	14	第九四〇医院小西湖西侧廊厅南侧“枥骥不忘千里志”字旁	中国人民解放军联勤保障部队第九四〇医院
62010300074	旱柳	*Salix matsudana*	140	11	260	11	第九四〇医院小西湖西南侧“忍一时风平浪静”字旁	中国人民解放军联勤保障部队第九四〇医院
62010300075	旱柳	*Salix matsudana*	140	12	730	14	第九四〇医院小西湖北侧“怕苦的人苦一辈子”字旁	中国人民解放军联勤保障部队第九四〇医院
62010300076	旱柳	*Salix matsudana*	140	11	260	7	第九四〇医院小西湖西南侧“退一步海阔天空”字旁	中国人民解放军联勤保障部队第九四〇医院
62010300077	旱柳	*Salix matsudana*	140	13	330	16	第九四〇医院小西湖西南侧“勤能补拙”字旁	中国人民解放军联勤保障部队第九四〇医院
62010300078	旱柳	*Salix matsudana*	140	15	395	14	第九四〇医院小西湖西南侧“苦心人天不负”字旁	中国人民解放军联勤保障部队第九四〇医院
62010400001	旱柳	*Salix matsudana*	100	15	350	12	西固区达川镇上车村四社 35 号门前	张有德
62010400009	旱柳	*Salix matsudana*	150	13	393	11	西固区河口镇河口村河口古镇城楼旁	河口镇政府
62010400022	旱柳	*Salix matsudana*	150	15	410	22	西固区四季青街道晨光小区院内 13 号楼前	石化公司文化小区物业
62010400025	旱柳	*Salix matsudana*	600	10	671	17	西固区陈坪街道小坪社区代家河湾祖师殿院内	陈坪街道办事处
62010400026	旱柳	*Salix matsudana*	100	17	320	23	兰州市第五十八中学	兰州市第五十八中学
62010400027	旱柳	*Salix matsudana*	100	15	350	24	兰州市第五十八中学	兰州市第五十八中学
62010400030	旱柳	*Salix matsudana*	120	16	270	17	中国石油西北销售兰州分公司（西固区）院内	中国石油西北销售兰州分公司
62010400031	旱柳	*Salix matsudana*	100	15	240	20	中国石油西北销售兰州分公司（西固区）院内	中国石油西北销售兰州分公司
62010500005	旱柳	*Salix matsudana*	110	27	245	13	兰州交通大学大学生活动中心北侧绿地内 10 米处	兰州交通大学后勤中心

古树编号	树种	树种拉丁名	估测树龄	树高 (m)	树围 (cm)	平均冠幅 (m)	具体地点	管护单位 / 人
62010500006	旱柳	*Salix matsudana*	110	27	230	9	兰州交通大学大学生活动中心北侧绿地内 12 米处	兰州交通大学后勤中心
62010500007	旱柳	*Salix matsudana*	110	27	170	17	兰州交通大学大学生活动中心北侧绿地内 14 米处	兰州交通大学后勤中心
62010500008	旱柳	*Salix matsudana*	110	27	249	14	兰州交通大学大学生活动中心北侧绿地内 16 米处	兰州交通大学后勤中心
62010500009	旱柳	*Salix matsudana*	110	27	242	11	兰州交通大学大学生活动中心北侧绿地内 18 米处	兰州交通大学后勤中心
62010500025	旱柳	*Salix matsudana*	100	15	400	11	甘肃农业大学东门向西 200 米	刘家堡街道办事处
62012100001	旱柳	*Salix matsudana*	110	17	347	16	永登县河桥镇南关村彩门东侧	河桥镇政府
62012100002	旱柳	*Salix matsudana*	110	17	360	16	永登县河桥镇南关村彩门西侧	河桥镇政府
62012100003	旱柳	*Salix matsudana*	130	20	420	22	永登县河桥镇南关村连城电厂家属院东侧路东	河桥镇政府
62012100004	旱柳	*Salix matsudana*	130	19	460	21	永登县河桥镇南关村连城电厂家属院东侧路西	河桥镇政府
62012100006	旱柳	*Salix matsudana*	120	17	530	18	永登县连城镇浪排村小学东南侧	连城镇政府
62012300038	旱柳	*Salix matsudana*	190	17	730	21	榆中县青城镇下坪村一社北河沿	青城镇政府
62012300039	旱柳	*Salix matsudana*	200	15	502	16	榆中县青城镇三合村二社地湾	青城镇政府
62012300066	旱柳	*Salix matsudana*	100	12	330	11	榆中县和平镇下河社白马庙外围东侧	白马庙
62010200202	龙爪柳	*Salix matsudana* f. *tortuosa*	100	10	200	7	城关区广武门后街邓家花园邓宝珊夫人墓东侧 10 米绿地内	甘肃省机关事务管理局邓园管理中心
62010200203	龙爪柳	*Salix matsudana* f. *tortuosa*	100	11	250	10	城关区广武门后街邓家花园邓宝珊夫人墓东侧 20 米绿地内	甘肃省机关事务管理局邓园管理中心
胡桃科								
62010400002	胡桃	*Juglans regia*	110	15	260	26	西固区新城镇青春村上园子	新城镇政府
62010500002	胡桃	*Juglans regia*	210	15	430	22	西北师范大学本部博文馆南侧	西北师范大学后勤管理中心
62012100015	胡桃	*Juglans regia*	540	8	800	12	永登县连城镇鲁土司衙门绿照厅北侧	鲁土司衙门博物馆
62012100016	胡桃	*Juglans regia*	540	6	480	9	永登县连城镇鲁土司衙门绿照厅西北侧	鲁土司衙门博物馆
62012100017	胡桃	*Juglans regia*	540	6	340	9	永登县连城镇鲁土司衙门绿照厅石像旁	鲁土司衙门博物馆
62012100043	胡桃	*Juglans regia*	110	15	318	23	永登县连城镇鲁土司衙门八卦亭南侧	鲁土司衙门博物馆
62012100044	胡桃	*Juglans regia*	110	15	318	14	永登县连城镇鲁土司衙门八卦亭西南侧	鲁土司衙门博物馆
62012300044	胡桃	*Juglans regia*	230	8	375	20	榆中县青城镇城河村四社	青城镇政府
62012300046	胡桃	*Juglans regia*	140	17	280	23	榆中县青城镇城河村五社地宫场	青城镇政府
壳斗科								
62010300080	蒙古栎	*Quercus mongolica*	500	7	190	6	七里河区阿干镇马场村大草洼村小组何家咀子	阿干镇政府
62010400018	蒙古栎	*Quercus mongolica*	700	24	320	11	西固区金沟乡马家山村关山森林公园半坡	金沟乡政府
榆科								
62010200099	榆树	*Ulmus pumila*	150	18	290	21	五泉公园上广场南侧	五泉山公园
62010200155	榆树	*Ulmus pumila*	100	20	230	16	五泉山公园八角亭南侧	五泉山公园
62010200156	榆树	*Ulmus pumila*	130	20	260	16	五泉山公园惜影楼东南侧台阶边	五泉山公园
62010200167	榆树	*Ulmus pumila*	100	10	290	12	五泉山公园兰山索道售票处南侧	五泉山公园
62010200182	榆树	*Ulmus pumila*	110	11	240	9	五泉山公园旱冰场梦幻世界内	五泉山公园
62010200185	榆树	*Ulmus pumila*	150	14	355	13	五泉山公园清虚府后门	五泉山公园
62010200190	榆树	*Ulmus pumila*	100	11	204	9	五泉山公园东龙口十字牌坊西侧	五泉山公园

古树编号	树种	树种拉丁名	估测树龄	树高 (m)	树围 (cm)	平均冠幅 (m)	具体地点	管护单位 / 人
62010200195	榆树	*Ulmus pumila*	200	11	317	4	五泉山公园中山纪念堂北侧	五泉山公园
62010300001	榆树	*Ulmus pumila*	300	8	300	11	七里河区黄峪镇蒋家湾村村委会旁	黄峪镇政府
62010300021	榆树	*Ulmus pumila*	110	9	245	10	七里河区魏岭乡沈家岭村何家湾村小组	魏岭乡政府
62010300022	榆树	*Ulmus pumila*	160	15	277	22	七里河区魏岭乡绿化村丁家庄村小组	魏岭乡政府
62010300024	榆树	*Ulmus pumila*	360	10	390	10	七里河区魏岭乡柳树湾村杏树湾村小组	魏岭乡政府
62010300025	榆树	*Ulmus pumila*	150	14	310	16	七里河区魏岭乡柳树湾村马莲滩村小组	魏岭乡政府
62010300026	榆树	*Ulmus pumila*	100	8	290	11	七里河区魏岭乡柳树湾村罗家滩村小组	魏岭乡政府
62010300047	榆树	*Ulmus pumila*	700	10	675	13	七里河区秀川街道马滩中街地铁站 A 出口旁	秀川街道办事处
62010300079	榆树	*Ulmus pumila*	200	10	310	14	七里河区兰州市第二十九中学操场	兰州市第二十九中学
62010400013	榆树	*Ulmus pumila*	220	16	355	14	西固区金沟乡马家山村下大金沟社 14 号门旁	金沟乡政府
62010400014	榆树	*Ulmus pumila*	270	15	373	11	西固区金沟乡马家山村下大金沟社 44 号门旁	金沟乡政府
62010400016	榆树	*Ulmus pumila*	370	14	330	19	西固区金沟乡马家山村马家山社塘坝西侧	金沟乡政府
62010400017	榆树	*Ulmus pumila*	370	17	287	17	西固区金沟乡马家山村马家山社塘坝东侧	金沟乡政府
62010400019	榆树	*Ulmus pumila*	300	9	200	12	西固区四季青街道光月山村村委会西侧	四季青街道办事处
62010400020	榆树	*Ulmus pumila*	300	10	250	15	西固区四季青街道光月山村一社麦场	四季青街道办事处
62010400021	榆树	*Ulmus pumila*	500	15	320	15	西固区四季青街道杏胡台村孔家营社小庙前	四季青街道办事处
62010400024	榆树	*Ulmus pumila*	350	14	530	17	西固区西柳沟街道甘肃建投建材公司院内	甘肃建投建材有限公司
62012100005	榆树	*Ulmus pumila*	310	16	400	22	永登县连城镇浪排村 402 号门前	连城镇政府
62012100020	榆树	*Ulmus pumila*	600	6	320	5	永登县连城镇连城村显教寺院内	显教寺
62012100034	榆树	*Ulmus pumila*	100	11	300	19	永登县红城镇玉山村沙沟七社	红城镇政府
62012300018	榆树	*Ulmus pumila*	100	11	227	9	榆中县夏官营镇太平堡村太平堡小学院内台阶旁	太平堡小学
62012300067	榆树	*Ulmus pumila*	120	16	405	20	榆中县小康营乡南北关村	南北关村委会
桑科								
62012100033	桑	*Morus alba*	160	10	140	11	永登县红城镇感恩寺院内	感恩寺文物管理所
蔷薇科								
62010300065	楸子	*Malus prunifolia*	100	9	137	6	兰州市第一工人文化宫院内魁星阁西南侧	兰州市第一工人文化宫
62012100047	楸子	*Malus prunifolia*	100	9	195	9	永登县连城镇鲁土司衙门石像南侧 25 米	鲁土司衙门博物馆
62012100046	杏	*Prunus armeniaca*	100	12	195	15	永登县连城镇鲁土司衙门八卦亭北侧 25 米	鲁土司衙门博物馆
62010400015	杜梨	*Pyrus betulifolia*	130	15	200	11	西固区金沟乡小金沟村张家窑社喇嘛沟滩	金沟乡政府
62012300047	杜梨	*Pyrus betulifolia*	100	10	471	7	榆中县小康营乡徐家峡村妥家山 11 社妥文德家门口	妥文德
62010200205	白梨	*Pyrus bretschneideri*	100	9	288	9	西北宾馆物管楼西北角自东向西	西北宾馆
62010200206	白梨	*Pyrus bretschneideri*	100	8	280	8	西北宾馆物管楼西北角自东向西	西北宾馆
62010200207	白梨	*Pyrus bretschneideri*	100	8	290	7	西北宾馆物管楼西北角自东向西	西北宾馆
62010400010	白梨	*Pyrus bretschneideri*	120	8	195	10	西固区陈坪街道范家坪村五社金花园内	王克禄
62012200006	白梨	*Pyrus bretschneideri*	470	10	335	14	皋兰县什川镇北庄村麦滩	皋兰县古梨园保护中心
62012200007	白梨	*Pyrus bretschneideri*	430	9	410	8	皋兰县什川镇北庄村麦滩	皋兰县古梨园保护中心
62012200009	白梨	*Pyrus bretschneideri*	400	8	370	13	皋兰县什川镇上车村畅和园度假村园路东侧	皋兰县古梨园保护中心

古树编号	树种	树种拉丁名	估测树龄	树高 (m)	树围 (cm)	平均冠幅 (m)	具体地点	管护单位 / 人
62012200010	白梨	*Pyrus bretschneideri*	400	9	370	7	皋兰县什川镇上车村畅和园度假村园路西侧	皋兰县古梨园保护中心
62012200015	白梨	*Pyrus bretschneideri*	400	12	340	10	皋兰县什川镇上车村九方园居民屋旁	皋兰县古梨园保护中心
62012200016	白梨	*Pyrus bretschneideri*	400	10	370	10	皋兰县什川镇上车村九方园水车东侧	皋兰县古梨园保护中心
62012200018	白梨	*Pyrus bretschneideri*	380	13	280	15	皋兰县川镇上车村怡祥园度假村东侧屋旁	皋兰县古梨园保护中心
62012200019	白梨	*Pyrus bretschneideri*	380	14	350	17	皋兰县什川镇上车村怡祥园度假村北侧屋旁	皋兰县古梨园保护中心
62012200020	白梨	*Pyrus bretschneideri*	420	9	285	10	皋兰县什川镇上车村吊桥头梨乡庄园西北侧	皋兰县古梨园保护中心
62012200021	白梨	*Pyrus bretschneideri*	430	12	445	13	皋兰县什川镇上车村吊桥头梨乡庄园西北侧	皋兰县古梨园保护中心
62012300045	白梨	*Pyrus bretschneideri*	140	12	375	20	榆中县青城镇青城村四社城门楼西 100 米处	青城镇政府
62010400011	秋子梨	*Pyrus ussuriensis*	120	8	243	6	西固区陈坪街道范家坪村五社大园子东墙旁	王克禄
62010400012	秋子梨	*Pyrus ussuriensis*	120	8	150	10	西固区陈坪街道范家坪村五社大园子距东墙 10 米处	王克禄
62010500004	秋子梨	*Pyrus ussuriensis*	120	9	365	13	中共甘肃省委党校家属院 10 号楼西侧	甘肃省委党校
62010500010	秋子梨	*Pyrus ussuriensis*	300	12	260	15	安宁区刘家堡街道桃林南路与建宁西路交叉什字东北侧	刘家堡街道办事处
62010500013	秋子梨	*Pyrus ussuriensis*	110	7	240	6	安宁区仁寿山景区喷泉广场西北侧（九号大院东侧）	仁寿山文化旅游区管委会
62010500014	秋子梨	*Pyrus ussuriensis*	200	9	250	9	甘肃省中心医院科研中心东南侧	刘家堡街道办事处
62010500015	秋子梨	*Pyrus ussuriensis*	200	7	200	6	甘肃省中心医院科研中心西南侧	刘家堡街道办事处
62010500016	秋子梨	*Pyrus ussuriensis*	200	9	270	7	甘肃省中心医院科研中心西南侧	刘家堡街道办事处
62010500017	秋子梨	*Pyrus ussuriensis*	200	10	310	8	甘肃省中心医院宿舍楼西侧挡土墙北侧	刘家堡街道办事处
62010500018	秋子梨	*Pyrus ussuriensis*	200	6	250	5	甘肃省中心医院宿舍楼西侧	刘家堡街道办事处
62010500019	秋子梨	*Pyrus ussuriensis*	200	6	350	5	甘肃省中心医院宿舍楼西侧	刘家堡街道办事处
62010500020	秋子梨	*Pyrus ussuriensis*	200	7	300	6	甘肃省中心医院宿舍楼西侧	刘家堡街道办事处
62010500021	秋子梨	*Pyrus ussuriensis*	200	7	380	4	甘肃省中心医院宿舍楼西侧	刘家堡街道办事处
62010500022	秋子梨	*Pyrus ussuriensis*	200	8	360	6	甘肃省中心医院宿舍楼西侧	刘家堡街道办事处
62010500023	秋子梨	*Pyrus ussuriensis*	200	9	330	8	甘肃省中心医院宿舍楼西侧	刘家堡街道办事处
62010500024	秋子梨	*Pyrus ussuriensis*	200	11	300	11	安宁区刘家堡街道幸福家园西北门西侧 150m	刘家堡街道办事处
62012100045	秋子梨	*Pyrus ussuriensis*	130	11	262	12	永登县连城镇鲁土司衙门八卦亭东北侧 20 米	鲁土司衙门博物馆
62012200008	秋子梨	*Pyrus ussuriensis*	410	11	320	15	皋兰县什川镇北庄村麦滩路边	皋兰县古梨园保护中心
62012200011	秋子梨	*Pyrus ussuriensis*	430	10	450	10	皋兰县什川镇上车村下车街 719 号台阶上	皋兰县古梨园保护中心
62012200012	秋子梨	*Pyrus ussuriensis*	430	8	330	9	皋兰县什川镇上车村下车街 719 号台阶下	皋兰县古梨园保护中心
62012200013	秋子梨	*Pyrus ussuriensis*	420	12	335	16	皋兰县什川镇上车村下车街唐家屋后	皋兰县古梨园保护中心
62012200014	秋子梨	*Pyrus ussuriensis*	420	12	340	13	皋兰县什川镇上车村下车街路口	皋兰县古梨园保护中心
62012200017	秋子梨	*Pyrus ussuriensis*	400	11	355	15	皋兰县什川镇上车村绿岛度假村内	皋兰县古梨园保护中心
62010300043	木梨	*Pyrus xerophila*	350	11	330	15	七里河区阿干镇马场村马场村小组	阿干镇政府
62012100012	木梨	*Pyrus xerophila*	500	8	360	10	永登县连城镇鲁土司衙门绿照厅东南侧	鲁土司衙门博物馆
豆科								
62010200015	刺槐	*Robinia pseudoacacia*	100	14	283	10	兰州电影制片厂家属院内	拱星墩街道办事处
62010200057	刺槐	*Robinia pseudoacacia*	100	16	357	10	兰州大学城关校区西区丹桂园南侧	兰州大学
62010200058	刺槐	*Robinia pseudoacacia*	100	16	285	11	兰州大学城关校区西区 7 号楼东北侧	兰州大学

古树编号	树种	树种拉丁名	估测树龄	树高 (m)	树围 (cm)	平均冠幅 (m)	具体地点	管护单位 / 人
62010200059	刺槐	*Robinia pseudoacacia*	100	12	280	9	兰州大学城关校区西区兰州大学出版社南侧	兰州大学
62010200086	刺槐	*Robinia pseudoacacia*	120	15	290	12	三爱堂医院家属院中门口	三爱堂医院
62010200109	刺槐	*Robinia pseudoacacia*	110	12	235	13	城关区五泉街道红泥沟 51 号	五泉街道办事处
62010200121	刺槐	*Robinia pseudoacacia*	120	11	290	7	五泉山公园西门内西侧第二棵	五泉山公园
62010200175	刺槐	*Robinia pseudoacacia*	100	12	216	7	五泉山公园园中园八卦池北侧	五泉山公园
62010200184	刺槐	*Robinia pseudoacacia*	120	12	230	15	五泉山公园旱冰场东侧	五泉山公园
62010200191	刺槐	*Robinia pseudoacacia*	100	11	223	9	五泉山公园憩园东侧	五泉山公园
62010200192	刺槐	*Robinia pseudoacacia*	100	10	270	6	五泉山公园憩园西侧	五泉山公园
62010200193	刺槐	*Robinia pseudoacacia*	100	13	238	10	五泉山公园憩园南侧	五泉山公园
62012300017	刺槐	*Robinia pseudoacacia*	130	15	268	12	榆中县夏官营镇太平堡村太平堡小学院内	太平堡小学
62010200009	槐	*Styphnolobium japonicum*	110	14	245	16	城关区拱星敦街道东岗东路与 S668 路交叉口	拱星墩街道办事处
62010200010	槐	*Styphnolobium japonicum*	120	11	204	9	城关区拱星敦街道高窑街 45 号门西侧	拱星墩街道办事处
62010200011	槐	*Styphnolobium japonicum*	120	11	188	10	城关区拱星敦街道高窑街 45 号门东侧	拱星墩街道办事处
62010200016	槐	*Styphnolobium japonicum*	170	13	290	8	城关区段家滩小学内东侧	段家滩小学
62010200017	槐	*Styphnolobium japonicum*	170	17	320	7	城关区段家滩小学内西侧	段家滩小学
62010200019	槐	*Styphnolobium japonicum*	120	18	230	17	城关区拱星敦街道段家滩路 1108 号门前	杜维孝
62010200020	槐	*Styphnolobium japonicum*	120	18	290	18	城关区拱星敦街道段家滩路 1108 号院内	杜维孝
62010200038	槐	*Styphnolobium japonicum*	160	13	275	9	白云观外西侧	白云观
62010200039	槐	*Styphnolobium japonicum*	160	8	250	7	白云观外东侧	白云观
62010200040	槐	*Styphnolobium japonicum*	180	13	375	24	白云观祈福消灾阁门口	白云观
62010200041	槐	*Styphnolobium japonicum*	180	13	305	12	白云观祈福消灾阁南侧	白云观
62010200042	槐	*Styphnolobium japonicum*	180	10	310	13	白云观内钟楼西北侧	白云观
62010200043	槐	*Styphnolobium japonicum*	180	15	440	21	白云观内功德碑旁	白云观
62010200044	槐	*Styphnolobium japonicum*	180	15	270	11	白云观内元君殿西北侧	白云观
62010200045	槐	*Styphnolobium japonicum*	180	14	400	14	白云观内钟楼南侧	白云观
62010200046	槐	*Styphnolobium japonicum*	180	12	350	19	白云观内玉皇宝殿西侧	白云观
62010200047	槐	*Styphnolobium japonicum*	630	15	581	14	城关区西关清真大寺南侧路边	西关清真大寺
62010200048	槐	*Styphnolobium japonicum*	630	19	565	14	城关区西关清真大寺院内	西关清真大寺
62010200049	槐	*Styphnolobium japonicum*	190	17	300	12	城关区张掖路街道下水巷槐宝面庄门口	张掖路街道办事处
62010200050	槐	*Styphnolobium japonicum*	200	11	300	12	兰州晚报院内	张掖路街道办事处
62010200051	槐	*Styphnolobium japonicum*	120	13	230	15	兰州市第一工人俱乐部应义轩南侧	兰州市第一工人俱乐部
62010200053	槐	*Styphnolobium japonicum*	150	17	270	13	兰州市第一工人俱乐部山木阁西侧	兰州市第一工人俱乐部
62010200055	槐	*Styphnolobium japonicum*	110	13	240	12	兰州市第一工人俱乐部	兰州市第一工人俱乐部
62010200070	槐	*Styphnolobium japonicum*	120	11	220	9	城关区宁卧庄小学院内教学楼西南侧	宁卧庄小学
62010200071	槐	*Styphnolobium japonicum*	120	8	290	5	城关区宁卧庄小学院内教学楼西侧	宁卧庄小学
62010200072	槐	*Styphnolobium japonicum*	120	12	260	16	城关区宁卧庄小学院内教学楼东南侧	宁卧庄小学
62010200081	槐	*Styphnolobium japonicum*	800	10	500	19	城关区东岗西路街道南滨河东路春园内	城关绿化所
62010200082	槐	*Styphnolobium japonicum*	700	12	470	13	三爱堂医院内	三爱堂医院
62010200085	槐	*Styphnolobium japonicum*	120	11	314	15	三爱堂医院神经内科西门口	三爱堂医院
62010200111	槐	*Styphnolobium japonicum*	140	13	290	17	五泉山公园上广场中央	五泉山公园
62010200138	槐	*Styphnolobium japonicum*	600	22	580	21	五泉山公园浚源寺内金刚殿前	五泉山公园
62010200151	槐	*Styphnolobium japonicum*	100	16	220	19	五泉山公园办公室院内	五泉山公园

古树编号	树种	树种拉丁名	估测树龄	树高 (m)	树围 (cm)	平均冠幅 (m)	具体地点	管护单位 / 人
62010200153	槐	*Styphnolobium japonicum*	120	14	293	17	五泉山公园嘛呢寺院内第二台	五泉山公园
62010200172	槐	*Styphnolobium japonicum*	190	8	300	6	五泉山公园兰山索道售票处南侧居民平房院内	五泉山公园
62010200194	槐	*Styphnolobium japonicum*	100	14	220	13	五泉山公园憩园北侧	五泉山公园
62010200204	槐	*Styphnolobium japonicum*	100	13	280	8	城关区南昌路 1080 号	西北宾馆
62010200209	槐	*Styphnolobium japonicum*	100	15	240	13	城关区雁园街道刘家滩村 69 附 2 号	刘家滩村委会
62010300009	槐	*Styphnolobium japonicum*	160	14	282	15	七里河区彭家坪镇龚家湾村龚家湾路 188 号老君庙院内	彭家坪镇政府
62010300010	槐	*Styphnolobium japonicum*	300	20	361	22	七里河区西果园镇堡子村李家庄村小组 48 号	西果园镇政府
62010300049	槐	*Styphnolobium japonicum*	1300	17	605	14	兰州市第一工人文化宫（原金天观）院内碧血碑对面	兰州市第一工人文化宫
62010300052	槐	*Styphnolobium japonicum*	1300	12	585	19	兰州市第一工人文化宫院内四合院门前西北侧	兰州市第一工人文化宫
62010300060	槐	*Styphnolobium japonicum*	150	17	276	12	兰州市第一工人文化宫院内云水堂后东南侧	兰州市第一工人文化宫
62010300061	槐	*Styphnolobium japonicum*	170	22	288	19	兰州市第一工人文化宫院内云水堂后西南侧	兰州市第一工人文化宫
62010300066	槐	*Styphnolobium japonicum*	110	18	239	14	兰州市第一工人文化宫院内牡丹池院内	兰州市第一工人文化宫
62010300067	槐	*Styphnolobium japonicum*	1300	13	530	11	兰州市第一工人文化宫院内西北角夹道内	兰州市第一工人文化宫
62010300068	槐	*Styphnolobium japonicum*	320	12	370	17	兰州市第一工人文化宫院内真武祠门前	兰州市第一工人文化宫
62010300069	槐	*Styphnolobium japonicum*	250	16	337	19	兰州市第一工人文化宫院内元坛祠前	兰州市第一工人文化宫
62010400005	槐	*Styphnolobium japonicum*	300	20	400	16	兰州东川国际物流港务区内（西固区新城镇）	新城镇政府
62010400006	槐	*Styphnolobium japonicum*	150	10	236	13	西固区新城镇青石台村羊黑山二郎庙旁	新城镇政府
62010400023	槐	*Styphnolobium japonicum*	280	14	275	11	西固区第一小学操场	西固区第一小学
62011100001	槐	*Styphnolobium japonicum*	500	8	160	9	红古区第一小学操场	红古区第一小学
62011100002	槐	*Styphnolobium japonicum*	320	15	240	16	红古区花庄镇王家庄村王家祠堂门口	王振荣
62011100004	槐	*Styphnolobium japonicum*	1380	13	270	19	红古区平安镇张家寺村永宁寺旁	平安镇政府
62011100005	槐	*Styphnolobium japonicum*	110	13	190	17	红古区平安镇岗子村委会院内	岗子村委会
62012100032	槐	*Styphnolobium japonicum*	390	17	400	22	永登县红城镇野泉村野泉学校操场	野泉学校
62012100042	槐	*Styphnolobium japonicum*	280	20	580	29	永登县龙泉寺镇瑞芝村五社	龙泉寺镇政府
62012200001	槐	*Styphnolobium japonicum*	200	17	428	20	皋兰县石洞镇魏家庄村魏家庄小学操场	魏家庄小学
62012200002	槐	*Styphnolobium japonicum*	200	17	257	14	皋兰县石洞镇文山村 207 号魏晋安家门口南侧	魏晋安
62012200003	槐	*Styphnolobium japonicum*	200	17	260	12	皋兰县石洞镇文山村 207 号魏晋安家门口北侧	魏晋安
62012200005	槐	*Styphnolobium japonicum*	490	11	560	6	皋兰县什川镇北庄村大什字	什川镇政府
62012300012	槐	*Styphnolobium japonicum*	650	17	460	23	榆中县夏官营镇下彭家营村槐树滩	夏官营镇政府
62012300014	槐	*Styphnolobium japonicum*	800	9	471	15	榆中县金崖镇李家磨村大营社大营寺院内	大营寺
62012300019	槐	*Styphnolobium japonicum*	120	12	250	20	榆中县金崖镇齐家平村文化广场后东北侧	金崖镇政府
62012300020	槐	*Styphnolobium japonicum*	120	9	160	10	榆中县金崖镇齐家平村文化广场后西北侧	金崖镇政府
62012300021	槐	*Styphnolobium japonicum*	130	16	336	16	榆中县金崖镇永丰村三社	金崖镇政府
62012300022	槐	*Styphnolobium japonicum*	550	18	408	23	榆中县金崖镇黄家庄村五社	金崖镇政府
62012300037	槐	*Styphnolobium japonicum*	150	14	265	17	榆中县青城镇上坪村二社	青城镇政府
62012300058	槐	*Styphnolobium japonicum*	620	9	418	16	榆中县和平镇徐家营村二社金龙殿	徐家营村委会
苦木科								
62010200129	臭椿	*Ailanthus altissima*	140	13	300	8	五泉山公园东龙口入口处	五泉山公园
62010200186	臭椿	*Ailanthus altissima*	170	13	290	10	五泉山公园文昌宫院内	五泉山公园
62010200187	臭椿	*Ailanthus altissima*	200	11	310	10	五泉山公园掬月泉院内	五泉山公园
62010300044	臭椿	*Ailanthus altissima*	110	12	245	10	七里河区八里镇二十里铺村五组门神地路口	八里镇政府
楝科								
62010200073	香椿	*Toona sinensis*	190	11	300	7	宁卧庄宾馆院内牡丹亭西侧	宁卧庄宾馆
62010200200	香椿	*Toona sinensis*	100	16	220	14	邓家花园照壁后 3 米处	甘肃省机关事务管理局邓园管理中心

古树编号	树种	树种拉丁名	估测树龄	树高 (m)	树围 (cm)	平均冠幅 (m)	具体地点	管护单位 / 人
62010200201	香椿	*Toona sinensis*	100	16	240	16	邓家花园照壁后 10 米处	甘肃省机关事务管理局邓园管理中心
62010200208	香椿	*Toona sinensis*	100	13	290	7	宁卧庄宾馆牡丹亭西南侧	宁卧庄宾馆
无患子科								
62010200074	五角槭	*Acer pictum* subsp. *mono*	40	7	63	5	市民公园办公楼西侧	市民公园
62010400032	五角槭	*Acer pictum* subsp. *mono*	100	7	130	11	中国石油西北销售兰州分公司（西固区）	中国石油西北销售兰州分公司
62010200199	文冠果	*Xanthoceras sorbifolium*	100	7	155	9	城关区东岗西路街道南滨河东路春园内	城关绿化所
62010300071	文冠果	*Xanthoceras sorbifolium*	470	6	214	6	兰州市第一工人文化宫院内天师堂前	兰州市第一工人文化宫
鼠李科								
62010200018	枣	*Ziziphus jujuba*	110	10	170	6	城关区拱星敦街道东湖小区院内 26 号楼南侧	东湖小区
胡颓子科								
62010300058	沙枣	*Elaeagnus angustifolia*	110	12	245	9	兰州市第一工人文化宫院内云水堂后西北侧	兰州市第一工人文化宫
木犀科								
62010200013	暴马丁香	*Syringa reticulata* subsp. *amurensis*	110	9	97	10	甘肃农业职业技术学院第一餐厅北侧	甘肃农业职业技术学院
62012100011	暴马丁香	*Syringa reticulata* subsp. *amurensis*	600	8	290	5	永登县连城镇鲁土司衙门绿照厅南侧	鲁土司衙门博物馆
62012100018	暴马丁香	*Syringa reticulata* subsp. *amurensis*	600	10	315	9	永登县连城镇鲁土司衙门妙音寺古隆宫殿西南侧	鲁土司衙门博物馆
62012100019	暴马丁香	*Syringa reticulata* subsp. *amurensis*	210	10	220	6	永登县连城镇鲁土司衙门万岁殿北侧	鲁土司衙门博物馆
62012100021	暴马丁香	*Syringa reticulata* subsp. *amurensis*	100	11	190	6	永登县连城镇连城村委会院内	连城镇政府
62012100029	暴马丁香	*Syringa reticulata* subsp. *amurensis*	600	8	240	8	永登县城关镇北街社区海德寺院内大雄宝殿前	北街社区

兰州市古树群

古树群编号	主要树种	株数	平均树高 (m)	平均树围 (cm)	平均树龄	具体地点	管护单位
62010562003	枣	5983	8	136	110	安宁区安宁堡街道	安宁堡街道办事处
62010562004	枣	215	9	151	110	安宁区仁寿山景区	仁寿山文化旅游区管委会
62010562005	秋子梨	250	9	282	200	安宁区都市春天生态园	都市春天生态园
62012262006	秋子梨，白梨	9423	9	228	280	皋兰县什川镇	皋兰县古梨园保护中心
62012362007	秋子梨，白梨	518	10	237	200	榆中县青城镇	青城镇政府

嘉峪关市古树名木

古树编号	树种	树种拉丁名	估测树龄	树高 (m)	树围 (cm)	平均冠幅 (m)	具体地点	管护单位 / 人
松科								
62020200001	青海云杉	*Picea crassifolia*	220	17	153	5	新城镇横沟村二组	横沟村委会
杨柳科								
62020100004	小叶杨	*Populus simonii*	150	16	360	18	峪泉镇嘉峪关村关城景区	嘉峪关关城景区开发有限公司
桑科								
62020100001	桑	*Morus alba*	140	13	430	17	峪泉镇黄草营村六组	黄草营村委会
62020100002	桑	*Morus alba*	130	12	178	8	峪泉镇黄草营村六组	黄草营村委会
62020100003	桑	*Morus alba*	120	13	159	8	峪泉镇黄草营村六组	黄草营村委会
苦木科								
62020300001	臭椿	*Ailanthus altissima*	110	16	241	15	文殊镇石桥村二组	石桥村委会

金昌市古树名木

古树编号	树种	树种拉丁名	估测树龄	树高 (m)	树围 (cm)	平均冠幅 (m)	具体地点	管护单位 / 人
柏科								
62030201096	侧柏	*Platycladus orientalis*	300	14	194	3	金川区宁远堡镇中牌村	中牌村委会
62030201105	侧柏	*Platycladus orientalis*	300	11	150	3	金川区宁远堡镇中牌村	中牌村委会
62032105004	侧柏	*Platycladus orientalis*	110	17	240	6	永昌县河西堡镇青山堡村李家南院子	李生月
62032109001	侧柏	*Platycladus orientalis*	230	19	266	10	永昌县水源镇西沟村李家大庄	西沟村委会
杨柳科								
62032104010	钻天杨	*Populus nigra* var. *italica*	480	17	370	8	永昌县北海子公园	神秘骊靬景区管理处
62032101001	小叶杨	*Populus simonii*	280	15	450	21	永昌县红山窑镇王信堡村柴家庄	王信堡村委会
62032101002	小叶杨	*Populus simonii*	220	17	375	14	永昌县红山窑镇姚家寨七社 186 县道	姚家寨村委会
62032101004	小叶杨	*Populus simonii*	110	16	320	19	永昌县红山窑镇高古城村喇嘛庄	蔺树奎
62032101005	小叶杨	*Populus simonii*	110	17	275	19	永昌县红山窑镇马家坪村何家坪	马家坪村委会
62032102001	小叶杨	*Populus simonii*	290	26	416	13	永昌县新城子镇马营沟村四社	马营沟村委会
62032104001	小叶杨	*Populus simonii*	480	10	328	8	永昌县北海子公园	神秘骊靬景区管理处
62032104002	小叶杨	*Populus simonii*	480	23	370	8	永昌县北海子公园	神秘骊靬景区管理处
62032104003	小叶杨	*Populus simonii*	480	11	330	6	永昌县北海子公园	神秘骊靬景区管理处
62032104004	小叶杨	*Populus simonii*	480	9	374	7	永昌县北海子公园	神秘骊靬景区管理处
62032104005	小叶杨	*Populus simonii*	480	9	390	8	永昌县北海子公园	神秘骊靬景区管理处
62032104006	小叶杨	*Populus simonii*	480	9	360	6	永昌县北海子公园	神秘骊靬景区管理处
62032104007	小叶杨	*Populus simonii*	480	17	296	8	永昌县北海子公园	神秘骊靬景区管理处
62032104008	小叶杨	*Populus simonii*	480	8	344	5	永昌县北海子公园	神秘骊靬景区管理处
62032106001	小叶杨	*Populus simonii*	110	20	316	12	永昌县东寨镇龙口村六社	郭万英
62032106002	小叶杨	*Populus simonii*	110	20	296	16	永昌县东寨镇龙口村六社	郭万英
62032106003	小叶杨	*Populus simonii*	110	17	200	15	永昌县东寨镇龙口村六社	郭万英
62032108001	小叶杨	*Populus simonii*	110	20	420	13	永昌县南坝镇永丰村七社	和生荣
胡桃科								
62030201095	胡桃	*Juglans regia*	110	13	260	13	金川区宁远堡镇中牌村三组	中牌村委会
62030201111	胡桃	*Juglans regia*	130	22	358	12	金川区宁远堡镇东湾村五组	张宗永
榆科								
62030201113	榆树	*Ulmus pumila*	110	13	290	14	金川区宁远堡镇下四分村委会旁	下四分村委会
62030202101	榆树	*Ulmus pumila*	110	15	260	13	金川区双湾镇古城村四组	刘光全
62030202112	榆树	*Ulmus pumila*	120	14	260	12	金川区双湾镇陈家沟文昌苑	陈家沟村委会
62032101003	榆树	*Ulmus pumila*	300	6	240	7	金川区红山窑镇王信堡村月牙湖	王信堡村委会
62032102002	榆树	*Ulmus pumila*	300	19	326	15	永昌县新城子镇刘克庄村刘新庄	刘克辉
62032102003	榆树	*Ulmus pumila*	300	17	386	12	永昌县新城子镇刘克庄村刘新庄	刘克辉
蔷薇科								
62032105002	杏	*Prunus armeniaca*	110	6	200	6	永昌县河西堡镇宗家庄村侯家庄	候作英
62032105001	白梨	*Pyrus bretschneideri*	110	7	230	4	永昌县河西堡镇宗家庄村侯家庄	候作英
62032108002	白梨	*Pyrus bretschneideri*	110	7	410	12	永昌县南坝乡何家湾村核桃园	张平

白银市古树名木

古树编号	树种	树种拉丁名	估测树龄	树高 (m)	树围 (cm)	平均冠幅 (m)	具体地点	管护单位 / 人
柏科								
62040302792	侧柏	*Platycladus orientalis*	100	8	151	10	平川区共和镇红沟村	红沟村委会
62042100011	侧柏	*Platycladus orientalis*	430	18	380	17	靖远县平堡镇蒋滩村文山娘娘庙	文山娘娘庙
62042100012	侧柏	*Platycladus orientalis*	430	15	370	15	靖远县平堡镇蒋滩村文山娘娘庙	文山娘娘庙
62042100013	侧柏	*Platycladus orientalis*	200	8	270	8	靖远县北湾镇泰安村泰安堡	李宏珠
62042100015	侧柏	*Platycladus orientalis*	300	15	400	15	靖远县乌兰镇营防村台子社	包成
62042220032	侧柏	*Platycladus orientalis*	240	11	238	8	会宁县会师镇广场社区桥头	会师镇政府
62042221030	侧柏	*Platycladus orientalis*	140	15	120	9	会宁县翟家所镇夏阳村商马社蟠龙山庙	蟠龙山庙
杨柳科								
62040302796	小叶杨	*Populus simonii*	340	13	383	6	平川区黄桥镇马饮水村	马饮水村委会
62040200001	旱柳	*Salix matsudana*	100	20	460	18	白银区四龙镇民乐村四个洞洞	民乐村委会
62040200002	旱柳	*Salix matsudana*	100	20	440	19	白银区四龙镇民乐村四个洞洞	民乐村委会
62040200012	旱柳	*Salix matsudana*	100	20	436	22	白银区四龙镇梁庄村梁家庄	梁庄村委会
62040200015	旱柳	*Salix matsudana*	100	18	390	19	白银区四龙镇永兴村许家滩子	许朝明
62040200018	旱柳	*Salix matsudana*	100	24	392	21	白银区四龙镇王四龙村王家沟	王建有
62040210001	旱柳	*Salix matsudana*	200	15	410	13	白银区水川镇大川渡村会嘴子车	大川渡村委会
62040210005	旱柳	*Salix matsudana*	400	14	660	20	白银区水川镇桦皮川村	桦皮川村委会
62040210009	旱柳	*Salix matsudana*	150	25	440	16	白银区水川镇顾家善村水车旁	顾家善村委会
62040210010	旱柳	*Salix matsudana*	110	20	245	14	白银区水川镇顾家善村对把子巷	顾家善村委会
62040210011	旱柳	*Salix matsudana*	100	21	390	19	白银区水川镇顾家善村对把子巷	顾家善村委会
62042302125	旱柳	*Salix matsudana*	500	12	330	12	景泰县正路镇黄羊趟村台子圈	黄羊趟村委会
62040301945	旱柳	*Salix matsudana*	150	32	151	42	平川区水泉镇陡城村	陡城村委会
62040302632	旱柳	*Salix matsudana*	150	20	568	21	平川区水泉镇野麻村	野麻村委会
62040302767	旱柳	*Salix matsudana*	1300	8	471	5	平川区共和镇毛河洛村龙凤山	毛河洛村委会
62042100001	旱柳	*Salix matsudana*	150	28	840	29	靖远县糜滩镇下滩村长尾滩	赵孝
62042100003	旱柳	*Salix matsudana*	300	7	930	8	靖远县东湾镇东湾村岳家台聚仙庙	聚仙庙
62042100004	旱柳	*Salix matsudana*	170	8	550	10	靖远县东湾镇瓜园村瓜园村一社	王建柱
62042100005	旱柳	*Salix matsudana*	500	13	520	12	靖远县东湾镇大坝村	王志、李其玉
62042100006	旱柳	*Salix matsudana*	200	9	380	9	靖远县东湾镇大坝村	王志、李其玉
62042100010	旱柳	*Salix matsudana*	160	12	180	7	靖远县东湾镇大坝村法泉寺	许建安
62042225001	旱柳	*Salix matsudana*	140	17	432	16	会宁县侯家川镇古道岔村石沟湾社	古道岔村委会
62042225002	旱柳	*Salix matsudana*	140	18	235	17	会宁县侯家川镇古道岔村石沟湾社	古道岔村委会
62042225003	旱柳	*Salix matsudana*	140	18	330	13	会宁县侯家川镇古道岔村石沟湾社	古道岔村委会
62042225004	旱柳	*Salix matsudana*	140	18	230	13	会宁县侯家川镇古道岔村石沟湾社	古道岔村委会

古树编号	树种	树种拉丁名	估测树龄	树高 (m)	树围 (cm)	平均冠幅 (m)	具体地点	管护单位 / 人
62042225005	旱柳	*Salix matsudana*	140	18	235	13	会宁县侯家川镇古道岔村石沟湾社	古道岔村委会
62042225006	旱柳	*Salix matsudana*	140	18	350	14	会宁县侯家川镇古道岔村石沟湾社	古道岔村委会
62042225007	旱柳	*Salix matsudana*	140	18	240	12	会宁县侯家川镇古道岔村石沟湾社	古道岔村委会
62042225008	旱柳	*Salix matsudana*	140	18	220	12	会宁县侯家川镇古道岔村石沟湾社	古道岔村委会
62042225009	旱柳	*Salix matsudana*	140	18	190	12	会宁县侯家川镇古道岔村石沟湾社	古道岔村委会
62042225010	旱柳	*Salix matsudana*	140	18	260	12	会宁县侯家川镇古道岔村石沟湾社	古道岔村委会
62042225011	旱柳	*Salix matsudana*	140	16	270	8	会宁县侯家川镇古道岔村石沟湾社	古道岔村委会
62042225012	旱柳	*Salix matsudana*	140	15	210	8	会宁县侯家川镇古道岔村石沟湾社	古道岔村委会
62042225013	旱柳	*Salix matsudana*	140	18	280	15	会宁县侯家川镇古道岔村石沟湾社	古道岔村委会
62042225014	旱柳	*Salix matsudana*	140	15	230	8	会宁县侯家川镇古道岔村石沟湾社	古道岔村委会
62042225015	旱柳	*Salix matsudana*	140	18	135	12	会宁县侯家川镇古道岔村石沟湾社	古道岔村委会
62042225016	旱柳	*Salix matsudana*	140	18	310	15	会宁县侯家川镇古道岔村石沟湾社	古道岔村委会
62042225017	旱柳	*Salix matsudana*	140	18	175	12	会宁县侯家川镇古道岔村石沟湾社	古道岔村委会
62042225018	旱柳	*Salix matsudana*	140	18	160	12	会宁县侯家川镇古道岔村石沟湾社	古道岔村委会
62042225019	旱柳	*Salix matsudana*	140	18	185	12	会宁县侯家川镇古道岔村石沟湾社	古道岔村委会
62042225020	旱柳	*Salix matsudana*	140	18	165	12	会宁县侯家川镇古道岔村石沟湾社	古道岔村委会
62042225021	旱柳	*Salix matsudana*	140	18	325	16	会宁县侯家川镇古道岔村石沟湾社	古道岔村委会
62042225022	旱柳	*Salix matsudana*	140	17	175	12	会宁县侯家川镇古道岔村石沟湾社	古道岔村委会
62042225023	旱柳	*Salix matsudana*	140	18	200	12	会宁县侯家川镇古道岔村石沟湾社	古道岔村委会
62042225024	旱柳	*Salix matsudana*	140	18	160	12	会宁县侯家川镇古道岔村石沟湾社	古道岔村委会
62042225025	旱柳	*Salix matsudana*	140	18	230	12	会宁县侯家川镇古道岔村石沟湾社	古道岔村委会
62042225026	旱柳	*Salix matsudana*	140	18	160	12	会宁县侯家川镇古道岔村石沟湾社	古道岔村委会
62042225027	旱柳	*Salix matsudana*	140	18	190	16	会宁县侯家川镇古道岔村石沟湾社	古道岔村委会
62042225028	旱柳	*Salix matsudana*	140	18	385	16	会宁县侯家川镇古道岔村石沟湾社	古道岔村委会
胡桃科								
62042301600	胡桃	*Juglans regia*	110	13	245	12	景泰县芦阳镇响水村下车木峡	响水村委会
62040200017	胡桃	*Juglans regia*	100	21	240	19	白银区四龙镇民乐村四社	王连成
榆科								
62040302795	榆树	*Ulmus pumila*	230	16	214	8	平川区复兴乡上汉村	上汉村委会
62042100009	榆树	*Ulmus pumila*	220	10	280	7	靖远县东湾镇大坝村法泉寺	许建安
62042100014	榆树	*Ulmus pumila*	400	15	300	25	靖远县若笠乡中塬村中塬社	马志孝
蔷薇科								
62042301761	杏	*Prunus armeniaca*	130	8	229	9	景泰县芦阳镇响水村下车木峡	响水村委会
62042301779	杏	*Prunus armeniaca*	130	9	239	7	景泰县芦阳镇响水村下车木峡	响水村委会
62042302121	杏	*Prunus armeniaca*	110	4	60	4	景泰县五佛乡金坪村	金坪村委会
62042300071	杏	*Prunus armeniaca*	110	8	195	8	景泰县五佛乡金坪村	金坪村委会
62042300073	杏	*Prunus armeniaca*	110	8	188	8	景泰县五佛乡金坪村	金坪村委会
62042300872	杏	*Prunus armeniaca*	160	9	283	9	景泰县五佛乡兴水村上车木峡	兴水村委会
62042301335	杏	*Prunus armeniaca*	110	10	204	9	景泰县草窝滩镇翠柳村北长滩	翠柳村委会
62042301525	杏	*Prunus armeniaca*	110	9	188	8	景泰县芦阳镇响水村下车木峡	响水村委会
62042301527	杏	*Prunus armeniaca*	140	9	245	9	景泰县芦阳镇响水村下车木峡	响水村委会
62040302797	杏	*Prunus armeniaca*	340	7	214	6	平川区黄桥镇马饮水村	马饮水村委会
62040302798	杏	*Prunus armeniaca*	340	6	163	4	平川区黄桥镇马饮水村	马饮水村委会
62040302799	杏	*Prunus armeniaca*	340	9	214	8	平川区黄桥镇马饮水村	马饮水村委会
62040210012	白梨	*Pyrus bretschneideri*	110	16	270	11	白银区水川镇大川渡村高老庄	大川渡村委会
62042100016	白梨	*Pyrus bretschneideri*	100	15	300	14	靖远县糜滩镇下滩村仁合社	李德

古树编号	树种	树种拉丁名	估测树龄	树高 (m)	树围 (cm)	平均冠幅 (m)	具体地点	管护单位 / 人
62040200004	白梨	*Pyrus bretschneideri*	100	10	286	8	白银区四龙镇民乐村民乐滩	王根庆
62040200005	白梨	*Pyrus bretschneideri*	100	9	177	8	白银区四龙镇民乐村一社	王家武
62040200006	白梨	*Pyrus bretschneideri*	100	10	173	9	白银区四龙镇民乐村民乐滩	王克丞
62040200008	白梨	*Pyrus bretschneideri*	100	11	220	9	白银区四龙镇民乐村民乐滩	王克会
62040210002	白梨	*Pyrus bretschneideri*	150	15	280	11	白银区水川镇大川渡村曾家街	张兆元
62040210008	白梨	*Pyrus bretschneideri*	150	9	400	7	白银区水川镇顺安村魏家沟	魏正兴
62040301619	秋子梨	*Pyrus ussuriensis*	220	10	245	8	平川区水泉镇玉碗泉村	武鹤林
豆科								
62040200013	槐	*Styphnolobium japonicum*	100	11	245	6	白银区四龙镇梁庄村梁家庄	梁庄村委会
62040200014	槐	*Styphnolobium japonicum*	100	18	255	21	白银区四龙镇梁庄村解家沟	梁庄村委会
62040200016	槐	*Styphnolobium japonicum*	100	25	266	27	白银区四龙镇永兴村雒家湾	雒鸣海
62042100002	槐	*Styphnolobium japonicum*	400	27	520	27	靖远县糜滩镇下滩村何家庄	何爱瑞、何世孝
62042100017	槐	*Styphnolobium japonicum*	600	21	168	22	靖远县三滩镇新田村	新田村委会
62042212031	槐	*Styphnolobium japonicum*	300	13	340	14	会宁县头寨子镇成牟家村南社	牟克文
62042301292	槐	*Styphnolobium japonicum*	280	8	182	10	景泰县五佛乡兴水村五组	兴水村委会
苦木科								
62042302122	臭椿	*Ailanthus altissima*	110	10	210	11	景泰县中泉镇尾泉村	尾泉村委会
无患子科								
62042100007	文冠果	*Xanthoceras sorbifolium*	360	6	360	9	靖远县东湾镇砂梁村乃家沟乃家台子	乃学银、乔淑、苏志勇等
62042100008	文冠果	*Xanthoceras sorbifolium*	260	5	130	7	靖远县东湾镇砂梁村乃家沟乃家台子	乃学银、乔淑、苏志勇等
鼠李科								
62040200003	枣	*Ziziphus jujuba*	100	11	255	5	白银区四龙镇民乐村王家滩	李文华
62040200009	枣	*Ziziphus jujuba*	100	10	151	7	白银区四龙镇民乐村民乐滩	王万恩
62040200010	枣	*Ziziphus jujuba*	100	10	151	6	白银区四龙镇民乐村民乐滩	王得安
62040200011	枣	*Ziziphus jujuba*	100	10	151	5	白银区四龙镇民乐村民乐滩	王尕安
62042300083	枣	*Ziziphus jujuba*	110	6	157	6	景泰县五佛乡东青村师家庄	东青村委会
62040301613	枣	*Ziziphus jujuba*	110	7	148	8	平川区水泉镇玉碗泉村	李世武
62040301614	枣	*Ziziphus jujuba*	110	7	151	9	平川区水泉镇玉碗泉村	杨永辉
62040301615	枣	*Ziziphus jujuba*	140	8	182	9	平川区水泉镇玉碗泉村	李守奎
62040301616	枣	*Ziziphus jujuba*	140	7	182	8	平川区水泉镇玉碗泉村	李守奎
62040301617	枣	*Ziziphus jujuba*	130	9	176	9	平川区水泉镇玉碗泉村	李守奎
62040301618	枣	*Ziziphus jujuba*	110	8	157	9	平川区水泉镇玉碗泉村	李守奎
62040302800	枣	*Ziziphus jujuba*	100	7	144	7	平川区宝积镇冯园村	冯园村委会
62040302801	枣	*Ziziphus jujuba*	110	8	157	5	平川区宝积镇冯园村	冯园村委会
62040302813	枣	*Ziziphus jujuba*	100	5	144	6	平川区宝积镇冯园村	冯园村委会
62040302814	枣	*Ziziphus jujuba*	110	8	151	5	平川区宝积镇冯园村	冯园村委会
62040302815	枣	*Ziziphus jujuba*	100	7	144	6	平川区宝积镇冯园村	冯园村委会
62040302824	枣	*Ziziphus jujuba*	110	5	151	5	平川区宝积镇穹沟村	穹沟村委会
柽柳科								
62042302123	柽柳	*Tamarix chinensis*	100	10	120	6	景泰县中泉镇尾泉村	尾泉村委会
62040302766	柽柳	*Tamarix chinensis*	600	6	471	5	平川区共和镇兄弟村龙凤山道观	龙凤山道观
62042221029	柽柳	*Tamarix chinensis*	400	12	690	12	会宁县翟家所镇翟家所村	蟠龙山庙
胡颓子科								
62042302124	沙枣	*Elaeagnus angustifolia*	100	15	180	12	景泰县寺滩乡永泰村	永泰村委会
62040302794	沙枣	*Elaeagnus angustifolia*	110	12	267	7	平川区共和镇中和村打拉池中心小学	打拉池中心小学

白银市古树群

古树群编号	主要树种	株数	平均树高（米）	平均树围（厘米）	平均树龄	具体地点	管护单位
62040262008	枣	9	11	150	150	白银区四龙镇梁庄村	梁庄村委会
62040262009	枣	80	8	110	150	白银区四龙镇双合村	双合村委会
62040262010	枣	110	10	100	250	白银区关家沟村碾湾	关家沟村委会
62040262011	枣	82	10	100	200	白银区关家沟村大涡子	关家沟村委会
62040262012	枣	100	10	100	180	白银区关家沟村红沟地	关家沟村委会
62040262013	枣	90	10	95	200	白银区关家沟村肖泉沟	关家沟村委会
62040262014	枣	146	10	95	250	白银区关家沟村沙涡	关家沟村委会
62040262015	枣	70	9	60	150	白银区关家沟村东泉子	关家沟村委会
62040262016	枣	129	10	100	200	白银区关家沟村阳湾子	关家沟村委会
62040262017	枣	10	10	110	200	白银区关家沟村双岔口	关家沟村委会
62040262018	枣	159	11	110	250	白银区关家沟村阴面	关家沟村委会
62040262019	枣	150	10	95	150	白银区大川渡村枣树园	大川渡村委会
62040262020	枣	10	15	220	120	白银区桦皮川村三社	桦皮川村委会
62042162036	枣	1068	11	115	220	靖远县石门乡小口村	小口村委会
62042162037	枣	998	11	120	210	靖远县石门乡安韦村上吊坡社	安韦村委会
62042162038	枣	800	11	120	210	靖远县石门乡安韦村下吊坡社	安韦村委会
62042162039	秋子梨	99	13	280	210	靖远县石门乡安韦村下吊坡社	安韦村委会
62042162040	枣	35	10	150	220	靖远县东湾镇砂梁村十一社	砂梁村委会
62042162041	秋子梨	1026	12	280	210	靖远县兴隆乡大庙村	大庙村委会
62042162042	白梨	460	13	200	210	靖远县乌兰镇营防村	营防村委会
62042162043	侧柏	5	14	180	430	靖远县平堡镇蒋滩村彬蓬山龙王庙	龙王庙
62042162044	枣	30	10	100	140	靖远县石门乡茨滩村	茨滩村委会

古树群编号	主要树种	株数	平均树高（米）	平均树围（厘米）	平均树龄	具体地点	管护单位
62042162045	枣	156	10	100	150	靖远县石门乡坝滩村	坝滩村委会
62042162046	秋子梨	614	12	280	210	靖远县兴隆乡营坪村	营坪村委会
62042162047	秋子梨	249	12	280	200	靖远县兴隆乡马尾村	马尾村委会
62042162048	旱柳	5	8	47	100	靖远县东湾镇红柳村	红柳村委会
62042362049	胡杨	150	8	40	500	景泰县上沙沃镇梧桐山	梧桐山寺
62042362050	枣	200	8	40	110	景泰县中泉镇尾泉沟	尾泉村委会
62040300001	枣，秋子梨，杏	761	9	165	120	平川区水泉镇黄沙湾村村内及黄河沿岸耕地	黄沙湾村委会
62040300002	枣，秋子梨	680	9	165	120	平川区水泉镇大黄湾村村内及黄河沿岸耕地	大黄湾村委会
62040300003	枣	15	8	178	130	平川区水泉镇玉碗泉村黄河沿岸耕地西北角	玉碗泉村委会
62040300004	枣	24	9	160	110	平川区水泉镇玉碗泉村黄河沿岸耕地西北角	玉碗泉村委会
62040300005	枣，秋子梨，杏，旱柳	169	10	188	130	平川区水泉镇玉碗泉村黄河沿岸耕地	玉碗泉村委会
62040300006	枣，秋子梨，杏	316	10	173	120	平川区水泉镇小黄湾村村内及周边耕地	小黄湾村委会
62040300007	枣	504	9	172	130	平川区水泉镇牙沟水村与 G6 高速中间	牙沟水村委会
62040300008	秋子梨，枣，杏	177	10	221	140	平川区水泉镇野麻村黄河沿岸园地	野麻村委会
62040300009	枣	66	9	168	120	平川区水泉镇野麻村空心楼	野麻村委会
62040300010	秋子梨，杏	24	8	224	120	平川区共和镇中和村陈家院子	中和村委会
62040300011	枣	11	8	152	110	平川区宝积镇冯园村	冯园村委会
62040300012	枣	8	8	155	110	平川区宝积镇鸾沟村吊沟村忠恒商贸中心对面	鸾沟村委会
62040300013	枣	5	9	149	100	平川区水泉镇陡城村东南角沟渠旁	陡城村委会
62040300014	枣，秋子梨	46	8	173	130	平川区水泉镇野麻村白杨林北侧	野麻村委会
62040300015	枣，秋子梨	21	10	176	110	平川区水泉镇野麻村白杨林南侧	野麻村委会
62042372051	枣，秋子梨	1599	10	185	130	景泰县五佛乡东青、金坪、泰和、西源、兴水 5 个村	五佛乡政府
62042372052	枣	320	10	156	120	景泰县芦阳镇响水村下木车峡	响水村委会
62042372053	枣，秋子梨	142	11	154	130	景泰县草窝滩镇翠柳村北长滩	翠柳村委会
62042372054	枣	28	8	136	130	景泰县中泉镇常生村	常生村委会
62042372055	秋子梨	16	11	128	120	景泰县中泉镇龙湾村	龙湾村委会

天水市古树名木

古树编号	树种	树种拉丁名	估测树龄	树高 (m)	树围 (cm)	平均冠幅 (m)	具体地点	管护单位 / 人
银杏科								
62050200016	银杏	*Ginkgo biloba*	150	16	235	8	秦州区西关街道解放路社区	解放路社区
62050200017	银杏	*Ginkgo biloba*	150	20	265	11	秦州区西关街道解放路社区	解放路社区
62050200245	银杏	*Ginkgo biloba*	100	14	90	7	秦州区西关街道解放路社区	解放路社区
松科								
62052411018	岷江冷杉	*Abies fargesii* var. *faxoniana*	100	19	180	10	武山县龙台镇青山村吴家沟 88 号	李福顺
62052411019	岷江冷杉	*Abies fargesii* var. *faxoniana*	100	15	210	9	武山县龙台镇青山村吴家沟麦场边	李福顺
62052101074	云杉	*Picea asperata*	120	8	120	9	清水县永清镇双场村会钟龙山照阳寺	双场村委会
62052300156	云杉	*Picea asperata*	150	14	100	9	甘谷县礼辛镇马坡村大礼段	马亚平
62052300157	云杉	*Picea asperata*	120	13	90	7	甘谷县礼辛镇马坡村大礼段	马亚平
62052401003	云杉	*Picea asperata*	300	18	230	13	武山县桦林镇高河村高皇寺院内	高月喜
62052401004	云杉	*Picea asperata*	120	14	130	9	武山县桦林镇高河村村庄地里	高玉平
62052410005	云杉	*Picea asperata*	110	15	118	4	武山县滩歌镇代沟村山神庙院内	代夫炳
62052410012	云杉	*Picea asperata*	120	20	135	10	武山县滩歌镇上街村万花寺院内	卢荣平
62052410013	云杉	*Picea asperata*	120	19	130	9	武山县滩歌镇上街村万花寺院内	卢荣平
62052410017	云杉	*Picea asperata*	110	19	140	11	武山县滩歌镇代磨村山神庙院内	张旺明
62052410018	云杉	*Picea asperata*	120	21	140	8	武山县滩歌镇上街村万花寺院内	卢荣平
62052415029	云杉	*Picea asperata*	250	20	180	8	武山县沿安乡西沟村庙院内	宋安平
62052406019	青杄	*Picea wilsonii*	600	32	500	16	武山县山丹镇崔山村上庄路旁	马一寿
62052406020	青杄	*Picea wilsonii*	600	28	460	15	武山县山丹镇崔山村上庄路旁	马一寿
62052406021	青杄	*Picea wilsonii*	600	30	470	14	武山县山丹镇崔山村上庄路口	马一寿
62052410007	青杄	*Picea wilsonii*	600	36	353	10	武山县滩歌镇南沟村陈儿峪叶彦林老院屋后	吕满东
62052410008	青杄	*Picea wilsonii*	600	32	420	15	武山县滩歌镇本深沟村大干石李玉祥院内	马四有
62052410010	青杄	*Picea wilsonii*	600	33	400	10	武山县滩歌镇本深沟村大干石老坟头	马四有
62052411008	青杄	*Picea wilsonii*	300	23	240	14	武山县龙台镇青山村原学校旁	李福顺
62052411023	青杄	*Picea wilsonii*	200	13	160	13	武山县龙台镇杨嘴村	杨生银
62052411024	青杄	*Picea wilsonii*	230	26	170	9	武山县龙台镇大庄村庄头下张晓斌家坟地	罗军平
62052411034	青杄	*Picea wilsonii*	120	30	180	5	武山县龙台镇龙山村寺庙后	于进海
62052412016	青杄	*Picea wilsonii*	600	34	370	12	武山县四门镇松树村原老庙门口	南山林场
62052412017	青杄	*Picea wilsonii*	600	36	380	10	武山县四门镇松树村原老庙门口	南山林场
62052413010	青杄	*Picea wilsonii*	380	25	330	12	武山县温泉镇草川村包家庄龙王庙后山	仁德荣

古树编号	树种	树种拉丁名	估测树龄	树高 (m)	树围 (cm)	平均冠幅 (m)	具体地点	管护单位 / 人
62052413011	青杆	*Picea wilsonii*	380	20	270	12	武山县温泉镇草川村包家庄龙王庙后山	仁德荣
62052414020	青杆	*Picea wilsonii*	260	24	160	8	武山县杨河镇杨楼村公路旁山神庙	杨绪定
62052414026	青杆	*Picea wilsonii*	150	22	140	6	武山县杨河镇中梁村范家山纸房庙	闫吾平
62052414027	青杆	*Picea wilsonii*	150	14	130	7	武山县杨河镇中梁村范家山纸房庙	闫吾平
62052414028	青杆	*Picea wilsonii*	150	28	190	8	武山县杨河镇中梁村杨映红家墙边	闫吾平
62052414034	青杆	*Picea wilsonii*	520	16	270	8	武山县杨河镇牛山村三关殿	王菊红
62052414043	青杆	*Picea wilsonii*	200	22	100	11	武山县杨河镇张山村	范福平
62052415031	青杆	*Picea wilsonii*	180	20	122	8	武山县沿安乡草滩村松爷庙	漆宏平
62052415032	青杆	*Picea wilsonii*	180	18	88	10	武山县沿安乡草滩村松爷庙	漆宏平
62052415033	青杆	*Picea wilsonii*	180	18	70	8	武山县沿安乡草滩村松爷庙	漆宏平
62052415034	青杆	*Picea wilsonii*	180	18	87	9	武山县沿安乡草滩村松爷庙	贾军平
62052415035	青杆	*Picea wilsonii*	180	19	102	9	武山县沿安乡草滩村松爷庙	贾军平
62052415044	青杆	*Picea wilsonii*	300	22	200	8	武山县沿安乡郭山村关帝庙内	祁岁保
62052300197	青杆	*Picea wilsonii*	800	28	100	3	甘谷县古坡镇上店子村	上店子村委会
62052100001	华山松	*Pinus armandi*	190	13	256	6	清水县山门镇白河村三皇沟轩辕殿	龙金财
62052100002	华山松	*Pinus armandi*	190	12	251	5	清水县山门镇腰套村大松头山神庙	郭丙峰
6205210001	华山松	*Pinus armandi*	200	15	150	5	清水县黄门镇黄湾村	黄彦青
6205210006	华山松	*Pinus armandi*	200	15	160	5	清水县黄门镇黄湾村	黄彦青
62052100406	华山松	*Pinus armandi*	200	14	148	4	清水县黄门镇黄湾村	黄湾村委会
62052100456	华山松	*Pinus armandi*	100	20	100	23	清水县白驼镇林屲村杨庄花园崖	林屲村委会
62052100647	华山松	*Pinus armandi*	100	17	140	7	清水县红堡镇高沟村爷庙台	高沟村委会
62052100865	华山松	*Pinus armandi*	100	15	60	4	清水县秦亭镇刘峡村山神庙	刘峡村委会
62052100893	华山松	*Pinus armandi*	100	9	60	6	清水县秦亭镇张吕村爷庙院内	张吕村委会
62052100935	华山松	*Pinus armandi*	250	10	150	8	清水县山门镇腰套村大松头	腰套村委会
62052100948	华山松	*Pinus armandi*	150	11	100	11	清水县松树镇代王村代王坟地	代王村委会
62052101091	华山松	*Pinus armandi*	150	15	230	14	清水县远门镇铁炉村	铁炉村委会
62052411009	华山松	*Pinus armandi*	300	13	170	10	武山县龙台镇青山村原学校旁	李福顺
62052411010	华山松	*Pinus armandi*	300	16	180	8	武山县龙台镇青山村原学校旁	李福顺
62052411011	华山松	*Pinus armandi*	200	13	170	8	武山县龙台镇青山村原学校旁	李福顺
62052411012	华山松	*Pinus armandi*	200	12	140	7	武山县龙台镇青山村原学校旁	李福顺
62052411015	华山松	*Pinus armandi*	150	17	130	8	武山县龙台镇青山村原学校旁	李福顺
62052412006	华山松	*Pinus armandi*	260	17	260	16	武山县四门镇麦山村塔拉寺	赵小兵
62052412033	华山松	*Pinus armandi*	260	22	160	6	武山县四门镇大蒿村	松世东
62052412034	华山松	*Pinus armandi*	150	22	130	7	武山县四门镇大蒿村	松世东
62052413015	华山松	*Pinus armandi*	110	15	180	8	武山县温泉镇马皇寺村东坡庄顶	张全福

古树编号	树种	树种拉丁名	估测树龄	树高 (m)	树围 (cm)	平均冠幅 (m)	具体地点	管护单位 / 人
62052413018	华山松	*Pinus armandi*	100	11	172	8	武山县温泉镇李子沟村廖家庄东侧半山腰	兰旭东
62052415002	华山松	*Pinus armandi*	180	16	170	9	武山县沿安乡九棵树村	王羊保
62052500037	华山松	*Pinus armandi*	100	11	101	8	张家川回族自治县张家川镇杨店村	杨宗义
62052500038	华山松	*Pinus armandi*	100	13	123	10	张家川回族自治县张家川镇杨店村	杨宗义
62052500039	华山松	*Pinus armandi*	100	14	120	10	张家川回族自治县张家川镇杨店村	杨宗义
62052500040	华山松	*Pinus armandi*	100	12	132	10	张家川回族自治县张家川镇杨店村	杨茂林
62052500041	华山松	*Pinus armandi*	100	13	160	11	张家川回族自治县张家川镇杨店村	杨茂林
62052500064	华山松	*Pinus armandi*	100	12	157	8	张家川回族自治县胡川镇柳湾村	马国生
62050300124	白皮松	*Pinus bungeana*	1200	28	438	20	麦积区党川镇夏家坪村对面河边	夏家坪村委会
62050300231	白皮松	*Pinus bungeana*	120	10	130	3	麦积区甘泉镇石沟村龙王庙门口	石沟村委会
62050300232	白皮松	*Pinus bungeana*	150	13	160	5	麦积区甘泉镇石沟村龙王庙门口	石沟村委会
62050300235	白皮松	*Pinus bungeana*	100	12	125	4	麦积区甘泉镇石沟村龙王庙东侧台地	石沟村委会
62050300261	白皮松	*Pinus bungeana*	500	20	263	12	麦积区甘泉镇峡门村村边山顶	峡门村委会
62050300370	白皮松	*Pinus bungeana*	300	16	230	8	麦积区麦积镇冯王村村口坟地	冯王村委会
62050300384	白皮松	*Pinus bungeana*	500	12	280	10	麦积区麦积镇草滩村老庄背后	草滩村委会
62050300385	白皮松	*Pinus bungeana*	400	16	242	9	麦积区麦积镇红崖村村西北南山台子	红崖村委会
62050300525	白皮松	*Pinus bungeana*	500	18	266	8	麦积区利桥镇蔚明村山神庙后树林	蔚明村委会
62052216001	白皮松	*Pinus bungeana*	140	16	223	20	秦安县王尹镇王庙村普渡寺	普渡寺
62050200621	油松	*Pinus tabuliformis*	400	28	310	21	秦州区齐寿镇火焰村	周万虎
62050220235	油松	*Pinus tabuliformis*	150	16	322	6	秦州区齐寿镇廖集村周家坪	廖集村委会
62050220429	油松	*Pinus tabuliformis*	400	15	400	18	秦州区娘娘坝镇小峪村	小峪村委会
62050220863	油松	*Pinus tabuliformis*	100	15	130	11	秦州区秦岭乡董集寨村	董集寨村委会
62050300031	油松	*Pinus tabuliformis*	150	14	180	11	麦积区伯阳镇王坪村村东三岔路边坡	王坪村委会
62050300040	油松	*Pinus tabuliformis*	250	24	257	10	麦积区伯阳镇范河村老庄山顶	范河村委会
62050300041	油松	*Pinus tabuliformis*	100	12	150	10	麦积区伯阳镇范河村老庄山顶	范河村委会
62050300042	油松	*Pinus tabuliformis*	100	22	150	12	麦积区伯阳镇范河村老庄山顶	范河村委会
62050300043	油松	*Pinus tabuliformis*	100	24	155	14	麦积区伯阳镇范河村老庄山顶	范河村委会
62050300044	油松	*Pinus tabuliformis*	100	20	155	13	麦积区伯阳镇范河村老庄山顶	范河村委会
62050300049	油松	*Pinus tabuliformis*	250	14	240	8	麦积区伯阳镇红崖村 24 号院后山坡	红崖村委会
62050300050	油松	*Pinus tabuliformis*	200	12	200	7	麦积区伯阳镇红崖村 25 号院后山坡	红崖村委会
62050300051	油松	*Pinus tabuliformis*	150	14	180	9	麦积区伯阳镇红崖村山神庙门口	红崖村委会
62050300052	油松	*Pinus tabuliformis*	150	16	170	8	麦积区伯阳镇红崖村山神庙门口	红崖村委会
62050300069	油松	*Pinus tabuliformis*	100	13	210	12	麦积区伯阳镇南河村北山王家祖坟地	南河村委会
62050300070	油松	*Pinus tabuliformis*	100	15	220	10	麦积区伯阳镇南河村北山王家祖坟地	南河村委会
62050300071	油松	*Pinus tabuliformis*	100	12	180	8	麦积区伯阳镇南河村北山王家祖坟地	南河村委会

古树编号	树种	树种拉丁名	估测树龄	树高 (m)	树围 (cm)	平均冠幅 (m)	具体地点	管护单位 / 人
62050300072	油松	*Pinus tabuliformis*	100	10	170	8	麦积区伯阳镇南河村北山王家祖坟地	南河村委会
62050300073	油松	*Pinus tabuliformis*	100	14	200	11	麦积区伯阳镇南河村北山王家祖坟地	南河村委会
62050300078	油松	*Pinus tabuliformis*	100	18	130	8	麦积区伯阳镇南河村圣湫山慈恩寺大殿后坡	南河村委会
62050300080	油松	*Pinus tabuliformis*	100	10	130	8	麦积区伯阳镇南河村圣湫山坡	南河村委会
62050300081	油松	*Pinus tabuliformis*	100	12	150	12	麦积区伯阳镇南河村圣湫山坡	南河村委会
62050300082	油松	*Pinus tabuliformis*	100	13	145	10	麦积区伯阳镇南河村圣湫山坡	南河村委会
62050300083	油松	*Pinus tabuliformis*	100	12	140	10	麦积区伯阳镇南河村圣湫山坡	南河村委会
62050300084	油松	*Pinus tabuliformis*	100	13	160	13	麦积区伯阳镇南河村圣湫山坡	南河村委会
62050300085	油松	*Pinus tabuliformis*	100	15	170	14	麦积区伯阳镇南河村圣湫山坡	南河村委会
62050300086	油松	*Pinus tabuliformis*	100	12	140	10	麦积区伯阳镇南河村圣湫山坡	南河村委会
62050300087	油松	*Pinus tabuliformis*	100	14	160	12	麦积区伯阳镇南河村圣湫山坡	南河村委会
62050300088	油松	*Pinus tabuliformis*	100	12	140	12	麦积区伯阳镇南河村圣湫山坡	南河村委会
62050300089	油松	*Pinus tabuliformis*	100	12	135	11	麦积区伯阳镇南河村圣湫山坡	南河村委会
62050300090	油松	*Pinus tabuliformis*	100	11	130	11	麦积区伯阳镇南河村圣湫山坡	南河村委会
62050300091	油松	*Pinus tabuliformis*	100	10	120	11	麦积区伯阳镇南河村圣湫山坡	南河村委会
62050300092	油松	*Pinus tabuliformis*	100	15	165	13	麦积区伯阳镇南河村圣湫山坡	南河村委会
62050300093	油松	*Pinus tabuliformis*	100	16	180	14	麦积区伯阳镇南河村圣湫山坡	南河村委会
62050300115	油松	*Pinus tabuliformis*	400	26	335	10	麦积区党川镇党川村绥福寺背后山坡	党川村委会
62050300116	油松	*Pinus tabuliformis*	150	22	200	10	麦积区党川镇党川村绥福寺背后山坡	党川村委会
62050300117	油松	*Pinus tabuliformis*	150	22	480	12	麦积区党川镇党川村绥福寺背后山坡	党川村委会
62050300122	油松	*Pinus tabuliformis*	150	30	180	10	麦积区党川镇花庙村中和寺围墙外坡	花庙村委会
62050300123	油松	*Pinus tabuliformis*	150	30	190	10	麦积区党川镇花庙村中和寺围墙外坡	花庙村委会
62050300233	油松	*Pinus tabuliformis*	100	17	150	6	麦积区甘泉镇石沟村龙王庙前山坡	石沟村委会
62050300314	油松	*Pinus tabuliformis*	150	20	195	10	麦积区麦积镇贾河村何家庄 30 号门口路边	贾河村委会
62050300324	油松	*Pinus tabuliformis*	100	4	105	7	麦积区麦积镇街亭村	崇福寺
62050300369	油松	*Pinus tabuliformis*	150	6	200	9	麦积区麦积镇冯王村村口坟地	冯王村委会
62050300371	油松	*Pinus tabuliformis*	150	18	195	8	麦积区麦积镇冯王村西北山梁	冯王村委会
62050300372	油松	*Pinus tabuliformis*	150	18	180	7	麦积区麦积镇冯王村西北山梁	冯王村委会
62050300373	油松	*Pinus tabuliformis*	150	17	175	8	麦积区麦积镇冯王村西北山梁	冯王村委会
62050300374	油松	*Pinus tabuliformis*	100	17	145	7	麦积区麦积镇冯王村西北山梁	冯王村委会
62050300375	油松	*Pinus tabuliformis*	100	18	165	8	麦积区麦积镇冯王村西北山梁	冯王村委会
62050300376	油松	*Pinus tabuliformis*	100	16	150	6	麦积区麦积镇冯王村西北山梁	冯王村委会
62050300377	油松	*Pinus tabuliformis*	100	17	160	7	麦积区麦积镇冯王村西北山梁	冯王村委会
62050300378	油松	*Pinus tabuliformis*	150	18	175	8	麦积区麦积镇冯王村西北山梁	冯王村委会

古树编号	树种	树种拉丁名	估测树龄	树高 (m)	树围 (cm)	平均冠幅 (m)	具体地点	管护单位 / 人
62050300379	油松	*Pinus tabuliformis*	150	20	200	14	麦积区麦积镇冯王村三岔路口	冯王村委会
62050300390	油松	*Pinus tabuliformis*	400	16	345	12	麦积区麦积镇后川村公路边坡	后川村委会
62050300391	油松	*Pinus tabuliformis*	150	14	164	12	麦积区麦积镇后川村委会对面山顶	后川村委会
62050300392	油松	*Pinus tabuliformis*	150	18	170	7	麦积区麦积镇陈山村山神庙旁路边	陈山村委会
62050300393	油松	*Pinus tabuliformis*	150	16	135	6	麦积区麦积镇陈山村山神庙后坡	陈山村委会
62050300394	油松	*Pinus tabuliformis*	150	20	185	8	麦积区麦积镇陈山村山神庙后坡	陈山村委会
62050300395	油松	*Pinus tabuliformis*	150	10	165	10	麦积区麦积镇陈山村猪场路边	陈山村委会
62050300397	油松	*Pinus tabuliformis*	100	6	150	9	麦积区麦积镇刘坪村寺庙文昌阁殿前	刘坪村委会
62050300414	油松	*Pinus tabuliformis*	200	18	185	11	麦积区五龙镇张湾村财神庙院内	张湾村委会
62050300560	油松	*Pinus tabuliformis*	120	14	200	8	麦积区社棠镇下曲村山神庙后	下曲村委会
62050300629	油松	*Pinus tabuliformis*	200	13	195	9	麦积区新阳镇席寨村东岳庙东岳殿	凤凰山管委会
62050300685	油松	*Pinus tabuliformis*	400	30	350	13	麦积区元龙镇青龙村村南荒地	青龙村委会
62050300686	油松	*Pinus tabuliformis*	150	12	175	12	麦积区元龙镇青龙村青龙寺院内	青龙村委会
62052100003	油松	*Pinus tabuliformis*	160	17	226	12	清水县陇东乡崔杨村张沟	白来生
62052101027	油松	*Pinus tabuliformis*	150	25	300	4	清水县王河镇响水村肖家坟湾里	响水村委会
62052410011	油松	*Pinus tabuliformis*	130	14	210	14	武山县滩歌镇本深沟村桦树沟	马四有
62052412043	油松	*Pinus tabuliformis*	120	27	160	9	武山县四门镇周嘴村华严庵院内	王迟荣
62052412044	油松	*Pinus tabuliformis*	120	27	160	9	武山县四门镇周嘴村华严庵院内	王迟荣
62052500022	油松	*Pinus tabuliformis*	220	14	270	15	张家川回族自治县张家川镇园树村	李建新
62052500023	油松	*Pinus tabuliformis*	220	10	165	12	张家川回族自治县张家川镇园树村	李建新
62052500045	油松	*Pinus tabuliformis*	110	19	143	11	张家川回族自治县马鹿镇寺湾村	蒲玉堂
62052500054	油松	*Pinus tabuliformis*	150	13	220	12	张家川回族自治县大阳乡河李村	李虎彪
62052500055	油松	*Pinus tabuliformis*	150	11	210	11	张家川回族自治县大阳乡河李村	李虎彪
62052500063	油松	*Pinus tabuliformis*	100	18	173	9	张家川回族自治县胡川镇柳湾村	马国生
62050300168	油松	*Pinus tabuliformis*	200	15	240	13	麦积区甘泉镇甘江村山神庙门口	甘江村委会
62050300362	油松	*Pinus tabuliformis*	300	15	270	16	麦积区麦积镇滩子村老村口山坡	滩子村委会
62050300363	油松	*Pinus tabuliformis*	300	16	320	16	麦积区麦积镇滩子村老村口山坡	滩子村委会
柏科								
62050300507	圆柏	*Juniperus chinensis*	100	12	130	4	麦积区花牛镇毛集村朝阳寺北侧台地上	毛集村委会
62050300584	圆柏	*Juniperus chinensis*	200	9	80	3	麦积区渭南镇吴家庄伏羲庙院内	卦台山景区服务中心
6205210027	圆柏	*Juniperus chinensis*	300	9	70	3	清水县白驼镇林山村朱家坟园（四组）	林山村委会
62052100317	圆柏	*Juniperus chinensis*	360	9	80	5	清水县贾川乡上湾村大山棱	周建红
62052300185	刺柏	*Juniperus formosana*	200	15	180	4	甘谷县古坡镇古坡村	海潭寺
62052300186	刺柏	*Juniperus formosana*	500	25	130	4	甘谷县古坡镇古坡村	古坡村委会

古树编号	树种	树种拉丁名	估测树龄	树高 (m)	树围 (cm)	平均冠幅 (m)	具体地点	管护单位 / 人
62052401005	刺柏	*Juniperus formosana*	350	13	270	9	武山县桦林镇上沟村张家坟地	张鹏强
62052401006	刺柏	*Juniperus formosana*	350	12	270	12	武山县桦林镇上沟村张家坟地	张鹏强
62052406017	刺柏	*Juniperus formosana*	200	11	140	6	武山县山丹镇崔山村村庄庙院内	马一寿
62052406018	刺柏	*Juniperus formosana*	200	10	170	5	武山县山丹镇崔山村村庄庙院内	马一寿
62052410002	刺柏	*Juniperus formosana*	120	16	150	7	武山县滩歌镇王磨村后山	王友真
62052410023	刺柏	*Juniperus formosana*	200	20	137	4	武山县滩歌镇下街村山神庙	郑玉成
62052414021	刺柏	*Juniperus formosana*	180	20	90	5	武山县杨河镇杨楼村公路旁山神庙	杨绪定
62052415010	刺柏	*Juniperus formosana*	200	10	140	7	武山县沿安乡九棵树村高家山庙	赵羊娃
62050300014	杜松	*Juniperus rigida*	200	12	127	7	麦积区伯阳镇复兴村五山庙院内	复兴村委会
62050300054	杜松	*Juniperus rigida*	300	10	165	8	麦积区伯阳镇石门村仙人观院内	石门村委会
6205210002	粉柏	*Juniperus squamata* 'Meyeri'	500	14	110	6	清水县黄门镇黄湾村	黄彦青
6205210003	粉柏	*Juniperus squamata* 'Meyeri'	500	15	100	5	清水县黄门镇黄湾村	黄彦青
6205210005	粉柏	*Juniperus squamata* 'Meyeri'	500	7	108	7	清水县黄门镇黄湾村	黄彦青
62052100305	粉柏	*Juniperus squamata* 'Meyeri'	500	15	170	5	清水县丰望乡高何村雷神庙	张守科
62050300238	侧柏	*Platycladus orientalis*	130	6	125	3	麦积区甘泉镇石沟村龙王庙东侧台地上	石沟村委会
62052100043	侧柏	*Platycladus orientalis*	100	11	146	9	清水县秦亭镇秦亭村温家堡子四咀子	赵连生
62050200001	侧柏	*Platycladus orientalis*	2600	26	340	18	秦州区玉泉镇王家坪南郭寺	南郭寺公园管理处
62050200018	侧柏	*Platycladus orientalis*	900	30	380	15	秦州区大城街道光明巷社区	光明巷社区
62050200025	侧柏	*Platycladus orientalis*	100	13	125	9	秦州区大城街道进步巷社区	进步巷社区
62050200097	侧柏	*Platycladus orientalis*	300	10	260	9	秦州区大城街道光明巷社区	光明巷社区
62050200162	侧柏	*Platycladus orientalis*	200	23	220	7	秦州区东关街道十方堂社区天水市第三监狱	天水市第三监狱
62050200198	侧柏	*Platycladus orientalis*	500	20	220	10	秦州区大城街道进步巷社区	进步巷社区
62050200199	侧柏	*Platycladus orientalis*	200	18	125	7	秦州区大城街道进步巷社区	进步巷社区
62050200203	侧柏	*Platycladus orientalis*	200	15	180	7	秦州区大城街道进步巷社区	进步巷社区
62050200205	侧柏	*Platycladus orientalis*	350	14	240	13	秦州区大城街道光明巷社区	光明巷社区
62050200207	侧柏	*Platycladus orientalis*	500	24	200	9	秦州区大城街道光明巷社区	光明巷社区
62050200211	侧柏	*Platycladus orientalis*	200	19	110	6	秦州区大城街道光明巷社区	光明巷社区
62050200224	侧柏	*Platycladus orientalis*	300	18	150	7	秦州区大城街道奋斗巷社区	奋斗巷社区
62050200227	侧柏	*Platycladus orientalis*	300	16	150	7	秦州区大城街道奋斗巷社区	奋斗巷社区
62050200244	侧柏	*Platycladus orientalis*	110	14	120	10	秦州区西关街道解放路社区	解放路社区
62050200600	侧柏	*Platycladus orientalis*	150	11	140	12	秦州区皂郊镇杨家沟野雀湾组青鹃山宝泉寺	宝泉寺
62050200608	侧柏	*Platycladus orientalis*	150	10	130	11	秦州区皂郊镇杨家沟野雀湾组青鹃山宝泉寺	宝泉寺
62050200614	侧柏	*Platycladus orientalis*	100	8	90	4	秦州区天水镇大水村青龙观通道边	青龙观管委会
62050200622	侧柏	*Platycladus orientalis*	100	12	150	8	秦州区齐寿火焰方神庙门口	周万虎

古树编号	树种	树种拉丁名	估测树龄	树高 (m)	树围 (cm)	平均冠幅 (m)	具体地点	管护单位 / 人
62050200639	侧柏	*Platycladus orientalis*	200	11	150	8	秦州区关子镇流水村流水观院中	流水村委会
62050200640	侧柏	*Platycladus orientalis*	400	8	250	13	秦州区皂郊镇周集寨村谢家坡组	高林林
62050200695	侧柏	*Platycladus orientalis*	220	11	180	12	秦州区皂郊镇周集寨村慕水沟组山神庙	高林林
62050200696	侧柏	*Platycladus orientalis*	220	8	160	11	秦州区皂郊镇周集寨村慕水沟组山神庙	高林林
62050200777	侧柏	*Platycladus orientalis*	350	15	170	7	秦州区太京镇韦家沟村	韦家沟村委会
62050220021	侧柏	*Platycladus orientalis*	300	20	180	5	秦州区藉口镇四十铺村	四十铺村委会
62050220024	侧柏	*Platycladus orientalis*	500	20	173	14	秦州区大门镇于山村	于山村委会
62050220033	侧柏	*Platycladus orientalis*	800	20	417	19	秦州区秦岭镇黄集寨村	黄集寨村委会
62050220041	侧柏	*Platycladus orientalis*	500	16	280	11	秦州区杨家寺镇杨家寺村	杨家寺村委会
62050220048	侧柏	*Platycladus orientalis*	200	12	180	6	秦州区皂郊镇兴隆村	兴隆村委会
62050220049	侧柏	*Platycladus orientalis*	150	11	155	5	秦州区皂郊镇兴隆村	兴隆村委会
62050220063	侧柏	*Platycladus orientalis*	500	20	270	15	秦州区平南镇王坡窑村	王坡窑村委会
62050220070	侧柏	*Platycladus orientalis*	300	12	190	8	秦州区藉口镇朱芦村	朱芦村委会
62050220083	侧柏	*Platycladus orientalis*	400	12	310	6	秦州区娘娘坝镇花园村	花园村委会
62050220149	侧柏	*Platycladus orientalis*	150	10	128	8	秦州区皂郊镇榆林村	榆林村委会
62050220157	侧柏	*Platycladus orientalis*	800	9	265	10	秦州区平南镇松林村	松林村委会
62050220166	侧柏	*Platycladus orientalis*	400	12	280	10	秦州区华歧乡范山村	范山村委会
62050220167	侧柏	*Platycladus orientalis*	200	13	210	8	秦州区华歧乡范山村	范山村委会
62050220171	侧柏	*Platycladus orientalis*	150	10	100	3	秦州区太京镇甸子村	甸子村委会
62050220183	侧柏	*Platycladus orientalis*	200	7	100	3	秦州区藉口镇铁炉村	铁炉村委会
62050220184	侧柏	*Platycladus orientalis*	200	7	110	3	秦州区藉口镇铁炉村	铁炉村委会
62050220189	侧柏	*Platycladus orientalis*	100	15	110	7	秦州区玉泉镇七里墩村	七里墩村委会
62050220190	侧柏	*Platycladus orientalis*	100	15	105	7	秦州区玉泉镇七里墩村	七里墩村委会
62050220191	侧柏	*Platycladus orientalis*	100	13	130	8	秦州区玉泉镇七里墩村	七里墩村委会
62050220218	侧柏	*Platycladus orientalis*	700	18	270	13	秦州区玉泉镇暖和湾村	暖和湾村委会
62050220224	侧柏	*Platycladus orientalis*	350	24	160	7	秦州区杨家寺镇杨家寺村	杨家寺村委会
62050220229	侧柏	*Platycladus orientalis*	100	12	110	5	秦州区玉泉镇伏羲路村	伏羲路村委会
62050220233	侧柏	*Platycladus orientalis*	100	13	120	8	秦州区玉泉镇暖和湾村	暖和湾村委会
62050220234	侧柏	*Platycladus orientalis*	100	15	140	5	秦州区齐寿镇廖集村周家坪	廖集村委会
62050220254	侧柏	*Platycladus orientalis*	150	25	180	19	秦州区中梁镇何家庙村	何亚明
62050220257	侧柏	*Platycladus orientalis*	2000	13	163	11	秦州区中梁镇麦王山村	麦王山村委会
62050220259	侧柏	*Platycladus orientalis*	100	11	120	7	秦州区藉口镇栖子滩村	栖子滩村委会
62050220261	侧柏	*Platycladus orientalis*	350	17	212	9	秦州区中梁镇何家庙村	何家庙村委会
62050220262	侧柏	*Platycladus orientalis*	350	20	215	9	秦州区中梁镇何家庙村	何家庙村委会
62050220272	侧柏	*Platycladus orientalis*	100	13	108	6	秦州区玉泉镇暖和湾村	暖和湾村委会

古树编号	树种	树种拉丁名	估测树龄	树高 (m)	树围 (cm)	平均冠幅 (m)	具体地点	管护单位 / 人
62050220289	侧柏	*Platycladus orientalis*	200	7	150	9	秦州区藉口镇曹杜村	曹杜村委会
62050220305	侧柏	*Platycladus orientalis*	150	12	140	4	秦州区藉口镇杜家山村	杜家山村委会
62050220353	侧柏	*Platycladus orientalis*	200	9	188	8	秦州区皂郊镇榆林村	榆林村委会
62050220357	侧柏	*Platycladus orientalis*	300	10	175	10	秦州区天水镇天水村	天水村委会
62050220358	侧柏	*Platycladus orientalis*	150	8	120	6	秦州区天水镇龙头寺村	龙头寺村委会
62050220360	侧柏	*Platycladus orientalis*	300	10	184	6	秦州区大门镇阴湾村	阴湾村委会
62050220362	侧柏	*Platycladus orientalis*	120	9	114	5	秦州区大门镇阴湾村	阴湾村委会
62050220366	侧柏	*Platycladus orientalis*	150	11	133	6	秦州区大门镇阴湾村	阴湾村委会
62050220368	侧柏	*Platycladus orientalis*	160	22	215	14	秦州区娘娘坝镇张家山村	张家山村委会
62050220369	侧柏	*Platycladus orientalis*	300	10	283	6	秦州区汪川镇柏母村	柏母村委会
62050220370	侧柏	*Platycladus orientalis*	200	14	135	11	秦州区汪川镇万庄村	万庄村委会
62050220371	侧柏	*Platycladus orientalis*	150	19	150	7	秦州区汪川镇旗沟村	旗沟村委会
62050220372	侧柏	*Platycladus orientalis*	300	24	225	13	秦州区汪川镇苏成村	苏成村委会
62050220374	侧柏	*Platycladus orientalis*	100	9	130	7	秦州区太京镇董家磨村中心小学	董家磨村委会
62050220375	侧柏	*Platycladus orientalis*	150	9	142	6	秦州区玉泉镇杨何村	杨何村委会
62050220376	侧柏	*Platycladus orientalis*	350	11	192	7	秦州区皂郊镇水泉村	水泉村委会
62050220377	侧柏	*Platycladus orientalis*	100	18	110	7	秦州区汪川镇旗沟村	旗沟村委会
62050220378	侧柏	*Platycladus orientalis*	300	22	265	10	秦州区汪川镇大吕村	大吕村委会
62050220379	侧柏	*Platycladus orientalis*	150	9	125	4	秦州区天水镇双闫村	双闫村委会
62050220380	侧柏	*Platycladus orientalis*	260	9	135	8	秦州区汪川镇杏树村家庙	杏树村委会
62050220384	侧柏	*Platycladus orientalis*	150	10	130	10	秦州区关子镇潘时村杜家山	潘时村委会
62050220385	侧柏	*Platycladus orientalis*	200	11	120	8	秦州区关子镇石川村回龙山关帝庙	关帝庙
62050220389	侧柏	*Platycladus orientalis*	100	12	110	5	秦州区藉口镇吴家崖村	吴家崖村委会
62050220391	侧柏	*Platycladus orientalis*	200	10	137	7	秦州区玉泉镇杨何村肖家沟山神庙	杨何村委会
62050220392	侧柏	*Platycladus orientalis*	200	9	150	4	秦州区齐寿镇柳沟村	柳沟村委会
62050220394	侧柏	*Platycladus orientalis*	150	14	125	9	秦州区玉泉镇石马坪村	石马坪村委会
62050220395	侧柏	*Platycladus orientalis*	150	10	120	6	秦州区玉泉镇石马坪村	石马坪村委会
62050220398	侧柏	*Platycladus orientalis*	200	9	155	7	秦州区玉泉镇杨何村肖家沟山神庙	杨何村委会
62050220404	侧柏	*Platycladus orientalis*	100	20	114	5	秦州区平南镇苏家湾村	苏家湾村委会
62050220405	侧柏	*Platycladus orientalis*	300	12	245	13	秦州区皂郊镇袁家河村	袁家河村委会
62050220406	侧柏	*Platycladus orientalis*	200	14	150	9	秦州区汪川镇万庄村	万庄村委会
62050220407	侧柏	*Platycladus orientalis*	500	22	400	14	秦州区皂郊镇东沟村	东沟村委会
62050220408	侧柏	*Platycladus orientalis*	150	15	95	6	秦州区汪川镇万庄村	万庄村委会
62050220409	侧柏	*Platycladus orientalis*	100	15	122	9	秦州区平南镇赵家窑村	赵家窑村委会
62050220410	侧柏	*Platycladus orientalis*	150	9	180	7	秦州区玉泉镇杨何村	杨何村委会

古树编号	树种	树种拉丁名	估测树龄	树高 (m)	树围 (cm)	平均冠幅 (m)	具体地点	管护单位 / 人
62050220411	侧柏	*Platycladus orientalis*	200	15	136	6	秦州区大门镇阴湾村	阴湾村委会
62050220413	侧柏	*Platycladus orientalis*	100	12	100	7	秦州区齐寿镇廖集村	廖集村委会
62050220414	侧柏	*Platycladus orientalis*	100	8	110	10	秦州区平南镇关同村	关同村委会
62050220416	侧柏	*Platycladus orientalis*	100	8	172	7	秦州区平南镇关同村	关同村委会
62050220417	侧柏	*Platycladus orientalis*	800	9	108	13	秦州区平南镇关同村	关同村委会
62050220418	侧柏	*Platycladus orientalis*	250	15	240	9	秦州区皂郊镇东沟村	东沟村委会
62050220420	侧柏	*Platycladus orientalis*	300	12	195	13	秦州区华歧镇谢小村	谢小村委会
62050220455	侧柏	*Platycladus orientalis*	100	7	120	8	秦州区藉口镇三合村	三合村委会
62050220466	侧柏	*Platycladus orientalis*	300	8	135	6	秦州区华歧镇范山村	范山村委会
62050220468	侧柏	*Platycladus orientalis*	200	13	210	11	秦州区汪川镇郭山村	郭山村委会
62050220469	侧柏	*Platycladus orientalis*	800	19	282	16	秦州区汪川镇柏阳村	柏阳村委会
62050220476	侧柏	*Platycladus orientalis*	400	18	203	7	秦州区中梁镇红卫村	红卫村委会
62050220488	侧柏	*Platycladus orientalis*	200	10	190	8	秦州区关子镇刘家山村	刘家山村委会
62050220493	侧柏	*Platycladus orientalis*	120	16	130	9	秦州区藉口镇吴家崖村	吴家崖村委会
62050220494	侧柏	*Platycladus orientalis*	200	7	149	7	秦州区汪川镇大吕村	大吕村委会
62050220501	侧柏	*Platycladus orientalis*	250	16	175	8	秦州区玉泉镇冰凌寺村	冰凌寺
62050220503	侧柏	*Platycladus orientalis*	200	14	150	7	秦州区玉泉镇冰凌寺村	冰凌寺
62050220522	侧柏	*Platycladus orientalis*	200	10	125	5	秦州区太京镇东山村	东山村委会
62050220523	侧柏	*Platycladus orientalis*	120	12	102	6	秦州区中梁镇赵家河村	赵家河村委会
62050220525	侧柏	*Platycladus orientalis*	200	18	150	9	秦州区娘娘坝镇缑家村	缑家村委会
62050220526	侧柏	*Platycladus orientalis*	200	20	200	8	秦州区娘娘坝镇李子村	李子村委会
62050220527	侧柏	*Platycladus orientalis*	200	6	200	6	秦州区牡丹镇邵集寨村	邵集寨村委会
62050220545	侧柏	*Platycladus orientalis*	400	15	245	9	秦州区太京镇东山村	东山村委会
62050220752	侧柏	*Platycladus orientalis*	100	14	110	6	秦州区太京镇西山坪村	西山坪村委会
62050220753	侧柏	*Platycladus orientalis*	150	14	115	7	秦州区牡丹镇邓家门村	邓家门村委会
62050220754	侧柏	*Platycladus orientalis*	200	6	115	5	秦州区牡丹镇邓家门村	邓家门村委会
62050220755	侧柏	*Platycladus orientalis*	300	7	170	6	秦州区牡丹镇吴集寨村	吴集寨村委会
62050220756	侧柏	*Platycladus orientalis*	200	16	220	10	秦州区太京镇董家磨村中心小学	董家磨村委会
62050220758	侧柏	*Platycladus orientalis*	300	15	314	7	秦州区玉泉镇孙家坪村	孙家坪村委会
62050220759	侧柏	*Platycladus orientalis*	300	16	200	12	秦州区太京镇川口村	川口村委会
62050220762	侧柏	*Platycladus orientalis*	100	12	100	6	秦州区太京镇西山坪村	西山坪村委会
62050220763	侧柏	*Platycladus orientalis*	200	15	185	13	秦州区太京镇川口村	川口村委会
62050220765	侧柏	*Platycladus orientalis*	120	12	80	5	秦州区玉泉镇孙家坪村	孙家坪村委会
62050220766	侧柏	*Platycladus orientalis*	150	8	120	7	秦州区太京镇盘龙村何家庙	盘龙村委会
62050220767	侧柏	*Platycladus orientalis*	200	15	165	9	秦州区太京镇廿铺村	廿铺村委会

古树编号	树种	树种拉丁名	估测树龄	树高 (m)	树围 (cm)	平均冠幅 (m)	具体地点	管护单位 / 人
62050220768	侧柏	*Platycladus orientalis*	200	6	150	6	秦州区太京镇马岐山村杨家沟	马岐山村委会
62050220769	侧柏	*Platycladus orientalis*	100	5	100	7	秦州区太京镇张吴山村吴家山	张吴山村委会
62050220773	侧柏	*Platycladus orientalis*	220	15	180	13	秦州区太京镇马岐山村青龙山梨花寺	马岐山村委会
62050220774	侧柏	*Platycladus orientalis*	200	5	150	7	秦州区太京镇马岐山村杨家沟	马岐山村委会
62050220775	侧柏	*Platycladus orientalis*	200	13	210	8	秦州区太京镇庙子村旧庙	庙子村委会
62050220776	侧柏	*Platycladus orientalis*	100	6	110	7	秦州区太京镇张吴山村	张吴山村委会
62050220777	侧柏	*Platycladus orientalis*	350	15	170	7	秦州区太京镇韦家沟村	韦家沟村委会
62050220778	侧柏	*Platycladus orientalis*	350	13	150	7	秦州区太京镇韦家沟村	韦家沟村委会
62050220779	侧柏	*Platycladus orientalis*	120	13	130	8	秦州区秦岭镇董集寨村	董集寨村委会
62050220780	侧柏	*Platycladus orientalis*	130	18	290	8	秦州区秦岭镇董集寨村	董集寨村委会
62050220781	侧柏	*Platycladus orientalis*	200	7	190	6	秦州区牡丹镇王家大山村	王家大山村委会
62050220783	侧柏	*Platycladus orientalis*	100	7	70	5	秦州区牡丹镇大柳树村	大柳树村委会
62050220789	侧柏	*Platycladus orientalis*	200	12	180	9	秦州区秦岭镇白集寨村	白集寨村委会
62050220791	侧柏	*Platycladus orientalis*	260	17	190	10	秦州区牡丹镇任家堡村	任家堡村委会
62050220792	侧柏	*Platycladus orientalis*	200	7	140	7	秦州区牡丹镇任家堡村	任家堡村委会
62050220794	侧柏	*Platycladus orientalis*	200	6	190	13	秦州区杨家寺镇跃马村	跃马村委会
62050220795	侧柏	*Platycladus orientalis*	200	13	125	7	秦州区杨家寺镇跃马村	跃马村委会
62050220796	侧柏	*Platycladus orientalis*	150	12	130	6	秦州区杨家寺镇北具村	北具村委会
62050220797	侧柏	*Platycladus orientalis*	150	13	130	7	秦州区杨家寺镇北具村	北具村委会
62050220798	侧柏	*Platycladus orientalis*	300	7	180	6	秦州区牡丹镇吴集寨村	吴集寨村委会
62050220799	侧柏	*Platycladus orientalis*	200	12	270	8	秦州区太京镇庙子村	庙子村委会
62050220800	侧柏	*Platycladus orientalis*	300	15	220	10	秦州区太京镇银坑村尹家庄	银坑村委会
62050220808	侧柏	*Platycladus orientalis*	200	12	170	5	秦州区太京镇董家磨村	董家磨村委会
62050220818	侧柏	*Platycladus orientalis*	150	8	110	8	秦州区牡丹镇杜白村	杜白村委会
62050220820	侧柏	*Platycladus orientalis*	100	7	100	5	秦州区太京镇甸子村大草坪	甸子村委会
62050220821	侧柏	*Platycladus orientalis*	200	16	160	9	秦州区太京镇董家磨村	董家磨村委会
62050220822	侧柏	*Platycladus orientalis*	150	13	130	7	秦州区太京镇郭家坪村	郭家坪村委会
62050220824	侧柏	*Platycladus orientalis*	200	17	180	9	秦州区太京镇董家磨村	董家磨村委会
62050220825	侧柏	*Platycladus orientalis*	150	14	165	8	秦州区太京镇郭家坪村	郭家坪村委会
62050220827	侧柏	*Platycladus orientalis*	100	8	90	5	秦州区太京镇甸子村大草坪	甸子村委会
62050220859	侧柏	*Platycladus orientalis*	230	11	150	11	秦州区牡丹镇杜白村	杜白村委会
62050220882	侧柏	*Platycladus orientalis*	300	8	190	11	秦州区牡丹镇杜白村	杜白村委会
62050300001	侧柏	*Platycladus orientalis*	300	18	195	5	麦积区伯阳镇复兴村兴福寺院内	复兴村委会
62050300002	侧柏	*Platycladus orientalis*	200	20	115	7	麦积区伯阳镇复兴村兴福寺院内	复兴村委会
62050300003	侧柏	*Platycladus orientalis*	300	18	195	6	麦积区伯阳镇复兴村兴福寺院内	复兴村委会

古树编号	树种	树种拉丁名	估测树龄	树高 (m)	树围 (cm)	平均冠幅 (m)	具体地点	管护单位 / 人
62050300004	侧柏	*Platycladus orientalis*	200	20	135	7	麦积区伯阳镇复兴村兴福寺院内	复兴村委会
62050300005	侧柏	*Platycladus orientalis*	200	21	155	8	麦积区伯阳镇复兴村兴福寺门外戏场	复兴村委会
62050300006	侧柏	*Platycladus orientalis*	200	20	150	5	麦积区伯阳镇复兴村兴福寺门外戏场	复兴村委会
62050300007	侧柏	*Platycladus orientalis*	200	16	150	7	麦积区伯阳镇复兴村五山庙院内	复兴村委会
62050300008	侧柏	*Platycladus orientalis*	200	15	150	6	麦积区伯阳镇复兴村五山庙院内	复兴村委会
62050300009	侧柏	*Platycladus orientalis*	200	16	148	6	麦积区伯阳镇复兴村五山庙院内	复兴村委会
62050300010	侧柏	*Platycladus orientalis*	200	16	150	7	麦积区伯阳镇复兴村五山庙院内	复兴村委会
62050300011	侧柏	*Platycladus orientalis*	200	15	158	9	麦积区伯阳镇复兴村五山庙院内	复兴村委会
62050300012	侧柏	*Platycladus orientalis*	200	15	135	7	麦积区伯阳镇复兴村五山庙院内	复兴村委会
62050300013	侧柏	*Platycladus orientalis*	200	16	126	6	麦积区伯阳镇复兴村五山庙院内	复兴村委会
62050300015	侧柏	*Platycladus orientalis*	200	16	180	6	麦积区伯阳镇复兴村山神庙门口	复兴村委会
62050300016	侧柏	*Platycladus orientalis*	200	14	160	8	麦积区伯阳镇复兴村山神庙侧面	复兴村委会
62050300017	侧柏	*Platycladus orientalis*	100	15	120	5	麦积区伯阳镇复兴村山神庙门口	复兴村委会
62050300018	侧柏	*Platycladus orientalis*	100	16	140	8	麦积区伯阳镇复兴村山神庙背后土埂	复兴村委会
62050300019	侧柏	*Platycladus orientalis*	100	15	125	7	麦积区伯阳镇复兴村山神庙背后土埂	复兴村委会
62050300020	侧柏	*Platycladus orientalis*	100	15	130	6	麦积区伯阳镇复兴村山神庙背后土埂	复兴村委会
62050300021	侧柏	*Platycladus orientalis*	200	12	175	8	麦积区伯阳镇保安村方神庙南侧土台子	保安村委会
62050300065	侧柏	*Platycladus orientalis*	150	12	190	10	麦积区伯阳镇南河村北山王家祖坟地	南河村委会
62050300066	侧柏	*Platycladus orientalis*	100	10	110	8	麦积区伯阳镇南河村北山王家祖坟地	南河村委会
62050300067	侧柏	*Platycladus orientalis*	100	10	110	8	麦积区伯阳镇南河村北山王家祖坟地	南河村委会
62050300068	侧柏	*Platycladus orientalis*	120	11	160	9	麦积区伯阳镇南河村北山王家祖坟地	南河村委会
62050300074	侧柏	*Platycladus orientalis*	100	10	120	7	麦积区伯阳镇南河村圣湫山慈恩寺戏台南侧	南河村委会
62050300075	侧柏	*Platycladus orientalis*	100	12	130	8	麦积区伯阳镇南河村圣湫山慈恩寺戏台后坡	南河村委会
62050300103	侧柏	*Platycladus orientalis*	100	18	150	6	麦积区东岔镇龙凤村鱼藏寺门口	龙凤村委会
62050300104	侧柏	*Platycladus orientalis*	100	20	130	6	麦积区东岔镇龙凤村鱼藏寺门口广场边	龙凤村委会
62050300105	侧柏	*Platycladus orientalis*	100	17	150	5	麦积区东岔镇龙凤村鱼藏寺门口广场边	龙凤村委会
62050300106	侧柏	*Platycladus orientalis*	100	18	148	6	麦积区东岔镇腰庄村太白殿墙外	腰庄村委会
62050300107	侧柏	*Platycladus orientalis*	100	20	135	6	麦积区东岔镇腰庄村太白殿墙后	腰庄村委会
62050300149	侧柏	*Platycladus orientalis*	200	9	170	5	麦积区石佛镇黄庄村报恩寺门口	黄庄村委会
62050300150	侧柏	*Platycladus orientalis*	200	9	200	7	麦积区石佛镇黄庄村报恩寺门口	黄庄村委会
62050300151	侧柏	*Platycladus orientalis*	200	6	120	5	麦积区石佛镇黄庄村报恩寺北面土崖	黄庄村委会
62050300152	侧柏	*Platycladus orientalis*	200	6	135	5	麦积区石佛镇黄庄村报恩寺北面土崖	黄庄村委会
62050300153	侧柏	*Platycladus orientalis*	200	6	120	5	麦积区石佛镇黄庄村报恩寺北面土崖	黄庄村委会
62050300157	侧柏	*Platycladus orientalis*	100	13	130	7	麦积区石佛镇张坪村玉鸣寺门口	张坪村委会
62050300158	侧柏	*Platycladus orientalis*	100	14	150	8	麦积区石佛镇张坪村玉鸣寺院内	张坪村委会

古树编号	树种	树种拉丁名	估测树龄	树高 (m)	树围 (cm)	平均冠幅 (m)	具体地点	管护单位 / 人
62050300164	侧柏	*Platycladus orientalis*	1300	18	380	10	麦积区甘泉镇玉兰村太平寺八卦井旁边	太平寺
62050300165	侧柏	*Platycladus orientalis*	1300	21	412	15	麦积区甘泉镇玉兰村太平寺八卦井旁边	太平寺
62050300169	侧柏	*Platycladus orientalis*	200	12	200	10	麦积区甘泉镇甘江村山神庙旁公路南侧路边	甘江村委会
62050300170	侧柏	*Platycladus orientalis*	200	10	165	6	麦积区甘泉镇甘江村山神庙旁公路南侧路边	甘江村委会
62050300179	侧柏	*Platycladus orientalis*	500	12	250	8	麦积区甘泉镇阳湾村泰山庙门口	泰山庙
62050300180	侧柏	*Platycladus orientalis*	300	7	175	5	麦积区甘泉镇阳湾村泰山庙门口东侧	泰山庙
62050300181	侧柏	*Platycladus orientalis*	500	15	240	6	麦积区甘泉镇阳湾村泰山庙大殿前西侧台阶	泰山庙
62050300182	侧柏	*Platycladus orientalis*	500	13	237	6	麦积区甘泉镇阳湾村泰山庙大殿前东侧台阶	泰山庙
62050300183	侧柏	*Platycladus orientalis*	300	10	175	5	麦积区甘泉镇阳湾村泰山庙大殿前场地西侧	泰山庙
62050300184	侧柏	*Platycladus orientalis*	500	12	235	5	麦积区甘泉镇阳湾村泰山庙大殿前场地东侧	泰山庙
62050300185	侧柏	*Platycladus orientalis*	150	7	110	4	麦积区甘泉镇阳湾村泰山庙三宵殿前东侧	泰山庙
62050300186	侧柏	*Platycladus orientalis*	100	8	100	4	麦积区甘泉镇阳湾村泰山庙三宵殿前西侧	泰山庙
62050300187	侧柏	*Platycladus orientalis*	100	9	95	2	麦积区甘泉镇阳湾村泰山庙大殿东侧台阶	泰山庙
62050300188	侧柏	*Platycladus orientalis*	200	8	155	4	麦积区甘泉镇阳湾村泰山庙后院西偏殿台阶	泰山庙
62050300189	侧柏	*Platycladus orientalis*	200	8	135	4	麦积区甘泉镇阳湾村泰山庙后院北墙	泰山庙
62050300190	侧柏	*Platycladus orientalis*	100	7	105	3	麦积区甘泉镇阳湾村泰山庙后院正殿西南角落	泰山庙
62050300191	侧柏	*Platycladus orientalis*	300	11	185	5	麦积区甘泉镇阳湾村泰山庙后南坡台地	泰山庙
62050300192	侧柏	*Platycladus orientalis*	200	8	155	4	麦积区甘泉镇阳湾村泰山庙后南坡台地	泰山庙
62050300193	侧柏	*Platycladus orientalis*	200	6	135	4	麦积区甘泉镇阳湾村泰山庙后南坡台地	泰山庙
62050300196	侧柏	*Platycladus orientalis*	200	15	180	8	麦积区甘泉镇归凤山村云阳寺门口	归凤山村委会
62050300197	侧柏	*Platycladus orientalis*	100	13	125	5	麦积区甘泉镇归凤山村云阳寺门口	归凤山村委会
62050300198	侧柏	*Platycladus orientalis*	100	14	150	7	麦积区甘泉镇归凤山村云阳寺背后	归凤山村委会
62050300201	侧柏	*Platycladus orientalis*	150	14	170	6	麦积区甘泉镇谢崖村委会后西侧山坡	谢崖村委会
62050300202	侧柏	*Platycladus orientalis*	150	14	160	4	麦积区甘泉镇谢崖村委会后西侧山坡	谢崖村委会
62050300208	侧柏	*Platycladus orientalis*	100	13	150	4	麦积区甘泉镇庙沟村象墩寺院内	庙沟村委会
62050300209	侧柏	*Platycladus orientalis*	100	10	140	4	麦积区甘泉镇庙沟村象墩寺院内	庙沟村委会
62050300210	侧柏	*Platycladus orientalis*	100	8	110	3	麦积区甘泉镇庙沟村象墩寺院内	庙沟村委会
62050300217	侧柏	*Platycladus orientalis*	200	12	180	6	麦积区甘泉镇云雾村岭岗	云雾村委会
62050300218	侧柏	*Platycladus orientalis*	200	10	170	7	麦积区甘泉镇云雾村岭岗	云雾村委会
62050300236	侧柏	*Platycladus orientalis*	200	10	210	8	麦积区甘泉镇石沟村龙王庙东侧台地	石沟村委会
62050300237	侧柏	*Platycladus orientalis*	200	15	180	6	麦积区甘泉镇石沟村龙王庙东侧台地	石沟村委会
62050300246	侧柏	*Platycladus orientalis*	200	20	200	8	麦积区甘泉镇廖庄村山神庙南侧路边	廖庄村委会
62050300269	侧柏	*Platycladus orientalis*	100	15	155	7	麦积区甘泉镇朝阳村朝阳寺门口戏场	朝阳村委会
62050300270	侧柏	*Platycladus orientalis*	200	12	210	8	麦积区甘泉镇朝阳村朝阳寺门口戏场	朝阳村委会
62050300271	侧柏	*Platycladus orientalis*	100	12	130	7	麦积区甘泉镇朝阳村朝阳寺门口戏场	朝阳村委会
62050300272	侧柏	*Platycladus orientalis*	100	15	110	4	麦积区甘泉镇朝阳村朝阳寺门口戏场	朝阳村委会

古树编号	树种	树种拉丁名	估测树龄	树高 (m)	树围 (cm)	平均冠幅 (m)	具体地点	管护单位 / 人
62050300276	侧柏	*Platycladus orientalis*	300	12	195	6	麦积区甘泉镇八槐村杜甫草堂院内	八槐村委会
62050300279	侧柏	*Platycladus orientalis*	150	16	195	12	麦积区甘泉镇八槐村老庄山神庙后	八槐村委会
62050300280	侧柏	*Platycladus orientalis*	100	12	120	7	麦积区甘泉镇八槐村老庄山神庙后	八槐村委会
62050300281	侧柏	*Platycladus orientalis*	100	14	120	6	麦积区甘泉镇八槐村老庄山神庙后	八槐村委会
62050300282	侧柏	*Platycladus orientalis*	150	16	190	10	麦积区甘泉镇八槐村老庄山神庙后	八槐村委会
62050300283	侧柏	*Platycladus orientalis*	100	16	150	8	麦积区甘泉镇八槐村排洪渠边	八槐村委会
62050300284	侧柏	*Platycladus orientalis*	100	18	130	7	麦积区甘泉镇八槐村排洪渠边	八槐村委会
62050300290	侧柏	*Platycladus orientalis*	400	12	240	8	麦积区甘泉镇金胡村武圣宫（山神庙）西侧	金胡村委会
62050300295	侧柏	*Platycladus orientalis*	500	18	260	10	麦积区甘泉镇吴家寺村崇庆寺院内	吴家寺村委会
62050300296	侧柏	*Platycladus orientalis*	500	17	240	8	麦积区甘泉镇吴家寺村崇庆寺院内	吴家寺村委会
62050300297	侧柏	*Platycladus orientalis*	500	20	310	10	麦积区甘泉镇吴家寺村崇庆寺院内	吴家寺村委会
62050300298	侧柏	*Platycladus orientalis*	200	11	130	8	麦积区琥珀镇霍家川村圣境寺院内	霍家川村委会
62050300299	侧柏	*Platycladus orientalis*	200	13	160	8	麦积区琥珀镇霍家川村圣境寺院内	霍家川村委会
62050300300	侧柏	*Platycladus orientalis*	200	12	120	6	麦积区琥珀镇霍家川村圣境寺院内	霍家川村委会
62050300301	侧柏	*Platycladus orientalis*	200	12	110	5	麦积区琥珀镇霍家川村圣境寺院内	霍家川村委会
62050300302	侧柏	*Platycladus orientalis*	200	8	120	5	麦积区琥珀镇霍家川村圣境寺院内	霍家川村委会
62050300303	侧柏	*Platycladus orientalis*	200	11	150	6	麦积区琥珀镇霍家川村圣境寺院内	霍家川村委会
62050300304	侧柏	*Platycladus orientalis*	200	13	125	5	麦积区琥珀镇霍家川村圣境寺院内	霍家川村委会
62050300305	侧柏	*Platycladus orientalis*	200	15	155	8	麦积区琥珀镇霍家川村圣境寺院内	霍家川村委会
62050300306	侧柏	*Platycladus orientalis*	200	15	155	8	麦积区琥珀镇霍家川村圣境寺院内	霍家川村委会
62050300307	侧柏	*Platycladus orientalis*	150	11	130	6	麦积区琥珀镇马家坡村方神庙院内	马家坡村委会
62050300308	侧柏	*Platycladus orientalis*	150	12	115	5	麦积区琥珀镇马家坡村方神庙院内	马家坡村委会
62050300309	侧柏	*Platycladus orientalis*	150	10	120	6	麦积区琥珀镇马家坡村方神庙院内	马家坡村委会
62050300322	侧柏	*Platycladus orientalis*	500	20	270	6	麦积区麦积镇街亭村崇福寺纪信祠城隍殿前	崇福寺管委会
62050300326	侧柏	*Platycladus orientalis*	120	13	100	5	麦积区麦积镇街亭村崇福寺西边土崖	崇福寺管委会
62050300327	侧柏	*Platycladus orientalis*	120	15	130	6	麦积区麦积镇街亭村崇福寺西边土崖	崇福寺管委会
62050300328	侧柏	*Platycladus orientalis*	120	14	100	6	麦积区麦积镇街亭村崇福寺西边土崖	崇福寺管委会
62050300329	侧柏	*Platycladus orientalis*	120	14	140	7	麦积区麦积镇街亭村崇福寺西边土崖	崇福寺管委会
62050300330	侧柏	*Platycladus orientalis*	120	14	130	8	麦积区麦积镇街亭村崇福寺西边土崖	崇福寺管委会
62050300331	侧柏	*Platycladus orientalis*	120	14	130	8	麦积区麦积镇街亭村崇福寺西边土崖	崇福寺管委会
62050300332	侧柏	*Platycladus orientalis*	200	20	140	10	麦积区麦积镇街亭村崇福寺西边土崖	崇福寺管委会
62050300333	侧柏	*Platycladus orientalis*	120	14	140	8	麦积区麦积镇街亭村崇福寺西边土崖	崇福寺管委会
62050300334	侧柏	*Platycladus orientalis*	120	12	150	7	麦积区麦积镇街亭村崇福寺西边土崖	崇福寺管委会
62050300335	侧柏	*Platycladus orientalis*	120	13	110	3	麦积区麦积镇街亭村崇福寺门口东侧路边	崇福寺管委会
62050300336	侧柏	*Platycladus orientalis*	120	11	114	4	麦积区麦积镇街亭村崇福寺门口东侧路边	崇福寺管委会
62050300337	侧柏	*Platycladus orientalis*	120	14	98	4	麦积区麦积镇街亭村崇福寺门口东侧路边	崇福寺管委会
62050300338	侧柏	*Platycladus orientalis*	120	12	120	4	麦积区麦积镇街亭村崇福寺门口东侧路边	崇福寺管委会

古树编号	树种	树种拉丁名	估测树龄	树高 (m)	树围 (cm)	平均冠幅 (m)	具体地点	管护单位 / 人
62050300339	侧柏	*Platycladus orientalis*	120	5	100	4	麦积区麦积镇街亭村崇福寺门口西侧路边	崇福寺管委会
62050300340	侧柏	*Platycladus orientalis*	120	12	90	4	麦积区麦积镇街亭村崇福寺门口西侧路边	崇福寺管委会
62050300341	侧柏	*Platycladus orientalis*	120	11	100	4	麦积区麦积镇街亭村崇福寺门口西侧路边	崇福寺管委会
62050300342	侧柏	*Platycladus orientalis*	120	7	110	4	麦积区麦积镇街亭村崇福寺纪信祠门口南侧路边	崇福寺管委会
62050300343	侧柏	*Platycladus orientalis*	120	6	95	4	麦积区麦积镇街亭村崇福寺纪信祠门口南侧路边	崇福寺管委会
62050300344	侧柏	*Platycladus orientalis*	120	6	95	4	麦积区麦积镇街亭村崇福寺纪信祠门口南侧路边	崇福寺管委会
62050300345	侧柏	*Platycladus orientalis*	120	16	126	6	麦积区麦积镇街亭村崇福寺财神殿后面	崇福寺管委会
62050300346	侧柏	*Platycladus orientalis*	120	15	130	5	麦积区麦积镇街亭村崇福寺大佛殿东北侧	崇福寺管委会
62050300347	侧柏	*Platycladus orientalis*	120	16	150	7	麦积区麦积镇街亭村崇福寺真武殿后面	崇福寺管委会
62050300348	侧柏	*Platycladus orientalis*	120	14	160	6	麦积区麦积镇街亭村崇福寺崇福亭东南坡	崇福寺管委会
62050300349	侧柏	*Platycladus orientalis*	120	14	155	6	麦积区麦积镇街亭村崇福寺崇福亭东南坡	崇福寺管委会
62050300352	侧柏	*Platycladus orientalis*	100	11	140	6	麦积区麦积镇北湾村显应祠院内	北湾村委会
62050300353	侧柏	*Platycladus orientalis*	100	10	120	7	麦积区麦积镇北湾村显应祠院内	北湾村委会
62050300354	侧柏	*Platycladus orientalis*	100	10	110	5	麦积区麦积镇北湾村显应祠院内	北湾村委会
62050300365	侧柏	*Platycladus orientalis*	200	16	240	8	麦积区麦积镇滩子村村北头老山神庙背后	滩子村委会
62050300366	侧柏	*Platycladus orientalis*	200	14	210	6	麦积区麦积镇滩子村村北头老山神庙背后	滩子村委会
62050300399	侧柏	*Platycladus orientalis*	1000	13	555	11	麦积区麦积镇杨何村村东北面坡	杨何村委会
62050300401	侧柏	*Platycladus orientalis*	600	10	302	11	麦积区麦积镇杨何村村后北坡	杨何村委会
62050300403	侧柏	*Platycladus orientalis*	200	20	195	12	麦积区麦积镇杨何村龙王庙院内	杨何村委会
62050300404	侧柏	*Platycladus orientalis*	150	15	170	7	麦积区麦积镇杨何村山神庙门口	杨何村委会
62050300415	侧柏	*Platycladus orientalis*	200	10	144	7	麦积区五龙镇张湾村财神庙门口路边	张湾村委会
62050300418	侧柏	*Platycladus orientalis*	1500	25	500	16	麦积区马跑泉镇团庄村滲金寺院内山门西侧	滲金寺
62050300419	侧柏	*Platycladus orientalis*	600	20	251	6	麦积区马跑泉镇团庄村滲金寺院内山门东侧	滲金寺
62050300420	侧柏	*Platycladus orientalis*	300	20	230	10	麦积区马跑泉镇团庄村滲金寺上院大雄宝殿前	滲金寺
62050300421	侧柏	*Platycladus orientalis*	100	16	128	4	麦积区马跑泉镇团庄村滲金寺上院大雄宝殿前	滲金寺
62050300422	侧柏	*Platycladus orientalis*	300	18	179	10	麦积区马跑泉镇团庄村滲金寺上院大雄宝殿前	滲金寺
62050300423	侧柏	*Platycladus orientalis*	300	19	169	8	麦积区马跑泉镇团庄村滲金寺上院大雄宝殿前	滲金寺
62050300424	侧柏	*Platycladus orientalis*	300	18	201	10	麦积区马跑泉镇团庄村滲金寺上院西偏殿后	滲金寺
62050300433	侧柏	*Platycladus orientalis*	200	10	170	7	麦积区马跑泉镇慕滩村经圣寺院内	慕滩村委会
62050300434	侧柏	*Platycladus orientalis*	100	9	140	5	麦积区马跑泉镇石咀村潘氏祠堂院内	石咀村委会
62050300435	侧柏	*Platycladus orientalis*	100	9	150	5	麦积区马跑泉镇石咀村潘氏祠堂院内	石咀村委会
62050300436	侧柏	*Platycladus orientalis*	100	9	160	5	麦积区马跑泉镇石咀村白衣庵门口	石咀村委会
62050300438	侧柏	*Platycladus orientalis*	100	10	125	10	麦积区马跑泉镇石咀村文昌庙西侧土埂	石咀村委会
62050300439	侧柏	*Platycladus orientalis*	100	10	140	10	麦积区马跑泉镇石咀村文昌庙西侧土埂	石咀村委会
62050300440	侧柏	*Platycladus orientalis*	100	12	150	9	麦积区马跑泉镇石咀村文昌庙西侧土埂	石咀村委会

古树编号	树种	树种拉丁名	估测树龄	树高 (m)	树围 (cm)	平均冠幅 (m)	具体地点	管护单位 / 人
62050300443	侧柏	*Platycladus orientalis*	150	13	170	8	麦积区马跑泉镇杨湾村 36 号门口路边	杨湾村委会
62050300444	侧柏	*Platycladus orientalis*	150	13	165	8	麦积区马跑泉镇杨湾村 36 号门口路边	杨湾村委会
62050300445	侧柏	*Platycladus orientalis*	300	10	275	9	麦积区马跑泉镇杨湾村老山神庙场	杨湾村委会
62050300446	侧柏	*Platycladus orientalis*	100	8	135	7	麦积区马跑泉镇杨湾村老山神庙场	杨湾村委会
62050300447	侧柏	*Platycladus orientalis*	150	9	175	8	麦积区马跑泉镇杨湾村老山神庙场	杨湾村委会
62050300448	侧柏	*Platycladus orientalis*	100	7	80	5	麦积区马跑泉镇杨湾村老山神庙场	杨湾村委会
62050300449	侧柏	*Platycladus orientalis*	200	9	205	9	麦积区马跑泉镇杨湾村老山神庙场	杨湾村委会
62050300450	侧柏	*Platycladus orientalis*	100	8	130	6	麦积区马跑泉镇杨湾村老山神庙场	杨湾村委会
62050300453	侧柏	*Platycladus orientalis*	100	12	120	6	麦积区马跑泉镇杨湾村真武殿院内	杨湾村委会
62050300454	侧柏	*Platycladus orientalis*	100	12	120	6	麦积区马跑泉镇杨湾村真武殿院内	杨湾村委会
62050300455	侧柏	*Platycladus orientalis*	100	12	110	6	麦积区马跑泉镇杨湾村真武殿院内	杨湾村委会
62050300456	侧柏	*Platycladus orientalis*	100	12	130	6	麦积区马跑泉镇杨湾村真武殿院内	杨湾村委会
62050300459	侧柏	*Platycladus orientalis*	100	9	150	6	麦积区马跑泉镇李家坪村绣锦山刚刹寺戏台侧面	李家坪村委会
62050300460	侧柏	*Platycladus orientalis*	150	10	170	5	麦积区马跑泉镇李家坪村绣锦山刚刹寺戏台侧面	李家坪村委会
62050300461	侧柏	*Platycladus orientalis*	100	10	120	5	麦积区马跑泉镇李家坪村绣锦山刚刹寺院内	李家坪村委会
62050300462	侧柏	*Platycladus orientalis*	100	10	110	5	麦积区马跑泉镇李家坪村绣锦山刚刹寺院内	李家坪村委会
62050300463	侧柏	*Platycladus orientalis*	100	10	140	5	麦积区马跑泉镇李家坪村绣锦山刚刹寺院内	李家坪村委会
62050300464	侧柏	*Platycladus orientalis*	100	10	110	5	麦积区马跑泉镇李家坪村绣锦山刚刹寺院内	李家坪村委会
62050300465	侧柏	*Platycladus orientalis*	100	10	130	5	麦积区马跑泉镇李家坪村绣锦山刚刹寺院内	李家坪村委会
62050300466	侧柏	*Platycladus orientalis*	100	10	110	5	麦积区马跑泉镇李家坪村绣锦山刚刹寺院内	李家坪村委会
62050300467	侧柏	*Platycladus orientalis*	100	9	110	4	麦积区马跑泉镇李家坪村绣锦山刚刹寺戏场院内	李家坪村委会
62050300476	侧柏	*Platycladus orientalis*	150	14	185	6	麦积区马跑泉镇大柳树村柳林寺大殿前	大柳树村委会
62050300477	侧柏	*Platycladus orientalis*	150	12	160	5	麦积区马跑泉镇大柳树村柳林寺大殿前	大柳树村委会
62050300478	侧柏	*Platycladus orientalis*	150	13	165	5	麦积区马跑泉镇大柳树村柳林寺山门北侧	大柳树村委会
62050300479	侧柏	*Platycladus orientalis*	100	10	125	4	麦积区马跑泉镇大柳树村柳林寺山门南侧小院子里	大柳树村委会
62050300485	侧柏	*Platycladus orientalis*	100	10	120	4	麦积区马跑泉镇新胜村交龙寺院内	交龙寺
62050300486	侧柏	*Platycladus orientalis*	100	11	130	5	麦积区马跑泉镇新胜村交龙寺院内	交龙寺
62050300487	侧柏	*Platycladus orientalis*	100	10	125	4	麦积区马跑泉镇新胜村交龙寺院内	交龙寺
62050300488	侧柏	*Platycladus orientalis*	100	9	120	5	麦积区马跑泉镇新胜村交龙寺门口东侧	交龙寺
62050300489	侧柏	*Platycladus orientalis*	100	11	110	4	麦积区马跑泉镇新胜村交龙寺北侧围墙外	交龙寺
62050300490	侧柏	*Platycladus orientalis*	100	10	130	5	麦积区马跑泉镇新胜村交龙寺殿后山坡	交龙寺
62050300493	侧柏	*Platycladus orientalis*	100	12	154	5	麦积区马跑泉镇龙槐村前院正殿门口台阶旁	龙槐寺
62050300494	侧柏	*Platycladus orientalis*	200	12	196	6	麦积区马跑泉镇龙槐村山门口南侧的地埂坡面	龙槐寺
62050300495	侧柏	*Platycladus orientalis*	100	12	148	5	麦积区马跑泉镇龙槐村龙槐寺前院正殿背后	龙槐寺
62050300496	侧柏	*Platycladus orientalis*	100	12	140	5	麦积区马跑泉镇龙槐村龙槐寺前院正殿背后	龙槐寺

古树编号	树种	树种拉丁名	估测树龄	树高 (m)	树围 (cm)	平均冠幅 (m)	具体地点	管护单位 / 人
62050300508	侧柏	*Platycladus orientalis*	200	16	190	7	麦积区花牛镇毛集村朝阳寺院内	毛集村委会
62050300509	侧柏	*Platycladus orientalis*	200	15	160	5	麦积区花牛镇毛集村朝阳寺院内	毛集村委会
62050300510	侧柏	*Platycladus orientalis*	250	16	230	11	麦积区花牛镇靳家庄清净寺院内韦驮殿北侧	靳家庄村委会
62050300511	侧柏	*Platycladus orientalis*	100	9	125	8	麦积区花牛镇靳家庄清净寺院内韦驮殿南侧	靳家庄村委会
62050300512	侧柏	*Platycladus orientalis*	500	20	315	10	麦积区花牛镇董家塬山神庙门口	董家塬村委会
62050300513	侧柏	*Platycladus orientalis*	100	10	140	9	麦积区花牛镇董家塬方神庙门口	董家塬村委会
62050300514	侧柏	*Platycladus orientalis*	100	11	130	8	麦积区花牛镇董家塬方神庙院内	董家塬村委会
62050300518	侧柏	*Platycladus orientalis*	100	14	158	6	麦积区花牛镇河湾村家神庙院内	河湾村委会
62050300519	侧柏	*Platycladus orientalis*	100	12	102	5	麦积区花牛镇河湾村家神庙院内	河湾村委会
62050300521	侧柏	*Platycladus orientalis*	300	18	256	8	麦积区利桥镇利桥村利桥古城城隍庙院门口	利桥村委会
62050300522	侧柏	*Platycladus orientalis*	200	18	190	6	麦积区利桥镇利桥村利桥古城城隍庙院内	利桥村委会
62050300523	侧柏	*Platycladus orientalis*	300	14	210	8	麦积区利桥镇利桥村村东侧小山岗崖边	利桥村委会
62050300524	侧柏	*Platycladus orientalis*	300	12	260	8	麦积区利桥镇吴河村 97 号门口路边	吴河村委会
62050300530	侧柏	*Platycladus orientalis*	300	13	190	7	麦积区三岔镇吴砦村 315 号门口道路南侧	吴砦村委会
62050300531	侧柏	*Platycladus orientalis*	300	13	220	6	麦积区三岔镇吴砦村 315 号门口道路北侧	吴砦村委会
62050300532	侧柏	*Platycladus orientalis*	300	12	225	6	麦积区三岔镇吴砦村 315 号门口道路南侧	吴砦村委会
62050300533	侧柏	*Platycladus orientalis*	300	13	220	7	麦积区三岔镇吴砦村 315 号门口道路北侧	吴砦村委会
62050300534	侧柏	*Platycladus orientalis*	200	14	180	8	麦积区三岔镇吴砦村城隍庙院内正殿前	吴砦村委会
62050300535	侧柏	*Platycladus orientalis*	200	13	180	8	麦积区三岔镇吴砦村城隍庙院内西偏殿前	吴砦村委会
62050300539	侧柏	*Platycladus orientalis*	200	12	170	8	麦积区三岔镇太碌村委会门口路边西侧	太碌村委会
62050300540	侧柏	*Platycladus orientalis*	200	10	190	10	麦积区三岔镇太碌村委会门口路边东侧	太碌村委会
62050300541	侧柏	*Platycladus orientalis*	200	18	190	7	麦积区三岔镇太碌村柏林观院内	太碌村委会
62050300546	侧柏	*Platycladus orientalis*	300	18	170	8	麦积区三岔镇黄龙村圆通寺前路边	黄龙村委会
62050300547	侧柏	*Platycladus orientalis*	300	20	220	8	麦积区三岔镇黄龙村圆通寺前路边	黄龙村委会
62050300548	侧柏	*Platycladus orientalis*	300	20	210	8	麦积区三岔镇黄龙村圆通寺前路边	黄龙村委会
62050300549	侧柏	*Platycladus orientalis*	300	20	210	6	麦积区三岔镇黄龙村圆通寺前路边	黄龙村委会
62050300550	侧柏	*Platycladus orientalis*	400	20	360	8	麦积区三岔镇黄龙村圆通寺前路边	黄龙村委会
62050300551	侧柏	*Platycladus orientalis*	400	9	260	9	麦积区三岔镇黄龙村山神庙台子	黄龙村委会
62050300552	侧柏	*Platycladus orientalis*	100	8	130	5	麦积区三岔镇黄龙村山神庙台子	黄龙村委会
62050300554	侧柏	*Platycladus orientalis*	300	16	230	10	麦积区三岔镇关庄村山神庙门口	关庄村委会
62050300556	侧柏	*Platycladus orientalis*	500	14	260	11	麦积区社棠镇绵诸村堡子西南角	绵诸村委会
62050300557	侧柏	*Platycladus orientalis*	500	12	260	10	麦积区社棠镇绵诸村堡子东南角	绵诸村委会
62050300561	侧柏	*Platycladus orientalis*	250	14	210	8	麦积区社棠镇下曲村山神庙旁路边	下曲村委会
62050300563	侧柏	*Platycladus orientalis*	100	18	132	6	麦积区社棠镇白家庄槐荫寺戏场院内	白家庄村委会
62050300564	侧柏	*Platycladus orientalis*	100	18	120	7	麦积区社棠镇白家庄槐荫寺戏场院内	白家庄村委会

古树编号	树种	树种拉丁名	估测树龄	树高 (m)	树围 (cm)	平均冠幅 (m)	具体地点	管护单位 / 人
62050300565	侧柏	*Platycladus orientalis*	100	18	135	8	麦积区社棠镇白家庄槐荫寺戏场院内	白家庄村委会
62050300566	侧柏	*Platycladus orientalis*	200	18	190	10	麦积区社棠镇白家庄槐荫寺戏场院内	白家庄村委会
62050300568	侧柏	*Platycladus orientalis*	150	14	175	8	麦积区社棠镇郭坪村村西北坟地	郭坪村委会
62050300569	侧柏	*Platycladus orientalis*	150	12	145	6	麦积区社棠镇郭坪村村西北坟地	郭坪村委会
62050300570	侧柏	*Platycladus orientalis*	150	12	145	6	麦积区社棠镇郭坪村村西北坟地	郭坪村委会
62050300571	侧柏	*Platycladus orientalis*	150	13	155	7	麦积区社棠镇郭坪村村西北坟地	郭坪村委会
62050300575	侧柏	*Platycladus orientalis*	100	16	125	6	麦积区社棠镇东家山村方神庙院内	东家山村委会
62050300578	侧柏	*Platycladus orientalis*	500	13	200	6	麦积区渭南镇吴家庄伏羲庙院内	卦台山景区服务中心
62050300579	侧柏	*Platycladus orientalis*	500	12	120	3	麦积区渭南镇吴家庄伏羲庙院内	卦台山景区服务中心
62050300580	侧柏	*Platycladus orientalis*	500	12	140	6	麦积区渭南镇吴家庄伏羲庙院内	卦台山景区服务中心
62050300581	侧柏	*Platycladus orientalis*	500	13	208	6	麦积区渭南镇吴家庄伏羲庙院内	卦台山景区服务中心
62050300582	侧柏	*Platycladus orientalis*	500	13	165	6	麦积区渭南镇吴家庄伏羲庙院内	卦台山景区服务中心
62050300583	侧柏	*Platycladus orientalis*	500	13	152	6	麦积区渭南镇吴家庄伏羲庙院内	卦台山景区服务中心
62050300585	侧柏	*Platycladus orientalis*	500	13	163	6	麦积区渭南镇吴家庄伏羲庙院内	卦台山景区服务中心
62050300586	侧柏	*Platycladus orientalis*	500	12	128	6	麦积区渭南镇吴家庄伏羲庙院内	卦台山景区服务中心
62050300587	侧柏	*Platycladus orientalis*	500	12	155	6	麦积区渭南镇吴家庄伏羲庙院内	卦台山景区服务中心
62050300588	侧柏	*Platycladus orientalis*	500	13	170	6	麦积区渭南镇吴家庄伏羲庙院内	卦台山景区服务中心
62050300589	侧柏	*Platycladus orientalis*	500	12	133	6	麦积区渭南镇吴家庄伏羲庙院内	卦台山景区服务中心
62050300593	侧柏	*Platycladus orientalis*	1000	20	400	8	麦积区渭南镇青宁村门口	青宁村委会
62050300595	侧柏	*Platycladus orientalis*	300	14	175	5	麦积区渭南镇刘家庄三圣宫大殿后	刘家庄村委会
62050300596	侧柏	*Platycladus orientalis*	300	14	185	7	麦积区渭南镇刘家庄家神庙院内	刘家庄村委会
62050300606	侧柏	*Platycladus orientalis*	300	14	180	8	麦积区渭南镇麻坪村村外半山坟地	麻坪村委会
62050300607	侧柏	*Platycladus orientalis*	300	10	196	7	麦积区渭南镇麻坪村村外半山坟地	麻坪村委会
62050300608	侧柏	*Platycladus orientalis*	300	8	286	5	麦积区渭南镇麻坪村村外半山坟地	麻坪村委会
62050300609	侧柏	*Platycladus orientalis*	300	9	160	6	麦积区渭南镇麻坪村村外半山坟地	麻坪村委会
62050300611	侧柏	*Platycladus orientalis*	100	7	115	5	麦积区渭南镇雷尹村家神庙院内	雷尹村委会
62050300612	侧柏	*Platycladus orientalis*	100	7	130	5	麦积区渭南镇雷尹村家神庙院内	雷尹村委会
62050300613	侧柏	*Platycladus orientalis*	100	7	110	5	麦积区渭南镇雷尹村家神庙院内	雷尹村委会
62050300617	侧柏	*Platycladus orientalis*	100	7	115	6	麦积区渭南镇黄坪村委会门口	黄坪村委会
62050300618	侧柏	*Platycladus orientalis*	100	7	140	4	麦积区渭南镇黄坪村委会门口	黄坪村委会
62050300619	侧柏	*Platycladus orientalis*	100	10	140	6	麦积区渭南镇王旗村家神庙院内	王旗村委会
62050300620	侧柏	*Platycladus orientalis*	100	9	110	4	麦积区渭南镇王旗村家神庙后面	王旗村委会
62050300624	侧柏	*Platycladus orientalis*	300	16	220	6	麦积区新阳镇席寨村龙王庙门口	席寨村委会
62050300625	侧柏	*Platycladus orientalis*	200	12	145	3	麦积区新阳镇席寨村龙王庙门口	席寨村委会
62050300628	侧柏	*Platycladus orientalis*	300	5	195	4	麦积区新阳镇席寨村东岳庙东岳殿西侧院子里	席寨村委会

古树编号	树种	树种拉丁名	估测树龄	树高 (m)	树围 (cm)	平均冠幅 (m)	具体地点	管护单位 / 人
62050300680	侧柏	*Platycladus orientalis*	1000	22	372	10	麦积区元龙镇底川村永寿寺门口	底川村委会
62050300683	侧柏	*Platycladus orientalis*	800	16	310	10	麦积区元龙镇井儿村山门外北坡上	井儿村委会
62050300684	侧柏	*Platycladus orientalis*	150	18	158	8	麦积区元龙镇井儿村兴国寺院内	井儿村委会
62050300687	侧柏	*Platycladus orientalis*	2300	20	670	9	麦积区中滩镇四合村演营寺院内	演营寺
62050300688	侧柏	*Platycladus orientalis*	1000	13	370	6	麦积区中滩镇四合村演营寺院内	演营寺
62050300689	侧柏	*Platycladus orientalis*	1000	16	330	10	麦积区中滩镇四合村演营寺院内	演营寺
62050300690	侧柏	*Platycladus orientalis*	1000	17	270	9	麦积区中滩镇四合村演营寺院内	演营寺
62050300692	侧柏	*Platycladus orientalis*	500	6	160	6	麦积区中滩镇渠刘村方神庙上山路边悬崖上	渠刘村委会
62050300695	侧柏	*Platycladus orientalis*	100	15	100	12	麦积区中滩镇余峡村龙马洞山神庙院内	余峡村委会
62050300696	侧柏	*Platycladus orientalis*	100	15	95	12	麦积区中滩镇余峡村龙马洞山神庙院内	余峡村委会
62050300697	侧柏	*Platycladus orientalis*	100	15	100	10	麦积区中滩镇余峡村龙马洞山神庙墙外	余峡村委会
62052100005	侧柏	*Platycladus orientalis*	400	12	334	6	清水县土门镇新义村	王彦平
62052100006	侧柏	*Platycladus orientalis*	400	11	341	7	清水县土门镇新义村	王彦平
62052100007	侧柏	*Platycladus orientalis*	220	8	247	5	清水县永清镇义坊村	蔡建平
62052100008	侧柏	*Platycladus orientalis*	220	13	286	6	清水县红堡镇倪家村	倪存顺
62052100009	侧柏	*Platycladus orientalis*	210	13	200	9	清水县草川铺乡冯山村	冯银换
62052100010	侧柏	*Platycladus orientalis*	210	16	210	7	清水县郭川镇青莲村	郭全军
62052100011	侧柏	*Platycladus orientalis*	220	15	240	9	清水县草川铺乡冯山村	冯银换
62052100012	侧柏	*Platycladus orientalis*	220	15	226	7	清水县金集镇张山村	周随生
62052100013	侧柏	*Platycladus orientalis*	220	17	224	7	清水县丰望乡高何村	杨拐求
62052100014	侧柏	*Platycladus orientalis*	220	17	245	7	清水县丰望乡高何村	杨拐求
62052100015	侧柏	*Platycladus orientalis*	160	10	207	11	清水县郭川镇赵那村	赵利强
62052100016	侧柏	*Platycladus orientalis*	140	14	184	7	清水县金集镇张山村	周随生
62052100017	侧柏	*Platycladus orientalis*	150	10	195	5	清水县黄门镇小河村	蒲永红
62052100018	侧柏	*Platycladus orientalis*	130	15	178	6	清水县郭川镇青莲村	赵利强
62052100019	侧柏	*Platycladus orientalis*	140	14	190	6	清水县郭川镇青莲村	赵利强
62052100020	侧柏	*Platycladus orientalis*	120	15	170	7	清水县金集镇张山村	周随生
62052100021	侧柏	*Platycladus orientalis*	210	10	264	12	清水县黄门镇下成村	成建刚
62052100022	侧柏	*Platycladus orientalis*	200	16	234	16	清水县白驼镇林山村	高小明
62052100023	侧柏	*Platycladus orientalis*	180	9	216	12	清水县红堡镇倪家村	倪存顺
62052100024	侧柏	*Platycladus orientalis*	100	11	147	4	清水县黄门镇小河村	蒲永红
62052100025	侧柏	*Platycladus orientalis*	140	11	187	5	清水县山门镇腰套村	郭丙峰
62052100026	侧柏	*Platycladus orientalis*	140	9	189	5	清水县山门镇腰套村	郭丙峰
62052100027	侧柏	*Platycladus orientalis*	150	16	196	6	清水县白沙镇元坪村元坪寺院	郑青江
62052100028	侧柏	*Platycladus orientalis*	150	14	186	6	清水县白沙镇元坪村元坪寺院	郑青江

古树编号	树种	树种拉丁名	估测树龄	树高 (m)	树围 (cm)	平均冠幅 (m)	具体地点	管护单位 / 人
62052100029	侧柏	*Platycladus orientalis*	150	15	180	6	清水县白沙镇元坪村元坪寺院	郑青江
62052100030	侧柏	*Platycladus orientalis*	600	16	271	11	清水县郭川镇马蹄村	郭全军
62052100031	侧柏	*Platycladus orientalis*	150	13	200	7	清水县贾川乡阳湾村	周小平
62052100032	侧柏	*Platycladus orientalis*	130	13	160	6	清水县贾川乡阳湾村	周小平
62052100033	侧柏	*Platycladus orientalis*	130	11	150	5	清水县贾川乡阳湾村	周小平
62052100034	侧柏	*Platycladus orientalis*	140	8	185	5	清水县贾川乡上湾村	周小平
62052100035	侧柏	*Platycladus orientalis*	210	12	248	15	清水县白驼镇鲁家村	张纪保
62052100036	侧柏	*Platycladus orientalis*	140	7	190	5	清水县贾川乡上湾村	上湾村委会
62052100037	侧柏	*Platycladus orientalis*	110	15	148	5	清水县永清镇双场村	双场村委会
62052100038	侧柏	*Platycladus orientalis*	130	8	180	6	清水县郭川镇郭山村	王国龙
6205210004	侧柏	*Platycladus orientalis*	500	16	280	5	清水县黄门镇黄湾村	黄彦青
62052100263	侧柏	*Platycladus orientalis*	300	8	124	6	清水县松树镇堡子村碾子湾	王润年
62052100270	侧柏	*Platycladus orientalis*	400	15	164	6	清水县白驼镇林屲村朱家老坟	林屲村委会
62052100271	侧柏	*Platycladus orientalis*	300	8	164	7	清水县白驼镇林屲村杨庄场边	林屲村委会
62052100274	侧柏	*Platycladus orientalis*	350	11	153	12	清水县白驼镇林屲村杨庄山神庙	林屲村委会
62052100275	侧柏	*Platycladus orientalis*	300	13	152	16	清水县白驼镇申川村太白庙	申川村委会
62052100276	侧柏	*Platycladus orientalis*	300	9	162	12	清水县白驼镇童堡村上场老泉沟	童堡村委会
62052100277	侧柏	*Platycladus orientalis*	500	9	250	4	清水县白驼镇林屲村爷山梁	远门林场
62052100281	侧柏	*Platycladus orientalis*	500	15	276	5	清水县金集镇城科村山神庙	李海华
62052100282	侧柏	*Platycladus orientalis*	500	15	257	5	清水县金集镇城科村景家老坟地	景建安
62052100283	侧柏	*Platycladus orientalis*	450	15	255	6	清水县金集镇城科村景家老坟地	景建安
62052100284	侧柏	*Platycladus orientalis*	400	16	257	6	清水县金集镇城科村景家老坟地	景建安
62052100285	侧柏	*Platycladus orientalis*	400	17	251	6	清水县金集镇城科村景家老坟地	景建安
62052100286	侧柏	*Platycladus orientalis*	400	13	241	11	清水县金集镇城科村景家老坟地	景建安
62052100287	侧柏	*Platycladus orientalis*	400	14	248	7	清水县金集镇城科村景家老坟地	景建安
62052100293	侧柏	*Platycladus orientalis*	400	10	264	6	清水县王河镇李沟村山里堡	李沟村委会
62052100294	侧柏	*Platycladus orientalis*	300	13	196	5	清水县王河镇魏湾村林家老坟地	魏湾村委会
62052100295	侧柏	*Platycladus orientalis*	300	12	176	5	清水县王河镇魏湾村林家老坟地	魏湾村委会
62052100306	侧柏	*Platycladus orientalis*	500	18	267	15	清水县丰望乡高河村雷神庙	张守科
62052100312	侧柏	*Platycladus orientalis*	300	16	175	5	清水县红堡镇倪徐村毕家大湾	毕永军
62052100316	侧柏	*Platycladus orientalis*	400	12	246	5	清水县贾川乡董湾村董湾老庄	董湾村委会
62052100318	侧柏	*Platycladus orientalis*	360	9	235	6	清水县贾川乡上湾村大屲棱	周建红
62052100320	侧柏	*Platycladus orientalis*	500	14	251	5	清水县郭川镇青莲村青莲寺舞台	王文军
62052100322	侧柏	*Platycladus orientalis*	300	12	156	6	清水县贾川乡上湾村委会门口	高来成
62052100335	侧柏	*Platycladus orientalis*	400	10	255	6	清水县陇东镇朱湾村宝珠寺	朱湾村委会

古树编号	树种	树种拉丁名	估测树龄	树高 (m)	树围 (cm)	平均冠幅 (m)	具体地点	管护单位 / 人
62052100336	侧柏	*Platycladus orientalis*	350	11	57	7	清水县陇东镇坪道村大坟里	李子红
62052100337	侧柏	*Platycladus orientalis*	300	14	43	12	清水县陇东镇崔杨村金台寺	张入进
62052100338	侧柏	*Platycladus orientalis*	300	6	43	16	清水县陇东镇坪道村李建洲家大门口路旁	李子红
62052100339	侧柏	*Platycladus orientalis*	300	15	50	12	清水县陇东镇谢沟村马兰岘永宁寺院内	豆永奇
62052100373	侧柏	*Platycladus orientalis*	300	10	45	4	清水县贾川乡高庙村高庙老坟地	高庙村
62052100385	侧柏	*Platycladus orientalis*	450	12	70	5	清水县永清镇常杨村背凸坡	王孝礼
62052100386	侧柏	*Platycladus orientalis*	300	13	61	5	清水县永清镇双场村钟龙山照阳寺院内	蔡根保
62052100407	侧柏	*Platycladus orientalis*	500	16	57	6	清水县黄门镇黄湾村卢家柏树坟	卢家
62052100408	侧柏	*Platycladus orientalis*	500	15	51	6	清水县黄门镇黄湾村卢家柏树坟	卢家
62052100409	侧柏	*Platycladus orientalis*	500	15	64	6	清水县黄门镇黄湾村卢家柏树坟	卢家
62052100410	侧柏	*Platycladus orientalis*	500	6	51	11	清水县黄门镇黄湾村卢家柏树坟	卢家
62052100411	侧柏	*Platycladus orientalis*	350	11	49	7	清水县黄门镇下成村郑家老坟地	郑玉峰
62052100412	侧柏	*Platycladus orientalis*	350	13	75	6	清水县黄门镇下成村郑家老坟地	郑玉峰
62052100413	侧柏	*Platycladus orientalis*	350	13	53	5	清水县黄门镇下成村郑家老坟地	郑玉峰
62052100421	侧柏	*Platycladus orientalis*	150	24	215	5	清水县白沙镇代沟村石家老坟地	代沟村委会
62052100446	侧柏	*Platycladus orientalis*	260	15	300	15	清水县白沙镇元坪村元坪寺院	元坪村委会
62052100447	侧柏	*Platycladus orientalis*	260	14	350	5	清水县白沙镇元坪村元坪寺院	元坪村委会
62052100448	侧柏	*Platycladus orientalis*	260	15	300	5	清水县白沙镇元坪村元坪寺院	元坪村委会
62052100472	侧柏	*Platycladus orientalis*	200	25	360	6	清水县白驼镇童堡村上场老泉沟	童堡村委会
62052100477	侧柏	*Platycladus orientalis*	260	12	160	8	清水县白驼镇姚黄村坟地	姚黄村委会
62052100478	侧柏	*Platycladus orientalis*	260	13	165	9	清水县白驼镇姚黄村坟地	姚黄村委会
62052100479	侧柏	*Platycladus orientalis*	260	15	149	6	清水县白驼镇姚黄村坟地	姚黄村委会
62052100480	侧柏	*Platycladus orientalis*	260	14	170	7	清水县白驼镇姚黄村坟地	姚黄村委会
62052100481	侧柏	*Platycladus orientalis*	260	11	197	12	清水县白驼镇姚黄村坟地	姚黄村委会
62052100482	侧柏	*Platycladus orientalis*	260	10	152	7	清水县白驼镇姚黄村坟地	姚黄村委会
62052100555	侧柏	*Platycladus orientalis*	260	10	152	10	清水县草川铺镇兴坪村上尧爷庙	兴坪村委会
62052100556	侧柏	*Platycladus orientalis*	160	17	120	5	清水县草川铺镇兴坪村爷殿咀	兴坪村委会
62052100561	侧柏	*Platycladus orientalis*	150	9	157	6	清水县丰望乡车河村家神庙	车河村委会
62052100562	侧柏	*Platycladus orientalis*	150	9	157	6	清水县丰望乡车河村家神庙	车河村委会
62052100588	侧柏	*Platycladus orientalis*	150	8	150	5	清水县郭川镇郭山村堡子背后	郭山村委会
62052100589	侧柏	*Platycladus orientalis*	150	3	110	4	清水县郭川镇郭山村堡子背后	郭山村委会
62052100592	侧柏	*Platycladus orientalis*	150	18	140	4	清水县郭川镇郭山村旧庄龙王庙内	郭山村委会
62052100593	侧柏	*Platycladus orientalis*	150	18	130	4	清水县郭川镇郭山村旧庄龙王庙内	郭山村委会
62052100594	侧柏	*Platycladus orientalis*	150	18	110	4	清水县郭川镇郭山村旧庄龙王庙内	郭山村委会
62052100597	侧柏	*Platycladus orientalis*	150	6	130	8	清水县郭川镇韩坪村山神庙口	韩坪村委会

古树编号	树种	树种拉丁名	估测树龄	树高 (m)	树围 (cm)	平均冠幅 (m)	具体地点	管护单位 / 人
62052100601	侧柏	*Platycladus orientalis*	150	35	300	14	清水县郭川镇马蹄村将军庙	马蹄村委会
62052100602	侧柏	*Platycladus orientalis*	150	23	105	11	清水县郭川镇马蹄村将军庙	马蹄村委会
62052100603	侧柏	*Platycladus orientalis*	150	25	105	9	清水县郭川镇马蹄村将军庙	马蹄村委会
62052100604	侧柏	*Platycladus orientalis*	150	25	103	9	清水县郭川镇马蹄村将军庙	马蹄村委会
62052100625	侧柏	*Platycladus orientalis*	100	6	210	4	清水县红堡镇安坪村祖师庙	安坪村委会
62052100626	侧柏	*Platycladus orientalis*	100	7	240	5	清水县红堡镇安坪村湾里头	安坪村委会
62052100627	侧柏	*Platycladus orientalis*	100	5	160	3	清水县红堡镇安坪村湾里头	安坪村委会
62052100628	侧柏	*Platycladus orientalis*	100	5	140	3	清水县红堡镇安坪村湾里头	安坪村委会
62052100629	侧柏	*Platycladus orientalis*	100	5	160	3	清水县红堡镇安坪村湾里头	安坪村委会
62052100630	侧柏	*Platycladus orientalis*	100	6	200	5	清水县红堡镇安坪村湾里头	安坪村委会
62052100631	侧柏	*Platycladus orientalis*	100	6	180	4	清水县红堡镇安坪村湾里头	安坪村委会
62052100632	侧柏	*Platycladus orientalis*	100	4	140	3	清水县红堡镇安坪村湾里头	安坪村委会
62052100633	侧柏	*Platycladus orientalis*	100	6	220	5	清水县红堡镇安坪村湾里头	安坪村委会
62052100634	侧柏	*Platycladus orientalis*	100	6	160	5	清水县红堡镇安坪村湾里头	安坪村委会
62052100635	侧柏	*Platycladus orientalis*	100	6	220	4	清水县红堡镇安坪村湾里头	安坪村委会
62052100636	侧柏	*Platycladus orientalis*	100	5	160	5	清水县红堡镇安坪村湾里头	安坪村委会
62052100637	侧柏	*Platycladus orientalis*	100	5	155	3	清水县红堡镇安坪村湾里头	安坪村委会
62052100685	侧柏	*Platycladus orientalis*	200	24	220	4	清水县黄门镇樊家村刘家老坟地	樊家村委会
62052100692	侧柏	*Platycladus orientalis*	200	10	180	4	清水县黄门镇小河村九台山	小河村委会
62052100704	侧柏	*Platycladus orientalis*	120	8	30	6	清水县黄门镇元川村新农庄边	元川村委会
62052100709	侧柏	*Platycladus orientalis*	200	19	180	7	清水县贾川乡董湾村董湾场边	董湾村委会
62052100741	侧柏	*Platycladus orientalis*	150	13	130	5	清水县贾川乡上湾村委会门口	上湾村委会
62052100744	侧柏	*Platycladus orientalis*	150	11	125	5	清水县贾川乡阳湾村普济寺院内	阳湾村委会
62052100745	侧柏	*Platycladus orientalis*	150	13	135	6	清水县贾川乡阳湾村普济寺院内	阳湾村委会
62052100746	侧柏	*Platycladus orientalis*	100	12	120	5	清水县贾川乡阳湾村普济寺院内	阳湾村委会
62052100747	侧柏	*Platycladus orientalis*	200	14	130	6	清水县贾川乡阳湾村五圣宫	阳湾村委会
62052100748	侧柏	*Platycladus orientalis*	200	10	115	5	清水县贾川乡阳湾村五圣宫	阳湾村委会
62052100773	侧柏	*Platycladus orientalis*	150	12	110	6	清水县金集镇瓦寨村金龙山寺	瓦寨村委会
62052100774	侧柏	*Platycladus orientalis*	150	12	110	6	清水县金集镇瓦寨村金龙山寺	瓦寨村委会
62052100775	侧柏	*Platycladus orientalis*	150	12	110	6	清水县金集镇瓦寨村金龙山寺	瓦寨村委会
62052100776	侧柏	*Platycladus orientalis*	150	12	110	6	清水县金集镇瓦寨村金龙山寺	瓦寨村委会
62052100804	侧柏	*Platycladus orientalis*	260	15	100	5	清水县陇东镇庙湾村山神庙	庙湾村委会
62052100807	侧柏	*Platycladus orientalis*	200	7	198	20	清水县陇东镇坪道村爷庙院里	坪道村委会
62052100809	侧柏	*Platycladus orientalis*	150	7	132	16	清水县陇东镇坪道村柏树底下	坪道村委会
62052100817	侧柏	*Platycladus orientalis*	220	12	50	19	清水县陇东镇田湾村爷殿背后	田湾村委会

古树编号	树种	树种拉丁名	估测树龄	树高 (m)	树围 (cm)	平均冠幅 (m)	具体地点	管护单位 / 人
62052100829	侧柏	*Platycladus orientalis*	220	35	201	17	清水县陇东镇谢沟村永宁寺内	谢沟村委会
62052100832	侧柏	*Platycladus orientalis*	150	35	204	20	清水县陇东镇谢沟村九龙寺	谢沟村委会
62052100887	侧柏	*Platycladus orientalis*	160	4	50	8	清水县秦亭镇秦亭村磨石坡	秦亭村委会
62052100930	侧柏	*Platycladus orientalis*	150	15	100	10	清水县山门镇玄头村兴德寺	玄头村委会
62052100937	侧柏	*Platycladus orientalis*	250	15	70	12	清水县山门镇腰套村山神庙旁	腰套村委会
62052100945	侧柏	*Platycladus orientalis*	150	13	100	20	清水县松树镇代王村野狐皮梁	代王村委会
62052100970	侧柏	*Platycladus orientalis*	200	20	70	3	清水县土门镇丰盛村寺庙	丰盛村委会
62052100979	侧柏	*Platycladus orientalis*	100	13	150	3	清水县土门镇高庙村山神庙	高庙村委会
62052100980	侧柏	*Platycladus orientalis*	100	18	220	3	清水县土门镇高庙村山神庙	高庙村委会
62052100996	侧柏	*Platycladus orientalis*	150	14	120	12	清水县土门镇朱王村山神庙旁	朱王村委会
62052100997	侧柏	*Platycladus orientalis*	150	13	130	10	清水县土门镇朱王村山神庙旁	朱王村委会
62052101004	侧柏	*Platycladus orientalis*	100	8	260	9	清水县王河镇吉山村橡子坟	吉山村委会
62052101006	侧柏	*Platycladus orientalis*	200	12	130	5	清水县王河镇南湾村坟苑里	南湾村委会
62052101007	侧柏	*Platycladus orientalis*	200	10	135	5	清水县王河镇南湾村坟苑里	南湾村委会
62052101076	侧柏	*Platycladus orientalis*	150	27	510	9	清水县永清镇苏屲村爷庙	苏屲村委会
62052101077	侧柏	*Platycladus orientalis*	150	25	490	7	清水县永清镇苏屲村爷庙	苏屲村委会
62052101078	侧柏	*Platycladus orientalis*	150	18	263	11	清水县永清镇苏屲村小水泉	苏屲村委会
62052101082	侧柏	*Platycladus orientalis*	120	11	110	7	清水县远门镇后沟村广场	后沟村委会
62052101083	侧柏	*Platycladus orientalis*	120	11	100	6	清水县远门镇后沟村广场	后沟村委会
62052101089	侧柏	*Platycladus orientalis*	100	5	60	11	清水县远门镇林峡村佛爷庙门前	林峡村委会
62052201012	侧柏	*Platycladus orientalis*	130	9	160	6	秦安县魏店镇大湾村坑草坪组会	大湾村委会
62052203001	侧柏	*Platycladus orientalis*	200	10	103	5	秦安县安伏镇伏洼村莲峰寺	莲峰寺
62052203002	侧柏	*Platycladus orientalis*	200	9	106	5	秦安县安伏镇伏洼村莲峰寺	莲峰寺
62052203003	侧柏	*Platycladus orientalis*	200	10	104	5	秦安县安伏镇伏洼村莲峰寺	莲峰寺
62052203004	侧柏	*Platycladus orientalis*	200	13	88	6	秦安县安伏镇伏洼村莲峰寺	莲峰寺
62052203005	侧柏	*Platycladus orientalis*	200	12	79	3	秦安县安伏镇伏洼村莲峰寺	莲峰寺
62052203006	侧柏	*Platycladus orientalis*	200	14	110	5	秦安县安伏镇伏洼村莲峰寺	莲峰寺
62052203007	侧柏	*Platycladus orientalis*	200	12	113	5	秦安县安伏镇伏洼村莲峰寺	莲峰寺
62052203008	侧柏	*Platycladus orientalis*	300	11	107	5	秦安县安伏镇伏洼村莲峰寺	莲峰寺
62052203009	侧柏	*Platycladus orientalis*	300	11	129	6	秦安县安伏镇伏洼村莲峰寺	莲峰寺
62052203010	侧柏	*Platycladus orientalis*	300	11	148	8	秦安县安伏镇伏洼村莲峰寺	莲峰寺
62052203011	侧柏	*Platycladus orientalis*	300	13	129	6	秦安县安伏镇伏洼村莲峰寺	莲峰寺
62052206004	侧柏	*Platycladus orientalis*	120	12	113	6	秦安县陇城镇西关村西番寺	西番寺
62052206005	侧柏	*Platycladus orientalis*	120	15	132	5	秦安县陇城镇西关村西番寺	西番寺
62052206006	侧柏	*Platycladus orientalis*	420	15	264	14	秦安县陇城镇王李村李家台	王李村委会

古树编号	树种	树种拉丁名	估测树龄	树高 (m)	树围 (cm)	平均冠幅 (m)	具体地点	管护单位 / 人
62052206007	侧柏	*Platycladus orientalis*	420	10	140	7	秦安县陇城镇王李村李家台	王李村委会
62052206008	侧柏	*Platycladus orientalis*	420	12	190	8	秦安县陇城镇王李村李家台	王李村委会
62052206009	侧柏	*Platycladus orientalis*	420	11	230	9	秦安县陇城镇王李村李家台	王李村委会
62052206010	侧柏	*Platycladus orientalis*	420	9	190	7	秦安县陇城镇王李村李家台	王李村委会
62052206011	侧柏	*Platycladus orientalis*	420	14	217	10	秦安县陇城镇王李村李家台	王李村委会
62052206012	侧柏	*Platycladus orientalis*	230	4	185	7	秦安县陇城镇王李村李家台	李晓明
62052206013	侧柏	*Platycladus orientalis*	230	6	200	8	秦安县陇城镇王李村李家台	李晓明
62052209001	侧柏	*Platycladus orientalis*	650	14	176	8	秦安县刘坪乡邓坪村九柏寺	九柏寺
62052209002	侧柏	*Platycladus orientalis*	650	14	177	7	秦安县刘坪乡邓坪村九柏寺	九柏寺
62052209003	侧柏	*Platycladus orientalis*	650	14	169	6	秦安县刘坪乡邓坪村九柏寺	九柏寺
62052209004	侧柏	*Platycladus orientalis*	200	14	154	8	秦安县刘坪乡邓坪村九柏寺	九柏寺
62052209005	侧柏	*Platycladus orientalis*	650	14	154	8	秦安县刘坪乡邓坪村九柏寺	九柏寺
62052209006	侧柏	*Platycladus orientalis*	200	14	124	6	秦安县刘坪乡邓坪村九柏寺	九柏寺
62052209007	侧柏	*Platycladus orientalis*	200	14	129	5	秦安县刘坪乡邓坪村九柏寺	九柏寺
62052210002	侧柏	*Platycladus orientalis*	120	13	104	4	秦安县中山乡肖渠村	水溙寺
62052210003	侧柏	*Platycladus orientalis*	120	8	132	8	秦安县中山乡肖渠村	水溙寺
62052210010	侧柏	*Platycladus orientalis*	220	13	282	12	秦安县中山乡北庄村腰庄山神庙	北庄村委会
62052213001	侧柏	*Platycladus orientalis*	880	18	523	13	秦安县兴国镇大城社区文庙	秦安县文庙管理所
62052213002	侧柏	*Platycladus orientalis*	300	14	271	7	秦安县兴国镇大城社区文庙	秦安县文庙管理所
62052213003	侧柏	*Platycladus orientalis*	300	10	126	5	秦安县兴国镇大城社区文庙	秦安县文庙管理所
62052213004	侧柏	*Platycladus orientalis*	300	14	144	9	秦安县兴国镇大城社区文庙	秦安县文庙管理所
62052213005	侧柏	*Platycladus orientalis*	300	14	141	7	秦安县兴国镇大城社区文庙	秦安县文庙管理所
62052213006	侧柏	*Platycladus orientalis*	300	14	126	3	秦安县兴国镇大城社区文庙	秦安县文庙管理所
62052213007	侧柏	*Platycladus orientalis*	300	13	168	3	秦安县兴国镇大城社区文庙	秦安县文庙管理所
62052213008	侧柏	*Platycladus orientalis*	300	12	153	3	秦安县兴国镇大城社区文庙	秦安县文庙管理所
62052213009	侧柏	*Platycladus orientalis*	300	12	130	3	秦安县兴国镇大城社区文庙	秦安县文庙管理所
62052213011	侧柏	*Platycladus orientalis*	200	11	132	8	秦安县兴国镇凤山村泰山庙	秦安县泰山庙管理所
62052213012	侧柏	*Platycladus orientalis*	180	9	110	4	秦安县兴国镇凤山村泰山庙	秦安县泰山庙管理所
62052213013	侧柏	*Platycladus orientalis*	180	9	91	5	秦安县兴国镇凤山村泰山庙	秦安县泰山庙管理所
62052213014	侧柏	*Platycladus orientalis*	200	10	104	6	秦安县兴国镇凤山村泰山庙	秦安县泰山庙管理所
62052213015	侧柏	*Platycladus orientalis*	250	11	116	5	秦安县兴国镇凤山村泰山庙	秦安县泰山庙管理所
62052213016	侧柏	*Platycladus orientalis*	250	9	104	5	秦安县兴国镇凤山村泰山庙	秦安县泰山庙管理所
62052213017	侧柏	*Platycladus orientalis*	250	11	122	6	秦安县兴国镇凤山村泰山庙	秦安县泰山庙管理所
62052213018	侧柏	*Platycladus orientalis*	1000	11	132	6	秦安县兴国镇凤山村泰山庙	秦安县泰山庙管理所
62052213019	侧柏	*Platycladus orientalis*	1000	10	110	7	秦安县兴国镇凤山村泰山庙	秦安县泰山庙管理所

古树编号	树种	树种拉丁名	估测树龄	树高 (m)	树围 (cm)	平均冠幅 (m)	具体地点	管护单位 / 人
62052213020	侧柏	*Platycladus orientalis*	200	9	113	5	秦安县兴国镇凤山村泰山庙	秦安县泰山庙管理所
62052213021	侧柏	*Platycladus orientalis*	200	11	116	5	秦安县兴国镇凤山村泰山庙	秦安县泰山庙管理所
62052213022	侧柏	*Platycladus orientalis*	220	11	122	5	秦安县兴国镇凤山村泰山庙	秦安县泰山庙管理所
62052213023	侧柏	*Platycladus orientalis*	200	11	97	5	秦安县兴国镇凤山村泰山庙	秦安县泰山庙管理所
62052213024	侧柏	*Platycladus orientalis*	200	11	188	10	秦安县兴国镇凤山村泰山庙	秦安县泰山庙管理所
62052213025	侧柏	*Platycladus orientalis*	200	11	160	6	秦安县兴国镇凤山村泰山庙	秦安县泰山庙管理所
62052213028	侧柏	*Platycladus orientalis*	120	8	103	3	秦安县兴国镇邢泉村圣母宫	刑泉庙
62052213029	侧柏	*Platycladus orientalis*	500	12	169	7	秦安县兴国镇邢泉村圣母宫	刑泉庙
62052214001	侧柏	*Platycladus orientalis*	150	20	151	5	秦安县兴丰镇槐树村毗卢寺	毗卢寺
62052214002	侧柏	*Platycladus orientalis*	140	16	173	8	秦安县兴丰镇槐树村圆觉寺	圆觉寺
62052214003	侧柏	*Platycladus orientalis*	140	16	113	4	秦安县兴丰镇槐树村圆觉寺	圆觉寺
62052214004	侧柏	*Platycladus orientalis*	110	22	226	8	秦安县兴丰镇硬洼村普觉寺	普觉寺
62052214005	侧柏	*Platycladus orientalis*	110	21	138	8	秦安县兴丰镇硬洼村普觉寺	普觉寺
62052214006	侧柏	*Platycladus orientalis*	110	24	229	5	秦安县兴丰镇硬洼村普觉寺	普觉寺
62052214014	侧柏	*Platycladus orientalis*	350	15	210	7	秦安县兴丰镇阳坡村中山庙	阳坡村委会
62052214015	侧柏	*Platycladus orientalis*	270	22	279	14	秦安县兴丰镇付寨村青龙寺	青龙寺
62052214019	侧柏	*Platycladus orientalis*	120	13	97	7	秦安县兴丰镇石洼村观音寺	观音寺
62052214020	侧柏	*Platycladus orientalis*	120	15	138	5	秦安县兴丰镇石洼村观音寺	观音寺
62052215001	侧柏	*Platycladus orientalis*	200	11	103	8	秦安县千户镇曹湾村胡渠龙王庙	龙王庙
62052215002	侧柏	*Platycladus orientalis*	200	12	119	10	秦安县千户镇曹湾村胡渠龙王庙	龙王庙
62052215003	侧柏	*Platycladus orientalis*	200	10	103	8	秦安县千户镇曹湾村胡渠龙王庙	龙王庙
62052215004	侧柏	*Platycladus orientalis*	200	9	100	9	秦安县千户镇曹湾村胡渠龙王庙	龙王庙
62052215005	侧柏	*Platycladus orientalis*	200	12	103	6	秦安县千户镇曹湾村胡渠龙王庙	龙王庙
62052215014	侧柏	*Platycladus orientalis*	600	12	157	8	秦安县千户镇曹湾村胡渠龙王庙	龙王庙
62052215015	侧柏	*Platycladus orientalis*	150	10	116	9	秦安县千户镇出食村	出食村委会
62052215016	侧柏	*Platycladus orientalis*	150	11	103	8	秦安县千户镇出食村平安寺	平安寺
62052215025	侧柏	*Platycladus orientalis*	110	13	129	4	秦安县千户镇卢沟村华盖寺	华盖寺
62052215026	侧柏	*Platycladus orientalis*	110	14	204	10	秦安县千户镇卢沟村华盖寺	华盖寺
62052216002	侧柏	*Platycladus orientalis*	140	12	188	7	秦安县王尹镇王庙村普渡寺	普渡寺
62052216005	侧柏	*Platycladus orientalis*	120	8	97	6	秦安县王尹镇王庙村普渡寺	普渡寺
62052216006	侧柏	*Platycladus orientalis*	100	5	104	8	秦安县王尹镇王新村山神庙	王新村委会
62052216007	侧柏	*Platycladus orientalis*	110	13	91	4	秦安县王尹镇胡坪村龙泉寺	龙泉寺
62052216008	侧柏	*Platycladus orientalis*	110	13	88	4	秦安县王尹镇胡坪村龙泉寺	龙泉寺
62052216009	侧柏	*Platycladus orientalis*	110	13	85	3	秦安县王尹镇胡坪村龙泉寺	龙泉寺
62052216010	侧柏	*Platycladus orientalis*	110	13	94	3	秦安县王尹镇胡坪村龙泉寺	龙泉寺

古树编号	树种	树种拉丁名	估测树龄	树高 (m)	树围 (cm)	平均冠幅 (m)	具体地点	管护单位 / 人
62052216011	侧柏	*Platycladus orientalis*	110	13	119	5	秦安县王尹镇胡坪村龙泉寺	龙泉寺
62052216012	侧柏	*Platycladus orientalis*	110	13	91	3	秦安县王尹镇胡坪村龙泉寺	龙泉寺
62052216013	侧柏	*Platycladus orientalis*	110	13	107	3	秦安县王尹镇胡坪村龙泉寺	龙泉寺
62052216014	侧柏	*Platycladus orientalis*	110	13	91	4	秦安县王尹镇胡坪村龙泉寺	龙泉寺
62052216015	侧柏	*Platycladus orientalis*	110	13	88	4	秦安县王尹镇胡坪村龙泉寺	龙泉寺
62052216016	侧柏	*Platycladus orientalis*	110	13	88	3	秦安县王尹镇胡坪村龙泉寺	龙泉寺
62052216017	侧柏	*Platycladus orientalis*	110	13	110	3	秦安县王尹镇胡坪村龙泉寺	龙泉寺
62052216018	侧柏	*Platycladus orientalis*	110	13	100	4	秦安县王尹镇胡坪村龙泉寺	龙泉寺
62052216019	侧柏	*Platycladus orientalis*	110	13	97	4	秦安县王尹镇胡坪村龙泉寺	龙泉寺
62052216020	侧柏	*Platycladus orientalis*	110	15	100	5	秦安县王尹镇胡坪村龙泉寺	龙泉寺
62052216021	侧柏	*Platycladus orientalis*	110	10	91	3	秦安县王尹镇胡坪村龙泉寺	龙泉寺
62052216022	侧柏	*Platycladus orientalis*	200	13	122	6	秦安县王尹镇胡坪村龙泉寺	龙泉寺
62052216023	侧柏	*Platycladus orientalis*	120	12	88	3	秦安县王尹镇胡坪村龙泉寺	龙泉寺
62052216024	侧柏	*Platycladus orientalis*	160	14	113	4	秦安县王尹镇胡坪村龙泉寺	龙泉寺
62052216025	侧柏	*Platycladus orientalis*	110	10	85	7	秦安县王尹镇胡坪村龙泉寺	龙泉寺
62052217002	侧柏	*Platycladus orientalis*	600	9	204	9	秦安县云山乡云山村凌霄观	云山村委会
62052300002	侧柏	*Platycladus orientalis*	1000	18	260	7	甘谷县大像山镇南街村新城南路	南街村委会
62052300003	侧柏	*Platycladus orientalis*	720	17	270	8	甘谷县大像山镇南街村新城南路	南街村委会
62052300004	侧柏	*Platycladus orientalis*	720	9	272	7	甘谷县大像山镇南街村新城南路	南街村委会
62052300007	侧柏	*Platycladus orientalis*	1000	12	135	6	甘谷县大像山镇东关村天门山寺	天门山寺
62052300008	侧柏	*Platycladus orientalis*	150	13	150	7	甘谷县大像山镇东关村天门山寺	天门山寺
62052300009	侧柏	*Platycladus orientalis*	150	15	130	6	甘谷县大像山镇东关村天门山寺	天门山寺
62052300010	侧柏	*Platycladus orientalis*	150	11	85	8	甘谷县大像山镇东关村天门山寺	天门山寺
62052300011	侧柏	*Platycladus orientalis*	150	9	95	4	甘谷县大像山镇东关村天门山寺	天门山寺
62052300013	侧柏	*Platycladus orientalis*	150	12	110	6	甘谷县新兴镇永安村新城北路	伏羲小学
62052300014	侧柏	*Platycladus orientalis*	150	10	132	7	甘谷县新兴镇永安村新城北路	伏羲小学
62052300015	侧柏	*Platycladus orientalis*	150	8	96	6	甘谷县新兴镇永安村新城北路	伏羲小学
62052300016	侧柏	*Platycladus orientalis*	150	8	84	6	甘谷县新兴镇永安村新城北路	伏羲小学
62052300017	侧柏	*Platycladus orientalis*	150	8	86	7	甘谷县新兴镇永安村新城北路	伏羲小学
62052300018	侧柏	*Platycladus orientalis*	150	7	82	5	甘谷县新兴镇永安村新城北路	伏羲小学
62052300019	侧柏	*Platycladus orientalis*	150	8	126	7	甘谷县新兴镇永安村新城北路	伏羲小学
62052300020	侧柏	*Platycladus orientalis*	150	8	290	8	甘谷县新兴镇永安村新城北路	伏羲小学
62052300021	侧柏	*Platycladus orientalis*	150	7	180	7	甘谷县新兴镇永安村新城北路	伏羲小学
62052300022	侧柏	*Platycladus orientalis*	150	8	110	8	甘谷县新兴镇磐石村 665 乡道	磐石村委会
62052300023	侧柏	*Platycladus orientalis*	150	10	155	10	甘谷县新兴镇磐石村 665 乡道	磐石村委会

古树编号	树种	树种拉丁名	估测树龄	树高 (m)	树围 (cm)	平均冠幅 (m)	具体地点	管护单位 / 人
62052300024	侧柏	*Platycladus orientalis*	150	13	180	8	甘谷县新兴镇衡家坪村 665 乡道	衡家坪村委会
62052300025	侧柏	*Platycladus orientalis*	300	13	132	8	甘谷县新兴镇衡家坪村 665 乡道	衡家坪村委会
62052300026	侧柏	*Platycladus orientalis*	300	12	104	7	甘谷县新兴镇衡家坪村 665 乡道	衡家坪村委会
62052300027	侧柏	*Platycladus orientalis*	300	11	126	6	甘谷县新兴镇衡家坪村 665 乡道	衡家坪村委会
62052300032	侧柏	*Platycladus orientalis*	400	12	140	6	甘谷县新兴镇蔡家寺村 667 乡道	蔡家寺村委会
62052300033	侧柏	*Platycladus orientalis*	400	9	85	4	甘谷县新兴镇蔡家寺村 667 乡道	蔡家寺村委会
62052300034	侧柏	*Platycladus orientalis*	400	10	100	7	甘谷县新兴镇蔡家寺村 667 乡道	蔡家寺村委会
62052300035	侧柏	*Platycladus orientalis*	400	9	100	3	甘谷县新兴镇蔡家寺村 667 乡道	蔡家寺村委会
62052300039	侧柏	*Platycladus orientalis*	400	12	160	7	甘谷县新兴镇蔡家寺村 667 乡道	蔡家寺村委会
62052300042	侧柏	*Platycladus orientalis*	400	7	110	3	甘谷县新兴镇蔡家寺村 667 乡道	蔡家寺村委会
62052300044	侧柏	*Platycladus orientalis*	600	8	90	7	甘谷县新兴镇蔡家寺村 667 乡道	蔡家寺村委会
62052300045	侧柏	*Platycladus orientalis*	200	11	130	7	甘谷县新兴镇蔡家寺村 667 乡道	蔡家寺村委会
62052300046	侧柏	*Platycladus orientalis*	300	11	100	6	甘谷县新兴镇蔡家寺村 667 乡道	蔡家寺村委会
62052300047	侧柏	*Platycladus orientalis*	400	11	120	6	甘谷县新兴镇蔡家寺村 667 乡道	蔡家寺村委会
62052300048	侧柏	*Platycladus orientalis*	200	7	90	5	甘谷县新兴镇蔡家寺村 667 乡道	蔡家寺村委会
62052300049	侧柏	*Platycladus orientalis*	200	13	190	9	甘谷县新兴镇蔡家寺村 667 乡道	蔡家寺村委会
62052300050	侧柏	*Platycladus orientalis*	600	12	180	9	甘谷县新兴镇蔡家寺村 667 乡道	蔡家寺村委会
62052300051	侧柏	*Platycladus orientalis*	600	12	230	9	甘谷县新兴镇蔡家寺村 667 乡道	蔡家寺村委会
62052300052	侧柏	*Platycladus orientalis*	600	10	115	7	甘谷县新兴镇十甲村 667 乡道	通达观
62052300053	侧柏	*Platycladus orientalis*	150	10	100	5	甘谷县新兴镇十甲村 667 乡道	通达观
62052300054	侧柏	*Platycladus orientalis*	150	14	150	6	甘谷县新兴镇十字道村 667 乡道	通达观
62052300055	侧柏	*Platycladus orientalis*	300	14	146	6	甘谷县新兴镇十字道村 667 乡道	道达观
62052300060	侧柏	*Platycladus orientalis*	150	15	140	6	甘谷县新兴镇杨家庄村渭济路青龙观	青龙观
62052300061	侧柏	*Platycladus orientalis*	200	13	100	6	甘谷县新兴镇杨家庄村渭济路青龙观	青龙观
62052300062	侧柏	*Platycladus orientalis*	200	15	136	8	甘谷县新兴镇杨家庄村渭济路青龙观	青龙观
62052300063	侧柏	*Platycladus orientalis*	200	14	103	5	甘谷县新兴镇杨家庄村渭济路青龙观	青龙观
62052300064	侧柏	*Platycladus orientalis*	200	16	108	5	甘谷县新兴镇杨家庄村渭济路青龙观	青龙观
62052300065	侧柏	*Platycladus orientalis*	200	12	96	7	甘谷县新兴镇杨家庄村渭济路青龙观	青龙观
62052300066	侧柏	*Platycladus orientalis*	200	14	110	6	甘谷县新兴镇杨家庄村渭济路青龙观	青龙观
62052300076	侧柏	*Platycladus orientalis*	500	12	230	13	甘谷县磐安镇东崖村 G30 连霍高速	雨师宫
62052300077	侧柏	*Platycladus orientalis*	500	10	133	10	甘谷县磐安镇东崖村 G30 连霍高速	雨师宫
62052300078	侧柏	*Platycladus orientalis*	300	12	135	11	甘谷县磐安镇东崖村 G30 连霍高速	雨师宫
62052300084	侧柏	*Platycladus orientalis*	500	11	236	8	甘谷县磐安镇董家坪村 662 乡道	董家坪村委会
62052300085	侧柏	*Platycladus orientalis*	150	11	174	9	甘谷县磐安镇董家坪村 662 乡道	董家坪村委会
62052300086	侧柏	*Platycladus orientalis*	150	10	110	8	甘谷县六峰镇觉皇寺村 661 乡道靠近姜家庄村	觉皇寺村委会

古树编号	树种	树种拉丁名	估测树龄	树高 (m)	树围 (cm)	平均冠幅 (m)	具体地点	管护单位 / 人
62052300087	侧柏	*Platycladus orientalis*	100	10	130	7	甘谷县六峰镇觉皇寺村 661 乡道靠近姜维纪念馆	觉皇寺村委会
62052300088	侧柏	*Platycladus orientalis*	100	12	130	8	甘谷县六峰镇觉皇寺村 661 乡道靠近姜维纪念馆	觉皇寺村委会
62052300089	侧柏	*Platycladus orientalis*	100	11	100	7	甘谷县六峰镇觉皇寺村 661 乡道靠近姜家庄村	觉皇寺村委会
62052300092	侧柏	*Platycladus orientalis*	200	11	120	8	甘谷县六峰镇觉皇寺村 445 县道靠近觉皇寺学校	觉皇寺村委会
62052300093	侧柏	*Platycladus orientalis*	150	11	110	6	甘谷县六峰镇觉皇寺村 445 县道靠近觉皇寺学校	觉皇寺村委会
62052300095	侧柏	*Platycladus orientalis*	1500	11	120	7	甘谷县六峰镇觉皇寺村 445 县道靠近觉皇寺学校	觉皇寺村委会
62052300096	侧柏	*Platycladus orientalis*	150	11	130	7	甘谷县六峰镇觉皇寺村 445 县道靠近觉皇寺学校	觉皇寺村委会
62052300097	侧柏	*Platycladus orientalis*	150	9	130	7	甘谷县六峰镇姜家庄村 661 乡道	姜家庄村委会
62052300098	侧柏	*Platycladus orientalis*	100	10	30	7	甘谷县六峰镇姜家庄村 445 县道	姜家庄村委会
62052300099	侧柏	*Platycladus orientalis*	100	14	160	11	甘谷县六峰镇姜家庄村 661 乡道	姜家庄村委会
62052300100	侧柏	*Platycladus orientalis*	200	10	100	6	甘谷县六峰镇姜家庄村 661 乡道	姜家庄村委会
62052300133	侧柏	*Platycladus orientalis*	600	11	124	9	甘谷县大石镇南山村 087 县道	南山村委会
62052300138	侧柏	*Platycladus orientalis*	100	10	150	9	甘谷县礼辛镇陈庄村 668 乡道	陈庄村委会
62052300139	侧柏	*Platycladus orientalis*	100	9	160	9	甘谷县礼辛镇陈庄村 668 乡道	陈庄村委会
62052300142	侧柏	*Platycladus orientalis*	1200	9	90	5	甘谷县礼辛镇下街村 668 乡道靠近礼辛小学	礼辛小学
62052300144	侧柏	*Platycladus orientalis*	200	15	100	6	甘谷县礼辛镇董岘村	徐建民
62052300159	侧柏	*Platycladus orientalis*	120	8	100	10	甘谷县礼辛镇马坡村大礼段	李续卷
62052300164	侧柏	*Platycladus orientalis*	1300	11	150	5	甘谷县武家河镇黑下沟村 663 乡道	泰山庙
62052300166	侧柏	*Platycladus orientalis*	150	11	100	7	甘谷县武家河镇黑下沟村 663 乡道	泰山庙
62052300182	侧柏	*Platycladus orientalis*	150	8	190	6	甘谷县大庄镇城子村 087 县道	无量山朝阳观
62052300183	侧柏	*Platycladus orientalis*	200	8	166	6	甘谷县大庄镇城子村 087 县道	无量山朝阳观
62052300184	侧柏	*Platycladus orientalis*	200	9	250	8	甘谷县大庄镇城子村 087 县道	无量山朝阳观
62052300205	侧柏	*Platycladus orientalis*	200	9	120	8	甘谷县八里湾镇椿树岘村 304 省道	椿树岘村委会
62052300206	侧柏	*Platycladus orientalis*	200	8	90	6	甘谷县八里湾镇椿树岘村 304 省道	椿树岘村委会
62052300207	侧柏	*Platycladus orientalis*	150	7	103	6	甘谷县八里湾镇椿树岘村 304 省道	椿树岘村委会
62052300208	侧柏	*Platycladus orientalis*	150	7	88	4	甘谷县八里湾镇椿树岘村 304 省道	椿树岘村委会
62052300209	侧柏	*Platycladus orientalis*	150	8	150	7	甘谷县八里湾镇椿树岘村 304 省道	椿树岘村委会
62052300211	侧柏	*Platycladus orientalis*	200	9	158	6	甘谷县八里湾镇唐家湾村	刘虎平
62052300212	侧柏	*Platycladus orientalis*	300	9	144	6	甘谷县八里湾镇唐家湾村	刘虎平
62052300213	侧柏	*Platycladus orientalis*	300	20	55	10	甘谷县八里湾镇杨家沟村 304 省道	杨家沟村委会
62052300214	侧柏	*Platycladus orientalis*	200	18	183	11	甘谷县八里湾镇杨家沟村 304 省道	杨家沟村委会
62052300215	侧柏	*Platycladus orientalis*	200	20	328	21	甘谷县八里湾镇杨家沟村 304 省道	杨家沟村委会
62052300250	侧柏	*Platycladus orientalis*	600	13	275	12	甘谷县白家湾乡大山村家神庙院内	大山村家神庙
62052401007	侧柏	*Platycladus orientalis*	100	6	130	4	武山县桦林镇上沟村张家坟地	费红珍
62052402020	侧柏	*Platycladus orientalis*	220	14	140	6	武山县鸳鸯镇苟山村委会院内	苟五存

古树编号	树种	树种拉丁名	估测树龄	树高 (m)	树围 (cm)	平均冠幅 (m)	具体地点	管护单位 / 人
62052402027	侧柏	*Platycladus orientalis*	300	6	170	8	武山县鸳鸯镇苟山村 152 号院内	苟军爱
62052405007	侧柏	*Platycladus orientalis*	150	8	180	6	武山县高楼镇刘川村家神庙内	刘富元
62052405008	侧柏	*Platycladus orientalis*	150	9	200	7	武山县高楼镇刘川村家神庙内	刘富元
62052407001	侧柏	*Platycladus orientalis*	200	15	150	11	武山县城关镇坡儿村圣母庙正后方	谢瑞军
62052407002	侧柏	*Platycladus orientalis*	150	13	140	9	武山县城关镇坡儿村圣母庙后东北侧靠山	谢瑞军
62052407003	侧柏	*Platycladus orientalis*	100	13	140	10	武山县城关镇坡儿村圣母庙东北侧靠房	谢瑞军
62052407004	侧柏	*Platycladus orientalis*	100	12	100	7	武山县城关镇坡儿村圣母庙院前内东侧靠房	谢瑞军
62052407005	侧柏	*Platycladus orientalis*	100	10	100	6	武山县城关镇坡儿村圣母庙院中	谢瑞军
62052407006	侧柏	*Platycladus orientalis*	100	13	130	9	武山县城关镇坡儿村圣母庙院内靠门	谢瑞军
62052407007	侧柏	*Platycladus orientalis*	100	10	80	9	武山县城关镇坡儿村圣母庙院门口	谢瑞军
62052407009	侧柏	*Platycladus orientalis*	150	11	120	7	武山县城关镇坡儿村坟地后方西北侧	谢瑞军
62052407010	侧柏	*Platycladus orientalis*	150	11	110	7	武山县城关镇坡儿村坟地后方东北侧	谢瑞军
62052407011	侧柏	*Platycladus orientalis*	150	12	120	6	武山县城关镇坡儿村坟地头西南侧	谢瑞军
62052407012	侧柏	*Platycladus orientalis*	150	11	120	9	武山县城关镇坡儿村坟地头西南侧靠碑	谢瑞军
62052407013	侧柏	*Platycladus orientalis*	150	10	120	6	武山县城关镇坡儿村坟地头东南侧靠碑	谢瑞军
62052407014	侧柏	*Platycladus orientalis*	100	10	230	7	武山县城关镇坡儿村坟地头东侧靠墙	谢瑞军
62052407015	侧柏	*Platycladus orientalis*	150	13	160	9	武山县城关镇坡儿村玲家琴家院内	谢瑞军
62052407016	侧柏	*Platycladus orientalis*	150	13	140	8	武山县城关镇坡儿村雷家门口坟地东南侧	谢瑞军
62052407017	侧柏	*Platycladus orientalis*	150	11	130	8	武山县城关镇坡儿村雷家门口坟地东北侧	谢瑞军
62052407018	侧柏	*Platycladus orientalis*	150	13	110	7	武山县城关镇坡儿村雷家门口坟地西北侧	谢瑞军
62052407019	侧柏	*Platycladus orientalis*	150	11	110	7	武山县城关镇坡儿村雷家门口坟地西南侧	谢瑞军
62052407026	侧柏	*Platycladus orientalis*	130	10	130	8	武山县城关镇令川村委会门前	令海林
62052407035	侧柏	*Platycladus orientalis*	100	16	120	9	武山县城关镇韦庄村向君寺院内	张彦林
62052407050	侧柏	*Platycladus orientalis*	250	15	320	9	武山县城关镇邓堡村邓家坟地	邓岁林
62052407054	侧柏	*Platycladus orientalis*	100	15	150	5	武山县城关镇家坡村泰山庙院中	刘增绪
62052407064	侧柏	*Platycladus orientalis*	1000	10	380	9	武山县城关镇康瓦坪村圣母庙院内	徐新宇
62052407065	侧柏	*Platycladus orientalis*	1000	10	370	10	武山县城关镇康瓦坪村圣母庙院内	徐新宇
62052407066	侧柏	*Platycladus orientalis*	1000	9	280	7	武山县城关镇康瓦坪村圣母庙院内	徐新宇
62052407075	侧柏	*Platycladus orientalis*	220	8	160	6	武山县城关镇南峪村南峪李组	赵卫卫
62052408001	侧柏	*Platycladus orientalis*	300	13	110	7	武山县洛门镇蓼阳村蓼阳小学院内南侧	王俊成
62052408002	侧柏	*Platycladus orientalis*	300	11	140	6	武山县洛门镇蓼阳村蓼阳小学院内南侧	王俊成
62052408003	侧柏	*Platycladus orientalis*	300	12	200	7	武山县洛门镇蓼阳村蓼阳小学院内南侧	王俊成
62052408004	侧柏	*Platycladus orientalis*	300	13	240	6	武山县洛门镇蓼阳村蓼阳小学院内南侧	王俊成
62052408005	侧柏	*Platycladus orientalis*	100	10	90	5	武山县洛门镇蓼阳村蓼阳小学内院南侧	王俊成
62052408006	侧柏	*Platycladus orientalis*	300	12	230	6	武山县洛门镇蓼阳村蓼阳小学内院南侧	王俊成

古树编号	树种	树种拉丁名	估测树龄	树高 (m)	树围 (cm)	平均冠幅 (m)	具体地点	管护单位 / 人
62052408012	侧柏	*Platycladus orientalis*	350	10	310	6	武山县洛门镇蓼阳村石家坪 335 号东侧	石平定
62052408015	侧柏	*Platycladus orientalis*	150	12	130	6	武山县洛门镇史庄村文昌宫旧址	苟夫耀
62052408081	侧柏	*Platycladus orientalis*	120	10	130	9	武山县洛门镇罗㐤村老坟地东南侧	罗顺成
62052408087	侧柏	*Platycladus orientalis*	440	11	240	9	武山县洛门镇李堡村大王庙院内	康小明
62052410019	侧柏	*Platycladus orientalis*	110	15	121	7	武山县滩歌镇上街村万花寺院内	卢荣平
62052410020	侧柏	*Platycladus orientalis*	110	15	113	6	武山县滩歌镇上街村万花寺院内	卢荣平
62052411001	侧柏	*Platycladus orientalis*	150	17	92	4	武山县龙台镇贾山村山神庙	贾四背
62052411021	侧柏	*Platycladus orientalis*	260	15	200	11	武山县龙台镇杨嘴村磨盘下	杨生银
62052412011	侧柏	*Platycladus orientalis*	100	16	160	10	武山县四门镇窑儿村孙召瑞家院内	杨真福
62052412024	侧柏	*Platycladus orientalis*	120	10	120	3	武山县四门镇侯堡村	王爱军
62052412035	侧柏	*Platycladus orientalis*	150	10	100	7	武山县四门镇大蒿村王深坪	松世东
62052413026	侧柏	*Platycladus orientalis*	200	16	200	8	武山县温泉镇柏山村柏家山庄 172 号门口	柏新锁
62052414011	侧柏	*Platycladus orientalis*	350	21	190	10	武山县杨河镇刘强村小南组关沟门	冯红卫
62052414012	侧柏	*Platycladus orientalis*	350	20	180	10	武山县杨河镇刘强村小南组关沟门	冯红卫
62052414013	侧柏	*Platycladus orientalis*	350	11	200	7	武山县杨河镇刘强村小南组关沟门	冯红卫
62052415019	侧柏	*Platycladus orientalis*	150	9	95	4	武山县沿安乡川儿村漆家川 186 号旁	漆新迎
62052415020	侧柏	*Platycladus orientalis*	150	9	85	4	武山县沿安乡川儿村漆家川 187 号旁	漆新迎
62052415021	侧柏	*Platycladus orientalis*	150	8	94	5	武山县沿安乡川儿村漆家川 188 号旁	漆新迎
62052415022	侧柏	*Platycladus orientalis*	200	12	120	8	武山县沿安乡川儿村漆家川 189 号旁	漆新迎
62052415023	侧柏	*Platycladus orientalis*	150	8	91	9	武山县沿安乡川儿村泰山庙	漆新迎
62052415024	侧柏	*Platycladus orientalis*	150	8	90	8	武山县沿安乡川儿村泰山庙	漆新迎
62052415025	侧柏	*Platycladus orientalis*	150	10	102	7	武山县沿安乡川儿村泰山庙	漆新迎
62052415026	侧柏	*Platycladus orientalis*	150	11	100	8	武山县沿安乡川儿村泰山庙	漆新迎
62052415027	侧柏	*Platycladus orientalis*	150	11	124	9	武山县沿安乡川儿村泰山庙	漆新迎
62052415028	侧柏	*Platycladus orientalis*	150	9	92	8	武山县沿安乡川儿村泰山庙	漆新迎
62052415037	侧柏	*Platycladus orientalis*	220	14	120	9	武山县沿安乡沿安村胡家湾	漆平
62052415038	侧柏	*Platycladus orientalis*	220	13	125	10	武山县沿安乡沿安村胡家湾	漆平
62052415041	侧柏	*Platycladus orientalis*	300	23	250	13	武山县沿安乡高九村	范爱军
62052500001	侧柏	*Platycladus orientalis*	180	11	223	11	张家川回族自治县龙山镇马河村	马河村委会
62052500002	侧柏	*Platycladus orientalis*	100	7	148	8	张家川回族自治县龙山镇马河村	马河村委会
62052500003	侧柏	*Platycladus orientalis*	110	9	160	9	张家川回族自治县龙山镇榆树村	榆树村委会
62052500025	侧柏	*Platycladus orientalis*	120	16	166	8	张家川回族自治县张家川镇崔家村	崔家村委会
62052500026	侧柏	*Platycladus orientalis*	120	12	147	6	张家川回族自治县张家川镇崔家村	崔家村委会
62052500027	侧柏	*Platycladus orientalis*	100	15	94	9	张家川回族自治县张家川镇硖口村	硖口村委会
62052500029	侧柏	*Platycladus orientalis*	130	8	171	9	张家川回族自治县张家川镇阳上村	阳上村委会

古树编号	树种	树种拉丁名	估测树龄	树高 (m)	树围 (cm)	平均冠幅 (m)	具体地点	管护单位 / 人
62052500033	侧柏	*Platycladus orientalis*	100	8	132	6	张家川回族自治县张家川镇杨川村	杨川村委会
62052500034	侧柏	*Platycladus orientalis*	100	7	103	5	张家川回族自治县张家川镇杨川村	杨川村委会
62052500035	侧柏	*Platycladus orientalis*	120	7	162	6	张家川回族自治县张家川镇杨店村	杨店村委会
62052500036	侧柏	*Platycladus orientalis*	120	6	155	7	张家川回族自治县张家川镇杨店村	杨店村委会
62052500047	侧柏	*Platycladus orientalis*	100	10	110	9	张家川回族自治县马鹿镇花园村	花园村委会
62052500051	侧柏	*Platycladus orientalis*	130	13	124	10	张家川回族自治县张家川镇查湾村宣化岗	宣化岗
62052500052	侧柏	*Platycladus orientalis*	130	10	214	10	张家川回族自治县张家川镇查湾村宣化岗	宣化岗
62052500058	侧柏	*Platycladus orientalis*	200	8	408	7	张家川回族自治县大阳镇寨子村	马自珍
62052500059	侧柏	*Platycladus orientalis*	200	7	393	7	张家川回族自治县大阳镇寨子村麻地湾	马自珍
62052500080	侧柏	*Platycladus orientalis*	140	9	283	7	张家川回族自治县梁山镇高营村李福杰门前	李福杰
62052500081	侧柏	*Platycladus orientalis*	140	9	314	6	张家川回族自治县梁山镇高营村李福杰门前	李福杰
62052500082	侧柏	*Platycladus orientalis*	120	12	136	6	张家川回族自治县张家川镇查湾村宣化岗院内	宣化岗
62050220445	千头柏	*Platycladus orientalis* 'Sieboldii'	400	12	310	14	秦州区中梁镇麦王山村	庙委会
62050300030	千头柏	*Platycladus orientalis* 'Sieboldii'	400	14	265	11	麦积区伯阳镇巩坪村大庄 45 号院侧	巩坪村委会
62050300046	千头柏	*Platycladus orientalis* 'Sieboldii'	200	13	192	10	麦积区伯阳镇范河村山神庙门口	范河村委会
62050300254	千头柏	*Platycladus orientalis* 'Sieboldii'	500	10	340	10	麦积区甘泉镇西枝村村东侧山上	西枝村委会
62050300286	千头柏	*Platycladus orientalis* 'Sieboldii'	250	14	248	14	麦积区甘泉镇八槐村 37 号院门口	八槐村委会
62050300553	千头柏	*Platycladus orientalis* 'Sieboldii'	400	15	335	15	麦积区三岔镇关庄村村东头农家乐院内	关庄村委会
62050300574	千头柏	*Platycladus orientalis* 'Sieboldii'	150	12	195	12	麦积区社棠镇东家山村方神庙院内	东家山村委会
62050300576	千头柏	*Platycladus orientalis* 'Sieboldii'	200	12	240	12	麦积区社棠镇东家山村村西头地里	东家山村委会
62050300577	千头柏	*Platycladus orientalis* 'Sieboldii'	200	9	180	10	麦积区社棠镇东家山村村西头地里	东家山村委会
62050300594	千头柏	*Platycladus orientalis* 'Sieboldii'	200	8	195	7	麦积区渭南镇王新村山神庙院内	王新村委会
62050300597	千头柏	*Platycladus orientalis* 'Sieboldii'	200	10	160	6	麦积区渭南镇刘家庄村头期山土崖边	刘庄村委会
62050300598	千头柏	*Platycladus orientalis* 'Sieboldii'	200	9	160	7	麦积区渭南镇刘家庄村头期山土崖边	刘庄村委会
62050300599	千头柏	*Platycladus orientalis* 'Sieboldii'	200	8	150	6	麦积区渭南镇刘家庄村头期山土崖边	刘庄村委会
62050300600	千头柏	*Platycladus orientalis* 'Sieboldii'	200	8	170	5	麦积区渭南镇刘家庄村头期山上山路边	刘庄村委会
62050300601	千头柏	*Platycladus orientalis* 'Sieboldii'	200	9	160	6	麦积区渭南镇刘家庄村头期山地边	刘庄村委会
62050300602	千头柏	*Platycladus orientalis* 'Sieboldii'	200	12	170	8	麦积区渭南镇麻坪村村外董家祖坟地	麻坪村委会
62050300603	千头柏	*Platycladus orientalis* 'Sieboldii'	200	12	182	8	麦积区渭南镇麻坪村村外董家祖坟地	麻坪村委会
62050300604	千头柏	*Platycladus orientalis* 'Sieboldii'	200	12	175	8	麦积区渭南镇麻坪村村外董家祖坟地	麻坪村委会
62050300605	千头柏	*Platycladus orientalis* 'Sieboldii'	200	12	180	8	麦积区渭南镇麻坪村村外董家祖坟地	麻坪村委会
62050300614	千头柏	*Platycladus orientalis* 'Sieboldii'	200	9	170	11	麦积区渭南镇雷尹村山背后雷家祖坟地	雷尹村委会
62050300615	千头柏	*Platycladus orientalis* 'Sieboldii'	200	9	190	11	麦积区渭南镇雷尹村山背后雷家祖坟地	雷尹村委会
62050300616	千头柏	*Platycladus orientalis* 'Sieboldii'	200	9	170	8	麦积区渭南镇雷尹村山背后坟地	雷尹村委会
62050300691	千头柏	*Platycladus orientalis* 'Sieboldii'	1000	13	400	11	麦积区中滩镇缑杨村 48 号门口	缑杨村委会

古树编号	树种	树种拉丁名	估测树龄	树高 (m)	树围 (cm)	平均冠幅 (m)	具体地点	管护单位 / 人
62050300698	千头柏	*Platycladus orientalis* 'Sieboldii'	100	10	130	8	麦积区中滩镇漆李村村南坟地	漆李村委会
62050300699	千头柏	*Platycladus orientalis* 'Sieboldii'	100	10	130	7	麦积区中滩镇漆李村村南坟地	漆李村委会
62052100039	千头柏	*Platycladus orientalis* 'Sieboldii'	290	15	284	12	清水县松树乡堡子村	王景文
62052100040	千头柏	*Platycladus orientalis* 'Sieboldii'	110	8	120	7	清水县金集镇张山村	周随生
62052100041	千头柏	*Platycladus orientalis* 'Sieboldii'	160	7	200	8	清水县松树乡左李村	李永红
62052100042	千头柏	*Platycladus orientalis* 'Sieboldii'	110	6	160	8	清水县松树乡左李村	李永红
62052100965	千头柏	*Platycladus orientalis* 'Sieboldii'	160	12	445	20	清水县松树镇左李村	左李村委会
62052100966	千头柏	*Platycladus orientalis* 'Sieboldii'	160	12	300	20	清水县松树镇左李村	左李村委会
62052206001	千头柏	*Platycladus orientalis* 'Sieboldii'	200	18	267	18	秦安县陇城镇娲皇村老街巷陇城二队	娲皇村委会
62052207002	千头柏	*Platycladus orientalis* 'Sieboldii'	120	10	122	9	秦安县郭嘉镇槐川村关帝庙	关帝庙
62052207003	千头柏	*Platycladus orientalis* 'Sieboldii'	200	12	230	10	秦安县郭嘉镇朱湾村李氏宗祠	李氏宗祠
62052207004	千头柏	*Platycladus orientalis* 'Sieboldii'	200	12	232	10	秦安县郭嘉镇朱湾村李氏宗祠	李氏宗祠
62052213027	千头柏	*Platycladus orientalis* 'Sieboldii'	120	11	182	11	秦安县兴国镇邢泉村山神庙	蔡山庙
62052214018	千头柏	*Platycladus orientalis* 'Sieboldii'	110	10	141	6	秦安县兴丰镇付寨村	刘续生
62052215006	千头柏	*Platycladus orientalis* 'Sieboldii'	200	9	94	6	秦安县千户镇曹湾村胡渠龙王庙	龙王庙
62052215007	千头柏	*Platycladus orientalis* 'Sieboldii'	200	9	100	6	秦安县千户镇曹湾村胡渠龙王庙	龙王庙
62052215008	千头柏	*Platycladus orientalis* 'Sieboldii'	200	8	87	5	秦安县千户镇曹湾村胡渠龙王庙	龙王庙
62052215009	千头柏	*Platycladus orientalis* 'Sieboldii'	200	8	69	4	秦安县千户镇曹湾村胡渠龙王庙	龙王庙
62052215010	千头柏	*Platycladus orientalis* 'Sieboldii'	200	10	87	4	秦安县千户镇曹湾村胡渠龙王庙	龙王庙
62052215011	千头柏	*Platycladus orientalis* 'Sieboldii'	200	10	75	5	秦安县千户镇曹湾村胡渠龙王庙	龙王庙
62052215012	千头柏	*Platycladus orientalis* 'Sieboldii'	200	10	81	4	秦安县千户镇曹湾村胡渠龙王庙	龙王庙
62052215013	千头柏	*Platycladus orientalis* 'Sieboldii'	600	12	94	6	秦安县千户镇曹湾村胡渠龙王庙	龙王庙
62052215019	千头柏	*Platycladus orientalis* 'Sieboldii'	130	11	251	10	秦安县千户镇出食村平安寺	平安寺
62052215023	千头柏	*Platycladus orientalis* 'Sieboldii'	130	9	219	8	秦安县千户镇六图村盘龙山道观	盘龙山道观
62052215024	千头柏	*Platycladus orientalis* 'Sieboldii'	130	10	166	8	秦安县千户镇六图村盘龙山道观	盘龙山道观
62052216003	千头柏	*Platycladus orientalis* 'Sieboldii'	130	9	192	10	秦安县王尹镇王庙村普渡寺	普渡寺
62052216004	千头柏	*Platycladus orientalis* 'Sieboldii'	120	8	157	10	秦安县王尹镇王庙村普渡寺	普渡寺
62052300081	千头柏	*Platycladus orientalis* 'Sieboldii'	100	12	356	12	甘谷县磐安镇洪家湾村 662 乡道	洪家湾村委会
62052300082	千头柏	*Platycladus orientalis* 'Sieboldii'	600	10	280	10	甘谷县磐安镇洪家湾村 662 乡道	洪家湾村委会
62052300175	千头柏	*Platycladus orientalis* 'Sieboldii'	150	9	216	8	甘谷县大庄镇付家河村 660 乡道	付家河村委会
62052300176	千头柏	*Platycladus orientalis* 'Sieboldii'	300	8	160	11	甘谷县大庄镇付家河村 660 乡道	付家河村委会
62052300235	千头柏	*Platycladus orientalis* 'Sieboldii'	140	7	140	8	甘谷县谢家湾乡自坪村	自坪村委会
62052300236	千头柏	*Platycladus orientalis* 'Sieboldii'	180	7	120	8	甘谷县谢家湾乡自坪村	自坪村委会
62052402036	千头柏	*Platycladus orientalis* 'Sieboldii'	110	7	220	9	武山县鸳鸯镇盘古村安嘴组坟地	安绪平
62052402037	千头柏	*Platycladus orientalis* 'Sieboldii'	110	7	230	10	武山县鸳鸯镇盘古村安嘴组坟地	安绪平

古树编号	树种	树种拉丁名	估测树龄	树高 (m)	树围 (cm)	平均冠幅 (m)	具体地点	管护单位 / 人
62052407042	千头柏	*Platycladus orientalis* 'Sieboldii'	300	6	300	13	武山县城关镇邓堡村路边	邓岁林
62052407043	千头柏	*Platycladus orientalis* 'Sieboldii'	250	7	280	8	武山县城关镇邓堡村邓家坟地	邓岁林
62052407045	千头柏	*Platycladus orientalis* 'Sieboldii'	200	13	270	12	武山县城关镇邓堡村邓家坟地	邓岁林
62052407046	千头柏	*Platycladus orientalis* 'Sieboldii'	200	13	240	13	武山县城关镇邓堡村邓家坟地	邓岁林
62052407047	千头柏	*Platycladus orientalis* 'Sieboldii'	200	11	210	9	武山县城关镇邓堡村邓家坟地	邓岁林
62052407048	千头柏	*Platycladus orientalis* 'Sieboldii'	200	12	210	8	武山县城关镇邓堡村邓家坟地	邓岁林
62052407049	千头柏	*Platycladus orientalis* 'Sieboldii'	200	12	210	8	武山县城关镇邓堡村邓家坟地	邓岁林
红豆杉科								
62052300080	粗榧	*Cephalotaxus sinensis*	1000	7	178	4	甘谷县磐安镇南坡寺村王权故居	南坡寺
62050200638	粗榧	*Cephalotaxus sinensis*	800	6	130	7	秦州区关子镇流水村流水观院内	流水村委会
62050220510	红豆杉	*Taxus wallichiana* var. *chinensis*	160	8	160	5	秦州区娘娘坝镇马家坝村	马家坝村委会
62050300111	红豆杉	*Taxus wallichiana* var. *chinensis*	450	6	206	8	麦积区党川镇党川村龙包沟口山坡下	党川村委会
62050300113	红豆杉	*Taxus wallichiana* var. *chinensis*	300	12	165	6	麦积区党川镇党川村龙衣沟口廖三代祖坟地	廖三代
62050300114	红豆杉	*Taxus wallichiana* var. *chinensis*	300	10	160	5	麦积区党川镇党川村龙衣沟口廖三代祖坟地	廖三代
62050300118	红豆杉	*Taxus wallichiana* var. *chinensis*	300	8	156	5	麦积区党川镇党川村廖三代红豆杉苗圃地东面沟里	党川村委会
62050300126	红豆杉	*Taxus wallichiana* var. *chinensis*	800	16	328	14	麦积区党川镇火吉村公路边的坡上	火吉村委会
62050300127	红豆杉	*Taxus wallichiana* var. *chinensis*	400	14	195	10	麦积区党川镇火吉村公路边的坡上	火吉村委会
62050300143	红豆杉	*Taxus wallichiana* var. *chinensis*	300	10	160	8	麦积区党川镇新庄村村民院子后	王森林
62050300144	红豆杉	*Taxus wallichiana* var. *chinensis*	300	10	155	8	麦积区党川镇新庄村村民院子后	王森林
62050300211	红豆杉	*Taxus wallichiana* var. *chinensis*	300	6	160	4	麦积区甘泉镇庙沟村村西面山坡地埂边	庙沟村委会
62050300225	红豆杉	*Taxus wallichiana* var. *chinensis*	300	12	160	8	麦积区甘泉镇黄庄村大王庙背后山坡上	黄庄村委会
62050300264	红豆杉	*Taxus wallichiana* var. *chinensis*	300	12	170	8	麦积区甘泉镇朝阳村朝阳寺院内	朝阳村委会
62050300265	红豆杉	*Taxus wallichiana* var. *chinensis*	200	10	100	7	麦积区甘泉镇朝阳村朝阳寺院内	朝阳村委会
62050300382	红豆杉	*Taxus wallichiana* var. *chinensis*	200	12	140	9	麦积区麦积镇草滩村豆积寺院内	草滩村委会
62052100244	红豆杉	*Taxus wallichiana* var. *chinensis*	50	4	13	4	清水县山门镇史沟村大场子组大场子沟	魏小平
杨柳科								
62052403001	青杨	*Populus cathayana*	170	22	470	15	武山县榆盘镇下河村丁全盛家屋后	丁天祥
62052407062	青杨	*Populus cathayana*	110	21	330	9	武山县城关镇杜楞村公路旁	韩强军
62052407063	青杨	*Populus cathayana*	120	20	300	9	武山县城关镇杜楞村公路旁	韩强军
62052409018	青杨	*Populus cathayana*	300	17	500	17	武山县马力镇付家门村委会门口	陈彩红
62052412045	青杨	*Populus cathayana*	280	16	300	8	武山县四门镇麦山村	赵应元
62052413033	青杨	*Populus cathayana*	350	15	600	8	武山县温泉镇小南村康乐泉井口前	刘小宏
62052414001	青杨	*Populus cathayana*	160	20	270	18	武山县杨河镇小庄村公路边	杨新海
62052414023	青杨	*Populus cathayana*	300	22	400	22	武山县杨河镇杨河村观书滩	杨文龙
62052415018	青杨	*Populus cathayana*	150	23	300	18	武山县沿安乡中川村祝家那坡 302 号门口	李高成

古树编号	树种	树种拉丁名	估测树龄	树高 (m)	树围 (cm)	平均冠幅 (m)	具体地点	管护单位 / 人
62052100201	山杨	*Populus davidiana*	200	17	280	18	清水县陇东乡朱湾村二组	朱居东
62052100202	山杨	*Populus davidiana*	200	14	290	11	清水县王河镇吉山村硖口河滩	刘张锁
62052100203	山杨	*Populus davidiana*	200	22	300	21	清水县王河镇吉山村硖口河滩	刘张锁
62052100204	山杨	*Populus davidiana*	200	11	280	13	清水县新城乡杨河村上山组	顿永瑞
62052100205	山杨	*Populus davidiana*	100	22	232	19	清水县新城乡王尧村委会后	赵世奇
62052100206	山杨	*Populus davidiana*	150	16	265	11	清水县白驼镇鲁家村红土坡	张纪保
62052100440	山杨	*Populus davidiana*	100	19	190	9	清水县白沙镇温泉村庙前路边	温泉村委会
62052100445	山杨	*Populus davidiana*	110	23	244	11	清水县白沙镇温泉村高天佑院内	温泉村委会
62052100465	山杨	*Populus davidiana*	150	12	25	28	清水县白驼镇鲁家村红土坡	鲁家村委会
62052100542	山杨	*Populus davidiana*	105	24	260	19	清水县草川铺镇磨儿村蔡河路边	磨儿村委会
62052100803	山杨	*Populus davidiana*	100	15	180	15	清水县陇东镇丰台村丰台梁	丰台村委会
62052100843	山杨	*Populus davidiana*	200	16	210	17	清水县陇东镇朱湾村	朱湾村委会
62052100852	山杨	*Populus davidiana*	150	16	180	5	清水县秦亭镇店子村高寺子庄口	店子村委会
62052101002	山杨	*Populus davidiana*	200	15	360	3	清水县王河镇吉山村硬口河滩	吉山村委会
62052101005	山杨	*Populus davidiana*	200	9	200	4	清水县王河镇吉山村硬口河滩	吉山村委会
62052101052	山杨	*Populus davidiana*	100	16	210	11	清水县新城乡王尧村委会后	王尧村委会
62052101060	山杨	*Populus davidiana*	200	9	116	5	清水县新城乡杨河村上山组	杨河村委会
62050220881	山杨	*Populus davidiana*	100	20	335	16	秦州区牡丹镇梁家大湾村	梁家大湾村委会
62050300146	毛白杨	*Populus tomentosa*	150	24	465	14	麦积区党川镇冷水河村腰庄 3 号院侧面	冷水河村委会
62050300171	毛白杨	*Populus tomentosa*	100	20	380	20	麦积区甘泉镇甘江村杨树台	甘江村委会
62052300199	毛白杨	*Populus tomentosa*	200	25	500	23	甘谷县古坡镇沟门村	沟门村委会
62052405011	毛白杨	*Populus tomentosa*	120	19	240	16	武山县高楼镇纸碾村大沟水渠旁	张田海
62052406001	毛白杨	*Populus tomentosa*	200	18	330	8	武山县山丹镇任山村泉下商店对面	徐喜定
62052409022	毛白杨	*Populus tomentosa*	120	17	240	15	武山县马力镇堡子村村门口	张同喜
62052409024	毛白杨	*Populus tomentosa*	120	17	230	13	武山县马力镇堡子村村门口	张同喜
62052500077	毛白杨	*Populus tomentosa*	100	20	268	17	张家川回族自治县川王镇王沟村委会门前	马志祥
62052500078	毛白杨	*Populus tomentosa*	100	18	242	17	张家川回族自治县川王镇王沟村委会门前	马志祥
62050200908	垂柳	*Salix babylonica*	100	20	205	16	秦州区玉泉镇闫新村郊区交警队门口	闫新村委会
62050220043	垂柳	*Salix babylonica*	200	20	450	18	秦州区牡丹镇牡丹村	牡丹村委会
62050300121	垂柳	*Salix babylonica*	100	16	268	10	麦积区党川镇花庙村村内水沟边	花庙村委会
62050300160	垂柳	*Salix babylonica*	150	20	350	18	麦积区甘泉镇甘泉村窑湾子桥头路边	甘泉村委会
62050300161	垂柳	*Salix babylonica*	150	26	375	14	麦积区甘泉镇甘泉村席集巷道口	甘泉村委会
62050300174	垂柳	*Salix babylonica*	300	24	480	15	麦积区甘泉镇吴河村 28 号门口	吴河村委会
62050300227	垂柳	*Salix babylonica*	120	26	330	14	麦积区甘泉镇黄庄村大王庙对面戏台旁路边上	黄庄村委会
62050300252	垂柳	*Salix babylonica*	200	26	400	15	麦积区甘泉镇西枝村元店林场门口	元店林场

古树编号	树种	树种拉丁名	估测树龄	树高 (m)	树围 (cm)	平均冠幅 (m)	具体地点	管护单位 / 人
62050300260	垂柳	*Salix babylonica*	300	20	510	12	麦积区甘泉镇峡门村	峡门村委会
62050300317	垂柳	*Salix babylonica*	120	15	300	13	麦积区麦积镇街亭村北街路边	街亭村委会
62050300386	垂柳	*Salix babylonica*	100	25	275	12	麦积区麦积镇红崖村柳溪小卖店门口	红崖村委会
62050300387	垂柳	*Salix babylonica*	100	25	294	12	麦积区麦积镇红崖村柳溪小卖店门口	红崖村委会
62050300474	垂柳	*Salix babylonica*	300	16	496	14	麦积区马跑泉镇大柳树村柳林寺门外院	柳林寺
62050300475	垂柳	*Salix babylonica*	300	14	443	6	麦积区马跑泉镇大柳树村柳林寺门外院	柳林寺
62052201006	垂柳	*Salix babylonica*	110	13	223	17	秦安县魏店镇龙王庙村龙王庙组	龙王庙村委会
62052217001	垂柳	*Salix babylonica*	120	18	151	22	秦安县云山乡康崖村前湾组山神庙	康崖村委会
62052300012	垂柳	*Salix babylonica*	150	16	290	17	甘谷县新兴镇令甲村 455 县道	令甲村委会
62052300090	垂柳	*Salix babylonica*	100	16	250	14	甘谷县六峰镇觉皇寺村 445 县道	觉皇寺村委会
62052406011	垂柳	*Salix babylonica*	120	14	340	9	武山县山丹镇渭河村渭河小学门前	马一寿
62052406012	垂柳	*Salix babylonica*	120	24	320	11	武山县山丹镇堡子村庄门口	马和平
62052406013	垂柳	*Salix babylonica*	120	24	310	7	武山县山丹镇堡子村庄门口	马和平
62052407056	垂柳	*Salix babylonica*	110	24	290	13	武山县城关镇陈门村庙门前	魏军喜
62052407057	垂柳	*Salix babylonica*	100	25	310	14	武山县城关镇陈门村庙门前	马金红
62052409031	垂柳	*Salix babylonica*	300	11	570	18	武山县马力镇南阳村公路边	陈胜强
62050220031	旱柳	*Salix matsudana*	100	22	235	18	秦州区玉泉镇暖和湾村	暖和湾村委会
62050220151	旱柳	*Salix matsudana*	400	22	545	21	秦州区关子镇藉源村	藉源村委会
62050220295	旱柳	*Salix matsudana*	150	17	290	15	秦州区藉口镇石泉村	石泉村委会
62050220456	旱柳	*Salix matsudana*	100	16	300	13	秦州区藉口镇杜家山村	杜家山村委会
62050220490	旱柳	*Salix matsudana*	100	35	350	17	秦州区中梁镇何家庙村	何家庙村委会
62050220534	旱柳	*Salix matsudana*	100	17	290	17	秦州区关子镇藉源村廖家沟	藉源村委会
62050220811	旱柳	*Salix matsudana*	150	20	340	14	秦州区牡丹镇吴集寨村	吴集寨村委会
62050300027	旱柳	*Salix matsudana*	150	14	380	13	麦积区伯阳镇曹石村山顶公路边	曹石村委会
62050300112	旱柳	*Salix matsudana*	120	12	340	8	麦积区党川镇党川村龙包沟口路边	党川村委会
62050300120	旱柳	*Salix matsudana*	150	20	390	12	麦积区党川镇花庙村公路旁的水沟边上	花庙村委会
62050300473	旱柳	*Salix matsudana*	100	24	330	22	麦积区马跑泉镇崖湾村 102 号门口路边	崖湾村委会
62052100207	旱柳	*Salix matsudana*	400	15	351	14	清水县山门镇观音殿村下石崖组下庄畔	张强军
62052100208	旱柳	*Salix matsudana*	300	14	485	14	清水县陇东镇贾集村朱庄南湾场	豆奋明
62052100209	旱柳	*Salix matsudana*	300	12	615	10	清水县王河镇吉山村硖口河滩	刘张锁
62052100210	旱柳	*Salix matsudana*	300	14	427	12	清水县王河镇水刘村三组庙院内	马满成
62052100211	旱柳	*Salix matsudana*	250	9	380	9	清水县土门镇丰盛村三组	王海珍
62052100212	旱柳	*Salix matsudana*	200	12	530	10	清水县秦亭镇薛赵村赵山后湾坑坟地	赵永峰
62052100213	旱柳	*Salix matsudana*	200	10	280	10	清水县土门镇丰盛村杨家豁岘	王海珍
62052100214	旱柳	*Salix matsudana*	200	9	370	10	清水县白驼镇化岭村三组卢湾梁	陈小平

古树编号	树种	树种拉丁名	估测树龄	树高 (m)	树围 (cm)	平均冠幅 (m)	具体地点	管护单位 / 人
62052100215	旱柳	*Salix matsudana*	150	7	293	10	清水县白沙镇马沟村一组	海意意
62052100216	旱柳	*Salix matsudana*	150	16	293	17	清水县王河镇魏湾村	林彦吉
62052100217	旱柳	*Salix matsudana*	150	6	360	5	清水县秦亭镇秦亭村温家堡子四咀子	赵连生
62052100218	旱柳	*Salix matsudana*	150	8	306	7	清水县秦亭镇店子村温家堡子上沟里	戴海军
62052100219	旱柳	*Salix matsudana*	100	12	313	11	清水县红堡镇曹冯村	赵海贵
62052100220	旱柳	*Salix matsudana*	100	10	284	9	清水县白沙镇汤浴村	杜小平
62052100221	旱柳	*Salix matsudana*	100	9	300	9	清水县秦亭镇店子村苗坡庄	戴海军
62052100222	旱柳	*Salix matsudana*	200	13	314	17	清水县永清镇双场村西岔里	张金榜
62052100223	旱柳	*Salix matsudana*	160	8	285	9	清水县草川铺乡火石村清社路	申金斗
62052100224	旱柳	*Salix matsudana*	100	8	380	9	清水县草川铺乡草川村	李和祥
62052100225	旱柳	*Salix matsudana*	100	8	380	9	清水县秦亭镇赵尧村蒲家水沟	曹万明
62052100226	旱柳	*Salix matsudana*	200	8	190	9	清水县秦亭镇长沟村老眼河滩	苏麦成
62052100249	旱柳	*Salix matsudana*	300	7	110	10	清水县草川铺镇教化村西沟里	白小明
62052100268	旱柳	*Salix matsudana*	300	10	124	11	清水县白驼镇万安村西沟梁路边	万安村委会
62052100363	旱柳	*Salix matsudana*	400	10	164	14	清水县山门镇观音村下石崖河边	冯军民
62052100433	旱柳	*Salix matsudana*	150	15	240	4	清水县白沙镇马沟村	马沟村委会
62052100434	旱柳	*Salix matsudana*	150	17	250	4	清水县白沙镇马沟村	马沟村委会
62052100438	旱柳	*Salix matsudana*	100	8	700	4	清水县白沙镇汤浴村	汤浴村委会
62052100439	旱柳	*Salix matsudana*	100	9	400	7	清水县白沙镇汤浴村	汤浴村委会
62052100453	旱柳	*Salix matsudana*	100	19	170	14	清水县白驼镇化岭村卢湾梁	化岭村委会
62052100454	旱柳	*Salix matsudana*	200	22	180	16	清水县白驼镇化岭村卢湾梁	化岭村委会
62052100466	旱柳	*Salix matsudana*	150	15	25	26	清水县白驼镇鲁家村红土坡路边	鲁家村委会
62052100467	旱柳	*Salix matsudana*	150	18	50	30	清水县白驼镇鲁家村红土坡	鲁家村委会
62052100468	旱柳	*Salix matsudana*	100	16	42	28	清水县白驼镇鲁家村鲁家村学校后	鲁家村委会
62052100474	旱柳	*Salix matsudana*	100	20	110	31	清水县白驼镇万安村西沟三叉路口	万安村委会
62052100487	旱柳	*Salix matsudana*	100	18	205	10	清水县草川铺镇草川村姚家湾	草川村委会
62052100488	旱柳	*Salix matsudana*	100	16	170	20	清水县草川铺镇草川村那坡里	草川村委会
62052100492	旱柳	*Salix matsudana*	100	10	151	16	清水县草川铺镇冯山村大坟茔	冯山村委会
62052100501	旱柳	*Salix matsudana*	160	15	100	10	清水县草川铺镇火石村关坪湾	火石村委会
62052100502	旱柳	*Salix matsudana*	160	12	120	8	清水县草川铺镇火石村清社路火石路口	火石村委会
62052100503	旱柳	*Salix matsudana*	110	11	80	6	清水县草川铺镇火石村关坪湾	火石村委会
62052100506	旱柳	*Salix matsudana*	160	20	180	9	清水县草川铺镇教化村西沟里	教化村委会
62052100507	旱柳	*Salix matsudana*	120	10	120	12	清水县草川铺镇教化村西沟里	教化村委会
62052100543	旱柳	*Salix matsudana*	100	13	140	19	清水县草川铺镇磨儿村蔡河沟畔	磨儿村委会
62052100546	旱柳	*Salix matsudana*	110	12	160	8	清水县草川铺镇磨儿村	磨儿村委会

古树编号	树种	树种拉丁名	估测树龄	树高 (m)	树围 (cm)	平均冠幅 (m)	具体地点	管护单位 / 人
62052100581	旱柳	*Salix matsudana*	100	18	140	14	清水县郭川镇高湾村公路边	高湾村委会
62052100610	旱柳	*Salix matsudana*	200	22	120	8	清水县郭川镇马蹄村齐家湾崖上	马蹄村委会
62052100644	旱柳	*Salix matsudana*	100	12	220	7	清水县红堡镇曹冯村豁线下	曹冯村委会
62052100645	旱柳	*Salix matsudana*	100	10	200	6	清水县红堡镇曹冯村豁线下	曹冯村委会
62052100653	旱柳	*Salix matsudana*	100	14	450	6	清水县红堡镇刘谢村爷庙旁	刘谢村委会
62052100687	旱柳	*Salix matsudana*	200	25	230	5	清水县黄门镇樊家村上场里	樊家村委会
62052100691	旱柳	*Salix matsudana*	100	7	120	5	清水县黄门镇下成村郑家老坟地	下成村委会
62052100699	旱柳	*Salix matsudana*	240	8	314	14	清水县黄门镇杨李村山神庙	杨李村委会
62052100706	旱柳	*Salix matsudana*	100	15	200	9	清水县黄门镇长谷村王春文门口	长谷村委会
62052100734	旱柳	*Salix matsudana*	200	8	100	8	清水县贾川乡梅江村支成祥门口	梅江村委会
62052100754	旱柳	*Salix matsudana*	100	14	290	13	清水县金集镇陈湾村嘴头山庙楞古路口	陈湾村委会
62052100787	旱柳	*Salix matsudana*	200	15	180	8	清水县金集镇张山村广济寺	张山村委会
62052100788	旱柳	*Salix matsudana*	200	15	170	6	清水县金集镇张山村广济寺	张山村委会
62052100799	旱柳	*Salix matsudana*	150	8	150	7	清水县陇东镇丰台村窖窝咀	丰台村委会
62052100833	旱柳	*Salix matsudana*	100	14	180	8	清水县陇东镇赵硖村	赵硖村委会
62052100836	旱柳	*Salix matsudana*	240	15	206	23	清水县陇东镇朱河村大泉下	朱河村委会
62052100853	旱柳	*Salix matsudana*	100	4	100	5	清水县秦亭镇店子村庄滩里	店子村委会
62052100885	旱柳	*Salix matsudana*	150	11	70	10	清水县秦亭镇秦亭村四咀子	秦亭村委会
62052100886	旱柳	*Salix matsudana*	100	10	80	20	清水县秦亭镇秦亭村秦子铺河里	秦亭村委会
62052100890	旱柳	*Salix matsudana*	120	10	80	20	清水县秦亭镇秦亭村深沟合家	秦亭村委会
62052100891	旱柳	*Salix matsudana*	150	10	280	7	清水县秦亭镇薛赵村石屲里	薛赵村委会
62052100899	旱柳	*Salix matsudana*	100	15	200	5	清水县秦亭镇赵尧村蒲家沟	赵尧村委会
62052100900	旱柳	*Salix matsudana*	100	12	70	10	清水县秦亭镇赵尧村蒲家沟	赵尧村委会
62052100928	旱柳	*Salix matsudana*	100	10	120	6	清水县山门镇旺兴村兴龙寺旁	旺兴村委会
62052100931	旱柳	*Salix matsudana*	150	15	120	7	清水县山门镇玄头村上窑里	玄头村委会
62052100941	旱柳	*Salix matsudana*	100	12	100	6	清水县山门镇腰套村松林下	腰套村委会
62052100951	旱柳	*Salix matsudana*	200	25	120	9	清水县松树镇邵湾村陈家门口	邵湾村委会
62052100952	旱柳	*Salix matsudana*	150	32	130	8	清水县松树镇邵湾村委会门口	邵湾村委会
62052100953	旱柳	*Salix matsudana*	110	20	150	8	清水县松树镇邵湾村邵家院边	邵湾村委会
62052100960	旱柳	*Salix matsudana*	150	18	120	7	清水县松树镇下曹村	下曹村委会
62052100961	旱柳	*Salix matsudana*	150	18	120	6	清水县松树镇下曹村	下曹村委会
62052100962	旱柳	*Salix matsudana*	150	15	100	7	清水县松树镇下曹村	下曹村委会
62052100964	旱柳	*Salix matsudana*	100	12	120	13	清水县松树镇椅山村麻池沟井边	椅山村委会
62052100968	旱柳	*Salix matsudana*	250	13	130	8	清水县土门镇丰盛村	丰盛村委会
62052100969	旱柳	*Salix matsudana*	200	13	150	9	清水县土门镇丰盛村	丰盛村委会

古树编号	树种	树种拉丁名	估测树龄	树高(m)	树围(cm)	平均冠幅(m)	具体地点	管护单位/人
62052100975	旱柳	*Salix matsudana*	200	13	150	3	清水县土门镇高庙村	高庙村委会
62052101008	旱柳	*Salix matsudana*	200	6	140	4	清水县王河镇南湾村堡子梁	南湾村委会
62052101018	旱柳	*Salix matsudana*	120	11	300	9	清水县王河镇魏湾村林家沟梁	魏湾村委会
62052101022	旱柳	*Salix matsudana*	260	17	280	16	清水县王河镇西李村寺崖上	西李村委会
62052101024	旱柳	*Salix matsudana*	260	15	400	7	清水县王河镇响水村朱家坟地	响水村委会
62052101025	旱柳	*Salix matsudana*	200	14	400	7	清水县王河镇响水村朱家坟地	响水村委会
62052101031	旱柳	*Salix matsudana*	150	15	300	6	清水县王河镇响水村肖家坟湾	响水村委会
62052101032	旱柳	*Salix matsudana*	100	15	300	7	清水县王河镇响水村肖家坟湾	响水村委会
62052101075	旱柳	*Salix matsudana*	200	12	90	6	清水县永清镇双场村西岔里	双场村委会
62052101095	旱柳	*Salix matsudana*	120	17	200	12	清水县远门镇王付村	王付村委会
62052201007	旱柳	*Salix matsudana*	130	12	278	24	秦安县魏店镇龙王庙村田山梁	龙王庙村委会
62052201008	旱柳	*Salix matsudana*	130	11	255	14	秦安县魏店镇龙王庙村砚洼掌梁	龙王庙村委会
62052201010	旱柳	*Salix matsudana*	120	10	278	24	秦安县魏店镇庞沟村土门山庙	土门山庙
62052300106	旱柳	*Salix matsudana*	1000	20	280	15	甘谷县金山镇郑家山村	郑家山村委会
62052300107	旱柳	*Salix matsudana*	150	17	280	11	甘谷县金山镇郑家山村	郑家山村委会
62052300120	旱柳	*Salix matsudana*	1000	6	250	10	甘谷县大石镇王川村	王川村委会
62052300121	旱柳	*Salix matsudana*	150	9	314	11	甘谷县大石镇王川村	王川村委会
62052300122	旱柳	*Salix matsudana*	150	20	367	11	甘谷县大石镇王川村	王川村委会
62052300123	旱柳	*Salix matsudana*	150	13	500	10	甘谷县大石镇王川村	王川村委会
62052300125	旱柳	*Salix matsudana*	150	12	218	15	甘谷县大石镇麻坪村	麻坪村委会
62052300134	旱柳	*Salix matsudana*	150	12	286	13	甘谷县大石镇南山村 087 县道	南山村委会
62052300167	旱柳	*Salix matsudana*	150	12	390	15	甘谷县武家河镇黑下沟村 663 乡道	黑下沟村委会
62052300198	旱柳	*Salix matsudana*	120	8	240	8	甘谷县古坡镇上店子村	张背成
62052300202	旱柳	*Salix matsudana*	100	8	450	9	甘谷县八里湾镇上坪村	上坪村委会
62052300203	旱柳	*Salix matsudana*	300	6	324	11	甘谷县八里湾镇上坪村	上坪村委会
62052300247	旱柳	*Salix matsudana*	300	6	290	10	甘谷县白家湾乡斜坡村 661 乡道	巩定成
62052401008	旱柳	*Salix matsudana*	110	16	270	11	武山县桦林镇赵坪村桥头水渠	赵永红
62052406016	旱柳	*Salix matsudana*	500	16	570	16	武山县山丹镇崔山村村口	马一寿
62052407028	旱柳	*Salix matsudana*	110	25	300	19	武山县城关镇腰庄村 108 号门口	令海林
62052409003	旱柳	*Salix matsudana*	150	26	420	14	武山县马力镇余寨村大柳树磨渠边	康生保
62052409004	旱柳	*Salix matsudana*	150	9	420	8	武山县马力镇余寨村大柳树磨渠边	康生保
62052409036	旱柳	*Salix matsudana*	150	17	320	13	武山县马力镇干扎村委会对面	张治国
62052412014	旱柳	*Salix matsudana*	200	21	530	9	武山县四门镇水洞沟金家院后	杨刘保
62052413014	旱柳	*Salix matsudana*	350	12	500	14	武山县温泉镇双录村麒麟山殿前	裴路生
62052413027	旱柳	*Salix matsudana*	120	9	250	9	武山县温泉镇柏山村柏家山庄 82 号家门口	柏新锁

古树编号	树种	树种拉丁名	估测树龄	树高 (m)	树围 (cm)	平均冠幅 (m)	具体地点	管护单位 / 人
62052414002	旱柳	*Salix matsudana*	500	30	475	12	武山县杨河镇小庄村杨家院内	杨新海
62052414003	旱柳	*Salix matsudana*	500	15	420	11	武山县杨河镇小庄村何家院内	杨新海
62052414019	旱柳	*Salix matsudana*	120	25	390	17	武山县杨河镇杨楼村庙旁	杨绪定
62052414022	旱柳	*Salix matsudana*	800	14	580	33	武山县杨河镇杨河村上河湾	杨文龙
62052414024	旱柳	*Salix matsudana*	150	18	350	21	武山县杨河镇杨河村观书滩	杨文龙
62052414030	旱柳	*Salix matsudana*	110	15	260	10	武山县杨河镇闫山村 98 号门旁	霍满满
62052500010	旱柳	*Salix matsudana*	100	13	257	13	张家川回族自治县刘堡乡王家村	苏义哈
62052500011	旱柳	*Salix matsudana*	100	17	244	13	张家川回族自治县刘堡乡王家村	苏义哈
62052500014	旱柳	*Salix matsudana*	150	12	283	13	张家川回族自治县刘堡乡芦科村	刘建军
62052500018	旱柳	*Salix matsudana*	100	17	171	11	张家川回族自治县刘堡乡冯营村	刘小平
62052500021	旱柳	*Salix matsudana*	150	17	251	14	张家川回族自治县刘堡乡梨园村	丁万福
62052500048	旱柳	*Salix matsudana*	180	15	470	13	张家川回族自治县马鹿镇长宁村	马金虎
62052500061	旱柳	*Salix matsudana*	100	13	408	19	张家川回族自治县木河乡八卜村	马正录
62052500062	旱柳	*Salix matsudana*	100	17	301	16	张家川回族自治县木河乡高山村庞家梁	马宝明
62052500069	旱柳	*Salix matsudana*	120	17	408	20	张家川回族自治县闫家乡操场村小学门口	马武全
62052500072	旱柳	*Salix matsudana*	110	16	377	14	张家川回族自治县平安乡新庄村堡子坡	高双元
62052500074	旱柳	*Salix matsudana*	110	18	345	14	张家川回族自治县平安乡磨马村山庄组	马军义
胡桃科								
62052100262	胡桃	*Juglans regia*	300	13	131	8	清水县秦亭镇李岘村下沟里	安养平
62050220402	胡桃	*Juglans regia*	150	25	290	5	秦州区关子镇梨尧村马家尧	梨尧村委会
62050220459	胡桃	*Juglans regia*	200	16	280	18	秦州区藉口镇高庙村	高庙村委会
62050220470	胡桃	*Juglans regia*	150	9	230	10	秦州区汪川镇郭山村	郭山村委会
62050220496	胡桃	*Juglans regia*	100	14	160	10	秦州区关子镇寨子村	寨子村庙委会
62050220524	胡桃	*Juglans regia*	250	13	340	14	秦州区齐寿镇坚山村	坚山村委会
62050220728	胡桃	*Juglans regia*	200	19	240	18	秦州区杨家寺镇杨家寺村田家庄	杨家寺村委会
62050300255	胡桃	*Juglans regia*	500	22	295	14	麦积区甘泉镇西枝村麦积山游客服务中心院内	西枝村委会
62052100136	胡桃	*Juglans regia*	500	15	630	18	清水县山门镇旺兴村崖下组	郭根银
62052100137	胡桃	*Juglans regia*	400	16	234	17	清水县白驼镇路山村刘家后院	刘子生
62052100138	胡桃	*Juglans regia*	300	14	302	18	清水县白沙镇桦川村小河小天院边	郑国栋
62052100139	胡桃	*Juglans regia*	200	12	315	13	清水县新城乡方湾村赵小湾庄	方崇孝
62052100140	胡桃	*Juglans regia*	200	15	330	17	清水县新城乡谢山村谢山组上湾里	马金胡
62052100141	胡桃	*Juglans regia*	200	16	314	18	清水县白沙镇鲁湾村大队园子	鲁新明
62052100142	胡桃	*Juglans regia*	200	15	400	17	清水县秦亭镇李岘村西坡申家窑门	安镇江
62052100143	胡桃	*Juglans regia*	200	13	308	13	清水县白沙镇元坪村元坪寺门前	郑青江
62052100144	胡桃	*Juglans regia*	150	12	283	13	清水县红堡镇后川村弯儿庄腰崖	安有平

古树编号	树种	树种拉丁名	估测树龄	树高 (m)	树围 (cm)	平均冠幅 (m)	具体地点	管护单位 / 人
62052100145	胡桃	*Juglans regia*	150	13	314	14	清水县红堡镇后川村后川河畔	安有平
62052100146	胡桃	*Juglans regia*	150	13	314	15	清水县红堡镇曹冯村三组	赵海贵
62052100147	胡桃	*Juglans regia*	150	16	280	17	清水县红堡镇曹冯村三组	赵海贵
62052100148	胡桃	*Juglans regia*	150	16	286	17	清水县白沙镇鲁湾村上湾组老场边	鲁治川
62052100149	胡桃	*Juglans regia*	150	15	261	14	清水县白沙镇鲁湾村党家湾	鲁治川
62052100150	胡桃	*Juglans regia*	150	15	300	14	清水县秦亭镇李岘村李家院边	李振祥
62052100151	胡桃	*Juglans regia*	150	12	320	12	清水县秦亭镇麦池村石凼沟	张国平
62052100152	胡桃	*Juglans regia*	120	18	400	20	清水县秦亭镇李岘村西坡张家沟坟边	安镇江
62052100153	胡桃	*Juglans regia*	120	14	305	15	清水县秦亭镇李岘村上庄山弯子路边	安镇江
62052100154	胡桃	*Juglans regia*	110	17	300	16	清水县秦亭镇李岘村西坡	安镇江
62052100155	胡桃	*Juglans regia*	120	15	300	16	清水县秦亭镇李岘村上庄山弯子路边	安镇江
62052100156	胡桃	*Juglans regia*	300	15	320	16	清水县秦亭镇麦池村石洼张家院内	张永平
62052100157	胡桃	*Juglans regia*	300	16	360	18	清水县秦亭镇麦池村石洼路边	张国平
62052100343	胡桃	*Juglans regia*	350	20	90	17	清水县陇东镇田湾村陈家窑	陈金代
62052100344	胡桃	*Juglans regia*	300	14	95	14	清水县陇东镇田湾村田湾 4 组	田湾村委会
62052100345	胡桃	*Juglans regia*	300	10	100	14	清水县陇东镇田湾村	赵慧平
62052100346	胡桃	*Juglans regia*	300	16	172	12	清水县陇东镇崔杨村分水岭草陇路侧	张入进
62052100347	胡桃	*Juglans regia*	300	10	120	20	清水县陇东镇田湾村田湾 4 组	田湾村委会
62052100367	胡桃	*Juglans regia*	300	14	100	15	清水县山门镇南山村柳沟杨家庄	南山村委会
62052100368	胡桃	*Juglans regia*	200	6	96	16	清水县山门镇玄头村学校门口	玄头村委会
62052100381	胡桃	*Juglans regia*	300	8	71	16	清水县新城乡王尧村路边	王尧村委会
62052100382	胡桃	*Juglans regia*	300	16	128	16	清水县新城乡李湾村王家老院大门口	任多先
62052100383	胡桃	*Juglans regia*	300	19	104	18	清水县新城乡李湾村	任小军
62052100418	胡桃	*Juglans regia*	150	25	210	9	清水县白沙镇代沟村阳凼大桥路旁	代沟村委会
62052100419	胡桃	*Juglans regia*	200	28	224	13	清水县白沙镇代沟村阴凼路边上	代沟村委会
62052100420	胡桃	*Juglans regia*	170	26	212	13	清水县白沙镇代沟村老庄榆树凼场	代沟村委会
62052100423	胡桃	*Juglans regia*	100	11	150	9	清水县白沙镇代沟村	代沟村委会
62052100424	胡桃	*Juglans regia*	100	12	150	10	清水县白沙镇代沟村	代沟村委会
62052100425	胡桃	*Juglans regia*	100	10	152	11	清水县白沙镇代沟村	代沟村委会
62052100426	胡桃	*Juglans regia*	100	10	153	10	清水县白沙镇鲁湾村党家湾	鲁湾村委会
62052100427	胡桃	*Juglans regia*	150	20	500	12	清水县白沙镇鲁湾村上湾组老场边	鲁湾村委会
62052100428	胡桃	*Juglans regia*	100	18	300	11	清水县白沙镇鲁湾村上湾组老场边	鲁湾村委会
62052100429	胡桃	*Juglans regia*	100	20	450	13	清水县白沙镇鲁湾村上湾组老场边	鲁湾村委会
62052100430	胡桃	*Juglans regia*	100	19	300	10	清水县白沙镇鲁湾村上湾组老场边	鲁湾村委会
62052100431	胡桃	*Juglans regia*	100	22	300	13	清水县白沙镇鲁湾村上湾组老场边	鲁湾村委会

古树编号	树种	树种拉丁名	估测树龄	树高 (m)	树围 (cm)	平均冠幅 (m)	具体地点	管护单位 / 人
62052100432	胡桃	*Juglans regia*	100	21	410	11	清水县白沙镇鲁湾村鲁家老院	鲁湾村委会
62052100442	胡桃	*Juglans regia*	250	19	320	24	清水县白沙镇温泉村	温泉村委会
62052100443	胡桃	*Juglans regia*	180	7	243	20	清水县白沙镇温泉村老油坊门前	温泉村委会
62052100444	胡桃	*Juglans regia*	100	16	234	19	清水县白沙镇温泉村	温泉村委会
62052100449	胡桃	*Juglans regia*	150	7	200	5	清水县白沙镇赵沟村东庄里	赵沟村委会
62052100461	胡桃	*Juglans regia*	100	25	140	23	清水县白驼镇林屲村杨庄周边	林屲村委会
62052100471	胡桃	*Juglans regia*	200	12	90	28	清水县白驼镇路山村刘家后院	路山村委会
62052100490	胡桃	*Juglans regia*	130	8	140	7	清水县草川铺镇冯山村水泉湾路边	冯山村委会
62052100491	胡桃	*Juglans regia*	100	23	200	8	清水县草川铺镇冯山村冯家屋后	冯山村委会
62052100493	胡桃	*Juglans regia*	120	20	200	18	清水县草川铺镇冯山村张场梁	冯山村委会
62052100494	胡桃	*Juglans regia*	120	20	200	20	清水县草川铺镇冯山村庄口大路畔	冯山村委会
62052100496	胡桃	*Juglans regia*	150	18	140	9	清水县草川铺镇黄崖村黄崖庄路边	黄崖村委会
62052100497	胡桃	*Juglans regia*	150	20	120	11	清水县草川铺镇黄崖村黄崖庄路边	黄崖村委会
62052100498	胡桃	*Juglans regia*	120	26	130	9	清水县草川铺镇黄崖村范家门口	黄崖村委会
62052100499	胡桃	*Juglans regia*	100	25	160	14	清水县草川铺镇黄崖村南家门口	黄崖村委会
62052100500	胡桃	*Juglans regia*	100	18	120	11	清水县草川铺镇黄崖村梨山子	黄崖村委会
62052100504	胡桃	*Juglans regia*	300	20	140	12	清水县草川铺镇火石村关坪湾	火石村委会
62052100505	胡桃	*Juglans regia*	300	22	120	10	清水县草川铺镇火石村关坪湾	火石村委会
62052100508	胡桃	*Juglans regia*	130	12	130	19	清水县草川铺镇教化村嘴家场	教化村委会
62052100509	胡桃	*Juglans regia*	120	16	140	8	清水县草川铺镇教化村场底下	教化村委会
62052100510	胡桃	*Juglans regia*	120	14	140	14	清水县草川铺镇教化村	教化村委会
62052100511	胡桃	*Juglans regia*	170	19	140	13	清水县草川铺镇九龙村	九龙村委会
62052100512	胡桃	*Juglans regia*	150	17	120	15	清水县草川铺镇九龙村	九龙村委会
62052100513	胡桃	*Juglans regia*	150	15	130	13	清水县草川铺镇九龙村阳屲山	九龙村委会
62052100514	胡桃	*Juglans regia*	150	16	160	13	清水县草川铺镇九龙村	九龙村委会
62052100515	胡桃	*Juglans regia*	150	21	120	15	清水县草川铺镇九龙村柳滩下	九龙村委会
62052100516	胡桃	*Juglans regia*	150	14	140	14	清水县草川铺镇九龙村	九龙村委会
62052100517	胡桃	*Juglans regia*	130	16	120	14	清水县草川铺镇九龙村下小湾	九龙村委会
62052100518	胡桃	*Juglans regia*	130	18	130	15	清水县草川铺镇九龙村货摊	九龙村委会
62052100519	胡桃	*Juglans regia*	130	17	140	15	清水县草川铺镇九龙村老庄	九龙村委会
62052100520	胡桃	*Juglans regia*	130	14	140	14	清水县草川铺镇九龙村	九龙村委会
62052100521	胡桃	*Juglans regia*	130	15	130	14	清水县草川铺镇九龙村庄边	九龙村委会
62052100522	胡桃	*Juglans regia*	120	18	140	15	清水县草川铺镇九龙村大地里	九龙村委会
62052100523	胡桃	*Juglans regia*	120	16	140	14	清水县草川铺镇九龙村	九龙村委会
62052100524	胡桃	*Juglans regia*	160	16	210	14	清水县草川铺镇刘庄村蔡庄三组路旁	刘庄村委会

古树编号	树种	树种拉丁名	估测树龄	树高 (m)	树围 (cm)	平均冠幅 (m)	具体地点	管护单位 / 人
62052100525	胡桃	*Juglans regia*	150	14	252	20	清水县草川铺镇刘庄村蔡庄内	刘庄村委会
62052100526	胡桃	*Juglans regia*	140	18	230	18	清水县草川铺镇刘庄村蔡庄三组路旁	刘庄村委会
62052100527	胡桃	*Juglans regia*	130	22	180	16	清水县草川铺镇刘庄村蔡庄爷殿旁	刘庄村委会
62052100528	胡桃	*Juglans regia*	130	16	160	16	清水县草川铺镇刘庄村蔡庄三组内	刘庄村委会
62052100529	胡桃	*Juglans regia*	120	20	150	18	清水县草川铺镇刘庄村蔡庄内	刘庄村委会
62052100530	胡桃	*Juglans regia*	120	17	180	16	清水县草川铺镇刘庄村蔡庄内	刘庄村委会
62052100531	胡桃	*Juglans regia*	120	18	200	18	清水县草川铺镇刘庄村蔡庄三组田地	刘庄村委会
62052100532	胡桃	*Juglans regia*	110	18	220	20	清水县草川铺镇刘庄村蔡庄内	刘庄村委会
62052100533	胡桃	*Juglans regia*	100	16	160	15	清水县草川铺镇刘庄村蔡庄内	刘庄村委会
62052100534	胡桃	*Juglans regia*	100	18	170	16	清水县草川铺镇刘庄村蔡庄三组田地	刘庄村委会
62052100535	胡桃	*Juglans regia*	160	22	180	18	清水县草川铺镇刘庄村邓庄爷殿旁	刘庄村委会
62052100538	胡桃	*Juglans regia*	150	22	200	18	清水县草川铺镇刘庄村大庄路旁	刘庄村委会
62052100539	胡桃	*Juglans regia*	150	20	180	20	清水县草川铺镇刘庄村邓庄	刘庄村委会
62052100540	胡桃	*Juglans regia*	130	16	200	16	清水县草川铺镇刘庄村邓庄爷殿旁	刘庄村委会
62052100541	胡桃	*Juglans regia*	120	20	220	18	清水县草川铺镇刘庄村邓庄田地旁	刘庄村委会
62052100547	胡桃	*Juglans regia*	100	16	240	12	清水县草川铺镇磨儿村张家湾	磨儿村委会
62052100549	胡桃	*Juglans regia*	100	18	180	12	清水县草川铺镇磨儿村南庄背凵头下	磨儿村委会
62052100550	胡桃	*Juglans regia*	110	26	220	15	清水县草川铺镇水泉村米湾坪上	水泉村委会
62052100551	胡桃	*Juglans regia*	100	30	260	17	清水县草川铺镇水泉村米湾坪上	水泉村委会
62052100552	胡桃	*Juglans regia*	100	32	285	23	清水县草川铺镇水泉村扇门子	水泉村委会
62052100553	胡桃	*Juglans regia*	100	15	180	16	清水县草川铺镇兴坪村下尧	兴坪村委会
62052100554	胡桃	*Juglans regia*	100	12	180	16	清水县草川铺镇兴坪村下尧	兴坪村委会
62052100557	胡桃	*Juglans regia*	100	14	300	12	清水县草川铺镇兴坪村	兴坪村委会
62052100579	胡桃	*Juglans regia*	100	23	160	13	清水县郭川镇高湾村	高湾村委会
62052100580	胡桃	*Juglans regia*	100	21	150	12	清水县郭川镇高湾村委会门前	高湾村委会
62052100611	胡桃	*Juglans regia*	150	19	110	9	清水县郭川镇马蹄村	马蹄村委会
62052100642	胡桃	*Juglans regia*	150	10	200	6	清水县红堡镇曹冯村	曹冯村委会
62052100643	胡桃	*Juglans regia*	150	8	180	5	清水县红堡镇曹冯村	曹冯村委会
62052100648	胡桃	*Juglans regia*	150	13	230	9	清水县红堡镇后川村弯儿庄腰崖下	后川村委会
62052100649	胡桃	*Juglans regia*	150	15	165	7	清水县红堡镇后川村后川河畔	后川村委会
62052100696	胡桃	*Juglans regia*	260	11	200	11	清水县黄门镇薛堡村大巷里	薛堡村委会
62052100697	胡桃	*Juglans regia*	150	10	190	10	清水县黄门镇薛堡村水渠边	薛堡村委会
62052100698	胡桃	*Juglans regia*	150	11	190	10	清水县黄门镇薛堡村水渠边	薛堡村委会
62052100702	胡桃	*Juglans regia*	150	30	120	12	清水县黄门镇元川村南川里	元川村委会
62052100703	胡桃	*Juglans regia*	120	15	60	8	清水县黄门镇元川村王家庄	元川村委会

古树编号	树种	树种拉丁名	估测树龄	树高 (m)	树围 (cm)	平均冠幅 (m)	具体地点	管护单位 / 人
62052100707	胡桃	*Juglans regia*	200	17	210	11	清水县黄门镇长谷村大场口	长谷村委会
62052100789	胡桃	*Juglans regia*	350	15	264	13	清水县陇东镇安儿村店子	安儿村委会
62052100790	胡桃	*Juglans regia*	200	11	272	15	清水县陇东镇安儿村	安儿村委会
62052100791	胡桃	*Juglans regia*	150	10	268	12	清水县陇东镇安儿村	安儿村委会
62052100792	胡桃	*Juglans regia*	120	7	258	12	清水县陇东镇安儿村	安儿村委会
62052100793	胡桃	*Juglans regia*	120	9	125	18	清水县陇东镇安儿村伐牛坡	安儿村委会
62052100794	胡桃	*Juglans regia*	110	9	360	11	清水县陇东镇安儿村	安儿村委会
62052100795	胡桃	*Juglans regia*	200	16	280	10	清水县陇东镇崔杨村庄头	崔杨村委会
62052100797	胡桃	*Juglans regia*	150	16	260	10	清水县陇东镇崔杨村石哇沟	崔杨村委会
62052100798	胡桃	*Juglans regia*	150	12	130	12	清水县陇东镇崔杨村尚家坟	崔杨村委会
62052100801	胡桃	*Juglans regia*	300	13	130	8	清水县陇东镇丰台村	丰台村委会
62052100802	胡桃	*Juglans regia*	200	14	120	7	清水县陇东镇丰台村	丰台村委会
62052100805	胡桃	*Juglans regia*	200	11	264	18	清水县陇东镇坪道村	坪道村委会
62052100806	胡桃	*Juglans regia*	200	10	272	24	清水县陇东镇坪道村后嘴里	坪道村委会
62052100810	胡桃	*Juglans regia*	200	7	268	23	清水县陇东镇坪道村庙下	坪道村委会
62052100811	胡桃	*Juglans regia*	200	9	258	23	清水县陇东镇坪道村王家嘴	坪道村委会
62052100812	胡桃	*Juglans regia*	110	9	125	17	清水县陇东镇坪道村	坪道村委会
62052100814	胡桃	*Juglans regia*	200	6	360	20	清水县陇东镇石李村炮台子	石李村委会
62052100815	胡桃	*Juglans regia*	200	6	280	13	清水县陇东镇石李村炮台子	石李村委会
62052100816	胡桃	*Juglans regia*	130	35	160	8	清水县陇东镇石李村	石李村委会
62052100822	胡桃	*Juglans regia*	100	15	130	20	清水县陇东镇田湾村田湾里	田湾村委会
62052100823	胡桃	*Juglans regia*	200	10	130	19	清水县陇东镇田湾村	田湾村委会
62052100824	胡桃	*Juglans regia*	260	15	100	20	清水县陇东镇田湾村下湾里	田湾村委会
62052100825	胡桃	*Juglans regia*	260	15	80	19	清水县陇东镇田湾村下沟里	田湾村委会
62052100826	胡桃	*Juglans regia*	200	20	120	20	清水县陇东镇田湾村	田湾村委会
62052100827	胡桃	*Juglans regia*	200	12	100	20	清水县陇东镇田湾村背家坪	田湾村委会
62052100828	胡桃	*Juglans regia*	200	13	150	20	清水县陇东镇田湾村田湾	田湾村委会
62052100837	胡桃	*Juglans regia*	200	31	215	22	清水县陇东镇朱河村爷寺坡	朱河村委会
62052100838	胡桃	*Juglans regia*	200	27	198	18	清水县陇东镇朱河村菜湾里	朱河村委会
62052100839	胡桃	*Juglans regia*	200	28	230	19	清水县陇东镇朱河村菜湾里	朱河村委会
62052100840	胡桃	*Juglans regia*	200	29	195	22	清水县陇东镇朱河村菜湾里	朱河村委会
62052100841	胡桃	*Juglans regia*	150	26	156	21	清水县陇东镇朱河村	朱河村委会
62052100842	胡桃	*Juglans regia*	150	24	186	18	清水县陇东镇朱河村	朱河村委会
62052100854	胡桃	*Juglans regia*	300	6	160	11	清水县秦亭镇李岘村崖湾子路边	李岘村委会
62052100855	胡桃	*Juglans regia*	150	10	160	4	清水县秦亭镇李岘村申家窑门	李岘村委会

古树编号	树种	树种拉丁名	估测树龄	树高 (m)	树围 (cm)	平均冠幅 (m)	具体地点	管护单位 / 人
62052100857	胡桃	*Juglans regia*	200	6	160	6	清水县秦亭镇李岘村李家后院	李岘村委会
62052100858	胡桃	*Juglans regia*	130	10	160	4	清水县秦亭镇李岘村山弯子路边	李岘村委会
62052100859	胡桃	*Juglans regia*	120	12	160	4	清水县秦亭镇李岘村山弯子路边	李岘村委会
62052100860	胡桃	*Juglans regia*	110	6	160	5	清水县秦亭镇李岘村山弯子路边	李岘村委会
62052100861	胡桃	*Juglans regia*	200	10	160	4	清水县秦亭镇李岘村申家窑门	李岘村委会
62052100862	胡桃	*Juglans regia*	150	12	160	4	清水县秦亭镇李岘村李家院边	李岘村委会
62052100863	胡桃	*Juglans regia*	120	6	160	5	清水县秦亭镇李岘村张家沟坟地边	李岘村委会
62052100864	胡桃	*Juglans regia*	110	10	160	4	清水县秦亭镇李岘村西坡里	李岘村委会
62052100866	胡桃	*Juglans regia*	100	31	260	11	清水县秦亭镇柳林村蒲山老庄南面	柳林村委会
62052100867	胡桃	*Juglans regia*	100	36	285	11	清水县秦亭镇柳林村蒲山老庄南路	柳林村委会
62052100868	胡桃	*Juglans regia*	100	30	240	10	清水县秦亭镇柳林村西坡老崖背	柳林村委会
62052100869	胡桃	*Juglans regia*	110	20	180	7	清水县秦亭镇柳林村西坡背凸子	柳林村委会
62052100870	胡桃	*Juglans regia*	200	7	160	7	清水县秦亭镇麦池村麦地沟	麦池村委会
62052100871	胡桃	*Juglans regia*	150	8	180	5	清水县秦亭镇麦池村会崖上	麦池村委会
62052100874	胡桃	*Juglans regia*	200	10	180	7	清水县秦亭镇麦池村庄头下	麦池村委会
62052100878	胡桃	*Juglans regia*	100	12	160	9	清水县秦亭镇秦亭村鲁堡中湾	秦亭村委会
62052100882	胡桃	*Juglans regia*	100	10	170	10	清水县秦亭镇秦亭村秦子铺豁落湾	秦亭村委会
62052100883	胡桃	*Juglans regia*	100	8	160	8	清水县秦亭镇秦亭村秦子铺尧庄门	秦亭村委会
62052100888	胡桃	*Juglans regia*	100	12	190	20	清水县秦亭镇秦亭村张湾崖	秦亭村委会
62052100923	胡桃	*Juglans regia*	150	10	180	13	清水县山门镇南山村	南山村委会
62052100925	胡桃	*Juglans regia*	200	14	210	9	清水县山门镇南山村杨家屋后	南山村委会
62052100933	胡桃	*Juglans regia*	120	8	150	6	清水县山门镇玄头村凉树湾	玄头村委会
62052100936	胡桃	*Juglans regia*	200	10	210	8	清水县山门镇腰套村高家院旁	腰套村委会
62052100942	胡桃	*Juglans regia*	110	25	300	15	清水县松树镇堡子村大门口	堡子村委会
62052100954	胡桃	*Juglans regia*	150	22	226	9	清水县松树镇时家村时家庄对面子	时家村委会
62052101011	胡桃	*Juglans regia*	100	7	180	7	清水县王河镇魏湾村阴坡小学门口	魏湾村委会
62052101012	胡桃	*Juglans regia*	100	10	200	7	清水县王河镇魏湾村	魏湾村委会
62052101023	胡桃	*Juglans regia*	200	18	240	23	清水县王河镇西李村戏台场边	西李村委会
62052101026	胡桃	*Juglans regia*	150	15	300	7	清水县王河镇响水村上湾里	响水村委会
62052101042	胡桃	*Juglans regia*	200	16	251	8	清水县新城乡李湾村爷庙下	李湾村委会
62052101050	胡桃	*Juglans regia*	300	11	300	7	清水县新城乡王尧村老庄里	王尧村委会
62052101051	胡桃	*Juglans regia*	150	14	250	15	清水县新城乡王尧村老庄里	王尧村委会
62052101055	胡桃	*Juglans regia*	200	12	200	9	清水县新城乡谢山村谢山组上湾里	谢山村委会
62052101058	胡桃	*Juglans regia*	120	16	109	9	清水县新城乡杨河村黑雀组	杨河村委会
62052101062	胡桃	*Juglans regia*	200	10	250	14	清水县新城乡杨河村	杨河村委会

古树编号	树种	树种拉丁名	估测树龄	树高 (m)	树围 (cm)	平均冠幅 (m)	具体地点	管护单位 / 人
62052101064	胡桃	*Juglans regia*	160	12	280	15	清水县新城乡杨河村	杨河村委会
62052101065	胡桃	*Juglans regia*	150	15	85	5	清水县新城乡张河村董家沟	张河村委会
62052101066	胡桃	*Juglans regia*	220	16	62	8	清水县新城乡张河村董家沟	张河村委会
62052101067	胡桃	*Juglans regia*	200	16	63	9	清水县新城乡张河村董家沟	张河村委会
62052101068	胡桃	*Juglans regia*	120	23	65	5	清水县新城乡张河村董家沟	张河村委会
62052101070	胡桃	*Juglans regia*	120	15	208	6	清水县永清镇常杨村常家山	常杨村委会
62052101087	胡桃	*Juglans regia*	200	6	75	7	清水县远门镇梨林村场畔里	梨林村委会
62052201005	胡桃	*Juglans regia*	110	18	185	23	秦安县魏店镇董湾村	杨孟孟
62052201013	胡桃	*Juglans regia*	160	18	230	16	秦安县魏店镇孙庄村	魏银多
62052206014	胡桃	*Juglans regia*	380	12	338	14	秦安县陇城镇范吕村山神庙	杜百旺
62052206015	胡桃	*Juglans regia*	370	30	392	14	秦安县陇城镇范吕村山神庙	杜百旺
62052206016	胡桃	*Juglans regia*	180	25	292	12	秦安县陇城镇范吕村山神庙	杜百旺
62052300124	胡桃	*Juglans regia*	200	6	200	11	甘谷县大石镇马川村大礼段	马川村委会
62052300148	胡桃	*Juglans regia*	150	9	170	15	甘谷县礼辛镇柏林村 455 县道	王丙丁
62052300149	胡桃	*Juglans regia*	100	9	120	12	甘谷县礼辛镇柏林村 455 县道	王军林
62052300150	胡桃	*Juglans regia*	100	12	150	12	甘谷县礼辛镇柏林村 455 县道	王新定
62052300180	胡桃	*Juglans regia*	200	10	160	12	甘谷县大庄镇碌礴滩村 087 县道	寇三喜
62052300223	胡桃	*Juglans regia*	300	15	240	11	甘谷县西坪镇四方咀村谢大段	刘旺全
62052300229	胡桃	*Juglans regia*	600	8	146	7	甘谷县西坪镇朱阳山村 453 县道	李建阳
62052300233	胡桃	*Juglans regia*	140	12	230	18	甘谷县谢家湾乡赵家窑村	赵家窑村委会
62052402004	胡桃	*Juglans regia*	160	11	300	8	武山县鸳鸯镇鸳鸯村富民路 21 号	尤炜
62052402005	胡桃	*Juglans regia*	150	17	260	14	武山县鸳鸯镇鸳鸯村鸳鸯林西	杨城仁
62052402032	胡桃	*Juglans regia*	250	21	290	20	武山县鸳鸯镇盘古村安嘴组陈家地边	陈龙
62052402033	胡桃	*Juglans regia*	250	24	300	23	武山县鸳鸯镇盘古村安嘴组安家地边	安天红
62052402038	胡桃	*Juglans regia*	200	9	350	10	武山县鸳鸯镇盘古村安嘴组魏家门前	魏云强
62052404001	胡桃	*Juglans regia*	200	9	250	16	武山县咀头乡杜井村杜家门前	杜维军
62052407044	胡桃	*Juglans regia*	300	14	390	16	武山县城关镇邓堡村邓家坟地	邓岁林
62052407055	胡桃	*Juglans regia*	200	17	220	15	武山县城关镇君山村庙峪沟	徐新宇
62052407061	胡桃	*Juglans regia*	110	28	260	16	武山县城关镇杜楞村杜家菜园	韩强军
62052407067	胡桃	*Juglans regia*	300	7	320	5	武山县城关镇杨坪村 14 号门前	王应子
62052409005	胡桃	*Juglans regia*	500	26	500	17	武山县马力镇余寨村张家果园内	张金鹏
62052409030	胡桃	*Juglans regia*	200	14	310	14	武山县马力镇民武村王家院内	王兴文
62052409032	胡桃	*Juglans regia*	400	12	480	28	武山县马力镇南阳村公路边	陈胜强
62052409033	胡桃	*Juglans regia*	400	15	500	19	武山县马力镇南阳村公路边	陈胜强
62052409035	胡桃	*Juglans regia*	300	17	560	16	武山县马力镇石坪村桥头右边	巩应保

古树编号	树种	树种拉丁名	估测树龄	树高 (m)	树围 (cm)	平均冠幅 (m)	具体地点	管护单位 / 人
62052410014	胡桃	*Juglans regia*	200	20	290	19	武山县滩歌镇代磨村	张旺明
62052410015	胡桃	*Juglans regia*	200	13	320	11	武山县滩歌镇代磨村	张旺明
62052410016	胡桃	*Juglans regia*	200	20	310	18	武山县滩歌镇代磨村	张旺明
62052410024	胡桃	*Juglans regia*	200	18	420	17	武山县滩歌镇柒湾村	马真响
62052411002	胡桃	*Juglans regia*	500	23	540	21	武山县龙台镇东沟村	李福定
62052411004	胡桃	*Juglans regia*	400	21	420	23	武山县龙台镇东沟村何家湾	李福定
62052411005	胡桃	*Juglans regia*	400	19	410	19	武山县龙台镇东沟村何家湾	李福定
62052411006	胡桃	*Juglans regia*	300	17	338	18	武山县龙台镇东沟村何家湾	李福定
62052411026	胡桃	*Juglans regia*	200	23	290	20	武山县龙台镇大庄村委会院内	罗军平
62052411032	胡桃	*Juglans regia*	200	17	310	14	武山县龙台镇龙山村	于进海
62052412015	胡桃	*Juglans regia*	200	18	280	16	武山县四门镇水洞沟村路边	杨刘保
62052413004	胡桃	*Juglans regia*	250	14	440	15	武山县温泉镇大庄村希望小学院内	王军好
62052413005	胡桃	*Juglans regia*	250	21	390	16	武山县温泉镇大庄村希望小学院内	王军好
62052413029	胡桃	*Juglans regia*	300	20	400	18	武山县温泉镇柏山村柏家山庄 190 号家门口右侧	柏新锁
62052413040	胡桃	*Juglans regia*	200	14	230	18	武山县温泉镇温泉村王家河 153 号门口前	王海彦
62052414018	胡桃	*Juglans regia*	130	12	250	11	武山县杨河镇杨楼村	杨绪定
62052414041	胡桃	*Juglans regia*	100	15	190	17	武山县杨河镇赵河村景河组	李模成
62052414042	胡桃	*Juglans regia*	300	15	300	13	武山县杨河镇王河村委会门口	樊马成
62052500005	胡桃	*Juglans regia*	110	23	214	19	张家川回族自治县龙山镇榆树村	刘有来
62052500017	胡桃	*Juglans regia*	130	7	224	6	张家川回族自治县刘堡镇郑沟村	李四十
62052500030	胡桃	*Juglans regia*	140	14	242	16	张家川回族自治县张家川镇前山村	杨冬
62052500031	胡桃	*Juglans regia*	140	16	241	16	张家川回族自治县张家川镇前山村	毛世明
62052500032	胡桃	*Juglans regia*	140	15	185	16	张家川回族自治县张家川镇前山村	毛存
62052500042	胡桃	*Juglans regia*	180	17	243	20	张家川回族自治县胡川乡蒲家村	马学忠
62052500043	胡桃	*Juglans regia*	400	14	581	15	张家川回族自治县胡川乡蒲家村	杨世忠
62052500044	胡桃	*Juglans regia*	160	16	326	14	张家川回族自治县胡川乡蒲家村	马志杰
62052500066	胡桃	*Juglans regia*	210	11	502	11	张家川回族自治县闫家乡王坪村石沟河	王振国
62052500067	胡桃	*Juglans regia*	200	18	500	17	张家川回族自治县闫家乡王坪村石沟河	康建兵
62052500068	胡桃	*Juglans regia*	150	17	408	12	张家川回族自治县闫家乡王坪村	李建国
62050300132	枫杨	*Pterocarya stenoptera*	500	30	560	12	麦积区党川镇观音村黄石板沟里	观音村委会
桦木科								
62050300223	鹅耳枥	*Carpinus turczaninowii*	100	10	140	7	麦积区甘泉镇黄庄村大王庙背后山坡	黄庄村委会
62050300224	鹅耳枥	*Carpinus turczaninowii*	300	13	260	14	麦积区甘泉镇黄庄村大王庙背后山坡	黄庄村委会
62052100131	鹅耳枥	*Carpinus turczaninowii*	100	14	144	7	清水县草川铺乡刘庄村武当山寺后院	刘金明
62052100132	鹅耳枥	*Carpinus turczaninowii*	100	15	136	9	清水县草川铺乡刘庄村武当山寺后院	刘金明

古树编号	树种	树种拉丁名	估测树龄	树高 (m)	树围 (cm)	平均冠幅 (m)	具体地点	管护单位 / 人
62052100536	鹅耳枥	*Carpinus turczaninowii*	100	20	180	16	清水县草川铺镇刘庄村寺后院	刘庄村委会
62052100537	鹅耳枥	*Carpinus turczaninowii*	100	20	180	16	清水县草川铺镇刘庄村寺后院	刘庄村委会
壳斗科								
62050300095	栗	*Castanea mollissima*	300	32	380	12	麦积区东岔镇桃花坪村路边崖上	桃花坪村委会
62050300108	栗	*Castanea mollissima*	300	28	390	21	麦积区东岔镇大沟里风崖口西侧	大沟里村委会
62050300109	栗	*Castanea mollissima*	300	26	380	20	麦积区东岔镇大沟里风崖口西侧	大沟里村委会
62050300110	栗	*Castanea mollissima*	300	30	400	22	麦积区东岔镇大沟里风崖口西侧	大沟里村委会
62050300059	槲栎	*Quercus aliena*	200	15	280	12	麦积区伯阳镇石门村观外南坡	石门村委会
62050300367	槲栎	*Quercus aliena*	300	14	320	10	麦积区麦积镇冯王村文昌阁旁边山坡	冯王村委会
62052100129	橿子栎	*Quercus baronii*	210	12	264	7	清水县山门镇旺兴村	郭根银
62052100130	橿子栎	*Quercus baronii*	140	12	185	7	清水县山门镇腰套村	郭丙峰
62052100938	橿子栎	*Quercus baronii*	200	14	210	9	清水县山门镇腰套村山神庙	腰套村委会
62052100939	橿子栎	*Quercus baronii*	200	13	190	8	清水县山门镇腰套村山神庙	腰套村委会
62052410009	槲树	*Quercus dentata*	230	18	240	10	武山县滩歌镇南沟村白崖沟牛将军庙后	吕满东
62052411031	槲树	*Quercus dentata*	400	25	400	15	武山县龙台镇龙山村橡子树下老罗君屋后	于进海
62052413019	槲树	*Quercus dentata*	600	16	430	20	武山县温泉镇棋盘村瓦房下	石招
62050300139	蒙古栎	*Quercus mongolica*	100	13	210	8	麦积区党川镇刘坪村 20 号门口山包	刘坪村委会
62050300140	蒙古栎	*Quercus mongolica*	100	15	220	10	麦积区党川镇刘坪村 21 号门口山包	刘坪村委会
62050300141	蒙古栎	*Quercus mongolica*	100	13	210	8	麦积区党川镇刘坪村 22 号门口山包	刘坪村委会
62050300195	蒙古栎	*Quercus mongolica*	300	13	380	20	麦积区甘泉镇归凤山村村南侧山顶	归凤山村委会
62052409037	蒙古栎	*Quercus mongolica*	300	14	210	9	武山县马力镇干扎村南坡山	张治国
62052409038	蒙古栎	*Quercus mongolica*	300	14	210	9	武山县马力镇干扎村南坡山	张治国
62052409039	蒙古栎	*Quercus mongolica*	250	11	200	8	武山县马力镇干扎村南坡山	张治国
62052409040	蒙古栎	*Quercus mongolica*	250	12	130	7	武山县马力镇干扎村南坡山	张治国
62052409041	蒙古栎	*Quercus mongolica*	250	11	200	10	武山县马力镇干扎村南坡山	张治国
62052409042	蒙古栎	*Quercus mongolica*	250	13	210	9	武山县马力镇干扎村南坡山	张治国
62052409043	蒙古栎	*Quercus mongolica*	250	10	200	8	武山县马力镇干扎村南坡山	张治国
62052409044	蒙古栎	*Quercus mongolica*	250	14	190	11	武山县马力镇干扎村南坡山	张治国
62052409045	蒙古栎	*Quercus mongolica*	250	13	210	9	武山县马力镇干扎村南坡山	张治国
62052409046	蒙古栎	*Quercus mongolica*	250	12	240	10	武山县马力镇干扎村南坡山	张治国
62052413035	蒙古栎	*Quercus mongolica*	500	15	300	10	武山县温泉镇小南村中庄黑爷庙门口	刘小宏
62052414005	蒙古栎	*Quercus mongolica*	260	11	280	12	武山县杨河镇小庄村驼腰组青冈林	杨新海
62052414006	蒙古栎	*Quercus mongolica*	200	15	220	10	武山县杨河镇小庄村驼腰组青冈林	杨新海
62052414009	蒙古栎	*Quercus mongolica*	300	15	260	14	武山县杨河镇刘强村刘庄组关爷庙	冯红卫
62052415003	蒙古栎	*Quercus mongolica*	120	14	170	9	武山县沿安乡九棵树村	王羊保

古树编号	树种	树种拉丁名	估测树龄	树高 (m)	树围 (cm)	平均冠幅 (m)	具体地点	管护单位 / 人
62052415004	蒙古栎	*Quercus mongolica*	120	14	160	10	武山县沿安乡九棵树村	王羊保
62052415005	蒙古栎	*Quercus mongolica*	160	16	260	9	武山县沿安乡九棵树村	王羊保
62052415006	蒙古栎	*Quercus mongolica*	120	14	190	9	武山县沿安乡九棵树村	王羊保
62052415007	蒙古栎	*Quercus mongolica*	250	14	270	9	武山县沿安乡九棵树村	王羊保
62050200543	蒙古栎	*Quercus mongolica*	400	12	230	13	秦州区藉口镇王家河村	王家河村委会
62050220412	蒙古栎	*Quercus mongolica*	200	13	220	12	秦州区齐寿镇柳沟村	柳沟村委会
62052100122	蒙古栎	*Quercus mongolica*	480	11	428	10	清水县山门镇白河村三皇沟	龙金财
62052100123	蒙古栎	*Quercus mongolica*	230	17	271	10	清水县山门镇关山村	雷子学
62052100124	蒙古栎	*Quercus mongolica*	230	17	215	11	清水县山门镇关山村	雷子学
62052100125	蒙古栎	*Quercus mongolica*	230	16	191	11	清水县山门镇关山村	雷子学
62052100126	蒙古栎	*Quercus mongolica*	230	16	187	10	清水县山门镇关山村	雷子学
62052100127	蒙古栎	*Quercus mongolica*	150	17	216	10	清水县山门镇旺兴村	郭根银
62052100128	蒙古栎	*Quercus mongolica*	100	9	152	6	清水县王河镇吉山村	刘张锁
62052100365	蒙古栎	*Quercus mongolica*	500	23	175	7	清水县山门镇旺兴村山神庙旁边	郭彦峰
62052100929	蒙古栎	*Quercus mongolica*	220	10	140	5	清水县山门镇旺兴山神庙	旺兴村委会
62052101003	蒙古栎	*Quercus mongolica*	100	6	120	4	清水县王河镇吉山村硬口庙	吉山村委会
62052500065	蒙古栎	*Quercus mongolica*	150	18	502	10	张家川回族自治县马鹿镇陡崖村	高三虎
62050300128	刺叶高山栎	*Quercus spinosa*	400	22	220	12	麦积区党川镇火吉村公路边	火吉村委会
62050300129	刺叶高山栎	*Quercus spinosa*	400	16	193	10	麦积区党川镇火吉村公路边	火吉村委会
62050300130	刺叶高山栎	*Quercus spinosa*	400	20	190	10	麦积区党川镇火吉村公路边	火吉村委会
62050300134	刺叶高山栎	*Quercus spinosa*	350	12	160	6	麦积区党川镇刘坪村 20 号门口公路边	刘坪村委会
62050300135	刺叶高山栎	*Quercus spinosa*	350	12	170	6	麦积区党川镇刘坪村 21 号门口公路边	刘坪村委会
62050300136	刺叶高山栎	*Quercus spinosa*	350	10	125	5	麦积区党川镇刘坪村 22 号门口公路边	刘坪村委会
62050300137	刺叶高山栎	*Quercus spinosa*	350	10	145	5	麦积区党川镇刘坪村 23 号门口公路边	刘坪村委会
62050300138	刺叶高山栎	*Quercus spinosa*	400	12	210	6	麦积区党川镇刘坪村 20 号门口山包	刘坪村委会
62050300212	刺叶高山栎	*Quercus spinosa*	300	7	110	4	麦积区甘泉镇庙沟村山神庙背后山坡	庙沟村委会
62050300234	刺叶高山栎	*Quercus spinosa*	300	10	150	8	麦积区甘泉镇石沟村龙王庙前山坡	石沟村委会
62050300266	刺叶高山栎	*Quercus spinosa*	300	12	115	10	麦积区甘泉镇朝阳村朝阳寺院内	朝阳村委会
62050200613	刺叶高山栎	*Quercus spinosa*	2000	29	502	20	秦州区娘娘坝镇中寨杜家山庄对面	刘伟
62050200909	刺叶高山栎	*Quercus spinosa*	500	12	310	8	秦州区娘娘坝镇长河村下马台庄背后	长河村委会
62050220330	刺叶高山栎	*Quercus spinosa*	450	28	270	18	秦州区皂郊镇袁家河村	袁家河村委会
62050220426	刺叶高山栎	*Quercus spinosa*	400	15	153	19	秦州区汪川镇郑山村	郑山村委会
62050220485	刺叶高山栎	*Quercus spinosa*	300	10	190	12	秦州区齐寿镇火焰村	火焰村委会
62050220492	刺叶高山栎	*Quercus spinosa*	200	17	150	8	秦州区皂郊镇东沟村	东沟村委会
62050220512	刺叶高山栎	*Quercus spinosa*	400	16	215	11	秦州区娘娘坝镇孙集村	孙集村委会

古树编号	树种	树种拉丁名	估测树龄	树高 (m)	树围 (cm)	平均冠幅 (m)	具体地点	管护单位 / 人
62050300060	栓皮栎	*Quercus variabilis*	300	15	350	8	麦积区伯阳镇石门村九亩园老庄山神庙后	石门村委会
62050300526	栓皮栎	*Quercus variabilis*	300	20	330	14	麦积区利桥镇蔚明村山神庙后树林	蔚明村委会
62050300527	栓皮栎	*Quercus variabilis*	300	22	430	18	麦积区利桥镇蔚明村山神庙后树林	蔚明村委会
62050300528	栓皮栎	*Quercus variabilis*	300	17	340	12	麦积区利桥镇蔚明村山神庙后树林	蔚明村委会
榆科								
62052300070	旱榆	*Ulmus glaucescens*	600	15	294	11	甘谷县磐安镇裴家坪村乡道	裴应武
62052300071	旱榆	*Ulmus glaucescens*	500	15	320	11	甘谷县磐安镇裴家坪村乡道	裴应武
62052300072	旱榆	*Ulmus glaucescens*	500	9	220	9	甘谷县磐安镇裴家坪村乡道	裴应武
62052300073	旱榆	*Ulmus glaucescens*	500	13	220	9	甘谷县磐安镇裴家坪村乡道	裴应武
62052300074	旱榆	*Ulmus glaucescens*	500	9	170	7	甘谷县磐安镇裴家坪村乡道	裴应武
62052300075	旱榆	*Ulmus glaucescens*	500	12	242	13	甘谷县磐安镇裴家坪村乡道	裴应武
62052300128	旱榆	*Ulmus glaucescens*	150	20	210	13	甘谷县大石镇丁窑村	丁虎定
62052300129	旱榆	*Ulmus glaucescens*	200	20	200	12	甘谷县大石镇丁窑村	丁虎定
62052300153	旱榆	*Ulmus glaucescens*	150	11	270	10	甘谷县礼辛镇上窑村 455 县道	尉元锁
62052300160	旱榆	*Ulmus glaucescens*	110	10	160	10	甘谷县礼辛镇马坡村	张政
62052300161	旱榆	*Ulmus glaucescens*	100	10	140	8	甘谷县礼辛镇马坡村	张政
62052300162	旱榆	*Ulmus glaucescens*	100	17	190	6	甘谷县礼辛镇马坡村	张录田
62052300177	旱榆	*Ulmus glaucescens*	300	20	254	20	甘谷县大庄镇蔺坪村 087 县道	蔺坪村委会
62052300230	旱榆	*Ulmus glaucescens*	100	12	150	9	甘谷县西坪镇朱阳山村 453 县道	李明武
62050220515	榆树	*Ulmus pumila*	100	20	210	16	秦州区玉泉镇东方红村	东方红村委会
62050220516	榆树	*Ulmus pumila*	100	16	210	15	秦州区藉口镇北灵村卜山里	北灵村委会
62050300022	榆树	*Ulmus pumila*	150	16	330	14	麦积区伯阳镇保安村山神庙后土崖	保安村委会
62050300025	榆树	*Ulmus pumila*	600	12	465	7	麦积区伯阳镇曹石村 130 号路边	曹石村委会
62050300028	榆树	*Ulmus pumila*	150	14	260	12	麦积区伯阳镇马岘村新建千吨果品保鲜库门口	马岘村委会
62050300029	榆树	*Ulmus pumila*	150	11	250	13	麦积区伯阳镇马岘村 63 号路边	马岘村委会
62050300035	榆树	*Ulmus pumila*	200	20	310	13	麦积区伯阳镇范河村村西北	范河村委会
62050300079	榆树	*Ulmus pumila*	100	6	150	5	麦积区伯阳镇南河村圣湫山慈恩寺戏场北侧	南河村委会
62050300148	榆树	*Ulmus pumila*	150	16	245	12	麦积区石佛镇黄庄村广场边	黄庄村委会
62050300194	榆树	*Ulmus pumila*	150	22	250	11	麦积区甘泉镇归凤山村 2 号院门口	归凤山村委会
62050300219	榆树	*Ulmus pumila*	150	16	270	14	麦积区甘泉镇云雾村 275 号院门口	云雾村委会
62050300220	榆树	*Ulmus pumila*	120	20	220	8	麦积区甘泉镇云雾村 275 号院侧面	云雾村委会
62050300251	榆树	*Ulmus pumila*	150	16	260	8	麦积区甘泉镇西枝村 14 号屋后	西枝村委会
62050300278	榆树	*Ulmus pumila*	400	26	360	16	麦积区甘泉镇八槐村村路边	八槐村委会
62050300294	榆树	*Ulmus pumila*	400	16	320	12	麦积区甘泉镇吴家寺村戏台院内（党群服务中心）	吴家寺村委会
62050300351	榆树	*Ulmus pumila*	350	17	290	10	麦积区麦积镇北湾村 10 号院侧	北湾村委会

古树编号	树种	树种拉丁名	估测树龄	树高 (m)	树围 (cm)	平均冠幅 (m)	具体地点	管护单位 / 人
62050300364	榆树	*Ulmus pumila*	500	8	375	6	麦积区麦积镇滩子村老村路口	滩子村委会
62050300405	榆树	*Ulmus pumila*	400	7	270	7	麦积区五龙镇雷湾村雷家门口	雷湾村委会
62050300412	榆树	*Ulmus pumila*	150	12	230	12	麦积区五龙镇石洞沟村关爷庙	石洞沟村委会
62050300417	榆树	*Ulmus pumila*	150	15	230	10	麦积区五龙镇中石沟村龙林观墙外	中石沟村委会
62050300437	榆树	*Ulmus pumila*	100	10	200	12	麦积区马跑泉镇石咀村文昌庙东侧台子	石咀村委会
62050300499	榆树	*Ulmus pumila*	150	24	250	12	麦积区马跑泉镇龙槐村 78 号门口	龙槐寺管委会
62050300610	榆树	*Ulmus pumila*	400	15	340	11	麦积区渭南镇麻坪村村南滑坡大崖边	麻坪村委会
62050300670	榆树	*Ulmus pumila*	300	21	200	8	麦积区新阳镇郭王村村北山顶	郭王村委会
62050300674	榆树	*Ulmus pumila*	500	12	320	13	麦积区元龙镇渭滩村党群服务中心院内	渭滩村委会
62050300676	榆树	*Ulmus pumila*	150	8	210	16	麦积区元龙镇上崖村 17 号院门口	上崖村委会
62050300694	榆树	*Ulmus pumila*	500	16	350	10	麦积区中滩镇余峡村龙马洞山神庙院内	余峡村委会
62052100227	榆树	*Ulmus pumila*	500	6	200	7	清水县秦亭镇店子村高寺子组高家寺门口	苗茂林
62052100228	榆树	*Ulmus pumila*	300	6	480	6	清水县红堡镇太阳村一组白叶坪庙后	王存子
62052100229	榆树	*Ulmus pumila*	300	13	403	11	清水县郭川镇孙山村五组	高万荣
62052100230	榆树	*Ulmus pumila*	300	10	388	10	清水县金集镇潘山村三组	王全成
62052100231	榆树	*Ulmus pumila*	300	10	350	11	清水县土门乡高庙村友联组山神庙	赵军辉
62052100232	榆树	*Ulmus pumila*	200	12	206	6	清水县金集镇连珠村二组镇政府路口	王志勇
62052100233	榆树	*Ulmus pumila*	200	19	284	9	清水县白驼镇路山村一组刘家后院	邹富生
62052100234	榆树	*Ulmus pumila*	600	16	430	10	清水县贾川乡阳湾村阳湾组村委会后	马金录
62052100235	榆树	*Ulmus pumila*	200	10	208	9	清水县贾川乡上湾村上湾组吊坪路口	魏应珍
62052100292	榆树	*Ulmus pumila*	400	9	297	11	清水县金集镇水清村强家嘴	田俊锋
62052100321	榆树	*Ulmus pumila*	300	6	235	9	清水县郭川镇孙山村梅峪组高家院旁	高山存
62052100334	榆树	*Ulmus pumila*	300	8	251	8	清水县贾川乡韩沟村李堡组山神庙旁	李润有
62052100403	榆树	*Ulmus pumila*	300	11	184	6	清水县远门镇王付村王付三组	王付村委会
62052100404	榆树	*Ulmus pumila*	400	12	210	7	清水县远门镇王付村王家院旁	王付村委会
62052100458	榆树	*Ulmus pumila*	100	10	151	6	清水县白驼镇林屲村杨家院前	林屲村委会
62052100470	榆树	*Ulmus pumila*	100	10	151	6	清水县白驼镇路山村刘家后院	路山村委会
62052100575	榆树	*Ulmus pumila*	100	8	280	7	清水县丰望乡陈马村陈家庄	陈马村委会
62052100640	榆树	*Ulmus pumila*	100	10	200	6	清水县红堡镇曹冯村	曹冯村委会
62052100641	榆树	*Ulmus pumila*	100	12	220	7	清水县红堡镇曹冯村	曹冯村委会
62052100651	榆树	*Ulmus pumila*	120	12	190	5	清水县红堡镇刘坪村山神庙	刘坪村委会
62052100743	榆树	*Ulmus pumila*	200	8	170	6	清水县贾川乡上湾村吊坪路口	上湾村委会
62052100755	榆树	*Ulmus pumila*	100	17	310	15	清水县金集镇陈湾村嘴头山	陈湾村委会
62052100756	榆树	*Ulmus pumila*	100	16	295	16	清水县金集镇陈湾村嘴头山	陈湾村委会
62052100757	榆树	*Ulmus pumila*	100	12	330	12	清水县金集镇陈湾村嘴头山	陈湾村委会

古树编号	树种	树种拉丁名	估测树龄	树高 (m)	树围 (cm)	平均冠幅 (m)	具体地点	管护单位 / 人
62052100762	榆树	*Ulmus pumila*	200	16	450	8	清水县金集镇连珠村政府路口	连珠村委会
62052100768	榆树	*Ulmus pumila*	250	18	115	9	清水县金集镇水清村强家咀	水清村委会
62052100947	榆树	*Ulmus pumila*	120	11	120	19	清水县松树镇代王村王家水泉	代王村委会
62052100977	榆树	*Ulmus pumila*	200	15	220	3	清水县土门镇高庙村	高庙村委会
62052100978	榆树	*Ulmus pumila*	160	13	150	3	清水县土门镇高庙村	高庙村委会
62052101093	榆树	*Ulmus pumila*	200	18	325	17	清水县远门镇王付村王家门口	王付村委会
62052101094	榆树	*Ulmus pumila*	200	15	245	16	清水县远门镇王付村王家院旁	王付村委会
62052101096	榆树	*Ulmus pumila*	200	18	200	11	清水县远门镇王付村爷庙后院	王付村委会
62052101097	榆树	*Ulmus pumila*	180	15	150	9	清水县远门镇王付村高岭爷庙后院	王付村委会
62052201001	榆树	*Ulmus pumila*	120	12	242	12	秦安县魏店镇张坡村张家窑	张元胜
62052201004	榆树	*Ulmus pumila*	130	11	185	8	秦安县魏店镇任学村安坪组	安政德
62052202004	榆树	*Ulmus pumila*	120	13	163	15	秦安县王铺乡榆木村庙下	王拴羊
62052205002	榆树	*Ulmus pumila*	130	16	236	16	秦安县五营镇麻沟村冯湾组	陈焕保
62052210006	榆树	*Ulmus pumila*	130	23	220	16	秦安县中山乡后沟村	后沟村委会
62052300058	榆树	*Ulmus pumila*	150	15	214	8	甘谷县新兴镇杨家庄村渭济路	杨家庄村委会
62052300067	榆树	*Ulmus pumila*	200	12	590	12	甘谷县磐安镇刘家墩村 310 国道	刘家墩村委会
62052300068	榆树	*Ulmus pumila*	600	8	530	22	甘谷县磐安镇刘家墩村 456 县道	刘家墩村委会
62052300069	榆树	*Ulmus pumila*	600	22	470	19	甘谷县磐安镇刘家墩村 456 县道	刘家墩村委会
62052300104	榆树	*Ulmus pumila*	1000	15	280	12	甘谷县金山镇移家湾村大山段	移家湾村委会
62052300181	榆树	*Ulmus pumila*	150	12	174	9	甘谷县大庄镇碌碡滩村 087 县道	寇三喜
62052300196	榆树	*Ulmus pumila*	200	19	394	14	甘谷县古坡镇店子村	店子村委会
62052300237	榆树	*Ulmus pumila*	180	25	210	16	甘谷县谢家湾乡转地村转地二组	赵信善
62052300251	榆树	*Ulmus pumila*	300	17	416	15	甘谷县白家湾乡大山村水涝坝	大山村委会
62052402024	榆树	*Ulmus pumila*	120	18	390	13	武山县鸳鸯镇苟山村 78 号门前	苟全海
62052402031	榆树	*Ulmus pumila*	300	11	420	12	武山县鸳鸯镇麻山村果园墓地	雷三虎
62052402034	榆树	*Ulmus pumila*	200	11	300	14	武山县鸳鸯镇盘古村安嘴组广场边	安绪平
62052402035	榆树	*Ulmus pumila*	200	11	310	19	武山县鸳鸯镇盘古村安嘴组广场边	安绪平
62052404004	榆树	*Ulmus pumila*	200	8	240	8	武山县咀头乡新泉村马家屋东侧	马照林
62052404007	榆树	*Ulmus pumila*	250	8	300	10	武山县咀头乡党口村委会台子	张三平
62052406015	榆树	*Ulmus pumila*	200	17	250	10	武山县山丹镇贺家店村村门口	侯爱同
62052407008	榆树	*Ulmus pumila*	100	22	240	12	武山县城关镇坡儿村谢家院内	谢瑞军
62052407036	榆树	*Ulmus pumila*	150	22	280	14	武山县城关镇韦庄村 73 号家门口西南侧	张彦林
62052407038	榆树	*Ulmus pumila*	400	14	340	12	武山县城关镇下街村商店旁边	邓天林
62052407040	榆树	*Ulmus pumila*	300	12	390	5	武山县城关镇上街村邓家院内	邓纪云
62052407051	榆树	*Ulmus pumila*	200	17	290	20	武山县城关镇红沟村庙背后	杨天成

古树编号	树种	树种拉丁名	估测树龄	树高 (m)	树围 (cm)	平均冠幅 (m)	具体地点	管护单位 / 人
62052408037	榆树	*Ulmus pumila*	170	13	270	11	武山县洛门镇汉坪村录家门口右侧	关志平
62052408039	榆树	*Ulmus pumila*	200	19	300	15	武山县洛门镇汉坪村委会对面	关志平
62052408040	榆树	*Ulmus pumila*	150	21	230	16	武山县洛门镇汉坪村杨家屋后	关志平
62052408041	榆树	*Ulmus pumila*	100	21	230	14	武山县洛门镇汉坪村 374 号门口	关志平
62052408042	榆树	*Ulmus pumila*	600	9	580	18	武山县洛门镇汉坪村杨家后院	关志平
62052408043	榆树	*Ulmus pumila*	300	14	300	17	武山县洛门镇汉坪村杨家后院	关志平
62052408044	榆树	*Ulmus pumila*	200	22	360	21	武山县洛门镇金川村幼儿园对面	关志平
62052408071	榆树	*Ulmus pumila*	250	13	300	7	武山县洛门镇曲里村 147 号门口西南侧	李刚
62052408077	榆树	*Ulmus pumila*	300	21	360	14	武山县洛门镇新龙村 215 号门口西南角	李永红
62052409025	榆树	*Ulmus pumila*	350	13	430	7	武山县马力镇堡子村李家嘴	张同喜
62052410004	榆树	*Ulmus pumila*	200	15	260	13	武山县滩歌镇代沟村代家院外	代夫炳
62052412007	榆树	*Ulmus pumila*	200	18	220	14	武山县四门镇岗头村场边	巩仁顺
62052412023	榆树	*Ulmus pumila*	650	22	470	7	武山县四门镇岗头村巩家坪	巩仁顺
62052412038	榆树	*Ulmus pumila*	650	27	530	19	武山县四门镇西川村汪家院旁	贾同喜
62052414007	榆树	*Ulmus pumila*	520	27	450	21	武山县杨河镇刘强村刘庄组钟家沟	冯红卫
62052414008	榆树	*Ulmus pumila*	200	28	200	8	武山县杨河镇刘强村刘庄组钟家沟	冯红卫
62052415036	榆树	*Ulmus pumila*	120	12	130	8	武山县沿安乡李庄村小李庄山	汪兴满
62052500060	榆树	*Ulmus pumila*	300	23	628	19	张家川回族自治县马关镇小庄村阴山	窦来庆
62050200019	榆树	*Ulmus pumila*	200	12	560	8	秦州区东关街道忠武巷社区	市招待所
62050200114	榆树	*Ulmus pumila*	300	20	385	16	秦州区东关街道十方堂社区	十方堂社区
62050200115	榆树	*Ulmus pumila*	500	21	430	23	秦州区西关街道解放路社区	解放路社区
62050200156	榆树	*Ulmus pumila*	200	17	327	14	秦州区玉泉镇玉泉村	玉泉观公园管理处
62050200601	榆树	*Ulmus pumila*	100	13	190	9	秦州区玉泉镇孙家坪上河村路边	孙亚军
62050220281	榆树	*Ulmus pumila*	100	9	215	6	秦州区藉口镇杜家山村	杜家山村委会
62050220350	榆树	*Ulmus pumila*	300	18	350	15	秦州区藉口镇吴家崖村	吴家崖村委会
62050220472	榆树	*Ulmus pumila*	200	6	220	5	秦州区关子镇七十铺村	七十铺村委会
62050220497	榆树	*Ulmus pumila*	350	10	410	9	秦州区藉口镇曹杜村	曹杜村委会
62050220504	榆树	*Ulmus pumila*	250	17	240	14	秦州区关子镇严家河村	严家河村委会
62050220508	榆树	*Ulmus pumila*	400	13	380	13	秦州区关子镇严家河村	严家河村委会
62050220661	榆树	*Ulmus pumila*	150	15	165	11	秦州区杨家寺镇石马村	石马村委会
62050220665	榆树	*Ulmus pumila*	100	8	220	15	秦州区太京镇张吴山村	张吴山村委会
62050220750	榆树	*Ulmus pumila*	200	15	360	16	秦州区太京镇席范村	席范村委会
62050220806	榆树	*Ulmus pumila*	280	15	530	12	秦州区牡丹镇大柳树村	大柳树村委会
62050220833	榆树	*Ulmus pumila*	200	13	380	13	秦州区太京镇刘家庄村	刘家庄村委会
62050220845	榆树	*Ulmus pumila*	300	6	300	6	秦州区牡丹镇王家大山村	王家大山村委会

古树编号	树种	树种拉丁名	估测树龄	树高 (m)	树围 (cm)	平均冠幅 (m)	具体地点	管护单位 / 人
62050220855	榆树	*Ulmus pumila*	100	14	190	13	秦州区太京镇靳家崖村	靳家崖村委会
62050220861	榆树	*Ulmus pumila*	100	15	200	11	秦州区杨家寺镇士子村	士子村委会
62050220868	榆树	*Ulmus pumila*	280	16	330	11	秦州区杨家寺镇松树村	松树村委会
62050300053	榉树	*Zelkova serrata*	1500	26	640	11	麦积区伯阳镇石门村村中央的路边	石门村委会
62050300056	榉树	*Zelkova serrata*	200	14	250	11	麦积区伯阳镇石门村戏楼后	石门村委会
62050300057	榉树	*Zelkova serrata*	300	20	440	12	麦积区伯阳镇石门村观外南坡	石门村委会
62050300058	榉树	*Zelkova serrata*	300	15	410	9	麦积区伯阳镇石门村观外南坡	石门村委会
62050300125	榉树	*Zelkova serrata*	500	6	390	6	麦积区党川镇夏家坪村	夏家坪村委会
62052100830	榉树	*Zelkova serrata*	300	32	205	18	清水县陇东镇谢沟村花石崖牌坊南崖	谢沟村委会
62052100831	榉树	*Zelkova serrata*	300	38	203	18	清水县陇东镇谢沟村花石崖牌坊东崖	谢沟村委会
大麻科								
62050200088	黑弹树	*Celtis bungeana*	200	12	220	5	秦州区玉泉镇王家坪村南郭寺	南郭寺公园管理处
62050300026	黑弹树	*Celtis bungeana*	200	14	210	11	麦积区伯阳镇曹石村山顶公路边	曹石村委会
62050300226	黑弹树	*Celtis bungeana*	300	15	260	7	麦积区甘泉镇黄庄村大王庙南侧路边山坡	黄庄村委会
62050300313	黑弹树	*Celtis bungeana*	300	20	240	16	麦积区麦积镇贾河村 9 号院门口	贾河村委会
62052406002	黑弹树	*Celtis bungeana*	500	21	520	21	武山县山丹镇任门村任家门前	徐喜定
62052406003	黑弹树	*Celtis bungeana*	200	18	280	10	武山县山丹镇任门村任家门前	徐喜定
62052412028	黑弹树	*Celtis bungeana*	300	10	160	4	武山县四门镇大蒿村	松世东
62052412029	黑弹树	*Celtis bungeana*	300	10	160	4	武山县四门镇大蒿村	松世东
62052412032	黑弹树	*Celtis bungeana*	350	10	160	8	武山县四门镇大蒿村	松世东
62052413020	黑弹树	*Celtis bungeana*	350	18	360	9	武山县温泉镇聂河村聂家屋后	赵双保
62052413021	黑弹树	*Celtis bungeana*	350	17	270	9	武山县温泉镇聂河村聂家屋后	赵双保
62052413022	黑弹树	*Celtis bungeana*	350	18	270	9	武山县温泉镇聂河村聂家屋后	赵双保
62050220302	朴树	*Celtis sinensis*	200	8	160	7	秦州区藉口镇三合村	三合村委会
62050220365	朴树	*Celtis sinensis*	200	12	190	8	秦州区皂郊镇榆林村	榆林村委会
62050220481	朴树	*Celtis sinensis*	100	15	190	9	秦州区关子镇藉源村麒麟山文昌庙背后	藉源村委会
62052100237	朴树	*Celtis sinensis*	400	10	144	11	清水县金集镇张牛村牛家坪大庄里	周随生
62052100238	朴树	*Celtis sinensis*	120	8	300	6	清水县红堡镇西城村七组卢家坡	卢成祥
62052100239	朴树	*Celtis sinensis*	200	23	167	6	清水县陇东乡崔杨村三组	白来生
62052100650	朴树	*Celtis sinensis*	100	13	200	2	清水县红堡镇刘坪村山神庙	刘坪村委会
62052100681	朴树	*Celtis sinensis*	120	6	116	5	清水县红堡镇西城村卢家坡崖	西城村委会
62052100785	朴树	*Celtis sinensis*	200	15	140	10	清水县金集镇张牛村牛家坪大庄里	张牛村委会
62052100796	朴树	*Celtis sinensis*	200	13	150	10	清水县陇东镇崔杨村	崔杨村委会
62052100932	朴树	*Celtis sinensis*	120	15	160	8	清水县山门镇玄头村兴德寺	玄头村委会
62050300669	朴树	*Celtis sinensis*	300	13	200	10	麦积区新阳镇郭王村	郭王村委会

古树编号	树种	树种拉丁名	估测树龄	树高 (m)	树围 (cm)	平均冠幅 (m)	具体地点	管护单位 / 人
桑科								
62050200089	桑	*Morus alba*	200	16	180	13	秦州区玉泉镇王家坪村	南郭寺公园管理处
62052100261	桑	*Morus alba*	300	12	173	12	清水县秦亭镇麦池村麦地沟	白新虎
62052100875	桑	*Morus alba*	150	6	160	10	清水县秦亭镇年庄村永安寺对面	年庄村委会
62052100927	桑	*Morus alba*	200	8	150	9	清水县山门镇山门村王家屋后	山门村委会
62052201003	桑	*Morus alba*	110	12	160	17	秦安县魏店镇任学村任学组	任敬武
62052300059	桑	*Morus alba*	200	15	170	8	甘谷县新兴镇杨家庄村渭济路	杨家庄村委会
芍药科								
62050200849	紫斑牡丹	*Paeonia rockii*	100	2	20	1	秦州区西关办事处自由路社区三星巷杨家楼 65 号	韩成
62052300005	紫斑牡丹	*Paeonia rockii*	1000	2	25	3	甘谷县大像山镇东关村东岳庙院内	天门山寺
62052300006	紫斑牡丹	*Paeonia rockii*	1000	3	30	4	甘谷县大像山镇东关村东岳庙院内	天门山寺
木兰科								
62052100051	望春玉兰	*Yulania biondii*	300	14	102	8	清水县山门镇史沟村大场组黑潭	魏小平
62050300162	武当玉兰	*Yulania sprengeri*	1200	19	268	13	麦积区甘泉镇玉兰村太平寺双玉兰堂门口	太平寺
62050300163	武当玉兰	*Yulania sprengeri*	1200	18	220	13	麦积区甘泉镇玉兰村太平寺双玉兰堂门口	太平寺
62050300203	武当玉兰	*Yulania sprengeri*	1300	10	360	8	麦积区甘泉镇庙沟村村后的山坡脚下	太平寺
62050300204	武当玉兰	*Yulania sprengeri*	1300	22	350	10	麦积区甘泉镇庙沟村村南地边山坡上	太平寺
蔷薇科								
62052300171	山荆子	*Malus baccata*	150	10	230	13	甘谷县武家河镇周元坪村 663 乡道靠近石Ⅲ	周元坪村委会
62052300172	山荆子	*Malus baccata*	150	10	280	13	甘谷县武家河镇周元坪村 663 乡道靠近石Ⅲ	周元坪村委会
62052300194	山荆子	*Malus baccata*	150	11	180	12	甘谷县古坡镇深岘子村	深岘子村委会
62052300231	山荆子	*Malus baccata*	150	8	172	9	甘谷县西坪镇朱阳Ⅲ村	朱阳Ⅲ村委会
62052412003	山荆子	*Malus baccata*	240	7	240	9	武山县四门镇麦山村水池子场边	赵月红
62052412004	山荆子	*Malus baccata*	240	9	280	7	武山县四门镇麦山村水池子场边	赵月红
62052412005	山荆子	*Malus baccata*	240	8	280	7	武山县四门镇麦山村水池子场边	赵月红
62052412008	山荆子	*Malus baccata*	150	6	180	8	武山县四门镇草坪村庙旁	李爱军
62052413036	山荆子	*Malus baccata*	310	10	350	9	武山县温泉镇小南村中庄黑爷庙	刘天海
62052413037	山荆子	*Malus baccata*	300	13	300	9	武山县温泉镇小南村中庄黑爷庙	刘天海
62052414014	山荆子	*Malus baccata*	150	13	210	17	武山县杨河镇刘强村小南组关沟门	冯红卫
62052414015	山荆子	*Malus baccata*	150	24	240	11	武山县杨河镇刘强村小南组山神庙门前	冯红卫
62050220102	杏	*Prunus armeniaca*	350	12	310	7	秦州区中梁镇草胡村	草胡村委会
62050220423	杏	*Prunus armeniaca*	350	13	340	15	秦州区中梁镇麦王山村	麦王山村委会
62050220537	杏	*Prunus armeniaca*	150	14	185	9	秦州区关子镇大湾村	大湾村委会
62050220883	杏	*Prunus armeniaca*	200	6	250	6	秦州区杨家寺镇三湾村	三湾村委会
62050300262	杏	*Prunus armeniaca*	200	10	210	8	麦积区甘泉镇峡门村	峡门村委会

古树编号	树种	树种拉丁名	估测树龄	树高	树围	平均冠幅	具体地点	管护单位 / 人
				(m)	(cm)	(m)		
62050300472	杏	*Prunus armeniaca*	100	8	140	8	麦积区马跑泉镇东山村观音寺东侧岔路口	东山村委会
62050300660	杏	*Prunus armeniaca*	200	10	260	8	麦积区新阳镇杨岘村	杨岘村委会
62052100191	杏	*Prunus armeniaca*	300	9	246	6	清水县丰望乡磨上嘴村何家庙青莲寺	张淑琴
62052100193	杏	*Prunus armeniaca*	150	7	251	10	清水县陇东乡坪道村	杨代录
62052100280	杏	*Prunus armeniaca*	300	15	189	7	清水县白驼镇姚黄村王家老坟地	王银录
62052100301	杏	*Prunus armeniaca*	300	12	154	5	清水县王河镇成寺村程家窑路边	成寺村委会
62052100451	杏	*Prunus armeniaca*	200	11	150	11	清水县白驼镇高峰村汪家坟畔	高峰村委会
62052100452	杏	*Prunus armeniaca*	200	9	150	5	清水县白驼镇高峰村	高峰村委会
62052100639	杏	*Prunus armeniaca*	100	8	180	5	清水县红堡镇曹冯村	曹冯村委会
62052100682	杏	*Prunus armeniaca*	100	7	118	4	清水县红堡镇西城村卢家坡	西城村委会
62052100800	杏	*Prunus armeniaca*	200	14	160	6	清水县陇东镇丰台村	丰台村委会
62052100808	杏	*Prunus armeniaca*	150	7	251	23	清水县陇东镇坪道村	坪道村委会
62052100819	杏	*Prunus armeniaca*	100	16	50	15	清水县陇东镇田湾村爷殿后	田湾村委会
62052100834	杏	*Prunus armeniaca*	100	15	219	21	清水县陇东镇朱河村菜湾里	朱河村委会
62052100835	杏	*Prunus armeniaca*	100	25	224	19	清水县陇东镇朱河村爷寺坡	朱河村委会
62052100905	杏	*Prunus armeniaca*	200	16	160	13	清水县山门镇白河村三皇沟庄畔	白河村委会
62052100906	杏	*Prunus armeniaca*	200	15	170	11	清水县山门镇白河村轩辕祠戏台	白河村委会
62052100943	杏	*Prunus armeniaca*	200	15	150	10	清水县松树镇堡子村前梁上	堡子村委会
62052100946	杏	*Prunus armeniaca*	130	12	100	12	清水县松树镇代王村王家水泉	代王村委会
62052100976	杏	*Prunus armeniaca*	200	13	150	3	清水县土门镇高庙村新场里	高庙村委会
62052100982	杏	*Prunus armeniaca*	150	13	150	3	清水县土门镇梁山村蒲家门口	梁山村委会
62052101010	杏	*Prunus armeniaca*	150	10	190	5	清水县王河镇魏湾村杏树梁	魏湾村委会
62052101015	杏	*Prunus armeniaca*	120	5	170	4	清水县王河镇魏湾村林家沟梁	魏湾村委会
62052101016	杏	*Prunus armeniaca*	100	9	180	7	清水县王河镇魏湾村林家沟梁	魏湾村委会
62052101030	杏	*Prunus armeniaca*	150	12	240	4	清水县王河镇响水村肖家坟湾	响水村委会
62052101033	杏	*Prunus armeniaca*	200	8	160	5	清水县新城乡大陆村	大陆村委会
62052101080	杏	*Prunus armeniaca*	150	6	160	4	清水县永清镇张扬村老月嘴	张扬村委会
62052210009	杏	*Prunus armeniaca*	130	11	170	6	秦安县中山乡北庄村丁豁岘	北庄村委会
62052210012	杏	*Prunus armeniaca*	100	6	173	7	秦安县中山乡蔚文村山神庙	蔚文村委会
62052404003	杏	*Prunus armeniaca*	200	9	220	10	武山县咀头乡杜井村梁头	杜维军
62052413024	杏	*Prunus armeniaca*	120	8	130	8	武山县温泉镇何湾村秦家山庄 164 号左侧	柏黑瑞
62050300131	短梗稠李	*Prunus brachypoda*	400	26	245	12	麦积区党川镇火吉村公路边	火吉村委会
62050220805	李	*Prunus salicina*	150	7	120	8	秦州区杨家寺镇煤湾村	庙委会
62052300200	李	*Prunus salicina*	300	7	180	5	甘谷县古坡镇羌甘峪村	羌甘峪村委会
62050220186	山杏	*Prunus sibirica*	200	5	130	7	秦州区藉口镇栖子滩村	栖子滩村委会

古树编号	树种	树种拉丁名	估测树龄	树高 (m)	树围 (cm)	平均冠幅 (m)	具体地点	管护单位 / 人
62050220462	山杏	*Prunus sibirica*	150	8	180	9	秦州区平南镇关同村	关同村委会
62050220540	木瓜	*Pseudocydonia sinensis*	100	10	150	8	秦州区关子镇大湾村	大湾村委会
62050220550	木瓜	*Pseudocydonia sinensis*	100	5	100	8	秦州区关子镇董家山村	董代明
62052100374	杜梨	*Pyrus betulifolia*	300	10	157	7	清水县新城乡张河村董家沟	董九成
62052100375	杜梨	*Pyrus betulifolia*	300	22	168	7	清水县新城乡张河村董家沟	董健康
62052100693	杜梨	*Pyrus betulifolia*	200	13	200	10	清水县黄门镇薛堡村薛家房畔	薛堡村委会
62052100694	杜梨	*Pyrus betulifolia*	200	12	190	9	清水县黄门镇薛堡村薛家房畔	薛堡村委会
62052100821	杜梨	*Pyrus betulifolia*	200	12	150	19	清水县陇东镇田湾村	田湾村委会
62052100912	杜梨	*Pyrus betulifolia*	220	10	160	18	清水县山门镇高桥村张家院内	高桥村委会
62052101061	杜梨	*Pyrus betulifolia*	200	11	230	11	清水县新城乡杨河村上	杨河村委会
62052300179	杜梨	*Pyrus betulifolia*	300	12	162	11	甘谷县大庄镇碌碡滩村 087 县道	寇三喜
62052300201	杜梨	*Pyrus betulifolia*	300	8	124	6	甘谷县八里湾镇上坪村	王龙元
62052300218	杜梨	*Pyrus betulifolia*	200	14	180	12	甘谷县西坪镇湾儿河村红	王有福
62052300224	杜梨	*Pyrus betulifolia*	200	12	174	11	甘谷县西坪镇四方咀村 453 县道	四方咀村委会
62052300226	杜梨	*Pyrus betulifolia*	600	8	148	9	甘谷县西坪镇陈家湾村 453 县道	陈家湾村委会
62052402026	杜梨	*Pyrus betulifolia*	180	13	240	7	武山县鸳鸯镇苟山村	苟五存
62052402028	杜梨	*Pyrus betulifolia*	160	10	160	7	武山县鸳鸯镇苟山村	苟五存
62052402029	杜梨	*Pyrus betulifolia*	110	8	110	6	武山县鸳鸯镇大林村范家山庄后	丁创喜
62052402030	杜梨	*Pyrus betulifolia*	140	12	280	8	武山县鸳鸯镇大林村黑山庄路口	丁创喜
62052403002	杜梨	*Pyrus betulifolia*	300	20	810	11	武山县榆盘镇下河村丁家屋后	丁天祥
62052403003	杜梨	*Pyrus betulifolia*	320	20	470	17	武山县榆盘镇关儿村公交站对面	聂应喜
62052404002	杜梨	*Pyrus betulifolia*	200	9	210	12	武山县咀头乡杜井村梁头	杜维军
62052405012	杜梨	*Pyrus betulifolia*	350	9	180	9	武山县高楼镇独岭村村口	肖凡荣
62052406004	杜梨	*Pyrus betulifolia*	200	18	250	7	武山县山丹镇任门村任家门前	徐喜定
62052406005	杜梨	*Pyrus betulifolia*	120	17	200	7	武山县山丹镇任门村任家门前	徐喜定
62052406022	杜梨	*Pyrus betulifolia*	200	14	320	7	武山县山丹镇崔山村任家门前	任响军
62052406023	杜梨	*Pyrus betulifolia*	250	17	280	8	武山县山丹镇崔山村上庄	马一寿
62052407079	杜梨	*Pyrus betulifolia*	300	19	270	15	武山县城关镇黑沟村	赵卫卫
62052411003	杜梨	*Pyrus betulifolia*	500	10	235	11	武山县龙台镇东沟村嘴背后三组山神庙后	李福定
62052411013	杜梨	*Pyrus betulifolia*	230	13	260	11	武山县龙台镇青山村青山村原学校前	李福顺
62052411014	杜梨	*Pyrus betulifolia*	160	15	150	11	武山县龙台镇青山村青山村原学校旁	李福顺
62052411016	杜梨	*Pyrus betulifolia*	310	21	280	14	武山县龙台镇青山村青山村原学校内	李福顺
62052411017	杜梨	*Pyrus betulifolia*	200	18	230	11	武山县龙台镇青山村柴岭涧	李福顺
62052411027	杜梨	*Pyrus betulifolia*	260	13	214	8	武山县龙台镇马年村段家窑	唐红明
62052411028	杜梨	*Pyrus betulifolia*	260	13	230	8	武山县龙台镇马年村段家窑	唐红明

古树编号	树种	树种拉丁名	估测树龄	树高 (m)	树围 (cm)	平均冠幅 (m)	具体地点	管护单位 / 人
62052411029	杜梨	*Pyrus betulifolia*	260	9	200	8	武山县龙台镇王山村余家山分路口	于俊生
62052411030	杜梨	*Pyrus betulifolia*	300	15	260	10	武山县龙台镇龙山村	于进海
62052411033	杜梨	*Pyrus betulifolia*	280	27	285	10	武山县龙台镇龙山村老坟地	于进海
62052412001	杜梨	*Pyrus betulifolia*	300	6	200	7	武山县四门镇麦山村水池子路口	赵小兵
62052412002	杜梨	*Pyrus betulifolia*	300	12	280	8	武山县四门镇麦山村水池子路口	赵小兵
62052412009	杜梨	*Pyrus betulifolia*	240	16	220	8	武山县四门镇草坪村董家场	李爱军
62052412010	杜梨	*Pyrus betulifolia*	240	17	240	8	武山县四门镇草坪村董家场	李爱军
62052412018	杜梨	*Pyrus betulifolia*	200	14	230	14	武山县四门镇松树村原老庙门口	杨宝富
62052412019	杜梨	*Pyrus betulifolia*	110	9	180	13	武山县四门镇松树村 174 号管家院内	南山林场
62052412025	杜梨	*Pyrus betulifolia*	300	23	210	6	武山县四门镇大蒿村	松世东
62052412026	杜梨	*Pyrus betulifolia*	300	18	230	7	武山县四门镇大蒿村	松世东
62052412027	杜梨	*Pyrus betulifolia*	150	14	170	7	武山县四门镇大蒿村	松世东
62052412041	杜梨	*Pyrus betulifolia*	350	14	355	11	武山县四门镇阴湾村	阴湾村委会
62052413012	杜梨	*Pyrus betulifolia*	350	12	420	16	武山县温泉镇双录村谢庄盘龙庙前	裴路生
62052413013	杜梨	*Pyrus betulifolia*	350	11	230	16	武山县温泉镇双录村谢庄盘龙庙后	裴路生
62052413016	杜梨	*Pyrus betulifolia*	110	10	230	13	武山县温泉镇李子沟村赵家门口	兰旭东
62052413017	杜梨	*Pyrus betulifolia*	160	15	230	8	武山县温泉镇李子沟村李子沟小学背后	兰旭东
62052413028	杜梨	*Pyrus betulifolia*	100	12	170	9	武山县温泉镇柏山村柏家山庄 143 号家门口	柏新锁
62052413030	杜梨	*Pyrus betulifolia*	280	8	240	7	武山县温泉镇赵庄村高家山李家田地	高迎来
62052413031	杜梨	*Pyrus betulifolia*	450	12	330	26	武山县温泉镇赵庄村	高迎来
62052413032	杜梨	*Pyrus betulifolia*	350	5	250	6	武山县温泉镇赵庄村高咀儿	高迎来
62052413034	杜梨	*Pyrus betulifolia*	300	12	380	11	武山县温泉镇小南村中庄老坟山	刘小宏
62052413039	杜梨	*Pyrus betulifolia*	110	14	170	10	武山县温泉镇盘坡村赵家山周家老坟地	于林林
62052414010	杜梨	*Pyrus betulifolia*	750	15	410	16	武山县杨河镇刘强村小南组店沟门	冯红卫
62052414016	杜梨	*Pyrus betulifolia*	300	15	320	13	武山县杨河镇刘强村上河里封爷庙	冯红卫
62052414017	杜梨	*Pyrus betulifolia*	350	10	340	4	武山县杨河镇现头村坟园	赵马来
62052414025	杜梨	*Pyrus betulifolia*	300	18	280	9	武山县杨河镇中梁村山神庙院内	闫吾平
62052414029	杜梨	*Pyrus betulifolia*	260	14	240	8	武山县杨河镇西山村西山小学旁	樊想林
62052414031	杜梨	*Pyrus betulifolia*	240	14	220	7	武山县杨河镇闫山村关爷庙院内	霍满满
62052414032	杜梨	*Pyrus betulifolia*	220	14	210	9	武山县杨河镇闫山村关爷庙院内	霍满满
62052414033	杜梨	*Pyrus betulifolia*	350	15	270	9	武山县杨河镇牛山村阴坡庄	王富琴
62052415001	杜梨	*Pyrus betulifolia*	200	19	200	9	武山县沿安乡九棵树村村口	王羊保
62052415008	杜梨	*Pyrus betulifolia*	360	21	330	12	武山县沿安乡九棵树村	赵羊娃
62052415009	杜梨	*Pyrus betulifolia*	200	20	210	8	武山县沿安乡九棵树村	赵羊娃
62052415011	杜梨	*Pyrus betulifolia*	250	11	340	8	武山县沿安乡九棵树村高家山组庙后	赵羊娃

古树编号	树种	树种拉丁名	估测树龄	树高 (m)	树围 (cm)	平均冠幅 (m)	具体地点	管护单位 / 人
62052415012	杜梨	*Pyrus betulifolia*	250	22	220	10	武山县沿安乡九棵树村高家山 161 号后	赵羊娃
62052415013	杜梨	*Pyrus betulifolia*	250	18	184	11	武山县沿安乡九棵树村高家山 162 号院内	赵羊娃
62052415014	杜梨	*Pyrus betulifolia*	200	12	240	10	武山县沿安乡九棵树村高家山庙湾	赵羊娃
62052415015	杜梨	*Pyrus betulifolia*	200	9	240	9	武山县沿安乡九棵树村高家山庙湾	赵羊娃
62052415016	杜梨	*Pyrus betulifolia*	200	10	210	12	武山县沿安乡九棵树村高家山庙湾	赵羊娃
62052415017	杜梨	*Pyrus betulifolia*	180	10	160	9	武山县沿安乡中川村漆家庄 73 号后	李高成
62052415042	杜梨	*Pyrus betulifolia*	200	15	121	9	武山县沿安乡高九村	范爱军
62052415043	杜梨	*Pyrus betulifolia*	300	14	240	13	武山县沿安乡高九村凸上	范爱军
62052415045	杜梨	*Pyrus betulifolia*	300	12	250	7	武山县沿安乡郭山村	祁岁保
62052415046	杜梨	*Pyrus betulifolia*	300	13	280	9	武山县沿安乡郭山村田家山	祁岁保
62052415047	杜梨	*Pyrus betulifolia*	300	12	270	6	武山县沿安乡郭山村田家山	祁岁保
62052415048	杜梨	*Pyrus betulifolia*	300	11	260	5	武山县沿安乡郭山村田家山	祁岁保
62052415049	杜梨	*Pyrus betulifolia*	300	12	130	8	武山县沿安乡郭山村田家山	祁岁保
62050220030	白梨	*Pyrus bretschneideri*	200	22	200	6	秦州区杨家寺镇白家沟村	白家沟村委会
62050220035	白梨	*Pyrus bretschneideri*	300	12	320	16	秦州区秦岭乡麻山头村	麻山头村委会
62050220037	白梨	*Pyrus bretschneideri*	120	6	204	6	秦州区杨家寺镇王赵村	王赵村委会
62050220039	白梨	*Pyrus bretschneideri*	200	25	220	4	秦州区杨家寺镇芦子滩村	芦子滩村委会
62050220046	白梨	*Pyrus bretschneideri*	150	11	210	16	秦州区平南镇百姓村	百姓村委会
62050220120	白梨	*Pyrus bretschneideri*	1000	20	500	20	秦州区秦岭乡郭家沟村	郭家沟村委会
62050220132	白梨	*Pyrus bretschneideri*	200	15	180	11	秦州区皂郊镇白家山村	白家山村委会
62050220134	白梨	*Pyrus bretschneideri*	350	13	230	9	秦州区皂郊镇皂郊村	皂郊村委会
62050220135	白梨	*Pyrus bretschneideri*	200	15	200	11	秦州区皂郊镇白家山村	白家山村委会
62050220146	白梨	*Pyrus bretschneideri*	200	7	165	6	秦州区皂郊镇池金村	池金村委会
62050220211	白梨	*Pyrus bretschneideri*	300	7	290	6	秦州区秦岭乡胡家山村	胡家山村委会
62050220212	白梨	*Pyrus bretschneideri*	600	15	380	5	秦州区秦岭乡蒿坪子村	蒿坪子村委会
62050220220	白梨	*Pyrus bretschneideri*	300	12	250	6	秦州区藉口镇栖子滩村	栖子滩村委会
62050220221	白梨	*Pyrus bretschneideri*	200	8	100	3	秦州区秦岭乡石家河村	石家河村委会
62050220252	白梨	*Pyrus bretschneideri*	400	12	280	11	秦州区藉口镇曹杜村	曹杜村委会
62050220283	白梨	*Pyrus bretschneideri*	350	7	345	8	秦州区藉口镇南灵村	南灵村委会
62050220301	白梨	*Pyrus bretschneideri*	260	13	170	10	秦州区藉口镇南灵村	南灵村委会
62050220315	白梨	*Pyrus bretschneideri*	200	15	200	7	秦州区藉口镇小寨村	小寨村委会
62050220403	白梨	*Pyrus bretschneideri*	200	9	200	4	秦州区关子镇梨尧村马家尧	梨尧村委会
62050220424	白梨	*Pyrus bretschneideri*	150	10	180	17	秦州区平南镇落地沟村	落地沟村委会
62050220425	白梨	*Pyrus bretschneideri*	200	11	200	13	秦州区秦岭乡下庄村	下庄村委会
62050220432	白梨	*Pyrus bretschneideri*	300	15	250	12	秦州区关子镇西华村	西华村委会

古树编号	树种	树种拉丁名	估测树龄	树高 (m)	树围 (cm)	平均冠幅 (m)	具体地点	管护单位 / 人
62050220433	白梨	*Pyrus bretschneideri*	300	16	280	16	秦州区关子镇董家山村	董家山村委会
62050220435	白梨	*Pyrus bretschneideri*	400	12	240	12	秦州区关子镇寨子村	寨子村委会
62050220436	白梨	*Pyrus bretschneideri*	150	7	195	9	秦州区关子镇寨子村	寨子村委会
62050220439	白梨	*Pyrus bretschneideri*	260	8	200	11	秦州区关子镇寨子村	寨子村委会
62050220440	白梨	*Pyrus bretschneideri*	350	13	290	7	秦州区皂郊镇王家湾村	王家湾村委会
62050220441	白梨	*Pyrus bretschneideri*	130	10	127	11	秦州区华歧乡谢小村	谢小村委会
62050220442	白梨	*Pyrus bretschneideri*	350	9	275	15	秦州区齐寿镇张赵村	张赵村委会
62050220443	白梨	*Pyrus bretschneideri*	250	12	260	12	秦州区平南镇处关村	处关村委会
62050220447	白梨	*Pyrus bretschneideri*	120	8	150	7	秦州区关子镇流水村	流水村委会
62050220450	白梨	*Pyrus bretschneideri*	350	10	240	8	秦州区齐寿镇杨家山村	杨家山村委会
62050220454	白梨	*Pyrus bretschneideri*	300	15	230	9	秦州区藉口镇小寨村	小寨村委会
62050220473	白梨	*Pyrus bretschneideri*	400	15	260	9	秦州区关子镇唐家山村	唐家山村委会
62050220495	白梨	*Pyrus bretschneideri*	150	8	170	13	秦州区关子镇潘时村杜家山	潘时村委会
62050220532	白梨	*Pyrus bretschneideri*	300	12	240	4	秦州区藉口镇石泉村	石泉村委会
62050220648	白梨	*Pyrus bretschneideri*	400	15	240	12	秦州区杨家寺镇田家庄村	田家庄村委会
62050220649	白梨	*Pyrus bretschneideri*	350	13	210	9	秦州区杨家寺镇田家庄村	田家庄村委会
62050220654	白梨	*Pyrus bretschneideri*	300	15	280	14	秦州区杨家寺镇三湾村	三湾村委会
62050220655	白梨	*Pyrus bretschneideri*	300	10	240	7	秦州区杨家寺镇跃马村	跃马村委会
62050220660	白梨	*Pyrus bretschneideri*	100	8	160	6	秦州区杨家寺镇三湾村	三湾村委会
62050220663	白梨	*Pyrus bretschneideri*	260	13	200	15	秦州区太京镇盘龙村盘头山	盘龙村委会
62050220664	白梨	*Pyrus bretschneideri*	300	12	230	13	秦州区太京镇盘龙村盘头山	盘龙村委会
62050220666	白梨	*Pyrus bretschneideri*	200	12	180	6	秦州区太京镇庙子村	庙子村委会
62050220667	白梨	*Pyrus bretschneideri*	100	7	180	6	秦州区杨家寺镇三湾村	三湾村委会
62050220669	白梨	*Pyrus bretschneideri*	150	16	210	14	秦州区牡丹镇王家大山村	王家大山村委会
62050220675	白梨	*Pyrus bretschneideri*	250	10	290	9	秦州区秦岭乡白集寨村	白集寨村委会
62050220678	白梨	*Pyrus bretschneideri*	200	12	160	7	秦州区太京镇马岐山村	马岐山村委会
62050220680	白梨	*Pyrus bretschneideri*	200	9	210	8	秦州区秦岭乡白集寨村	白集寨村委会
62050220681	白梨	*Pyrus bretschneideri*	200	13	210	11	秦州区太京镇马岐山村	马岐山村委会
62050220682	白梨	*Pyrus bretschneideri*	500	14	165	8	秦州区太京镇东山村	东山村委会
62050220683	白梨	*Pyrus bretschneideri*	150	10	195	11	秦州区牡丹镇王家大山村	王家大山村委会
62050220684	白梨	*Pyrus bretschneideri*	200	8	200	8	秦州区太京镇盘龙村何家庙	盘龙村委会
62050220850	白梨	*Pyrus bretschneideri*	300	12	220	8	秦州区牡丹镇杜白村	杜白村委会
62050220867	白梨	*Pyrus bretschneideri*	280	14	220	11	秦州区杨家寺镇松树村	松树村委会
62050220876	白梨	*Pyrus bretschneideri*	200	16	370	11	秦州区杨家寺镇三湾村	三湾村委会
62050220884	白梨	*Pyrus bretschneideri*	300	9	250	11	秦州区杨家寺镇煤湾村	煤湾村委会

古树编号	树种	树种拉丁名	估测树龄	树高	树围	平均冠幅	具体地点	管护单位 / 人
				(m)	(cm)	(m)		
62052100158	白梨	*Pyrus bretschneideri*	800	14	357	10	清水县山门镇白河村三皇沟	龙金财
62052100159	白梨	*Pyrus bretschneideri*	700	13	262	13	清水县新城乡杨河村	解小林
62052100160	白梨	*Pyrus bretschneideri*	600	13	341	12	清水县山门镇旺兴村崖下组庄	郭根银
62052100161	白梨	*Pyrus bretschneideri*	600	15	357	12	清水县山门镇白河村三皇沟	龙金财
62052100162	白梨	*Pyrus bretschneideri*	600	15	360	18	清水县王河镇魏湾村一组坡地	尚永清
62052100163	白梨	*Pyrus bretschneideri*	600	13	246	17	清水县新城乡大陆村吴豁罗庄	吴豁罗
62052100164	白梨	*Pyrus bretschneideri*	600	12	235	17	清水县新城乡大陆村吴豁罗庄	吴豁罗
62052100165	白梨	*Pyrus bretschneideri*	600	10	262	15	清水县新城乡谢山村谢山组上湾里	马金胡
62052100166	白梨	*Pyrus bretschneideri*	500	16	330	10	清水县王河镇王马村樊家	刘张锁
62052100167	白梨	*Pyrus bretschneideri*	500	11	340	14	清水县白驼镇童堡村二组	牟江红
62052100168	白梨	*Pyrus bretschneideri*	450	15	310	11	清水县陇东乡田湾村邱寺组	邱继成
62052100169	白梨	*Pyrus bretschneideri*	400	11	312	12	清水县红堡镇曹冯村三组	赵海贵
62052100170	白梨	*Pyrus bretschneideri*	400	10	326	13	清水县红堡镇曹冯村三组上坝	赵海贵
62052100171	白梨	*Pyrus bretschneideri*	400	13	273	10	清水县黄门镇樊家村刘湾组刘家老坟地	刘天西
62052100172	白梨	*Pyrus bretschneideri*	300	12	295	13	清水县红堡镇曹冯村三组	赵海贵
62052100173	白梨	*Pyrus bretschneideri*	300	12	300	9	清水县王河镇成寺村七组双堡子梁	林彦吉
62052100174	白梨	*Pyrus bretschneideri*	300	8	280	10	清水县白驼镇白驼村白驼组安家山庄	安武成
62052100175	白梨	*Pyrus bretschneideri*	300	8	268	8	清水县白驼镇白驼村三组	杨小平
62052100176	白梨	*Pyrus bretschneideri*	200	8	296	7	清水县秦亭镇张吕村上菜子组	程天福
62052100177	白梨	*Pyrus bretschneideri*	200	7	150	14	清水县远门乡梨林村老坟组圆树梁	李金贵
62052100178	白梨	*Pyrus bretschneideri*	150	6	200	5	清水县红堡镇西城村黄家组	卢成祥
62052100179	白梨	*Pyrus bretschneideri*	150	10	130	7	清水县白驼镇阳坪村杨坪组杨坪黑山梁	王政太
62052100180	白梨	*Pyrus bretschneideri*	130	15	235	13	清水县秦亭镇李岘村上庄村	安镇江
62052100181	白梨	*Pyrus bretschneideri*	100	10	234	9	清水县秦亭镇店子村高寺子组高寺子庄	戴海军
62052100185	白梨	*Pyrus bretschneideri*	200	9	285	6	清水县秦亭镇麦池村	张国平
62052100186	白梨	*Pyrus bretschneideri*	700	8	270	10	清水县贾川乡崖湾村	马金录
62052100187	白梨	*Pyrus bretschneideri*	360	12	340	10	清水县草川铺乡冯山村张场梁	冯银换
62052100188	白梨	*Pyrus bretschneideri*	300	10	247	12	清水县白驼镇鲁家村红土坡	张纪保
62052100189	白梨	*Pyrus bretschneideri*	300	22	217	19	清水县陇东乡贾集村王庄碾	豆奋明
62052202001	白梨	*Pyrus bretschneideri*	1000	9	132	9	秦安县王铺乡郭集村观音寺	蟠龙山观音寺
62052202002	白梨	*Pyrus bretschneideri*	120	14	195	14	秦安县王铺乡榆木村堡子湾	榆木村委会
62052210007	白梨	*Pyrus bretschneideri*	140	7	242	11	秦安县中山乡北庄村	北庄村委会
62052210008	白梨	*Pyrus bretschneideri*	140	10	242	9	秦安县中山乡北庄村后沟豁岘梁	北庄村委会
62052210011	白梨	*Pyrus bretschneideri*	110	12	129	6	秦安县中山乡香山村	香山村委会
62052210013	白梨	*Pyrus bretschneideri*	120	9	232	12	秦安县中山乡下陈村梨树梁	下陈村委会

古树编号	树种	树种拉丁名	估测树龄	树高 (m)	树围 (cm)	平均冠幅 (m)	具体地点	管护单位 / 人
62052210014	白梨	*Pyrus bretschneideri*	120	11	239	12	秦安县中山乡下陈村梨树梁	下陈村委会
62052210015	白梨	*Pyrus bretschneideri*	110	21	198	10	秦安县中山乡中山村	中山村委会
62052214007	白梨	*Pyrus bretschneideri*	120	14	214	9	秦安县兴丰镇李山村梨树梁	陈录祥
62052214008	白梨	*Pyrus bretschneideri*	110	16	157	8	秦安县兴丰镇李山村梨树梁	陈录祥
62052300152	白梨	*Pyrus bretschneideri*	1200	11	377	12	甘谷县礼辛镇上窑村 455 县道	尉虎林
62052300154	白梨	*Pyrus bretschneideri*	150	7	230	12	甘谷县礼辛镇上窑村 455 县道	尉世明
62052300155	白梨	*Pyrus bretschneideri*	150	13	350	14	甘谷县礼辛镇上窑村 455 县道	尉虎林
62052500008	白梨	*Pyrus bretschneideri*	180	12	151	12	张家川回族自治县刘堡乡米家村	马蜂
62052500009	白梨	*Pyrus bretschneideri*	180	8	140	7	张家川回族自治县刘堡乡米家村	马德祥
62052500012	白梨	*Pyrus bretschneideri*	190	9	152	10	张家川回族自治县刘堡乡王家村	马中英
62052500013	白梨	*Pyrus bretschneideri*	240	14	245	9	张家川回族自治县刘堡乡芦科村	马好赛尼
62052500015	白梨	*Pyrus bretschneideri*	260	16	232	8	张家川回族自治县刘堡乡赵湾村	郑江江
62052500019	白梨	*Pyrus bretschneideri*	140	11	139	11	张家川回族自治县刘堡乡冯营村	刘小平
62052500020	白梨	*Pyrus bretschneideri*	260	12	232	12	张家川回族自治县刘堡乡梨园村	海英
62052500046	白梨	*Pyrus bretschneideri*	260	15	247	8	张家川回族自治县马鹿镇寺湾村	蒲玉堂
62052500049	白梨	*Pyrus bretschneideri*	200	10	343	8	张家川回族自治县马鹿镇康王村	李应杰
62052500050	白梨	*Pyrus bretschneideri*	200	11	252	9	张家川回族自治县马鹿镇牌楼村	蒲平平
62052300170	白梨	*Pyrus bretschneideri*	350	12	142	12	甘谷县武家河镇周元坪村 663 乡道	周元坪村委会
62052300173	白梨	*Pyrus bretschneideri*	150	10	220	13	甘谷县武家河镇周元坪村 663 乡道	周元坪村委会
62052300174	白梨	*Pyrus bretschneideri*	150	10	190	13	甘谷县武家河镇周元坪村 663 乡道	周元坪村委会
62052500057	白梨	*Pyrus bretschneideri*	100	8	188	7	张家川回族自治县大阳镇东沟村松树湾	马义生
62052500070	白梨	*Pyrus bretschneideri*	130	11	236	9	张家川回族自治县平安乡马塬村黄家组	马小明
62052500071	白梨	*Pyrus bretschneideri*	120	11	236	13	张家川回族自治县平安乡马塬村黄家组梁头	马小明
62052500073	白梨	*Pyrus bretschneideri*	170	6	408	8	张家川回族自治县平安乡新庄村新庄	马志忠
62052500076	白梨	*Pyrus bretschneideri*	600	13	440	11	张家川回族自治县张棉乡田湾村田湾	贺彦斌
62052500083	白梨	*Pyrus bretschneideri*	180	12	168	11	张家川回族自治县刘堡镇米家村	马蜂
62052500085	白梨	*Pyrus bretschneideri*	600	9	306	11	张家川回族自治县张川镇圆树村圆树梁	李建新
62052100414	豆梨	*Pyrus calleryana*	300	11	266	9	清水县黄门镇薛堡村薛家院旁	薛迎虎
62050220686	沙梨	*Pyrus pyrifolia*	120	12	200	9	秦州区杨家寺镇跃马村	跃马村委会
6205210007	沙梨	*Pyrus pyrifolia*	300	11	160	8	清水县黄门镇小河村刘家崖	小河村委会
62052100279	沙梨	*Pyrus pyrifolia*	300	13	162	9	清水县白驼镇姚黄村王家老坟地	王银录
62052100901	秋子梨	*Pyrus ussuriensis*	200	15	156	7	清水县山门镇白河村刘家门口	白河村委会
62052300165	秋子梨	*Pyrus ussuriensis*	150	10	128	5	甘谷县武家河镇黑下沟村 663 乡道靠近白杨树	泰山庙
62052101069	秋子梨	*Pyrus ussuriensis*	100	12	142	7	清水县永清镇常杨村背缶坡	常杨村委会
62050200637	木梨	*Pyrus xerophila*	150	11	210	8	秦州区平南镇百姓村庄对面梁顶	百姓村委会

古树编号	树种	树种拉丁名	估测树龄	树高 (m)	树围 (cm)	平均冠幅 (m)	具体地点	管护单位 / 人
62050200818	木梨	*Pyrus xerophila*	150	8	175	11	秦州区牡丹镇杜白村白家湾李家窑梁顶	杜白村委会
62050300133	木梨	*Pyrus xerophila*	500	24	360	9	麦积区党川镇刘坪村村北油松苗圃地边	刘坪村委会
62050300178	木梨	*Pyrus xerophila*	400	12	290	10	麦积区甘泉镇包沟村山顶地埂	包沟村委会
62050300504	木梨	*Pyrus xerophila*	200	8	250	8	麦积区花牛镇翟山村梨树顶	翟山村委会
62050300505	木梨	*Pyrus xerophila*	150	7	160	7	麦积区花牛镇翟山村梨树顶	翟山村委会
62050300627	木梨	*Pyrus xerophila*	600	13	390	10	麦积区新阳镇席寨村东岳庙东侧坡	凤凰山管委会
62050300630	木梨	*Pyrus xerophila*	200	7	210	7	麦积区新阳镇席寨村东岳庙后面	凤凰山管委会
62050300631	木梨	*Pyrus xerophila*	200	9	240	8	麦积区新阳镇席寨村东岳庙后面	凤凰山管委会
62050300632	木梨	*Pyrus xerophila*	200	8	215	7	麦积区新阳镇席寨村东岳庙后面	凤凰山管委会
62050300633	木梨	*Pyrus xerophila*	200	6	165	5	麦积区新阳镇席寨村东岳庙后面	凤凰山管委会
62050300634	木梨	*Pyrus xerophila*	200	8	210	7	麦积区新阳镇席寨村东岳庙后面	凤凰山管委会
62050300635	木梨	*Pyrus xerophila*	200	8	195	8	麦积区新阳镇席寨村东岳庙后面	凤凰山管委会
62050300636	木梨	*Pyrus xerophila*	200	8	225	7	麦积区新阳镇席寨村东岳庙后	凤凰山管委会
62050300637	木梨	*Pyrus xerophila*	200	7	190	6	麦积区新阳镇席寨村东岳庙东侧路边	凤凰山管委会
62050300638	木梨	*Pyrus xerophila*	200	7	200	7	麦积区新阳镇席寨村东岳庙东侧路边	凤凰山管委会
62050300639	木梨	*Pyrus xerophila*	250	8	255	9	麦积区新阳镇席寨村东岳庙东侧路边	凤凰山管委会
62050300640	木梨	*Pyrus xerophila*	200	7	218	8	麦积区新阳镇席寨村东岳庙东侧路边	凤凰山管委会
62050300641	木梨	*Pyrus xerophila*	300	9	300	8	麦积区新阳镇席寨村东岳庙东侧路边	凤凰山管委会
62050300642	木梨	*Pyrus xerophila*	200	6	182	5	麦积区新阳镇席寨村东岳庙东侧坡	凤凰山管委会
62050300643	木梨	*Pyrus xerophila*	200	7	195	8	麦积区新阳镇席寨村东岳庙东侧坡	凤凰山管委会
62050300644	木梨	*Pyrus xerophila*	100	6	155	5	麦积区新阳镇席寨村东岳庙东侧坡	凤凰山管委会
62050300645	木梨	*Pyrus xerophila*	200	7	200	6	麦积区新阳镇席寨村东岳庙东侧坡	凤凰山管委会
62050300646	木梨	*Pyrus xerophila*	150	7	170	7	麦积区新阳镇席寨村东岳庙东侧坡	凤凰山管委会
62050300647	木梨	*Pyrus xerophila*	150	7	170	6	麦积区新阳镇席寨村东岳庙东侧坡	凤凰山管委会
62050300648	木梨	*Pyrus xerophila*	200	6	190	6	麦积区新阳镇席寨村东岳庙东侧坡	凤凰山管委会
62050300649	木梨	*Pyrus xerophila*	100	7	140	5	麦积区新阳镇席寨村东岳庙东侧坡	凤凰山管委会
62050300650	木梨	*Pyrus xerophila*	200	7	230	6	麦积区新阳镇席寨村东岳庙东侧坡	凤凰山管委会
62050300651	木梨	*Pyrus xerophila*	200	8	170	5	麦积区新阳镇席寨村东岳庙东侧坡	凤凰山管委会
62050300652	木梨	*Pyrus xerophila*	200	6	230	5	麦积区新阳镇席寨村东岳庙东侧坡	凤凰山管委会
62050300661	木梨	*Pyrus xerophila*	250	20	250	10	麦积区新阳镇桥子沟村村口的北侧路边	桥子沟村委会
62050300662	木梨	*Pyrus xerophila*	200	20	200	9	麦积区新阳镇桥子沟村村口南侧路边	桥子沟村委会
62050300663	木梨	*Pyrus xerophila*	200	20	190	8	麦积区新阳镇桥子沟村村口南侧花椒地边	桥子沟村委会
62050300664	木梨	*Pyrus xerophila*	200	20	190	8	麦积区新阳镇桥子沟村村口南侧花椒地边	桥子沟村委会
62050300665	木梨	*Pyrus xerophila*	150	10	155	6	麦积区新阳镇桥子沟村村口南侧小山梁	桥子沟村委会
62050300666	木梨	*Pyrus xerophila*	150	10	125	6	麦积区新阳镇桥子沟村村口南侧小山梁	桥子沟村委会

古树编号	树种	树种拉丁名	估测树龄	树高 (m)	树围 (cm)	平均冠幅 (m)	具体地点	管护单位 / 人
62050300667	木梨	*Pyrus xerophila*	150	10	165	6	麦积区新阳镇桥子沟村村口南侧小山梁	桥子沟村委会
62050300668	木梨	*Pyrus xerophila*	150	10	155	6	麦积区新阳镇桥子沟村村口南侧小山梁	桥子沟村委会
62050300672	木梨	*Pyrus xerophila*	1000	11	530	13	麦积区元龙镇渭滩村糖坊沟山梁	渭滩村委会
62052100182	木梨	*Pyrus xerophila*	600	19	403	19	清水县新城乡方湾村赵小湾组赵小湾庄里	方永安
62052100183	木梨	*Pyrus xerophila*	500	19	262	13	清水县新城乡张河村安子沟组董家沟梁	薛宏涛
62052100184	木梨	*Pyrus xerophila*	200	14	243	12	清水县陇东乡田湾村六组	邱继成
62052100250	木梨	*Pyrus xerophila*	300	8	59	8	清水县草川铺镇九龙村	九龙村委会
62052100251	木梨	*Pyrus xerophila*	300	12	70	5	清水县草川铺镇九龙村	九龙村委会
62052100256	木梨	*Pyrus xerophila*	500	15	82	8	清水县白沙镇太石村护林里	刘福祥
62052100257	木梨	*Pyrus xerophila*	500	18	83	5	清水县白沙镇太石村护林里	刘福祥
62052100258	木梨	*Pyrus xerophila*	300	12	47	6	清水县秦亭镇麦池村	李龙龙
62052100259	木梨	*Pyrus xerophila*	600	13	147	7	清水县秦亭镇店子村代堡梁	代银元
62052100260	木梨	*Pyrus xerophila*	300	16	109	6	清水县秦亭镇麦池村李家门口	李爱民
62052100264	木梨	*Pyrus xerophila*	300	13	71	6	清水县松树镇代王村	王全代
62052100265	木梨	*Pyrus xerophila*	300	11	67	5	清水县松树镇代王村	王全代
62052100269	木梨	*Pyrus xerophila*	350	12	73	6	清水县白驼镇高峰村陈家梁	高峰村委会
62052100278	木梨	*Pyrus xerophila*	300	15	97	5	清水县白驼镇姚黄村王家老坟地	王银录
62052100296	木梨	*Pyrus xerophila*	600	14	116	5	清水县王河镇魏湾村魏湾一组阴山坡	魏湾村委会
62052100297	木梨	*Pyrus xerophila*	400	9	77	10	清水县王河镇李沟村山里堡老爷庙	李沟村委会
62052100298	木梨	*Pyrus xerophila*	300	11	96	9	清水县王河镇成寺村程家窑路边	成寺村委会
62052100299	木梨	*Pyrus xerophila*	300	12	48	8	清水县王河镇成寺村程家窑路边	成寺村委会
62052100300	木梨	*Pyrus xerophila*	300	8	59	8	清水县王河镇成寺村程家窑路边	成寺村委会
62052100304	木梨	*Pyrus xerophila*	300	15	64	6	清水县王河镇魏湾村林家沟林家老坟地	魏湾村委会
62052100319	木梨	*Pyrus xerophila*	500	10	92	6	清水县白驼镇林山村朱家前梁	林山村委会
62052100340	木梨	*Pyrus xerophila*	400	9	65	6	清水县陇东镇朱河村 3 组	朱河村委会
62052100341	木梨	*Pyrus xerophila*	400	8	53	6	清水县陇东镇朱河村 3 组	朱河村委会
62052100376	木梨	*Pyrus xerophila*	350	10	89	13	清水县新城乡杨河村	杨河村委会
62052100377	木梨	*Pyrus xerophila*	300	12	183	19	清水县新城乡杨河村	赵爱明
62052100415	木梨	*Pyrus xerophila*	400	11	78	13	清水县黄门镇马什村杏树坡	马振清
62052100416	木梨	*Pyrus xerophila*	300	10	54	12	清水县黄门镇樊家村杨湾山神庙旁	樊家村委会
62052100417	木梨	*Pyrus xerophila*	300	12	86	10	清水县黄门镇小河村孙山刘家崖	小河村委会
62052100437	木梨	*Pyrus xerophila*	200	28	260	16	清水县白沙镇太石村	太石村委会
62052100462	木梨	*Pyrus xerophila*	260	28	160	31	清水县白驼镇林山村	林山村委会
62052100464	木梨	*Pyrus xerophila*	200	14	40	8	清水县白驼镇刘坪村山神庙	刘坪村委会
62052100469	木梨	*Pyrus xerophila*	100	8	60	19	清水县白驼镇路山村上崖	路山村委会

古树编号	树种	树种拉丁名	估测树龄	树高 (m)	树围 (cm)	平均冠幅 (m)	具体地点	管护单位／人
62052100473	木梨	*Pyrus xerophila*	150	20	80	18	清水县白驼镇童堡村上崖	童堡村委会
62052100475	木梨	*Pyrus xerophila*	100	18	100	18	清水县白驼镇杨坪村盘道庄子梁	杨坪村委会
62052100476	木梨	*Pyrus xerophila*	150	22	100	20	清水县白驼镇杨坪村黑山梁	杨坪村委会
62052100489	木梨	*Pyrus xerophila*	200	10	120	6	清水县草川铺镇冯山村	冯山村委会
62052100545	木梨	*Pyrus xerophila*	100	13	160	10	清水县草川铺镇磨儿村邓家大门口	磨儿村委会
62052100558	木梨	*Pyrus xerophila*	110	8	180	8	清水县草川铺镇兴坪村爷殿咀	兴坪村委会
62052100559	木梨	*Pyrus xerophila*	150	9	150	7	清水县草川铺镇腰林村谢山庄口处	腰林村委会
62052100560	木梨	*Pyrus xerophila*	100	8	170	6	清水县草川铺镇腰林村谢山庄口处	腰林村委会
62052100576	木梨	*Pyrus xerophila*	200	11	280	12	清水县丰望乡红湾村梨树梁	红湾村委会
62052100646	木梨	*Pyrus xerophila*	150	15	240	10	清水县红堡镇高沟村三羊里	高沟村委会
62052100668	木梨	*Pyrus xerophila*	150	15	320	11	清水县红堡镇太阳村西城头	太阳村委会
62052100679	木梨	*Pyrus xerophila*	150	7	118	18	清水县红堡镇西城村	西城村委会
62052100680	木梨	*Pyrus xerophila*	120	6	126	5	清水县红堡镇西城村黄家庄	西城村委会
62052100686	木梨	*Pyrus xerophila*	200	26	160	4	清水县黄门镇樊家村刘家老坟地	樊家村委会
62052100695	木梨	*Pyrus xerophila*	200	10	190	10	清水县黄门镇薛堡村	薛堡村委会
62052100700	木梨	*Pyrus xerophila*	200	30	150	12	清水县黄门镇元川村庄科里	元川村委会
62052100705	木梨	*Pyrus xerophila*	200	13	180	8	清水县黄门镇长谷村高山顶	长谷村委会
62052100813	木梨	*Pyrus xerophila*	160	15	160	12	清水县陇东镇石李村	石李村委会
62052100818	木梨	*Pyrus xerophila*	240	15	150	15	清水县陇东镇田湾村爷殿背后	田湾村委会
62052100844	木梨	*Pyrus xerophila*	150	17	120	10	清水县秦亭镇百家村委会对面	百家村委会
62052100845	木梨	*Pyrus xerophila*	200	12	160	12	清水县秦亭镇百家村马堡爷殿沟	百家村委会
62052100846	木梨	*Pyrus xerophila*	150	13	180	13	清水县秦亭镇百家村	百家村委会
62052100847	木梨	*Pyrus xerophila*	180	14	150	10	清水县秦亭镇百家村	百家村委会
62052100848	木梨	*Pyrus xerophila*	160	15	170	13	清水县秦亭镇百家村	百家村委会
62052100856	木梨	*Pyrus xerophila*	130	12	60	4	清水县秦亭镇李岘村	李岘村委会
62052100879	木梨	*Pyrus xerophila*	160	15	80	11	清水县秦亭镇秦亭村鲁堡场巷	秦亭村委会
62052100880	木梨	*Pyrus xerophila*	150	13	70	10	清水县秦亭镇秦亭村乔尧大咀梁	秦亭村委会
62052100881	木梨	*Pyrus xerophila*	150	12	60	8	清水县秦亭镇秦亭村乔尧大元头	秦亭村委会
62052100884	木梨	*Pyrus xerophila*	150	14	70	10	清水县秦亭镇秦亭村红土沟	秦亭村委会
62052100889	木梨	*Pyrus xerophila*	120	13	80	10	清水县秦亭镇秦亭村	秦亭村委会
62052100892	木梨	*Pyrus xerophila*	200	22	102	6	清水县秦亭镇张吕村黄后爷殿西山	张吕村委会
62052100894	木梨	*Pyrus xerophila*	220	25	110	8	清水县秦亭镇张吕村泰山庙前	张吕村委会
62052100895	木梨	*Pyrus xerophila*	220	27	98	8	清水县秦亭镇张吕村泰山庙前	张吕村委会
62052100896	木梨	*Pyrus xerophila*	100	20	96	8	清水县秦亭镇张吕村张沟四坡沟	张吕村委会
62052100897	木梨	*Pyrus xerophila*	100	20	95	6	清水县秦亭镇张吕村张沟爷殿	张吕村委会

古树编号	树种	树种拉丁名	估测树龄	树高 (m)	树围 (cm)	平均冠幅 (m)	具体地点	管护单位 / 人
62052100902	木梨	*Pyrus xerophila*	150	15	120	8	清水县山门镇白河村	白河村委会
62052100903	木梨	*Pyrus xerophila*	200	14	120	9	清水县山门镇白河村三皇沟	白河村委会
62052100904	木梨	*Pyrus xerophila*	100	13	100	6	清水县山门镇白河村三皇沟	白河村委会
62052100909	木梨	*Pyrus xerophila*	100	14	120	4	清水县山门镇高桥村寺庙门前	高桥村委会
62052100910	木梨	*Pyrus xerophila*	100	14	260	11	清水县山门镇高桥村	高桥村委会
62052100913	木梨	*Pyrus xerophila*	200	13	200	10	清水县山门镇高桥村上头子	高桥村委会
62052100915	木梨	*Pyrus xerophila*	100	13	200	8	清水县山门镇高桥村	高桥村委会
62052100917	木梨	*Pyrus xerophila*	200	15	240	10	清水县山门镇关山村三官殿组	关山村委会
62052100918	木梨	*Pyrus xerophila*	200	19	130	10	清水县山门镇关山村爷殿门口	关山村委会
62052100919	木梨	*Pyrus xerophila*	240	15	150	6	清水县山门镇南山村李家门口	南山村委会
62052100920	木梨	*Pyrus xerophila*	200	16	150	8	清水县山门镇南山村李家门口	南山村委会
62052100921	木梨	*Pyrus xerophila*	130	13	130	8	清水县山门镇南山村炮山上	南山村委会
62052100922	木梨	*Pyrus xerophila*	110	14	140	8	清水县山门镇南山村李家门口	南山村委会
62052100924	木梨	*Pyrus xerophila*	260	17	150	10	清水县山门镇南山村上院里	南山村委会
62052100934	木梨	*Pyrus xerophila*	100	16	160	7	清水县山门镇薛家村薛家院旁	薛家村委会
62052100950	木梨	*Pyrus xerophila*	150	28	150	6	清水县松树镇邵湾村北头园	邵湾村委会
62052100956	木梨	*Pyrus xerophila*	200	18	120	8	清水县松树镇下曹村柳树豁岘	下曹村委会
62052100957	木梨	*Pyrus xerophila*	200	18	120	8	清水县松树镇下曹村柳树豁岘	下曹村委会
62052100958	木梨	*Pyrus xerophila*	200	15	100	7	清水县松树镇下曹村柳树豁岘	下曹村委会
62052100959	木梨	*Pyrus xerophila*	200	18	120	8	清水县松树镇下曹村豁岘坡	下曹村委会
62052100963	木梨	*Pyrus xerophila*	240	22	260	13	清水县松树镇杏林堡村	杏林堡村委会
62052101000	木梨	*Pyrus xerophila*	260	8	200	10	清水县王河镇成寺村老坟地	成寺村委会
62052101009	木梨	*Pyrus xerophila*	200	10	200	6	清水县工河镇工马村石佛寺	王马村委会
62052101013	木梨	*Pyrus xerophila*	260	6	240	7	清水县王河镇魏湾村林沟梁顶	魏湾村委会
62052101014	木梨	*Pyrus xerophila*	150	14	260	11	清水县王河镇魏湾村林家老坟地	魏湾村委会
62052101019	木梨	*Pyrus xerophila*	200	7	120	6	清水县王河镇魏湾村地山咀	魏湾村委会
62052101020	木梨	*Pyrus xerophila*	200	15	400	14	清水县王河镇魏湾村九尚地	魏湾村委会
62052101021	木梨	*Pyrus xerophila*	200	12	100	18	清水县王河镇西李村大坪山梁	西李村委会
62052101028	木梨	*Pyrus xerophila*	150	12	300	6	清水县王河镇响水村肖家坟湾	响水村委会
62052101029	木梨	*Pyrus xerophila*	150	12	300	4	清水县王河镇响水村肖家坟湾	响水村委会
62052101053	木梨	*Pyrus xerophila*	150	8	220	9	清水县新城乡王尧村	王尧村委会
62052101054	木梨	*Pyrus xerophila*	120	10	240	12	清水县新城乡王尧村园子边	王尧村委会
62052101056	木梨	*Pyrus xerophila*	100	8	203	5	清水县新城乡杨河村大湾里	杨河村委会
62052101057	木梨	*Pyrus xerophila*	100	13	167	8	清水县新城乡杨河村顿湾	杨河村委会
62052101059	木梨	*Pyrus xerophila*	100	11	85	3	清水县新城乡杨河村上山组	杨河村委会

古树编号	树种	树种拉丁名	估测树龄	树高 (m)	树围 (cm)	平均冠幅 (m)	具体地点	管护单位 / 人
62052101081	木梨	*Pyrus xerophila*	200	10	80	6	清水县永清镇张杨村梨树嘴	张杨村委会
62052101084	木梨	*Pyrus xerophila*	200	6	120	12	清水县远门镇梨林村圆树梁	梨林村委会
62052101085	木梨	*Pyrus xerophila*	220	5	80	17	清水县远门镇梨林村	梨林村委会
62052101086	木梨	*Pyrus xerophila*	150	5	60	9	清水县远门镇梨林村炭窑湾口	梨林村委会
62052101092	木梨	*Pyrus xerophila*	220	8	285	26	清水县远门镇铁炉村梨树坡	铁炉村委会
62052300108	木梨	*Pyrus xerophila*	150	10	170	11	甘谷县金山镇郑家山村	郑家山村委会
62052300109	木梨	*Pyrus xerophila*	300	9	160	10	甘谷县金山镇郑家山村	郑家山村委会
62052300110	木梨	*Pyrus xerophila*	300	10	180	10	甘谷县金山镇郑家山村	郑家山村委会
62052300111	木梨	*Pyrus xerophila*	300	9	120	9	甘谷县金山镇郑家山村	郑家山村委会
62052300112	木梨	*Pyrus xerophila*	300	9	150	10	甘谷县金山镇郑家山村	郑家山村委会
62052300113	木梨	*Pyrus xerophila*	300	9	150	9	甘谷县金山镇郑家山村	郑家山村委会
62052300114	木梨	*Pyrus xerophila*	300	8	140	9	甘谷县金山镇郑家山村	郑家山村委会
62052300115	木梨	*Pyrus xerophila*	300	15	390	15	甘谷县金山镇苏家山村	苏家山村委会
62052300116	木梨	*Pyrus xerophila*	300	12	200	16	甘谷县金山镇苏家山村	苏家山村委会
62052300117	木梨	*Pyrus xerophila*	300	12	190	12	甘谷县金山镇红岘村	红岘村委会
62052300169	木梨	*Pyrus xerophila*	1400	16	320	20	甘谷县武家河镇周元坪村 663 乡道	周元坪村委会
62052300187	木梨	*Pyrus xerophila*	300	12	216	8	甘谷县古坡镇麻岔子村	麻岔子村委会
62052300188	木梨	*Pyrus xerophila*	200	8	156	5	甘谷县古坡镇麻岔子村	麻岔子村委会
62052300189	木梨	*Pyrus xerophila*	150	13	210	9	甘谷县古坡镇麻岔子村	麻岔子村委会
62052300190	木梨	*Pyrus xerophila*	200	13	220	6	甘谷县古坡镇麻岔子村	麻岔子村委会
62052300191	木梨	*Pyrus xerophila*	200	11	200	10	甘谷县古坡镇麻岔子村	麻岔子村委会
62052300192	木梨	*Pyrus xerophila*	200	9	180	4	甘谷县古坡镇麻岔子村	麻岔子村委会
62052300193	木梨	*Pyrus xerophila*	150	10	244	13	甘谷县古坡镇深岘子村	深岘子村委会
62052300195	木梨	*Pyrus xerophila*	150	5	250	10	甘谷县古坡镇樊家寺村	樊家寺村委会
62052300221	木梨	*Pyrus xerophila*	350	15	290	16	甘谷县西坪镇四方咀村 453 县道	刘喜祥
62052300222	木梨	*Pyrus xerophila*	300	16	206	13	甘谷县西坪镇四方咀村 453 县道	刘喜祥
62052300225	木梨	*Pyrus xerophila*	200	12	246	11	甘谷县西坪镇陈家湾村 453 县道	郭喜福
62052300228	木梨	*Pyrus xerophila*	200	9	300	13	甘谷县西坪镇陈家湾村 453 县道	陈家湾村委会
豆科								
62052100397	合欢	*Albizia julibrissin*	200	12	151	9	清水县永清镇清水县一中	清水县一中
62050200603	皂荚	*Gleditsia sinensis*	150	13	210	9	秦州区太京镇庙子村车长沟庄农田	庙子村委会
62052100898	皂荚	*Gleditsia sinensis*	200	20	220	25	清水县秦亭镇长沟村老眼河滩	长沟村委会
62050200015	皂荚	*Gleditsia sinensis*	400	18	290	13	秦州区大城街道奋斗巷社区	奋斗巷社区
62050200252	皂荚	*Gleditsia sinensis*	400	17	240	9	秦州区中城街道自治巷社区	自治巷社区
62050220015	皂荚	*Gleditsia sinensis*	300	18	300	6	秦州区藉口镇北灵村	北灵村委会

古树编号	树种	树种拉丁名	估测树龄	树高 (m)	树围 (cm)	平均冠幅 (m)	具体地点	管护单位 / 人
62050220107	皂荚	*Gleditsia sinensis*	250	10	185	4	秦州区皂郊镇下寨子村	辛彦成
62050220139	皂荚	*Gleditsia sinensis*	150	14	195	16	秦州区皂郊镇硖门村	硖门村委会
62050220140	皂荚	*Gleditsia sinensis*	100	9	176	7	秦州区皂郊镇硖门村	硖门村委会
62050220401	皂荚	*Gleditsia sinensis*	300	13	250	5	秦州区关子镇梨尧村马家尧	梨尧村委会
62050220511	皂荚	*Gleditsia sinensis*	160	13	216	12	秦州区娘娘坝镇柳林村	柳林村委会
62050220700	皂荚	*Gleditsia sinensis*	100	15	130	9	秦州区太京镇年集村年集寨	年集村委会
62050300096	皂荚	*Gleditsia sinensis*	600	11	310	8	麦积区东岔镇龙凤村鱼藏寺的院子中	龙凤村委会
62050300098	皂荚	*Gleditsia sinensis*	200	20	190	10	麦积区东岔镇龙凤村 298 号院门口	龙凤村委会
62050300101	皂荚	*Gleditsia sinensis*	300	20	260	12	麦积区东岔镇龙凤村 153 号院门口	龙凤村委会
62050300102	皂荚	*Gleditsia sinensis*	300	23	250	14	麦积区东岔镇龙凤村 6 号院门口	龙凤村委会
62050300242	皂荚	*Gleditsia sinensis*	100	8	120	6	麦积区甘泉镇石沟村石家老院边	石沟村委会
62050300245	皂荚	*Gleditsia sinensis*	400	13	290	12	麦积区甘泉镇高庄村	高庄村委会
62050300288	皂荚	*Gleditsia sinensis*	600	18	350	12	麦积区甘泉镇金胡村 79 号院前	金胡村委会
62050300318	皂荚	*Gleditsia sinensis*	100	9	110	5	麦积区麦积镇街亭村老街西街 92 号门口	街亭村委会
62050300441	皂荚	*Gleditsia sinensis*	250	15	200	13	麦积区马跑泉镇石咀村文昌庙	石咀村委会
62050300693	皂荚	*Gleditsia sinensis*	600	15	280	11	麦积区中滩镇渠刘村 1 号院西侧山坡	渠刘村委会
62052100112	皂荚	*Gleditsia sinensis*	280	14	338	8	清水县金集镇瓦寨村	刘路青
62052100113	皂荚	*Gleditsia sinensis*	110	13	255	6	清水县金集镇张山村李湾	周随生
62052100114	皂荚	*Gleditsia sinensis*	100	13	235	6	清水县山门镇腰套村梁家坡	李建荣
62052100115	皂荚	*Gleditsia sinensis*	100	9	202	6	清水县红堡镇周家村沟门庄	高志平
62052100582	皂荚	*Gleditsia sinensis*	100	7	60	5	清水县郭川镇高湾村	高湾村委会
62052100683	皂荚	*Gleditsia sinensis*	100	9	135	6	清水县红堡镇周家村韩家沟南面	周家村委会
62052407037	皂荚	*Gleditsia sinensis*	150	22	210	15	武山县城关镇韦庄村 26 号后院	张彦林
62052100688	刺槐	*Robinia pseudoacacia*	100	15	200	7	清水县黄门镇王店村	王店村委会
62052100753	刺槐	*Robinia pseudoacacia*	100	18	260	11	清水县金集镇陈湾村二台子	陈湾村委会
62052101017	刺槐	*Robinia pseudoacacia*	100	18	220	6	清水县王河镇魏湾村林家老坟地	魏湾村委会
62052101071	刺槐	*Robinia pseudoacacia*	100	17	377	8	清水县永清镇东关村停车场边	东关村委会
62052406024	刺槐	*Robinia pseudoacacia*	110	14	300	12	武山县山丹镇渭河村 76 号门前	马一寿
62052412046	刺槐	*Robinia pseudoacacia*	120	18	320	9	武山县四门镇窑儿村小学院内	杨真福
62050200002	槐	*Styphnolobium japonicum*	1300	20	675	11	秦州区西关街道聚宝盆社区	伏羲庙公园管理处
62050200006	槐	*Styphnolobium japonicum*	1100	29	580	29	秦州区玉泉镇王家坪村	南郭寺公园管理处
62050200007	槐	*Styphnolobium japonicum*	1100	18	520	17	秦州区大城街道奋斗巷社区	奋斗巷社区
62050200008	槐	*Styphnolobium japonicum*	1100	32	620	26	秦州区玉泉镇王家坪村	南郭寺公园管理处
62050200009	槐	*Styphnolobium japonicum*	800	18	550	14	秦州区大城街道进步巷社区	进步巷社区
62050200011	槐	*Styphnolobium japonicum*	600	15	400	4	秦州区大城街道奋斗巷社区	奋斗巷社区

古树编号	树种	树种拉丁名	估测树龄	树高 (m)	树围 (cm)	平均冠幅 (m)	具体地点	管护单位 / 人
62050200013	槐	*Styphnolobium japonicum*	200	23	250	18	秦州区西关街道聚宝盆社区	伏羲庙公园管理处
62050200085	槐	*Styphnolobium japonicum*	300	15	290	14	秦州区玉泉镇玉泉村	玉泉观公园管理处
62050200091	槐	*Styphnolobium japonicum*	800	18	550	16	秦州区西关街道解放路社区	解放路社区
62050200093	槐	*Styphnolobium japonicum*	800	12	450	11	秦州区西关街道解放路社区	解放路社区
62050200095	槐	*Styphnolobium japonicum*	900	18	470	14	秦州区西关街道自由路社区	自由路社区
62050200096	槐	*Styphnolobium japonicum*	700	20	465	17	秦州区西关街道自由路社区	自由路社区
62050200099	槐	*Styphnolobium japonicum*	600	17	430	16	秦州区大城街道光明巷社区	光明巷社区
62050200100	槐	*Styphnolobium japonicum*	600	22	533	18	秦州区大城街道光明巷社区	光明巷社区
62050200101	槐	*Styphnolobium japonicum*	600	15	533	12	秦州区大城街道光明巷社区	光明巷社区
62050200103	槐	*Styphnolobium japonicum*	600	18	410	15	秦州区大城街道光明巷社区	光明巷社区
62050200104	槐	*Styphnolobium japonicum*	350	10	260	6	秦州区大城街道光明巷社区	光明巷社区
62050200105	槐	*Styphnolobium japonicum*	350	18	360	14	秦州区大城街道光明巷社区	光明巷社区
62050200107	槐	*Styphnolobium japonicum*	600	28	400	27	秦州区东关街道忠武巷社区	忠武巷社区
62050200108	槐	*Styphnolobium japonicum*	400	29	300	14	秦州区东关街道忠武巷社区	市招待所
62050200109	槐	*Styphnolobium japonicum*	600	15	400	13	秦州区大城街道奋斗巷社区	奋斗巷社区
62050200110	槐	*Styphnolobium japonicum*	500	18	300	15	秦州区大城街道奋斗巷社区	奋斗巷社区
62050200111	槐	*Styphnolobium japonicum*	600	20	410	12	秦州区西关街道自由路社区	自由路社区
62050200112	槐	*Styphnolobium japonicum*	450	18	370	9	秦州区东关街道十方堂社区	十方堂社区
62050200116	槐	*Styphnolobium japonicum*	450	18	335	12	秦州区大城街道光明巷社区	光明巷社区
62050200117	槐	*Styphnolobium japonicum*	300	15	270	18	秦州区大城街道光明巷社区	光明巷社区
62050200118	槐	*Styphnolobium japonicum*	600	22	400	17	秦州区东关街道仁和里社区	仁和里社区
62050200119	槐	*Styphnolobium japonicum*	500	18	385	16	秦州区东关街道仁和里社区	仁和里社区
62050200120	槐	*Styphnolobium japonicum*	400	15	365	11	秦州区中城街道自治巷社区	自治巷社区
62050200121	槐	*Styphnolobium japonicum*	300	14	300	11	秦州区中城街道自治巷社区	自治巷社区
62050200122	槐	*Styphnolobium japonicum*	400	22	330	17	秦州区西关街道自由路社区	自由路社区
62050200123	槐	*Styphnolobium japonicum*	400	15	330	12	秦州区西关街道自由路社区	自由路社区
62050200124	槐	*Styphnolobium japonicum*	500	18	345	14	秦州区西关街道聚宝盆社区	聚宝盆社区
62050200125	槐	*Styphnolobium japonicum*	400	24	320	16	秦州区东关街道十方堂社区	天水市书画院
62050200126	槐	*Styphnolobium japonicum*	400	26	360	21	秦州区东关街道十方堂社区	天水市书画院
62050200127	槐	*Styphnolobium japonicum*	600	18	615	23	秦州区中城街道自治巷社区	自治巷社区
62050200128	槐	*Styphnolobium japonicum*	400	15	345	13	秦州区大城街道进步巷社区	进步巷社区
62050200129	槐	*Styphnolobium japonicum*	400	20	300	13	秦州区东关街道尚义巷社区	尚义巷社区
62050200130	槐	*Styphnolobium japonicum*	400	13	360	13	秦州区中城街道重新街社区	重新街社区
62050200131	槐	*Styphnolobium japonicum*	400	16	314	8	秦州区中城街道重新街社区	重新街社区
62050200166	槐	*Styphnolobium japonicum*	100	18	202	14	秦州区中城街道自治巷社区	自治巷社区

古树编号	树种	树种拉丁名	估测树龄	树高 (m)	树围 (cm)	平均冠幅 (m)	具体地点	管护单位/人
62050200170	槐	*Styphnolobium japonicum*	500	15	190	8	秦州区玉泉镇王家坪村南郭寺	南郭寺公园管理处
62050200175	槐	*Styphnolobium japonicum*	210	12	163	11	秦州区玉泉镇王家坪村南郭寺	南郭寺公园管理处
62050200197	槐	*Styphnolobium japonicum*	200	14	230	6	秦州区大城街道光明巷社区	光明巷社区
62050200208	槐	*Styphnolobium japonicum*	300	25	260	12	秦州区大城街道光明巷社区	光明巷社区
62050200231	槐	*Styphnolobium japonicum*	400	20	360	20	秦州区玉泉镇伏羲路村13号坚家河家庙后	余淑芳
62050200606	槐	*Styphnolobium japonicum*	110	13	230	12	秦州区太京镇窝驼村委会广场	杨明
62050200628	槐	*Styphnolobium japonicum*	150	12	220	12	秦州区汪川镇汪川村下街粮站院	汪凝
62050200688	槐	*Styphnolobium japonicum*	1350	20	630	23	秦州区皂郊镇徐家店村他子山	徐永明
62050200703	槐	*Styphnolobium japonicum*	300	17	315	11	秦州区中城街道自治巷社区	自治巷社区
62050200856	槐	*Styphnolobium japonicum*	300	18	300	12	秦州区中城街道自治巷社区	自治巷社区
62050200888	槐	*Styphnolobium japonicum*	150	12	210	6	秦州区石马坪街道办事处东团庄御庭福邸小区	御庭福邸物业
62050200910	槐	*Styphnolobium japonicum*	280	20	390	14	秦州区杨家寺松树村62号院门口	马根有
62050220001	槐	*Styphnolobium japonicum*	400	20	266	15	秦州区关子镇朱堡村	朱堡村委会
62050220007	槐	*Styphnolobium japonicum*	100	20	173	15	秦州区关子镇杨柳村柳家沟柳家门口	柳永红
62050220010	槐	*Styphnolobium japonicum*	800	20	575	16	秦州区关子镇朱槽沟村大槐树沟	朱槽沟村委会
62050220017	槐	*Styphnolobium japonicum*	300	20	250	20	秦州区藉口镇郑集寨村	郑集寨村委会
62050220018	槐	*Styphnolobium japonicum*	500	16	240	9	秦州区藉口镇五十铺村	五十铺村委会
62050220019	槐	*Styphnolobium japonicum*	800	18	600	15	秦州区藉口镇五十铺村	五十铺村委会
62050220020	槐	*Styphnolobium japonicum*	400	18	400	16	秦州区藉口镇四十铺村	四十铺村委会
62050220022	槐	*Styphnolobium japonicum*	300	17	300	8	秦州区藉口镇董家崖村	董家崖村委会
62050220023	槐	*Styphnolobium japonicum*	400	20	430	29	秦州区藉口镇吴家崖村	吴家崖村委会
62050220027	槐	*Styphnolobium japonicum*	400	18	280	5	秦州区杨家寺镇杨家寺村	王彦军
62050220028	槐	*Styphnolobium japonicum*	300	15	335	11	秦州区藉口镇铁炉村	铁炉村委会
62050220029	槐	*Styphnolobium japonicum*	800	14	560	11	秦州区藉口镇半坡村	半坡村委会
62050220038	槐	*Styphnolobium japonicum*	400	25	300	13	秦州区杨家寺镇三湾村	三湾村委会
62050220040	槐	*Styphnolobium japonicum*	400	16	310	5	秦州区杨家寺镇杨家寺村	王彦军
62050220056	槐	*Styphnolobium japonicum*	200	5	155	6	秦州区皂郊镇兴隆村	兴隆村委会
62050220057	槐	*Styphnolobium japonicum*	200	4	144	6	秦州区皂郊镇兴隆村	兴隆小学
62050220066	槐	*Styphnolobium japonicum*	800	15	340	12	秦州区平南镇刘家沟村	刘家沟村委会
62050220090	槐	*Styphnolobium japonicum*	400	20	300	9	秦州区天水镇下街村	下街村委会
62050220093	槐	*Styphnolobium japonicum*	600	18	490	26	秦州区天水镇双闫村	双闫村委会
62050220094	槐	*Styphnolobium japonicum*	400	19	320	8	秦州区天水镇下街村	下街村委会
62050220096	槐	*Styphnolobium japonicum*	300	22	235	14	秦州区天水镇双闫村	双闫村委会
62050220098	槐	*Styphnolobium japonicum*	500	20	500	20	秦州区皂郊镇皂郊村	皂郊村委会
62050220101	槐	*Styphnolobium japonicum*	200	16	198	9	秦州区玉泉镇伏羲路村	伏羲路村委会

古树编号	树种	树种拉丁名	估测树龄	树高 (m)	树围 (cm)	平均冠幅 (m)	具体地点	管护单位 / 人
62050220103	槐	*Styphnolobium japonicum*	800	20	505	22	秦州区皂郊镇刘家沟村	刘家沟村委会
62050220104	槐	*Styphnolobium japonicum*	300	8	135	8	秦州区皂郊镇刘家沟村	杨成生
62050220105	槐	*Styphnolobium japonicum*	700	16	200	9	秦州区皂郊镇田家山村	田家山村委会
62050220106	槐	*Styphnolobium japonicum*	400	11	300	12	秦州区皂郊镇新庄村	新庄村委会
62050220108	槐	*Styphnolobium japonicum*	200	16	226	4	秦州区皂郊镇下寨子村	辛彦成
62050220109	槐	*Styphnolobium japonicum*	200	17	200	13	秦州区皂郊镇下寨子村	辛彦成
62050220110	槐	*Styphnolobium japonicum*	200	10	144	13	秦州区皂郊镇下寨子村	下寨子村委会
62050220111	槐	*Styphnolobium japonicum*	250	11	183	9	秦州区皂郊镇下寨子村	下寨子村委会
62050220112	槐	*Styphnolobium japonicum*	500	21	350	20	秦州区皂郊镇下寨子村	下寨子村委会
62050220113	槐	*Styphnolobium japonicum*	500	17	190	16	秦州区皂郊镇下寨子村	下寨子村委会
62050220114	槐	*Styphnolobium japonicum*	300	10	131	12	秦州区皂郊镇下寨子村	下寨子村委会
62050220115	槐	*Styphnolobium japonicum*	200	15	200	13	秦州区皂郊镇下寨子村	下寨子村委会
62050220125	槐	*Styphnolobium japonicum*	300	16	280	17	秦州区皂郊镇周集寨村吉家河	周集寨村委会
62050220126	槐	*Styphnolobium japonicum*	1000	20	556	20	秦州区皂郊镇王家湾村	王家湾村委会
62050220128	槐	*Styphnolobium japonicum*	300	17	310	10	秦州区皂郊镇店镇村	店镇村委会
62050220129	槐	*Styphnolobium japonicum*	300	15	290	24	秦州区皂郊镇店镇村	店镇村委会
62050220130	槐	*Styphnolobium japonicum*	100	14	85	12	秦州区皂郊镇店镇村	店镇村委会
62050220131	槐	*Styphnolobium japonicum*	300	22	250	9	秦州区皂郊镇白家山村	白家山村委会
62050220136	槐	*Styphnolobium japonicum*	150	18	120	14	秦州区皂郊镇白家山村	白家山村委会
62050220137	槐	*Styphnolobium japonicum*	400	15	330	17	秦州区皂郊镇榆林村	榆林村委会
62050220138	槐	*Styphnolobium japonicum*	450	18	343	16	秦州区皂郊镇硖门村	硖门村委会
62050220141	槐	*Styphnolobium japonicum*	350	23	340	12	秦州区皂郊镇硖门村	硖门村委会
62050220142	槐	*Styphnolobium japonicum*	200	22	245	10	秦州区皂郊镇硖门村	硖门村委会
62050220173	槐	*Styphnolobium japonicum*	300	18	270	11	秦州区藉口镇缑家庄村	缑家庄村委会
62050220176	槐	*Styphnolobium japonicum*	1200	18	700	13	秦州区藉口镇缑家庄村	缑家庄村委会
62050220177	槐	*Styphnolobium japonicum*	300	10	220	6	秦州区藉口镇缑家庄村	缑家庄村委会
62050220213	槐	*Styphnolobium japonicum*	180	25	160	7	秦州区杨家寺镇上白村	白福田
62050220223	槐	*Styphnolobium japonicum*	190	20	190	6	秦州区秦岭乡胡家山村	胡家山村委会
62050220230	槐	*Styphnolobium japonicum*	100	11	310	7	秦州区玉泉镇伏羲路村	伏羲路村委会
62050220253	槐	*Styphnolobium japonicum*	150	15	169	15	秦州区华歧乡北山村	北山村委会
62050220255	槐	*Styphnolobium japonicum*	200	17	190	17	秦州区娘娘坝镇李子村	李子村委会
62050220256	槐	*Styphnolobium japonicum*	300	25	245	19	秦州区大门镇阴湾村	阴湾村委会
62050220258	槐	*Styphnolobium japonicum*	150	15	170	11	秦州区藉口镇船北村	船北村委会
62050220260	槐	*Styphnolobium japonicum*	300	18	233	13	秦州区皂郊镇高家庄村	高家庄村委会
62050220263	槐	*Styphnolobium japonicum*	350	19	300	16	秦州区藉口镇南灵村	南灵村委会

古树编号	树种	树种拉丁名	估测树龄	树高 (m)	树围 (cm)	平均冠幅 (m)	具体地点	管护单位 / 人
62050220264	槐	*Styphnolobium japonicum*	600	13	360	14	秦州区藉口镇上寨村	上寨村委会
62050220269	槐	*Styphnolobium japonicum*	1000	15	515	14	秦州区皂郊镇闫家庄村	闫家庄村委会
62050220271	槐	*Styphnolobium japonicum*	200	16	162	13	秦州区皂郊镇王家湾村	王家湾村委会
62050220273	槐	*Styphnolobium japonicum*	260	13	230	17	秦州区藉口镇南灵村	南灵村委会
62050220279	槐	*Styphnolobium japonicum*	500	24	480	12	秦州区藉口镇北灵村	北灵村委会
62050220280	槐	*Styphnolobium japonicum*	350	19	300	16	秦州区藉口镇南灵村	南灵村委会
62050220282	槐	*Styphnolobium japonicum*	360	15	300	13	秦州区藉口镇吴家崖村	吴家崖村委会
62050220284	槐	*Styphnolobium japonicum*	150	20	300	26	秦州区关子镇石川村槐树沟	石川村委会
62050220285	槐	*Styphnolobium japonicum*	500	15	340	10	秦州区关子镇严家河村王家山	严家河村委会
62050220286	槐	*Styphnolobium japonicum*	400	19	380	13	秦州区藉口镇放牛村	放牛村委会
62050220287	槐	*Styphnolobium japonicum*	300	14	380	13	秦州区皂郊镇浮沱子村	浮沱子村委会
62050220290	槐	*Styphnolobium japonicum*	200	20	200	13	秦州区关子镇潘时村	潘时村委会
62050220292	槐	*Styphnolobium japonicum*	240	18	240	16	秦州区藉口镇马庄村	马庄村委会
62050220293	槐	*Styphnolobium japonicum*	400	19	380	17	秦州区藉口镇马庄村	马庄村委会
62050220296	槐	*Styphnolobium japonicum*	500	15	400	12	秦州区关子镇董家山村韩家沟	董家山村委会
62050220298	槐	*Styphnolobium japonicum*	400	18	260	16	秦州区关子镇孙家坡村	孙家坡村委会
62050220299	槐	*Styphnolobium japonicum*	300	15	300	24	秦州区藉口镇湾合村	湾合村委会
62050220304	槐	*Styphnolobium japonicum*	150	15	160	18	秦州区藉口镇三合村	三合村委会
62050220307	槐	*Styphnolobium japonicum*	200	19	180	8	秦州区皂郊镇王家湾村	王家湾村委会
62050220308	槐	*Styphnolobium japonicum*	300	17	300	21	秦州区藉口镇高庙村	高庙村委会
62050220310	槐	*Styphnolobium japonicum*	150	11	180	6	秦州区藉口镇杜家山村	杜家山村委会
62050220311	槐	*Styphnolobium japonicum*	150	14	180	11	秦州区藉口镇小寨村	小寨村委会
62050220313	槐	*Styphnolobium japonicum*	900	28	540	25	秦州区皂郊镇店镇村	店镇村委会
62050220314	槐	*Styphnolobium japonicum*	200	17	205	14	秦州区关子镇石川村水沟李家门口	石川村委会
62050220316	槐	*Styphnolobium japonicum*	150	17	200	13	秦州区关子镇唐家山村杨家山杨家门口	唐家山村委会
62050220318	槐	*Styphnolobium japonicum*	200	20	200	16	秦州区关子镇寨子村	寨子村委会
62050220319	槐	*Styphnolobium japonicum*	300	19	280	20	秦州区关子镇寨子村	寨子村委会
62050220320	槐	*Styphnolobium japonicum*	150	18	215	16	秦州区关子镇白石村	吕庞
62050220322	槐	*Styphnolobium japonicum*	350	18	290	16	秦州区玉泉镇皇城村	皇城村委会
62050220323	槐	*Styphnolobium japonicum*	200	16	200	7	秦州区藉口镇刘宋村	刘宋村委会
62050220324	槐	*Styphnolobium japonicum*	400	18	270	10	秦州区藉口镇放牛村	放牛村委会
62050220325	槐	*Styphnolobium japonicum*	300	19	228	17	秦州区玉泉镇皇城村	皇城村委会
62050220326	槐	*Styphnolobium japonicum*	150	19	193	13	秦州区玉泉镇李官湾村	李官湾村委会
62050220327	槐	*Styphnolobium japonicum*	150	8	182	9	秦州区玉泉镇李官湾村	李官湾村委会
62050220328	槐	*Styphnolobium japonicum*	400	22	340	23	秦州区玉泉镇杨何村	杨何村委会

古树编号	树种	树种拉丁名	估测树龄	树高 (m)	树围 (cm)	平均冠幅 (m)	具体地点	管护单位 / 人
62050220329	槐	*Styphnolobium japonicum*	250	12	200	9	秦州区皂郊镇张董村	张董村委会
62050220331	槐	*Styphnolobium japonicum*	200	18	180	10	秦州区藉口镇刘宋村	刘宋村委会
62050220332	槐	*Styphnolobium japonicum*	220	12	250	13	秦州区玉泉镇李官湾村	李官湾村委会
62050220333	槐	*Styphnolobium japonicum*	200	25	204	9	秦州区玉泉镇杨何村胡家堡庄	杨何村委会
62050220335	槐	*Styphnolobium japonicum*	150	15	122	7	秦州区中梁镇赵家河村	赵家河村委会
62050220337	槐	*Styphnolobium japonicum*	300	20	240	16	秦州区天水镇双闫村	双闫村委会
62050220338	槐	*Styphnolobium japonicum*	650	26	355	23	秦州区皂郊镇水泉村	水泉村委会
62050220339	槐	*Styphnolobium japonicum*	500	18	335	15	秦州区皂郊镇冯家坪	冯家坪村委会
62050220340	槐	*Styphnolobium japonicum*	300	20	300	17	秦州区藉口镇船北村	张国太
62050220341	槐	*Styphnolobium japonicum*	300	20	285	24	秦州区玉泉镇石马坪村	石马坪村委会
62050220345	槐	*Styphnolobium japonicum*	600	20	510	24	秦州区天水镇双闫村	庙委会
62050220346	槐	*Styphnolobium japonicum*	500	25	360	15	秦州区中梁镇杨家山村	杨家山村委会
62050220347	槐	*Styphnolobium japonicum*	500	13	305	18	秦州区皂郊镇张董村	张董村委会
62050220348	槐	*Styphnolobium japonicum*	700	20	360	16	秦州区皂郊镇谢家庄村	谢家庄村委会
62050220349	槐	*Styphnolobium japonicum*	1000	23	510	19	秦州区皂郊镇水泉村	水泉村委会
62050220355	槐	*Styphnolobium japonicum*	300	10	153	6	秦州区皂郊镇水泉村	水泉村委会
62050220393	槐	*Styphnolobium japonicum*	500	20	400	17	秦州区玉泉镇孙家坪村	孙家坪村委会
62050220415	槐	*Styphnolobium japonicum*	300	17	245	9	秦州区皂郊镇东沟村	东沟村委会
62050220471	槐	*Styphnolobium japonicum*	400	23	420	14	秦州区太京镇庞家沟村	庞家沟村委会
62050220475	槐	*Styphnolobium japonicum*	300	18	270	16	秦州区太京镇张吴山村	张吴山村委会
62050220502	槐	*Styphnolobium japonicum*	100	17	170	13	秦州区玉泉镇孙家坪村	县新彩
62050220505	槐	*Styphnolobium japonicum*	150	14	220	16	秦州区玉泉镇孙家坪村	孙家坪村委会
62050220509	槐	*Styphnolobium japonicum*	120	18	220	14	秦州区太京镇庞家沟村	庞家沟村委会
62050220542	槐	*Styphnolobium japonicum*	150	19	235	15	秦州区藉口镇董家崖村	董家崖村委会
62050220677	槐	*Styphnolobium japonicum*	500	6	324	10	秦州区太京镇马岐山村马岐山	马岐山村委会
62050220701	槐	*Styphnolobium japonicum*	100	15	160	14	秦州区太京镇年集村年集寨	年集村委会
62050220702	槐	*Styphnolobium japonicum*	500	12	340	15	秦州区太京镇李家台子村	李家台子村委会
62050220704	槐	*Styphnolobium japonicum*	300	10	314	10	秦州区玉泉镇孙家坪村	县月明
62050220705	槐	*Styphnolobium japonicum*	200	15	200	11	秦州区太京镇年集村年集寨	王军红
62050220713	槐	*Styphnolobium japonicum*	200	15	170	15	秦州区太京镇马岐山村	马岐山村委会
62050220714	槐	*Styphnolobium japonicum*	200	20	180	13	秦州区杨家寺镇郑宋村	郑宋村委会
62050220715	槐	*Styphnolobium japonicum*	400	22	360	19	秦州区杨家寺镇郑宋村	郑宋村委会
62050220718	槐	*Styphnolobium japonicum*	200	18	200	16	秦州区牡丹镇邵集寨村	邵集寨村委会
62050220720	槐	*Styphnolobium japonicum*	250	15	240	10	秦州区杨家寺镇北具村	北具村委会
62050220721	槐	*Styphnolobium japonicum*	350	17	300	15	秦州区太京镇庙子村	庙子村委会

古树编号	树种	树种拉丁名	估测树龄	树高 (m)	树围 (cm)	平均冠幅 (m)	具体地点	管护单位 / 人
62050220726	槐	*Styphnolobium japonicum*	1500	18	650	14	秦州区秦岭乡中峪村	中峪村委会
62050220729	槐	*Styphnolobium japonicum*	200	12	260	12	秦州区太京镇董家磨村	董家磨村委会
62050220730	槐	*Styphnolobium japonicum*	500	18	340	13	秦州区牡丹镇转咀村	转咀村委会
62050220739	槐	*Styphnolobium japonicum*	200	15	180	12	秦州区杨家寺镇北具村	郭玉田
62050220741	槐	*Styphnolobium japonicum*	300	20	270	17	秦州区太京镇马岐山村	马岐山村委会
62050220743	槐	*Styphnolobium japonicum*	400	22	330	19	秦州区太京镇东山村	东山村委会
62050220744	槐	*Styphnolobium japonicum*	200	16	200	12	秦州区太京镇北崖村	北崖村委会
62050220748	槐	*Styphnolobium japonicum*	200	13	150	9	秦州区太京镇韦家沟村	韦家沟委会
62050220749	槐	*Styphnolobium japonicum*	200	14	180	10	秦州区太京镇韦家沟村	韦家沟委会
62050220751	槐	*Styphnolobium japonicum*	100	13	270	19	秦州区太京镇席范村	席范村委会
62050220772	槐	*Styphnolobium japonicum*	150	15	100	8	秦州区玉泉镇孙家坪村	孙家坪村委会
62050220793	槐	*Styphnolobium japonicum*	400	18	290	19	秦州区牡丹镇任家堡村	任家堡村委会
62050220815	槐	*Styphnolobium japonicum*	200	10	100	4	秦州区玉泉镇孙家坪村北五台	孙家坪村委会
62050220819	槐	*Styphnolobium japonicum*	200	12	140	11	秦州区玉泉镇孙家坪村	孙家坪村委会
62050220832	槐	*Styphnolobium japonicum*	200	17	250	14	秦州区太京镇席范村	席范村委会
62050220834	槐	*Styphnolobium japonicum*	200	21	250	13	秦州区太京镇席范村	席范村委会
62050220839	槐	*Styphnolobium japonicum*	260	19	280	20	秦州区太京镇刘家庄村	刘家庄村委会
62050220858	槐	*Styphnolobium japonicum*	200	8	230	10	秦州区玉泉镇马兰村	马录
62050220880	槐	*Styphnolobium japonicum*	200	13	220	8	秦州区玉泉镇皇城村	夏岁宝
62050220886	槐	*Styphnolobium japonicum*	200	20	300	15	秦州区关子镇七十铺村当街（当庄）	七十铺村委会
62050220894	槐	*Styphnolobium japonicum*	280	10	240	7	秦州区玉泉镇玉泉村赵家尧下家崖庙院	庙委会
62050300024	槐	*Styphnolobium japonicum*	150	20	290	16	麦积区伯阳镇曹石村 85 号东侧	曹石村委会
62050300032	槐	*Styphnolobium japonicum*	500	22	430	19	麦积区伯阳镇范河村山神庙门口	范河村委会
62050300033	槐	*Styphnolobium japonicum*	150	20	240	11	麦积区伯阳镇范河村村北面 30 号院门口	范河村委会
62050300034	槐	*Styphnolobium japonicum*	100	18	193	11	麦积区伯阳镇范河村村北面 30 号院门口	范河村委会
62050300036	槐	*Styphnolobium japonicum*	100	16	210	10	麦积区伯阳镇范河村村主干道旁废弃院边	范河村委会
62050300037	槐	*Styphnolobium japonicum*	200	18	320	14	麦积区伯阳镇范河村村西面王家花椒地	范河村委会
62050300038	槐	*Styphnolobium japonicum*	300	22	365	21	麦积区伯阳镇范河村 22 号院后路边	范河村委会
62050300039	槐	*Styphnolobium japonicum*	300	13	155	10	麦积区伯阳镇范河村 22 号院后路边	范河村委会
62050300045	槐	*Styphnolobium japonicum*	300	16	350	18	麦积区伯阳镇范河村	范河村委会
62050300047	槐	*Styphnolobium japonicum*	200	28	320	20	麦积区伯阳镇红崖村 24 号院后山坡	红崖村委会
62050300048	槐	*Styphnolobium japonicum*	100	20	180	14	麦积区伯阳镇红崖村 24 号院后山坡	红崖村委会
62050300055	槐	*Styphnolobium japonicum*	600	20	460	18	麦积区伯阳镇石门村戏楼前院子	石门村委会
62050300061	槐	*Styphnolobium japonicum*	150	30	270	16	麦积区伯阳镇南河村 32 号房背后	南河村委会
62050300062	槐	*Styphnolobium japonicum*	100	22	210	14	麦积区伯阳镇南河村 63 号门口（文化广场）	南河村委会

古树编号	树种	树种拉丁名	估测树龄	树高	树围	平均冠幅	具体地点	管护单位 / 人
				(m)	(cm)	(m)		
62050300063	槐	*Styphnolobium japonicum*	100	24	220	16	麦积区伯阳镇南河村三官庙院内	南河村委会
62050300064	槐	*Styphnolobium japonicum*	100	30	175	12	麦积区伯阳镇南河村 59 号	南河村委会
62050300076	槐	*Styphnolobium japonicum*	100	13	190	9	麦积区伯阳镇南河村圣湫山慈恩寺戏场北侧	南河村委会
62050300094	槐	*Styphnolobium japonicum*	150	26	265	15	麦积区东岔镇土桥村 111 号门口	土桥村委会
62050300097	槐	*Styphnolobium japonicum*	150	26	280	14	麦积区东岔镇龙凤村 300 号院门口	龙凤村委会
62050300100	槐	*Styphnolobium japonicum*	300	22	330	12	麦积区东岔镇龙凤村 317 号门口	龙凤村委会
62050300142	槐	*Styphnolobium japonicum*	600	22	480	22	麦积区党川镇刘坪村村内路边	刘坪村委会
62050300145	槐	*Styphnolobium japonicum*	500	20	410	20	麦积区党川镇冷水河村贾家老院边	冷水河村委会
62050300147	槐	*Styphnolobium japonicum*	500	13	430	9	麦积区石佛镇黄庄村广场边	黄庄村委会
62050300154	槐	*Styphnolobium japonicum*	100	10	185	11	麦积区石佛镇咀王村护济寺门口	咀王村委会
62050300155	槐	*Styphnolobium japonicum*	100	10	185	9	麦积区石佛镇咀王村 616 号门口	咀王村委会
62050300156	槐	*Styphnolobium japonicum*	250	18	315	14	麦积区石佛镇张坪村 97 号门口	张坪村委会
62050300159	槐	*Styphnolobium japonicum*	500	24	410	14	麦积区石佛镇窝驮村老庄 96 号门口	窝驮村委会
62050300166	槐	*Styphnolobium japonicum*	150	20	240	10	麦积区甘泉镇屈坪村	屈坪村委会
62050300167	槐	*Styphnolobium japonicum*	150	18	220	8	麦积区甘泉镇屈坪村	屈坪村委会
62050300173	槐	*Styphnolobium japonicum*	400	12	365	6	麦积区甘泉镇吴河村三官庙门口	吴河村委会
62050300175	槐	*Styphnolobium japonicum*	1000	15	570	18	麦积区甘泉镇吴河村 101 号门口	吴河村委会
62050300176	槐	*Styphnolobium japonicum*	100	15	235	14	麦积区甘泉镇吴河村 101 号院侧路边	吴河村委会
62050300177	槐	*Styphnolobium japonicum*	200	16	300	16	麦积区甘泉镇吴河村 147 号院侧路边	吴河村委会
62050300199	槐	*Styphnolobium japonicum*	800	30	544	12	麦积区甘泉镇谢崖村伏龙寺围墙外	谢崖村委会
62050300205	槐	*Styphnolobium japonicum*	200	20	335	12	麦积区甘泉镇庙沟村 5 号门口	庙沟村委会
62050300206	槐	*Styphnolobium japonicum*	200	22	300	22	麦积区甘泉镇庙沟村 17 号门口	庙沟村委会
62050300207	槐	*Styphnolobium japonicum*	150	24	240	18	麦积区甘泉镇庙沟村 18 号门口水沟边	庙沟村委会
62050300213	槐	*Styphnolobium japonicum*	800	28	920	14	麦积区甘泉镇云雾村朱家庄 34 号西侧	云雾村委会
62050300214	槐	*Styphnolobium japonicum*	200	23	260	12	麦积区甘泉镇云雾村 74 号门口	云雾村委会
62050300215	槐	*Styphnolobium japonicum*	300	26	350	19	麦积区甘泉镇云雾村吴家门口	云雾村委会
62050300216	槐	*Styphnolobium japonicum*	200	18	270	13	麦积区甘泉镇云雾村刘家后院	云雾村委会
62050300221	槐	*Styphnolobium japonicum*	150	15	250	12	麦积区甘泉镇云雾村胡家门口	云雾村委会
62050300222	槐	*Styphnolobium japonicum*	400	12	373	8	麦积区甘泉镇云雾村胡家院侧	云雾村委会
62050300228	槐	*Styphnolobium japonicum*	100	24	250	12	麦积区甘泉镇黄庄村 164 号门口	黄庄村委会
62050300243	槐	*Styphnolobium japonicum*	550	22	645	28	麦积区甘泉镇高庄村山神庙北侧	高庄村委会
62050300244	槐	*Styphnolobium japonicum*	350	10	345	12	麦积区甘泉镇高庄村农户院后土崖边	高庄村委会
62050300248	槐	*Styphnolobium japonicum*	600	26	484	12	麦积区甘泉镇西枝村 7 号门口	西枝村委会
62050300249	槐	*Styphnolobium japonicum*	150	20	270	20	麦积区甘泉镇西枝村村主干道边	西枝村委会
62050300250	槐	*Styphnolobium japonicum*	100	12	215	10	麦积区甘泉镇西枝村 10 号门口	西枝村委会

古树编号	树种	树种拉丁名	估测树龄	树高 (m)	树围 (cm)	平均冠幅 (m)	具体地点	管护单位 / 人
62050300253	槐	*Styphnolobium japonicum*	1000	26	585	14	麦积区甘泉镇西枝村村东侧山上	西枝村委会
62050300256	槐	*Styphnolobium japonicum*	200	25	310	10	麦积区甘泉镇西枝村村南废弃院落边	西枝村委会
62050300257	槐	*Styphnolobium japonicum*	200	26	320	8	麦积区甘泉镇西枝村村南废弃院落边	西枝村委会
62050300258	槐	*Styphnolobium japonicum*	500	14	460	12	麦积区甘泉镇峡门村村内原马路边上	峡门村委会
62050300263	槐	*Styphnolobium japonicum*	350	15	360	12	麦积区甘泉镇朝阳村山神庙（五圣宫）门口	朝阳村委会
62050300267	槐	*Styphnolobium japonicum*	100	15	210	12	麦积区甘泉镇朝阳村朝阳寺南围墙外	朝阳村委会
62050300268	槐	*Styphnolobium japonicum*	100	18	190	14	麦积区甘泉镇朝阳村朝阳寺南围墙外	朝阳村委会
62050300273	槐	*Styphnolobium japonicum*	100	18	220	14	麦积区甘泉镇朝阳村 85 号门口	朝阳村委会
62050300274	槐	*Styphnolobium japonicum*	120	20	250	13	麦积区甘泉镇朝阳村 35 号门口	朝阳村委会
62050300285	槐	*Styphnolobium japonicum*	600	14	200	17	麦积区甘泉镇八槐村村	八槐村委会
62050300287	槐	*Styphnolobium japonicum*	150	6	220	7	麦积区甘泉镇毛集村委会北侧	毛集村委会
62050300289	槐	*Styphnolobium japonicum*	300	24	325	18	麦积区甘泉镇金胡村 91 号院内	金胡村委会
62050300291	槐	*Styphnolobium japonicum*	800	26	520	24	麦积区甘泉镇吴家寺村戏台院内	吴家寺村委会
62050300292	槐	*Styphnolobium japonicum*	800	26	500	22	麦积区甘泉镇吴家寺村戏台院内	吴家寺村委会
62050300293	槐	*Styphnolobium japonicum*	800	20	370	15	麦积区甘泉镇吴家寺村戏台院内	吴家寺村委会
62050300312	槐	*Styphnolobium japonicum*	200	20	320	12	麦积区琥珀镇郭文关村村文化舞台边	郭文关村委会
62050300315	槐	*Styphnolobium japonicum*	400	16	335	14	麦积区麦积镇街亭村老街十字路口	街亭村委会
62050300316	槐	*Styphnolobium japonicum*	250	13	245	10	麦积区麦积镇街亭村西街 92 号门口	街亭村委会
62050300319	槐	*Styphnolobium japonicum*	600	26	520	13	麦积区麦积镇街亭村老庄 58 号路口	街亭村委会
62050300320	槐	*Styphnolobium japonicum*	600	16	430	14	麦积区麦积镇街亭村老庄 58 号路口	街亭村委会
62050300321	槐	*Styphnolobium japonicum*	400	13	305	10	麦积区麦积镇街亭村纪信祠城隍殿侧面	崇福寺
62050300325	槐	*Styphnolobium japonicum*	500	24	380	21	麦积区麦积镇街亭村山脚（山门南侧）	崇福寺
62050300355	槐	*Styphnolobium japonicum*	150	26	280	20	麦积区麦积镇北湾村 161 号院侧路边	北湾村委会
62050300358	槐	*Styphnolobium japonicum*	200	14	275	15	麦积区麦积镇宏罗村山神庙侧面	宏罗村委会
62050300359	槐	*Styphnolobium japonicum*	600	18	470	12	麦积区麦积镇宏罗村小巷道里	宏罗村委会
62050300360	槐	*Styphnolobium japonicum*	200	20	292	17	麦积区麦积镇宏罗村 33 号院门口	宏罗村委会
62050300361	槐	*Styphnolobium japonicum*	600	12	435	13	麦积区麦积镇永庆村	永庆村委会
62050300368	槐	*Styphnolobium japonicum*	200	10	310	10	麦积区麦积镇冯王村北面山坡	冯王村委会
62050300380	槐	*Styphnolobium japonicum*	500	18	410	12	麦积区麦积镇冯王村村口路边	冯王村委会
62050300381	槐	*Styphnolobium japonicum*	200	16	310	10	麦积区麦积镇冯王村村内路边坡	冯王村委会
62050300383	槐	*Styphnolobium japonicum*	150	25	252	15	麦积区麦积镇草滩村广场边	草滩村委会
62050300396	槐	*Styphnolobium japonicum*	1000	13	750	9	麦积区麦积镇刘坪村村口路边坡	刘坪村委会
62050300398	槐	*Styphnolobium japonicum*	800	10	780	13	麦积区麦积镇杨何村党群服务中心南侧	杨何村委会
62050300400	槐	*Styphnolobium japonicum*	400	6	360	5	麦积区麦积镇杨何村村北头路边	杨何村委会
62050300408	槐	*Styphnolobium japonicum*	100	14	230	10	麦积区五龙镇雷湾村家神庙墙外	雷湾村委会

古树编号	树种	树种拉丁名	估测树龄	树高 (m)	树围 (cm)	平均冠幅 (m)	具体地点	管护单位 / 人
62050300409	槐	*Styphnolobium japonicum*	150	16	260	12	麦积区五龙镇舍鞍子村东岳庙东侧 50 米处	舍鞍子村委会
62050300410	槐	*Styphnolobium japonicum*	150	18	255	12	麦积区五龙镇石洞沟村王家门口	石洞沟村委会
62050300416	槐	*Styphnolobium japonicum*	500	18	365	14	麦积区五龙镇张湾村张家院内	张湾村委会
62050300425	槐	*Styphnolobium japonicum*	250	8	245	10	麦积区马跑泉镇黑王村槐荫庙北侧土崖	黑王村委会
62050300426	槐	*Styphnolobium japonicum*	250	8	282	10	麦积区马跑泉镇黑王村槐荫庙门口北侧	黑王村委会
62050300427	槐	*Styphnolobium japonicum*	250	12	295	10	麦积区马跑泉镇黑王村槐荫庙门口南侧	黑王村委会
62050300428	槐	*Styphnolobium japonicum*	300	10	330	10	麦积区马跑泉镇黑王村槐荫庙前	黑王村委会
62050300429	槐	*Styphnolobium japonicum*	100	8	212	8	麦积区马跑泉镇黑王村槐荫庙前	黑王村委会
62050300430	槐	*Styphnolobium japonicum*	100	10	205	12	麦积区马跑泉镇黑王村槐荫庙前	黑王村委会
62050300431	槐	*Styphnolobium japonicum*	100	12	230	10	麦积区马跑泉镇黑王村槐荫庙北侧土崖	黑王村委会
62050300432	槐	*Styphnolobium japonicum*	600	18	370	14	麦积区马跑泉镇慕滩村经圣寺门口	慕滩村委会
62050300442	槐	*Styphnolobium japonicum*	100	25	250	14	麦积区马跑泉镇杨湾村 34 号门口路边	杨湾村委会
62050300451	槐	*Styphnolobium japonicum*	300	14	320	15	麦积区马跑泉镇杨湾村真武殿门口	杨湾村委会
62050300452	槐	*Styphnolobium japonicum*	100	12	170	11	麦积区马跑泉镇杨湾村真武殿门口	杨湾村委会
62050300457	槐	*Styphnolobium japonicum*	600	24	460	14	麦积区马跑泉镇李家坪村委会东侧路边	李家坪村委会
62050300458	槐	*Styphnolobium japonicum*	800	10	480	6	麦积区马跑泉镇李家坪村绣锦山刚刹寺门外	李家坪村委会
62050300468	槐	*Styphnolobium japonicum*	100	22	215	11	麦积区马跑泉镇东山村观音寺旁边	东山村委会
62050300469	槐	*Styphnolobium japonicum*	100	22	195	15	麦积区马跑泉镇东山村 84 号（荒院）院内	东山村委会
62050300470	槐	*Styphnolobium japonicum*	200	24	325	16	麦积区马跑泉镇东山村 176 号院北（场咀子）	东山村委会
62050300471	槐	*Styphnolobium japonicum*	200	16	310	18	麦积区马跑泉镇东山村村东侧槐树咀	东山村委会
62050300481	槐	*Styphnolobium japonicum*	100	12	220	12	麦积区马跑泉镇新胜村交龙寺门口	新胜村委会
62050300482	槐	*Styphnolobium japonicum*	600	24	470	16	麦积区马跑泉镇新胜村 27 号门口村路边	新胜村委会
62050300483	槐	*Styphnolobium japonicum*	100	12	200	12	麦积区马跑泉镇新胜村废弃院落门口	新胜村委会
62050300484	槐	*Styphnolobium japonicum*	100	12	220	12	麦积区马跑泉镇新胜村 36 号门口路边	新胜村委会
62050300492	槐	*Styphnolobium japonicum*	100	16	182	12	麦积区马跑泉镇龙槐村龙槐寺院内	龙槐寺管委会
62050300497	槐	*Styphnolobium japonicum*	500	12	365	8	麦积区马跑泉镇龙槐村委会墙外路边	龙槐寺管委会
62050300498	槐	*Styphnolobium japonicum*	150	24	285	21	麦积区马跑泉镇龙槐村 21 号门口路边	龙槐寺管委会
62050300500	槐	*Styphnolobium japonicum*	120	20	260	18	麦积区马跑泉镇龙槐村	龙槐寺管委会
62050300501	槐	*Styphnolobium japonicum*	500	20	440	14	麦积区花牛镇二十里铺村岭南职业技校	二十里铺村委会
62050300502	槐	*Styphnolobium japonicum*	150	14	275	18	麦积区花牛镇二十里铺村山神庙后	二十里铺村委会
62050300503	槐	*Styphnolobium japonicum*	120	20	245	16	麦积区花牛镇二十里铺村 431 号门口	二十里铺村委会
62050300516	槐	*Styphnolobium japonicum*	100	16	240	13	麦积区花牛镇河湾村 15 号门口	河湾村委会
62050300517	槐	*Styphnolobium japonicum*	100	14	230	12	麦积区花牛镇河湾村	河湾村委会
62050300520	槐	*Styphnolobium japonicum*	200	16	310	17	麦积区花牛镇师白村 31 号门口	师白村委会
62050300529	槐	*Styphnolobium japonicum*	400	24	360	12	麦积区利桥镇百花村 104 号门口（关圣殿东侧）	百花村委会

古树编号	树种	树种拉丁名	估测树龄	树高 (m)	树围 (cm)	平均冠幅 (m)	具体地点	管护单位 / 人
62050300536	槐	*Styphnolobium japonicum*	300	24	310	15	麦积区三岔镇吴砦村城隍庙门口	吴砦村委会
62050300537	槐	*Styphnolobium japonicum*	100	18	200	12	麦积区三岔镇吴砦村城隍庙东老年活动中心院内	吴砦村委会
62050300538	槐	*Styphnolobium japonicum*	100	26	220	13	麦积区三岔镇吴砦村 147 号门口路边	吴砦村委会
62050300542	槐	*Styphnolobium japonicum*	400	12	325	10	麦积区三岔镇太碌村 13 号门口的土崖边	太碌村委会
62050300543	槐	*Styphnolobium japonicum*	100	13	170	10	麦积区三岔镇太碌村 18 号门口悬崖	太碌村委会
62050300544	槐	*Styphnolobium japonicum*	100	13	180	10	麦积区三岔镇太碌村 18 号门口悬崖	太碌村委会
62050300545	槐	*Styphnolobium japonicum*	100	15	190	10	麦积区三岔镇太碌村 18 号门口悬崖	太碌村委会
62050300555	槐	*Styphnolobium japonicum*	200	16	310	10	麦积区社棠镇社棠村麦积区职业中专院内	麦积区职业中专
62050300558	槐	*Styphnolobium japonicum*	120	16	220	12	麦积区社棠镇绵诸村二组 405 号门口	绵诸村委会
62050300559	槐	*Styphnolobium japonicum*	120	16	210	12	麦积区社棠镇绵诸村二组 246 号门口	绵诸村委会
62050300562	槐	*Styphnolobium japonicum*	100	24	228	14	麦积区社棠镇白家庄槐荫寺戏场院内	白家庄村委会
62050300567	槐	*Styphnolobium japonicum*	200	22	300	20	麦积区社棠镇石岭村 384 号房后路边坡	石岭村委会
62050300572	槐	*Styphnolobium japonicum*	100	12	220	16	麦积区社棠镇郭坪村东南侧	郭坪村委会
62050300573	槐	*Styphnolobium japonicum*	100	12	195	10	麦积区社棠镇郭坪村东南侧	郭坪村委会
62050300591	槐	*Styphnolobium japonicum*	150	10	270	7	麦积区渭南镇吴家庄 14 号门口	吴家村委会
62050300592	槐	*Styphnolobium japonicum*	100	14	210	11	麦积区渭南镇程家村 365 号门口	程家村委会
62050300622	槐	*Styphnolobium japonicum*	100	15	205	9	麦积区新阳镇沿河村山神庙门口	沿河村委会
62050300626	槐	*Styphnolobium japonicum*	120	12	215	8	麦积区新阳镇席寨村 93 号	席寨村委会
62050300671	槐	*Styphnolobium japonicum*	150	9	220	7	麦积区元龙镇青崖村 102 号门口（村委会西侧）	青崖村委会
62050300677	槐	*Styphnolobium japonicum*	100	14	190	13	麦积区元龙镇上崖村 131 号门口路边	上崖村委会
62050300678	槐	*Styphnolobium japonicum*	100	16	210	17	麦积区元龙镇石谷川 10 号门口	石谷川村委会
62050300679	槐	*Styphnolobium japonicum*	300	15	310	13	麦积区元龙镇园子村村东侧山脚	园子村委会
62050300681	槐	*Styphnolobium japonicum*	200	14	270	11	麦积区元龙镇底川村西边地埂	底川村委会
62050300682	槐	*Styphnolobium japonicum*	200	30	315	15	麦积区元龙镇关峡村 97 号北侧	关峡村委会
62052100052	槐	*Styphnolobium japonicum*	670	18	489	10	清水县陇东乡田湾村五组邱寺村	邱继成
62052100053	槐	*Styphnolobium japonicum*	1460	19	738	19	清水县丰望乡柏树村柏树组旧庄十字路	张建康
62052100054	槐	*Styphnolobium japonicum*	1150	19	640	10	清水县贾川乡吊坪村三组谢湾	杨爱平
62052100055	槐	*Styphnolobium japonicum*	590	18	465	18	清水县红堡镇周家村沟门庄水泥路南	高志平
62052100056	槐	*Styphnolobium japonicum*	970	10	583	10	清水县郭川镇孙山村槐花树神	高万荣
62052100058	槐	*Styphnolobium japonicum*	200	16	303	18	清水县红堡镇古道村一组崖边	刘连恩
62052100059	槐	*Styphnolobium japonicum*	270	19	343	18	清水县红堡镇衡吴村衡家寺庄里	王向荣
62052100060	槐	*Styphnolobium japonicum*	660	20	485	16	清水县红堡镇古道村董家沟庄里	刘连恩
62052100061	槐	*Styphnolobium japonicum*	310	21	362	17	清水县山门镇刘崖村刘崖刘家屋后	刘保成
62052100062	槐	*Styphnolobium japonicum*	200	19	303	22	清水县草川铺乡水泉村三佛里	张苍彦
62052100063	槐	*Styphnolobium japonicum*	300	23	360	20	清水县丰望乡槐树村上庄里	张小红

古树编号	树种	树种拉丁名	估测树龄	树高 (m)	树围 (cm)	平均冠幅 (m)	具体地点	管护单位 / 人
62052100064	槐	*Styphnolobium japonicum*	320	21	370	23	清水县丰望乡槐树村上庄里	张小红
62052100065	槐	*Styphnolobium japonicum*	500	13	435	9	清水县贾川乡梅江村二组村内	周小平
62052100066	槐	*Styphnolobium japonicum*	770	21	520	12	清水县贾川乡吊坪村三组谢湾	杨爱平
62052100067	槐	*Styphnolobium japonicum*	770	19	520	18	清水县贾川乡吊坪村三组谢湾	杨爱平
62052100068	槐	*Styphnolobium japonicum*	270	18	344	20	清水县金集镇城科村三组城科大庄	周随生
62052100069	槐	*Styphnolobium japonicum*	370	19	390	20	清水县金集镇城科村三组城科大庄	周随生
62052100070	槐	*Styphnolobium japonicum*	290	17	354	10	清水县金集镇潘山村三组佛子沟庄	刘路青
62052100071	槐	*Styphnolobium japonicum*	500	21	436	20	清水县金集镇潘山村三组佛子沟庄	刘路青
62052100072	槐	*Styphnolobium japonicum*	440	5	415	10	清水县远门乡铁炉村铁炉湾槐树门	王福代
62052100073	槐	*Styphnolobium japonicum*	190	15	299	12	清水县红堡镇古道村古道庄	刘连恩
62052100074	槐	*Styphnolobium japonicum*	110	19	238	17	清水县红堡镇衡吴村衡家寺庄	王向荣
62052100075	槐	*Styphnolobium japonicum*	220	15	318	16	清水县丰望乡邢来村来家山庄	汪苍海
62052100076	槐	*Styphnolobium japonicum*	450	18	420	16	清水县丰望乡柏树村老爷庙台	张建康
62052100077	槐	*Styphnolobium japonicum*	400	12	400	15	清水县贾川乡梅江村	杨爱平
62052100078	槐	*Styphnolobium japonicum*	350	15	383	13	清水县土门乡新义村	王彦平
62052100079	槐	*Styphnolobium japonicum*	230	10	324	9	清水县丰望乡磨上嘴村下庄里	徐元尔
62052100080	槐	*Styphnolobium japonicum*	190	18	300	16	清水县丰望乡柏树村老爷庙台	张建康
62052100081	槐	*Styphnolobium japonicum*	340	10	380	7	清水县贾川乡梅江村	周建忠
62052100082	槐	*Styphnolobium japonicum*	270	12	360	7	清水县贾川乡梅江村	周建忠
62052100083	槐	*Styphnolobium japonicum*	220	11	297	7	清水县金集镇连珠村	王全成
62052100084	槐	*Styphnolobium japonicum*	330	15	400	11	清水县远门乡夜明村刘寨	周世太
62052100085	槐	*Styphnolobium japonicum*	140	15	228	12	清水县丰望乡磨上嘴村何家庙	杨拐求
62052100086	槐	*Styphnolobium japonicum*	140	15	226	12	清水县丰望乡槐树村	杨拐求
62052100087	槐	*Styphnolobium japonicum*	140	19	228	12	清水县丰望乡槐树村	杨拐求
62052100088	槐	*Styphnolobium japonicum*	180	11	257	7	清水县金集镇连珠村	王全成
62052100089	槐	*Styphnolobium japonicum*	260	16	320	11	清水县远门乡夜明村	周世太
62052100090	槐	*Styphnolobium japonicum*	260	17	335	11	清水县远门乡夜明村	周世太
62052100091	槐	*Styphnolobium japonicum*	170	13	281	9	清水县土门乡土门村	王彦平
62052100092	槐	*Styphnolobium japonicum*	140	16	231	10	清水县红堡镇周家村沟门庄	高志平
62052100093	槐	*Styphnolobium japonicum*	190	17	270	11	清水县草川铺乡水泉村	南爱军
62052100094	槐	*Styphnolobium japonicum*	240	14	320	11	清水县白驼镇白驼村	安武成
62052100095	槐	*Styphnolobium japonicum*	170	15	289	11	清水县白驼镇刘坪村	王福祥
62052100097	槐	*Styphnolobium japonicum*	330	18	370	13	清水县红堡镇杜川村	付强
62052100098	槐	*Styphnolobium japonicum*	140	15	234	9	清水县白驼镇童堡村	杨小平
62052100099	槐	*Styphnolobium japonicum*	170	15	284	11	清水县黄门镇下成村	成建刚

古树编号	树种	树种拉丁名	估测树龄	树高 (m)	树围 (cm)	平均冠幅 (m)	具体地点	管护单位 / 人
62052100100	槐	*Styphnolobium japonicum*	100	7	220	6	清水县郭川镇田川村	郭全军
62052100101	槐	*Styphnolobium japonicum*	300	15	360	9	清水县金集镇瓦寨村	刘路青
62052100102	槐	*Styphnolobium japonicum*	300	23	324	12	清水县陇东乡谢沟村	邱尽孝
62052100103	槐	*Styphnolobium japonicum*	210	18	290	11	清水县贾川乡韩沟村李堡	马金录
62052100104	槐	*Styphnolobium japonicum*	250	21	335	14	清水县贾川乡韩沟村李堡	马金录
62052100105	槐	*Styphnolobium japonicum*	100	8	155	9	清水县松树乡杏林堡村	李全生
62052100106	槐	*Styphnolobium japonicum*	210	10	300	12	清水县贾川乡梅江村	张小平
62052100107	槐	*Styphnolobium japonicum*	160	15	270	9	清水县贾川乡董湾村	张小平
62052100108	槐	*Styphnolobium japonicum*	140	16	250	12	清水县贾川乡梅江村	柳聚成
62052100109	槐	*Styphnolobium japonicum*	220	15	320	12	清水县金集镇槐树村	柳聚成
62052100110	槐	*Styphnolobium japonicum*	190	13	306	9	清水县松树乡文寨村	文全祥
62052100254	槐	*Styphnolobium japonicum*	300	15	132	6	清水县白沙镇汤峪村马圈沟	吴平儿
62052100266	槐	*Styphnolobium japonicum*	300	16	59	7	清水县松树镇文寨村下文寨	文喜德
62052100273	槐	*Styphnolobium japonicum*	300	23	60	9	清水县柏驼镇林岻村杨庄花园崖	林岻村委会
62052100288	槐	*Styphnolobium japonicum*	400	22	89	8	清水县金集镇水清村铁口湾老庄	苟建国
62052100289	槐	*Styphnolobium japonicum*	300	16	71	7	清水县金集镇刘湾村林家门口	林庆生
62052100290	槐	*Styphnolobium japonicum*	300	18	83	8	清水县金集镇刘湾村山神庙第二棵	郭海录
62052100291	槐	*Styphnolobium japonicum*	300	20	83	6	清水县金集镇刘湾村刘家门口	刘祥珍
62052100302	槐	*Styphnolobium japonicum*	300	17	80	7	清水县王河镇成寺村程家窑程家门口	程正泽
62052100303	槐	*Styphnolobium japonicum*	300	23	68	8	清水县王河镇魏湾村林沟村林家老坟地	魏湾村委会
62052100307	槐	*Styphnolobium japonicum*	900	17	120	9	清水县丰望乡红湾村红土岘	红湾村委会
62052100308	槐	*Styphnolobium japonicum*	300	12	92	7	清水县丰望乡车河村汤家湾豁岘路口	汤卫民
62052100310	槐	*Styphnolobium japonicum*	300	16	80	8	清水县王河镇槐杨村	槐杨村委会
62052100313	槐	*Styphnolobium japonicum*	800	17	133	7	清水县红堡镇太阳村老庄里	王小明
62052100315	槐	*Styphnolobium japonicum*	300	16	169	7	清水县红堡镇周家村爷庙院内	安小明
62052100323	槐	*Styphnolobium japonicum*	1000	18	131	8	清水县贾川乡梅江村邓家沟	邓爱军
62052100324	槐	*Styphnolobium japonicum*	600	22	273	8	清水县贾川乡梅江村邓家沟	邓国柱
62052100325	槐	*Styphnolobium japonicum*	600	9	290	6	清水县贾川乡梅江村支家河	支三福
62052100326	槐	*Styphnolobium japonicum*	600	32	131	9	清水县贾川乡梅江村	刘银鱼
62052100327	槐	*Styphnolobium japonicum*	500	19	113	6	清水县贾川乡梅江村	刘银鱼
62052100328	槐	*Styphnolobium japonicum*	500	19	145	2	清水县贾川乡梅江村	刘银鱼
62052100329	槐	*Styphnolobium japonicum*	500	16	163	5	清水县贾川乡梅江村	刘银鱼
62052100330	槐	*Styphnolobium japonicum*	450	13	272	5	清水县贾川乡梅江村支家河	支三福
62052100331	槐	*Styphnolobium japonicum*	400	12	257	6	清水县贾川乡梅江村支家河	支三福
62052100332	槐	*Styphnolobium japonicum*	300	12	280	5	清水县贾川乡梅江村支家河	支三福

古树编号	树种	树种拉丁名	估测树龄	树高 (m)	树围 (cm)	平均冠幅 (m)	具体地点	管护单位 / 人
62052100333	槐	*Styphnolobium japonicum*	300	13	280	3	清水县贾川乡梅江村支家河	支三福
62052100342	槐	*Styphnolobium japonicum*	500	18	238	6	清水县陇东镇谢沟村土寨	邱宝珍
62052100360	槐	*Styphnolobium japonicum*	500	21	367	5	清水县山门镇什字村上峡院边	王德西
62052100361	槐	*Styphnolobium japonicum*	500	10	162	5	清水县山门镇什字村胡家沟	胡德西
62052100362	槐	*Styphnolobium japonicum*	500	13	262	2	清水县山门镇什字村	胡德西
62052100378	槐	*Styphnolobium japonicum*	500	13	178	5	清水县新城乡大陆村	大陆村委会
62052100379	槐	*Styphnolobium japonicum*	500	14	149	5	清水县新城乡四合村柳湾组	柳效刚
62052100380	槐	*Styphnolobium japonicum*	300	18	173	7	清水县新城乡蒲魏村魏庙组老清真寺旁	黎喜喜
62052100387	槐	*Styphnolobium japonicum*	800	16	172	8	清水县清水县义坊村云台观	云台观管委会
62052100388	槐	*Styphnolobium japonicum*	400	13	260	4	清水县永清镇张扬村	王建洲
62052100422	槐	*Styphnolobium japonicum*	150	27	218	12	清水县白沙镇代沟村石家老坟地	代沟村委会
62052100436	槐	*Styphnolobium japonicum*	100	23	200	9	清水县白沙镇太石村	太石村委会
62052100457	槐	*Styphnolobium japonicum*	200	23	70	20	清水县白驼镇林峦村福禄院	林峦村委会
62052100463	槐	*Styphnolobium japonicum*	200	13	45	7	清水县白驼镇刘坪村刘家门前	刘坪村委会
62052100483	槐	*Styphnolobium japonicum*	100	15	145	7	清水县白驼镇姚黄村罗家门口	姚黄村委会
62052100484	槐	*Styphnolobium japonicum*	100	15	167	10	清水县白驼镇姚黄村黄家门口	姚黄村委会
62052100485	槐	*Styphnolobium japonicum*	100	10	151	8	清水县白驼镇姚黄村富民路 19 号	姚黄村委会
62052100486	槐	*Styphnolobium japonicum*	100	30	170	23	清水县白驼镇折弯村马家门口	折弯村委会
62052100572	槐	*Styphnolobium japonicum*	100	30	350	13	清水县丰望乡车河村庄里	车河村委会
62052100573	槐	*Styphnolobium japonicum*	200	10	345	9	清水县丰望乡车河村豁岘口	车河村委会
62052100574	槐	*Styphnolobium japonicum*	120	10	315	9	清水县丰望乡车河村豁岘口	车河村委会
62052100583	槐	*Styphnolobium japonicum*	100	24	180	17	清水县郭川镇高湾村高家门口	高湾村委会
62052100584	槐	*Styphnolobium japonicum*	100	21	170	14	清水县郭川镇高湾村黄家门口	高湾村委会
62052100585	槐	*Styphnolobium japonicum*	100	19	150	13	清水县郭川镇高湾村高家门前	高湾村委会
62052100586	槐	*Styphnolobium japonicum*	100	16	140	11	清水县郭川镇高湾村黄家门前	高湾村委会
62052100587	槐	*Styphnolobium japonicum*	140	22	220	16	清水县郭川镇挂丹村李家院内	挂丹村委会
62052100590	槐	*Styphnolobium japonicum*	180	16	260	5	清水县郭川镇郭山村黄家门口	郭山村委会
62052100591	槐	*Styphnolobium japonicum*	150	15	270	6	清水县郭川镇郭山村黄家门口	郭山村委会
62052100595	槐	*Styphnolobium japonicum*	140	13	160	6	清水县郭川镇郭山村堡子底下	郭山村委会
62052100596	槐	*Styphnolobium japonicum*	130	14	170	7	清水县郭川镇郭山村窑背后	郭山村委会
62052100598	槐	*Styphnolobium japonicum*	150	9	300	8	清水县郭川镇韩坪村王家门口	韩坪村委会
62052100600	槐	*Styphnolobium japonicum*	120	7	190	11	清水县郭川镇韩坪村王家门口	韩坪村委会
62052100638	槐	*Styphnolobium japonicum*	100	15	175	10	清水县红堡镇蔡湾村蔡家山凉风台	蔡湾村委会
62052100667	槐	*Styphnolobium japonicum*	200	9	200	6	清水县红堡镇太阳村王家堡庄	太阳村委会
62052100669	槐	*Styphnolobium japonicum*	150	7	150	5	清水县红堡镇太阳村老庄里	太阳村委会

古树编号	树种	树种拉丁名	估测树龄	树高 (m)	树围 (cm)	平均冠幅 (m)	具体地点	管护单位 / 人
62052100676	槐	*Styphnolobium japonicum*	200	8	20	5	清水县红堡镇西城村山神庙旁	西城村委会
62052100677	槐	*Styphnolobium japonicum*	100	9	23	5	清水县红堡镇西城村山神庙旁	西城村委会
62052100678	槐	*Styphnolobium japonicum*	100	9	25	5	清水县红堡镇西城村山神庙旁	西城村委会
62052100689	槐	*Styphnolobium japonicum*	200	10	90	8	清水县黄门镇下成村郑沟佛爷庙	下成村委会
62052100690	槐	*Styphnolobium japonicum*	150	8	110	6	清水县黄门镇下成村下成山神庙	下成村委会
62052100708	槐	*Styphnolobium japonicum*	150	16	230	10	清水县贾川乡董湾村白居胜家	董湾村委会
62052100710	槐	*Styphnolobium japonicum*	200	21	280	18	清水县贾川乡董湾村李家院内	董湾村委会
62052100711	槐	*Styphnolobium japonicum*	150	22	110	10	清水县贾川乡董湾村白坡自然村内	董湾村委会
62052100712	槐	*Styphnolobium japonicum*	100	12	110	9	清水县贾川乡董湾村白坡自然村内	董湾村委会
62052100713	槐	*Styphnolobium japonicum*	100	21	190	13	清水县贾川乡董湾村白坡自然村内	董湾村委会
62052100717	槐	*Styphnolobium japonicum*	150	9	160	6	清水县贾川乡林河村善安寺门口	林河村委会
62052100721	槐	*Styphnolobium japonicum*	100	20	120	12	清水县贾川乡梅江村邓家门口	梅江村委会
62052100722	槐	*Styphnolobium japonicum*	100	13	100	8	清水县贾川乡梅江村邓家门口	梅江村委会
62052100726	槐	*Styphnolobium japonicum*	150	15	100	8	清水县贾川乡梅江村邓沟	梅江村委会
62052100727	槐	*Styphnolobium japonicum*	150	12	100	6	清水县贾川乡梅江村邓沟	梅江村委会
62052100728	槐	*Styphnolobium japonicum*	200	8	100	6	清水县贾川乡梅江村支家河自然村内	梅江村委会
62052100729	槐	*Styphnolobium japonicum*	200	10	90	8	清水县贾川乡梅江村支家门口	梅江村委会
62052100730	槐	*Styphnolobium japonicum*	200	15	80	8	清水县贾川乡梅江村支家门口	梅江村委会
62052100731	槐	*Styphnolobium japonicum*	200	18	70	6	清水县贾川乡梅江村山神庙	梅江村委会
62052100732	槐	*Styphnolobium japonicum*	150	15	90	8	清水县贾川乡梅江村支家门口	梅江村委会
62052100733	槐	*Styphnolobium japonicum*	150	10	80	8	清水县贾川乡梅江村支家门口	梅江村委会
62052100738	槐	*Styphnolobium japonicum*	150	15	100	10	清水县贾川乡梅江支家河自然村内	梅江村委会
62052100742	槐	*Styphnolobium japonicum*	200	21	150	6	清水县贾川乡上湾村老庄里	上湾村委会
62052100749	槐	*Styphnolobium japonicum*	260	12	320	11	清水县金集镇陈湾村	陈湾村委会
62052100750	槐	*Styphnolobium japonicum*	260	13	280	13	清水县金集镇陈湾村	陈湾村委会
62052100751	槐	*Styphnolobium japonicum*	260	15	340	16	清水县金集镇陈湾村	陈湾村委会
62052100752	槐	*Styphnolobium japonicum*	260	16	230	15	清水县金集镇陈湾村二台子	陈湾村委会
62052100758	槐	*Styphnolobium japonicum*	200	18	350	10	清水县金集镇槐树村柳家门口	槐树村委会
62052100759	槐	*Styphnolobium japonicum*	200	19	320	8	清水县金集镇槐树村柳家门口	槐树村委会
62052100760	槐	*Styphnolobium japonicum*	200	17	310	7	清水县金集镇槐树村柳家门口	槐树村委会
62052100761	槐	*Styphnolobium japonicum*	200	18	500	20	清水县金集镇连珠村寺院里	连珠村委会
62052100763	槐	*Styphnolobium japonicum*	150	12	110	6	清水县金集镇水清村水清里	水清村委会
62052100764	槐	*Styphnolobium japonicum*	150	14	130	6	清水县金集镇水清村水清里	水清村委会
62052100765	槐	*Styphnolobium japonicum*	150	11	100	6	清水县金集镇水清村水清里	水清村委会
62052100766	槐	*Styphnolobium japonicum*	100	30	120	12	清水县金集镇水清村委会门口	水清村委会

古树编号	树种	树种拉丁名	估测树龄	树高 (m)	树围 (cm)	平均冠幅 (m)	具体地点	管护单位 / 人
62052100770	槐	*Styphnolobium japonicum*	200	20	160	10	清水县金集镇瓦寨村李家门口	瓦寨村委会
62052100771	槐	*Styphnolobium japonicum*	200	15	160	8	清水县金集镇瓦寨村李家门口	瓦寨村委会
62052100772	槐	*Styphnolobium japonicum*	200	13	150	7	清水县金集镇瓦寨村李家门口	瓦寨村委会
62052100777	槐	*Styphnolobium japonicum*	240	20	120	10	清水县金集镇瓦寨村李家门口	瓦寨村委会
62052100778	槐	*Styphnolobium japonicum*	240	14	110	7	清水县金集镇瓦寨村李家门口	瓦寨村委会
62052100779	槐	*Styphnolobium japonicum*	150	21	120	11	清水县金集镇瓦寨村李家门口	瓦寨村委会
62052100780	槐	*Styphnolobium japonicum*	200	18	110	10	清水县金集镇张牛村牛家坪窑湾子	张牛村委会
62052100781	槐	*Styphnolobium japonicum*	200	17	110	9	清水县金集镇张牛村牛家坪田家崖	张牛村委会
62052100783	槐	*Styphnolobium japonicum*	200	15	100	7	清水县金集镇张牛村牛家坪文阁路	张牛村委会
62052100784	槐	*Styphnolobium japonicum*	200	16	108	8	清水县金集镇张牛村牛家坪	张牛村委会
62052100786	槐	*Styphnolobium japonicum*	200	16	108	6	清水县金集镇张牛村	张牛村委会
62052100916	槐	*Styphnolobium japonicum*	800	20	300	10	清水县山门镇刘崖村刘家院边	刘崖村委会
62052100926	槐	*Styphnolobium japonicum*	120	11	120	6	清水县山门镇山门村原清真寺院内	山门村委会
62052100955	槐	*Styphnolobium japonicum*	150	15	318	21	清水县松树镇文寨村文寨寺庙旁	文寨村委会
62052100967	槐	*Styphnolobium japonicum*	150	10	220	24	清水县松树镇左李村山神庙口	左李村委会
62052100972	槐	*Styphnolobium japonicum*	150	15	80	5	清水县土门镇丰盛村王家门口	丰盛村委会
62052100973	槐	*Styphnolobium japonicum*	150	15	85	6	清水县土门镇丰盛村王家门口	丰盛村委会
62052100974	槐	*Styphnolobium japonicum*	150	15	220	3	清水县土门镇高庙村刘家门口	高庙村委会
62052100981	槐	*Styphnolobium japonicum*	200	20	220	3	清水县土门镇梁山村陈家门口	梁山村委会
62052100983	槐	*Styphnolobium japonicum*	150	13	150	3	清水县土门镇梁山村蒲家门口	梁山村委会
62052100984	槐	*Styphnolobium japonicum*	120	20	70	3	清水县土门镇刘湾村李家门口	刘湾村委会
62052100985	槐	*Styphnolobium japonicum*	100	18	60	3	清水县土门镇刘湾村陈家门口	刘湾村委会
62052100986	槐	*Styphnolobium japonicum*	100	15	80	5	清水县土门镇刘湾村周家门口	刘湾村委会
62052100987	槐	*Styphnolobium japonicum*	200	35	200	25	清水县土门镇西坡村陈家院内	西坡村委会
62052100988	槐	*Styphnolobium japonicum*	150	35	120	22	清水县土门镇西坡村陈家屋后	西坡村委会
62052100989	槐	*Styphnolobium japonicum*	120	15	150	3	清水县土门镇周山村穆家门口	周山村委会
62052100990	槐	*Styphnolobium japonicum*	100	12	120	3	清水县土门镇周山村	周山村委会
62052100992	槐	*Styphnolobium japonicum*	200	15	170	10	清水县土门镇朱王村王家门口	朱王村委会
62052100993	槐	*Styphnolobium japonicum*	200	12	150	12	清水县土门镇朱王村和家门口	朱王村委会
62052100994	槐	*Styphnolobium japonicum*	140	18	180	14	清水县土门镇朱王村李家门口	朱王村委会
62052100995	槐	*Styphnolobium japonicum*	100	16	150	13	清水县土门镇朱王村张家门口	朱王村委会
62052100998	槐	*Styphnolobium japonicum*	150	18	160	14	清水县土门镇朱王村朱家门口	朱王村委会
62052100999	槐	*Styphnolobium japonicum*	150	15	120	12	清水县土门镇朱王村王家院内	朱王村委会
62052101001	槐	*Styphnolobium japonicum*	100	8	250	17	清水县王河镇成寺村山神庙	成寺村委会
62052101098	槐	*Styphnolobium japonicum*	200	10	220	19	清水县远门镇新石村王家门前	新石村委会

古树编号	树种	树种拉丁名	估测树龄	树高 (m)	树围 (cm)	平均冠幅 (m)	具体地点	管护单位 / 人
62052101099	槐	*Styphnolobium japonicum*	200	10	200	14	清水县远门镇新石村新石大庄里	新石村委会
62052101100	槐	*Styphnolobium japonicum*	130	18	245	19	清水县远门镇新石村王家门口	新石村委会
62052101101	槐	*Styphnolobium japonicum*	130	20	245	20	清水县远门镇新石村王家门口	新石村委会
62052101102	槐	*Styphnolobium japonicum*	120	12	222	16	清水县远门镇新石村刘家门口	新石村委会
62052101104	槐	*Styphnolobium japonicum*	130	20	237	11	清水县远门镇新石村陈家门口	新石村委会
62052101105	槐	*Styphnolobium japonicum*	200	9	220	20	清水县远门镇新石村王家门前	新石村委会
62052201002	槐	*Styphnolobium japonicum*	110	14	154	14	秦安县魏店镇任学村任学组	任志军
62052201009	槐	*Styphnolobium japonicum*	100	11	182	10	秦安县魏店镇化洼村一组	武勤俭
62052201011	槐	*Styphnolobium japonicum*	120	10	278	24	秦安县魏店镇庞沟村土门山庙	土门山庙
62052202003	槐	*Styphnolobium japonicum*	120	12	173	16	秦安县王铺乡榆木村	王拴羊
62052202005	槐	*Styphnolobium japonicum*	110	15	157	16	秦安县王铺乡榆木村	王拴羊
62052202006	槐	*Styphnolobium japonicum*	500	19	317	18	秦安县王铺乡榆木村	王庆文
62052202007	槐	*Styphnolobium japonicum*	300	15	223	15	秦安县王铺乡连湾村窑坡组新庄里	邵玉全
62052204001	槐	*Styphnolobium japonicum*	100	13	154	13	秦安县莲花镇仁义村二组	张明贵
62052204002	槐	*Styphnolobium japonicum*	110	12	173	13	秦安县莲花镇仁义村一组	张庆东
62052204004	槐	*Styphnolobium japonicum*	120	14	226	20	秦安县莲花镇新庄湾村后湾	高金平
62052204005	槐	*Styphnolobium japonicum*	110	14	214	9	秦安县莲花镇马曲村三组	马建明
62052205001	槐	*Styphnolobium japonicum*	120	15	201	12	秦安县五营镇陈峡村	陈焕保
62052206002	槐	*Styphnolobium japonicum*	120	15	173	7	秦安县陇城镇娲皇村陇城三队	娲皇村委会
62052207001	槐	*Styphnolobium japonicum*	100	12	160	13	秦安县郭嘉镇邵咀村后崖巷	邵贵军
62052207005	槐	*Styphnolobium japonicum*	110	13	113	11	秦安县郭嘉镇窝坨村李家门口	李丙武
62052207006	槐	*Styphnolobium japonicum*	110	10	84	9	秦安县郭嘉镇窝坨村李家门口	李丙武
62052208001	槐	*Styphnolobium japonicum*	100	13	188	19	秦安县叶堡镇侯滩村北关组	候班儿
62052208002	槐	*Styphnolobium japonicum*	110	13	138	13	秦安县叶堡镇侯滩村北关组	候央央
62052208003	槐	*Styphnolobium japonicum*	110	12	144	7	秦安县叶堡镇金城村	杨苟巴
62052210004	槐	*Styphnolobium japonicum*	110	13	182	14	秦安县中山乡牛阳村三组	贾富仓
62052210005	槐	*Styphnolobium japonicum*	170	16	170	12	秦安县中山乡牛阳村三组	贾彦斌
62052213010	槐	*Styphnolobium japonicum*	110	15	204	18	秦安县兴国镇蔡店社区峡口第一巷	秦安县文庙管理所
62052213031	槐	*Styphnolobium japonicum*	120	17	213	9	秦安县兴国镇大城社区太白街振兴巷口	城建局
62052214009	槐	*Styphnolobium japonicum*	110	16	195	10	秦安县兴丰镇李山村梨树梁	陈录祥
62052214010	槐	*Styphnolobium japonicum*	110	24	223	15	秦安县兴丰镇安湾村陈家湾	陈录祥
62052214011	槐	*Styphnolobium japonicum*	110	15	214	16	秦安县兴丰镇安湾村陈家湾	陈录祥
62052214012	槐	*Styphnolobium japonicum*	110	18	217	18	秦安县兴丰镇安湾村陈家湾	陈录祥
62052214013	槐	*Styphnolobium japonicum*	110	16	226	13	秦安县兴丰镇安湾村一队	安继红
62052214016	槐	*Styphnolobium japonicum*	100	12	170	12	秦安县兴丰镇付寨村阳山	付寨村委会

古树编号	树种	树种拉丁名	估测树龄	树高 (m)	树围 (cm)	平均冠幅 (m)	具体地点	管护单位 / 人
62052214017	槐	*Styphnolobium japonicum*	100	12	129	9	秦安县兴丰镇付寨村阳山	付寨村委会
62052215017	槐	*Styphnolobium japonicum*	350	12	279	14	秦安县千户镇出食村平安寺	平安寺
62052215018	槐	*Styphnolobium japonicum*	350	10	204	9	秦安县千户镇出食村平安寺	平安寺
62052215020	槐	*Styphnolobium japonicum*	110	17	241	14	秦安县千户镇出食村平安寺	王福生
62052217003	槐	*Styphnolobium japonicum*	120	10	148	10	秦安县云山乡云山村马家台子	刘明汉
62052300001	槐	*Styphnolobium japonicum*	720	9	436	18	甘谷县大像山镇北关村北道街	甘谷县粮食局
62052300028	槐	*Styphnolobium japonicum*	300	15	185	13	甘谷县新兴镇蔡家寺村 667 乡道	蔡家寺村委会
62052300029	槐	*Styphnolobium japonicum*	400	15	150	10	甘谷县新兴镇蔡家寺村 667 乡道	蔡家寺村委会
62052300030	槐	*Styphnolobium japonicum*	400	15	215	14	甘谷县新兴镇蔡家寺村 667 乡道	蔡家寺村委会
62052300031	槐	*Styphnolobium japonicum*	400	15	250	12	甘谷县新兴镇蔡家寺村 667 乡道	蔡家寺村委会
62052300036	槐	*Styphnolobium japonicum*	400	6	150	3	甘谷县新兴镇蔡家寺村 667 乡道	蔡家寺村委会
62052300037	槐	*Styphnolobium japonicum*	400	6	185	3	甘谷县新兴镇蔡家寺村 667 乡道	蔡家寺村委会
62052300038	槐	*Styphnolobium japonicum*	400	13	180	12	甘谷县新兴镇蔡家寺村 667 乡道	蔡家寺村委会
62052300040	槐	*Styphnolobium japonicum*	400	19	190	16	甘谷县新兴镇蔡家寺村 667 乡道	蔡家寺村委会
62052300041	槐	*Styphnolobium japonicum*	400	18	210	17	甘谷县新兴镇蔡家寺村 667 乡道	蔡家寺村委会
62052300043	槐	*Styphnolobium japonicum*	200	14	310	12	甘谷县新兴镇蔡家寺村蔡家寺	蔡家寺村委会
62052300056	槐	*Styphnolobium japonicum*	300	12	184	7	甘谷县新兴镇槐沟村 304 省道	王建平
62052300057	槐	*Styphnolobium japonicum*	150	12	156	7	甘谷县新兴镇槐沟村 304 省道	王建平
62052300079	槐	*Styphnolobium japonicum*	300	20	600	18	甘谷县磐安镇南坡寺村王权故居	南坡寺村委会
62052300083	槐	*Styphnolobium japonicum*	600	18	270	13	甘谷县磐安镇董家坪村 662 乡道	王小明
62052300091	槐	*Styphnolobium japonicum*	100	16	200	16	甘谷县六峰镇觉皇寺村 445 县道靠近觉皇寺学校	觉皇寺管委会
62052300094	槐	*Styphnolobium japonicum*	150	28	720	34	甘谷县六峰镇觉皇寺村 445 县道靠近觉皇寺学校	觉皇寺管委会
62052300101	槐	*Styphnolobium japonicum*	110	16	200	21	甘谷县安远镇史川村	朱金虎
62052300103	槐	*Styphnolobium japonicum*	300	25	450	23	甘谷县金山镇二家坪村甘麦公路	二家坪村委会
62052300118	槐	*Styphnolobium japonicum*	300	14	510	9	甘谷县金山镇谢家川子村 304 省道	谢家川子村委会
62052300119	槐	*Styphnolobium japonicum*	1000	9	628	9	甘谷县金山镇谢家川子村 304 省道	谢家川子村委会
62052300126	槐	*Styphnolobium japonicum*	150	8	170	13	甘谷县大石镇丁窑村	丁维林
62052300127	槐	*Styphnolobium japonicum*	150	10	174	16	甘谷县大石镇丁窑村	丁窑村委会
62052300135	槐	*Styphnolobium japonicum*	150	18	50	20	甘谷县礼辛镇陈庄村 668 乡道	陈庄村委会
62052300140	槐	*Styphnolobium japonicum*	100	14	330	20	甘谷县礼辛镇陈庄村 668 乡道	陈庄村委会
62052300141	槐	*Styphnolobium japonicum*	1200	15	400	15	甘谷县礼辛镇上街村 668 乡道	上街村委会
62052300143	槐	*Styphnolobium japonicum*	150	20	250	15	甘谷县礼辛镇董岘村	徐建民
62052300151	槐	*Styphnolobium japonicum*	100	6	320	10	甘谷县礼辛镇石岘村 455 县道	石岘村委会
62052300158	槐	*Styphnolobium japonicum*	120	8	175	12	甘谷县礼辛镇马坡村	马广广
62052300163	槐	*Styphnolobium japonicum*	100	15	440	15	甘谷县礼辛镇李门村 100 县道	李满义

古树编号	树种	树种拉丁名	估测树龄	树高 (m)	树围 (cm)	平均冠幅 (m)	具体地点	管护单位 / 人
62052300168	槐	*Styphnolobium japonicum*	300	18	600	19	甘谷县武家河镇武家堡村 663 乡道	玄龙山寺
62052300178	槐	*Styphnolobium japonicum*	200	18	225	17	甘谷县大庄镇蔺坪村 660 乡道	蔺旭明
62052300204	槐	*Styphnolobium japonicum*	200	13	210	12	甘谷县八里湾镇马耳峪村	张世来
62052300210	槐	*Styphnolobium japonicum*	200	9	210	11	甘谷县八里湾镇椿树岘村 304 省道	椿树岘村委会
62052300216	槐	*Styphnolobium japonicum*	200	8	300	15	甘谷县八里湾镇城峪沟村 304 省道	城峪沟村委会
62052300234	槐	*Styphnolobium japonicum*	100	14	180	17	甘谷县谢家湾乡永丰村下嘴儿	永丰村委会
62052300238	槐	*Styphnolobium japonicum*	110	15	145	11	甘谷县白家湾乡马儿湾村	蒋吉利
62052300239	槐	*Styphnolobium japonicum*	110	16	150	15	甘谷县白家湾乡马儿湾村	蒋晓进
62052300240	槐	*Styphnolobium japonicum*	100	19	205	13	甘谷县白家湾乡马儿湾村	黄乃刚
62052300246	槐	*Styphnolobium japonicum*	120	16	210	15	甘谷县白家湾乡康家坪村王家窑	曲二虎
62052300248	槐	*Styphnolobium japonicum*	100	13	205	11	甘谷县白家湾乡宋家庄村 669 乡道	宋家庄村委会
62052300249	槐	*Styphnolobium japonicum*	600	17	215	11	甘谷县白家湾乡宋家庄村 669 乡道	宋家庄村委会
62052401001	槐	*Styphnolobium japonicum*	350	19	300	20	武山县桦林镇高河村台子上	晋富平
62052401002	槐	*Styphnolobium japonicum*	160	15	280	12	武山县桦林镇高河村	夏桂林
62052402001	槐	*Styphnolobium japonicum*	150	14	220	18	武山县鸳鸯镇砚峰村 51 号内	巩玉明
62052402002	槐	*Styphnolobium japonicum*	100	17	230	17	武山县鸳鸯镇砚峰村巩家院内	鲜生华
62052402003	槐	*Styphnolobium japonicum*	100	17	200	11	武山县鸳鸯镇砚峰村 48 号	鲜生华
62052402006	槐	*Styphnolobium japonicum*	400	30	400	20	武山县鸳鸯镇丁门村丁家门口	丁梅花
62052402007	槐	*Styphnolobium japonicum*	1000	18	450	18	武山县鸳鸯镇丁门村丁家院内	丁金生
62052402008	槐	*Styphnolobium japonicum*	800	22	360	16	武山县鸳鸯镇丁门村蒋家院内	蒋录长
62052402009	槐	*Styphnolobium japonicum*	150	15	270	9	武山县鸳鸯镇丁门村丁家门口	丁继科
62052402010	槐	*Styphnolobium japonicum*	150	17	300	9	武山县鸳鸯镇丁门村丁家院内	丁仝
62052402011	槐	*Styphnolobium japonicum*	800	15	390	23	武山县鸳鸯镇丁门村后滩子坟地	丁梅花
62052402012	槐	*Styphnolobium japonicum*	110	15	220	12	武山县鸳鸯镇盘古村巩家院内	巩永中
62052402013	槐	*Styphnolobium japonicum*	120	13	230	8	武山县鸳鸯镇盘古村东家门前	东元喜
62052402014	槐	*Styphnolobium japonicum*	120	17	225	16	武山县鸳鸯镇盘古村包家院内	包玉华
62052402015	槐	*Styphnolobium japonicum*	120	21	230	9	武山县鸳鸯镇盘古村包家院内	包军利
62052402016	槐	*Styphnolobium japonicum*	110	17	220	13	武山县鸳鸯镇盘古村付家院内	付亚萍
62052402017	槐	*Styphnolobium japonicum*	130	17	260	14	武山县鸳鸯镇颉门村庙门前	颉旺有
62052402018	槐	*Styphnolobium japonicum*	100	13	220	12	武山县鸳鸯镇盘古村巩家院内	巩永中
62052402019	槐	*Styphnolobium japonicum*	1100	27	590	23	武山县鸳鸯镇李山村涝坝上	李爱平
62052402025	槐	*Styphnolobium japonicum*	200	21	280	11	武山县鸳鸯镇苟山村苟家院内	苟敦红
62052403004	槐	*Styphnolobium japonicum*	600	22	640	14	武山县榆盘镇钟楼村王家门口	汪永强
62052404005	槐	*Styphnolobium japonicum*	200	14	340	15	武山县咀头乡新泉村马家门口	马照林
62052404006	槐	*Styphnolobium japonicum*	200	17	270	18	武山县咀头乡新泉村马家门口	马照林

古树编号	树种	树种拉丁名	估测树龄	树高 (m)	树围 (cm)	平均冠幅 (m)	具体地点	管护单位 / 人
62052405001	槐	*Styphnolobium japonicum*	350	15	400	16	武山县高楼镇陈门村陈家门口	丁军红
62052405002	槐	*Styphnolobium japonicum*	360	17	390	13	武山县高楼镇陈门村庙门前	丁军红
62052405003	槐	*Styphnolobium japonicum*	400	18	360	10	武山县高楼镇陈门村中和寺院内	丁军红
62052405004	槐	*Styphnolobium japonicum*	400	18	400	13	武山县高楼镇陈门村中和寺院内	丁军红
62052405005	槐	*Styphnolobium japonicum*	300	10	370	9	武山县高楼镇陈门村陈家院内	丁军红
62052405006	槐	*Styphnolobium japonicum*	200	5	300	3	武山县高楼镇刘川村十字坪	刘富元
62052405009	槐	*Styphnolobium japonicum*	800	22	490	16	武山县高楼镇高楼村公路旁	陈存福
62052405010	槐	*Styphnolobium japonicum*	150	14	290	15	武山县高楼镇高窑村张家门口	李茂义
62052405013	槐	*Styphnolobium japonicum*	160	12	280	4	武山县高楼镇高楼村王家院内	陈存福
62052406006	槐	*Styphnolobium japonicum*	1000	28	690	27	武山县山丹镇任门村村口	徐喜定
62052406007	槐	*Styphnolobium japonicum*	300	24	250	19	武山县山丹镇任门村门牌 111 号老院内	徐喜定
62052406008	槐	*Styphnolobium japonicum*	300	22	420	14	武山县山丹镇渭河村马家门口	马一寿
62052406009	槐	*Styphnolobium japonicum*	250	17	240	8	武山县山丹镇渭河村付家门口	马一寿
62052406010	槐	*Styphnolobium japonicum*	110	15	200	14	武山县山丹镇渭河村大渠旁	马一寿
62052406014	槐	*Styphnolobium japonicum*	800	14	430	7	武山县山丹镇丁湾村马家门口	刘勇峰
62052407020	槐	*Styphnolobium japonicum*	150	18	280	13	武山县城关镇坡儿村雷家墙边	谢瑞军
62052407021	槐	*Styphnolobium japonicum*	150	18	240	17	武山县城关镇坡儿村谢家门口场边	谢瑞军
62052407022	槐	*Styphnolobium japonicum*	150	19	200	18	武山县城关镇坡儿村 120 号门口	谢瑞军
62052407023	槐	*Styphnolobium japonicum*	150	18	150	15	武山县城关镇坡儿村 119 号门口	谢瑞军
62052407024	槐	*Styphnolobium japonicum*	150	9	140	9	武山县城关镇坡儿村宋家院墙边	谢瑞军
62052407025	槐	*Styphnolobium japonicum*	150	21	170	12	武山县城关镇坡儿村 38 号家院内	谢瑞军
62052407027	槐	*Styphnolobium japonicum*	1000	12	630	15	武山县城关镇令川村 158 号门口	令海林
62052407029	槐	*Styphnolobium japonicum*	300	13	330	16	武山县城关镇腰庄村令家院旁	令海林
62052407030	槐	*Styphnolobium japonicum*	300	6	320	16	武山县城关镇腰庄村令家院边	令海林
62052407031	槐	*Styphnolobium japonicum*	300	12	320	11	武山县城关镇腰庄村 215 号门口	令海林
62052407032	槐	*Styphnolobium japonicum*	150	16	230	8	武山县城关镇腰庄村 174 号巷口	令海林
62052407033	槐	*Styphnolobium japonicum*	500	20	440	19	武山县城关镇腰庄村费家屋后	令海林
62052407039	槐	*Styphnolobium japonicum*	500	32	420	16	武山县城关镇史庄村李家门前	史小奇
62052407041	槐	*Styphnolobium japonicum*	1000	26	560	16	武山县城关镇上街村邓家院内	邓七存
62052407052	槐	*Styphnolobium japonicum*	200	12	220	9	武山县城关镇红沟村庙后	杨天成
62052407053	槐	*Styphnolobium japonicum*	500	21	400	19	武山县城关镇陈门村魏家院边	马金红
62052407058	槐	*Styphnolobium japonicum*	150	12	260	9	武山县城关镇南关村文化馆院内	徐新宇
62052407059	槐	*Styphnolobium japonicum*	110	8	215	9	武山县城关镇南关村文化馆门前	徐新宇
62052407060	槐	*Styphnolobium japonicum*	120	22	220	13	武山县城关镇杜楞村 140 号门前	韩强军
62052407068	槐	*Styphnolobium japonicum*	500	23	370	17	武山县城关镇杨坪村王家院内	王应子

古树编号	树种	树种拉丁名	估测树龄	树高 (m)	树围 (cm)	平均冠幅 (m)	具体地点	管护单位 / 人
62052407069	槐	*Styphnolobium japonicum*	250	23	230	14	武山县城关镇杨坪村何家院内	何应胜
62052407070	槐	*Styphnolobium japonicum*	250	19	280	16	武山县城关镇杨坪村何家院内	何花贵
62052407071	槐	*Styphnolobium japonicum*	180	17	180	8	武山县城关镇杨坪村何家院内	何林顺
62052407072	槐	*Styphnolobium japonicum*	320	14	300	14	武山县城关镇上沟村上川组 54 号	龙爱强
62052407073	槐	*Styphnolobium japonicum*	800	19	450	19	武山县城关镇南峪村路边	赵卫卫
62052407074	槐	*Styphnolobium japonicum*	700	20	320	14	武山县城关镇南峪村张家院内	张一民
62052407076	槐	*Styphnolobium japonicum*	180	18	240	14	武山县城关镇黑沟村贾家院内	贾中元
62052407077	槐	*Styphnolobium japonicum*	310	18	260	13	武山县城关镇黑沟村黑沟下组	赵卫卫
62052407078	槐	*Styphnolobium japonicum*	180	17	240	16	武山县城关镇黑沟村黑沟下组	赵卫卫
62052407080	槐	*Styphnolobium japonicum*	350	15	300	21	武山县城关镇雷山村史家堡	赵卫卫
62052407081	槐	*Styphnolobium japonicum*	200	20	265	19	武山县城关镇西关社区	徐新宇
62052407082	槐	*Styphnolobium japonicum*	100	14	150	10	武山县城关镇杜楞村路边	韩强军
62052408007	槐	*Styphnolobium japonicum*	100	14	130	14	武山县洛门镇蓼阳村王家坪	王俊成
62052408008	槐	*Styphnolobium japonicum*	270	9	180	7	武山县洛门镇蓼阳村民合作社对面	王俊成
62052408009	槐	*Styphnolobium japonicum*	100	12	150	9	武山县洛门镇蓼阳村张家门口	王俊成
62052408010	槐	*Styphnolobium japonicum*	350	15	330	20	武山县洛门镇蓼阳村石家坪 334 号门口	石平定
62052408011	槐	*Styphnolobium japonicum*	350	15	310	13	武山县洛门镇蓼阳村石家坪 334 号西南侧	石平定
62052408013	槐	*Styphnolobium japonicum*	500	15	400	19	武山县洛门镇史庄村水房东北侧	苟夫耀
62052408014	槐	*Styphnolobium japonicum*	500	20	400	19	武山县洛门镇史庄村水房东南侧	苟夫耀
62052408016	槐	*Styphnolobium japonicum*	1000	28	620	13	武山县洛门镇金刚村上金刚寺 184 号墙边	王纪荣
62052408017	槐	*Styphnolobium japonicum*	100	15	260	16	武山县洛门镇金刚村下金刚寺 70 号门口东南侧	王纪荣
62052408018	槐	*Styphnolobium japonicum*	1000	35	600	25	武山县洛门镇郭庄村郭家庄 559 号门口	张子荣
62052408019	槐	*Styphnolobium japonicum*	1000	37	710	24	武山县洛门镇郭庄村郭家庄 609 号门口	张子荣
62052408020	槐	*Styphnolobium japonicum*	1000	33	430	18	武山县洛门镇郭庄村黎卯来家院内西北角	张子荣
62052408021	槐	*Styphnolobium japonicum*	600	35	450	18	武山县洛门镇西街村人民路 149 号门前	骆小林
62052408022	槐	*Styphnolobium japonicum*	600	32	590	15	武山县洛门镇西街村人民路 127 号西北侧	骆小林
62052408023	槐	*Styphnolobium japonicum*	400	9	360	11	武山县洛门镇东街村关帝庙院内	骆小林
62052408024	槐	*Styphnolobium japonicum*	1000	22	630	16	武山县洛门镇东街村下泉坡赵家院内	骆小林
62052408025	槐	*Styphnolobium japonicum*	800	20	450	9	武山县洛门镇东街村繁荣路 206 号院内	骆小林
62052408026	槐	*Styphnolobium japonicum*	1000	24	750	15	武山县洛门镇郭台村 218 号家门口	郭石军
62052408027	槐	*Styphnolobium japonicum*	300	14	220	15	武山县洛门镇郭台村山神庙前	郭石军
62052408028	槐	*Styphnolobium japonicum*	350	15	240	15	武山县洛门镇冶扶村 94 号门口	薛新保
62052408029	槐	*Styphnolobium japonicum*	100	20	240	19	武山县洛门镇冶扶村 119 号门口	薛新保
62052408030	槐	*Styphnolobium japonicum*	100	20	200	19	武山县洛门镇冶扶村 119 号门口	薛新保
62052408031	槐	*Styphnolobium japonicum*	100	20	220	19	武山县洛门镇冶扶村 119 号门口	薛新保

古树编号	树种	树种拉丁名	估测树龄	树高 (m)	树围 (cm)	平均冠幅 (m)	具体地点	管护单位 / 人
62052408032	槐	*Styphnolobium japonicum*	1000	25	600	18	武山县洛门镇大柳树村头门下陈家后院	王连连
62052408033	槐	*Styphnolobium japonicum*	600	22	510	20	武山县洛门镇大柳树村 290–1 号门口	王连连
62052408034	槐	*Styphnolobium japonicum*	150	9	200	15	武山县洛门镇汉坪村清泰寺庙东侧路边	关志平
62052408035	槐	*Styphnolobium japonicum*	150	14	150	10	武山县洛门镇汉坪村清泰寺院内	关志平
62052408036	槐	*Styphnolobium japonicum*	200	9	200	13	武山县洛门镇汉坪村杨家门口	关志平
62052408038	槐	*Styphnolobium japonicum*	150	15	210	12	武山县洛门镇汉坪村 438 号东南侧	关志平
62052408045	槐	*Styphnolobium japonicum*	700	25	460	14	武山县洛门镇裴庄村 116 号楼前	裴虎虎
62052408066	槐	*Styphnolobium japonicum*	200	18	240	17	武山县洛门镇塔麻村王村组 451 号门口	王贵成
62052408067	槐	*Styphnolobium japonicum*	200	15	270	10	武山县洛门镇塔麻村王村组 109 号门口	王贵成
62052408068	槐	*Styphnolobium japonicum*	350	15	520	17	武山县洛门镇塔麻村王村王家院内	王贵成
62052408069	槐	*Styphnolobium japonicum*	200	21	200	14	武山县洛门镇塔麻村王村组 510 号门口	王贵成
62052408070	槐	*Styphnolobium japonicum*	200	11	200	9	武山县洛门镇塔麻村王村组 454 号门口东侧	王贵成
62052408072	槐	*Styphnolobium japonicum*	300	18	360	18	武山县洛门镇曲里村 217 号门口	李刚
62052408073	槐	*Styphnolobium japonicum*	300	16	240	16	武山县洛门镇曲里村 168 号门口	李小福
62052408074	槐	*Styphnolobium japonicum*	200	15	230	7	武山县洛门镇曲里村康家院内	李刚
62052408075	槐	*Styphnolobium japonicum*	300	19	270	14	武山县洛门镇曲里村李家院内	李刚
62052408076	槐	*Styphnolobium japonicum*	600	21	650	15	武山县洛门镇新龙村李院墙中	李永红
62052408078	槐	*Styphnolobium japonicum*	200	17	200	16	武山县洛门镇新龙村李家院内	李永红
62052408079	槐	*Styphnolobium japonicum*	1000	13	850	8	武山县洛门镇罗𠙶村 151 号门口	罗顺成
62052408080	槐	*Styphnolobium japonicum*	300	16	280	14	武山县洛门镇罗𠙶村西北山老坟地	罗顺成
62052408082	槐	*Styphnolobium japonicum*	300	21	340	13	武山县洛门镇龙泉村于家院内	康林忠
62052408083	槐	*Styphnolobium japonicum*	450	14	400	9	武山县洛门镇西康村康家院内	孙金城
62052408084	槐	*Styphnolobium japonicum*	800	20	600	17	武山县洛门镇石岭村山神庙前	康金林
62052408085	槐	*Styphnolobium japonicum*	800	18	460	15	武山县洛门镇石岭村 334 号门口	康金林
62052408086	槐	*Styphnolobium japonicum*	300	15	300	14	武山县洛门镇李堡村 259 号门口	康小明
62052408088	槐	*Styphnolobium japonicum*	100	12	200	17	武山县洛门镇李堡村大王庙门口	康小明
62052408089	槐	*Styphnolobium japonicum*	500	19	300	17	武山县洛门镇李堡村 214 号巷口	康小明
62052408090	槐	*Styphnolobium japonicum*	600	25	350	19	武山县洛门镇牟坪村张坪组张家门口	王虎林
62052409001	槐	*Styphnolobium japonicum*	200	17	320	14	武山县马力镇余寨村大路边	康生保
62052409002	槐	*Styphnolobium japonicum*	150	17	230	16	武山县马力镇余寨村余家门口	康生保
62052409006	槐	*Styphnolobium japonicum*	120	16	170	14	武山县马力镇余寨村大柳树前边	康生保
62052409007	槐	*Styphnolobium japonicum*	300	25	330	24	武山县马力镇余寨村张家院内	张金鹏
62052409008	槐	*Styphnolobium japonicum*	1000	26	590	21	武山县马力镇北顺村北顺村广场	马杜平
62052409009	槐	*Styphnolobium japonicum*	150	16	280	13	武山县马力镇杨坪村吉家坪胡家老院内	吉三得
62052409010	槐	*Styphnolobium japonicum*	120	17	240	10	武山县马力镇杨坪村吉家坪吉家门口	吉三得

古树编号	树种	树种拉丁名	估测树龄	树高 (m)	树围 (cm)	平均冠幅 (m)	具体地点	管护单位 / 人
62052409011	槐	*Styphnolobium japonicum*	110	12	200	8	武山县马力镇杨坪村吉家坪吉家门口	吉老五
62052409012	槐	*Styphnolobium japonicum*	150	10	270	8	武山县马力镇王门村公路边	陈彩红
62052409013	槐	*Styphnolobium japonicum*	150	8	180	5	武山县马力镇王门村公路边	王芳平
62052409014	槐	*Styphnolobium japonicum*	120	16	190	15	武山县马力镇王门村王家门口	王老四
62052409015	槐	*Styphnolobium japonicum*	120	14	250	13	武山县马力镇王门村王家门口	陈彩红
62052409016	槐	*Styphnolobium japonicum*	600	16	470	20	武山县马力镇王门村王家院内	陈彩红
62052409017	槐	*Styphnolobium japonicum*	600	17	420	18	武山县马力镇王门村王家门后	陈彩红
62052409019	槐	*Styphnolobium japonicum*	200	16	330	10	武山县马力镇余寨村张家屋后	杨永珍
62052409020	槐	*Styphnolobium japonicum*	120	17	240	13	武山县马力镇余寨村余家院内	余金虎
62052409021	槐	*Styphnolobium japonicum*	380	17	400	16	武山县马力镇高山村庙门前	王灶代
62052409026	槐	*Styphnolobium japonicum*	300	19	390	10	武山县马力镇堡子村炭家湾	张同喜
62052409027	槐	*Styphnolobium japonicum*	130	9	220	10	武山县马力镇张家坪 96 号门前	张胜强
62052409029	槐	*Styphnolobium japonicum*	600	29	460	26	武山县马力镇民武村卢家院内	卢建军
62052409034	槐	*Styphnolobium japonicum*	400	16	380	11	武山县马力镇榜沙村	王爱荣
62052410001	槐	*Styphnolobium japonicum*	110	13	240	7	武山县滩歌镇王磨村	王友真
62052410021	槐	*Styphnolobium japonicum*	100	17	203	17	武山县滩歌镇下街村	张旺明
62052410022	槐	*Styphnolobium japonicum*	110	18	230	14	武山县滩歌镇下街村	赵春元
62052410025	槐	*Styphnolobium japonicum*	120	14	340	11	武山县滩歌镇魏𠙶村	代来生
62052410026	槐	*Styphnolobium japonicum*	900	30	460	28	武山县滩歌镇漆庄村槐树殿漆家院内	车永通
62052411020	槐	*Styphnolobium japonicum*	500	23	490	20	武山县龙台镇杨嘴村杨家嘴 119 号	杨生银
62052411022	槐	*Styphnolobium japonicum*	650	13	360	13	武山县龙台镇杨嘴村	杨生银
62052411025	槐	*Styphnolobium japonicum*	400	23	450	18	武山县龙台镇大庄村 59 号门口	罗军平
62052412012	槐	*Styphnolobium japonicum*	400	21	420	12	武山县四门镇窑儿村 116 号门前	杨真福
62052412013	槐	*Styphnolobium japonicum*	300	20	420	14	武山县四门镇窑儿村老庄汪家老院内	杨真福
62052412020	槐	*Styphnolobium japonicum*	200	33	300	20	武山县四门镇下湾村学校对面	下湾村委会
62052412021	槐	*Styphnolobium japonicum*	200	22	250	11	武山县四门镇下湾村汪家院内	汪志贤
62052412022	槐	*Styphnolobium japonicum*	200	18	240	15	武山县四门镇下湾村汪家院内	下湾村委会
62052412036	槐	*Styphnolobium japonicum*	300	12	250	10	武山县四门镇西堡村旧村委会院旁	汪海红
62052412037	槐	*Styphnolobium japonicum*	350	7	250	7	武山县四门镇西堡村魁星阁院内	汪海红
62052412039	槐	*Styphnolobium japonicum*	350	27	400	14	武山县四门镇三衙村西巷道	汪东成
62052412040	槐	*Styphnolobium japonicum*	500	18	460	16	武山县四门镇录坪村	录坪村委会
62052412042	槐	*Styphnolobium japonicum*	550	20	420	15	武山县四门镇常湾村谢家沟 68 号门旁	常湾村委会
62052413001	槐	*Styphnolobium japonicum*	350	15	240	14	武山县温泉镇何湾村汪家屋后	柏黑瑞
62052413002	槐	*Styphnolobium japonicum*	500	16	350	17	武山县温泉镇东梁村东梁渠路边	汪应虎
62052413003	槐	*Styphnolobium japonicum*	800	13	460	13	武山县温泉镇大庄村程家门口	王军好

古树编号	树种	树种拉丁名	估测树龄	树高 (m)	树围 (cm)	平均冠幅 (m)	具体地点	管护单位 / 人
62052413006	槐	*Styphnolobium japonicum*	200	16	280	19	武山县温泉镇田河村毛家院内	韩喜乾
62052413007	槐	*Styphnolobium japonicum*	800	23	420	25	武山县温泉镇田河村韩家门口	韩喜乾
62052413008	槐	*Styphnolobium japonicum*	800	25	320	24	武山县温泉镇田河村韩家院内	韩喜乾
62052413023	槐	*Styphnolobium japonicum*	170	18	270	20	武山县温泉镇何湾村袁家门口	柏黑瑞
62052413025	槐	*Styphnolobium japonicum*	260	22	230	14	武山县温泉镇柏山村柏家山庄 137 号门前	柏新锁
62052413038	槐	*Styphnolobium japonicum*	200	25	230	18	武山县温泉镇盘坡村赵家山 7 号门口	于林林
62052414004	槐	*Styphnolobium japonicum*	230	14	300	14	武山县杨河镇小庄村杨家院内	杨新海
62052414036	槐	*Styphnolobium japonicum*	600	20	406	11	武山县杨河镇赵河村	范社教
62052415030	槐	*Styphnolobium japonicum*	600	27	400	20	武山县沿安乡西沟村阴坡庄 15 号	漆宏平
62052415039	槐	*Styphnolobium japonicum*	350	23	275	16	武山县沿安乡冯山村黑猫山 106 号	刘马顺
62052415040	槐	*Styphnolobium japonicum*	350	23	360	17	武山县沿安乡冯山村黑猫山	刘马顺
62052500006	槐	*Styphnolobium japonicum*	100	11	157	13	张家川回族自治县龙山镇连柯村	李元德
62052500007	槐	*Styphnolobium japonicum*	110	17	232	12	张家川回族自治县龙山镇汪堡村	洪月梅
62052500016	槐	*Styphnolobium japonicum*	100	15	185	5	张家川回族自治县刘堡乡郑沟村	马存娃
62052500024	槐	*Styphnolobium japonicum*	260	22	342	8	张家川回族自治县张家川镇园树村	李建新
62052500028	槐	*Styphnolobium japonicum*	100	13	132	7	张家川回族自治县张家川镇硖口村	马继克
62052500053	槐	*Styphnolobium japonicum*	100	11	148	10	张家川回族自治县张家川镇查湾村	马家议
62052500075	槐	*Styphnolobium japonicum*	600	18	566	13	张家川回族自治县村委会旁边	锁存福
62052500084	槐	*Styphnolobium japonicum*	110	12	190	10	张家川回族自治县龙山镇汪堡村老堡子	汪宝栋
62050200086	龙爪槐	*Styphnolobium japonicum* 'Pendula'	200	10	180	12	秦州区玉泉镇王家坪村南郭寺	南郭寺公园管理处
62050220804	龙爪槐	*Styphnolobium japonicum* 'Pendula'	500	7	240	13	秦州区太京镇甸子村	甸子村委会
62050300491	龙爪槐	*Styphnolobium japonicum* 'Pendula'	100	6	154	8	麦积区马跑泉镇龙槐村龙槐寺院内	龙槐寺
62052100111	龙爪槐	*Styphnolobium japonicum* 'Pendula'	300	5	62	2	清水县金集镇槐树村	柳存安
62052206003	龙爪槐	*Styphnolobium japonicum* 'Pendula'	300	9	79	7	秦安县陇城镇西关村西番寺	西番寺
62052213026	龙爪槐	*Styphnolobium japonicum* 'Pendula'	200	4	116	4	秦安县兴国镇孙蔡村	南长政
62052213030	龙爪槐	*Styphnolobium japonicum* 'Pendula'	100	3	59	4	秦安县兴国镇何川社区	何川工商所
62052214021	龙爪槐	*Styphnolobium japonicum* 'Pendula'	130	3	119	6	秦安县兴丰镇何杨村董家大庄	高根生
62052300102	龙爪槐	*Styphnolobium japonicum* 'Pendula'	200	6	140	7	甘谷县安远镇黄河村 660 乡道	黄河村委会
62052300130	龙爪槐	*Styphnolobium japonicum* 'Pendula'	200	12	370	22	甘谷县大石镇丁窑村	丁窑村委会
芸香科								
62052100725	臭檀吴萸	*Tetradium daniellii*	160	20	120	4	清水县贾川乡梅江村	梅江村委会
62050300356	臭檀吴萸	*Tetradium daniellii*	100	7	152	5	麦积区麦积镇北湾村东北方向路边	北湾村委会
苦木科								
62050200165	臭椿	*Ailanthus altissima*	150	17	225	8	秦州区东关街道十方堂社区	天水市书画院
62050220036	臭椿	*Ailanthus altissima*	400	20	340	10	秦州区秦岭乡董集寨村	董集寨村委会

古树编号	树种	树种拉丁名	估测树龄	树高 (m)	树围 (cm)	平均冠幅 (m)	具体地点	管护单位 / 人
62050300411	臭椿	*Ailanthus altissima*	100	14	222	10	麦积区五龙镇石洞沟村	石洞沟村委会
62052100199	臭椿	*Ailanthus altissima*	200	18	241	13	清水县白驼镇化岭村四组杨家门口	杨小平
62052100366	臭椿	*Ailanthus altissima*	200	21	163	9	清水县山门镇白河村后河组山神庙旁	钱永康
62052100435	臭椿	*Ailanthus altissima*	130	10	151	8	清水县白沙镇桑园村大湾里	桑园村委会
62052100441	臭椿	*Ailanthus altissima*	110	20	157	10	清水县白沙镇温泉村高家院内	温泉村委会
62052100459	臭椿	*Ailanthus altissima*	200	22	60	20	清水县白驼镇林凸村杨家门口	林凸村委会
62052100460	臭椿	*Ailanthus altissima*	100	24	110	31	清水县白驼镇林凸村二郎庙门口	林凸村委会
62052100767	臭椿	*Ailanthus altissima*	100	20	60	8	清水县金集镇水清村切口湾	水清村委会
62052101079	臭椿	*Ailanthus altissima*	120	18	180	16	清水县永清镇会清水县一中	清水县一中
62052409028	臭椿	*Ailanthus altissima*	120	16	270	8	武山县马力镇张坪村 92 号门前	张胜强
62052410003	臭椿	*Ailanthus altissima*	210	20	240	10	武山县滩歌镇代沟村委会院内	代夫炳
楝科								
62050200113	楝	*Melia azedarach*	50	16	115	18	秦州区东关街道忠武巷社区	市招待所
62052100200	香椿	*Toona sinensis*	200	12	197	7	清水县白驼镇化岭村五组	化岭村委会
62052100455	香椿	*Toona sinensis*	200	30	170	23	清水县白驼镇化岭村五组	化岭村委会
漆树科								
62050300239	黄栌	*Cotinus coggygria* var. *cinereus*	120	5	115	4	麦积区甘泉镇石沟村马王庙后坡	石沟村委会
62050300240	黄栌	*Cotinus coggygria* var. *cinereus*	100	4	70	3	麦积区甘泉镇石沟村马王庙后坡	石沟村委会
62050300241	黄栌	*Cotinus coggygria* var. *cinereus*	100	4	90	3	麦积区甘泉镇石沟村马王庙后坡	石沟村委会
62052300241	黄栌	*Cotinus coggygria* var. *cinereus*	110	10	128	6	甘谷县白家湾乡宋家岔村连霍高速	海金寺
62050300350	黄连木	*Pistacia chinensis*	600	8	360	15	麦积区麦积镇北湾村显应祠西南侧	崇福寺管委会
62050300402	黄连木	*Pistacia chinensis*	100	4	200	6	麦积区麦积镇杨何村村北面坡脚	杨何村委会
62050300675	黄连木	*Pistacia chinensis*	200	12	220	10	麦积区元龙镇渭滩村党群服务中心院内	渭滩村委会
62052100701	青麸杨	*Rhus potaninii*	150	21	100	4	清水县黄门镇元川村	元川村委会
62052215021	漆	*Toxicodendron vernicifluum*	200	15	180	20	秦安县千户镇永安村	吴国珍
62052215022	漆	*Toxicodendron vernicifluum*	140	9	250	7	秦安县千户镇何吕村惠沟	惠有生
62052300217	漆	*Toxicodendron vernicifluum*	400	15	240	9	甘谷县西坪镇上硬王村 453 县道	上硬王村委会
卫矛科								
62050200087	卫矛	*Euonymus alatus*	200	6	200	13	秦州区玉泉镇王家坪村南郭寺	南郭寺公园管理处
62050220026	卫矛	*Euonymus alatus*	200	6	100	3	秦州区杨家寺镇杨家寺村	中心小学
62050220227	卫矛	*Euonymus alatus*	200	4	75	6	秦州区秦岭乡胡家山村	胡家山村委会
62050220303	卫矛	*Euonymus alatus*	300	7	100	14	秦州区藉口镇湾合村	湾合村委会
62050220812	卫矛	*Euonymus alatus*	300	6	280	9	秦州区牡丹镇李官仁湾村山神庙	李官仁湾村委会
62050220877	卫矛	*Euonymus alatus*	100	6	150	6	秦州区牡丹镇王家大山村	王家大山村委会
62050300229	白杜	*Euonymus maackii*	550	7	320	4	麦积区甘泉镇石沟村村西头农户院边	石沟村委会

古树编号	树种	树种拉丁名	估测树龄	树高 (m)	树围 (cm)	平均冠幅 (m)	具体地点	管护单位 / 人
62050300323	白杜	*Euonymus maackii*	120	6	145	4	麦积区麦积镇街亭村纪信祠门口	崇福寺管委会
62050300413	白杜	*Euonymus maackii*	200	13	200	10	麦积区五龙镇张湾村财神庙门口	张湾村委会
62050300590	白杜	*Euonymus maackii*	200	12	134	7	麦积区渭南镇吴家庄伏羲庙院内	卦台山景区服务中心
62052100194	白杜	*Euonymus maackii*	300	7	174	5	清水县红堡镇高沟村豁罗下组爷庙台	周存银
62052100195	白杜	*Euonymus maackii*	200	11	166	9	清水县金集镇张牛村二组牛家坪山神庙	周随生
62052100197	白杜	*Euonymus maackii*	500	8	224	10	清水县郭川镇郭川村寺背后组赵家门口	赵得海
62052100198	白杜	*Euonymus maackii*	240	8	240	6	清水县郭川镇马蹄村马蹄组齐家湾崖	郭全军
62052100252	白杜	*Euonymus maackii*	510	17	89	11	清水县草川铺镇九龙村安家湾老庄里	安金虎
62052100608	白杜	*Euonymus maackii*	240	22	120	8	清水县郭川镇马蹄村堡子上	马蹄村委会
62052100723	白杜	*Euonymus maackii*	150	16	100	5	清水县贾川乡梅江村	梅江村委会
62052100724	白杜	*Euonymus maackii*	150	15	100	5	清水县贾川乡梅江村	梅江村委会
62052100782	白杜	*Euonymus maackii*	200	6	70	8	清水县金集镇张牛村牛家坪山神庙	张牛村委会
62052300131	白杜	*Euonymus maackii*	800	18	280	14	甘谷县大石镇中庄村	中庄村委会
62052300132	白杜	*Euonymus maackii*	600	13	260	12	甘谷县大石镇中庄村	中庄村委会
62052300242	白杜	*Euonymus maackii*	1000	10	350	6	甘谷县白家湾乡宋家岔村连霍高速	海金寺
62052300244	白杜	*Euonymus maackii*	100	14	100	7	甘谷县白家湾乡宋家岔村连霍高速	海金寺
62052100196	栓翅卫矛	*Euonymus phellomanus*	100	8	60	6	清水县新城乡李湾村王沟组王沟山神庙下	杨志明
省沽油科								
62052403006	膀胱果	*Staphylea holocarpa*	1100	6	50	9	武山县榆盘镇钟楼村水帘洞菩萨殿旁	水帘洞
无患子科								
62050220499	三角槭	*Acer buergerianum*	250	10	320	10	秦州区关子镇杨柳村	杨柳村委会
62050220870	三角槭	*Acer buergeriamum*	300	8	230	9	秦州区太京镇甸子村	甸子村委会
62052413009	三角槭	*Acer buergeriamum*	800	15	230	8	武山县温泉镇田河村腰坡顶	韩喜乾
62050220520	五角槭	*Acer pictum* subsp. *mono*	200	25	250	20	秦州区皂郊镇东沟村	东沟村委会
62050300388	五角槭	*Acer pictum* subsp. *mono*	600	25	420	11	麦积区麦积镇卧虎村卧虎山竹林观门口	卧虎村委会
62050300389	五角槭	*Acer pictum* subsp. *mono*	600	24	350	12	麦积区麦积镇卧虎村卧虎山竹林观后	卧虎村委会
62050300310	细裂槭	*Acer pilosum* var. *stenolobum*	1000	10	430	12	麦积区琥珀镇霍家沟村独古树山顶	霍家沟村委会
62050300311	细裂槭	*Acer pilosum var.* stenolobum	800	8	290	9	麦积区琥珀镇霍家沟村独古树山顶	霍家沟村委会
62050300653	细裂槭	*Acer pilosum* var. *stenolobum*	100	9	140	7	麦积区新阳镇肖王村村南主干道边	肖王村委会
62050300654	细裂槭	*Acer pilosum* var. *stenolobum*	100	7	120	4	麦积区新阳镇肖王村村南主干道边	肖王村委会
62050300655	细裂槭	*Acer pilosum* var. *stenolobum*	100	7	115	6	麦积区新阳镇肖王村村南路边崖	肖王村委会
62050300656	细裂槭	*Acer pilosum* var. *stenolobum*	100	8	120	5	麦积区新阳镇肖王村村南路边崖	肖王村委会
62050300657	细裂槭	*Acer pilosum* var. *stenolobum*	100	6	124	5	麦积区新阳镇肖王村村南路边崖	肖王村委会
62050300658	细裂槭	*Acer pilosum* var. *stenolobum*	100	8	130	6	麦积区新阳镇肖王村村南路边崖	肖王村委会
62050300659	细裂槭	*Acer pilosum* var. *stenolobum*	100	7	125	5	麦积区新阳镇肖王村村南路边崖	肖王村委会

古树编号	树种	树种拉丁名	估测树龄	树高 (m)	树围 (cm)	平均冠幅 (m)	具体地点	管护单位 / 人
62052403005	细裂槭	*Acer pilosum* var. *stenolobum*	1100	11	350	10	武山县榆盘镇钟楼村水帘洞菩萨殿旁	水帘洞
62052101073	细裂槭	*Acer pilosum* var. *stenolobum*	120	7	60	8	清水县永清镇李崖村轩辕湖	李崖村委会
62050220539	文冠果	*Xanthoceras sorbifolium*	300	7	175	7	秦州区藉口镇三合村	三合村委会
62050300406	文冠果	*Xanthoceras sorbifolium*	300	8	110	6	麦积区五龙镇雷湾村家神庙院内	雷湾村委会
62050300407	文冠果	*Xanthoceras sorbifolium*	300	10	110	6	麦积区五龙镇雷湾村家神庙院内	雷湾村委会
62050300480	文冠果	*Xanthoceras sorbifolium*	150	6	90	6	麦积区马跑泉镇新胜村龙寺门口坡道上	新胜村委会
62050300515	文冠果	*Xanthoceras sorbifolium*	600	7	200	5	麦积区花牛镇东缑村东北地埂边上	东缑村委会
62050300621	文冠果	*Xanthoceras sorbifolium*	100	6	80	5	麦积区新阳镇赵家庄路边土崖上	赵家庄村委会
62052100048	文冠果	*Xanthoceras sorbifolium*	400	6	140	4	清水县白驼镇白驼村唐城庙旁	王富东
62052100049	文冠果	*Xanthoceras sorbifolium*	300	10	102	3	清水县红堡镇崔刘村刘沟老坟地	石俊明
62052300105	文冠果	*Xanthoceras sorbifolium*	300	8	196	6	甘谷县金山镇邓家咀村大山段	邓家咀村委会
62052300252	文冠果	*Xanthoceras sorbifolium*	400	6	120	5	甘谷县白家湾乡安家湾村山神庙顶	甘谷县林草局
62052300253	文冠果	*Xanthoceras sorbifolium*	150	6	140	6	甘谷县白家湾乡安家湾村山神庙顶	甘谷县林草局
62052300254	文冠果	*Xanthoceras sorbifolium*	150	7	123	5	甘谷县白家湾乡安家湾村山神庙顶	甘谷县林草局
62052407034	文冠果	*Xanthoceras sorbifolium*	250	4	100	6	武山县城关镇韦庄村委会舞台后	张彦林
鼠李科								
62052300220	枣	*Ziziphus jujuba*	600	8	140	8	甘谷县西坪镇莲花台村 453 县道	莲花台村委会
锦葵科								
62050220514	少脉椴	*Tilia paucicostata*	100	13	300	10	秦州区关子镇石川村回龙山关帝庙	石川村委会
62052100120	少脉椴	*Tilia paucicostata*	200	17	256	9	清水县山门镇旺兴村尧庄	郭根银
62052100121	少脉椴	*Tilia paucicostata*	180	15	230	9	清水县秦亭镇辥赵村辥山	赵水峰
62052100364	少脉椴	*Tilia paucicostata*	500	21	80	14	清水县山门镇旺兴村山神庙头顶	郭彦峰
柽柳科								
62050300172	柽柳	*Tamarix chinensis*	300	6	120	3	麦积区甘泉镇吴河村三官庙院内	吴河村委会
62052100949	柽柳	*Tamarix chinensis*	100	10	100	3	清水县松树镇邵湾村邵家门口	邵湾村委会
62052101103	柽柳	*Tamarix chinensis*	160	5	178	7	清水县远门镇新石村陈家屋后	新石村委会
62052204003	柽柳	*Tamarix chinensis*	650	7	107	3	秦安县莲花镇高楼村	高楼村委会
62052210001	柽柳	*Tamarix chinensis*	120	4	88	4	秦安县中山乡中山村窦家堡子	水滦寺
62052300232	柽柳	*Tamarix chinensis*	300	12	80	7	甘谷县谢家湾乡韩窑村姜家堰	韩窑村委会
千屈菜科								
62050200277	石榴	*Punica granatum*	100	4	75	4	秦州区大城街道光明巷社区	光明巷社区
山茱萸科								
62050300077	毛梾	*Cornus walteri*	300	9	195	7	麦积区伯阳镇南河村圣湫山慈恩寺大殿后	南河村委会
62050300247	毛梾	*Cornus walteri*	600	17	385	12	麦积区甘泉镇胡沟村山神庙	胡沟村委会
62050300506	毛梾	*Cornus walteri*	500	10	320	10	麦积区花牛镇毛集村朝阳寺门口台地	毛集村委会
62052300219	光皮梾木	*Cornus wilsoniana*	100	15	192	11	甘谷县西坪镇冯寨村 453 县道	冯寨村委会

古树编号	树种	树种拉丁名	估测树龄	树高(m)	树围(cm)	平均冠幅(m)	具体地点	管护单位/人
柿科								
62052100309	柿	*Diospyros kaki*	300	20	275	7	清水县丰望乡车河村下庄里	汤卫民
62052100565	柿	*Diospyros kaki*	200	12	377	8	清水县丰望乡车河村井地里	车河村委会
62052100567	柿	*Diospyros kaki*	100	12	377	7	清水县丰望乡车河村井地里	车河村委会
62052100568	柿	*Diospyros kaki*	100	12	314	7	清水县丰望乡车河村井地里	车河村委会
62052100577	柿	*Diospyros kaki*	230	7	240	4	清水县丰望乡王杨村大园子	王杨村委会
62052100612	柿	*Diospyros kaki*	220	9	250	8	清水县郭川镇青莲村爷寺背后	青莲村委会
62052100613	柿	*Diospyros kaki*	220	10	280	10	清水县郭川镇青莲村爷寺背后	青莲村委会
62052100614	柿	*Diospyros kaki*	260	13	240	11	清水县郭川镇宋川村老井旁边	宋川村委会
62052100615	柿	*Diospyros kaki*	250	13	240	12	清水县郭川镇宋川村阳家崖	宋川村委会
62052100616	柿	*Diospyros kaki*	240	13	230	12	清水县郭川镇宋川村阳家崖	宋川村委会
62052100617	柿	*Diospyros kaki*	240	13	230	12	清水县郭川镇宋川村阳家崖	宋川村委会
62052100618	柿	*Diospyros kaki*	240	13	230	12	清水县郭川镇宋川村阳家崖	宋川村委会
62052100619	柿	*Diospyros kaki*	230	13	220	12	清水县郭川镇宋川村广场	宋川村委会
62052100620	柿	*Diospyros kaki*	230	12	180	11	清水县郭川镇宋川村阳家崖	宋川村委会
62052100621	柿	*Diospyros kaki*	220	12	180	11	清水县郭川镇宋川村阳家崖	宋川村委会
62052100622	柿	*Diospyros kaki*	220	9	110	7	清水县郭川镇宋川村阳家崖	宋川村委会
62052100623	柿	*Diospyros kaki*	220	9	120	8	清水县郭川镇宋川村阳家崖	宋川村委会
62052100624	柿	*Diospyros kaki*	220	13	210	11	清水县郭川镇宋川村	宋川村委会
62052100656	柿	*Diospyros kaki*	150	15	50	10	清水县红堡镇倪徐村建民小学操场	倪徐村委会
62052100657	柿	*Diospyros kaki*	200	16	60	12	清水县红堡镇倪徐村城根底下	倪徐村委会
62052100658	柿	*Diospyros kaki*	200	16	60	12	清水县红堡镇倪徐村城根底下	倪徐村委会
62052100659	柿	*Diospyros kaki*	150	12	40	10	清水县红堡镇倪徐村毕家大湾	倪徐村委会
62052100660	柿	*Diospyros kaki*	150	14	50	12	清水县红堡镇倪徐村毕家大湾	倪徐村委会
62052100661	柿	*Diospyros kaki*	150	12	40	10	清水县红堡镇倪徐村毕家大湾	倪徐村委会
62052100662	柿	*Diospyros kaki*	150	15	50	12	清水县红堡镇倪徐村上川里	倪徐村委会
62052100664	柿	*Diospyros kaki*	200	12	130	3	清水县红堡镇清泉村太坪路旁	清泉村委会
62052100665	柿	*Diospyros kaki*	200	15	150	6	清水县红堡镇清泉村二级路北	清泉村委会
62052100666	柿	*Diospyros kaki*	200	15	130	4	清水县红堡镇清泉村二级路南	清泉村委会
62052100670	柿	*Diospyros kaki*	230	8	160	6	清水县红堡镇太阳村老庄里	太阳村委会
62052100671	柿	*Diospyros kaki*	230	7	140	5	清水县红堡镇太阳村老庄里	太阳村委会
62052100672	柿	*Diospyros kaki*	250	8	280	4	清水县红堡镇唐杨村柿树园	唐杨村委会
62052100673	柿	*Diospyros kaki*	250	12	260	3	清水县红堡镇唐杨村柿树园	唐杨村委会
62052100674	柿	*Diospyros kaki*	250	10	250	2	清水县红堡镇唐杨村柿树园	唐杨村委会
62052100675	柿	*Diospyros kaki*	250	10	250	3	清水县红堡镇唐杨村柿树园	唐杨村委会
62052100714	柿	*Diospyros kaki*	230	10	195	6	清水县贾川乡林河村	林河村委会

古树编号	树种	树种拉丁名	估测树龄	树高 (m)	树围 (cm)	平均冠幅 (m)	具体地点	管护单位 / 人
62052100715	柿	*Diospyros kaki*	230	11	180	5	清水县贾川乡林河村	林河村委会
62052100716	柿	*Diospyros kaki*	230	9	170	4	清水县贾川乡林河村	林河村委会
62052100718	柿	*Diospyros kaki*	260	11	202	6	清水县贾川乡林河村林河自然村桥头	林河村委会
62052100719	柿	*Diospyros kaki*	130	8	180	5	清水县贾川乡林河村林河自然村桥头	林河村委会
62052100720	柿	*Diospyros kaki*	120	10	165	5	清水县贾川乡林河村林河自然村桥头	林河村委会
62052100735	柿	*Diospyros kaki*	230	10	80	7	清水县贾川乡梅江村	梅江村委会
62052100736	柿	*Diospyros kaki*	230	10	90	8	清水县贾川乡梅江村	梅江村委会
62052100737	柿	*Diospyros kaki*	230	15	60	8	清水县贾川乡梅江村支家坡门口	梅江村委会
62052100739	柿	*Diospyros kaki*	210	10	60	8	清水县贾川乡梅江村支家河自然村内	梅江村委会
62052100740	柿	*Diospyros kaki*	200	10	60	8	清水县贾川乡梅江村支家河自然村内	梅江村委会
62052100940	柿	*Diospyros kaki*	200	9	70	7	清水县山门镇腰套村	腰套村委会
62050220507	柿	*Diospyros kaki*	200	12	130	11	秦州区玉泉镇孙家坪村	孙家坪村委会
62050300277	柿	*Diospyros kaki*	500	20	350	18	麦积区甘泉镇八槐村东柯大道	八槐村委会
62050200900	君迁子	*Diospyros lotus*	200	12	130	10	秦州区玉泉镇东团庄村西坡里会应山寺庙东侧	杜生荣
62050300023	君迁子	*Diospyros lotus*	500	14	320	14	麦积区伯阳镇曹石村村西小路边	曹石村委会
62050300099	君迁子	*Diospyros lotus*	500	20	360	10	麦积区东岔镇龙凤村村内路边	龙凤村委会
62050300673	君迁子	*Diospyros lotus*	300	8	210	6	麦积区元龙镇渭滩村糖坊沟上山公路边	渭滩村委会
62052408046	君迁子	*Diospyros lotus*	100	17	250	16	武山县洛门镇营儿村 102 号门口	赵保林
62052408047	君迁子	*Diospyros lotus*	100	15	240	13	武山县洛门镇营儿村 220 号门口	赵保林
62052408048	君迁子	*Diospyros lotus*	150	15	300	14	武山县洛门镇营儿村 204 号门口	赵保林
62052408049	君迁子	*Diospyros lotus*	300	21	600	11	武山县洛门镇营儿村 204 号门口西南侧	赵保林
62052408050	君迁子	*Diospyros lotus*	150	15	270	18	武山县洛门镇营儿村营儿里汪家后院东南侧	赵保林
62052408051	君迁子	*Diospyros lotus*	150	15	220	12	武山县洛门镇营儿村营儿里汪家后院西南侧	赵保林
62052408052	君迁子	*Diospyros lotus*	150	13	200	15	武山县洛门镇营儿村营儿里汪家田地	赵保林
62052408053	君迁子	*Diospyros lotus*	150	14	200	14	武山县洛门镇营儿村营儿里汪家田地	赵保林
62052408054	君迁子	*Diospyros lotus*	200	14	370	14	武山县洛门镇营儿村营儿里张家田地	赵保林
62052408055	君迁子	*Diospyros lotus*	150	15	200	15	武山县洛门镇营儿村营儿里张家田地	赵保林
62052408056	君迁子	*Diospyros lotus*	100	11	160	11	武山县洛门镇营儿村营儿里张家田地	赵保林
62052408057	君迁子	*Diospyros lotus*	150	15	230	12	武山县洛门镇营儿村营儿里张家田地	赵保林
62052408058	君迁子	*Diospyros lotus*	200	14	380	17	武山县洛门镇营儿村营儿里	赵保林
62052408059	君迁子	*Diospyros lotus*	100	12	160	10	武山县洛门镇营儿村 310 公路南侧	赵保林
62052408060	君迁子	*Diospyros lotus*	150	15	250	12	武山县洛门镇营儿村营儿里康家院后	赵保林
62052408061	君迁子	*Diospyros lotus*	150	11	280	11	武山县洛门镇营儿村 310 公路 1618 碑路边	赵保林
62052408062	君迁子	*Diospyros lotus*	150	13	220	14	武山县洛门镇营儿村 310 国道 1618 碑路边	赵保林
62052408063	君迁子	*Diospyros lotus*	150	20	310	14	武山县洛门镇营儿村营儿里赵家门口	赵保林
62052408064	君迁子	*Diospyros lotus*	150	13	220	14	武山县洛门镇营儿村营儿里赵家门前	赵保林

古树编号	树种	树种拉丁名	估测树龄	树高 (m)	树围 (cm)	平均冠幅 (m)	具体地点	管护单位 / 人
62052408065	君迁子	*Diospyros lotus*	150	14	210	15	武山县洛门镇营儿村营儿里赵家田地	赵保林
木犀科								
62050220187	紫丁香	*Syringa oblata*	800	4	50	4	秦州区藉口镇栖子滩村	栖子滩村委会
62050300230	紫丁香	*Syringa oblata*	300	6	140	4	麦积区甘泉镇石沟村龙王庙院内东南角	石沟村委会
62050300357	紫丁香	*Syringa oblata*	300	5	134	6	麦积区麦积镇宏罗村宏罗小学院内	宏罗小学
62052300136	紫丁香	*Syringa oblata*	1000	5	90	7	甘谷县礼辛镇陈庄村 668 乡道	陈庄村委会
62052300137	紫丁香	*Syringa oblata*	100	4	100	5	甘谷县礼辛镇陈庄村 668 乡道	陈庄村委会
62052412030	紫丁香	*Syringa oblata*	200	22	170	9	武山县四门镇大蒿村	松世东
62052412031	紫丁香	*Syringa oblata*	320	10	180	6	武山县四门镇大蒿村	松世东
62052500056	紫丁香	*Syringa oblata*	260	6	94	7	张家川回族自治县大阳镇侯吴村小学院内	侯吴村小学
62052500079	紫丁香	*Syringa oblata*	200	5	126	6	张家川回族自治县梁山镇阳洼村显神沟	惠亮亮
62052100044	白丁香	*Syringa oblata* 'Alba'	190	14	252	4	清水县白沙镇桑园村程家庄箭峡沟口	李国平
62052100876	白丁香	*Syringa oblata* 'Alba'	200	10	60	4	清水县秦亭镇年庄村下沟畔	年庄村委会
62052100877	白丁香	*Syringa oblata* 'Alba'	200	12	60	4	清水县秦亭镇年庄村下沟畔	年庄村委会
62052411007	暴马丁香	*Syringa reticulata* subsp. *amurensis*	300	22	330	11	武山县龙台镇沟门村	杨调娃
62052414037	暴马丁香	*Syringa reticulata* subsp. *amurensis*	400	17	200	7	武山县杨河镇赵河村	李马定
62052414038	暴马丁香	*Syringa reticulata* subsp. *amurensis*	300	20	130	3	武山县杨河镇赵河村	高羊家
62052414039	暴马丁香	*Syringa reticulata* subsp. *amurensis*	200	11	210	5	武山县杨河镇赵河村	杨绪前
62052414040	暴马丁香	*Syringa reticulata* subsp. *amurensis*	200	10	230	8	武山县杨河镇赵河村	景张家
玄参科								
62052100117	互叶醉鱼草	*Buddleja alternifolia*	300	5	180	4	清水县秦亭镇百家村	吴永科
62052100118	互叶醉鱼草	*Buddleja alternifolia*	200	4	120	2	清水县白驼镇白驼村民安寺	王富东
62052100119	互叶醉鱼草	*Buddleja alternifolia*	100	4	60	2	清水县红堡镇刘谢村	刘茂祥
62052100311	互叶醉鱼草	*Buddleja alternifolia*	300	3	50	2	清水县丰望乡甘涝池村财神庙旁	刘爱民
62052100450	互叶醉鱼草	*Buddleja alternifolia*	200	4	45	2	清水县白驼镇白驼村民安寺	白驼村委会
62052100652	互叶醉鱼草	*Buddleja alternifolia*	100	2	310	2	清水县红堡镇刘坪村山神庙	刘坪村委会
62052101088	互叶醉鱼草	*Buddleja alternifolia*	100	3	34	3	清水县远门镇林峡村林家门口	林峡村委会
紫葳科								
62050220074	灰楸	*Catalpa fargesii*	150	8	200	6	秦州区藉口镇朱芦村	朱芦村委会
62050220228	灰楸	*Catalpa fargesii*	350	18	100	4	秦州区秦岭乡胡家山村	胡家山村委会
62050220869	灰楸	*Catalpa fargesii*	300	10	220	6	秦州区杨家寺镇煤湾村	煤湾村小学
62052100133	灰楸	*Catalpa fargesii*	190	14	144	8	清水县远门乡林峡村楸树坟	林茂盛
62052100135	灰楸	*Catalpa fargesii*	170	16	234	13	清水县松树乡大庄村红土沟	刘吉林
62052100405	灰楸	*Catalpa fargesii*	450	14	120	10	清水县远门镇王付村小湾老庄	王付村委会

古树编号	树种	树种拉丁名	估测树龄	树高 (m)	树围 (cm)	平均冠幅 (m)	具体地点	管护单位 / 人
62052100578	灰楸	*Catalpa fargesii*	100	20	340	10	清水县丰望乡邢来村来家山庄	邢来村委会
62052100605	灰楸	*Catalpa fargesii*	100	26	150	13	清水县郭川镇马蹄村将军庙	马蹄村委会
62052100606	灰楸	*Catalpa fargesii*	100	26	150	13	清水县郭川镇马蹄村将军庙	马蹄村委会
62052100607	灰楸	*Catalpa fargesii*	100	26	150	13	清水县郭川镇马蹄村将军庙	马蹄村委会
62052100820	灰楸	*Catalpa fargesii*	150	20	70	20	清水县陇东镇田湾村	田湾村委会
62052100872	灰楸	*Catalpa fargesii*	200	12	80	7	清水县秦亭镇麦池村房院后	麦池村委会
62052100873	灰楸	*Catalpa fargesii*	100	8	70	8	清水县秦亭镇麦池村李家门口	麦池村委会
62052100944	灰楸	*Catalpa fargesii*	200	19	231	8	清水县松树镇大庄村红土沟	大庄村委会
62052100971	灰楸	*Catalpa fargesii*	100	18	60	3	清水县土门镇丰盛村寺庙	丰盛村委会
62052100991	灰楸	*Catalpa fargesii*	120	25	210	3	清水县土门镇周山村穆家后院	周山村委会
62052101090	灰楸	*Catalpa fargesii*	200	6	90	8	清水县远门镇林峡村	林峡村委会
62052202008	灰楸	*Catalpa fargesii*	110	15	138	8	秦安县王铺乡师山村庞窑组	庞虎林
62052300145	灰楸	*Catalpa fargesii*	200	12	165	8	甘谷县礼辛镇董岘村	徐卫平
62052300146	灰楸	*Catalpa fargesii*	150	12	150	6	甘谷县礼辛镇董岘村	徐卫平
62052300147	灰楸	*Catalpa fargesii*	150	12	166	7	甘谷县礼辛镇董岘村	徐卫平
62052300227	灰楸	*Catalpa fargesii*	150	16	208	8	甘谷县西坪镇陈家湾村 453 县道	郭风娃
62052402021	灰楸	*Catalpa fargesii*	150	16	180	7	武山县鸳鸯镇苟山村委会院内	苟五存
62052402022	灰楸	*Catalpa fargesii*	150	14	170	5	武山县鸳鸯镇苟山村委会院内	苟五存
62052402023	灰楸	*Catalpa fargesii*	150	16	170	5	武山县鸳鸯镇苟山村委会院内	苟五存
62052409023	灰楸	*Catalpa fargesii*	120	16	220	7	武山县马力镇堡子村村门口	张同喜
62052410006	灰楸	*Catalpa fargesii*	110	15	150	5	武山县滩歌镇代沟村山神庙院内	代夫炳
62052414035	灰楸	*Catalpa fargesii*	120	13	170	8	武山县杨河镇庄科村旧学校旁	李女子
62052500004	灰楸	*Catalpa fargesii*	110	20	190	7	张家川回族自治县龙山镇榆树村	杨延晓
62050300119	灰楸	*Catalpa fargesii*	100	13	196	8	麦积区党川镇花庙村	花庙村委会
62050300200	灰楸	*Catalpa fargesii*	800	10	502	8	麦积区甘泉镇谢家崖村伏龙寺围墙外	谢家崖村委会
62050300623	灰楸	*Catalpa fargesii*	100	12	185	10	麦积区新阳镇周家湾村 75 号门口	周家湾村委会
忍冬科								
62052300243	葱皮忍冬	*Lonicera ferdinandi*	500	3	60	4	甘谷县白家湾乡宋家岔村连霍高速	海金寺
62052300245	葱皮忍冬	*Lonicera ferdinandi*	300	5	55	2	甘谷县白家湾乡宋家岔村连霍高速	海金寺

天水市古树群

古树群编号	主要树种	株数	平均树高 (m)	平均树围 (cm)	平均树龄	具体地点	管护单位
62052562162	杏	6	11	41	130	张家川回族自治县查湾村后山	查湾村委会
62052362161	白皮松	15	5	65	200	甘谷县G30连霍高速靠近大像山	大象山景区管委会
62052362160	侧柏	26	8	85	150	甘谷县赶羊道靠近苟家庄村	苟家村委会
62052262159	蒙古栎	63	14	32	250	秦安县王铺镇青林村	青林沟村委会
62052262158	侧柏	34	14	32	120	秦安县西川镇小寨村	小寨村委会
62052262157	侧柏	16	13	32	120	秦安县西川镇小寨村	小寨村委会
62052162146	榉树	4	8	70	200	清水县陇东乡土寨村	土寨村委会
62052162145	柿	27	8	70	200	清水县郭川镇宋川村、郭川村	宋川村、郭川村委会
62052162144	柿	25	8	70	200	清水县丰望乡车河村	车河村委会
62052162143	柿	63	8	70	200	清水县红堡镇、贾川乡	红堡镇、贾川乡政府
62052162142	胡桃	153	8	70	200	清水县陇东镇、草川镇	陇东镇、草川镇政府
62052162141	槐	193	8	70	200	清水县金集镇张牛村	张牛村委会
62052162140	千头柏	17	8	70	120	清水县贾川乡上湾村	上湾村委会
62052162139	侧柏	11	12	57	130	清水县黄门镇刘湾村	刘湾村委会
62052162138	侧柏	8	12	57	130	清水县丰望乡邢来村邢堡	邢来村委会
62050362137	柿	93	15	129	300	麦积区张新村柿柿如意园内	张新村委会
62050362136	柿	87	11	143	180	麦积区社棠镇郭坪村柿子乐园	郭坪村委会
62050362135	胡桃	18	21	211	200	麦积区麦积镇后川村天水和谐园院内	天水和谐园
62050362134	柿	225	15	196	300	麦积区社棠镇东家山村	东家山村委会
62050262133	杜梨	3	13	160	200	秦州区立志村	立志村委会
62050262132	刺叶高山栎	12	17	200	400	秦州区银河村	银河村委会
62050262131	侧柏	3	19	120	260	秦州区庙坪村	庙坪村委会
62050262130	侧柏	3	18	180	400	秦州区上峡村	上峡村委会
62050262129	槐	5	16	200	150	秦州区石泉子村	石泉子村委会
62050262128	槐	4	25	250	300	秦州区南灵村王家小庄	南灵村委会
62050262127	槐	4	19	260	300	秦州区放牛村	放牛村委会
62050262126	槐	4	18	220	260	秦州区牛家窑村	牛家窑村委会
62050262125	槐	3	18	200	300	秦州区下山里村	下山里村委会

古树群编号	主要树种	株数	平均树高 (m)	平均树围 (cm)	平均树龄	具体地点	管护单位
62050262124	紫丁香	3	5	25	150	秦州区朱家庙村	朱家庙村委会
62050262123	侧柏	9	10	140	200	秦州区缑家山村	缑家山村委会
62050262122	杜梨	8	12	200	150	秦州区王家山村十字	王家山村委会
62050262121	杜梨	6	13	160	150	秦州区杜家山杜家村坟院	杜家山村委会
62050262120	侧柏	3	10	100	100	秦州区刘家湾村	刘家湾村委会
62050262119	杜梨	3	9	180	200	秦州区流水村	流水村委会
62050262118	侧柏	56	7	80	100	秦州区安家山村坟地	安家山村委会
62050262117	槐	5	16	300	400	秦州区七十铺村	七十铺村委会
62050262116	侧柏	70	7	100	100	秦州区七十铺村	七十铺村委会
62050262115	杜梨	6	15	300	300	秦州区安家山村	安家山村委会
62050262114	三角槭	30	10	180	300	秦州区杨柳村山神庙	杨柳村委会
62050262113	侧柏	13	15	270	400	秦州区关子村泰山庙	关子村委会
62050262112	杜梨	8	8	150	150	秦州区大湾村碎梁	大湾村委会
62050262111	杜梨	13	8	170	200	秦州区关同村	关同村委会
62050262110	侧柏	3	16	180	300	秦州区红卫村	红卫村委会
62050262109	侧柏	5	15	120	150	秦州区座崖村	座崖村委会
62050262108	侧柏	4	10	150	200	秦州区杨家山村	杨家山村委会
62050262107	侧柏	9	18	150	200	秦州区龙凤村	龙凤村委会
62050262106	侧柏	4	13	130	200	秦州区姚宋村	姚宋村委会
62050262105	杜梨	5	8	330	400	秦州区范家山村	范家山村委会
62050262104	侧柏	11	8	200	200	秦州区竹林村	竹林村委会
62050262103	杜梨	10	8	260	300	秦州区白集寨村东台梁	白集寨村委会
62050262102	侧柏	19	15	110	100	秦州区窝驼村	窝驼村委会
62050262101	槐	3	22	230	200	秦州区银坑村	银坑村委会
62050262100	槐	3	15	180	300	秦州区马岐山村	马岐山村委会
62050262099	侧柏	3	16	160	200	秦州区董家磨村	董家磨村委会
62050262098	毛白杨	4	10	110	150	秦州区庞家沟村	庞家沟村委会
62050262097	侧柏	4	10	180	350	秦州区韦家沟村玉泉山	韦家沟村委会
62050262096	侧柏	8	8	180	500	秦州区川口村山神庙	川口村委会
62050262095	侧柏	7	10	130	100	秦州区盘头山村	盘头山村委会
62050262094	柿	14	12	130	200	秦州区玉泉镇东团庄村西坡里	东团庄村委会
62050262093	侧柏	4	15	170	400	秦州区缑家沟村	缑家沟村委会
62050262092	白梨	3	11	200	200	秦州区任堡村	任堡村委会
62050262091	侧柏	3	15	160	200	秦州区红土坡村	红土坡村委会
62050262090	杜梨	3	13	200	200	秦州区辛家沟村	辛家沟村委会

古树群编号	主要树种	株数	平均树高	平均树围	平均树龄	具体地点	管护单位
			(m)	(cm)			
62050262089	侧柏	8	14	120	150	秦州区张寨村万家坟院	张寨村委会
62050262088	侧柏	13	8	130	150	秦州区王寨村	王寨村委会
62050262087	侧柏	6	9	160	200	秦州区河脉村麒龙山	河脉村委会
62050262086	槐	4	20	228	200	秦州区玉泉镇王家坪村白家湾小组	白家湾村民小组
62050262085	榆树	4	17	275	100	秦州区七里墩村办事处宏文园	宏文园管委会
62050262084	榆树	3	15	150	100	秦州区王家湾村山神庙	王家湾村委会
62050262083	榆树	6	25	280	200	秦州区东沟村新洞寺	东沟村委会
62050262082	白梨	4	10	200	300	秦州区竹园梁村	竹园梁村委会
62050262081	侧柏	5	18	300	400	秦州区贾家寺村涌泉寺	贾家寺村委会
62050262080	侧柏	5	8	150	200	秦州区张董村山神庙	张董村委会
62050262079	栾	12	12	100	100	秦州区峡门村崖边	峡门村委会
62050262078	枣	10	6	90	100	秦州区何家庄村山神庙	何家庄村委会
62050262077	侧柏	6	12	300	800	秦州区老湾里村后郎庙	老湾里村委会
62050262076	槐	8	12	150	300	秦州区吉家河村	吉家河村委会
62050262075	侧柏	8	15	150	200	秦州区下寨子村渗金寺	渗金寺管委会
62050262074	槐	4	15	260	400	秦州区下寨子村渗金寺	渗金寺管委会
62050262073	灰楸	12	15	125	100	秦州区何家庄村	何家庄村委会
62050262072	侧柏	18	10	140	180	秦州区牡丹镇杜白村杜家坟院	杜白村委会
62050262071	侧柏	3	14	120	100	秦州区玉泉镇七里墩	七里墩村委会
62050262070	侧柏	6	12	160	150	秦州区盐池村张家坟院	盐池村委会
62050262069	侧柏	3	14	120	260	秦州区老君庙	老君庙
62050262068	侧柏	3	12	100	200	秦州区玉泉镇七里墩村老坟院	七里墩村委会
62050262067	柿	60	9	130	100	秦州区孙家坪村柿地	孙家坪村委会
62050262066	侧柏	23	16	150	200	秦州区孙家坪村柏林坟院	孙家坪村委会
62050262065	侧柏	8	15	130	150	秦州区石码砰村李广墓	秦州区住建局
62050262064	侧柏	3	16	110	150	秦州区陇南书院	秦州区住建局
62050262063	侧柏	3	15	200	350	秦州区皇庙	秦州区住建局
62050262062	槐	4	16	400	500	秦州区皇庙	秦州区住建局
62050262061	槐	3	18	450	500	秦州区中华东路	秦州区住建局
62050262060	槐	4	18	450	500	秦州区中华西路	秦州区住建局
62050262059	侧柏	3	19	110	200	秦州区文庙	秦州区住建局
62050262058	槐	7	200	300	500	秦州区文庙	秦州区住建局
62050262057	银杏	3	17	200	150	秦州区育生巷	秦州区文化馆
62050262056	槐	4	18	200	400	秦州区聚宝盆社区枣园巷	聚宝盆社区
62050262055	侧柏	9	12	90	100	秦州区泰山庙	泰山庙
62050262054	侧柏	9	18	120	100	秦州区南郭寺	南郭寺公园管理处
62050262053	榆树	4	12	180	100	秦州区玉泉观后门外院	玉泉观公园管理处
62050262052	侧柏	45	18	400	900	秦州区玉泉观	玉泉观公园管理处
62050262051	侧柏	28	20	350	850	秦州区伏羲庙	天水市博物馆

酒泉市古树名木

古树编号	树种	树种拉丁名	估测树龄	树高 (m)	树围 (cm)	平均冠幅 (m)	具体地点	管护单位 / 人
杨柳科								
62092100049	胡杨	*Populus euphratica*	140	13	290	19	金塔县航天镇沙门子村	沙门子生态公益林管护区
62092100050	胡杨	*Populus euphratica*	120	13	175	13	金塔县航天镇沙门子村	沙门子生态公益林管护区
62092200005	胡杨	*Populus euphratica*	100	13	465	14	瓜州县锁阳城镇堡子村桥子水管所	锁阳城镇政府
62092200063	胡杨	*Populus euphratica*	110	17	192	17	瓜州县锁阳城镇中渠村蘑菇台子	锁阳城镇政府
62092200064	胡杨	*Populus euphratica*	110	15	207	15	瓜州县锁阳城镇中渠村蘑菇台子	锁阳城镇政府
62092200068	胡杨	*Populus euphratica*	150	19	400	20	瓜州县布隆吉乡九下村四组居民点南侧河岸南	布隆吉乡政府
62092100001	胡杨	*Populus euphratica*	100	15	175	9	金塔县西坝乡晨光村八组农田	西坝护林站
62092100002	胡杨	*Populus euphratica*	100	15	152	9	金塔县西坝乡晨光村八组农田	西坝护林站
62092100003	胡杨	*Populus euphratica*	100	15	226	9	金塔县西坝乡晨光村八组农田	西坝护林站
62092100005	胡杨	*Populus euphratica*	150	13	245	11	金塔县大庄子镇原上八分二组农田	张建军
62092100006	胡杨	*Populus euphratica*	150	13	235	9	金塔县大庄子镇原上八分二组农田	张建军
62092100007	胡杨	*Populus euphratica*	150	15	248	10	金塔县大庄子镇原上八分二组农田	张建军
62092100036	胡杨	*Populus euphratica*	100	10	167	10	金塔县航天镇东岔村	东岔村委会
62092100037	胡杨	*Populus euphratica*	110	11	169	10	金塔县航天镇东岔村	东岔村委会
62092100038	胡杨	*Populus euphratica*	100	12	169	11	金塔县航天镇东岔村	东岔村委会
62092100039	胡杨	*Populus euphratica*	110	15	185	10	金塔县航天镇沙门子村	沙门子生态公益林管护区
62092100040	胡杨	*Populus euphratica*	110	10	157	11	金塔县航天镇沙门子村	沙门子生态公益林管护区
62092100041	胡杨	*Populus euphratica*	120	13	173	13	金塔县航天镇沙门子村	沙门子生态公益林管护区
62092100042	胡杨	*Populus euphratica*	110	10	160	12	金塔县航天镇沙门子村	沙门子生态公益林管护区
62092100043	胡杨	*Populus euphratica*	130	13	193	16	金塔县航天镇沙门子村	沙门子生态公益林管护区
62092100044	胡杨	*Populus euphratica*	140	13	208	15	金塔县航天镇沙门子村	沙门子生态公益林管护区
62092100045	胡杨	*Populus euphratica*	110	9	140	11	金塔县航天镇沙门子村	沙门子生态公益林管护区
62092100046	胡杨	*Populus euphratica*	160	20	490	15	金塔县航天镇沙门子村	沙门子生态公益林管护区
62092100047	胡杨	*Populus euphratica*	160	15	240	16	金塔县航天镇沙门子村	沙门子生态公益林管护区
62092200074	胡杨	*Populus euphratica*	170	14	250	12	瓜州县瓜州镇头工七组	瓜州镇政府
62092200075	胡杨	*Populus euphratica*	170	15	220	12	瓜州县瓜州镇头工七组	瓜州镇政府
62092200076	胡杨	*Populus euphratica*	170	14	290	13	瓜州县瓜州镇头工七组	瓜州镇政府
62092200077	胡杨	*Populus euphratica*	170	13	240	14	瓜州县瓜州镇头工七组	瓜州镇政府
62092200078	胡杨	*Populus euphratica*	170	15	204	11	瓜州县瓜州镇头工七组	瓜州镇政府
62092200079	胡杨	*Populus euphratica*	170	15	204	14	瓜州县瓜州镇头工七组	瓜州镇政府
62092200080	胡杨	*Populus euphratica*	170	14	230	13	瓜州县瓜州镇头工七组	瓜州镇政府
62092200081	胡杨	*Populus euphratica*	170	14	200	12	瓜州县瓜州镇头工七组	瓜州镇政府
62092200082	胡杨	*Populus euphratica*	170	11	197	12	瓜州县瓜州镇头工七组	瓜州镇政府
62092200083	胡杨	*Populus euphratica*	170	10	197	9	瓜州县瓜州镇头工七组	瓜州镇政府
62092200084	胡杨	*Populus euphratica*	170	12	215	12	瓜州县瓜州镇头工七组	瓜州镇政府
62092200085	胡杨	*Populus euphratica*	170	11	220	12	瓜州县瓜州镇头工七组	瓜州镇政府

古树编号	树种	树种拉丁名	估测树龄	树高 (m)	树围 (cm)	平均冠幅 (m)	具体地点	管护单位/人
62092200086	胡杨	*Populus euphratica*	170	13	300	10	瓜州县瓜州镇头工七组	瓜州镇政府
62092200087	胡杨	*Populus euphratica*	170	9	200	11	瓜州县瓜州镇头工七组	瓜州镇政府
62092200088	胡杨	*Populus euphratica*	170	14	230	13	瓜州县瓜州镇头工七组	瓜州镇政府
62092200089	胡杨	*Populus euphratica*	170	12	220	11	瓜州县瓜州镇头工七组	瓜州镇政府
62092200090	胡杨	*Populus euphratica*	170	14	245	12	瓜州县瓜州镇头工七组	瓜州镇政府
62092200091	胡杨	*Populus euphratica*	170	15	170	9	瓜州县瓜州镇头工七组	瓜州镇政府
62092200092	胡杨	*Populus euphratica*	170	17	165	10	瓜州县瓜州镇头工七组	瓜州镇政府
62092200093	胡杨	*Populus euphratica*	170	19	175	12	瓜州县瓜州镇头工七组	瓜州镇政府
62092200094	胡杨	*Populus euphratica*	200	19	400	19	瓜州县西湖镇西湖村	西湖镇政府
62092200095	胡杨	*Populus euphratica*	200	15	230	13	瓜州县西湖镇西湖村	西湖镇政府
62092200096	胡杨	*Populus euphratica*	200	19	370	19	瓜州县西湖镇西湖村	西湖镇政府
62098200022	胡杨	*Populus euphratica*	120	12	130	9	敦煌市月牙泉镇月牙泉南侧	鸣沙山月牙泉国家级风景名胜区
62098200023	胡杨	*Populus euphratica*	120	9	180	7	敦煌市月牙泉镇月牙泉南侧	鸣沙山月牙泉国家级风景名胜区
62098200024	胡杨	*Populus euphratica*	120	10	151	12	敦煌市月牙泉镇月牙泉南侧	鸣沙山月牙泉国家级风景名胜区
62098200025	胡杨	*Populus euphratica*	120	11	183	14	敦煌市月牙泉镇月牙泉村南侧	鸣沙山月牙泉国家级风景名胜区
62098200032	胡杨	*Populus euphratica*	220	15	251	14	敦煌市莫高镇新店台村一组	新店台村委会
62098200033	胡杨	*Populus euphratica*	220	16	290	14	敦煌市莫高镇新店台村一组	新店台村委会
62090200004	二白杨	*Populus × xiaohei* var. *gansuensis*	110	22	310	19	酒泉中学	酒泉中学
62090200001	旱柳	*Salix matsudana*	150	19	420	18	肃州区泉湖公园	泉湖公园
62090200002	旱柳	*Salix matsudana*	150	16	445	17	肃州区泉湖公园	泉湖公园
62090200003	旱柳	*Salix matsudana*	150	14	420	14	肃州区泉湖公园	泉湖公园
62092100008	旱柳	*Salix matsudana*	100	10	370	10	金塔县大庄子镇牛头湾村东农田角落	王金成
62092100031	旱柳	*Salix matsudana*	120	16	374	15	金塔县西坝乡二分村农田角落	罗志泽
62092100032	旱柳	*Salix matsudana*	130	15	400	20	金塔县西坝乡三墩村水渠旁	三墩村委会
62092200001	旱柳	*Salix matsudana*	1300	4	225	7	瓜州县锁阳城镇南坝村锁阳城遗址内	锁阳城遗址文物管理所
62092200006	旱柳	*Salix matsudana*	110	14	366	14	瓜州县锁阳城镇堡子村桥子中心小学东墙外	锁阳城镇政府
62092200007	旱柳	*Salix matsudana*	110	13	216	8	瓜州县锁阳城镇堡子村桥子中心小学东墙外	锁阳城镇政府
62092200008	旱柳	*Salix matsudana*	170	20	524	22	瓜州县锁阳城镇堡子村桥子东坝	锁阳城镇政府
62092200009	旱柳	*Salix matsudana*	170	18	262	14	瓜州县锁阳城镇堡子村桥子东坝	锁阳城镇政府
62092200010	旱柳	*Salix matsudana*	170	19	554	21	瓜州县锁阳城镇堡子村桥子东坝	锁阳城镇政府
62092200011	旱柳	*Salix matsudana*	170	17	917	25	瓜州县锁阳城镇堡子村桥子东坝	锁阳城镇政府
62092200012	旱柳	*Salix matsudana*	170	13	306	21	瓜州县锁阳城镇堡子村桥子东坝	锁阳城镇政府
62092200013	旱柳	*Salix matsudana*	170	15	226	18	瓜州县锁阳城镇堡子村桥子东坝	锁阳城镇政府
62092200014	旱柳	*Salix matsudana*	170	14	268	15	瓜州县锁阳城镇堡子村桥子东坝	锁阳城镇政府
62092200015	旱柳	*Salix matsudana*	170	14	170	10	瓜州县锁阳城镇堡子村桥子东坝	锁阳城镇政府
62092200016	旱柳	*Salix matsudana*	170	14	164	9	瓜州县锁阳城镇堡子村桥子东坝	锁阳城镇政府
62092200017	旱柳	*Salix matsudana*	170	14	207	13	瓜州县锁阳城镇堡子村桥子东坝	锁阳城镇政府
62092200018	旱柳	*Salix matsudana*	170	14	290	14	瓜州县锁阳城镇堡子村桥子东坝	锁阳城镇政府
62092200019	旱柳	*Salix matsudana*	170	14	312	11	瓜州县锁阳城镇堡子村桥子东坝	锁阳城镇政府
62092200020	旱柳	*Salix matsudana*	170	13	181	11	瓜州县锁阳城镇堡子村桥子东坝	锁阳城镇政府
62092200021	旱柳	*Salix matsudana*	170	14	223	13	瓜州县锁阳城镇堡子村桥子东坝	锁阳城镇政府
62092200022	旱柳	*Salix matsudana*	170	13	243	12	瓜州县锁阳城镇堡子村桥子东坝	锁阳城镇政府
62092200023	旱柳	*Salix matsudana*	170	15	276	17	瓜州县锁阳城镇堡子村桥子东坝	锁阳城镇政府
62092200024	旱柳	*Salix matsudana*	170	7	338	16	瓜州县锁阳城镇堡子村桥子东坝	锁阳城镇政府
62092200025	旱柳	*Salix matsudana*	170	18	170	13	瓜州县锁阳城镇堡子村桥子东坝	锁阳城镇政府
62092200026	旱柳	*Salix matsudana*	170	18	174	13	瓜州县锁阳城镇堡子村桥子东坝	锁阳城镇政府

古树编号	树种	树种拉丁名	估测树龄	树高 (m)	树围 (cm)	平均冠幅 (m)	具体地点	管护单位 / 人
62092200027	旱柳	*Salix matsudana*	170	19	178	17	瓜州县锁阳城镇堡子村桥子东坝	锁阳城镇政府
62092200028	旱柳	*Salix matsudana*	170	20	437	26	瓜州县锁阳城镇堡子村桥子东坝	锁阳城镇政府
62092200029	旱柳	*Salix matsudana*	170	15	368	16	瓜州县锁阳城镇堡子村桥子东坝	锁阳城镇政府
62092200030	旱柳	*Salix matsudana*	170	13	513	22	瓜州县锁阳城镇堡子村桥子东坝	锁阳城镇政府
62092200031	旱柳	*Salix matsudana*	170	15	530	19	瓜州县锁阳城镇堡子村桥子东坝	锁阳城镇政府
62092200032	旱柳	*Salix matsudana*	170	15	400	24	瓜州县锁阳城镇堡子村桥子东坝	锁阳城镇政府
62092200033	旱柳	*Salix matsudana*	170	10	280	13	瓜州县锁阳城镇堡子村桥子东坝	锁阳城镇政府
62092200034	旱柳	*Salix matsudana*	170	12	430	13	瓜州县锁阳城镇堡子村桥子东坝	锁阳城镇政府
62092200035	旱柳	*Salix matsudana*	170	14	508	20	瓜州县锁阳城镇堡子村桥子东坝	锁阳城镇政府
62092200036	旱柳	*Salix matsudana*	170	13	240	11	瓜州县锁阳城镇堡子村桥子东坝	锁阳城镇政府
62092200037	旱柳	*Salix matsudana*	170	13	460	22	瓜州县锁阳城镇堡子村桥子东坝	锁阳城镇政府
62092200038	旱柳	*Salix matsudana*	170	14	220	18	瓜州县锁阳城镇堡子村桥子东坝	锁阳城镇政府
62092200039	旱柳	*Salix matsudana*	170	10	434	8	瓜州县锁阳城镇堡子村桥子东坝	锁阳城镇政府
62092200040	旱柳	*Salix matsudana*	170	6	310	15	瓜州县锁阳城镇堡子村桥子东坝	锁阳城镇政府
62092200041	旱柳	*Salix matsudana*	170	7	330	15	瓜州县锁阳城镇堡子村桥子东坝	锁阳城镇政府
62092200042	旱柳	*Salix matsudana*	170	9	520	15	瓜州县锁阳城镇堡子村桥子东坝	锁阳城镇政府
62092200043	旱柳	*Salix matsudana*	170	10	575	13	瓜州县锁阳城镇堡子村桥子东坝	锁阳城镇政府
62092200044	旱柳	*Salix matsudana*	170	14	734	14	瓜州县锁阳城镇堡子村桥子东坝	锁阳城镇政府
62092200045	旱柳	*Salix matsudana*	170	14	520	15	瓜州县锁阳城镇堡子村桥子东坝	锁阳城镇政府
62092200046	旱柳	*Salix matsudana*	170	7	490	14	瓜州县锁阳城镇堡子村桥子东坝	锁阳城镇政府
62092200047	旱柳	*Salix matsudana*	170	5	520	11	瓜州县锁阳城镇堡子村桥子东坝	锁阳城镇政府
62092200048	旱柳	*Salix matsudana*	170	8	342	22	瓜州县锁阳城镇堡子村桥子东坝	锁阳城镇政府
62092200051	旱柳	*Salix matsudana*	170	21	550	23	瓜州县锁阳城镇堡子村桥子东坝	锁阳城镇政府
62092200052	旱柳	*Salix matsudana*	170	23	550	16	瓜州县锁阳城镇堡子村桥子东坝	锁阳城镇政府
62092200053	旱柳	*Salix matsudana*	170	20	310	21	瓜州县锁阳城镇堡子村桥子东坝	锁阳城镇政府
62092200054	旱柳	*Salix matsudana*	170	16	340	21	瓜州县锁阳城镇堡子村桥子东坝	锁阳城镇政府
62092200059	旱柳	*Salix matsudana*	140	18	550	17	瓜州县锁阳城镇北桥子村吴家沙窝	锁阳城镇政府
62092200060	旱柳	*Salix matsudana*	140	18	370	20	瓜州县锁阳城镇北桥子村吴家沙窝	锁阳城镇政府
62092200062	旱柳	*Salix matsudana*	110	4	378	7	瓜州县锁阳城镇中渠村蘑菇台子	锁阳城镇政府
62092200065	旱柳	*Salix matsudana*	110	12	402	7	瓜州县锁阳城镇中渠村蘑菇台子	锁阳城镇政府
62092200066	旱柳	*Salix matsudana*	110	18	222	21	瓜州县锁阳城镇中渠村蘑菇台子	锁阳城镇政府
62092200070	旱柳	*Salix matsudana*	100	10	295	10	瓜州县布隆吉乡葫芦河生态农庄门前	布隆吉乡政府
62092200071	旱柳	*Salix matsudana*	100	16	354	10	瓜州县布隆吉乡葫芦河生态农庄院内	布隆吉乡政府
62092200072	旱柳	*Salix matsudana*	100	16	305	10	瓜州县布隆吉乡葫芦河生态农庄院内	布隆吉乡政府
62092200073	旱柳	*Salix matsudana*	100	18	215	11	瓜州县布隆吉乡葫芦河生态农庄院内	布隆吉乡政府
62098100002	旱柳	*Salix matsudana*	140	19	355	18	玉门市新市区北街二村天盛煤场院内	天盛煤碳有限公司
62098100003	旱柳	*Salix matsudana*	140	18	347	17	玉门市新市区北街三村天盛煤场院内	天盛煤炭有限公司
62098200007	旱柳	*Salix matsudana*	100	16	410	16	敦煌市二中校门口处	敦煌二中
62098200011	旱柳	*Salix matsudana*	400	13	700	18	敦煌市西千佛洞景区寄存处	敦煌研究院
62098200012	旱柳	*Salix matsudana*	100	13	563	7	敦煌市园林实验场八角楼前北侧	园林管理局
62098200013	旱柳	*Salix matsudana*	100	16	421	17	敦煌市园林实验场八角楼前南侧	园林管理局
62098200016	旱柳	*Salix matsudana*	120	10	250	13	敦煌市月牙泉景区入口西侧	鸣沙山月牙泉国家级风景名胜区
62098200017	旱柳	*Salix matsudana*	120	8	422	11	敦煌市月牙泉景区入口处东侧	鸣沙山月牙泉国家级风景名胜区
62098200018	旱柳	*Salix matsudana*	120	10	290	12	敦煌市飞机场北侧	鸣沙山月牙泉国家级风景名胜区
62098200019	旱柳	*Salix matsudana*	120	11	410	11	敦煌市飞机场北侧	鸣沙山月牙泉国家级风景名胜区
62098200020	旱柳	*Salix matsudana*	120	8	575	14	敦煌市月牙泉镇月牙泉南侧	鸣沙山月牙泉国家级风景名胜区

古树编号	树种	树种拉丁名	估测树龄	树高(m)	树围(cm)	平均冠幅(m)	具体地点	管护单位/人
62098200021	旱柳	*Salix matsudana*	130	3	286	9	敦煌市月牙泉镇月牙泉南侧	鸣沙山月牙泉国家级风景名胜区
62098200034	旱柳	*Salix matsudana*	110	10	580	16	敦煌市肃州镇板桥村八组	板桥村委会
62098200043	旱柳	*Salix matsudana*	120	5	490	12	敦煌市沙洲镇长城宾馆院内	长城宾馆
62092200097	旱柳	*Salix matsudana*	100	11	440	25	瓜州县三道沟镇政府院内	三道沟镇政府
榆科								
62098100001	春榆	*Ulmus davidiana* var. *japonica*	300	21	385	12	玉门市玉门镇政府院内	玉门镇政府
62092100004	榆树	*Ulmus pumila*	110	13	275	19	金塔县东坝镇天谭村一组水渠旁	王培锋
62092100033	榆树	*Ulmus pumila*	120	10	200	16	金塔县羊井子湾乡榆树井村	三元道观
62092200002	榆树	*Ulmus pumila*	210	17	450	18	瓜州县锁阳城镇堡子村原乡政府道德楼前	锁阳城镇政府
62092200003	榆树	*Ulmus pumila*	210	15	290	11	瓜州县锁阳城镇堡子村原乡政府道德楼后	锁阳城镇政府
62092200004	榆树	*Ulmus pumila*	210	12	330	16	瓜州县锁阳城镇堡子村原乡政府道德楼后	锁阳城镇政府
62092200050	榆树	*Ulmus pumila*	170	14	265	14	瓜州县锁阳城镇堡子村桥子东坝	锁阳城镇政府
62092200056	榆树	*Ulmus pumila*	120	12	235	11	瓜州县锁阳城镇北桥子村吴家沙窝	锁阳城镇政府
62092200061	榆树	*Ulmus pumila*	140	18	270	16	瓜州县锁阳城镇北桥子村乱泉子	锁阳城镇政府
62092200067	榆树	*Ulmus pumila*	150	14	377	13	瓜州县布隆吉乡九下村四组居民点后西北方	布隆吉乡政府
62092200069	榆树	*Ulmus pumila*	150	20	385	23	瓜州县布隆吉乡布隆吉村四组居民点后西边	布隆吉乡政府
62092200098	榆树	*Ulmus pumila*	110	23	320	16	瓜州县三道沟镇中心小学院内	三道沟镇政府
62098200001	榆树	*Ulmus pumila*	290	13	440	18	敦煌市市委办公楼前	敦煌市园林管理局
62098200002	榆树	*Ulmus pumila*	290	10	490	24	敦煌市市政广场停车场南侧	敦煌市园林管理局
62098200003	榆树	*Ulmus pumila*	290	18	410	12	敦煌市市政府家属楼东侧	敦煌市园林管理局
62098200004	榆树	*Ulmus pumila*	290	17	305	18	敦煌市市政府家属楼西侧	敦煌市园林管理局
62098200005	榆树	*Ulmus pumila*	290	14	315	14	敦煌市沙州镇北街小学教学楼前	敦煌市北街小学
62098200006	榆树	*Ulmus pumila*	290	17	330	12	敦煌市沙州镇研究院家属楼内	敦煌研究院
62098200008	榆树	*Ulmus pumila*	290	14	320	14	敦煌市沙州镇火神庙内	敦煌市西云观
62098200009	榆树	*Ulmus pumila*	290	15	330	15	敦煌市七里镇西云观院内	敦煌市西云观
62098200026	榆树	*Ulmus pumila*	250	9	312	21	敦煌市莫高窟景区院史陈列馆北侧	敦煌研究院
62098200027	榆树	*Ulmus pumila*	250	16	350	12	敦煌市莫高窟景区院史陈列馆南侧	敦煌研究院
62098200028	榆树	*Ulmus pumila*	250	9	450	21	敦煌市莫高窟院史陈列馆门口	敦煌研究院
62098200029	榆树	*Ulmus pumila*	250	12	400	12	敦煌市莫高窟段文杰展厅北侧	敦煌研究院
62098200030	榆树	*Ulmus pumila*	250	11	246	15	敦煌市莫高窟段文杰展厅南侧	敦煌研究院
62098200031	榆树	*Ulmus pumila*	250	12	285	15	敦煌市莫高窟段文杰展厅门口	敦煌研究院
62098200039	榆树	*Ulmus pumila*	220	10	275	13	敦煌公园后侧西云观	敦煌市道教协会
62098200040	榆树	*Ulmus pumila*	220	12	155	6	敦煌公园后侧西云观	敦煌市道教协会
62098200041	榆树	*Ulmus pumila*	220	14	178	9	敦煌公园后侧西云观	敦煌市道教协会
62098200042	榆树	*Ulmus pumila*	220	9	250	11	敦煌公园后侧西云观	敦煌市道教协会
62098200044	榆树	*Ulmus pumila*	300	12	177	14	敦煌市沙洲镇大北街阳关光学实验公司	阳关光学实业有限公司
桑科								
62098200010	桑	*Morus alba*	810	15	900	24	敦煌市七里镇大庙村四组	大庙村委会
蔷薇科								
62092100034	杏	*Prunus armeniaca*	110	13	200	14	金塔县金塔镇聚星乐生态园	聚星乐生态园
62098200015	杏	*Prunus armeniaca*	100	17	290	12	敦煌市月牙泉镇合水村一组潘家果园	合水村委会
62098200045	杏	*Prunus armeniaca*	100	10	86	9	敦煌市月牙泉镇合水村三组	月牙泉镇政府
62098200035	李	*Prunus salicina*	100	5	132	7	敦煌市转渠口镇吕家庄村	吕家庄村委会
豆科								
62098200036	槐	*Styphnolobium japonicum*	210	13	207	10	敦煌市黄渠镇代家墩村三组	代家墩村委会
62090200005	刺槐	*Robinia pseudoacacia*	110	21	270	16	肃州区酒泉中学	酒泉中学

古树编号	树种	树种拉丁名	估测树龄	树高 (m)	树围 (cm)	平均冠幅 (m)	具体地点	管护单位 / 人
62090200008	刺槐	*Robinia pseudoacacia*	110	14	240	16	肃州区酒泉中学	酒泉中学
苦木科								
62090200006	臭椿	*Ailanthus altissima*	110	16	280	6	肃州区东北街街道北新街社区	肃州区园林局
62090200007	臭椿	*Ailanthus altissima*	110	15	275	6	肃州区东北街街道北新街社区	肃州区园林局
62092100035	臭椿	*Ailanthus altissima*	120	20	290	14	金塔县金塔宾馆	金塔宾馆
无患子科								
62098200038	梣叶槭	*Acer negundo*	120	11	211	11	敦煌市第二中学校园东南角	敦煌市二中
鼠李科								
62098200014	枣	*Ziziphus jujuba*	100	12	220	12	敦煌市月牙泉镇合水村一组潘忠仁果园	合水村委会
柽柳科								
62092100009	柽柳	*Tamarix chinensis*	140	8	148	8	金塔县中东镇梧桐坝村七组	陶松庆
62098200037	柽柳	*Tamarix chinensis*	120	5	93	7	敦煌市黄渠镇芭子场村二组	芭子场村委会
胡颓子科								
62092100048	沙枣	*Elaeagnus angustifolia*	110	9	220	13	金塔县航天镇沙门子村	沙门子生态公益林管护区
62092200049	沙枣	*Elaeagnus angustifolia*	170	16	345	14	瓜州县锁阳城镇堡子村桥子东坝	锁阳城镇政府
62092200055	沙枣	*Elaeagnus angustifolia*	100	16	220	16	瓜州县锁阳城镇北桥子村吴家沙窝	锁阳城镇政府
62092200057	沙枣	*Elaeagnus angustifolia*	110	17	270	13	瓜州县锁阳城镇北桥子村吴家沙窝	锁阳城镇政府
62092200058	沙枣	*Elaeagnus angustifolia*	120	14	230	10	瓜州县锁阳城镇北桥子村吴家沙窝	锁阳城镇政府
62092200099	沙枣	*Elaeagnus angustifolia*	100	12	380	15	瓜州县城北管护站	城北管护站

酒泉市古树群

古树群编号	主要树种	株数	平均树高 (m)	平均树围 (cm)	平均树龄	具体地点	管护单位
62098262203	白梨	58	10	307	280	敦煌市莫高镇窦家村四组	敦煌市园林绿化所
62098262202	白梨	30	5	164	110	敦煌市敦煌宾馆	敦煌宾馆
62098262201	银白杨	10	19	312	120	敦煌市莫高窟景区	敦煌研究院
62092162200	枣	25	11	62	120	金塔镇金大村千年核桃度假村	千年核桃度假村
62092162199	胡桃	7	14	80	130	金塔镇金大村千年核桃度假村	千年核桃度假村
62092162198	胡杨	30	11	62	120	金塔县三合乡永光村	三合管护站

张掖市古树名木

古树编号	树种	树种拉丁名	估测树龄	树高 (m)	树围 (cm)	平均冠幅 (m)	具体地点	管护单位 / 人
松科								
62070200013	云杉	*Picea asperata*	100	15	160	8	甘州区甘浚镇祁连村七社	崔顺民
62070200057	云杉	*Picea asperata*	150	18	141	5	甘州区龙渠乡龙首村七社	龙首村七社
62072300010	云杉	*Picea asperata*	150	16	194	6	临泽县平川镇黄家堡村	赵军善
62070200085	青海云杉	*Picea crassifolia*	150	22	170	9	甘州区明永镇沤波堡村	马志杰
62070200086	青海云杉	*Picea crassifolia*	150	21	130	7	甘州区明永镇沤波堡村	马志杰
62072200014	青海云杉	*Picea crassifolia*	360	26	261	13	民乐县南古镇彭刘村涝池北边	彭刘村委会
柏科								
62070200006	圆柏	*Juniperus chinensis*	200	12	219	7	甘州区龙渠乡龙首村七社	龙首村七社
62070200007	刺柏	*Juniperus formosana*	100	16	107	12	甘州区东街街道张掖二中	张掖二中
62070200004	侧柏	*Platycladus orientalis*	200	12	476	9	甘州区东街街道张掖市道教协会旁	张掖市道教协会
62070200008	侧柏	*Platycladus orientalis*	120	9	179	8	甘州区甘浚镇中沟村	中沟村委会
62070200014	侧柏	*Platycladus orientalis*	140	11	188	7	甘州区明永镇夹河村四社	夹河村四社
62070200015	侧柏	*Platycladus orientalis*	100	12	131	7	甘州区明永镇夹河村四社	夹河村四社
62070200026	侧柏	*Platycladus orientalis*	100	12	146	6	甘州区东街街道张掖市中心幼儿园	张掖市中心幼儿园
62070200027	侧柏	*Platycladus orientalis*	100	12	140	6	甘州区东街街道张掖市中心幼儿园	张掖市中心幼儿园
62070200060	侧柏	*Platycladus orientalis*	100	16	163	6	甘州区甘浚镇祁连村五社	海常新
62072300007	侧柏	*Platycladus orientalis*	150	13	82	4	临泽县平川镇黄家堡村	吕开银
62072300008	侧柏	*Platycladus orientalis*	150	13	94	4	临泽县平川镇黄家堡村	吕开银
62072300009	侧柏	*Platycladus orientalis*	150	13	113	8	临泽县平川镇黄家堡村	吕开银
62070200089	矮金柏	*Platycladus orientalis* 'Aurea Nana'	260	10	210	9	甘州区新墩镇柏闸村十社	赵杰
62070200090	矮金柏	*Platycladus orientalis* 'Aurea Nana'	200	10	150	4	甘州区新墩镇柏闸村十社	赵杰
杨柳科								
62070200082	银白杨	*Populus alba*	200	29	449	20	甘州区沙井镇小闸村	雒文
62070200083	银白杨	*Populus alba*	200	29	433	30	甘州区沙井镇小闸村	雒文
62070200084	银白杨	*Populus alba*	200	25	324	17	甘州区沙井镇小闸村	雒文
62072100007	胡杨	*Populus euphratica*	200	9	180	13	肃南县明花乡上梧桐村	妥丰海
62072100008	胡杨	*Populus euphratica*	200	9	150	10	肃南县明花乡上梧桐村	妥丰海

古树编号	树种	树种拉丁名	估测树龄	树高 (m)	树围 (cm)	平均冠幅 (m)	具体地点	管护单位 / 人
62072100009	胡杨	*Populus euphratica*	380	10	380	13	肃南县明花乡玛尼谷堆	白景成
62072300006	胡杨	*Populus euphratica*	500	11	194	11	临泽县板桥镇东柳村	释理空
62072400005	胡杨	*Populus euphratica*	300	18	14	14	高台县宣化镇乐三村	乐三村委会
62072400006	胡杨	*Populus euphratica*	350	22	20	10	高台县宣化镇乐三村五社许家后院	许尚仁
62072400008	胡杨	*Populus euphratica*	150	22	27	13	高台县城关镇黑河湿地北岸	湿地局
62070200001	小叶杨	*Populus simonii*	310	19	169	26	甘州区甘浚镇星光村	王斌
62070200081	小叶杨	*Populus simonii*	170	12	236	13	甘州区甘浚镇星光村七社	闫正彪
62070200093	小叶杨	*Populus simonii*	100	22	266	16	甘州区安阳乡贴家城村	张学科
620721004	小叶杨	*Populus simonii*	260	22	480	23	肃南县康乐镇隆丰村	顾玉娟
620721005	小叶杨	*Populus simonii*	200	20	330	11	肃南县康乐镇罗尔加寺	顾玉娟
620721006	小叶杨	*Populus simonii*	160	17	297	20	肃南县大河乡西岔河村	常晓平
620721SH001	小叶杨	*Populus simonii*	180	16	400	17	肃南县红湾寺镇三中心一馆	齐国军
620721SH002	小叶杨	*Populus simonii*	100	11	200	11	肃南县红湾寺镇红湾寺后坡	田芳
620721SN003	小叶杨	*Populus simonii*	120	20	300	11	肃南县大河乡西柳沟村	西柳沟村委会
62072200005	小叶杨	*Populus simonii*	200	14	640	25	民乐县六坝镇五坝村洋湖滩涝池旁	五坝村委会
62072200006	小叶杨	*Populus simonii*	200	22	270	19	民乐县民联镇何家湾村	何家湾村委会
62072200007	小叶杨	*Populus simonii*	110	22	235	14	民乐县民联镇太和村魁星楼东南边	太和村委会
62072200008	小叶杨	*Populus simonii*	110	17	190	13	民乐县民联镇龙山村	龙山村委会
62072200009	小叶杨	*Populus simonii*	360	27	528	17	民乐县民联镇复兴村	复兴村委会
62072200010	小叶杨	*Populus simonii*	250	24	357	22	民乐县民联镇郭家湾村学校西侧坟地	郭家湾村委会
62072200011	小叶杨	*Populus simonii*	240	18	340	25	民乐县顺化镇宗家寨村	宗家寨村委会
62072200013	小叶杨	*Populus simonii*	230	26	361	26	民乐县南丰镇何庄村	何庄村委会
62072200016	小叶杨	*Populus simonii*	160	18	280	17	民乐县南古镇高郝村	高赫村委会
62072200019	小叶杨	*Populus simonii*	130	26	320	24	民乐县三堡镇韩庄村	韩庄村委会
62072200020	小叶杨	*Populus simonii*	110	22	360	26	民乐县三堡镇韩庄村	韩庄村委会
62072200022	小叶杨	*Populus simonii*	260	31	582	25	民乐县三堡镇寇家坟地	宏寺村委会
62072200023	小叶杨	*Populus simonii*	260	30	583	19	民乐县三堡镇汪家屋后	宏寺村委会
62072200024	小叶杨	*Populus simonii*	270	28	510	15	民乐县丰乐镇易家湾村四庄	易家湾村委会
62072200025	小叶杨	*Populus simonii*	220	22	352	23	民乐县丰乐镇张满村	张满村委会
62072200026	小叶杨	*Populus simonii*	120	15	230	14	民乐县丰乐镇易家湾青龙寺	易家湾村委会
62072200028	小叶杨	*Populus simonii*	160	15	235	15	民乐县永固镇李家后院	姚寨村委会
62072200029	小叶杨	*Populus simonii*	160	20	270	15	民乐县永固镇姚寨村西湖	姚寨村委会
62072200031	小叶杨	*Populus simonii*	370	30	465	18	民乐县新天镇吕庄村涝池东北边	吕庄村委会
62072200033	小叶杨	*Populus simonii*	210	18	370	16	民乐县洪水镇山城子	下柴村委会
62072200034	小叶杨	*Populus simonii*	220	26	510	10	民乐县洪水镇小广场东北边	下柴村委会
62072200035	小叶杨	*Populus simonii*	130	20	285	22	民乐县洪水镇叶官村	叶官村委会

古树编号	树种	树种拉丁名	估测树龄	树高 (m)	树围 (cm)	平均冠幅 (m)	具体地点	管护单位 / 人
62072200036	小叶杨	*Populus simonii*	230	26	310	19	民乐县洪水镇黄青村	黄青村委会
62072200037	小叶杨	*Populus simonii*	210	25	300	21	民乐县洪水镇黄青村	黄青村委会
62072200038	小叶杨	*Populus simonii*	150	21	260	14	民乐县永固镇姚寨村西湖东	姚寨村委会
62072200039	小叶杨	*Populus simonii*	150	19	251	14	民乐县永固镇姚寨村西湖北	姚寨村委会
620725sd002	小叶杨	*Populus simonii*	360	26	130	20	山丹县清泉镇南湖村五社	赵超
620725sd003	小叶杨	*Populus simonii*	140	28	104	23	山丹县清泉镇南湖村五社	陈军
620725sd006	小叶杨	*Populus simonii*	260	28	144	20	山丹县清泉镇郑庄村二社	郑庄村委会
620725sd007	小叶杨	*Populus simonii*	160	21	106	15	山丹县东乐镇西屯村三社	西屯村三社
620725sd010	小叶杨	*Populus simonii*	140	23	92	21	山丹县位奇镇四坝村六社李家庄子	李永祯
620725sd011	小叶杨	*Populus simonii*	140	18	93	16	山丹县位奇镇四坝村六社李家庄子	李永祯
620725sd012	小叶杨	*Populus simonii*	140	25	90	24	山丹县位奇镇四坝村六社李家庄子	任自祯
620725sd013	小叶杨	*Populus simonii*	160	23	79	22	山丹县位奇镇黄庄村五社	黄聚钟
620725sd014	小叶杨	*Populus simonii*	160	21	135	25	山丹县位奇镇黄庄村五社	黄聚钟
620725sd015	小叶杨	*Populus simonii*	120	25	85	16	山丹县位奇镇黄庄村五社	曾多军
620725sd016	小叶杨	*Populus simonii*	660	11	158	8	山丹县位奇镇新开村三社钱街	新开村委会
620725sd017	小叶杨	*Populus simonii*	660	17	117	15	山丹县位奇镇新开村三社钱街	新开村委会
620725sd019	小叶杨	*Populus simonii*	120	24	89	22	山丹县位奇镇芦堡村广佛寺前	芦堡村委会
620725sd020	小叶杨	*Populus simonii*	110	17	88	17	山丹县位奇镇芦堡村	芦堡村委会
620725sd021	小叶杨	*Populus simonii*	110	17	83	19	山丹县位奇镇位奇村六社	周军善
620725sd022	小叶杨	*Populus simonii*	200	21	101	22	山丹县位奇镇朱湾村五社	朱湾村五社
620725sd023	小叶杨	*Populus simonii*	260	19	136	12	山丹县陈户镇刘付村二社	刘付村委会
620725sd024	小叶杨	*Populus simonii*	210	30	463	24	山丹县陈户镇西门村五社	杜吉荣
620725sd025	小叶杨	*Populus simonii*	280	25	126	18	山丹县陈户镇范营村三社老爷庙台	范营村委会
620725sd032	小叶杨	*Populus simonii*	150	28	80	18	山丹县陈户镇东门村七社	东门村委会
620725sd033	小叶杨	*Populus simonii*	130	25	85	18	山丹县陈户镇东门村七社	东门村委会
620725sd034	小叶杨	*Populus simonii*	150	27	97	19	山丹县陈户镇东门村七社	东门村委会
620725sd035	小叶杨	*Populus simonii*	250	25	91	23	山丹县陈户镇东门村一社	东门村委会
620725sd036	小叶杨	*Populus simonii*	150	27	97	21	山丹县陈户镇三十里堡村	三十里堡村委会
620725sd037	小叶杨	*Populus simonii*	1150	27	83	20	山丹县陈户镇三十里堡村	三十里堡村委会
620725sd038	小叶杨	*Populus simonii*	410	17	130	12	山丹县李桥乡下寨村三社	下寨村委会
620725sd039	小叶杨	*Populus simonii*	380	21	88	20	山丹县李桥乡下寨村二社	下寨村委会
620725sd040	小叶杨	*Populus simonii*	210	21	111	12	山丹县霍城镇上西山村三社官树塘子	上西山村委会
620725sd041	小叶杨	*Populus simonii*	210	21	117	17	山丹县霍城镇上西山村三社官树塘子	上西山村委会
620725sd043	小叶杨	*Populus simonii*	110	17	90	16	山丹县大马营镇马营村二社	梁立军
620725sd044	小叶杨	*Populus simonii*	310	22	143	15	山丹县大马营镇马营村四社行宫庙	梁立军

古树编号	树种	树种拉丁名	估测树龄	树高 (m)	树围 (cm)	平均冠幅 (m)	具体地点	管护单位 / 人
620725sd045	小叶杨	*Populus simonii*	220	22	112	19	山丹县大马营镇新墩村一社	赵荣
620725sd046	小叶杨	*Populus simonii*	300	26	145	28	山丹县大马营镇上河村四社	黄克友
620725sd047	小叶杨	*Populus simonii*	350	13	75	20	山丹县大马营镇上山湾村三社	尹子荣
620725sd048	小叶杨	*Populus simonii*	230	28	111	21	山丹县大马营镇上山湾村三社	尹子荣
62070200033	钻天杨	*Populus nigra* var. *italica*	100	22	332	6	甘州区南街街道大佛寺	大佛寺
62070200035	钻天杨	*Populus nigra* var. *italica*	100	18	340	6	甘州区南街街道佛城社区居委会	大佛寺
62070200036	钻天杨	*Populus nigra* var. *italica*	100	18	331	6	甘州区南街街道大佛寺	大佛寺
62070200003	二白杨	*Populus* × *xiaohei* var. *gansuensis*	250	23	599	27	甘州区安阳乡金王庄村一社	金王庄村一社
62070200016	二白杨	*Populus* × *xiaohei* var. *gansuensis*	250	21	471	21	甘州区花寨乡新城村三社土地庙	新城村三社
62070200017	二白杨	*Populus* × *xiaohei* var. *gansuensis*	250	22	470	21	甘州区花寨乡新城村四社	新城村四社
62070200075	二白杨	*Populus* × *xiaohei* var. *gansuensis*	100	23	112	15	甘州区南街街道东沙湾巷二中南门对面巷子	南街街道办事处
62072400002	二白杨	*Populus* × *xiaohei* var. *gansuensis*	100	21	89	11	高台县南华镇信号村八社	信号村委会
62070200072	白柳	*Salix alba*	100	12	408	12	甘州区新墩镇湿地博物馆鹤园	甘州区林草局
62070200073	白柳	*Salix alba*	100	15	103	14	甘州区东街街道民族小学大门北侧	东街街道办事处
62070200065	垂柳	*Salix babylonica*	150	22	382	13	甘州区北街街道税亭街	税亭街道办事处
62070200005	旱柳	*Salix matsudana*	160	16	505	15	甘州区东街办事处	甘州区东街办事处
62070200030	旱柳	*Salix matsudana*	100	20	318	10	甘州区南街街道大佛寺	大佛寺
62070200031	旱柳	*Salix matsudana*	100	22	393	10	甘州区南街街道大佛寺	大佛寺
62070200032	旱柳	*Salix matsudana*	100	22	321	14	甘州区南街街道佛城社区居委会	大佛寺
62070200066	旱柳	*Salix matsudana*	150	12	349	15	甘州区上秦镇安家庄村小学旧址西侧	安家庄村委会
62070200067	旱柳	*Salix matsudana*	150	16	308	15	甘州区上秦镇安家庄村小学旧址东侧	安家庄村委会
62070200068	旱柳	*Salix matsudana*	100	14	377	19	甘州区三闸镇草原村二社东南	草原村二社
62070200069	旱柳	*Salix matsudana*	100	12	345	17	甘州区三闸镇草原村二社东北	草原村二社
62070200070	旱柳	*Salix matsudana*	100	12	267	11	甘州区三闸镇草原村二社西北	草原村二社
62070200071	旱柳	*Salix matsudana*	100	9	130	7	甘州区三闸镇草原村二社东北	草原村二社
62072200001	旱柳	*Salix matsudana*	100	15	310	12	民乐县六坝镇五坝村	五坝村委会
62072300012	旱柳	*Salix matsudana*	160	8	238	6	临泽县鸭暖镇小屯村	牛学贵
620725sd001	旱柳	*Salix matsudana*	330	20	117	14	山丹县清泉镇南湖公园	南湖生态植物示范园管理办公室
62070200088	龙爪柳	*Salix matsudana* f. *tortuosa*	100	14	252	15	甘州区梁家墩镇四闸村五社	张虎
胡桃科								
62070200087	胡桃楸	*Juglans mandshurica*	150	18	197	10	甘州区明永镇沤波堡	马志杰
榆科								

古树编号	树种	树种拉丁名	估测树龄	树高 (m)	树围 (cm)	平均冠幅 (m)	具体地点	管护单位 / 人
62070200002	榆树	*Ulmus pumila*	280	15	140	17	甘州区甘浚镇高家庄村二社	高家庄村二社
62070200010	榆树	*Ulmus pumila*	100	14	393	14	甘州区文化宣传中心	甘州区文化宣传中心
62070200011	榆树	*Ulmus pumila*	100	14	342	10	甘州区文化宣传中心	甘州区文化宣传中心
62070200018	榆树	*Ulmus pumila*	150	18	314	20	甘州区大满镇小堡村三社	甘成年
62070200022	榆树	*Ulmus pumila*	100	16	345	17	甘州区西街街道河西学院校内	河西学院
62070200058	榆树	*Ulmus pumila*	120	16	418	16	甘州区大满镇李家墩村二社	李建成
62070200061	榆树	*Ulmus pumila*	100	18	244	13	甘州区西街街道张掖市中心幼儿园	张掖市中心幼儿园
62072200015	榆树	*Ulmus pumila*	360	16	422	22	民乐县南古镇城南村马家屋后	城南村委会
62072200017	榆树	*Ulmus pumila*	150	19	255	22	民乐县南古镇西朱村	西朱村委会
62072200018	榆树	*Ulmus pumila*	160	19	270	23	民乐县三堡镇韩庄村赵家坟院	韩庄村委会
62072200030	榆树	*Ulmus pumila*	410	16	490	18	民乐县永固镇杨家树村	杨家树村委会
62072200032	榆树	*Ulmus pumila*	220	12	360	20	民乐县新天镇林音寺	林荫村委会
62070200079	榆树	*Ulmus pumila*	100	13	215	14	甘州区甘浚镇祁连村五社	海长兴
620725sd009	榆树	*Ulmus pumila*	200	15	56	10	山丹县位奇镇位奇村煤矿黄蒿河	位奇镇林业站
620725sd030	榆树	*Ulmus pumila*	240	19	96	24	山丹县陈户镇东门村七社	徐株林
620725sd031	榆树	*Ulmus pumila*	210	11	61	16	山丹县陈户镇东门村七社	徐株林
620725sd042	榆树	*Ulmus pumila*	200	13	96	15	山丹县霍城镇下西山村	下西山村委会
桑科								
62070200021	桑	*Morus alba*	100	16	282	14	甘州区西街街道河西学院校内	河西学院
62070200054	桑	*Morus alba*	100	14	201	15	甘州区党寨镇小寨小区	小寨村委会
62070200056	桑	*Morus alba*	100	18	339	18	甘州区龙渠乡头闸村一社	吴斌
62070200074	桑	*Morus alba*	100	17	134	12	甘州区南街街道丹霞路北侧人行道	南街街道办事处
62070200095	桑	*Morus alba*	150	15	389	13	甘州区上秦镇安家庄村	刘吉锋
蔷薇科								
6207230013	花红	*Malus asiatica*	200	12	185	10	临泽县沙河镇兰家堡村	兰泽
6207230014	花红	*Malus asiatica*	200	13	165	11	临泽县沙河镇兰家堡村	兰泽
620725sd026	木瓜	*Pseudocydonia sinensis*	410	8	96	7	山丹县陈户镇寺沟村（马哈喇寺遗址）	寺沟水管所
620725sd027	木瓜	*Pseudocydonia sinensis*	410	9	120	7	山丹县陈户镇寺沟村（马哈喇寺遗址）	寺沟水管所
620725sd028	木瓜	*Pseudocydonia sinensis*	410	9	97	8	山丹县陈户镇寺沟村（马哈喇寺遗址）	寺沟水管所
62070200080	木瓜	*Pseudocydonia sinensis*	100	10	317	13	甘州区甘浚镇祁连村七社	海长兴
62070200091	木瓜	*Pseudocydonia sinensis*	150	12	259	12	甘州区新墩镇园艺村五社	来建荣
62070200092	木瓜	*Pseudocydonia sinensis*	150	12	290	11	甘州区新墩镇园艺村五社	来建荣
62072300005	白梨	*Pyrus bretschneideri*	230	7	200	7	临泽县鸭暖镇昭武村	李渊江
620725sd029	褐梨	*Pyrus phaeocarpa*	410	16	101	9	山丹县陈户镇寺沟村（马哈喇寺遗址）	寺沟水管所
620725sd018	杏	*Prunus armeniaca*	210	13	68	10	山丹县位奇镇侯山村一社	田柏生
62070200094	杏	*Prunus armeniaca*	100	13	239	10	甘州区龙渠乡什八名村一社	毛东旭

古树编号	树种	树种拉丁名	估测树龄	树高 (m)	树围 (cm)	平均冠幅 (m)	具体地点	管护单位 / 人
62072200027	山杏	*Prunus sibirica*	130	16	520	12	民乐县丰乐镇刘庄村广场涝池旁	刘庄村委会
豆科								
62070200019	刺槐	*Robinia pseudoacacia*	100	10	201	7	甘州区东街街道甘州区青东小学	甘州区青东小学
62070200020	刺槐	*Robinia pseudoacacia*	100	12	208	8	甘州区东街街道甘州区青东小学	甘州区青东小学
62070200023	刺槐	*Robinia pseudoacacia*	120	25	227	14	甘州区东街街道张掖二中	张掖二中
62070200024	刺槐	*Robinia pseudoacacia*	120	15	230	14	甘州区东街街道张掖二中	张掖二中
62070200025	刺槐	*Robinia pseudoacacia*	120	15	328	23	甘州区东街街道张掖二中	张掖二中
62070200034	刺槐	*Robinia pseudoacacia*	100	22	206	10	甘州区南街街道大佛寺	大佛寺
62070200037	刺槐	*Robinia pseudoacacia*	100	19	157	6	甘州区南街街道大佛寺	大佛寺
62070200038	刺槐	*Robinia pseudoacacia*	100	20	196	5	甘州区南街街道大佛寺	大佛寺
62070200039	刺槐	*Robinia pseudoacacia*	100	20	246	13	甘州区南街街道大佛寺	大佛寺
62070200040	刺槐	*Robinia pseudoacacia*	100	20	210	11	甘州区南街街道大佛寺	大佛寺
62070200041	刺槐	*Robinia pseudoacacia*	100	20	122	7	甘州区南街街道大佛寺	大佛寺
62070200042	刺槐	*Robinia pseudoacacia*	100	20	191	6	甘州区南街街道大佛寺	大佛寺
62070200043	刺槐	*Robinia pseudoacacia*	100	20	243	7	甘州区南街街道大佛寺	大佛寺
62070200044	刺槐	*Robinia pseudoacacia*	100	18	182	11	甘州区南街街道大佛寺	大佛寺
62070200045	刺槐	*Robinia pseudoacacia*	100	18	173	12	甘州区南街街道大佛寺	大佛寺
62070200046	刺槐	*Robinia pseudoacacia*	100	18	227	13	甘州区南街街道大佛寺	大佛寺
62070200047	刺槐	*Robinia pseudoacacia*	100	20	266	11	甘州区南街街道大佛寺	大佛寺
62070200048	刺槐	*Robinia pseudoacacia*	100	20	138	9	甘州区南街街道大佛寺	大佛寺
62070200049	刺槐	*Robinia pseudoacacia*	100	18	93	8	甘州区南街街道大佛寺	大佛寺
62070200050	刺槐	*Robinia pseudoacacia*	100	18	142	9	甘州区南街街道大佛寺	大佛寺
62070200051	刺槐	*Robinia pseudoacacia*	100	18	160	11	甘州区南街街道大佛寺	大佛寺
62070200052	刺槐	*Robinia pseudoacacia*	100	20	129	10	甘州区南街街道大佛寺	大佛寺
62070200053	刺槐	*Robinia pseudoacacia*	100	20	124	10	甘州区南街街道大佛寺	大佛寺
62072300011	刺槐	*Robinia pseudoacacia*	100	14	200	11	临泽县新华镇西街村委会旁	赵开泽
62070200078	刺槐	*Robinia pseudoacacia*	100	10	175	12	甘州区甘浚镇祁连村五社	海长兴
62070200009	槐	*Styphnolobium japonicum*	120	21	428	11	甘州区东街街道青年东街小学	青年东街小学
62070200012	槐	*Styphnolobium japonicum*	100	17	530	18	甘州区西街街道河西学院	河西学院
62070200055	槐	*Styphnolobium japonicum*	100	13	213	12	甘州区梁家墩镇四闸村五社	李会广
62070200059	槐	*Styphnolobium japonicum*	100	24	238	14	甘州区甘浚镇祁连村七社	赵建仁
62070200062	槐	*Styphnolobium japonicum*	100	20	221	11	甘州区西街街道张掖市中心幼儿园	张掖市中心幼儿园
62070200076	槐	*Styphnolobium japonicum*	100	23	394	19	甘州区甘浚镇祁连村五社	赵建任
62070200096	槐	*Styphnolobium japonicum*	150	14	250	17	甘州区新墩镇双塔村	田鹏
62072200002	槐	*Styphnolobium japonicum*	600	12	571	19	民乐县六坝镇城隍台涝池旁	六坝村委会
62072200003	槐	*Styphnolobium japonicum*	100	19	271	22	民乐县六坝镇老罐头厂	六坝村委会
62072200004	槐	*Styphnolobium japonicum*	200	15	455	16	民乐县六坝镇六坝村	六坝村委会
62072400001	槐	*Styphnolobium japonicum*	390	16	127	18	高台县合黎镇六社王家后院	王兴有
62072400004	槐	*Styphnolobium japonicum*	600	20	139	17	高台县宣化镇乐二村四社殷家后院	殷建忠

古树编号	树种	树种拉丁名	估测树龄	树高 (m)	树围 (cm)	平均冠幅 (m)	具体地点	管护单位 / 人
62072400007	槐	*Styphnolobium japonicum*	380	10	126	15	高台县城关镇人民东路居委会旁	县政府机关事务局
620725sd004	槐	*Styphnolobium japonicum*	150	14	82	9	山丹县清泉镇县人民医院	山丹县人民医院
620725sd005	槐	*Styphnolobium japonicum*	150	14	63	10	山丹县清泉镇县人民医院	山丹县人民医院
620725sd008	槐	*Styphnolobium japonicum*	410	17	58	12	山丹县东乐镇城西村三社柳家院内	城西村三社
苦木科								
62070200028	臭椿	*Ailanthus altissima*	100	15	194	8	甘州区西街街道小寺庙社区中心幼儿园	小寺庙社区中心幼儿园
62070200029	臭椿	*Ailanthus altissima*	100	15	217	7	甘州区西街街道小寺庙社区中心幼儿园	小寺庙社区中心幼儿园
62070200063	臭椿	*Ailanthus altissima*	100	20	194	10	甘州区西街街道张掖市中心幼儿园	张掖市中心幼儿园
62070200064	臭椿	*Ailanthus altissima*	100	22	126	10	甘州区西街街道张掖市中心幼儿园	张掖市中心幼儿园
卫矛科								
62070200077	白杜	*Euonymus maackii*	100	15	145	9	甘州区甘浚镇祁连村五社	海长兴
鼠李科								
62072300001	枣	*Ziziphus jujuba*	380	6	180	5	临泽县沙河镇颐和社区	临泽县城市园林绿化局
62072300002	枣	*Ziziphus jujuba*	380	7	180	4	临泽县沙河镇颐和社区	临泽县城市园林绿化局
62072300003	枣	*Ziziphus jujuba*	200	8	120	4	临泽县沙河镇颐和社区	临泽县城市园林绿化局
62072300004	枣	*Ziziphus jujuba*	200	6	120	5	临泽县沙河镇颐和社区	临泽县城市园林绿化局
紫葳科								
62072200012	灰楸	*Catalpa fargesii*	400	6	395	6	民乐县顺化镇杨家后院	杨玉文

张掖市古树群

古树群编号	主要树种	株数	平均树高（m）	平均树围（cm）	平均树龄	具体地点	管护单位
62072462178	青海云杉	5	17	47	200	高台县新坝镇黄蒿村小学	黄蒿村委会
62072462177	胡杨	21	15	28	150	高台县梧桐泉寺	梧桐泉寺
62072462176	小叶杨	5	22	86	110	高台县新坝镇下坝村八社	下坝村委会
62072462175	胡杨	75	15	82	150	高台县黑泉镇十坝村北沙滩	十坝村委会
62072462174	胡杨	98	11	84	130	高台县罗城镇天城村石峡	天城村委会
62072362173	枣	60	6	140	250	临泽县特色林果示范园	临泽县林草局
62072162172	胡杨	840	12	15	300	肃南县明花镇小海子村	小海子村委会
62072162171	胡杨	110	12	25	300	肃南县明花镇南沟村	南沟村委会
62070262170	木瓜，杏	10	9	197	260	甘州区安阳镇贴家城村一社	贴家城村委会
62070262169	胡杨	84	18	185	120	甘州区沙井镇东五村二社	东五村委会
62070262167	木瓜，杏	7	10	230	150	甘州区甘浚镇祁连村七社	祁连村委会

武威市古树名木

古树编号	树种	树种拉丁名	估测树龄	树高 (m)	树围 (cm)	平均冠幅 (m)	具体地点	管护单位 / 人
松科								
62060200198	云杉	*Picea asperata*	390	9	180	8	凉州区双城镇达桐村	达桐村委会
62060200351	云杉	*Picea asperata*	120	14	90	8	凉州区古城镇中河村七组	中河村委会
62060200352	云杉	*Picea asperata*	120	15	120	10	凉州区古城镇中河村七组	中河村委会
62060200353	云杉	*Picea asperata*	120	16	150	8	凉州区古城镇中河村七组	中河村委会
62060200354	云杉	*Picea asperata*	120	15	170	10	凉州区古城镇中河村七组	中河村委会
62060200355	云杉	*Picea asperata*	120	15	140	9	凉州区古城镇中河村七组	中河村委会
62060200591	云杉	*Picea asperata*	450	15	160	6	凉州区双城镇小果园村	小果园村委会
62062300007	青海云杉	*Picea crassifolia*	310	24	230	6	天祝藏族自治县赛什斯镇麻渣溏村	渣溏村委会
62062300004	青杆	*Picea wilsonii*	120	13	130	9	天祝藏族自治县东坪乡扎帐村	扎帐村委会
62060200016	油松	*Pinus tabuliformis*	110	35	229	6	凉州区谢河镇石岗村五组	石岗村委会
62060200017	油松	*Pinus tabuliformis*	110	18	172	6	凉州区谢河镇石岗村五组	石岗村委会
62060200026	油松	*Pinus tabuliformis*	300	10	160	5	凉州区清水镇白塔村	白塔村委会
62060200029	油松	*Pinus tabuliformis*	200	28	160	8	凉州区武南镇西寨村李家洼	西寨村委会
62060200030	油松	*Pinus tabuliformis*	200	28	157	8	凉州区武南镇西寨村李家洼	西寨村委会
62060200031	油松	*Pinus tabuliformis*	200	28	149	8	凉州区武南镇西寨村李家洼	西寨村委会
62060200032	油松	*Pinus tabuliformis*	200	28	147	8	凉州区武南镇西寨村李家洼	西寨村委会
62060200033	油松	*Pinus tabuliformis*	200	28	144	8	凉州区武南镇西寨村李家洼	西寨村委会
62060200075	油松	*Pinus tabuliformis*	600	35	183	5	凉州区金羊镇海藏寺	海藏寺
62060200177	油松	*Pinus tabuliformis*	200	10	170	6	凉州区清源镇宣庄村	东槽小学
62060200184	油松	*Pinus tabuliformis*	270	16	172	10	凉州区高坝镇台庄村	台庄小学
62060200185	油松	*Pinus tabuliformis*	260	18	158	8	凉州区高坝镇台庄村	台庄小学
62060200193	油松	*Pinus tabuliformis*	130	18	220	7	凉州区新华镇夹河村	夹河村委会
62060200244	油松	*Pinus tabuliformis*	180	22	140	8	凉州区高坝镇红崖村	红崖村委会
62060200245	油松	*Pinus tabuliformis*	180	16	170	8	凉州区高坝镇红崖村	红崖村委会
62060200246	油松	*Pinus tabuliformis*	150	15	132	9	凉州区高坝镇红崖村	红崖村委会
62060200247	油松	*Pinus tabuliformis*	120	16	135	8	凉州区高坝镇红崖村	红崖村委会
62060200257	油松	*Pinus tabuliformis*	120	15	80	6	凉州区高坝镇红崖村	红崖村委会
62060200261	油松	*Pinus tabuliformis*	120	23	155	9	凉州区高坝镇农业技术推广中心	农业技术推广中心
62060200263	油松	*Pinus tabuliformis*	120	21	150	9	凉州区高坝镇农业技术推广中心	农业技术推广中心
62060200330	油松	*Pinus tabuliformis*	380	18	190	8	凉州区高坝镇小七坝村	小七坝村小学

古树编号	树种	树种拉丁名	估测树龄	树高 (m)	树围 (cm)	平均冠幅 (m)	具体地点	管护单位 / 人
62060200349	油松	*Pinus tabuliformis*	110	13	114	8	凉州区古城镇上河村六组	上河村委会
62060200350	油松	*Pinus tabuliformis*	110	16	125	9	凉州区古城镇上河村六组	上河村委会
62060200357	油松	*Pinus tabuliformis*	150	22	200	10	凉州区古城镇长流村一组	长流村委会
62060200039	油松	*Pinus tabuliformis*	150	30	115	8	凉州区金塔镇中心村五组	中心村委会
62060200040	油松	*Pinus tabuliformis*	150	30	160	8	凉州区金塔镇中心村五组	中心村委会
62060200041	油松	*Pinus tabuliformis*	150	30	180	8	凉州区金塔镇中心村五组	中心村委会
62060200042	油松	*Pinus tabuliformis*	150	30	95	8	凉州区金塔镇中心村五组	中心村委会
62060200043	油松	*Pinus tabuliformis*	150	30	100	8	凉州区金塔镇中心村五组	中心村委会
62060200044	油松	*Pinus tabuliformis*	150	30	116	8	凉州区金塔镇中心村五组	中心村委会
62060200045	油松	*Pinus tabuliformis*	150	30	93	8	凉州区金塔镇中心村五组	中心村委会
62060200046	油松	*Pinus tabuliformis*	150	30	115	8	凉州区金塔镇中心村五组	中心村委会
62060200047	油松	*Pinus tabuliformis*	150	30	129	8	凉州区金塔镇中心村五组	中心村委会
62060200048	油松	*Pinus tabuliformis*	150	30	95	8	凉州区金塔镇中心村五组	中心村委会
柏科								
62060200002	圆柏	*Juniperus chinensis*	800	18	97	4	凉州区金羊镇松涛寺	松涛寺
62060200013	圆柏	*Juniperus chinensis*	300	8	306	7	凉州区黄羊镇黄羊村柏树庄	黄羊村委会
62060200021	圆柏	*Juniperus chinensis*	500	20	120	8	凉州区高坝镇寺庙地	红中村委会
62060200023	圆柏	*Juniperus chinensis*	800	30	395	20	凉州区高坝镇红沿村	红沿村委会
62060200028	圆柏	*Juniperus chinensis*	600	25	314	10	凉州区武南镇柏树庄村	柏树庄村委会
62060200034	圆柏	*Juniperus chinensis*	300	30	98	7	凉州区金塔镇金塔村四组	金塔村委会
62060200036	圆柏	*Juniperus chinensis*	300	30	180	7	凉州区金塔镇金塔村四组	金塔村委会
62060200037	圆柏	*Juniperus chinensis*	300	30	188	7	凉州区金塔镇金塔村四组	金塔村委会
62060200050	圆柏	*Juniperus chinensis*	600	20	230	11	凉州区大柳镇王城中心小学	中心小学
62060200051	圆柏	*Juniperus chinensis*	110	10	183	7	凉州区东关街凉州植物园	凉州区植物园
62060200056	圆柏	*Juniperus chinensis*	110	24	124	22	凉州区东关街文庙景区	武威市博物馆
62060200070	圆柏	*Juniperus chinensis*	300	30	168	3	凉州区金羊镇海藏寺	海藏寺
62060200071	圆柏	*Juniperus chinensis*	320	30	150	4	凉州区金羊镇海藏寺	海藏寺
62060200073	圆柏	*Juniperus chinensis*	350	20	116	3	凉州区金羊镇海藏寺	海藏寺
62060200076	圆柏	*Juniperus chinensis*	300	35	105	3	凉州区金羊镇海藏寺	海藏寺
62060200077	圆柏	*Juniperus chinensis*	300	30	143	3	凉州区金羊镇海藏寺	海藏寺
62060200081	圆柏	*Juniperus chinensis*	350	30	155	4	凉州区金羊镇海藏寺	海藏寺
62060200082	圆柏	*Juniperus chinensis*	350	30	162	4	凉州区金羊镇海藏寺	海藏寺
62060200083	圆柏	*Juniperus chinensis*	350	30	108	4	凉州区金羊镇海藏寺	海藏寺
62060200084	圆柏	*Juniperus chinensis*	380	30	136	5	凉州区金羊镇海藏寺	海藏寺
62060200085	圆柏	*Juniperus chinensis*	350	30	164	5	凉州区金羊镇海藏寺	海藏寺
62060200086	圆柏	*Juniperus chinensis*	200	30	89	4	凉州区金羊镇海藏寺	海藏寺
62060200087	圆柏	*Juniperus chinensis*	250	30	113	4	凉州区金羊镇海藏寺	海藏寺
62060200088	圆柏	*Juniperus chinensis*	350	30	113	4	凉州区金羊镇海藏寺	海藏寺
62060200089	圆柏	*Juniperus chinensis*	300	30	138	4	凉州区金羊镇海藏寺	海藏寺

古树编号	树种	树种拉丁名	估测树龄	树高 (m)	树围 (cm)	平均冠幅 (m)	具体地点	管护单位 / 人
62060200090	圆柏	*Juniperus chinensis*	200	30	106	4	凉州区金羊镇海藏寺	海藏寺
62060200091	圆柏	*Juniperus chinensis*	250	30	128	3	凉州区金羊镇海藏寺	海藏寺
62060200092	圆柏	*Juniperus chinensis*	300	30	136	5	凉州区金羊镇海藏寺	海藏寺
62060200093	圆柏	*Juniperus chinensis*	350	30	137	3	凉州区金羊镇海藏寺	海藏寺
62060200096	圆柏	*Juniperus chinensis*	200	30	122	5	凉州区金羊镇海藏寺	海藏寺
62060200097	圆柏	*Juniperus chinensis*	250	30	122	5	凉州区金羊镇海藏寺	海藏寺
62060200103	圆柏	*Juniperus chinensis*	600	30	151	5	凉州区金羊镇海藏寺	海藏寺
62060200104	圆柏	*Juniperus chinensis*	200	30	126	5	凉州区金羊镇海藏寺	海藏寺
62060200105	圆柏	*Juniperus chinensis*	200	30	110	5	凉州区金羊镇海藏寺	海藏寺
62060200106	圆柏	*Juniperus chinensis*	200	30	103	5	凉州区金羊镇海藏寺	海藏寺
62060200107	圆柏	*Juniperus chinensis*	200	30	99	5	凉州区金羊镇海藏寺	海藏寺
62060200108	圆柏	*Juniperus chinensis*	200	20	123	5	凉州区金羊镇海藏寺	海藏寺
62060200109	圆柏	*Juniperus chinensis*	200	20	135	5	凉州区金羊镇海藏寺	海藏寺
62060200110	圆柏	*Juniperus chinensis*	200	30	140	4	凉州区金羊镇海藏寺	海藏寺
62060200112	圆柏	*Juniperus chinensis*	200	30	125	4	凉州区金羊镇海藏寺	海藏寺
62060200113	圆柏	*Juniperus chinensis*	300	30	119	4	凉州区金羊镇海藏寺	海藏寺
62060200114	圆柏	*Juniperus chinensis*	300	30	140	4	凉州区金羊镇海藏寺	海藏寺
62060200115	圆柏	*Juniperus chinensis*	200	30	105	4	凉州区金羊镇海藏寺	海藏寺
62060200116	圆柏	*Juniperus chinensis*	250	30	130	4	凉州区金羊镇海藏寺	海藏寺
62060200117	圆柏	*Juniperus chinensis*	250	30	104	4	凉州区金羊镇海藏寺	海藏寺
62060200118	圆柏	*Juniperus chinensis*	250	30	127	4	凉州区金羊镇海藏寺	海藏寺
62060200119	圆柏	*Juniperus chinensis*	350	30	164	4	凉州区金羊镇海藏寺	海藏寺
62060200120	圆柏	*Juniperus chinensis*	620	30	114	5	凉州区金羊镇海藏寺	海藏寺
62060200121	圆柏	*Juniperus chinensis*	200	30	141	3	凉州区金羊镇海藏寺	海藏寺
62060200122	圆柏	*Juniperus chinensis*	200	30	130	3	凉州区金羊镇海藏寺	海藏寺
62060200124	圆柏	*Juniperus chinensis*	500	30	143	3	凉州区金羊镇海藏寺	海藏寺
62060200125	圆柏	*Juniperus chinensis*	620	30	199	3	凉州区金羊镇海藏寺	海藏寺
62060200126	圆柏	*Juniperus chinensis*	300	30	107	3	凉州区金羊镇海藏寺	海藏寺
62060200127	圆柏	*Juniperus chinensis*	300	30	160	5	凉州区金羊镇海藏寺	海藏寺
62060200128	圆柏	*Juniperus chinensis*	200	20	130	5	凉州区金羊镇海藏寺	海藏寺
62060200129	圆柏	*Juniperus chinensis*	250	20	130	6	凉州区金羊镇海藏寺	海藏寺
62060200140	圆柏	*Juniperus chinensis*	220	20	175	10	凉州区东关街文庙景区	西夏博物馆文庙管理处
62060200144	圆柏	*Juniperus chinensis*	160	20	150	9	凉州区东关街文庙景区	西夏博物馆文庙管理处
62060200145	圆柏	*Juniperus chinensis*	160	17	145	6	凉州区东关街文庙景区	西夏博物馆文庙管理处
62060200156	圆柏	*Juniperus chinensis*	200	24	175	8	凉州区东关街文庙景区	西夏博物馆文庙管理处
62060200161	圆柏	*Juniperus chinensis*	120	23	114	7	凉州区东关街文庙景区	西夏博物馆文庙管理处
62060200162	圆柏	*Juniperus chinensis*	110	22	105	5	凉州区东关街文庙景区	西夏博物馆文庙管理处
62060200163	圆柏	*Juniperus chinensis*	100	21	97	5	凉州区东关街文庙景区	西夏博物馆文庙管理处
62060200164	圆柏	*Juniperus chinensis*	120	23	125	5	凉州区东关街文庙景区	西夏博物馆文庙管理处

古树编号	树种	树种拉丁名	估测树龄	树高 (m)	树围 (cm)	平均冠幅 (m)	具体地点	管护单位 / 人
62060200167	圆柏	*Juniperus chinensis*	120	18	132	5	凉州区东关街文庙景区	西夏博物馆文庙管理处
62060200168	圆柏	*Juniperus chinensis*	200	20	160	8	凉州区东关街文庙景区	西夏博物馆文庙管理处
62060200169	圆柏	*Juniperus chinensis*	110	22	114	6	凉州区东关街文庙景区	西夏博物馆文庙管理处
62060200171	圆柏	*Juniperus chinensis*	200	24	150	8	凉州区东关街文庙景区	西夏博物馆文庙管理处
62060200181	圆柏	*Juniperus chinensis*	200	11	320	11	凉州区荣华街新关村	新关村委会
62060200254	圆柏	*Juniperus chinensis*	120	14	125	5	凉州区高坝镇红崖村	红崖村委会
62060200258	圆柏	*Juniperus chinensis*	120	21	165	9	凉州区高坝镇农业技术推广中心	农业技术推广中心
62060200259	圆柏	*Juniperus chinensis*	120	18	96	8	凉州区高坝镇农业技术推广中心	农业技术推广中心
62060200260	圆柏	*Juniperus chinensis*	120	12	78	5	凉州区高坝镇农业技术推广中心	农业技术推广中心
62060200262	圆柏	*Juniperus chinensis*	120	14	110	7	凉州区高坝镇农业技术推广中心	农业技术推广中心
62060200265	圆柏	*Juniperus chinensis*	120	19	155	8	凉州区高坝镇农业技术推广中心	农业技术推广中心
62060200267	圆柏	*Juniperus chinensis*	120	14	98	5	凉州区高坝镇农业技术推广中心	农业技术推广中心
62060200268	圆柏	*Juniperus chinensis*	120	15	117	6	凉州区高坝镇农业技术推广中心	农业技术推广中心
62060200269	圆柏	*Juniperus chinensis*	120	13	128	9	凉州区高坝镇农业技术推广中心	农业技术推广中心
62060200281	圆柏	*Juniperus chinensis*	200	8	150	4	凉州区清源镇曾家堡村	曾家堡村小学
62060200283	圆柏	*Juniperus chinensis*	200	8	116	4	凉州区清源镇曾家堡村	延寿寺
62060200285	圆柏	*Juniperus chinensis*	400	13	207	8	凉州区清源镇曾家堡村	延寿寺
62060200312	圆柏	*Juniperus chinensis*	200	11	165	7	凉州区发放镇西沟村中心小学	中心小学
62060200314	圆柏	*Juniperus chinensis*	200	12	135	7	凉州区发放镇西沟村中心小学	中心小学
62060200315	圆柏	*Juniperus chinensis*	200	8	120	5	凉州区发放镇西沟村中心小学	中心小学
62060200316	圆柏	*Juniperus chinensis*	200	9	123	4	凉州区发放镇西沟村中心小学	中心小学
62060200317	圆柏	*Juniperus chinensis*	200	10	155	6	凉州区发放镇西沟村中心小学	中心小学
62060200318	圆柏	*Juniperus chinensis*	200	13	153	4	凉州区发放镇西沟村中心小学	中心小学
62060200319	圆柏	*Juniperus chinensis*	200	13	150	5	凉州区发放镇西沟村中心小学	中心小学
62060200320	圆柏	*Juniperus chinensis*	200	12	146	6	凉州区发放镇西沟村中心小学	中心小学
62060200321	圆柏	*Juniperus chinensis*	200	10	121	4	凉州区发放镇西沟村中心小学	中心小学
62060200322	圆柏	*Juniperus chinensis*	200	11	134	6	凉州区发放镇西沟村中心小学	中心小学
62060200323	圆柏	*Juniperus chinensis*	200	11	120	5	凉州区发放镇西沟村中心小学	中心小学
62060200327	圆柏	*Juniperus chinensis*	200	9	110	4	凉州区发放镇安置村	安置村委会
62060200328	圆柏	*Juniperus chinensis*	350	8	165	6	凉州区发放镇东沟村	东沟村委会
62060200356	圆柏	*Juniperus chinensis*	300	15	165	8	凉州区古城镇长流村九组	长流村委会
62060200358	圆柏	*Juniperus chinensis*	350	16	180	9	凉州区古城镇河北村一组	河北村委会
62062100015	圆柏	*Juniperus chinensis*	370	10	323	11	民勤县三雷镇盛景苑小区	西关居委会
62062200014	圆柏	*Juniperus chinensis*	400	12	210	9	古浪县土门镇胡家边村	胡家边村委会
62062200015	圆柏	*Juniperus chinensis*	1000	21	300	16	古浪县土门镇三关村	三关村委会
62062200016	圆柏	*Juniperus chinensis*	680	20	260	6	古浪县土门镇宝塔寺村	宝塔寺村委会
62062200017	圆柏	*Juniperus chinensis*	100	27	60	6	古浪县古浪镇暖泉村	暖泉村委会
62062200018	圆柏	*Juniperus chinensis*	180	19	160	15	古浪县泗水镇下四坝村	下四坝村委会
62062200019	圆柏	*Juniperus chinensis*	210	20	210	8	古浪县土门镇青萍村	青萍村委会

古树编号	树种	树种拉丁名	估测树龄	树高 (m)	树围 (cm)	平均冠幅 (m)	具体地点	管护单位 / 人
62060200178	圆柏	*Juniperus chinensis*	300	10	260	8	凉州区清源镇宣庄村	东槽小学
62060200186	圆柏	*Juniperus chinensis*	260	15	124	6	凉州区高坝镇台庄村	台庄小学
62060200276	圆柏	*Juniperus chinensis*	390	14	220	6	凉州区永昌镇石碑村	石碑村委会
62060200286	圆柏	*Juniperus chinensis*	400	11	190	9	凉州区清源镇曾家堡村	延寿寺
62060200287	圆柏	*Juniperus chinensis*	400	10	128	3	凉州区清源镇曾家堡村	延寿寺
62060200576	圆柏	*Juniperus chinensis*	240	16	170	7	凉州区高坝镇蔡家村三组	蔡家村委会
62060200592	圆柏	*Juniperus chinensis*	400	25	230	12	凉州区双城镇河西村九组	河西村委会
62060200593	圆柏	*Juniperus chinensis*	400	20	180	12	凉州区双城镇河西村九组	河西村委会
62060200594	圆柏	*Juniperus chinensis*	400	25	150	11	凉州区双城镇河西村九组	河西村委会
62060200595	圆柏	*Juniperus chinensis*	400	24	190	11	凉州区双城镇河西村九组	河西村委会
62060200602	圆柏	*Juniperus formosana*	400	14	200	7	凉州区洪祥镇陈春村五组	陈春村委会
62062100012	祁连圆柏	*Juniperus przewalskii*	590	17	413	14	民勤县三雷镇三新村	三新村委会
62062300002	祁连圆柏	*Juniperus przewalskii*	290	14	200	9	天祝藏族自治县旦马乡细水河村	祁连林场
62062300009	祁连圆柏	*Juniperus przewalskii*	140	12	150	6	天祝藏族自治县赛什斯镇先明峡村	先明峡村委会
62062300010	祁连圆柏	*Juniperus przewalskii*	240	7	210	10	天祝藏族自治县赛什斯镇先明峡村	先明峡村委会
62062300012	祁连圆柏	*Juniperus przewalskii*	300	7	130	5	天祝藏族自治县炭山岭镇拉卜子村	拉卜子村委会
62062300014	祁连圆柏	*Juniperus przewalskii*	200	14	150	5	天祝藏族自治县赛什斯镇东大寺村	东大寺村委会
62062300011	祁连圆柏	*Juniperus przewalskii*	490	24	320	14	天祝藏族自治县炭山岭镇拉卜子村	拉卜子村委会
62060200562	侧柏	*Platycladus orientalis*	500	15	310	11	凉州区丰乐镇乔家寺村三组	乔家寺村委会
62060200035	侧柏	*Platycladus orientalis*	300	30	126	7	凉州区金塔镇金塔村四组	金塔村委会
62060200001	侧柏	*Platycladus orientalis*	1000	20	160	4	凉州区金羊镇松涛寺	松涛寺
62060200053	侧柏	*Platycladus orientalis*	250	20	137	21	凉州区东关街文庙景区	武威市博物馆
62060200054	侧柏	*Platycladus orientalis*	250	20	108	21	凉州区东关街文庙景区	武威市博物馆
62060200055	侧柏	*Platycladus orientalis*	120	21	180	22	凉州区东关街文庙景区	武威市博物馆
62060200057	侧柏	*Platycladus orientalis*	500	26	197	23	凉州区东关街文庙景区	武威市博物馆
62060200058	侧柏	*Platycladus orientalis*	320	25	266	21	凉州区东关街文庙景区	武威市博物馆
62060200059	侧柏	*Platycladus orientalis*	320	26	210	22	凉州区东关街文庙景区	武威市博物馆
62060200060	侧柏	*Platycladus orientalis*	280	24	229	23	凉州区东关街文庙景区	武威市博物馆
62060200072	侧柏	*Platycladus orientalis*	200	20	98	3	凉州区金羊镇海藏寺	海藏寺
62060200074	侧柏	*Platycladus orientalis*	300	30	146	5	凉州区金羊镇海藏寺	海藏寺
62060200078	侧柏	*Platycladus orientalis*	350	30	112	5	凉州区金羊镇海藏寺	海藏寺
62060200079	侧柏	*Platycladus orientalis*	300	25	370	3	凉州区金羊镇海藏寺	海藏寺
62060200080	侧柏	*Platycladus orientalis*	300	25	118	5	凉州区金羊镇海藏寺	海藏寺
62060200094	侧柏	*Platycladus orientalis*	250	30	136	5	凉州区金羊镇海藏寺	海藏寺
62060200095	侧柏	*Platycladus orientalis*	250	30	126	5	凉州区金羊镇海藏寺	海藏寺
62060200101	侧柏	*Platycladus orientalis*	250	25	117	3	凉州区金羊镇海藏寺	海藏寺
62060200102	侧柏	*Platycladus orientalis*	250	25	148	3	凉州区金羊镇海藏寺	海藏寺
62060200111	侧柏	*Platycladus orientalis*	400	20	177	6	凉州区金羊镇海藏寺	海藏寺
62060200123	侧柏	*Platycladus orientalis*	200	30	97	3	凉州区金羊镇海藏寺	海藏寺

古树编号	树种	树种拉丁名	估测树龄	树高 (m)	树围 (cm)	平均冠幅 (m)	具体地点	管护单位 / 人
62060200148	侧柏	*Platycladus orientalis*	300	20	258	9	凉州区东关街文庙景区	西夏博物馆文庙管理处
62060200149	侧柏	*Platycladus orientalis*	180	16	166	6	凉州区东关街文庙景区	西夏博物馆文庙管理处
62060200150	侧柏	*Platycladus orientalis*	200	16	199	6	凉州区东关街文庙景区	西夏博物馆文庙管理处
62060200151	侧柏	*Platycladus orientalis*	450	14	224	8	凉州区东关街文庙景区	西夏博物馆文庙管理处
62060200152	侧柏	*Platycladus orientalis*	470	16	238	7	凉州区东关街文庙景区	西夏博物馆文庙管理处
62060200153	侧柏	*Platycladus orientalis*	120	20	214	9	凉州区东关街文庙景区	西夏博物馆文庙管理处
62060200157	侧柏	*Platycladus orientalis*	110	20	106	4	凉州区东关街文庙景区	西夏博物馆文庙管理处
62060200159	侧柏	*Platycladus orientalis*	110	22	150	5	凉州区东关街文庙景区	西夏博物馆文庙管理处
62060200160	侧柏	*Platycladus orientalis*	110	23	174	6	凉州区东关街文庙景区	西夏博物馆文庙管理处
62060200179	侧柏	*Platycladus orientalis*	880	13	227	8	凉州区清水镇河西村	河西村委会
62060200182	侧柏	*Platycladus orientalis*	120	17	170	8	凉州区荣华街新关小学	新关村委会
62060200199	侧柏	*Platycladus orientalis*	290	17	240	7	凉州区金塔镇湾子村	湾子村委会
62060200200	侧柏	*Platycladus orientalis*	290	15	180	6	凉州区金塔镇湾子村	湾子村委会
62060200248	侧柏	*Platycladus orientalis*	120	10	100	4	凉州区高坝镇红崖村	红崖村委会
62060200249	侧柏	*Platycladus orientalis*	120	11	110	5	凉州区高坝镇红崖村	红崖村委会
62060200250	侧柏	*Platycladus orientalis*	120	11	104	5	凉州区高坝镇红崖村	红崖村委会
62060200251	侧柏	*Platycladus orientalis*	120	13	118	6	凉州区高坝镇红崖村	红崖村委会
62060200252	侧柏	*Platycladus orientalis*	120	10	96	5	凉州区高坝镇红崖村	红崖村委会
62060200253	侧柏	*Platycladus orientalis*	120	14	115	5	凉州区高坝镇红崖村	红崖村委会
62060200255	侧柏	*Platycladus orientalis*	120	15	127	6	凉州区高坝镇红崖村	红崖村委会
62060200256	侧柏	*Platycladus orientalis*	120	12	103	6	凉州区高坝镇红崖村	红崖村委会
62060200270	侧柏	*Platycladus orientalis*	350	13	320	10	凉州区谢河镇李府村	李府村委会
62060200271	侧柏	*Platycladus orientalis*	350	12	190	6	凉州区谢河镇李府村	李府村委会
62060200277	侧柏	*Platycladus orientalis*	120	5	106	6	凉州区羊下坝镇三沟村	三沟村委会
62060200278	侧柏	*Platycladus orientalis*	120	20	106	8	凉州区羊下坝镇三沟村	三沟村委会
62060200279	侧柏	*Platycladus orientalis*	120	11	106	5	凉州区羊下坝镇三沟村	三沟村委会
62060200280	侧柏	*Platycladus orientalis*	200	9	170	7	凉州区清源镇曾家堡村	曾家堡村委会
62060200282	侧柏	*Platycladus orientalis*	200	9	150	7	凉州区清源镇曾家堡村	曾家堡村小学
62060200284	侧柏	*Platycladus orientalis*	400	9	113	4	凉州区清源镇曾家堡村	延寿寺
62060200288	侧柏	*Platycladus orientalis*	640	14	260	11	凉州区武南镇范家寨村	范家寨村委会
62060200289	侧柏	*Platycladus orientalis*	640	18	310	11	凉州区武南镇范家寨村	范家寨村委会
62060200290	侧柏	*Platycladus orientalis*	640	12	160	5	凉州区武南镇范家寨村	范家寨村委会
62060200291	侧柏	*Platycladus orientalis*	300	11	225	10	凉州区长城镇十二墩村	十二墩村委会
62060200292	侧柏	*Platycladus orientalis*	300	10	220	10	凉州区永昌镇和丰村	和丰村委会
62060200293	侧柏	*Platycladus orientalis*	300	7	130	7	凉州区永昌镇和丰村	和丰村委会
62060200294	侧柏	*Platycladus orientalis*	400	11	135	9	凉州区松树镇冯良村	冯良村委会
62060200295	侧柏	*Platycladus orientalis*	400	12	110	6	凉州区松树镇冯良村	冯良村委会
62060200296	侧柏	*Platycladus orientalis*	400	12	120	6	凉州区松树镇冯良村	冯良村委会
62060200306	侧柏	*Platycladus orientalis*	120	12	217	5	凉州区松树镇天主教堂	天主教堂

古树编号	树种	树种拉丁名	估测树龄	树高 (m)	树围 (cm)	平均冠幅 (m)	具体地点	管护单位/人
62060200307	侧柏	*Platycladus orientalis*	120	11	244	6	凉州区松树镇天主教堂	天主教堂
62060200308	侧柏	*Platycladus orientalis*	120	12	276	5	凉州区松树镇天主教堂	天主教堂
62060200309	侧柏	*Platycladus orientalis*	120	10	350	7	凉州区松树镇天主教堂	天主教堂
62060200310	侧柏	*Platycladus orientalis*	500	9	210	11	凉州区发放镇双桥村	双桥村委会
62060200311	侧柏	*Platycladus orientalis*	500	9	215	10	凉州区发放镇双桥村	双桥村委会
62060200344	侧柏	*Platycladus orientalis*	500	23	190	15	凉州区武南镇柏树庄村一组	柏树庄村委会
62060200345	侧柏	*Platycladus orientalis*	500	23	170	8	凉州区武南镇柏树庄村一组	柏树庄村委会
62060200346	侧柏	*Platycladus orientalis*	500	19	195	13	凉州区武南镇柏树庄村一组	柏树庄村委会
62060200347	侧柏	*Platycladus orientalis*	500	17	120	6	凉州区武南镇柏树庄村一组	柏树庄村委会
62060200348	侧柏	*Platycladus orientalis*	110	12	124	6	凉州区古城镇上河村六组	上河村委会
62060200364	侧柏	*Platycladus orientalis*	300	15	230	7	凉州区韩佐镇宏化村一组	宏化村委会
62060200365	侧柏	*Platycladus orientalis*	200	25	180	13	凉州区黄羊镇横沟村六组	横沟村委会
62060200407	侧柏	*Platycladus orientalis*	200	18	137	5	凉州区金塔镇政府院内	金塔镇政府
62060200408	侧柏	*Platycladus orientalis*	200	15	140	6	凉州区金塔镇政府院内	金塔镇政府
62060200409	侧柏	*Platycladus orientalis*	200	18	135	6	凉州区金塔镇政府院内	金塔镇政府
62060200551	侧柏	*Platycladus orientalis*	160	20	160	7	凉州区金塔镇右五村二组	右五村委会
62060200570	侧柏	*Platycladus orientalis*	100	12	108	7	凉州区永昌镇下源村	下源村委会
62060200571	侧柏	*Platycladus orientalis*	100	13	120	7	凉州区永昌镇下源村	下源村委会
62060200572	侧柏	*Platycladus orientalis*	100	13	122	8	凉州区永昌镇下源村	下源村委会
62060200580	侧柏	*Platycladus orientalis*	260	15	190	6	凉州区高坝镇马儿小学	马儿小学
62060200603	侧柏	*Platycladus orientalis*	350	13	342	8	凉州区洪祥镇陈春村十五组居民点	陈春村委会
62060200683	侧柏	*Platycladus orientalis*	150	11	50	5	凉州区中坝镇中坝中学	中坝中学
62060200684	侧柏	*Platycladus orientalis*	150	11	48	4	凉州区中坝镇中坝中学	中坝中学
62060200685	侧柏	*Platycladus orientalis*	150	11	46	5	凉州区中坝镇中坝中学	中坝中学
62060200686	侧柏	*Platycladus orientalis*	150	11	48	6	凉州区中坝镇中坝中学	中坝中学
62060200687	侧柏	*Platycladus orientalis*	150	11	50	5	凉州区中坝镇中坝中学	中坝中学
62060200688	侧柏	*Platycladus orientalis*	150	11	46	5	凉州区中坝镇中坝中学	中坝中学
62060200693	侧柏	*Platycladus orientalis*	110	14	310	10	凉州区古城镇上河村六组	上河村委会
62062100004	侧柏	*Platycladus orientalis*	150	7	156	9	民勤县薛百镇张麻村	张麻村委会
62062100005	侧柏	*Platycladus orientalis*	280	14	282	15	民勤县薛百镇张麻村	张麻村委会
62062100013	侧柏	*Platycladus orientalis*	140	13	184	10	民勤县三雷镇盛景苑小区	西关居委会
62062100014	侧柏	*Platycladus orientalis*	100	11	137	8	民勤县三雷镇盛景苑小区	西关居委会
62062200001	侧柏	*Platycladus orientalis*	1400	21	240	8	古浪县土门镇青萍村	青萍村委会
62062200021	侧柏	*Platycladus orientalis*	160	25	430	10	古浪县土门镇和乐村	和乐村委会
62062300018	侧柏	*Platycladus orientalis*	160	10	230	8	天祝藏族自治县天堂镇天堂村	天堂寺
杨柳科								
62062300008	青杨	*Populus cathayana*	110	27	260	11	天祝藏族自治县赛什斯镇大滩村	大滩村委会
62062300001	山杨	*Populus davidiana*	130	20	260	16	天祝藏族自治县炭山岭镇菜籽湾村	古城林场
62062100027	胡杨	*Populus euphratica*	120	14	186	11	民勤县双茨科镇红中村	红中村委会

古树编号	树种	树种拉丁名	估测树龄	树高 (m)	树围 (cm)	平均冠幅 (m)	具体地点	管护单位 / 人
62062200009	小叶杨	*Populus simonii*	430	15	220	17	古浪县古浪镇丰泉村	丰泉村委会
62062200010	小叶杨	*Populus simonii*	250	30	400	16	古浪县土门镇大湾村	大湾村委会
62062200011	小叶杨	*Populus simonii*	480	24	360	18	古浪县黄羊川镇张家墩村	张家墩村委会
62062200013	小叶杨	*Populus simonii*	410	23	300	18	古浪县泗水镇铁门村	铁门村委会
62062100022	二白杨	*Populus × xiaohei* var. *gansuensis*	120	18	319	14	民勤县西渠镇芥玉村	芥玉村委会
62062100025	二白杨	*Populus × xiaohei* var. *gansuensis*	110	18	291	15	民勤县东湖镇苍厚村	苍厚村委会
62060200313	垂柳	*Salix babylonica*	200	11	320	9	凉州区发放镇西沟村	双树中心小学
62060200131	旱柳	*Salix matsudana*	170	25	283	17	凉州区市政府市政府	武威市机关事务管理局
62060200587	旱柳	*Salix matsudana*	100	18	260	6	凉州区大柳镇王城中学	王城中学
62060200692	旱柳	*Salix matsudana*	110	17	400	7	凉州区东关花园社区	公园管理服务中心
62062100002	旱柳	*Salix matsudana*	300	16	510	19	民勤县蔡旗镇金家庄	石羊河国家湿地公园管理局
62062100003	旱柳	*Salix matsudana*	200	19	359	19	民勤县蔡旗镇金家庄	石羊河国家湿地公园管理局
62062100007	旱柳	*Salix matsudana*	120	13	337	14	民勤县薛百镇新沟村	新沟村委会
62062200006	旱柳	*Salix matsudana*	110	19	300	15	古浪县土门镇宝塔寺村	宝塔寺村委会
62062200007	旱柳	*Salix matsudana*	110	19	260	17	古浪县土门镇宝塔寺村	宝塔寺村委会
62062200020	旱柳	*Salix matsudana*	100	13	260	9	古浪县泗水镇双塔村	双塔村委会
胡桃科								
62060200038	胡桃	*Juglans regia*	300	15	330	33	凉州区金塔乡青铜村十二组	青铜村委会
62060200052	胡桃	*Juglans regia*	120	16	370	17	凉州区东关街凉州植物园	凉州区植物园
62060200187	胡桃	*Juglans regia*	130	23	443	22	凉州区金塔镇中心村	中心村委会
62060200188	胡桃	*Juglans regia*	130	24	300	21	凉州区金塔镇中心村	中心村委会
62060200189	胡桃	*Juglans regia*	130	21	395	20	凉州区金塔镇中心村	中心村委会
62060200190	胡桃	*Juglans regia*	130	20	384	12	凉州区金塔镇中心村	中心村委会
62060200191	胡桃	*Juglans regia*	130	20	390	20	凉州区金塔镇中心村	中心村委会
62060200192	胡桃	*Juglans regia*	130	20	238	12	凉州区金塔镇中心村	中心村委会
62060200195	胡桃	*Juglans regia*	140	16	250	15	凉州区新华镇李府村	李府村委会
62060200196	胡桃	*Juglans regia*	140	16	260	15	凉州区新华镇李府村	李府村委会
62060200197	胡桃	*Juglans regia*	140	16	310	15	凉州区新华镇李府村	李府村委会
62060200266	胡桃	*Juglans regia*	120	15	274	12	凉州区高坝镇农业技术推广中心	农业技术推广中心
62060200297	胡桃	*Juglans regia*	150	18	175	11	凉州区松树镇天主教堂	天主教堂
62060200298	胡桃	*Juglans regia*	150	16	240	12	凉州区松树镇天主教堂	天主教堂
62060200299	胡桃	*Juglans regia*	150	18	156	16	凉州区松树镇天主教堂	天主教堂
62060200300	胡桃	*Juglans regia*	150	18	285	19	凉州区松树镇天主教堂	天主教堂
62060200301	胡桃	*Juglans regia*	150	18	236	13	凉州区松树镇天主教堂	天主教堂
62060200302	胡桃	*Juglans regia*	150	18	210	15	凉州区松树镇天主教堂	天主教堂
62060200336	胡桃	*Juglans regia*	300	20	380	11	凉州区清水镇苏邓村八组	苏邓村委会
62060200339	胡桃	*Juglans regia*	120	18	290	19	凉州区发放镇马儿村四组	马儿村委会
62060200366	胡桃	*Juglans regia*	150	8	250	9	凉州区金塔镇青铜村一组	青铜村委会
62060200367	胡桃	*Juglans regia*	150	14	330	13	凉州区金塔镇青铜村一组	青铜村委会

古树编号	树种	树种拉丁名	估测树龄	树高 (m)	树围 (cm)	平均冠幅 (m)	具体地点	管护单位 / 人
62060200368	胡桃	*Juglans regia*	150	10	170	8	凉州区金塔镇青铜村一组	青铜村委会
62060200369	胡桃	*Juglans regia*	150	13	250	8	凉州区金塔镇青铜村一组	青铜村委会
62060200370	胡桃	*Juglans regia*	150	13	243	12	凉州区金塔镇青铜村一组	青铜村委会
62060200371	胡桃	*Juglans regia*	150	15	370	16	凉州区金塔镇青铜村一组	青铜村委会
62060200372	胡桃	*Juglans regia*	130	12	210	8	凉州区金塔镇青铜村二组	青铜村委会
62060200373	胡桃	*Juglans regia*	130	9	260	8	凉州区金塔镇青铜村二组	青铜村委会
62060200374	胡桃	*Juglans regia*	130	16	195	7	凉州区金塔镇青铜村二组	青铜村委会
62060200375	胡桃	*Juglans regia*	130	18	216	8	凉州区金塔镇青铜村二组	青铜村委会
62060200376	胡桃	*Juglans regia*	130	15	138	9	凉州区金塔镇青铜村二组	青铜村委会
62060200377	胡桃	*Juglans regia*	130	17	170	8	凉州区金塔镇青铜村二组	青铜村委会
62060200378	胡桃	*Juglans regia*	130	20	160	9	凉州区金塔镇青铜村二组	青铜村委会
62060200379	胡桃	*Juglans regia*	110	17	290	10	凉州区金塔镇青铜村八组	青铜村委会
62060200384	胡桃	*Juglans regia*	110	12	210	7	凉州区金塔镇青铜村七组	青铜村委会
62060200385	胡桃	*Juglans regia*	110	12	190	8	凉州区金塔镇青铜村七组	青铜村委会
62060200395	胡桃	*Juglans regia*	110	15	230	14	凉州区金塔镇青铜村七组	青铜村委会
62060200396	胡桃	*Juglans regia*	110	17	230	16	凉州区金塔镇青铜村七组	青铜村委会
62060200400	胡桃	*Juglans regia*	200	15	260	10	凉州区金塔镇华畦村六组	华畦村委会
62060200401	胡桃	*Juglans regia*	200	13	285	9	凉州区金塔镇华畦村六组	华畦村委会
62060200402	胡桃	*Juglans regia*	200	17	260	13	凉州区金塔镇华畦村六组	华畦村委会
62060200403	胡桃	*Juglans regia*	200	20	280	10	凉州区金塔镇华畦村六组	华畦村委会
62060200404	胡桃	*Juglans regia*	200	14	240	10	凉州区金塔镇华畦村六组	华畦村委会
62060200405	胡桃	*Juglans regia*	200	12	270	13	凉州区金塔镇华畦村六组	华畦村委会
62060200406	胡桃	*Juglans regia*	200	10	178	9	凉州区金塔镇华畦村六组	华畦村委会
62060200410	胡桃	*Juglans regia*	110	12	252	11	凉州区金塔镇中心村四组	中心村委会
62060200411	胡桃	*Juglans regia*	110	14	203	12	凉州区金塔镇中心村四组	中心村委会
62060200412	胡桃	*Juglans regia*	110	13	205	11	凉州区金塔镇中心村四组	中心村委会
62060200413	胡桃	*Juglans regia*	110	14	145	11	凉州区金塔镇中心村四组	中心村委会
62060200414	胡桃	*Juglans regia*	110	15	176	10	凉州区金塔镇中心村四组	中心村委会
62060200415	胡桃	*Juglans regia*	110	16	170	13	凉州区金塔镇中心村四组	中心村委会
62060200416	胡桃	*Juglans regia*	110	15	125	9	凉州区金塔镇中心村四组	中心村委会
62060200417	胡桃	*Juglans regia*	110	17	153	13	凉州区金塔镇中心村四组	中心村委会
62060200418	胡桃	*Juglans regia*	110	18	210	12	凉州区金塔镇中心村四组	中心村委会
62060200419	胡桃	*Juglans regia*	110	18	180	14	凉州区金塔镇中心村四组	中心村委会
62060200423	胡桃	*Juglans regia*	110	18	135	10	凉州区金塔镇中心村四组	中心村委会
62060200424	胡桃	*Juglans regia*	110	17	170	11	凉州区金塔镇中心村四组	中心村委会
62060200425	胡桃	*Juglans regia*	110	20	510	17	凉州区金塔镇中心村四组	中心村委会
62060200426	胡桃	*Juglans regia*	110	14	160	8	凉州区金塔镇中心村四组	中心村委会
62060200427	胡桃	*Juglans regia*	110	18	375	16	凉州区金塔镇中心村四组	中心村委会
62060200453	胡桃	*Juglans regia*	110	15	110	7	凉州区金塔镇中心村四组	中心村委会

古树编号	树种	树种拉丁名	估测树龄	树高 (m)	树围 (cm)	平均冠幅 (m)	具体地点	管护单位 / 人
62060200454	胡桃	*Juglans regia*	110	17	263	10	凉州区金塔镇中心村四组	中心村委会
62060200459	胡桃	*Juglans regia*	110	16	170	5	凉州区金塔镇中心村四组	中心村委会
62060200486	胡桃	*Juglans regia*	110	15	130	9	凉州区金塔镇中心村四组	中心村委会
62060200504	胡桃	*Juglans regia*	110	16	170	15	凉州区金塔镇中心村四组	中心村委会
62060200508	胡桃	*Juglans regia*	150	18	210	11	凉州区金塔镇中心村一组	中心村委会
62060200509	胡桃	*Juglans regia*	150	16	236	13	凉州区金塔镇中心村一组	中心村委会
62060200510	胡桃	*Juglans regia*	150	20	287	17	凉州区金塔镇中心村一组	中心村委会
62060200513	胡桃	*Juglans regia*	160	8	200	9	凉州区金塔镇右五村二组	右五村委会
62060200515	胡桃	*Juglans regia*	160	10	300	11	凉州区金塔镇右五村二组	右五村委会
62060200516	胡桃	*Juglans regia*	160	9	360	13	凉州区金塔镇右五村二组	右五村委会
62060200537	胡桃	*Juglans regia*	160	11	234	9	凉州区金塔镇右五村二组	右五村委会
62060200538	胡桃	*Juglans regia*	160	8	320	8	凉州区金塔镇右五村二组	右五村委会
62060200552	胡桃	*Juglans regia*	160	18	340	17	凉州区金塔镇右五村二组	右五村委会
62060200553	胡桃	*Juglans regia*	200	16	220	17	凉州区金塔镇黄康村三组	黄康村委会
62060200554	胡桃	*Juglans regia*	200	18	290	17	凉州区金塔镇黄康村三组	黄康村委会
62060200555	胡桃	*Juglans regia*	200	15	195	13	凉州区金塔镇黄康村三组	黄康村委会
62060200556	胡桃	*Juglans regia*	200	17	252	15	凉州区金塔镇黄康村三组	黄康村委会
62060200557	胡桃	*Juglans regia*	200	16	310	15	凉州区金塔镇黄康村三组	黄康村委会
62060200558	胡桃	*Juglans regia*	200	17	180	15	凉州区金塔镇黄康村三组	黄康村委会
62060200563	胡桃	*Juglans regia*	160	20	390	19	凉州区怀安镇三中村三组	三中村委会
62060200564	胡桃	*Juglans regia*	110	12	272	10	凉州区柏树镇张家寨村二组	张家寨村委会
62060200568	胡桃	*Juglans regia*	100	18	220	14	凉州区西营镇杂沟村天主堂	杂沟村天主堂
62060200569	胡桃	*Juglans regia*	100	20	260	13	凉州区西营镇杂沟村天主堂	杂沟村天主堂
62060200588	胡桃	*Juglans regia*	100	20	180	12	凉州区大柳镇西社村八组	西社村委会
62060200597	胡桃	*Juglans regia*	300	13	270	8	凉州区洪祥镇果园村十二组老果园	果园村委会
62060200604	胡桃	*Juglans regia*	140	18	110	11	凉州区新华镇李府村五组	李府村委会
62060200605	胡桃	*Juglans regia*	140	18	110	12	凉州区新华镇李府村五组	李府村委会
62060200606	胡桃	*Juglans regia*	140	18	110	11	凉州区新华镇李府村五组	李府村委会
62060200607	胡桃	*Juglans regia*	140	17	110	12	凉州区新华镇李府村五组	李府村委会
62060200608	胡桃	*Juglans regia*	140	18	110	11	凉州区新华镇李府村五组	李府村委会
62060200609	胡桃	*Juglans regia*	140	18	110	12	凉州区新华镇李府村五组	李府村委会
62060200610	胡桃	*Juglans regia*	140	18	100	11	凉州区新华镇李府村五组	李府村委会
62060200611	胡桃	*Juglans regia*	140	18	99	12	凉州区新华镇李府村五组	李府村委会
62060200612	胡桃	*Juglans regia*	140	19	100	11	凉州区新华镇李府村五组	李府村委会
62060200613	胡桃	*Juglans regia*	140	18	110	12	凉州区新华镇李府村五组	李府村委会
62060200614	胡桃	*Juglans regia*	140	18	110	11	凉州区新华镇李府村五组	李府村委会
62060200615	胡桃	*Juglans regia*	140	18	90	12	凉州区新华镇李府村五组	李府村委会
62060200616	胡桃	*Juglans regia*	140	18	110	11	凉州区新华镇李府村五组	李府村委会
62060200617	胡桃	*Juglans regia*	140	18	110	12	凉州区新华镇李府村五组	李府村委会

古树编号	树种	树种拉丁名	估测树龄	树高 (m)	树围 (cm)	平均冠幅 (m)	具体地点	管护单位 / 人
62060200618	胡桃	*Juglans regia*	140	18	110	11	凉州区新华镇李府村五组	李府村委会
62060200619	胡桃	*Juglans regia*	140	19	89	12	凉州区新华镇李府村五组	李府村委会
62060200620	胡桃	*Juglans regia*	140	18	110	11	凉州区新华镇李府村五组	李府村委会
62060200621	胡桃	*Juglans regia*	140	18	100	12	凉州区新华镇李府村五组	李府村委会
62060200622	胡桃	*Juglans regia*	140	18	110	11	凉州区新华镇李府村五组	李府村委会
62060200649	胡桃	*Juglans regia*	120	16	290	9	凉州区新华镇新华六组	新华村委会
62060200650	胡桃	*Juglans regia*	120	17	150	10	凉州区新华镇新华六组	新华村委会
62060200652	胡桃	*Juglans regia*	150	10	250	12	凉州区新华镇李府四组	李府村委会
62060200653	胡桃	*Juglans regia*	150	9	230	11	凉州区新华镇李府四组	李府村委会
62060200654	胡桃	*Juglans regia*	150	9	220	14	凉州区新华镇李府四组	李府村委会
62060200655	胡桃	*Juglans regia*	150	10	200	9	凉州区新华镇李府四组	李府村委会
62060200656	胡桃	*Juglans regia*	150	9	240	6	凉州区新华镇李府四组	李府村委会
62060200657	胡桃	*Juglans regia*	150	8	130	6	凉州区新华镇李府四组	李府村委会
62060200659	胡桃	*Juglans regia*	150	15	280	6	凉州区新华镇李府四组	李府村委会
62060200660	胡桃	*Juglans regia*	150	9	185	7	凉州区新华镇李府四组	李府村委会
62060200661	胡桃	*Juglans regia*	150	9	170	8	凉州区新华镇李府四组	李府村委会
62060200662	胡桃	*Juglans regia*	150	10	220	7	凉州区新华镇李府四组	李府村委会
62060200663	胡桃	*Juglans regia*	150	10	190	6	凉州区新华镇李府四组	李府村委会
62060200664	胡桃	*Juglans regia*	150	8	160	7	凉州区新华镇李府四组	李府村委会
62060200665	胡桃	*Juglans regia*	150	8	175	7	凉州区新华镇李府四组	李府村委会
62060200666	胡桃	*Juglans regia*	150	6	140	7	凉州区新华镇李府四组	李府村委会
62060200667	胡桃	*Juglans regia*	150	8	180	7	凉州区新华镇李府四组	李府村委会
62060200668	胡桃	*Juglans regia*	150	10	220	7	凉州区新华镇李府四组	李府村委会
62060200669	胡桃	*Juglans regia*	150	8	160	7	凉州区新华镇李府四组	李府村委会
62060200670	胡桃	*Juglans regia*	150	10	200	7	凉州区新华镇李府四组	李府村委会
62060200671	胡桃	*Juglans regia*	150	10	200	7	凉州区新华镇李府四组	李府村委会
62060200672	胡桃	*Juglans regia*	150	15	270	10	凉州区新华镇李府四组	李府村委会
62060200673	胡桃	*Juglans regia*	150	14	245	7	凉州区新华镇李府四组	李府村委会
62060200674	胡桃	*Juglans regia*	150	11	220	11	凉州区新华镇李府四组	李府村委会
62060200675	胡桃	*Juglans regia*	150	11	220	14	凉州区新华镇李府四组	李府村委会
62060200676	胡桃	*Juglans regia*	150	16	290	13	凉州区新华镇李府四组	李府村委会
62060200677	胡桃	*Juglans regia*	150	8	165	8	凉州区新华镇李府四组	李府村委会
62060200678	胡桃	*Juglans regia*	120	10	220	7	凉州区新华镇新华六组	新华村委会
62060200679	胡桃	*Juglans regia*	120	10	200	7	凉州区新华镇新华六组	新华村委会
62060200680	胡桃	*Juglans regia*	120	10	220	8	凉州区新华镇新华六组	新华村委会
62060200681	胡桃	*Juglans regia*	120	9	180	7	凉州区新华镇新华六组	新华村委会
62060200682	胡桃	*Juglans regia*	120	10	200	7	凉州区新华镇新华六组	新华村委会
62060200689	胡桃	*Juglans regia*	120	18	368	14	凉州区东关花园社区	凉州区公园管理服务中心
62060200694	胡桃	*Juglans regia*	260	15	500	10	凉州区古城镇长流村五组	长流村委会

古树编号	树种	树种拉丁名	估测树龄	树高 (m)	树围 (cm)	平均冠幅 (m)	具体地点	管护单位 / 人
62060200695	胡桃	*Juglans regia*	260	15	420	9	凉州区古城镇长流村五组	长流村委会
62060200696	胡桃	*Juglans regia*	260	15	420	9	凉州区古城镇长流村五组	长流村委会
62060200699	胡桃	*Juglans regia*	100	15	220	11	凉州区高坝镇台庄村	台庄村委会
62060200700	胡桃	*Juglans regia*	100	17	230	13	凉州区高坝镇台庄村	台庄村委会
62060200701	胡桃	*Juglans regia*	100	16	330	12	凉州区高坝镇台庄村	台庄村委会
62062300016	胡桃	*Juglans regia*	130	10	310	18	天祝藏族自治县赛什斯镇东大寺村	东大寺村委会
榆科								
62060200006	榆树	*Ulmus pumila*	1100	34	530	18	凉州区金羊镇松涛寺	松涛寺
62060200027	榆树	*Ulmus pumila*	200	12	300	9	凉州区武南镇刘家柏树庄	柏树庄村委会
62060200172	榆树	*Ulmus pumila*	100	18	234	20	凉州区东关街文庙景区	西夏博物馆文庙管理处
62060200331	榆树	*Ulmus pumila*	200	17	250	17	凉州区高坝镇小七坝村	小七坝村小学
62062100001	榆树	*Ulmus pumila*	600	16	430	20	民勤县昌宁镇中胜村	中胜村委会
62062100021	榆树	*Ulmus pumila*	340	12	329	18	民勤县红沙梁镇花寨村	花寨村委会
62062100023	榆树	*Ulmus pumila*	620	18	429	24	民勤县红沙岗镇红沙岗村	红沙岗村委会
62062100026	榆树	*Ulmus pumila*	530	13	402	15	民勤县西渠镇板湖村	板湖村委会
桑科								
62060200012	桑	*Morus alba*	270	16	350	14	凉州区洪祥镇陈春村二十组	董海寿
62060200132	桑	*Morus alba*	120	24	228	15	凉州区市政府院内	武威市机关事务管理局
62060200264	桑	*Morus alba*	120	16	200	10	凉州区高坝镇农业技术推广中心	农业技术推广中心
62060200566	桑	*Morus alba*	150	17	405	15	凉州区柏树镇下五畦村五组	下五畦村委会
蔷薇科								
62060200519	杏	*Prunus armeniaca*	160	6	135	7	凉州区金塔镇右五村二组	右五村委会
62060200521	杏	*Prunus armeniaca*	160	11	245	9	凉州区金塔镇右五村二组	右五村委会
62060200522	杏	*Prunus armeniaca*	160	10	152	6	凉州区金塔镇右五村二组	右五村委会
62060200525	杏	*Prunus armeniaca*	160	15	122	4	凉州区金塔镇右五村二组	右五村委会
62060200526	杏	*Prunus armeniaca*	160	13	165	4	凉州区金塔镇右五村二组	右五村委会
62060200527	杏	*Prunus armeniaca*	160	14	153	5	凉州区金塔镇右五村二组	右五村委会
62060200528	杏	*Prunus armeniaca*	160	12	110	7	凉州区金塔镇右五村二组	右五村委会
62060200529	杏	*Prunus armeniaca*	160	13	210	7	凉州区金塔镇右五村二组	右五村委会
62060200540	杏	*Prunus armeniaca*	160	6	110	7	凉州区金塔镇右五村二组	右五村委会
62060200542	杏	*Prunus armeniaca*	160	8	165	7	凉州区金塔镇右五村二组	右五村委会
62060200543	杏	*Prunus armeniaca*	160	10	140	4	凉州区金塔镇右五村二组	右五村委会
62060200544	杏	*Prunus armeniaca*	160	8	135	5	凉州区金塔镇右五村二组	右五村委会
62060200598	杏	*Prunus armeniaca*	300	11	204	10	凉州区洪祥镇果园村十二组老果园	果园村委会
62060200600	杏	*Prunus armeniaca*	300	12	220	8	凉州区洪祥镇果园村十二组老果园	果园村委会
62062200012	杏	*Prunus armeniaca*	110	15	200	12	古浪县民权乡台子村	台子村委会
62062300013	山杏	*Prunus sibirica*	120	11	140	6	天祝藏族自治县天堂镇菊花村	菊花村委会
62062300020	山杏	*Prunus sibirica*	120	12	164	7	天祝藏族自治县赛什斯镇先明峡村	先明峡村委会
62060200201	白梨	*Pyrus bretschneideri*	110	11	158	8	凉州区金塔镇湾子村	湾子村委会

古树编号	树种	树种拉丁名	估测树龄	树高 (m)	树围 (cm)	平均冠幅 (m)	具体地点	管护单位/人
62060200202	白梨	*Pyrus bretschneideri*	110	10	153	7	凉州区金塔镇湾子村	湾子村委会
62060200203	白梨	*Pyrus bretschneideri*	110	13	214	8	凉州区金塔镇湾子村	湾子村委会
62060200204	白梨	*Pyrus bretschneideri*	110	13	187	9	凉州区金塔镇湾子村	湾子村委会
62060200205	白梨	*Pyrus bretschneideri*	110	14	132	6	凉州区金塔镇湾子村	湾子村委会
62060200206	白梨	*Pyrus bretschneideri*	110	8	144	6	凉州区金塔镇湾子村	湾子村委会
62060200207	白梨	*Pyrus bretschneideri*	110	12	150	5	凉州区金塔镇湾子村	湾子村委会
62060200208	白梨	*Pyrus bretschneideri*	110	7	180	5	凉州区金塔镇湾子村	湾子村委会
62060200209	白梨	*Pyrus bretschneideri*	110	12	184	8	凉州区金塔镇湾子村	湾子村委会
62060200210	白梨	*Pyrus bretschneideri*	110	14	150	7	凉州区金塔镇湾子村	湾子村委会
62060200211	白梨	*Pyrus bretschneideri*	110	14	190	9	凉州区金塔镇湾子村	湾子村委会
62060200212	白梨	*Pyrus bretschneideri*	110	12	150	6	凉州区金塔镇湾子村	湾子村委会
62060200213	白梨	*Pyrus bretschneideri*	110	10	130	6	凉州区金塔镇湾子村	湾子村委会
62060200214	白梨	*Pyrus bretschneideri*	110	13	175	5	凉州区金塔镇湾子村	湾子村委会
62060200215	白梨	*Pyrus bretschneideri*	110	11	146	7	凉州区金塔镇湾子村	湾子村委会
62060200216	白梨	*Pyrus bretschneideri*	110	14	145	9	凉州区金塔镇湾子村	湾子村委会
62060200217	白梨	*Pyrus bretschneideri*	110	14	120	6	凉州区金塔镇湾子村	湾子村委会
62060200218	白梨	*Pyrus bretschneideri*	110	13	176	6	凉州区金塔镇湾子村	湾子村委会
62060200219	白梨	*Pyrus bretschneideri*	110	12	166	6	凉州区金塔镇湾子村	湾子村委会
62060200220	白梨	*Pyrus bretschneideri*	110	13	162	7	凉州区金塔镇湾子村	湾子村委会
62060200221	白梨	*Pyrus bretschneideri*	110	12	200	8	凉州区金塔镇湾子村	湾子村委会
62060200222	白梨	*Pyrus bretschneideri*	110	8	230	3	凉州区金塔镇湾子村	湾子村委会
62060200223	白梨	*Pyrus bretschneideri*	110	10	256	6	凉州区金塔镇湾子村	湾子村委会
62060200224	白梨	*Pyrus bretschneideri*	110	11	180	8	凉州区金塔镇湾子村	湾子村委会
62060200225	白梨	*Pyrus bretschneideri*	110	12	244	10	凉州区金塔镇湾子村	湾子村委会
62060200226	白梨	*Pyrus bretschneideri*	110	9	170	8	凉州区金塔镇湾子村	湾子村委会
62060200227	白梨	*Pyrus bretschneideri*	110	10	205	7	凉州区金塔镇湾子村	湾子村委会
62060200228	白梨	*Pyrus bretschneideri*	110	11	207	7	凉州区金塔镇湾子村	湾子村委会
62060200229	白梨	*Pyrus bretschneideri*	110	11	230	6	凉州区金塔镇湾子村	湾子村委会
62060200230	白梨	*Pyrus bretschneideri*	110	10	133	6	凉州区金塔镇湾子村	湾子村委会
62060200231	白梨	*Pyrus bretschneideri*	110	11	170	4	凉州区金塔镇湾子村	湾子村委会
62060200232	白梨	*Pyrus bretschneideri*	110	11	168	6	凉州区金塔镇湾子村	湾子村委会
62060200233	白梨	*Pyrus bretschneideri*	110	12	164	6	凉州区金塔镇湾子村	湾子村委会
62060200234	白梨	*Pyrus bretschneideri*	110	11	140	6	凉州区金塔镇湾子村	湾子村委会
62060200235	白梨	*Pyrus bretschneideri*	110	10	140	5	凉州区金塔镇湾子村	湾子村委会
62060200236	白梨	*Pyrus bretschneideri*	110	11	149	6	凉州区金塔镇湾子村	湾子村委会
62060200237	白梨	*Pyrus bretschneideri*	110	9	134	5	凉州区金塔镇湾子村	湾子村委会
62060200238	白梨	*Pyrus bretschneideri*	110	10	125	6	凉州区金塔镇湾子村	湾子村委会
62060200239	白梨	*Pyrus bretschneideri*	110	8	250	6	凉州区金塔镇湾子村	湾子村委会
62060200240	白梨	*Pyrus bretschneideri*	110	14	180	10	凉州区金塔镇湾子村	湾子村委会

古树编号	树种	树种拉丁名	估测树龄	树高 (m)	树围 (cm)	平均冠幅 (m)	具体地点	管护单位 / 人
62060200241	白梨	*Pyrus bretschneideri*	110	9	260	9	凉州区金塔镇湾子村	湾子村委会
62060200242	白梨	*Pyrus bretschneideri*	110	10	140	9	凉州区金塔镇湾子村	湾子村委会
62060200243	白梨	*Pyrus bretschneideri*	110	12	287	11	凉州区金塔镇湾子村	湾子村委会
62060200380	白梨	*Pyrus bretschneideri*	110	8	150	7	凉州区金塔镇青铜村七组	青铜村委会
62060200381	白梨	*Pyrus bretschneideri*	110	12	180	9	凉州区金塔镇青铜村七组	青铜村委会
62060200382	白梨	*Pyrus bretschneideri*	110	10	160	6	凉州区金塔镇青铜村七组	青铜村委会
62060200383	白梨	*Pyrus bretschneideri*	110	11	130	8	凉州区金塔镇青铜村七组	青铜村委会
62060200386	白梨	*Pyrus bretschneideri*	110	14	186	11	凉州区金塔镇青铜村七组	青铜村委会
62060200387	白梨	*Pyrus bretschneideri*	110	12	270	9	凉州区金塔镇青铜村七组	青铜村委会
62060200388	白梨	*Pyrus bretschneideri*	110	13	210	9	凉州区金塔镇青铜村七组	青铜村委会
62060200389	白梨	*Pyrus bretschneideri*	110	8	163	8	凉州区金塔镇青铜村七组	青铜村委会
62060200390	白梨	*Pyrus bretschneideri*	110	9	160	8	凉州区金塔镇青铜村七组	青铜村委会
62060200391	白梨	*Pyrus bretschneideri*	110	9	150	9	凉州区金塔镇青铜村七组	青铜村委会
62060200392	白梨	*Pyrus bretschneideri*	110	10	230	8	凉州区金塔镇青铜村七组	青铜村委会
62060200393	白梨	*Pyrus bretschneideri*	110	9	135	8	凉州区金塔镇青铜村七组	青铜村委会
62060200394	白梨	*Pyrus bretschneideri*	110	10	250	9	凉州区金塔镇青铜村七组	青铜村委会
62060200397	白梨	*Pyrus bretschneideri*	110	8	150	8	凉州区金塔镇青铜村七组	青铜村委会
62060200398	白梨	*Pyrus bretschneideri*	110	10	280	9	凉州区金塔镇青铜村七组	青铜村委会
62060200399	白梨	*Pyrus bretschneideri*	110	15	390	12	凉州区金塔镇青铜村七组	青铜村委会
62060200420	白梨	*Pyrus bretschneideri*	110	12	160	8	凉州区金塔镇中心村四组	中心村委会
62060200421	白梨	*Pyrus bretschneideri*	110	14	185	9	凉州区金塔镇中心村四组	中心村委会
62060200422	白梨	*Pyrus bretschneideri*	110	16	180	11	凉州区金塔镇中心村四组	中心村委会
62060200428	白梨	*Pyrus bretschneideri*	110	13	240	13	凉州区金塔镇中心村四组	中心村委会
62060200429	白梨	*Pyrus bretschneideri*	110	12	210	14	凉州区金塔镇中心村四组	中心村委会
62060200430	白梨	*Pyrus bretschneideri*	110	13	243	15	凉州区金塔镇中心村四组	中心村委会
62060200431	白梨	*Pyrus bretschneideri*	110	12	254	11	凉州区金塔镇中心村四组	中心村委会
62060200432	白梨	*Pyrus bretschneideri*	110	11	173	12	凉州区金塔镇中心村四组	中心村委会
62060200433	白梨	*Pyrus bretschneideri*	110	17	245	11	凉州区金塔镇中心村四组	中心村委会
62060200434	白梨	*Pyrus bretschneideri*	110	15	190	9	凉州区金塔镇中心村四组	中心村委会
62060200435	白梨	*Pyrus bretschneideri*	110	16	210	10	凉州区金塔镇中心村四组	中心村委会
62060200436	白梨	*Pyrus bretschneideri*	110	14	180	9	凉州区金塔镇中心村四组	中心村委会
62060200437	白梨	*Pyrus bretschneideri*	110	15	160	8	凉州区金塔镇中心村四组	中心村委会
62060200438	白梨	*Pyrus bretschneideri*	110	13	195	7	凉州区金塔镇中心村四组	中心村委会
62060200439	白梨	*Pyrus bretschneideri*	110	16	225	6	凉州区金塔镇中心村四组	中心村委会
62060200440	白梨	*Pyrus bretschneideri*	110	12	230	9	凉州区金塔镇中心村四组	中心村委会
62060200441	白梨	*Pyrus bretschneideri*	110	15	280	13	凉州区金塔镇中心村四组	中心村委会
62060200442	白梨	*Pyrus bretschneideri*	110	16	283	14	凉州区金塔镇中心村四组	中心村委会
62060200443	白梨	*Pyrus bretschneideri*	110	17	285	13	凉州区金塔镇中心村四组	中心村委会
62060200444	白梨	*Pyrus bretschneideri*	110	15	170	9	凉州区金塔镇中心村四组	中心村委会

古树编号	树种	树种拉丁名	估测树龄	树高 (m)	树围 (cm)	平均冠幅 (m)	具体地点	管护单位 / 人
62060200445	白梨	*Pyrus bretschneideri*	110	13	250	11	凉州区金塔镇中心村四组	中心村委会
62060200446	白梨	*Pyrus bretschneideri*	110	14	153	8	凉州区金塔镇中心村四组	中心村委会
62060200447	白梨	*Pyrus bretschneideri*	110	10	190	7	凉州区金塔镇中心村四组	中心村委会
62060200448	白梨	*Pyrus bretschneideri*	110	10	168	6	凉州区金塔镇中心村四组	中心村委会
62060200449	白梨	*Pyrus bretschneideri*	110	13	212	9	凉州区金塔镇中心村四组	中心村委会
62060200450	白梨	*Pyrus bretschneideri*	110	13	220	8	凉州区金塔镇中心村四组	中心村委会
62060200451	白梨	*Pyrus bretschneideri*	110	14	198	5	凉州区金塔镇中心村四组	中心村委会
62060200452	白梨	*Pyrus bretschneideri*	110	14	176	6	凉州区金塔镇中心村四组	中心村委会
62060200455	白梨	*Pyrus bretschneideri*	110	14	200	5	凉州区金塔镇中心村四组	中心村委会
62060200456	白梨	*Pyrus bretschneideri*	110	17	262	8	凉州区金塔镇中心村四组	中心村委会
62060200457	白梨	*Pyrus bretschneideri*	110	11	145	6	凉州区金塔镇中心村四组	中心村委会
62060200458	白梨	*Pyrus bretschneideri*	110	13	273	8	凉州区金塔镇中心村四组	中心村委会
62060200460	白梨	*Pyrus bretschneideri*	110	19	214	8	凉州区金塔镇中心村四组	中心村委会
62060200461	白梨	*Pyrus bretschneideri*	110	16	132	4	凉州区金塔镇中心村四组	中心村委会
62060200462	白梨	*Pyrus bretschneideri*	110	17	226	8	凉州区金塔镇中心村四组	中心村委会
62060200463	白梨	*Pyrus bretschneideri*	110	18	160	6	凉州区金塔镇中心村四组	中心村委会
62060200464	白梨	*Pyrus bretschneideri*	110	14	126	7	凉州区金塔镇中心村四组	中心村委会
62060200465	白梨	*Pyrus bretschneideri*	110	12	208	5	凉州区金塔镇中心村四组	中心村委会
62060200466	白梨	*Pyrus bretschneideri*	110	13	223	6	凉州区金塔镇中心村四组	中心村委会
62060200467	白梨	*Pyrus bretschneideri*	110	14	164	8	凉州区金塔镇中心村四组	中心村委会
62060200468	白梨	*Pyrus bretschneideri*	110	13	108	8	凉州区金塔镇中心村四组	中心村委会
62060200469	白梨	*Pyrus bretschneideri*	110	19	280	14	凉州区金塔镇中心村四组	中心村委会
62060200470	白梨	*Pyrus bretschneideri*	110	14	110	5	凉州区金塔镇中心村四组	中心村委会
62060200471	白梨	*Pyrus bretschneideri*	110	12	195	6	凉州区金塔镇中心村四组	中心村委会
62060200472	白梨	*Pyrus bretschneideri*	110	11	100	4	凉州区金塔镇中心村四组	中心村委会
62060200473	白梨	*Pyrus bretschneideri*	110	12	295	9	凉州区金塔镇中心村四组	中心村委会
62060200474	白梨	*Pyrus bretschneideri*	110	15	200	9	凉州区金塔镇中心村四组	中心村委会
62060200475	白梨	*Pyrus bretschneideri*	110	19	160	10	凉州区金塔镇中心村四组	中心村委会
62060200476	白梨	*Pyrus bretschneideri*	110	13	170	6	凉州区金塔镇中心村四组	中心村委会
62060200477	白梨	*Pyrus bretschneideri*	110	18	202	11	凉州区金塔镇中心村四组	中心村委会
62060200478	白梨	*Pyrus bretschneideri*	110	16	240	12	凉州区金塔镇中心村四组	中心村委会
62060200479	白梨	*Pyrus bretschneideri*	110	14	200	7	凉州区金塔镇中心村四组	中心村委会
62060200480	白梨	*Pyrus bretschneideri*	110	13	133	5	凉州区金塔镇中心村四组	中心村委会
62060200481	白梨	*Pyrus bretschneideri*	110	18	206	12	凉州区金塔镇中心村四组	中心村委会
62060200482	白梨	*Pyrus bretschneideri*	110	17	160	8	凉州区金塔镇中心村四组	中心村委会
62060200483	白梨	*Pyrus bretschneideri*	110	13	220	8	凉州区金塔镇中心村四组	中心村委会
62060200484	白梨	*Pyrus bretschneideri*	110	9	270	7	凉州区金塔镇中心村四组	中心村委会
62060200485	白梨	*Pyrus bretschneideri*	110	13	330	8	凉州区金塔镇中心村四组	中心村委会
62060200487	白梨	*Pyrus bretschneideri*	110	14	214	9	凉州区金塔镇中心村四组	中心村委会

古树编号	树种	树种拉丁名	估测树龄	树高	树围	平均冠幅	具体地点	管护单位 / 人
				(m)	(cm)	(m)		
62060200488	白梨	*Pyrus bretschneideri*	110	8	200	6	凉州区金塔镇中心村四组	中心村委会
62060200489	白梨	*Pyrus bretschneideri*	110	15	162	8	凉州区金塔镇中心村四组	中心村委会
62060200490	白梨	*Pyrus bretschneideri*	110	14	134	7	凉州区金塔镇中心村四组	中心村委会
62060200491	白梨	*Pyrus bretschneideri*	110	15	210	10	凉州区金塔镇中心村四组	中心村委会
62060200492	白梨	*Pyrus bretschneideri*	110	14	141	7	凉州区金塔镇中心村四组	中心村委会
62060200493	白梨	*Pyrus bretschneideri*	110	13	195	8	凉州区金塔镇中心村四组	中心村委会
62060200494	白梨	*Pyrus bretschneideri*	110	12	180	8	凉州区金塔镇中心村四组	中心村委会
62060200495	白梨	*Pyrus bretschneideri*	110	15	262	11	凉州区金塔镇中心村四组	中心村委会
62060200496	白梨	*Pyrus bretschneideri*	110	10	183	6	凉州区金塔镇中心村四组	中心村委会
62060200497	白梨	*Pyrus bretschneideri*	110	14	232	11	凉州区金塔镇中心村四组	中心村委会
62060200498	白梨	*Pyrus bretschneideri*	110	19	343	16	凉州区金塔镇中心村四组	中心村委会
62060200499	白梨	*Pyrus bretschneideri*	110	13	216	9	凉州区金塔镇中心村四组	中心村委会
62060200500	白梨	*Pyrus bretschneideri*	110	12	257	8	凉州区金塔镇中心村四组	中心村委会
62060200501	白梨	*Pyrus bretschneideri*	110	12	215	6	凉州区金塔镇中心村四组	中心村委会
62060200502	白梨	*Pyrus bretschneideri*	110	14	292	11	凉州区金塔镇中心村四组	中心村委会
62060200503	白梨	*Pyrus bretschneideri*	110	13	243	12	凉州区金塔镇中心村四组	中心村委会
62060200505	白梨	*Pyrus bretschneideri*	110	18	363	14	凉州区金塔镇中心村四组	中心村委会
62060200506	白梨	*Pyrus bretschneideri*	110	15	245	13	凉州区金塔镇中心村四组	中心村委会
62060200507	白梨	*Pyrus bretschneideri*	110	14	145	9	凉州区金塔镇中心村四组	中心村委会
62060200511	白梨	*Pyrus bretschneideri*	160	5	200	6	凉州区金塔镇右五村二组	右五村委会
62060200512	白梨	*Pyrus bretschneideri*	160	7	250	8	凉州区金塔镇右五村二组	右五村委会
62060200514	白梨	*Pyrus bretschneideri*	160	5	204	7	凉州区金塔镇右五村二组	右五村委会
62060200517	白梨	*Pyrus bretschneideri*	160	8	240	9	凉州区金塔镇右五村二组	右五村委会
62060200518	白梨	*Pyrus bretschneideri*	160	6	177	9	凉州区金塔镇右五村二组	右五村委会
62060200520	白梨	*Pyrus bretschneideri*	160	9	202	8	凉州区金塔镇右五村二组	右五村委会
62060200523	白梨	*Pyrus bretschneideri*	160	13	280	11	凉州区金塔镇右五村二组	右五村委会
62060200524	白梨	*Pyrus bretschneideri*	160	13	220	11	凉州区金塔镇右五村二组	右五村委会
62060200530	白梨	*Pyrus bretschneideri*	160	15	286	8	凉州区金塔镇右五村二组	右五村委会
62060200531	白梨	*Pyrus bretschneideri*	160	11	243	7	凉州区金塔镇右五村二组	右五村委会
62060200532	白梨	*Pyrus bretschneideri*	160	12	270	8	凉州区金塔镇右五村二组	右五村委会
62060200533	白梨	*Pyrus bretschneideri*	160	11	265	10	凉州区金塔镇右五村二组	右五村委会
62060200534	白梨	*Pyrus bretschneideri*	160	12	390	7	凉州区金塔镇右五村二组	右五村委会
62060200535	白梨	*Pyrus bretschneideri*	160	13	116	9	凉州区金塔镇右五村二组	右五村委会
62060200536	白梨	*Pyrus bretschneideri*	160	10	305	6	凉州区金塔镇右五村二组	右五村委会
62060200539	白梨	*Pyrus bretschneideri*	160	7	165	5	凉州区金塔镇右五村二组	右五村委会
62060200541	白梨	*Pyrus bretschneideri*	160	10	120	5	凉州区金塔镇右五村二组	右五村委会
62060200545	白梨	*Pyrus bretschneideri*	160	7	245	6	凉州区金塔镇右五村二组	右五村委会
62060200546	白梨	*Pyrus bretschneideri*	160	6	280	8	凉州区金塔镇右五村二组	右五村委会
62060200547	白梨	*Pyrus bretschneideri*	160	8	230	7	凉州区金塔镇右五村二组	右五村委会

古树编号	树种	树种拉丁名	估测树龄	树高 (m)	树围 (cm)	平均冠幅 (m)	具体地点	管护单位/人
62060200548	白梨	*Pyrus bretschneideri*	160	7	170	6	凉州区金塔镇右五村二组	右五村委会
62060200549	白梨	*Pyrus bretschneideri*	160	7	283	7	凉州区金塔镇右五村二组	右五村委会
62060200550	白梨	*Pyrus bretschneideri*	160	6	250	6	凉州区金塔镇右五村二组	右五村委会
62060200599	白梨	*Pyrus bretschneideri*	300	11	350	7	凉州区洪祥镇果园村十二组老果园	果园村委会
62060200601	白梨	*Pyrus bretschneideri*	300	11	280	8	凉州区洪祥镇果园村十二组老果园	果园村委会
62060200624	白梨	*Pyrus bretschneideri*	140	9	180	6	凉州区新华镇缠山村七组	缠山村委会
62060200625	白梨	*Pyrus bretschneideri*	140	8	210	7	凉州区新华镇缠山村七组	缠山村委会
62060200626	白梨	*Pyrus bretschneideri*	140	8	180	8	凉州区新华镇缠山村七组	缠山村委会
62060200627	白梨	*Pyrus bretschneideri*	140	9	150	8	凉州区新华镇缠山村七组	缠山村委会
62060200628	白梨	*Pyrus bretschneideri*	140	9	160	9	凉州区新华镇缠山村七组	缠山村委会
62060200629	白梨	*Pyrus bretschneideri*	140	8	170	8	凉州区新华镇缠山村七组	缠山村委会
62060200630	白梨	*Pyrus bretschneideri*	140	8	165	9	凉州区新华镇缠山村七组	缠山村委会
62060200631	白梨	*Pyrus bretschneideri*	140	7	175	9	凉州区新华镇缠山村七组	缠山村委会
62060200632	白梨	*Pyrus bretschneideri*	140	9	215	10	凉州区新华镇缠山村七组	缠山村委会
62060200633	白梨	*Pyrus bretschneideri*	140	9	220	9	凉州区新华镇缠山村七组	缠山村委会
62060200634	白梨	*Pyrus bretschneideri*	140	8	195	6	凉州区新华镇缠山村七组	缠山村委会
62060200635	白梨	*Pyrus bretschneideri*	140	9	180	7	凉州区新华镇缠山村七组	缠山村委会
62060200636	白梨	*Pyrus bretschneideri*	140	9	160	8	凉州区新华镇缠山村七组	缠山村委会
62060200637	白梨	*Pyrus bretschneideri*	140	9	190	8	凉州区新华镇缠山村七组	缠山村委会
62060200638	白梨	*Pyrus bretschneideri*	140	8	150	9	凉州区新华镇缠山村七组	缠山村委会
62060200639	白梨	*Pyrus bretschneideri*	140	9	175	8	凉州区新华镇缠山村七组	缠山村委会
62060200640	白梨	*Pyrus bretschneideri*	140	9	195	9	凉州区新华镇缠山村七组	缠山村委会
62060200641	白梨	*Pyrus bretschneideri*	140	7	173	8	凉州区新华镇缠山村七组	缠山村委会
62060200642	白梨	*Pyrus bretschneideri*	140	9	190	8	凉州区新华镇缠山村七组	缠山村委会
62060200643	白梨	*Pyrus bretschneideri*	140	8	180	9	凉州区新华镇缠山村七组	缠山村委会
62060200644	白梨	*Pyrus bretschneideri*	140	7	205	9	凉州区新华镇缠山村七组	缠山村委会
62060200645	白梨	*Pyrus bretschneideri*	140	8	185	10	凉州区新华镇缠山村七组	缠山村委会
62060200658	白梨	*Pyrus bretschneideri*	150	10	210	6	凉州区新华镇李府村四组	李府村委会
62060200697	白梨	*Pyrus bretschneideri*	260	10	300	13	凉州区古城镇长流村五组	长流村委会
62060200698	白梨	*Pyrus bretschneideri*	260	10	350	12	凉州区古城镇长流村五组	长流村委会
豆科								
62060200049	刺槐	*Robinia pseudoacacia*	100	15	243	10	凉州区大柳镇中心小学	中心小学
62060200067	刺槐	*Robinia pseudoacacia*	110	25	260	21	凉州区东关街街道办事处文庙景区	武威市博物馆
62060200098	刺槐	*Robinia pseudoacacia*	100	30	107	5	凉州区金羊镇海藏寺	海藏寺
62060200099	刺槐	*Robinia pseudoacacia*	110	20	148	5	凉州区金羊镇海藏寺	海藏寺
62062100010	刺槐	*Robinia pseudoacacia*	80	9	148	7	民勤县三雷镇三陶村	民勤县博物馆
62060200003	槐	*Styphnolobium japonicum*	1100	19	238	16	凉州区金羊镇松涛寺	松涛寺
62060200004	槐	*Styphnolobium japonicum*	1100	36	370	11	凉州区金羊镇松涛寺	松涛寺
62060200007	槐	*Styphnolobium japonicum*	800	38	210	15	凉州区金羊镇松涛寺	海上村委会

古树编号	树种	树种拉丁名	估测树龄	树高 (m)	树围 (cm)	平均冠幅 (m)	具体地点	管护单位/人
62060200008	槐	*Styphnolobium japonicum*	380	39	320	15	凉州区金羊镇松涛村梁家湾	松涛村委会
62060200009	槐	*Styphnolobium japonicum*	300	28	180	11	凉州区金羊镇韩家庄	海上村委会
62060200010	槐	*Styphnolobium japonicum*	120	27	276	23	凉州区金羊镇秦氏民居	海藏村委会
62060200011	槐	*Styphnolobium japonicum*	120	30	263	22	凉州区金羊镇秦氏民居	海藏村委会
62060200014	槐	*Styphnolobium japonicum*	240	20	395	15	凉州区金河镇陈家牌楼 10 组	陈家寨村委会
62060200018	槐	*Styphnolobium japonicum*	800	25	380	22	凉州区高坝镇清凉寺	蜻蜓村委会
62060200019	槐	*Styphnolobium japonicum*	300	35	200	30	凉州区高坝镇六坝村李家槐树庄	六坝村委会
62060200020	槐	*Styphnolobium japonicum*	650	30	260	40	凉州区高坝镇六坝村李家槐树庄	六坝村委会
62060200022	槐	*Styphnolobium japonicum*	500	9	390	8	凉州区高坝镇同心村槐树庄	同心村委会
62060200024	槐	*Styphnolobium japonicum*	1380	15	690	11	凉州区清水镇张清村六组	张清村委会
62060200061	槐	*Styphnolobium japonicum*	670	26	373	24	凉州区东关街文庙景区	武威市博物馆
62060200062	槐	*Styphnolobium japonicum*	310	22	251	21	凉州区东关街文庙景区	武威市博物馆
62060200063	槐	*Styphnolobium japonicum*	500	26	330	23	凉州区东关街文庙景区	武威市博物馆
62060200064	槐	*Styphnolobium japonicum*	580	22	332	22	凉州区东关街文庙景区	武威市博物馆
62060200065	槐	*Styphnolobium japonicum*	580	22	320	22	凉州区东关街文庙景区	武威市博物馆
62060200066	槐	*Styphnolobium japonicum*	360	24	142	21	凉州区东关街文庙景区	武威市博物馆
62060200068	槐	*Styphnolobium japonicum*	500	6	251	4	凉州区东关街文庙景区	雷台汉文化博物馆
62060200069	槐	*Styphnolobium japonicum*	1680	14	373	13	凉州区东关街文庙景区	雷台汉文化博物馆
62060200100	槐	*Styphnolobium japonicum*	800	25	301	8	凉州区金羊镇海藏寺	海藏寺
62060200130	槐	*Styphnolobium japonicum*	170	23	230	14	凉州区市政府院内	武威市机关事务管理局
62060200137	槐	*Styphnolobium japonicum*	300	22	270	19	凉州区东关街文庙景区	西夏博物馆文庙管理处
62060200180	槐	*Styphnolobium japonicum*	120	14	360	14	凉州区荣华街新关村	新关村委会
62060200194	槐	*Styphnolobium japonicum*	210	18	340	21	凉州区新华镇缠山村	缠山村委会
62060200272	槐	*Styphnolobium japonicum*	120	11	210	9	凉州区永昌镇刘沛村	刘沛村委会
62060200273	槐	*Styphnolobium japonicum*	120	10	150	7	凉州区永昌镇刘沛村	刘沛村委会
62060200274	槐	*Styphnolobium japonicum*	120	11	210	9	凉州区永昌镇刘沛村	刘沛村委会
62060200275	槐	*Styphnolobium japonicum*	120	11	176	9	凉州区永昌镇刘沛村	刘沛村委会
62060200303	槐	*Styphnolobium japonicum*	120	20	185	11	凉州区松树镇天主教堂	天主教堂
62060200304	槐	*Styphnolobium japonicum*	120	20	350	16	凉州区松树镇天主教堂	天主教堂
62060200305	槐	*Styphnolobium japonicum*	120	16	240	12	凉州区松树镇天主教堂	天主教堂
62060200324	槐	*Styphnolobium japonicum*	200	14	275	8	凉州区发放镇西沟村中心小学	中心小学
62060200325	槐	*Styphnolobium japonicum*	200	12	280	9	凉州区发放镇西沟村中心小学	中心小学
62060200326	槐	*Styphnolobium japonicum*	200	13	320	9	凉州区发放镇西沟村	西沟村委会
62060200332	槐	*Styphnolobium japonicum*	120	16	230	13	凉州区高坝镇小七坝村	小七坝村小学
62060200333	槐	*Styphnolobium japonicum*	120	17	158	16	凉州区高坝镇小七坝村	小七坝村小学
62060200334	槐	*Styphnolobium japonicum*	120	14	185	12	凉州区高坝镇小七坝村	小七坝村小学
62060200335	槐	*Styphnolobium japonicum*	200	17	270	16	凉州区高坝镇同益村小学	同益村小学
62060200337	槐	*Styphnolobium japonicum*	360	30	500	22	凉州区清源镇东槽村三组	东槽村委会
62060200338	槐	*Styphnolobium japonicum*	140	32	310	17	凉州区清源镇蔡寨村四组	郑兴中

古树编号	树种	树种拉丁名	估测树龄	树高(m)	树围(cm)	平均冠幅(m)	具体地点	管护单位 / 人
62060200340	槐	*Styphnolobium japonicum*	100	25	270	17	凉州区和平镇和平镇九年制学校	和平镇九年制学校
62060200341	槐	*Styphnolobium japonicum*	100	23	335	15	凉州区和平镇和平镇九年制学校	和平镇九年制学校
62060200342	槐	*Styphnolobium japonicum*	100	15	210	13	凉州区武南镇花盛村七八九组	花盛村委会
62060200343	槐	*Styphnolobium japonicum*	100	19	180	14	凉州区武南镇花盛村七八九组	花盛村委会
62060200359	槐	*Styphnolobium japonicum*	300	23	250	13	凉州区古城镇河北村三组	河北村委会
62060200360	槐	*Styphnolobium japonicum*	700	15	430	16	凉州区古城镇河北村六组	河北村委会
62060200361	槐	*Styphnolobium japonicum*	700	18	380	15	凉州区古城镇河北村六组	河北村委会
62060200362	槐	*Styphnolobium japonicum*	300	20	370	15	凉州区韩佐镇宏化村一组	宏化村委会
62060200363	槐	*Styphnolobium japonicum*	300	20	340	14	凉州区韩佐镇宏化村一组	宏化村委会
62060200559	槐	*Styphnolobium japonicum*	130	25	260	18	凉州区羊下坝镇七沟村四组	七沟村委会
62060200560	槐	*Styphnolobium japonicum*	100	16	380	23	凉州区丰乐镇民生村二组	民生村委会
62060200561	槐	*Styphnolobium japonicum*	500	14	383	17	凉州区丰乐镇乔家寺村三组	乔家寺村委会
62060200565	槐	*Styphnolobium japonicum*	200	12	256	14	凉州区柏树镇下五畦村三组	下五畦村委会
62060200567	槐	*Styphnolobium japonicum*	120	16	248	17	凉州区柏树镇清水村一组	清水村委会
62060200573	槐	*Styphnolobium japonicum*	120	22	270	19	凉州区高坝镇台庄村四组	台庄村委会
62060200574	槐	*Styphnolobium japonicum*	120	21	300	18	凉州区高坝镇台庄村四组	台庄村委会
62060200575	槐	*Styphnolobium japonicum*	150	18	270	18	凉州区高坝镇严家村一组	严家村委会
62060200577	槐	*Styphnolobium japonicum*	240	17	330	14	凉州区高坝镇蔡家村三组	蔡家村委会
62060200578	槐	*Styphnolobium japonicum*	240	16	275	11	凉州区高坝镇蔡家村三组	蔡家村委会
62060200579	槐	*Styphnolobium japonicum*	240	16	250	9	凉州区高坝镇蔡家村三组	蔡家村委会
62060200581	槐	*Styphnolobium japonicum*	200	13	230	14	凉州区高坝镇六坝村四组	六坝村委会
62060200583	槐	*Styphnolobium japonicum*	120	13	230	10	凉州区高坝镇楼庄村五组	楼庄村委会
62060200584	槐	*Styphnolobium japonicum*	100	17	190	15	凉州区大柳镇王城中学	王城中学
62060200585	槐	*Styphnolobium japonicum*	100	18	200	9	凉州区人柳镇王城中学	王城中学
62060200586	槐	*Styphnolobium japonicum*	100	19	170	12	凉州区大柳镇王城中学	王城中学
62060200589	槐	*Styphnolobium japonicum*	450	13	370	12	凉州区双城镇中山村八组	中山村委会
62060200590	槐	*Styphnolobium japonicum*	250	8	260	10	凉州区双城镇小果园村村	小果园村委会
62060200596	槐	*Styphnolobium japonicum*	600	14	550	14	凉州区洪祥镇果园村十二组	果园村委会
62060200623	槐	*Styphnolobium japonicum*	160	15	300	14	凉州区新华镇缠山村八组	缠山村委会
62060200646	槐	*Styphnolobium japonicum*	110	18	265	10	凉州区新华镇缠山村五组	缠山村委会
62060200647	槐	*Styphnolobium japonicum*	110	18	225	9	凉州区新华镇缠山村五组	缠山村委会
62060200648	槐	*Styphnolobium japonicum*	110	17	260	10	凉州区新华镇缠山村五组	缠山村委会
62060200651	槐	*Styphnolobium japonicum*	450	20	530	9	凉州区新华镇头坝村八组	头坝村委会
62062100006	槐	*Styphnolobium japonicum*	630	13	480	12	民勤县薛百镇双楼村	双楼村委会
62062100008	槐	*Styphnolobium japonicum*	100	14	216	14	民勤县三雷镇三陶村	民勤县博物馆
62062100017	槐	*Styphnolobium japonicum*	100	14	227	13	民勤县苏武镇西茨村	西茨村委会
62062100018	槐	*Styphnolobium japonicum*	100	11	161	11	民勤县苏武镇西茨村	西茨村委会
62062100019	槐	*Styphnolobium japonicum*	210	15	312	13	民勤县双茨科镇三杰村	三杰村委会
62062100020	槐	*Styphnolobium japonicum*	480	12	432	18	民勤县红沙梁镇花寨村	花寨村委会

古树编号	树种	树种拉丁名	估测树龄	树高 (m)	树围 (cm)	平均冠幅 (m)	具体地点	管护单位 / 人
62062100024	槐	*Styphnolobium japonicum*	420	13	386	18	民勤县三雷镇上雷村	上雷村委会
62062200002	槐	*Styphnolobium japonicum*	180	26	260	15	古浪县土门镇三关村	三关村委会
62062200003	槐	*Styphnolobium japonicum*	130	14	260	12	古浪县土门镇胡家边	胡家边村委会
62062200004	槐	*Styphnolobium japonicum*	310	18	340	20	古浪县定宁镇高家湾	高家湾村委会
62062200005	槐	*Styphnolobium japonicum*	320	22	135	20	古浪县泗水镇光辉村	光辉村委会
62060200691	龙爪槐	*Styphnolobium japonicum* 'Pendula'	100	5	43	3	凉州区东关花园社区	凉州区公园管理服务中心
苦木科								
62062100009	臭椿	*Ailanthus altissima*	80	14	285	12	民勤县三雷镇三陶村	民勤县博物馆
62062100011	臭椿	*Ailanthus altissima*	80	11	219	14	民勤县三雷镇三陶村	民勤县博物馆
鼠李科								
62060200690	枣	*Ziziphus jujuba*	100	10	160	5	凉州区东关花园社区	凉州区公园管理服务中心
胡颓子科								
62060200005	沙枣	*Elaeagnus angustifolia*	500	7	260	3	凉州区金羊镇松涛寺	松涛寺
木犀科								
62062300003	暴马丁香	*Syringa reticulata* subsp. *amurensis*	40	13	40	8	天祝藏族自治县天堂镇天堂镇社区	天祝寺院管委会
62062300005	暴马丁香	*Syringa reticulata* subsp. *amurensis*	110	13	50	10	天祝藏族自治县赛拉隆乡皮袋湾村西大寺	西大寺
62062300006	暴马丁香	*Syringa reticulata* subsp. *amurensis*	120	13	50	8	天祝藏族自治县赛拉隆乡皮袋湾村西大寺	西大寺
62062300015	暴马丁香	*Syringa reticulata* subsp. *amurensis*	120	10	120	7	天祝藏族自治县赛什斯镇东大寺村	东大寺村委会
62062300017	暴马丁香	*Syringa reticulata* subsp. *amurensis*	120	13	45	8	天祝藏族自治县天堂镇朱岔村	朱岔村委会
62062300019	暴马丁香	*Syringa reticulata* subsp. *amurensis*	150	18	190	6	天祝藏族自治县天堂镇天堂村	天堂寺
紫葳科								
62062200008	灰楸	*Catalpa fargesii*	110	15	300	12	古浪县民权镇台子村	台子村委会

武威市古树群

古树群编号	主要树种	株数	平均树高 (m)	平均树围 (cm)	平均树龄	具体地点	管护单位
62062262166	杏	3	8	110	120	古浪县土门镇大湾村张庄组	大湾村委会
62062262165	杏	36	8	100	110	古浪县定宁镇晨光村	晨光村委会
62062262164	白梨	120	9	120	110	古浪县土门镇青萍村西庄组	青萍村委会
62062262163	白梨	160	9	110	110	古浪县大靖镇园艺村五组	园艺村委会

定西市古树名木

古树编号	树种	树种拉丁名	估测树龄	树高 (m)	树围 (cm)	平均冠幅 (m)	具体地点	管护单位 / 人
松科								
62110200006	云杉	*Picea asperata*	170	24	143	11	安定区内官营镇锦花村	锦花村委会
62110200016	云杉	*Picea asperata*	200	17	138	8	安定区内官营镇文丰村	周爱国
62110200022	云杉	*Picea asperata*	130	26	130	8	安定区巉口镇冯家岔村	张兴忠
62110200028	云杉	*Picea asperata*	120	23	110	7	安定区凤翔镇柏林村	安柏龄
62112300026	云杉	*Picea asperata*	150	16	177	12	渭源县梁家沟村大堡子社	黄生智
62112300036	云杉	*Picea asperata*	200	25	185	10	渭源县首阳村首阳山夷齐墓冢	莲峰林场
62112300037	云杉	*Picea asperata*	200	28	204	10	渭源县首阳村首阳山夷齐墓冢	莲峰林场
62112300039	云杉	*Picea asperata*	140	18	212	13	渭源县元明村元明寺	史鹏飞
62112500446	云杉	*Picea asperata*	600	47	276	5	漳县石川镇菜子川村康家沟	菜子川村委会
62112500447	云杉	*Picea asperata*	300	38	200	4	漳县石川镇菜子川村康家沟	菜子川村委会
62112500448	云杉	*Picea asperata*	300	38	190	4	漳县石川镇菜子川村康家沟	菜子川村委会
62112501028	云杉	*Picea asperata*	130	18	46	8	漳县殪虎桥镇沙沟台村张家庄	沙沟台村委会
62112502032	云杉	*Picea asperata*	450	8	55	8	漳县金钟镇看治坡村看治坡	看治坡村委会
62112502033	云杉	*Picea asperata*	450	11	64	7	漳县金钟镇看治坡村看治坡	看治坡村委会
62112509025	云杉	*Picea asperata*	160	23	61	7	漳县四族镇马莲滩村	马莲滩村委会
62112509026	云杉	*Picea asperata*	150	24	67	8	漳县四族镇马莲滩村	马莲滩村委会
62112500645	云杉	*Picea asperata*	340	36	258	6	漳县石川镇三条沟村大滩子	三条沟村委会
62112300031	青海云杉	*Picea crassifolia*	220	30	270	15	渭源县乔家沟村草滩寺	乔权喜
62112300032	青海云杉	*Picea crassifolia*	200	30	260	14	渭源县乔家沟村草滩寺	乔权喜
62112400021	青海云杉	*Picea crassifolia*	250	12	283	7	临洮县辛店镇里头沟村	里头沟村委会
62112400022	青海云杉	*Picea crassifolia*	200	14	188	7	临洮县辛店镇吊庙庄村	吊庙庄村委会
62112400023	青海云杉	*Picea crassifolia*	150	23	176	6	临洮县辛店镇欧黄家村	金龙寺
62112400024	青海云杉	*Picea crassifolia*	200	40	157	14	临洮县康家集乡赵家嘴村	赵家嘴村委会
62112400025	青海云杉	*Picea crassifolia*	300	18	21	5	临洮县漫洼乡漫洼村	漫洼村委会
62112400026	青海云杉	*Picea crassifolia*	300	20	211	6	临洮县站滩乡马莲滩村	马莲滩村委会
62112400027	青海云杉	*Picea crassifolia*	150	22	166	5	临洮县玉井镇孟家坪村	孟家坪村委会
62112400070	青海云杉	*Picea crassifolia*	260	27	80	13	临洮县衙下集镇上潘家村杨水家二社祥云寺	祥云寺
62112400076	青海云杉	*Picea crassifolia*	180	10	100	13	临洮县辛店镇小营村小营沟	小营村委会
62112400077	青海云杉	*Picea crassifolia*	100	12	55	12	临洮县上营乡刘家下头村	刘家下头村委会
62112400087	青海云杉	*Picea crassifolia*	300	12	60	4	临洮县太石镇后地湾村泉湾社	后地湾村委会
62112400101	青海云杉	*Picea crassifolia*	160	10	40	8	临洮县辛店镇苟家山村马家山社	苟家山村委会
62112400102	青海云杉	*Picea crassifolia*	120	15	60	11	临洮县辛店镇白杨村红土沟分路口安佛殿	安佛殿

古树编号	树种	树种拉丁名	估测树龄	树高 (m)	树围 (cm)	平均冠幅 (m)	具体地点	管护单位/人
62112400105	青海云杉	*Picea crassifolia*	200	23	45	7	临洮县衙下集镇开家沟村牙扎拉社	开家沟村委会
62112400028	紫果云杉	*Picea purpurea*	200	15	173	6	临洮县站滩乡红泉村	红泉村委会
62112200027	青杆	*Picea wilsonii*	120	15	154	6	陇西县巩昌镇张家塄村紫来初级中学	紫来初级中学
62112200041	青杆	*Picea wilsonii*	140	13	188	6	陇西县巩昌镇东城社区定西工贸中专	定西工贸中专
62112300011	青杆	*Picea wilsonii*	420	33	383	9	渭源县莲峰镇古迹坪村元君庙	元君庙
62112400020	青杆	*Picea wilsonii*	200	15	179	8	临洮县站滩乡红泉村	红泉村委会
62112510023	青杆	*Picea wilsonii*	210	28	120	7	漳县石川镇菜子川村康家沟	康永红
62112600004	青杆	*Picea wilsonii*	230	14	127	6	岷县马坞镇灯场村	圣母庙
62112600014	青杆	*Picea wilsonii*	270	21	290	6	岷县锁龙乡大东村	何万红
62112600015	青杆	*Picea wilsonii*	620	30	224	6	岷县西寨镇刘家堡村	沈中合
62112600016	青杆	*Picea wilsonii*	310	28	146	5	岷县西寨镇刘家堡村	沈中合
62112600017	青杆	*Picea wilsonii*	620	35	355	12	岷县西寨镇刘家堡村	沈中合
62112600018	青杆	*Picea wilsonii*	570	29	80	7	岷县西寨镇关上村	马世平
62112600024	青杆	*Picea wilsonii*	190	17	127	8	岷县岷阳镇和平社区	杜嘉禾
62112600025	青杆	*Picea wilsonii*	180	20	121	9	岷县岷阳镇和平社区	杜嘉禾
62112600029	青杆	*Picea wilsonii*	190	20	130	8	岷县岷阳镇和平社区	杜嘉禾
62112600046	青杆	*Picea wilsonii*	300	13	95	7	岷县马坞镇灯场村	朱天顺
62110200007	华山松	*Pinus armandi*	170	22	100	10	安定区内官营镇锦花村	锦花村委会
62112300012	华山松	*Pinus armandi*	100	9	122	6	渭源县五竹镇五竹林场秀峰山	五竹林场
62112501144	华山松	*Pinus armandi*	300	6	314	4	漳县贵清山镇侯家村贵清山	贵清山管理局
62112100002	马尾松	*Pinus massoniana*	40	8	95	3	通渭县榜罗镇文峰村榜罗纪念馆	榜罗纪念馆
62112100003	马尾松	*Pinus massoniana*	40	8	95	3	通渭县榜罗镇文峰村榜罗纪念馆	榜罗纪念馆
62112200013	油松	*Pinus tabuliformis*	120	17	160	12	陇西县文峰镇安家门村五社卧龙寺	卧龙寺
62112300013	油松	*Pinus tabuliformis*	370	18	264	16	渭源县五竹镇五竹林场秀峰山	五竹林场
62112300018	油松	*Pinus tabuliformis*	440	16	371	12	渭源县会川镇大庄村竺苊寺	水爱民
62112300019	油松	*Pinus tabuliformis*	160	15	230	8	渭源县会川镇大庄村竺苊寺	水爱民
62112300021	油松	*Pinus tabuliformis*	210	21	265	12	渭源县新城村纳定小学	新城村纳定小学
62112300022	油松	*Pinus tabuliformis*	210	21	252	13	渭源县新城村纳定小学	新城村纳定小学
62112400029	油松	*Pinus tabuliformis*	150	20	188	13	临洮县红旗乡扎马圈村	扎马圈村委会
62112600042	油松	*Pinus tabuliformis*	140	23	244	6	岷县中寨镇扎马村	后文军
柏科								
62112300016	水杉	*Metasequoia glyptostroboides*	40	15	179	6	渭源县清源镇林业局院内	渭源县林草局
62110200010	侧柏	*Platycladus orientalis*	120	10	420	8	安定区香泉镇香泉村	董作仁
62112100007	侧柏	*Platycladus orientalis*	300	15	245	9	通渭县襄南镇高店村法海寺	法海寺
62112100008	侧柏	*Platycladus orientalis*	100	10	105	6	通渭县襄南镇高店村法海寺	法海寺
62112100046	侧柏	*Platycladus orientalis*	320	14	236	6	通渭县陇阳镇陆义村上庄社	张小平
62112100047	侧柏	*Platycladus orientalis*	100	13	129	7	通渭县陇阳镇陆义村张庄社	陆义村委会
62112100067	侧柏	*Platycladus orientalis*	300	14	267	14	通渭县李家店乡李店学校	李店学校
62112100083	侧柏	*Platycladus orientalis*	200	10	204	10	通渭县常家河镇合并村秀金山庙	秀金山庙
62112100106	侧柏	*Platycladus orientalis*	360	13	113	7	通渭县襄南镇令山村令家川龙王庙	龙王庙
62112200025	侧柏	*Platycladus orientalis*	120	17	166	7	陇西县巩昌镇张家塄村紫来初级中学	紫来初级中学

古树编号	树种	树种拉丁名	估测树龄	树高 (m)	树围 (cm)	平均冠幅 (m)	具体地点	管护单位 / 人
62112200026	侧柏	*Platycladus orientalis*	120	16	179	9	陇西县巩昌镇张家堺村紫来初级中学	紫来初级中学
62112200030	侧柏	*Platycladus orientalis*	120	13	157	8	陇西县巩昌镇一心村	李家龙宫
62112200031	侧柏	*Platycladus orientalis*	120	12	57	6	陇西县巩昌镇一心村	李家龙宫
62112200057	侧柏	*Platycladus orientalis*	200	6	214	8	陇西县文峰镇暖泉沟村	暖泉沟村委会
62112200058	侧柏	*Platycladus orientalis*	110	7	129	6	陇西县文峰镇安家门村	卧龙寺
62112400085	侧柏	*Platycladus orientalis*	160	11	40	7	临洮县新添镇南坪村三社	南坪村委会
62112400108	侧柏	*Platycladus orientalis*	140	9	100	7	临洮县红旗乡何家湾村七社	何家湾村委会
62112400109	侧柏	*Platycladus orientalis*	140	9	100	6	临洮县红旗乡何家湾村七社	何家湾村委会
62112400110	侧柏	*Platycladus orientalis*	110	10	200	13	临洮县红旗乡何家湾村七社	何家湾村委会
62112600026	侧柏	*Platycladus orientalis*	350	11	185	9	岷县岷阳镇和平社区	杜嘉禾
杨柳科								
62112100092	青杨	*Populus cathayana*	110	22	204	13	通渭县北城铺镇庄子村曹家寺顺岭山寺庙	顺岭山寺庙
62112300004	青杨	*Populus cathayana*	250	30	659	15	渭源县五竹镇郭家沟村	郭家沟村委会
62112300017	青杨	*Populus cathayana*	100	30	251	24	渭源县新寨镇联盟村	联盟村委会
62112400068	青杨	*Populus cathayana*	100	21	276	18	临洮县洮阳镇旭东村	旭东村委会
62112600005	青杨	*Populus cathayana*	500	21	280	8	岷县马坞乡秦家沟村	卢柏延
62112600008	青杨	*Populus cathayana*	600	29	440	14	岷县秦许乡马烨村	王四虎
62112600009	青杨	*Populus cathayana*	200	24	424	10	岷县秦许乡百花村	王四虎
62112300005	山杨	*Populus davidiana*	850	38	691	11	渭源县峡城乡杨庄村上沟社	李增禄
62112300007	山杨	*Populus davidiana*	200	30	534	11	渭源县麻家集镇土牌村	土牌村委会
62112300009	山杨	*Populus davidiana*	120	32	430	17	渭源县莲峰镇菜子坡村沙楼	菜子坡村委会
62112300043	山杨	*Populus davidiana*	200	20	153	18	渭源县田家河乡汤尕沟村关山梁	路玉林
62112300044	山杨	*Populus davidiana*	260	18	159	16	渭源县田家河乡汤尕沟村汤尕沟	路玉林
62112300045	山杨	*Populus davidiana*	260	12	159	10	渭源县田家河乡汤尕沟村汤尕沟	路玉林
62112500449	山杨	*Populus davidiana*	150	47	327	9	漳县石川镇菜子川村康家沟	菜子川村委会
62112502034	山杨	*Populus davidiana*	230	24	134	20	漳县金钟镇张家山村拉子沟	张家山村委会
62112502035	山杨	*Populus davidiana*	230	24	133	20	漳县金钟镇张家山村拉子沟	张家山村委会
62112503029	山杨	*Populus davidiana*	130	20	149	15	漳县大草滩镇新联村铺里	新联村委会
62112510018	山杨	*Populus davidiana*	210	13	115	13	漳县石川镇虎龙口村下路松坡	虎龙口村委会
62112510019	山杨	*Populus davidiana*	280	17	97	13	漳县石川镇虎龙口村下路松坡	虎龙口村委会
62112510020	山杨	*Populus davidiana*	280	20	87	12	漳县石川镇虎龙口村下路松坡	虎龙口村委会
62112510021	山杨	*Populus davidiana*	230	17	88	12	漳县石川镇菜子川村康家沟	菜子川村委会
62112510022	山杨	*Populus davidiana*	230	16	85	14	漳县石川镇菜子川村康家沟	菜子川村委会
62112510024	山杨	*Populus davidiana*	500	13	175	10	漳县石川镇占卜村	占卜村委会
62112511005	山杨	*Populus davidiana*	230	17	153	12	漳县贵清山镇香桥村	香桥村委会
62112511006	山杨	*Populus davidiana*	150	18	84	12	漳县贵清山镇香桥村山神庙	香桥村委会
62112511007	山杨	*Populus davidiana*	120	24	164	21	漳县贵清山镇阎家沟村下阎沟村	阎家沟村委会
62112511012	山杨	*Populus davidiana*	220	16	187	15	漳县贵清山镇果林村苏家里	果林村委会
62112511013	山杨	*Populus davidiana*	160	16	111	15	漳县贵清山镇果林村苏家里	苏流平
62112511015	山杨	*Populus davidiana*	170	13	150	13	漳县贵清山镇果林村苏家里	苏流芳
62112511016	山杨	*Populus davidiana*	170	15	183	17	漳县贵清山镇果林村苏家里	果林村委会

古树编号	树种	树种拉丁名	估测树龄	树高 (m)	树围 (cm)	平均冠幅 (m)	具体地点	管护单位 / 人
62112513003	山杨	*Populus davidiana*	150	24	121	16	漳县东泉乡韩川村马家坟地	马占川
62112513004	山杨	*Populus davidiana*	120	25	101	16	漳县东泉乡韩川村油房门	马占川
62112200011	小叶杨	*Populus simonii*	160	35	515	19	陇西县永吉乡河口村	河口村委会
62112200014	小叶杨	*Populus simonii*	100	23	261	15	陇西县文峰镇桦林村庙嘴河社	桦林村委会
62112200015	小叶杨	*Populus simonii*	120	26	311	15	陇西县文峰镇桦林村庙嘴河社	桦林村委会
62112600002	小叶杨	*Populus simonii*	410	21	134	16	岷县茶埠镇西京村	包义军
62112600003	小叶杨	*Populus simonii*	420	21	548	13	岷县茶埠镇西京村	包义军
62112600043	小叶杨	*Populus simonii*	400	15	360	9	岷县中寨镇小寨村	后文治
62112600044	小叶杨	*Populus simonii*	400	16	370	13	岷县中寨镇小寨村	后文治
62112600045	小叶杨	*Populus simonii*	540	15	471	15	岷县西寨镇关上村	马世平
62112600049	小叶杨	*Populus simonii*	100	22	314	14	岷县麻子川镇绿叶村	李有霞
62112512001	垂柳	*Salix babylonica*	170	13	135	11	漳县新寺镇新寺村	新寺村委会
62112512002	垂柳	*Salix babylonica*	150	15	146	15	漳县新寺镇新寺村	新寺村委会
62110200001	旱柳	*Salix matsudana*	150	15	250	13	安定区青岚山乡大坪村墩儿梁	大坪村委会
62110200002	旱柳	*Salix matsudana*	140	8	473	16	安定区称钩驿镇川坪村庙湾梁	川坪村委会
62110200003	旱柳	*Salix matsudana*	200	11	190	4	安定区内官营镇锦花村	锦花村委会
62110200004	旱柳	*Salix matsudana*	200	8	213	9	安定区内官营镇锦花村	锦花村委会
62110200005	旱柳	*Salix matsudana*	200	9	172	8	安定区内官营镇锦花村	锦花村委会
62110200014	旱柳	*Salix matsudana*	140	28	420	17	安定区香泉镇香泉村	香泉村委会
62110200015	旱柳	*Salix matsudana*	200	12	401	10	安定区内官营镇锦花村	锦花村委会
62110200029	旱柳	*Salix matsudana*	150	22	330	19	安定区杏园乡李家河村	李永强
62112100006	旱柳	*Salix matsudana*	50	7	236	6	通渭县陇阳镇陇阳村后街	王彩花
62112100009	旱柳	*Salix matsudana*	570	10	512	18	通渭县襄南镇瓦洒村	瓦洒村委会
62112100012	旱柳	*Salix matsudana*	110	15	320	16	通渭县鸡川镇太平村赵家渠	太平村委会
62112100015	旱柳	*Salix matsudana*	280	15	437	10	通渭县义岗川镇高河村阴坡社	高胜娃
62112100026	旱柳	*Salix matsudana*	110	18	333	18	通渭县新景乡旧庄村谢岔社沟底麦场边	谢昌
62112100029	旱柳	*Salix matsudana*	100	18	314	19	通渭县鸡川镇太平村曹家华尖永和路口	太平村委会
62112100030	旱柳	*Salix matsudana*	150	12	339	8	通渭县北城铺镇新合村上吊湾社山神庙前	新合村委会
62112100031	旱柳	*Salix matsudana*	80	12	364	11	通渭县马营镇锦屏村何家坡 X093 路边	锦屏村委会
62112100032	旱柳	*Salix matsudana*	300	18	333	9	通渭县北城铺镇北城村北城社路边	北城村委会
62112100033	旱柳	*Salix matsudana*	130	13	346	8	通渭县寺子川乡郑阳村长义岔社耕地(村址对面)	王守川
62112100034	旱柳	*Salix matsudana*	100	13	315	16	通渭县寺子川乡董沟村黄湾社路边	田登堂
62112100035	旱柳	*Salix matsudana*	110	11	330	9	通渭县陇川镇李岘村	王作义
62112100037	旱柳	*Salix matsudana*	130	18	341	16	通渭县陇川镇寺沟村寺沟岔儿社公路边	寺沟村委会
62112100038	旱柳	*Salix matsudana*	150	14	399	14	通渭县碧玉乡赵河村韩家岔山顶	赵河村委会
62112100041	旱柳	*Salix matsudana*	130	13	333	17	通渭县榜罗镇文峰村圆嘴山	红军长征精神研究院
62112100042	旱柳	*Salix matsudana*	220	6	528	15	通渭县马营镇大岘村大岘社涝池旁	大岘村委会
62112100048	旱柳	*Salix matsudana*	120	12	283	11	通渭县寺子川乡长城村白曲社	何应辉
62112100049	旱柳	*Salix matsudana*	200	12	393	16	通渭县寺子川乡长城村雷湾社路边	雷效贤
62112100050	旱柳	*Salix matsudana*	130	26	320	13	通渭县襄南镇利沟村	利沟村委会
62112100051	旱柳	*Salix matsudana*	130	34	411	14	通渭县襄南镇利沟村	利沟村委会

古树编号	树种	树种拉丁名	估测树龄	树高 (m)	树围 (cm)	平均冠幅 (m)	具体地点	管护单位 / 人
62112100052	旱柳	*Salix matsudana*	280	7	408	10	通渭县新景乡白杨村	白杨村委会
62112100053	旱柳	*Salix matsudana*	140	6	245	6	通渭县李家店乡姚川	姚忠义
62112100054	旱柳	*Salix matsudana*	300	12	581	15	通渭县陇山镇乱庄村石堡子社路边	乱庄村委会
62112100059	旱柳	*Salix matsudana*	100	18	330	17	通渭县鸡川镇永和村什字岔路边	赵多喜
62112100062	旱柳	*Salix matsudana*	180	8	298	8	通渭县鸡川镇杨川村吕岔社梁路边	杨川村委会
62112100063	旱柳	*Salix matsudana*	100	15	248	16	通渭县陇阳乡陇阳村后街信用社门前	李治江
62112100065	旱柳	*Salix matsudana*	180	7	471	11	通渭县第三铺乡姚岔村后湾社路边	姚岔村委会
62112100066	旱柳	*Salix matsudana*	180	15	361	13	通渭县第三铺乡姚岔村后湾社路边	姚岔村委会
62112100069	旱柳	*Salix matsudana*	100	20	261	20	通渭县榜罗镇文川村文树学校西侧	文川村委会
62112100075	旱柳	*Salix matsudana*	100	8	298	6	通渭县襄南镇元坪村沟儿湾社	元坪村委会
62112100081	旱柳	*Salix matsudana*	160	5	264	5	通渭县常家河镇明山村景家河湾涝坝边	张杜合
62112100085	旱柳	*Salix matsudana*	200	16	383	17	通渭县陇川镇李岘村何上社秀才墩路边	李岘村委会
62112100086	旱柳	*Salix matsudana*	180	13	358	13	通渭县陇川镇李岘村李下社秀才墩路边	李岘村委会
62112100089	旱柳	*Salix matsudana*	600	6	700	13	通渭县陇山镇石沟村藏家屲社路边	石沟村委会
62112100093	旱柳	*Salix matsudana*	110	14	283	16	通渭县北城铺镇庄子村曹家寺顺岭山寺庙	顺岭山寺庙
62112100094	旱柳	*Salix matsudana*	110	13	265	13	通渭县北城铺镇庄子村曹家寺顺岭山寺庙	顺岭山寺庙
62112100095	旱柳	*Salix matsudana*	110	13	280	14	通渭县北城铺镇庄子村曹家寺顺岭山寺庙	顺岭山寺庙
62112100098	旱柳	*Salix matsudana*	300	15	440	13	通渭县什川镇大湾村山坪社路边	大湾村委会
62112100099	旱柳	*Salix matsudana*	300	14	408	14	通渭县什川镇大湾村山坪社路边	大湾村委会
62112100102	旱柳	*Salix matsudana*	100	16	258	15	通渭县什川镇太山村高庙山凤凰山庙	太山村委会
62112100103	旱柳	*Salix matsudana*	100	16	223	13	通渭县什川镇太山村高庙山凤凰山庙	太山村委会
62112200001	旱柳	*Salix matsudana*	150	24	440	13	陇西县菜子镇牟河村	李芳平
62112200002	旱柳	*Salix matsudana*	130	17	374	8	陇西县菜子镇牟河村	李芳平
62112200010	旱柳	*Salix matsudana*	160	14	452	20	陇西县渭阳乡小干川村东儿渠社	小干川村委会
62112200018	旱柳	*Salix matsudana*	170	14	443	18	陇西县文峰镇乔门村乔下社	王世义
62112200042	旱柳	*Salix matsudana*	240	12	678	13	陇西县双泉镇西岔湾村索罗湾社	西岔湾村委会
62112200050	旱柳	*Salix matsudana*	150	9	298	14	陇西县菜子镇二十铺村苏家坪坟地	吴彦林
62112200051	旱柳	*Salix matsudana*	160	8	115	11	陇西县菜子镇二十里铺村	吴彦林
62112300001	旱柳	*Salix matsudana*	160	23	493	11	渭源县路园镇王家山社区	王家山社区居委会
62112300024	旱柳	*Salix matsudana*	400	14	412	18	渭源县上湾镇尖山村十字社	庆宝童
62112300025	旱柳	*Salix matsudana*	290	26	357	18	渭源县上湾镇尖山村十字社	庆宝童
62112300038	旱柳	*Salix matsudana*	450	20	420	20	渭源县天池村周家湾	赵万海
62112300041	旱柳	*Salix matsudana*	200	23	304	17	渭源县峡城村马家河	马贤
62112400001	旱柳	*Salix matsudana*	100	9	156	6	临洮县洮阳镇文峰社区	文峰社区居委会
62112400002	旱柳	*Salix matsudana*	150	18	311	10	临洮县太石镇大庄村	大庄村委会
62112400003	旱柳	*Salix matsudana*	120	19	283	9	临洮县太石镇大庄村	大庄村委会
62112400004	旱柳	*Salix matsudana*	120	17	267	10	临洮县太石镇大庄村	大庄村委会
62112400005	旱柳	*Salix matsudana*	120	16	276	9	临洮县太石镇大庄村	大庄村委会
62112400006	旱柳	*Salix matsudana*	120	18	273	8	临洮县太石镇大庄村	大庄村委会
62112400007	旱柳	*Salix matsudana*	100	23	424	18	临洮县玉井镇中营村	中营村委会
62112400008	旱柳	*Salix matsudana*	120	20	314	12	临洮县玉井镇中营村	中营村委会

古树编号	树种	树种拉丁名	估测树龄	树高 (m)	树围 (cm)	平均冠幅 (m)	具体地点	管护单位 / 人
62112400009	旱柳	*Salix matsudana*	100	17	251	8	临洮县玉井镇中营村	中营村委会
62112400010	旱柳	*Salix matsudana*	100	20	251	9	临洮县玉井镇中营村	中营村委会
62112400011	旱柳	*Salix matsudana*	100	23	424	16	临洮县玉井镇中营村	中营村委会
62112400012	旱柳	*Salix matsudana*	100	22	364	16	临洮县洮阳镇西湖社区	西湖社区居委会
62112400013	旱柳	*Salix matsudana*	100	20	308	14	临洮县洮阳镇西湖社区	西湖社区居委会
62112400014	旱柳	*Salix matsudana*	100	20	308	14	临洮县洮阳镇北街村	北街村委会
62112400015	旱柳	*Salix matsudana*	100	26	308	16	临洮县洮阳镇北街村	北街村委会
62112400016	旱柳	*Salix matsudana*	100	20	283	16	临洮县洮阳镇城中社区	城中社区
62112400017	旱柳	*Salix matsudana*	100	20	283	16	临洮县洮阳镇旭东村	旭东村委会
62112400079	旱柳	*Salix matsudana*	150	18	150	14	临洮县新添镇下街村龙家庄社	下街村委会
62112400080	旱柳	*Salix matsudana*	150	18	105	14	临洮县新添镇下街村龙家庄社	下街村委会
62112400081	旱柳	*Salix matsudana*	150	18	100	13	临洮县新添镇下街村龙家庄社	下街村委会
62112400082	旱柳	*Salix matsudana*	150	20	130	17	临洮县新添镇下街村龙家庄社	下街村委会
62112400111	旱柳	*Salix matsudana*	150	26	150	13	临洮县洮阳镇文庙巷社区运输公司家属院	文庙巷社区居委会
62112500850	旱柳	*Salix matsudana*	150	8	330	9	漳县三岔镇王家门村卢家川社	王家门村委会
62112505038	旱柳	*Salix matsudana*	130	8	81	14	漳县盐井镇盐井村樊家磨	盐井村委会
62112600001	旱柳	*Salix matsudana*	220	16	612	10	岷县茶埠镇茶埠村	裴小明
62112600011	旱柳	*Salix matsudana*	100	22	393	20	岷县十里镇南小路村	庞关明
62112600012	旱柳	*Salix matsudana*	120	17	100	14	岷县维新镇柳林村	赵茂
胡桃科								
62112300023	胡桃楸	*Juglans mandshurica*	280	20	500	24	渭源县水家窑村下文社	文小林
62112300035	胡桃楸	*Juglans mandshurica*	160	20	226	15	渭源县首阳村首阳山清圣祠	莲峰林场
62112100004	胡桃	*Juglans regia*	120	8	267	13	通渭县榜罗镇文峰村榜罗纪念馆	榜罗纪念馆
62112100005	胡桃	*Juglans regia*	120	8	289	12	通渭县榜罗镇青堡村史家庙	史家庙
62112100013	胡桃	*Juglans regia*	110	18	273	20	通渭县鸡川镇苟堡村岔儿社	苟守全
62112100019	胡桃	*Juglans regia*	150	7	236	6	通渭县义岗川镇崔岔村郭湾社	郭彦荣
62112100020	胡桃	*Juglans regia*	160	6	197	8	通渭县义岗川镇崔岔村郭湾社	牛进元
62112100022	胡桃	*Juglans regia*	200	18	236	20	通渭县新景乡路岔村赵家坪社	赵景胜
62112100023	胡桃	*Juglans regia*	200	18	224	18	通渭县新景乡路岔村赵家坪社麦场边	王俊明
62112100058	胡桃	*Juglans regia*	320	28	452	23	通渭县新景乡料滩村华尖社	牛怀珍
62112100061	胡桃	*Juglans regia*	120	18	192	22	通渭县鸡川镇杨川村吕岔社纯阳堡子前	吕晓春
62112100072	胡桃	*Juglans regia*	100	15	286	13	通渭县榜罗镇文川村管家阳山社	焦建平
62112100096	胡桃	*Juglans regia*	110	13	289	17	通渭县北城铺镇步路村西湾社村庄	杨俊青
62112100101	胡桃	*Juglans regia*	80	17	267	20	通渭县什川镇地八村下庄社村庄	陈玉杰
62112100105	胡桃	*Juglans regia*	200	13	267	14	通渭县什川镇宗荣湾村下刘家社村庄	刘顺民
62112200004	胡桃	*Juglans regia*	200	16	251	22	陇西县碧岩镇龙川村耿家塄社	李引顺
62112200005	胡桃	*Juglans regia*	230	23	273	27	陇西县碧岩镇龙川村耿家塄社	李顺成
62112200006	胡桃	*Juglans regia*	250	17	245	24	陇西县碧岩镇龙川村耿家塄社	李宗武
62112200007	胡桃	*Juglans regia*	200	17	229	21	陇西县碧岩镇龙川村耿家塄社	李顺来
62112200009	胡桃	*Juglans regia*	120	14	214	14	陇西县渭阳乡小干川村巴泥湾社	包明
62112200012	胡桃	*Juglans regia*	250	19	315	21	陇西县永吉乡永兴村闫家门小学	闫家门小学

古树编号	树种	树种拉丁名	估测树龄	树高 (m)	树围 (cm)	平均冠幅 (m)	具体地点	管护单位 / 人
62112200023	胡桃	*Juglans regia*	130	15	257	16	陇西县文峰镇曲家山村二社赵家湾	马东海
62112200028	胡桃	*Juglans regia*	130	19	257	19	陇西县巩昌镇靛坪村安家山	王月月
62112200038	胡桃	*Juglans regia*	140	22	301	20	陇西县首阳镇首阳村九组碉堡	赵治银
62112200044	胡桃	*Juglans regia*	120	18	96	16	陇西县首阳镇董家堡村二社	刘建平
62112200045	胡桃	*Juglans regia*	120	15	188	14	陇西县碧岩镇珠帘村岘儿社	王世录
62112200048	胡桃	*Juglans regia*	130	16	216	15	陇西县文峰镇仙家门村党家门	刘敏
62112200055	胡桃	*Juglans regia*	100	9	200	21	陇西县文峰镇荀家山村	董建春
62112400067	胡桃	*Juglans regia*	150	17	455	25	临洮县康家集乡赵家嘴村	赵家嘴村委会
62112400103	胡桃	*Juglans regia*	140	11	80	13	临洮县衙下集镇开家沟村牙扎拉社	开家沟村委会
62112500851	胡桃	*Juglans regia*	280	11	410	14	漳县三岔镇王家门村王家门社	张鹏飞
62112501042	胡桃	*Juglans regia*	160	16	77	22	漳县盐井镇许家咀村许家门	王五斤
62112504027	胡桃	*Juglans regia*	130	22	92	20	漳县三岔镇吴家门村寺崖头	汪旭东
62112505037	胡桃	*Juglans regia*	150	13	113	12	漳县盐井镇盐井村包家门	苟大娃
62112505039	胡桃	*Juglans regia*	110	16	290	15	漳县盐井镇盐井村樊家磨	樊兴奎、魏大娃
62112505040	胡桃	*Juglans regia*	300	16	146	21	漳县盐井镇许家咀村	马贵子
62112505041	胡桃	*Juglans regia*	230	16	107	23	漳县盐井镇许家咀村	赵建平
62112512017	胡桃	*Juglans regia*	300	14	84	15	漳县新寺镇新寺村	杨老五
桦木科								
62112511014	白桦	*Betula platyphylla*	160	13	56	8	漳县贵清山镇果林村苏家里	苏流平
壳斗科								
62112503030	蒙古栎	*Quercus mongolica*	250	9	69	9	漳县大草滩镇新联村	新联村委会
62112511008	蒙古栎	*Quercus mongolica*	800	14	131	14	漳县贵清山镇果林村苏家里	果林村委会
62112511009	蒙古栎	*Quercus mongolica*	560	14	97	12	漳县贵清山镇果林村苏家里	果林村委会
62112511010	蒙古栎	*Quercus mongolica*	860	14	130	14	漳县贵清山镇果林村苏家里	果林村委会
62112511011	蒙古栎	*Quercus mongolica*	860	12	172	11	漳县贵清山镇果林村苏家里	果林村委会
62112600019	蒙古栎	*Quercus mongolica*	620	18	317	18	岷县西寨镇刘家堡村	沈中合
62112600020	蒙古栎	*Quercus mongolica*	550	23	278	15	岷县西寨镇刘家堡村	沈中合
62112600047	蒙古栎	*Quercus mongolica*	670	6	418	5	岷县蒲麻镇虎龙口村	张长毛
62112600048	蒙古栎	*Quercus mongolica*	670	9	257	11	岷县蒲麻镇虎龙口村	张长毛
榆科								
62112400018	春榆	*Ulmus davidiana* var. *japonica*	200	30	462	24	临洮县衙下集镇兴丰村	兴丰村委会
62112400019	旱榆	*Ulmus glaucescens*	100	14	144	4	临洮县红旗乡扎马圈村	扎马圈村委会
62110200011	榆树	*Ulmus pumila*	300	12	150	18	安定区凤翔镇上台村	马国
62110200018	榆树	*Ulmus pumila*	200	13	230	15	安定区石峡湾乡大泉湾村	大泉湾村委会
62110200019	榆树	*Ulmus pumila*	1000	18	471	19	安定区永定路街道办事处南街社区	南街社区居委会
62110200026	榆树	*Ulmus pumila*	120	17	280	13	安定区凤翔镇柏林村	安柏龄
62110200027	榆树	*Ulmus pumila*	120	17	270	12	安定区凤翔镇柏林村	安柏龄
62112200021	榆树	*Ulmus pumila*	110	11	195	8	陇西县文峰镇八盘村一组	潘耀堂
62112200022	榆树	*Ulmus pumila*	110	13	236	12	陇西县文峰镇八盘村一组	潘耀堂
62112200024	榆树	*Ulmus pumila*	120	13	273	15	陇西县云田镇北站村倾家门社	王耀龙
62112200032	榆树	*Ulmus pumila*	120	18	188	14	陇西县巩昌镇一心村	李家氏族

古树编号	树种	树种拉丁名	估测树龄	树高 (m)	树围 (cm)	平均冠幅 (m)	具体地点	管护单位 / 人
62112200033	榆树	*Ulmus pumila*	120	19	210	12	陇西县巩昌镇一心村	李家氏族
62112400075	榆树	*Ulmus pumila*	260	26	170	20	临洮县峡口镇上王家村	上王家村委会
62112400083	榆树	*Ulmus pumila*	260	22	120	18	临洮县新添镇南坪村三社	南坪村委会
62112400088	榆树	*Ulmus pumila*	150	13	90	11	临洮县龙门镇咀头村桑家庙社	咀头村委会
62112400089	榆树	*Ulmus pumila*	300	8	190	18	临洮县连湾乡王西湾村红土坡社	王西湾村委会
62112100087	榆树	*Ulmus pumila*	100	8	123	8	通渭县义岗川镇明星村四岩山长征烈士陵园	明星村委会
62112100100	榆树	*Ulmus pumila*	120	16	229	12	通渭县什川镇盘龙村李家沟社（村址前）	李秀林
桑科								
62112100043	桑	*Morus alba*	150	12	141	9	通渭县鸡川镇牛坡村牛树梅纪念馆	牛树梅纪念馆
62112400094	桑	*Morus alba*	150	10	100	11	临洮县洮阳镇马家窑村马北社	马家窑村委会
62112400095	桑	*Morus alba*	150	6	220	8	临洮县洮阳镇马家窑村马北社	马家窑村委会
62112400096	桑	*Morus alba*	150	10	170	10	临洮县洮阳镇马家窑村马北社	马家窑村委会
62112400097	桑	*Morus alba*	150	7	152	6	临洮县洮阳镇马家窑村马北社	马家窑村委会
芍药科								
62112100070	紫斑牡丹	*Paeonia rockii*	100	2	45	3	通渭县榜罗镇文川村文树学校	文树学校
62112100071	紫斑牡丹	*Paeonia rockii*	100	2	45	3	通渭县榜罗镇文川村文树学校	文树学校
62112400061	紫斑牡丹	*Paeonia rockii*	100	5	38	3	临洮县洮阳镇车刘家村	曹佰平
62112400062	紫斑牡丹	*Paeonia rockii*	100	3	44	2	临洮县洮阳镇车刘家村	曹佰平
62112400063	紫斑牡丹	*Paeonia rockii*	200	3	47	3	临洮县洮阳镇车刘家村	曹佰平
62112400064	紫斑牡丹	*Paeonia rockii*	200	3	57	3	临洮县洮阳镇车刘家村	曹佰平
62112400065	紫斑牡丹	*Paeonia rockii*	200	1	57	1	临洮县八里铺镇孙家大庄村	孙生顺
62112400066	紫斑牡丹	*Paeonia rockii*	100	3	50	2	临洮县八里铺镇孙家大庄村	孙生顺
木兰科								
62112200020	厚朴	*Houpoea officinalis*	110	20	192	11	陇西县文峰镇八盘村一组	潘玉堂
蔷薇科								
62112200043	山荆子	*Malus baccata*	120	6	188	10	陇西县文峰镇桦林村庙嘴河社	包义林
62112200047	山荆子	*Malus baccata*	110	5	40	8	陇西县菜子镇雪山村雪家沟	马众望
62112300010	山荆子	*Malus baccata*	110	9	317	9	渭源县莲峰镇古迹坪村元君庙	元君庙
62112300033	山荆子	*Malus baccata*	280	19	213	14	渭源县古迹坪村张家老坟地	张继红
62112300034	山荆子	*Malus baccata*	280	25	193	13	渭源县古迹坪村张家老坟地	张继红
62112400069	山荆子	*Malus baccata*	140	5	70	15	临洮县南屏镇南屏村牡丹小镇	南屏村委会
62110200013	海棠花	*Malus spectabilis*	150	4	50	5	安定区符家川镇长丰村	康学东
62112502036	海棠花	*Malus spectabilis*	610	6	40	5	漳县金钟镇张家山村拉子沟	张家山村委会
62110200021	杏	*Prunus armeniaca*	110	8	138	10	安定区白碌乡前进村	张银川
62110200023	杏	*Prunus armeniaca*	23	6	23	5	安定区巉口镇常川村	常川村委会
62112600021	杏	*Prunus armeniaca*	110	8	104	8	岷县岷阳镇和平社区	岷县招待所
62112600022	杏	*Prunus armeniaca*	110	9	193	7	岷县岷阳镇和平社区	岷县招待所
62112600023	杏	*Prunus armeniaca*	110	10	135	8	岷县岷阳镇和平社区	岷县招待所
62112600006	樱桃	*Prunus pseudocerasus*	520	11	433	13	岷县马坞镇秦家沟村	王维启
62110200017	李	*Prunus salicina*	120	8	88	5	安定区杏园乡李家河村	李永强
62112100068	山杏	*Prunus sibirica*	100	10	132	12	通渭县李家店乡崔河村崔河小学	崔河小学

古树编号	树种	树种拉丁名	估测树龄	树高 (m)	树围 (cm)	平均冠幅 (m)	具体地点	管护单位 / 人
62112100074	山杏	*Prunus sibirica*	150	4	123	8	通渭县榜罗镇文树村秀金山寺庙	秀金山寺庙
62112100080	山杏	*Prunus sibirica*	120	15	173	13	通渭县常家河镇高庄村郭庄社	郭志明
62112400052	山杏	*Prunus sibirica*	300	4	236	5	临洮县辛店镇里头沟村	里头沟村委会
62112400072	山杏	*Prunus sibirica*	120	10	43	8	临洮县龙门镇魏家坪村泰山庙	魏家坪村委会
62112600077	山杏	*Prunus sibirica*	200	13	78	11	岷县中寨镇马崖村马崖滩	马崖村委会
62112300040	杜梨	*Pyrus betulifolia*	220	18	256	10	渭源县脱甲山村路住灯社	朱世荣、朱俭
62112200003	白梨	*Pyrus bretschneideri*	130	13	301	12	陇西县菜子镇侯家门村瓦轮里	赵春娃
62112200016	白梨	*Pyrus bretschneideri*	120	14	245	17	陇西县文峰镇桦林村庙咀河社	包义林
62112200017	白梨	*Pyrus bretschneideri*	120	12	251	15	陇西县文峰镇桦林村庙咀河社	包义林
62112200036	白梨	*Pyrus bretschneideri*	120	17	151	6	陇西县巩昌镇一心村	李家龙宫
62112200046	白梨	*Pyrus bretschneideri*	150	19	273	17	陇西县菜子镇雪山村雪家沟社	马众望
62112200053	白梨	*Pyrus bretschneideri*	110	12	140	8	陇西县菜子镇二十里铺村	康维仁
62112300002	白梨	*Pyrus bretschneideri*	180	14	183	7	渭源县北寨镇祁坪村吴家岔	吴旭国
62112300027	白梨	*Pyrus bretschneideri*	150	13	182	15	渭源县庆坪村庆坪中学	庆坪中学
62112300028	白梨	*Pyrus bretschneideri*	150	12	166	9	渭源县庆坪村庆坪中学	庆坪中学
62112400030	白梨	*Pyrus bretschneideri*	150	15	251	7	临洮县辛店镇里头沟村	里头沟村委会
62112400031	白梨	*Pyrus bretschneideri*	200	15	292	7	临洮县辛店镇里头沟村	里头沟村委会
62112400032	白梨	*Pyrus bretschneideri*	200	11	289	12	临洮县辛店镇里头沟村	里头沟村委会
62112400033	白梨	*Pyrus bretschneideri*	100	8	126	6	临洮县辛店镇里头沟村	里头沟村委会
62112400034	白梨	*Pyrus bretschneideri*	160	9	157	5	临洮县辛店镇里头沟村	里头沟村委会
62112400035	白梨	*Pyrus bretschneideri*	160	9	157	5	临洮县辛店镇里头沟村	里头沟村委会
62112400036	白梨	*Pyrus bretschneideri*	240	10	251	14	临洮县洮阳镇柯栳村	柯栳村委会
62112400037	白梨	*Pyrus bretschneideri*	200	10	214	10	临洮县衙下集镇兴丰村	兴丰村委会
62112400038	白梨	*Pyrus bretschneideri*	150	7	132	4	临洮县衙下集镇兴丰村	兴丰村委会
62112400039	白梨	*Pyrus bretschneideri*	200	14	214	10	临洮县衙下集镇兴丰村	兴丰村委会
62112400040	白梨	*Pyrus bretschneideri*	150	12	157	10	临洮县衙下集镇兴丰村	兴丰村委会
62112400041	白梨	*Pyrus bretschneideri*	150	11	141	8	临洮县衙下集镇兴丰村	兴丰村委会
62112400042	白梨	*Pyrus bretschneideri*	150	11	141	8	临洮县衙下集镇兴丰村	兴丰村委会
62112400043	白梨	*Pyrus bretschneideri*	120	6	110	8	临洮县洮阳镇城中社区	城中社区
62112400044	白梨	*Pyrus bretschneideri*	120	10	119	6	临洮县衙下集镇兴丰村	兴丰村委会
62112400045	白梨	*Pyrus bretschneideri*	200	12	345	14	临洮县康家集乡唐家川村	唐家川村委会
62112503031	白梨	*Pyrus bretschneideri*	150	13	85	9	漳县大草滩镇新联村	王爱红
62112600007	白梨	*Pyrus bretschneideri*	340	14	245	14	岷县梅川镇下文斗村	包兹平
62112400090	白梨	*Pyrus bretschneideri*	130	22	170	12	临洮县八里铺镇孙家大庄村海峰核桃园	孙家大庄村委会
62112400091	白梨	*Pyrus bretschneideri*	130	22	170	12	临洮县八里铺镇孙家大庄村海峰核桃园	孙家大庄村委会
62112400092	白梨	*Pyrus bretschneideri*	130	11	85	12	临洮县八里铺镇孙家大庄村海峰核桃园	孙家大庄村委会
62112400093	白梨	*Pyrus bretschneideri*	130	12	100	11	临洮县八里铺镇孙家大庄村海峰核桃园	孙家大庄村委会
62112100001	白梨	*Pyrus bretschneideri*	150	6	107	5	通渭县榜罗镇张川村徐堡社阳坡	徐志强
62112100027	沙梨	*Pyrus pyrifolia*	160	6	170	5	通渭县新景乡马湾村郑湾社沟边	郑满宝
62112600027	沙梨	*Pyrus pyrifolia*	110	12	165	8	岷县岷阳镇和平社区	杜嘉禾
62112600028	沙梨	*Pyrus pyrifolia*	110	10	146	10	岷县岷阳镇和平社区	杜嘉禾

古树编号	树种	树种拉丁名	估测树龄	树高 (m)	树围 (cm)	平均冠幅 (m)	具体地点	管护单位 / 人
62112600030	沙梨	*Pyrus pyrifolia*	140	16	199	14	岷县中寨镇红崖村	蔺治中
62112600031	沙梨	*Pyrus pyrifolia*	140	12	197	12	岷县中寨镇红崖村	蔺治中
62112600032	沙梨	*Pyrus pyrifolia*	140	12	163	10	岷县中寨镇红崖村	蔺治中
62112600033	沙梨	*Pyrus pyrifolia*	140	11	175	8	岷县中寨镇红崖村	蔺卫平
62112600034	沙梨	*Pyrus pyrifolia*	140	16	169	9	岷县中寨镇红崖村	蔺卫平
62112600035	沙梨	*Pyrus pyrifolia*	140	15	335	15	岷县中寨镇红崖村	蔺卫平
62112600036	沙梨	*Pyrus pyrifolia*	140	17	207	9	岷县中寨镇红崖村	蔺卫平
62112600037	沙梨	*Pyrus pyrifolia*	140	15	226	14	岷县中寨镇红崖村	蔺卫平
62112600038	沙梨	*Pyrus pyrifolia*	140	17	282	11	岷县中寨镇红崖村	郭志代
62112600039	沙梨	*Pyrus pyrifolia*	140	16	370	15	岷县中寨镇红崖村	蔺引德
62112600040	沙梨	*Pyrus pyrifolia*	140	12	282	18	岷县中寨镇红崖村	郭志代
62112600050	沙梨	*Pyrus pyrifolia*	360	13	77	13	岷县中寨镇马崖村马崖滩	马崖村委会
62112600051	沙梨	*Pyrus pyrifolia*	360	15	98	15	岷县中寨镇马崖村马崖滩	马崖村委会
62112600052	沙梨	*Pyrus pyrifolia*	400	14	109	18	岷县中寨镇马崖村马崖滩	马崖村委会
62112600053	沙梨	*Pyrus pyrifolia*	400	15	104	14	岷县中寨镇马崖村马崖滩	马崖村委会
62112600054	沙梨	*Pyrus pyrifolia*	360	13	93	10	岷县中寨镇马崖村马崖滩	马崖村委会
62112600055	沙梨	*Pyrus pyrifolia*	360	9	73	8	岷县中寨镇马崖村马崖滩	马崖村委会
62112600056	沙梨	*Pyrus pyrifolia*	460	13	130	17	岷县中寨镇马崖村马崖滩	马崖村委会
62112600057	沙梨	*Pyrus pyrifolia*	360	12	89	12	岷县中寨镇马崖村马崖滩	马崖村委会
62112600058	沙梨	*Pyrus pyrifolia*	460	16	110	17	岷县中寨镇马崖村马崖滩	马崖村委会
62112600059	沙梨	*Pyrus pyrifolia*	360	13	52	12	岷县中寨镇马崖村马崖滩	马崖村委会
62112600060	沙梨	*Pyrus pyrifolia*	460	16	128	20	岷县中寨镇马崖村马崖滩	马崖村委会
62112600061	沙梨	*Pyrus pyrifolia*	360	16	59	13	岷县中寨镇马崖村马崖滩	马崖村委会
62112600062	沙梨	*Pyrus pyrifolia*	360	13	67	10	岷县中寨镇马崖村马崖滩	马崖村委会
62112600063	沙梨	*Pyrus pyrifolia*	360	15	93	20	岷县中寨镇马崖村马崖滩	马崖村委会
62112600064	沙梨	*Pyrus pyrifolia*	360	11	71	12	岷县中寨镇马崖村马崖滩	马崖村委会
62112600065	沙梨	*Pyrus pyrifolia*	360	11	101	6	岷县中寨镇马崖村马崖滩	马崖村委会
62112600066	沙梨	*Pyrus pyrifolia*	400	12	62	12	岷县中寨镇马崖村马崖滩	马崖村委会
62112600071	沙梨	*Pyrus pyrifolia*	360	8	55	7	岷县中寨镇马崖村马崖滩	马崖村委会
62112600073	沙梨	*Pyrus pyrifolia*	400	15	88	14	岷县中寨镇马崖村马崖滩	马崖村委会
62112600074	沙梨	*Pyrus pyrifolia*	400	15	94	12	岷县中寨镇马崖村马崖滩	马崖村委会
62112600075	沙梨	*Pyrus pyrifolia*	460	15	84	12	岷县中寨镇马崖村马崖滩	马崖村委会
62112600076	沙梨	*Pyrus pyrifolia*	360	14	53	8	岷县中寨镇马崖村马崖滩	马崖村委会
62112600078	沙梨	*Pyrus pyrifolia*	360	15	60	12	岷县中寨镇马崖村马崖滩	马崖村委会
62112600079	沙梨	*Pyrus pyrifolia*	360	12	53	8	岷县中寨镇马崖村马崖滩	马崖村委会
62112600080	沙梨	*Pyrus pyrifolia*	400	14	61	18	岷县中寨镇马崖村马崖滩	马崖村委会
62112600081	沙梨	*Pyrus pyrifolia*	400	12	93	11	岷县中寨镇马崖村马崖滩	马崖村委会
62112600083	沙梨	*Pyrus pyrifolia*	460	18	105	15	岷县中寨镇马崖村马崖滩	马崖村委会
62112600084	沙梨	*Pyrus pyrifolia*	200	18	58	10	岷县中寨镇马崖村马崖滩	马崖村委会
62112600085	沙梨	*Pyrus pyrifolia*	400	19	93	13	岷县中寨镇马崖村马崖滩	马崖村委会
62112600086	沙梨	*Pyrus pyrifolia*	400	15	73	17	岷县中寨镇马崖村马崖滩	马崖村委会

古树编号	树种	树种拉丁名	估测树龄	树高 (m)	树围 (cm)	平均冠幅 (m)	具体地点	管护单位 / 人
62112600087	沙梨	*Pyrus pyrifolia*	400	16	78	18	岷县中寨镇马崖村马崖滩	马崖村委会
62112100016	秋子梨	*Pyrus ussuriensis*	150	9	135	8	通渭县义岗川镇崔岔村郭湾社	郭彦荣
62112100017	秋子梨	*Pyrus ussuriensis*	150	8	255	6	通渭县义岗川镇崔岔村郭湾社	牛进元
62112100018	秋子梨	*Pyrus ussuriensis*	150	8	255	8	通渭县义岗川镇崔岔村郭湾社	郭彦荣
62112100025	秋子梨	*Pyrus ussuriensis*	160	12	280	8	通渭县新景乡旧庄村谢岔社半山腰	旧庄村委会
62112100040	秋子梨	*Pyrus ussuriensis*	120	15	198	15	通渭县碧玉镇阳屲村阳屲社村庄	张亚强
62112100060	秋子梨	*Pyrus ussuriensis*	150	15	179	12	通渭县鸡川镇杨川村上陈社	陈震、陈建
62112100079	秋子梨	*Pyrus ussuriensis*	130	8	198	12	通渭县常家河镇新集村逯家湾社路边	新集村委会
62112100088	秋子梨	*Pyrus ussuriensis*	220	10	220	9	通渭县陇山镇何山村陈湾社路边	陈彦鹏
62112100104	秋子梨	*Pyrus ussuriensis*	150	13	163	9	通渭县什川镇太山村陈家那坡社	陈刚
62112400046	秋子梨	*Pyrus ussuriensis*	180	9	270	8	临洮县辛店镇里头沟村	里头沟村委会
62112400047	秋子梨	*Pyrus ussuriensis*	140	7	157	6	临洮县衙下集镇兴丰村	兴丰村委会
62112400048	秋子梨	*Pyrus ussuriensis*	140	8	166	7	临洮县衙下集镇兴丰村	兴丰村委会
62112400049	秋子梨	*Pyrus ussuriensis*	100	7	141	7	临洮县衙下集镇兴丰村	兴丰村委会
62112400050	秋子梨	*Pyrus ussuriensis*	100	7	157	8	临洮县衙下集镇兴丰村	兴丰村委会
62112400051	秋子梨	*Pyrus ussuriensis*	100	6	135	5	临洮县衙下集镇兴丰村	兴丰村委会
62112200037	秋子梨	*Pyrus ussuriensis*	120	18	132	6	陇西县巩昌镇一心村	李家龙宫
62112200049	木梨	*Pyrus xerophila*	120	8	151	12	陇西县首阳镇梁家营村梁家营社	尉满柱
62112200052	木梨	*Pyrus xerophila*	110	12	147	10	陇西县菜子镇二十铺村大沙地	康维仁
62112400099	木梨	*Pyrus xerophila*	120	7	58	8	临洮县洮阳镇洮丰村李家坪三社	洮丰村委会
62112400100	木梨	*Pyrus xerophila*	150	12	110	15	临洮县衙下集镇开家沟村牙扎拉社	开家沟村委会
62112400104	木梨	*Pyrus xerophila*	130	16	80	7	临洮县衙下集镇开家沟村牙扎拉社	开家沟村委会
62112400106	木梨	*Pyrus xerophila*	160	12	100	14	临洮县太石镇沙楞村七社	沙楞村委会
62112400107	木梨	*Pyrus xerophila*	140	11	90	10	临洮县太石镇沙楞村七社	沙楞村委会
62112600041	木梨	*Pyrus xerophila*	130	15	250	8	岷县中寨镇扎马村	后祥勇
62112600067	木梨	*Pyrus xerophila*	360	11	59	7	岷县中寨镇马崖村马崖滩	马崖村委会
62112600068	木梨	*Pyrus xerophila*	360	13	59	8	岷县中寨镇马崖村马崖滩	马崖村委会
62112600069	木梨	*Pyrus xerophila*	360	8	69	6	岷县中寨镇马崖村马崖滩	马崖村委会
62112600070	木梨	*Pyrus xerophila*	360	8	50	6	岷县中寨镇马崖村马崖滩	马崖村委会
62112600072	木梨	*Pyrus xerophila*	360	8	51	7	岷县中寨镇马崖村马崖滩	马崖村委会
62112600082	木梨	*Pyrus xerophila*	460	14	96	12	岷县中寨镇马崖村马崖滩	马崖村委会
62112600088	木梨	*Pyrus xerophila*	400	15	65	15	岷县中寨镇马崖村马崖滩	马崖村委会
豆科								
62112400071	刺槐	*Robinia pseudoacacia*	100	25	85	21	临洮县玉井镇岚观坪村杨家庄北社	岚观坪村委会
62112400073	刺槐	*Robinia pseudoacacia*	120	25	130	12	临洮县龙门镇五里铺村魏家坪社烈士陵园	五里铺村委会
62112400098	刺槐	*Robinia pseudoacacia*	120	18	150	19	临洮县辛店镇辛店村二社	辛店村委会
62112100010	槐	*Styphnolobium japonicum*	160	15	189	15	通渭县襄南乡瓦泗村	瓦泗村委会
62112100011	槐	*Styphnolobium japonicum*	120	30	270	19	通渭县鸡川镇上店村二社	任红军
62112100014	槐	*Styphnolobium japonicum*	150	27	283	17	通渭县鸡川镇苟堡村上庄社	苟四喜
62112100024	槐	*Styphnolobium japonicum*	100	20	270	23	通渭县新景乡王湾村郑湾社路边	郑相国
62112100028	槐	*Styphnolobium japonicum*	100	18	195	17	通渭县新景乡马湾村郑湾社村庄	郑红兵
62112100044	槐	*Styphnolobium japonicum*	110	13	128	13	通渭县常家河镇张堡村刘堡社	刘永璋
62112100045	槐	*Styphnolobium japonicum*	200	21	204	11	通渭县常家河镇团结村崖坪社	朱应杰
62112100055	槐	*Styphnolobium japonicum*	100	23	203	20	通渭县新景乡王湾村郑湾社	郑成
62112100056	槐	*Styphnolobium japonicum*	100	21	201	16	通渭县新景乡王湾村郑湾社	郑昌盛
62112100057	槐	*Styphnolobium japonicum*	150	23	236	18	通渭县新景乡半岔村杨岔社	张玉明、张国祥、张奉虎

古树编号	树种	树种拉丁名	估测树龄	树高 (m)	树围 (cm)	平均冠幅 (m)	具体地点	管护单位 / 人
62112100073	槐	*Styphnolobium japonicum*	100	24	173	14	通渭县榜罗镇文川村管家阳山社	管建新
62112100076	槐	*Styphnolobium japonicum*	200	13	171	10	通渭县常家河镇孙川村康梁社	赵军正
62112100077	槐	*Styphnolobium japonicum*	120	20	174	13	通渭县常家河镇孙川村康梁社	赵海东
62112100084	槐	*Styphnolobium japonicum*	120	15	92	8	通渭县常家河镇阳坡村阳坡社村庄	刘志龙
62112100090	槐	*Styphnolobium japonicum*	100	22	230	14	通渭县平襄镇旧店子村五星苗圃	五星苗圃
62112200019	槐	*Styphnolobium japonicum*	150	25	279	23	陇西县文峰镇乔门村乔下社	乔志伟
62112200039	槐	*Styphnolobium japonicum*	270	13	333	11	陇西县巩昌镇东城社区定西工贸中专	定西工贸中专
62112200040	槐	*Styphnolobium japonicum*	260	12	301	10	陇西县巩昌镇东城社区定西工贸中专	定西工贸中专
62112300042	槐	*Styphnolobium japonicum*	110	18	152	10	渭源县池坪村刘家堖	赵彩荷
苦木科								
62112200008	臭椿	*Ailanthus altissima*	140	25	261	16	陇西县福星镇牛蹄湾村牛蹄湾社祁家沟	祁凤禄
62112200054	臭椿	*Ailanthus altissima*	110	11	214	11	陇西县福星镇牛蹄湾村陈家泉	陈根荣
卫矛科								
62112600013	卫矛	*Euonymus alatus*	280	5	220	6	岷县锁龙乡古素村	马金菊
62112300020	栓翅卫矛	*Euonymus phellomanus*	200	8	256	8	渭源县沈家滩村支下社	高鹤云
无患子科								
62112300006	五角槭	*Acer pictum* subsp. *mono*	120	9	292	8	渭源县莲峰镇大山村	莲峰林场
柽柳科								
62110200012	柽柳	*Tamarix chinensis*	130	9	107	7	安定区凤翔镇李家岔村	李家岔村委会
62110200020	柽柳	*Tamarix chinensis*	130	7	147	6	安定区李家堡镇安家岔村	祁国治
62112100021	柽柳	*Tamarix chinensis*	200	4	314	8	通渭县义岗川镇崔岔村郭湾社	郭彦荣
62112100036	柽柳	*Tamarix chinensis*	120	7	237	8	通渭县陇川镇张沟村高窑社耕地	杨世英
62112100039	柽柳	*Tamarix chinensis*	150	8	189	3	通渭县碧玉镇坷湾村川来社	刘宗祥
62112100082	柽柳	*Tamarix chinensis*	200	12	176	9	通渭县常家河镇绽沟村乱湾社村庄	张永杰
62112100091	柽柳	*Tamarix chinensis*	100	7	129	7	通渭县平襄镇旧店子村张山社大王庙	大王庙
62112100097	柽柳	*Tamarix chinensis*	500	8	330	10	通渭县马营镇三元村菩萨庙	菩萨庙
62112200056	柽柳	*Tamarix chinensis*	300	7	289	8	陇西县文峰镇暖泉沟村暖泉寺	暖泉沟村委会
62112300003	柽柳	*Tamarix chinensis*	110	8	23	6	渭源县北寨镇祁坪村吴家岔	祁坪村委会
62112400078	柽柳	*Tamarix chinensis*	160	3	100	9	临洮县新添镇机场村	机场村委会
胡颓子科								
62112200029	沙枣	*Elaeagnus angustifolia*	130	5	85	6	陇西县巩昌镇一心村	李家氏族
62112400053	沙枣	*Elaeagnus angustifolia*	120	11	138	5	临洮县太石镇大庄村	大庄村委会
62112400054	沙枣	*Elaeagnus angustifolia*	120	12	144	6	临洮县太石镇大庄村	大庄村委会
62112400055	沙枣	*Elaeagnus angustifolia*	120	12	157	7	临洮县太石镇大庄村	大庄村委会
62112400086	沙枣	*Elaeagnus angustifolia*	100	9	85	9	临洮县太石镇沙楞村一社	沙楞村委会
62112400056	中国沙棘	*Hippophae rhamnoides* subsp. *sinensis*	200	5	85	6	临洮县太石镇豁岘村	豁岘村委会
62112400057	中国沙棘	*Hippophae rhamnoides* subsp. *sinensis*	180	5	57	4	临洮县太石镇豁岘村	豁岘村委会
62112400058	中国沙棘	*Hippophae rhamnoides* subsp. *sinensis*	160	5	53	4	临洮县太石镇豁岘村	豁岘村委会
山矾科								
62112600010	白檀	*Symplocos tanakana*	120	8	60	2	岷县秦许乡桥上村庞家寺	庞家寺
木犀科								
62112300008	水曲柳	*Fraxinus mandshurica*	100	20	283	18	渭源县麻家集镇漆家沟村	漆家沟村委会
62110200008	紫丁香	*Syringa oblata*	170	6	44	6	安定区内官营镇锦花村	锦花村委会

古树编号	树种	树种拉丁名	估测树龄	树高 (m)	树围 (cm)	平均冠幅 (m)	具体地点	管护单位 / 人
62110200009	紫丁香	*Syringa oblata*	170	5	43	6	安定区内官营镇锦花村	锦花村委会
62112100078	紫丁香	*Syringa oblata*	130	6	89	6	通渭县常家河镇南山村卢咀社（原村址）	南山村委会
62112300014	紫丁香	*Syringa oblata*	140	4	50	2	渭源县路园镇双轮磨村寺门	双轮磨村委会
62112300015	紫丁香	*Syringa oblata*	140	4	88	2	渭源县路园镇双轮磨村寺门	双轮磨村委会
62112300029	紫丁香	*Syringa oblata*	200	5	92	8	渭源县渭源县庆坪村庆坪中学	庆坪中学
62112300030	紫丁香	*Syringa oblata*	200	5	102	7	渭源县渭源县庆坪村庆坪中学	庆坪中学
62112400059	紫丁香	*Syringa oblata*	100	4	50	4	临洮县洮阳镇李范家村	李范家村委会
62112400060	白丁香	*Syringa oblata* 'Alba'	100	5	38	3	临洮县洮阳镇车刘家村	车刘家村委会
62112400084	暴马丁香	*Syringa reticulata* subsp. *amurensis*	200	12	50	9	临洮县新添镇南坪村四社	南坪村委会
62112507043	暴马丁香	*Syringa reticulata* subsp. *amurensis*	600	16	223	5	漳县马泉乡紫石村九眼泉	紫石村委会
紫葳科								
62112400074	灰楸	*Catalpa fargesii*	200	17	80	11	临洮县龙门镇五里铺村魏家坪社公园飞升阁门口	五里铺村委会
62112100064	灰楸	*Catalpa fargesii*	240	16	458	17	通渭县第三铺乡姚岔村后湾社村庄	姚岔村委会
62112200034	灰楸	*Catalpa fargesii*	120	17	182	11	陇西县巩昌镇一心村	李家龙宫
62112200035	灰楸	*Catalpa fargesii*	120	20	151	8	陇西县巩昌镇一心村	李家龙宫

定西市古树群

古树群编号	主要树种	株数	平均树高（m）	平均树围（cm）	平均树龄	具体地点	管护单位
62112662234	云杉	15840	15	170	210	岷县梅川镇老幼店村	老幼店村委会
62112662233	云杉	23250	16	180	150	岷县维新乡大花门村	大花门村委会
62112662232	圆柏	220	15	165	150	岷县梅川镇马场村七社	马场村委会
62112562231	紫斑牡丹	8	2	25	400	漳县武阳镇盛世牡丹园	盛世牡丹园
62112562230	青杄	148	45	73	170	漳县贵清山自然保护区	贵清山管理局
62112462229	旱柳	9	22	148	110	临洮县红旗乡何家湾村一社	何家湾村委会
62112462228	胡桃	6	15	120	150	临洮县八里铺镇孙家大庄海峰核桃园	海峰核桃园
62112462227	少脉椴	10	8	123	120	临洮县衙下集镇潘家集村二组	潘家集村委会
62112462226	蒙古栎	50	8	150	120	临洮县衙下集镇潘家集村二组	潘家集村委会
62112462225	旱柳	10	11	105	130	临洮县洮阳镇岳麓山公园	岳麓山公园
62112362224	山杨	3	16	147	260	渭源县莲峰镇菜子坡村	菜子坡村委会
62112362223	旱柳	11	22	100	160	渭源县清源镇北滨河路	渭源县市政服务中心
62112362222	云杉	9	30	102	230	渭源县莲峰镇莲峰林场	莲峰林场
62112162221	大果榆	17	13	51	160	通渭县寺子乡吊咀村峡门	吊咀村委会
62110262220	旱柳	8	17	90	120	安定区内官镇文山村	内官镇政府
62110262219	白杜	16	12	30	150	安定区杏园乡李河村	李河村委会
62110262218	侧柏	9	12	28	120	安定区凤翔镇安柏龄大院	安氏家族

陇南市古树名木

古树编号	树种	树种拉丁名	估测树龄	树高 (m)	树围 (cm)	平均冠幅 (m)	具体地点	管护单位 / 人
银杏科								
62120200012	银杏	*Ginkgo biloba*	1300	21	590	12	武都区角弓镇角弓街村张家院内	角弓街村委会
62120200222	银杏	*Ginkgo biloba*	120	14	150	11	文县堡子坝乡福场村	福场村委会
62120200264	银杏	*Ginkgo biloba*	1200	20	420	10	文县铁楼乡铁楼村四社	铁楼村委会
62120200272	银杏	*Ginkgo biloba*	1200	25	510	15	文县铁楼乡铁楼村	铁楼村委会
62120200299	银杏	*Ginkgo biloba*	1500	19	760	14	武都区桔柑镇东村熊池三娘背 200 米处	东村村委会
62120200533	银杏	*Ginkgo biloba*	700	26	450	21	武都区外纳镇板仓村阳山社	板仓村委会
62120200534	银杏	*Ginkgo biloba*	650	25	430	18	武都区外纳镇板仓村阳山社	板仓村委会
62120200535	银杏	*Ginkgo biloba*	350	15	180	10	武都区外纳镇板仓村阳山社	板仓村委会
62120200568	银杏	*Ginkgo biloba*	2200	23	950	21	武都区琵琶镇谈坝村白果树社	谈坝村委会
62120200587	银杏	*Ginkgo biloba*	500	26	260	21	武都区洛塘镇石家坪村石家坪社	石家坪村委会
62120200588	银杏	*Ginkgo biloba*	500	25	290	21	武都区洛塘镇石家坪村石家坪社	石家坪村委会
62120200589	银杏	*Ginkgo biloba*	500	28	270	15	武都区洛塘镇西沟里村西沟社下西沟	西沟里村委会
62120200596	银杏	*Ginkgo biloba*	500	32	320	21	武都区五马乡马坝村上坝里	马坝村委会
62120200607	银杏	*Ginkgo biloba*	280	37	150	12	武都区裕河乡梨树湾村碌础岭公路边	梨树湾村委会
62120200615	银杏	*Ginkgo biloba*	1500	32	600	12	武都区裕河乡余家河村张家山社许家房前	余家河村委会
62120200627	银杏	*Ginkgo biloba*	300	21	200	7	武都区五库乡佛殿坝村真岭山社	佛殿坝村委会
62120200675	银杏	*Ginkgo biloba*	400	26	290	21	武都区三仓乡坪头村坪头坝社	坪头村委会
62120200676	银杏	*Ginkgo biloba*	300	25	160	15	武都区三仓乡坪头村坪头坝社	坪头村委会
62120200680	银杏	*Ginkgo biloba*	500	35	350	17	武都区三仓乡坪头村小阴湾	坪头村委会
62120200682	银杏	*Ginkgo biloba*	300	27	180	14	武都区三仓乡水沟村水沟坝社	水沟村委会
62120218009	银杏	*Ginkgo biloba*	1800	28	790	23	武都区三仓乡代洛山村	代洛山村委会
62122100033	银杏	*Ginkgo biloba*	200	12	150	11	成县镡河乡石榴坝村	武向宁
62122100036	银杏	*Ginkgo biloba*	1000	16	300	15	成县镡河乡侯家老庄村	武向宁
62122100050	银杏	*Ginkgo biloba*	300	17	210	5	成县小川镇小川社区上城	小川镇政府
62122200001	银杏	*Ginkgo biloba*	200	30	600	14	文县玉垒乡大山村	大山村委会
62122200002	银杏	*Ginkgo biloba*	200	22	265	12	文县玉垒乡何家坪村	何家坪村委会
62122200011	银杏	*Ginkgo biloba*	1500	35	550	37	文县临江镇临江村	临江村委会
62122200024	银杏	*Ginkgo biloba*	800	22	334	19	文县范坝镇交流村	交流村委会
62122200025	银杏	*Ginkgo biloba*	1000	38	1340	17	文县范坝镇坪上村庙山社	坪上村委会
62122200031	银杏	*Ginkgo biloba*	500	35	560	28	文县中庙镇木家坝村	木家坝村委会
62122200035	银杏	*Ginkgo biloba*	200	25	280	19	文县玉垒乡何家坪村	何家坪村委会
62122200052	银杏	*Ginkgo biloba*	500	28	350	27	文县碧口镇磨河坝村方家沟	高君

古树编号	树种	树种拉丁名	估测树龄	树高 (m)	树围 (cm)	平均冠幅 (m)	具体地点	管护单位/人
62122200053	银杏	*Ginkgo biloba*	1300	22	770	17	文县刘家坪乡深沟村	深沟村委会
62122200056	银杏	*Ginkgo biloba*	500	30	405	13	文县舍书乡板石村上堡子	板石村委会
62122200072	银杏	*Ginkgo biloba*	500	18	376	16	文县尚德镇赵家坝村学校门口	赵家坝村委会
62122200165	银杏	*Ginkgo biloba*	1500	28	520	17	文县城关镇元茨头村元茨头社	元茨头村委会
62122200206	银杏	*Ginkgo biloba*	500	22	600	14	文县桥头镇张家湾村车家院内	张家湾村委会
62122400007	银杏	*Ginkgo biloba*	1200	21	670	18	康县岸门口镇严家坝村严家坝社	严家坝村委会
62122400009	银杏	*Ginkgo biloba*	1400	17	710	20	康县岸门口镇贾家坝村三社	贾家坝村委会
62122400017	银杏	*Ginkgo biloba*	350	20	392	34	康县王坝镇廖家院村廖家院社将军崖	廖家沟村委会
62122400018	银杏	*Ginkgo biloba*	1500	22	886	18	康县王坝镇李家庄村东庄社良种场	李家庄村委会
62122400021	银杏	*Ginkgo biloba*	480	23	438	25	康县王坝镇王家坝村王庄社	王家坝村委会
62122400022	银杏	*Ginkgo biloba*	970	16	590	15	康县王坝镇王家坝村王坝社	王家坝村委会
62122400028	银杏	*Ginkgo biloba*	350	18	398	23	康县碾坝镇青岗坝村陈家沟	青岗坝村委会
62122400039	银杏	*Ginkgo biloba*	980	17	645	16	康县阳坝镇叶子坝村叶子坝一社	叶子坝村委会
62122400048	银杏	*Ginkgo biloba*	800	17	550	27	康县白杨乡靴坝村老庄社	靴坝村委会
62122400052	银杏	*Ginkgo biloba*	450	17	453	15	康县两河镇马坝村马坝社	马坝村委会
62122400058	银杏	*Ginkgo biloba*	1500	20	802	22	康县大堡镇大城村水洞寺	大城村委会
62122400068	银杏	*Ginkgo biloba*	700	18	535	17	康县云台镇冯院村阳坡社高家庄	冯院村委会
62122400071	银杏	*Ginkgo biloba*	160	14	280	18	康县云台镇铺坝村黄老庄社	铺坝村委会
62122400074	银杏	*Ginkgo biloba*	220	16	280	14	康县铜钱乡郝家坪村郝家坪学校	郝家坪村委会
62122400076	银杏	*Ginkgo biloba*	400	15	398	16	康县大南峪镇郑湾村周家庄社	郑湾村委会
62122400106	银杏	*Ginkgo biloba*	820	17	474	22	康县铜钱乡八仙位村毛垭子社	八仙位村委会
62122700002	银杏	*Ginkgo biloba*	800	16	301	18	徽县永宁镇苏沟村寺庙院内	徽县林草局
62122700003	银杏	*Ginkgo biloba*	1000	27	521	19	徽县永宁镇苏沟村寺庙院内	徽县林草局
62122700019	银杏	*Ginkgo biloba*	2000	33	659	15	徽县栗川镇耿寺村韩庄社	徽县林草局
62122700029	银杏	*Ginkgo biloba*	300	11	220	22	徽县栗川镇郇庄村白家塔院内	徽县林草局
62122700030	银杏	*Ginkgo biloba*	2000	14	1250	7	徽县栗川镇郇庄村一社河边	徽县林草局
62122700035	银杏	*Ginkgo biloba*	1000	17	575	13	徽县伏家镇贺店村周沟社	徽县林草局
62122700036	银杏	*Ginkgo biloba*	1200	23	575	19	徽县伏家镇河湾村一社	徽县林草局
62122700039	银杏	*Ginkgo biloba*	1000	23	558	15	徽县伏家镇西厢村西沟路边	徽县林草局
62122700045	银杏	*Ginkgo biloba*	1200	24	553	28	徽县泥阳镇成庄村王庄社	徽县林草局
62122700047	银杏	*Ginkgo biloba*	300	17	258	14	徽县嘉陵镇稻坪村稻坪社	徽县林草局
62122700089	银杏	*Ginkgo biloba*	800	23	568	17	徽县嘉陵镇庙垭村庙垭社	徽县林草局
62122700090	银杏	*Ginkgo biloba*	800	23	584	21	徽县嘉陵镇庙垭村柏庄社	徽县林草局
62122700094	银杏	*Ginkgo biloba*	1300	28	703	18	徽县嘉陵镇嘉陵村落圣沟社	徽县林草局
62122700096	银杏	*Ginkgo biloba*	150	16	201	11	徽县嘉陵镇嘉陵村落圣沟寺庙旁	徽县林草局
62122700097	银杏	*Ginkgo biloba*	400	14	258	9	徽县嘉陵镇嘉陵村落圣沟寺庙旁	徽县林草局
62122700110	银杏	*Ginkgo biloba*	300	23	258	17	徽县嘉陵镇大滩村高崖社	徽县林草局
62122700115	银杏	*Ginkgo biloba*	1500	28	622	26	徽县嘉陵镇嘉陵村赵坪社	徽县林草局
62122700118	银杏	*Ginkgo biloba*	350	19	226	11	徽县嘉陵镇田河村上坝社	徽县林草局
62122700119	银杏	*Ginkgo biloba*	300	25	236	15	徽县嘉陵镇田河村康家坪社	徽县林草局
62122700120	银杏	*Ginkgo biloba*	150	19	170	11	徽县嘉陵镇田河村康家坪社	徽县林草局

古树编号	树种	树种拉丁名	估测树龄	树高 (m)	树围 (cm)	平均冠幅 (m)	具体地点	管护单位 / 人
62122700121	银杏	*Ginkgo biloba*	350	27	264	13	徽县嘉陵镇田河村康家坪社	徽县林草局
62122700122	银杏	*Ginkgo biloba*	350	21	251	15	徽县嘉陵镇田河村康家坪社	徽县林草局
62122700123	银杏	*Ginkgo biloba*	550	23	273	17	徽县嘉陵镇田河村康家坪社	徽县林草局
62122700124	银杏	*Ginkgo biloba*	300	20	220	15	徽县嘉陵镇田河村康家坪社	徽县林草局
62122700125	银杏	*Ginkgo biloba*	350	21	229	14	徽县嘉陵镇田河村康家坪社	徽县林草局
62122700128	银杏	*Ginkgo biloba*	120	23	163	12	徽县嘉陵镇田河村关神堡社	徽县林草局
62122700129	银杏	*Ginkgo biloba*	250	19	214	14	徽县嘉陵镇田河村关神堡社	徽县林草局
62122700132	银杏	*Ginkgo biloba*	400	25	372	17	徽县嘉陵镇田河村关神堡社	徽县林草局
62122700133	银杏	*Ginkgo biloba*	300	16	224	13	徽县嘉陵镇田河村上坝社	徽县林草局
62122700134	银杏	*Ginkgo biloba*	120	24	188	12	徽县嘉陵镇田河村上坝社桥头	徽县林草局
62122700135	银杏	*Ginkgo biloba*	500	22	345	17	徽县嘉陵镇田河村上坝社	徽县林草局
62122700136	银杏	*Ginkgo biloba*	100	22	176	12	徽县嘉陵镇田河村上坝社	徽县林草局
62122700137	银杏	*Ginkgo biloba*	1000	25	342	17	徽县嘉陵镇田河村上坝社	徽县林草局
62122700138	银杏	*Ginkgo biloba*	450	23	263	18	徽县嘉陵镇田河村上坝社	徽县林草局
62122700139	银杏	*Ginkgo biloba*	150	15	188	8	徽县嘉陵镇田河村上坝社	徽县林草局
62122700140	银杏	*Ginkgo biloba*	600	15	201	14	徽县嘉陵镇田河村上坝社	徽县林草局
62122700141	银杏	*Ginkgo biloba*	120	23	173	12	徽县嘉陵镇田河村上坝社	徽县林草局
62122700142	银杏	*Ginkgo biloba*	2000	23	386	16	徽县嘉陵镇田河村上坝社银杏博物馆院内	徽县林草局
62122700143	银杏	*Ginkgo biloba*	120	21	172	11	徽县嘉陵镇田河村上坝社银杏博物馆院内	徽县林草局
62122700144	银杏	*Ginkgo biloba*	500	26	188	14	徽县嘉陵镇田河村上坝社银杏博物馆院旁	徽县林草局
62122700145	银杏	*Ginkgo biloba*	450	25	188	13	徽县嘉陵镇田河村上坝社银杏博物馆院旁	徽县林草局
62122700146	银杏	*Ginkgo biloba*	2000	26	339	18	徽县嘉陵镇田河村上坝社银杏博物馆院旁	徽县林草局
62122700147	银杏	*Ginkgo biloba*	110	24	170	12	徽县嘉陵镇田河村上坝社银杏博物馆院旁	徽县林草局
62122700148	银杏	*Ginkgo biloba*	110	22	165	14	徽县嘉陵镇田河村上坝社银杏博物馆院旁	徽县林草局
62122700149	银杏	*Ginkgo biloba*	200	20	211	18	徽县嘉陵镇田河村上坝社银杏博物馆院旁	徽县林草局
62122700150	银杏	*Ginkgo biloba*	1000	27	286	14	徽县嘉陵镇田河村上坝社银杏博物馆院旁	徽县林草局
62122700151	银杏	*Ginkgo biloba*	500	19	214	12	徽县嘉陵镇田河村上坝社农家院边	徽县林草局
62122700152	银杏	*Ginkgo biloba*	200	26	166	14	徽县嘉陵镇田河村上坝社农家院边	徽县林草局
62122700153	银杏	*Ginkgo biloba*	450	23	239	13	徽县嘉陵镇田河村上坝社农家院边	徽县林草局
62122700154	银杏	*Ginkgo biloba*	200	21	179	13	徽县嘉陵镇田河村上坝社农家院边	徽县林草局
62122700155	银杏	*Ginkgo biloba*	400	23	181	13	徽县嘉陵镇田河村上坝社农家院边	徽县林草局
62122700156	银杏	*Ginkgo biloba*	100	18	201	12	徽县嘉陵镇田河村上坝社农家院边	徽县林草局
62122700157	银杏	*Ginkgo biloba*	350	26	204	12	徽县嘉陵镇田河村上坝社农家院房后	徽县林草局
62122700158	银杏	*Ginkgo biloba*	800	24	361	19	徽县嘉陵镇田河村上坝社农家院房后	徽县林草局
62122700159	银杏	*Ginkgo biloba*	800	24	345	16	徽县嘉陵镇田河村上坝社农家院房后	徽县林草局
62122700160	银杏	*Ginkgo biloba*	150	22	170	11	徽县嘉陵镇田河村上坝社农家院房后	徽县林草局
62122700161	银杏	*Ginkgo biloba*	1500	26	415	17	徽县嘉陵镇田河村上坝社	徽县林草局
62122700162	银杏	*Ginkgo biloba*	200	18	185	12	徽县嘉陵镇田河村上坝社	徽县林草局
62122700163	银杏	*Ginkgo biloba*	100	15	132	12	徽县嘉陵镇田河村上坝社	徽县林草局
62122700164	银杏	*Ginkgo biloba*	120	15	138	11	徽县嘉陵镇田河村上坝社	徽县林草局
62122700165	银杏	*Ginkgo biloba*	200	16	176	11	徽县嘉陵镇田河村上坝社	徽县林草局

古树编号	树种	树种拉丁名	估测树龄	树高 (m)	树围 (cm)	平均冠幅 (m)	具体地点	管护单位/人
62122700166	银杏	*Ginkgo biloba*	120	19	166	12	徽县嘉陵镇田河村上坝社	徽县林草局
62122700167	银杏	*Ginkgo biloba*	150	19	157	12	徽县嘉陵镇田河村上坝社	徽县林草局
62122700168	银杏	*Ginkgo biloba*	150	21	157	14	徽县嘉陵镇田河村上坝社	徽县林草局
62122700169	银杏	*Ginkgo biloba*	800	19	204	14	徽县嘉陵镇田河村上坝社	徽县林草局
62122700170	银杏	*Ginkgo biloba*	350	18	192	15	徽县嘉陵镇田河村上坝社	徽县林草局
62122700171	银杏	*Ginkgo biloba*	300	21	239	12	徽县嘉陵镇田河村上坝社	徽县林草局
62122700172	银杏	*Ginkgo biloba*	200	19	207	11	徽县嘉陵镇田河村上坝社	徽县林草局
62122700173	银杏	*Ginkgo biloba*	200	19	201	13	徽县嘉陵镇田河村上坝社	徽县林草局
62122700174	银杏	*Ginkgo biloba*	350	22	232	17	徽县嘉陵镇田河村上坝社	徽县林草局
62122700175	银杏	*Ginkgo biloba*	120	25	201	12	徽县嘉陵镇田河村上坝社	徽县林草局
62122700176	银杏	*Ginkgo biloba*	800	22	270	16	徽县嘉陵镇田河村下坝社	徽县林草局
62122700177	银杏	*Ginkgo biloba*	400	20	188	16	徽县嘉陵镇田河村下坝社	徽县林草局
62122700178	银杏	*Ginkgo biloba*	1000	18	223	16	徽县嘉陵镇田河村下坝社	徽县林草局
62122700179	银杏	*Ginkgo biloba*	350	25	220	9	徽县嘉陵镇田河村下坝社	徽县林草局
62122700180	银杏	*Ginkgo biloba*	200	23	164	9	徽县嘉陵镇田河村下坝社	徽县林草局
62122700181	银杏	*Ginkgo biloba*	200	26	188	13	徽县嘉陵镇田河村下坝社	徽县林草局
62122700182	银杏	*Ginkgo biloba*	500	16	210	15	徽县嘉陵镇田河村下坝社	徽县林草局
62122700183	银杏	*Ginkgo biloba*	250	21	160	11	徽县嘉陵镇田河村下坝社	徽县林草局
62122700184	银杏	*Ginkgo biloba*	200	21	170	11	徽县嘉陵镇田河村下坝社	徽县林草局
62122700185	银杏	*Ginkgo biloba*	200	21	163	11	徽县嘉陵镇田河村下坝社	徽县林草局
62122700186	银杏	*Ginkgo biloba*	200	19	157	12	徽县嘉陵镇田河村下坝社	徽县林草局
62122700187	银杏	*Ginkgo biloba*	200	21	141	12	徽县嘉陵镇田河村下坝社	徽县林草局
62122700188	银杏	*Ginkgo biloba*	600	22	232	14	徽县嘉陵镇田河村下坝社	徽县林草局
62122700189	银杏	*Ginkgo biloba*	200	20	163	13	徽县嘉陵镇田河村下坝社	徽县林草局
62122700190	银杏	*Ginkgo biloba*	600	21	236	16	徽县嘉陵镇田河村下坝社	徽县林草局
62122700191	银杏	*Ginkgo biloba*	100	15	141	12	徽县嘉陵镇田河村下坝社	徽县林草局
62122700196	银杏	*Ginkgo biloba*	200	20	163	12	徽县嘉陵镇田河村下坝社	徽县林草局
62122700197	银杏	*Ginkgo biloba*	200	17	182	12	徽县嘉陵镇田河村下坝社	徽县林草局
62122700198	银杏	*Ginkgo biloba*	100	25	151	12	徽县嘉陵镇田河村下坝社	徽县林草局
62122700199	银杏	*Ginkgo biloba*	1200	26	408	15	徽县嘉陵镇田河村下坝社	徽县林草局
62122700200	银杏	*Ginkgo biloba*	350	25	195	14	徽县嘉陵镇田河村下坝社	徽县林草局
62122700201	银杏	*Ginkgo biloba*	300	23	182	13	徽县嘉陵镇田河村下坝社	徽县林草局
62122700202	银杏	*Ginkgo biloba*	200	16	157	13	徽县嘉陵镇田河村下坝社	徽县林草局
62122700203	银杏	*Ginkgo biloba*	150	21	157	12	徽县嘉陵镇田河村下坝社	徽县林草局
62122700204	银杏	*Ginkgo biloba*	400	21	188	12	徽县嘉陵镇田河村下坝社	徽县林草局
62122700205	银杏	*Ginkgo biloba*	350	17	220	16	徽县嘉陵镇田河村下坝社	徽县林草局
62122700206	银杏	*Ginkgo biloba*	120	18	151	11	徽县嘉陵镇田河村下坝社	徽县林草局
62122700207	银杏	*Ginkgo biloba*	600	23	320	15	徽县嘉陵镇田河村下坝社农家院边	徽县林草局
62122700209	银杏	*Ginkgo biloba*	200	19	220	14	徽县嘉陵镇田河村下坝社河对面坡地	徽县林草局
62122700210	银杏	*Ginkgo biloba*	800	21	314	14	徽县嘉陵镇田河村下坝社河对面坡地	徽县林草局
62122700211	银杏	*Ginkgo biloba*	450	14	204	13	徽县嘉陵镇田河村下坝社河对面坡地	徽县林草局

古树编号	树种	树种拉丁名	估测树龄	树高 (m)	树围 (cm)	平均冠幅 (m)	具体地点	管护单位 / 人
62122700212	银杏	*Ginkgo biloba*	400	15	226	12	徽县嘉陵镇田河村上坝社河对面坡地	徽县林草局
62122700213	银杏	*Ginkgo biloba*	1500	23	672	16	徽县江洛镇李寺村	徽县林草局
62122700214	银杏	*Ginkgo biloba*	300	21	254	14	徽县江洛镇立斗村闫门社路边	徽县林草局
62122700229	银杏	*Ginkgo biloba*	3000	37	1200	29	徽县榆树乡榆树村	徽县林草局
62122700231	银杏	*Ginkgo biloba*	2200	44	700	21	徽县高桥镇郭台村	徽县林草局
62122700232	银杏	*Ginkgo biloba*	400	31	314	14	徽县高桥镇郭台村	徽县林草局
62122700278	银杏	*Ginkgo biloba*	2000	29	722	23	徽县大河店镇下山村	徽县林草局
62122700308	银杏	*Ginkgo biloba*	150	30	220	13	徽县大河店镇腰庄村	徽县林草局
62122700353	银杏	*Ginkgo biloba*	100	24	242	17	徽县虞关乡许坝村阳市坝	徽县林草局
62122700370	银杏	*Ginkgo biloba*	300	32	295	14	徽县虞关乡山岔村孔坪社	徽县林草局
62122700375	银杏	*Ginkgo biloba*	2000	25	1162	21	徽县银杏树镇银杏村下街庙旁	徽县林草局
62122800033	银杏	*Ginkgo biloba*	1000	38	456	30	两当县显龙镇梁垭村垭河组庄边	梁垭村委会
62122800034	银杏	*Ginkgo biloba*	800	38	302	19	两当县显龙镇梁垭村垭河组庄边	梁垭村委会
62122800041	银杏	*Ginkgo biloba*	490	28	190	12	两当县站儿巷镇银杏村银杏组银杏坪	银杏村委会
62122800042	银杏	*Ginkgo biloba*	260	28	165	13	两当县站儿巷镇银杏村银杏组银杏坪	银杏村委会
62122800044	银杏	*Ginkgo biloba*	1100	21	587	39	两当县云屏乡街道村云屏寺门前	云屏寺
62122800045	银杏	*Ginkgo biloba*	600	20	275	15	两当县云屏乡街道村街道组罗家门前	街道村委会
松科								
62122800048	岷江冷杉	*Abies fargesii* var. *faxoniana*	280	28	303	14	两当县云屏镇广金坝村公路河对面坡地	广金坝村委会
62120200191	云杉	*Picea asperata*	150	32	140	7	武都区甘泉镇董家沟村二社任家坟内	董家沟村委会
62120200377	云杉	*Picea asperata*	350	29	280	7	武都区磨坝藏族乡中腰村七家社黑儿家房后	中腰村委会
62120200594	云杉	*Picea asperata*	380	26	260	11	武都区五马镇李家坝村瓦房社阳坝里	李家坝村委会
62120200667	云杉	*Picea asperata*	300	32	230	8	武都区三仓镇罗车寺村上庄坪上梁边	罗车寺村委会
62120200689	云杉	*Picea asperata*	350	31	290	6	武都区池坝乡柏家庄村郭家坟地	柏家庄村委会
62120200690	云杉	*Picea asperata*	350	26	290	6	武都区池坝乡柏家庄村王家坟地	柏家庄村委会
62120200691	云杉	*Picea asperata*	350	31	280	6	武都区池坝乡孟家庄村李树荣家坟地	孟家庄村委会
62122300001	云杉	*Picea asperata*	300	19	80	5	宕昌县新城子藏族乡新坪村寺庙前	宕昌县林草局
62122300002	云杉	*Picea asperata*	260	18	62	4	宕昌县新城子藏族乡新坪村寺庙前	宕昌县林草局
62122300003	云杉	*Picea asperata*	260	18	65	4	宕昌县新城子藏族乡岳藏甫村	宕昌县林草局
62122300028	云杉	*Picea asperata*	300	19	87	6	宕昌县城关镇下坝社区阴坪庄	宕昌县林草局
62122300030	云杉	*Picea asperata*	400	20	135	6	宕昌县城关镇下坝社区阴坪庄	宕昌县林草局
62122300031	云杉	*Picea asperata*	400	18	65	6	宕昌县城关镇下坝社区阴坪庄	宕昌县林草局
62122300071	云杉	*Picea asperata*	200	20	68	5	宕昌县狮子乡大许沟村	宕昌县林草局
62122300081	云杉	*Picea asperata*	200	20	126	6	宕昌县狮子乡阴山村	宕昌县林草局
62122300091	云杉	*Picea asperata*	300	21	74	4	宕昌县狮子乡狮子村寺庙旁	宕昌县林草局
62122500006	云杉	*Picea asperata*	200	23	100	8	西和县姜席镇董堡村	董堡村委会
62122500007	云杉	*Picea asperata*	200	22	100	8	西和县姜席镇董堡村	董堡村委会
62122800049	云杉	*Picea asperata*	500	26	202	6	两当县云屏镇松坪村冯万斌家房后	松坪村委会
62120200387	华山松	*Pinus armandi*	200	13	170	11	武都区磨坝藏族乡竹园子村	竹园子村委会
62120200392	华山松	*Pinus armandi*	250	16	190	13	武都区磨坝藏族乡竹园子村椴树梁	竹园子村委会
62122700298	华山松	*Pinus armandi*	300	23	222	13	徽县大河店镇三泉村甘家坝梁顶	徽县林草局

古树编号	树种	树种拉丁名	估测树龄	树高 (m)	树围 (cm)	平均冠幅 (m)	具体地点	管护单位 / 人
62122100025	白皮松	*Pinus bungeana*	100	8	100	5	成县红川镇席郝村	红川镇政府
62122100027	白皮松	*Pinus bungeana*	240	10	120	5	成县红川镇席郝村	红川镇政府
62122100028	白皮松	*Pinus bungeana*	200	15	170	9	成县红川镇席郝村	红川镇政府
62122100038	白皮松	*Pinus bungeana*	350	20	220	7	成县店村镇尹家寨村	店村镇政府
62122100045	白皮松	*Pinus bungeana*	200	15	200	10	成县城关镇李武村	城关镇政府
62122100065	白皮松	*Pinus bungeana*	300	15	300	12	成县抛沙镇乐楼村	抛沙镇政府
62122100115	白皮松	*Pinus bungeana*	400	15	320	12	成县王磨镇黄山村	王磨镇政府
62122100116	白皮松	*Pinus bungeana*	200	12	180	12	成县王磨镇黄山村	王磨镇政府
62122100117	白皮松	*Pinus bungeana*	200	15	200	13	成县王磨镇黄山村	王磨镇政府
62122100129	白皮松	*Pinus bungeana*	300	18	350	13	成县王磨镇水泉村	王磨镇政府
62122100130	白皮松	*Pinus bungeana*	500	18	340	14	成县王磨镇水泉村	王磨镇政府
62122100160	白皮松	*Pinus bungeana*	800	20	307	24	成县王磨镇水泉湾村	水泉湾村委会
62122400096	白皮松	*Pinus bungeana*	300	16	320	16	康县迷坝乡姚家山村碌碡坪社	姚家山村委会
62122400097	白皮松	*Pinus bungeana*	450	17	380	17	康县迷坝乡王家大山村王家大山社	王家大山村委会
62122400098	白皮松	*Pinus bungeana*	180	14	240	13	康县迷坝乡王家大山村王坝社	王家大山村委会
62122700279	白皮松	*Pinus bungeana*	650	35	290	14	徽县大河店镇下山村庙前	徽县林草局
62122700283	白皮松	*Pinus bungeana*	120	21	119	13	徽县大河店镇下山村庙旁	徽县林草局
62122700354	白皮松	*Pinus bungeana*	300	21	157	6	徽县虞关乡八渡沟村尖崖社	徽县林草局
62122700355	白皮松	*Pinus bungeana*	2000	31	452	21	徽县虞关乡八渡沟村尖崖社	徽县林草局
62122700363	白皮松	*Pinus bungeana*	800	19	214	15	徽县虞关乡八渡沟村尖崖社	徽县林草局
62122800084	白皮松	*Pinus bungeana*	490	19	113	14	两当县杨店镇夏庄村半山组道路左侧坡地	夏庄村委会
62120200120	油松	*Pinus tabuliformis*	250	24	220	12	武都区姚寨镇四合村	四合村委会
62120200121	油松	*Pinus tabuliformis*	250	28	220	7	武都区姚寨镇四合村	四合村委会
62120200321	油松	*Pinus tabuliformis*	300	25	240	7	武都区龙凤乡李家湾村九天圣母院内	李家湾村委会
62120200327	油松	*Pinus tabuliformis*	150	18	150	14	武都区龙凤乡李家湾村王塄干家坟地	李家湾村委会
62120200329	油松	*Pinus tabuliformis*	200	20	160	10	武都区龙凤乡上祁家村观音庙院内	上祁家村委会
62120200353	油松	*Pinus tabuliformis*	300	14	240	20	武都区磨坝藏族乡潘家湾村潘家湾社唐培新家门前	潘家湾村委会
62120200467	油松	*Pinus tabuliformis*	150	8	140	14	武都区郭河乡八海村庙梁	八海村委会
62120200468	油松	*Pinus tabuliformis*	150	14	160	14	武都区郭河乡八海村庙梁	八海村委会
62120200469	油松	*Pinus tabuliformis*	150	20	170	14	武都区郭河乡八海村庙梁	八海村委会
62120200470	油松	*Pinus tabuliformis*	150	14	180	9	武都区郭河乡八海村庙梁	八海村委会
62120200487	油松	*Pinus tabuliformis*	150	23	170	8	武都区郭河乡赤洛村赤洛小庄	赤洛村委会
62120200495	油松	*Pinus tabuliformis*	200	16	180	18	武都区郭河乡斗子坪村槐树坪	斗子坪村委会
62120200499	油松	*Pinus tabuliformis*	160	21	170	14	武都区郭河乡斗子坪村	斗子坪村委会
62120200504	油松	*Pinus tabuliformis*	300	27	230	16	武都区郭河乡候家湾村庙梁	候家湾村委会
62120200505	油松	*Pinus tabuliformis*	300	14	210	13	武都区郭河乡候家湾村庙梁	候家湾村委会
62120200509	油松	*Pinus tabuliformis*	450	31	360	12	武都区郭河乡马儿沟村	马儿沟村委会
62120200510	油松	*Pinus tabuliformis*	200	16	190	12	武都区郭河乡寺山村	寺山村委会
62120200511	油松	*Pinus tabuliformis*	200	21	230	16	武都区郭河乡寺山村前坟地	寺山村委会
62120200515	油松	*Pinus tabuliformis*	150	17	180	11	武都区郭河乡寺山村松坡里	寺山村委会
62120200527	油松	*Pinus tabuliformis*	500	26	360	27	武都区郭河乡营寨村柏树坪	营寨村委会

古树编号	树种	树种拉丁名	估测树龄	树高 (m)	树围 (cm)	平均冠幅 (m)	具体地点	管护单位 / 人
62120200620	油松	*Pinus tabuliformis*	300	25	230	9	武都区月照乡专木子村大庄社	专木子村委会
62120200621	油松	*Pinus tabuliformis*	500	38	430	11	武都区月照乡专木子村大庄社	专木子村委会
62120218011	油松	*Pinus tabuliformis*	300	37	300	12	武都区枫相乡磨坝村老坟园	磨坝村委会
62122200017	油松	*Pinus tabuliformis*	250	18	200	8	文县丹堡镇岔沟村神仙梁	岔沟村委会
62122200033	油松	*Pinus tabuliformis*	2000	17	628	16	文县中庙乡大山村	大山村委会
62122200059	油松	*Pinus tabuliformis*	500	20	330	16	文县舍书乡如家村山门岭	如家村委会
62122200174	油松	*Pinus tabuliformis*	300	28	280	22	文县桥头镇安子坡村庙前	安子坡村委会
62122400002	油松	*Pinus tabuliformis*	990	18	540	21	康县平洛镇南山村上庄社	南山村委会
62122400032	油松	*Pinus tabuliformis*	110	15	196	13	康县店子乡店子村大湾社大平梁	店子村委会
62122400033	油松	*Pinus tabuliformis*	150	16	230	17	康县长坝镇山根村王坪社	山根村委会
62122500044	油松	*Pinus tabuliformis*	250	18	251	16	西和县太石河乡白崖村	白崖村委会
62122700240	油松	*Pinus tabuliformis*	150	23	180	18	徽县高桥镇高桥村下关庙内	徽县林草局
62122700387	油松	*Pinus tabuliformis*	300	21	290	18	徽县水阳镇泰山村泰山庙内	徽县林草局
62122100156	油松	*Pinus tabuliformis*	200	41	220	11	成县二郎乡崖背村王家门前	崖背村委会
62122400030	铁杉	*Tsuga chinensis*	210	18	278	14	康县店子乡谢家坝村五河社付家坪	谢家坝村委会
62122400031	铁杉	*Tsuga chinensis*	210	19	277	11	康县店子乡张家沟村张家沟社	张家沟村委会
62122800047	铁杉	*Tsuga chinensis*	400	20	233	12	两当县云屏乡广金坝村乔家屋后	广金坝村委会
柏科								
62120200187	水杉	*Metasequoia glyptostroboides*	100	30	150	7	武都区安化镇樊家坝村赵家门前	樊家坝村委会
62122200014	岷江柏木	*Cupressus chengiana*	600	30	597	8	文县范坝镇柏元村	柏元村委会
62122200022	岷江柏木	*Cupressus chengiana*	2500	32	597	8	文县范坝镇柏元村柏元社	柏元村委会
62122200075	岷江柏木	*Cupressus chengiana*	200	22	233	10	文县尚德镇周家坝村王家门前	周礼明
62122200077	岷江柏木	*Cupressus chengiana*	100	26	199	14	文县尚德镇水坝村水坝社	水坝村委会
62120200214	干香柏	*Cupressus duclouxiana*	1500	25	320	6	文县堡子坝镇马河坝坟地	马河坝村委会
62120200215	干香柏	*Cupressus duclouxiana*	1500	27	440	7	文县堡子坝镇马河坝坟地	马河坝村委会
62120200216	干香柏	*Cupressus duclouxiana*	1500	25	180	6	文县堡子坝镇马河坝坟地	马河坝村委会
62120200224	干香柏	*Cupressus duclouxiana*	600	30	190	6	文县堡子坝镇八字河村八字河社	八字河村委会
62120200225	干香柏	*Cupressus duclouxiana*	500	23	240	5	文县堡子坝镇柏树坪村王家堡	柏树坪村委会
62120200228	干香柏	*Cupressus duclouxiana*	120	19	150	7	文县堡子坝镇月元村	月元村委会
62120200231	干香柏	*Cupressus duclouxiana*	400	21	160	7	文县堡子坝镇堡子坝村	堡子坝村委会
62120200232	干香柏	*Cupressus duclouxiana*	300	20	150	7	文县堡子坝镇堡子坝村郭家台	堡子坝村委会
62120200233	干香柏	*Cupressus duclouxiana*	1200	30	290	9	文县堡子坝镇堡子坝村三社	堡子坝村委会
62120200235	干香柏	*Cupressus duclouxiana*	500	28	260	15	文县堡子坝镇白崖山村二社	白崖山村委会
62122200026	干香柏	*Cupressus duclouxiana*	320	15	325	14	文县范坝镇坪上村半山里	坪上村委会
62122200081	干香柏	*Cupressus duclouxiana*	500	20	290	11	文县尚德镇田家坝村后山	田家坝村委会
62122200090	干香柏	*Cupressus duclouxiana*	800	25	240	9	文县中寨镇峡沟村殷家门	刘进宝
62122200092	干香柏	*Cupressus duclouxiana*	500	18	190	8	文县中寨镇兴隆村兴隆社	兴隆村委会
62122200093	干香柏	*Cupressus duclouxiana*	2500	27	520	5	文县中寨镇兴隆村沙河坝	兴隆村委会
62122200094	干香柏	*Cupressus duclouxiana*	1500	29	340	15	文县中寨镇兴隆村沙河坝	兴隆村委会
62122200095	干香柏	*Cupressus duclouxiana*	1000	20	330	6	文县中寨镇墩上村庙前	墩上村委会
62122200096	干香柏	*Cupressus duclouxiana*	1200	22	300	10	文县中寨镇黄土地村	黄土地村委会

古树编号	树种	树种拉丁名	估测树龄	树高 (m)	树围 (cm)	平均冠幅 (m)	具体地点	管护单位 / 人
62122200114	干香柏	*Cupressus duclouxiana*	1000	21	160	8	文县石鸡坝镇哈南村西京观	哈南村委会
62122200115	干香柏	*Cupressus duclouxiana*	1000	25	190	12	文县石鸡坝镇哈南村西京观	哈南村委会
62122200124	干香柏	*Cupressus duclouxiana*	1200	23	300	10	文县石坊镇旧关村河坝社	旧关村委会
62122200125	干香柏	*Cupressus duclouxiana*	1200	21	220	8	文县石坊镇旧关村河坝社	旧关村委会
62122200130	干香柏	*Cupressus duclouxiana*	300	23	180	6	文县石坊镇石坊二村寺下社	石坊二村委会
62122200135	干香柏	*Cupressus duclouxiana*	300	25	160	7	文县石坊镇槐树村	槐树村委会
62122200140	干香柏	*Cupressus duclouxiana*	100	18	185	8	文县石坊镇汤仆沟村梁上	汤仆沟村委会
62122200162	干香柏	*Cupressus duclouxiana*	130	23	175	12	文县城关镇关家沟村关家社寺庙前	关家沟村委会
62122200163	干香柏	*Cupressus duclouxiana*	130	23	130	12	文县城关镇关家沟村寺庙前	关家沟村委会
62122200169	干香柏	*Cupressus duclouxiana*	150	18	90	3	文县城关镇贾昌村	贾昌村委会
62122200170	干香柏	*Cupressus duclouxiana*	150	18	70	3	文县城关镇贾昌村	贾昌村委会
62122200171	干香柏	*Cupressus duclouxiana*	200	22	130	6	文县城关镇贾昌村	贾昌村委会
62122200296	干香柏	*Cupressus duclouxiana*	450	18	190	12	文县铁楼乡旧寨村	旧寨村委会
62122100052	柏木	*Cupressus funebris*	400	15	200	6	成县抛沙镇丰泉村	抛沙镇政府
62122100053	柏木	*Cupressus funebris*	600	16	380	7	成县抛沙镇广化村	抛沙镇政府
62122100054	柏木	*Cupressus funebris*	1200	16	360	6	成县抛沙镇广化村	抛沙镇政府
62122100055	柏木	*Cupressus funebris*	120	10	120	6	成县抛沙镇任湾村	抛沙镇政府
62122100058	柏木	*Cupressus funebris*	200	12	180	6	成县抛沙镇胡寨村	抛沙镇政府
62122100060	柏木	*Cupressus funebris*	1000	12	360	7	成县抛沙镇胡寨村	抛沙镇政府
62122200003	柏木	*Cupressus funebris*	2200	26	626	20	文县中庙镇肖家沟村麒麟寺	祁文君
62122200028	柏木	*Cupressus funebris*	300	16	235	12	文县范坝镇河山村庙梁上	河山村委会
62122200034	柏木	*Cupressus funebris*	1800	36	710	29	文县中庙镇肖家沟麒麟寺	肖家沟村委会
62122200036	柏木	*Cupressus funebris*	300	24	435	14	文县玉垒乡黄路村	黄路村委会
62122200039	柏木	*Cupressus funebris*	400	26	270	7	文县玉垒乡冉家村麻地山	冉家村委会
62122200041	柏木	*Cupressus funebris*	1200	10	220	7	文县玉垒乡冉家村	冉家村委会
62122200044	柏木	*Cupressus funebris*	200	35	180	7	文县玉垒乡玉垒坪村	玉垒坪村委会
62122200128	柏木	*Cupressus funebris*	1300	12	320	12	文县石坊镇后坝村三中	后坝村委会
62122200160	柏木	*Cupressus funebris*	150	21	180	7	文县城关镇滴水崖村	滴水崖村委会
62122700114	柏木	*Cupressus funebris*	200	22	144	10	徽县嘉陵镇嘉陵村赵坪社	徽县林草局
62122700340	柏木	*Cupressus funebris*	150	18	119	9	徽县虞关乡许坝村中坝社	徽县林草局
62122700343	柏木	*Cupressus funebris*	200	19	182	12	徽县虞关乡许坝村中坝社	徽县林草局
62122700346	柏木	*Cupressus funebris*	200	25	138	9	徽县虞关乡许坝村中坝社	徽县林草局
62122700347	柏木	*Cupressus funebris*	150	24	126	9	徽县虞关乡许坝村中坝社	徽县林草局
62122700348	柏木	*Cupressus funebris*	200	20	144	9	徽县虞关乡许坝村中坝社	徽县林草局
62122200054	圆柏	*Juniperus chinensis*	1500	25	620	10	文县舍书乡板石村乡政府外	板石村委会
62122200057	圆柏	*Juniperus chinensis*	800	25	440	15	文县舍书乡赵家堡村	赵家堡村委会
62122200058	圆柏	*Juniperus chinensis*	1000	21	1120	20	文县舍书乡山里坪村梁上	山里坪村委会
62122200060	圆柏	*Juniperus chinensis*	500	28	350	10	文县梨坪镇堡子村	堡子村委会
62122200066	圆柏	*Juniperus chinensis*	300	20	320	15	文县梨坪镇李家坝村学校旁	李家坝村委会
62122200067	圆柏	*Juniperus chinensis*	300	15	260	10	文县临江镇东风村东风社	东风村委会
62122200082	圆柏	*Juniperus chinensis*	300	30	280	12	文县口头坝乡上西村梁上	杜润生

古树编号	树种	树种拉丁名	估测树龄	树高 (m)	树围 (cm)	平均冠幅 (m)	具体地点	管护单位 / 人
62122200083	圆柏	*Juniperus chinensis*	300	25	240	16	文县口头坝乡阳山村石牛山	阳山村委会
62122200087	圆柏	*Juniperus chinensis*	1000	30	450	12	文县口头坝乡柏林村张半山	柏林村委会
62122200099	圆柏	*Juniperus chinensis*	500	30	420	15	文县尖山乡核桃坪村核桃坪社	陈富济
62122200100	圆柏	*Juniperus chinensis*	800	28	630	15	文县尖山乡核桃坪村	核桃坪村委会
62122200104	圆柏	*Juniperus chinensis*	300	25	350	18	文县尖山乡铁古村	铁古村委会
62122200106	圆柏	*Juniperus chinensis*	300	25	320	12	文县尖山乡铁古村	铁古村委会
62122200107	圆柏	*Juniperus chinensis*	300	36	330	12	文县尖山乡尚家山村	尚家山村委会
62122200110	圆柏	*Juniperus chinensis*	350	30	330	10	文县尖山乡山根村	山根村委会
62122200141	圆柏	*Juniperus chinensis*	200	30	344	10	文县天池镇他寨村上街	他寨村委会
62122200146	圆柏	*Juniperus chinensis*	500	28	390	18	文县天池镇王家庄村园子里	王家庄村委会
62122200176	圆柏	*Juniperus chinensis*	1000	25	630	18	文县桥头镇桥头村土门	桥头村委会
62122200177	圆柏	*Juniperus chinensis*	800	30	300	12	文县桥头镇桥头村下峰边	桥头村委会
62122200180	圆柏	*Juniperus chinensis*	300	25	240	13	文县桥头镇杨家山村广场边	杨家山村委会
62122200184	圆柏	*Juniperus chinensis*	2000	16	800	8	文县桥头镇为头村广场	为头村委会
62122200185	圆柏	*Juniperus chinensis*	500	25	420	16	文县桥头镇新舍村柏树里	新舍村委会
62122200191	圆柏	*Juniperus chinensis*	2000	23	760	8	文县桥头镇丰坡村广场	丰坡村委会
62122200192	圆柏	*Juniperus chinensis*	2000	19	600	8	文县桥头镇丰坡村广场	丰坡村委会
62122200197	圆柏	*Juniperus chinensis*	300	15	230	6	文县桥头镇黄家村	黄家村委会
62122200200	圆柏	*Juniperus chinensis*	500	21	480	20	文县桥头镇固镇村老坟地	固镇村委会
62122200201	圆柏	*Juniperus chinensis*	500	21	480	20	文县桥头镇固镇村老坟地	固镇村委会
62122200203	圆柏	*Juniperus chinensis*	400	30	460	18	文县桥头镇张家湾村广场	张家湾村委会
62122200207	圆柏	*Juniperus chinensis*	500	30	330	12	文县桥头镇大成家村崔家山	大成家村委会
62122200209	圆柏	*Juniperus chinensis*	300	40	290	10	文县桥头大成家村	大成家村委会
62122200007	圆柏	*Juniperus chinensis*	1000	38	470	9	文县天池镇天池村	天池村委会
62122500022	圆柏	*Juniperus chinensis*	300	15	310	10	西和县西高山镇成集村	成集村委会
62122800028	圆柏	*Juniperus chinensis*	100	17	150	17	两当县显龙乡野林村大麦组王家屋后	野林村委会
62122800031	圆柏	*Juniperus chinensis*	100	18	139	19	两当县显龙乡野林村大路旁	野林村委会
62120200220	刺柏	*Juniperus formosana*	500	18	180	7	文县堡子坝镇福场村林家堡	福场村委会
62120200229	刺柏	*Juniperus formosana*	250	12	110	4	文县堡子坝镇月元村下坪	月元村委会
62120200389	刺柏	*Juniperus formosana*	350	12	240	8	武都区磨坝藏族乡竹园子村	竹园子村委会
62120200564	刺柏	*Juniperus formosana*	270	23	170	9	武都区琵琶镇麻崖村大庄社	麻崖村委会
62122200154	刺柏	*Juniperus formosana*	100	15	250	6	文县天池镇关坪村梨树坪社	关坪村委会
62122200157	刺柏	*Juniperus formosana*	120	21	185	6	文县城关镇滴水崖村铁楼沟社	滴水崖村委会
62122200183	刺柏	*Juniperus formosana*	200	13	260	10	文县桥头镇刘家湾村庙梁	刘家湾村委会
62122200331	刺柏	*Juniperus formosana*	260	10	140	10	文县铁楼乡麦贡山村	麦贡山村委会
62122300023	刺柏	*Juniperus formosana*	100	10	45	6	宕昌县何家堡乡大堡子村杜家坟地	宕昌县林草局
62122300073	刺柏	*Juniperus formosana*	120	11	55	7	宕昌县狮子乡狮子村接水庙管护站	宕昌县林草局
62122300074	刺柏	*Juniperus formosana*	120	9	46	5	宕昌县狮子乡狮子村接水庙管护站	宕昌县林草局
62122300080	刺柏	*Juniperus formosana*	800	20	131	8	宕昌县狮子乡阴山村范地坪罗家田地	宕昌县林草局
62122400024	刺柏	*Juniperus formosana*	240	15	264	12	康县豆坝镇长沟村老院里	长沟村委会
62122100152	粉柏	*Juniperus squamata* 'Meyeri'	100	28	245	10	成县城关镇闫家北山村	闫家北山村委会

古树编号	树种	树种拉丁名	估测树龄	树高 (m)	树围 (cm)	平均冠幅 (m)	具体地点	管护单位 / 人
62122100180	粉柏	*Juniperus squamata* 'Meyeri'	450	19	200	8	成县黄渚镇清水村学校房后	清水村委会
62122100190	粉柏	*Juniperus squamata* 'Meyeri'	120	18	100	4	成县城关镇梁旗村	梁旗村委会
62122100191	粉柏	*Juniperus squamata* 'Meyeri'	120	18	100	3	成县城关镇梁旗村	梁旗村委会
62122100192	粉柏	*Juniperus squamata* 'Meyeri'	120	16	100	4	成县城关镇梁旗村	梁旗村委会
62122100193	粉柏	*Juniperus squamata* 'Meyeri'	120	15	100	5	成县城关镇梁旗村	梁旗村委会
62122100194	粉柏	*Juniperus squamata* 'Meyeri'	120	17	100	4	成县城关镇梁旗村庙南小路边	梁旗村委会
62122100195	粉柏	*Juniperus squamata* 'Meyeri'	120	17	100	4	成县城关镇梁旗村庙南小路边	梁旗村委会
62122100196	粉柏	*Juniperus squamata* 'Meyeri'	120	16	100	4	成县城关镇梁旗村庙南小路边	梁旗村委会
62122100197	粉柏	*Juniperus squamata* 'Meyeri'	120	19	100	5	成县城关镇梁旗村庙南小路边	梁旗村委会
62122100198	粉柏	*Juniperus squamata* 'Meyeri'	120	19	100	6	成县城关镇梁旗村南坡	梁旗村委会
62122100199	粉柏	*Juniperus squamata* 'Meyeri'	120	11	100	5	成县城关镇李武村圣仙楼庙旁	李武村委会
62122100201	粉柏	*Juniperus squamata* 'Meyeri'	400	16	300	17	成县城关镇袁大村	袁大村委会
62122100203	粉柏	*Juniperus squamata* 'Meyeri'	300	17	200	17	成县城关镇王坪村	王坪村委会
62122100204	粉柏	*Juniperus squamata* 'Meyeri'	300	18	200	18	成县城关镇王坪村	王坪村委会
62122100215	粉柏	*Juniperus squamata* 'Meyeri'	500	17	300	13	成县王磨镇周塄村	周塄村委会
62122100217	粉柏	*Juniperus squamata* 'Meyeri'	110	14	200	12	成县王磨镇白家村场	白家村委会
62120200008	侧柏	*Platycladus orientalis*	250	34	200	13	武都区角弓镇构林坪村郭家坟地	构林坪村委会
62120200010	侧柏	*Platycladus orientalis*	550	30	380	13	武都区角弓镇构林坪村	构林坪村委会
62120200011	侧柏	*Platycladus orientalis*	350	32	260	13	武都区角弓镇构林坪村	构林坪村委会
62120200023	侧柏	*Platycladus orientalis*	250	22	170	6	武都区角弓镇下侯子村大爷庙门前	下侯子村委会
62120200024	侧柏	*Platycladus orientalis*	250	21	170	8	武都区角弓镇下侯子村大爷庙门前	下侯子村委会
62120200025	侧柏	*Platycladus orientalis*	250	22	170	8	武都区角弓镇下侯子村	下侯子村委会
62120200027	侧柏	*Platycladus orientalis*	700	17	440	9	武都区角弓镇下侯子村文昌宫	下侯子村委会
62120200028	侧柏	*Platycladus orientalis*	200	12	150	8	武都区角弓镇下侯子村文昌宫院内东	下侯子村委会
62120200029	侧柏	*Platycladus orientalis*	200	12	150	8	武都区角弓镇下侯子村文昌宫院内西	下侯子村委会
62120200030	侧柏	*Platycladus orientalis*	1200	38	520	12	武都区角弓镇下侯子村张家院旁	下侯子村委会
62120200036	侧柏	*Platycladus orientalis*	400	18	250	12	武都区石门乡水地坝村迎龙寺内	水地坝村委会
62120200040	侧柏	*Platycladus orientalis*	200	21	130	6	武都区石门乡小山坪村九天圣母殿左侧	小山坪村委会
62120200042	侧柏	*Platycladus orientalis*	450	17	260	6	武都区石门乡小山坪村香坪	小山坪村委会
62120200045	侧柏	*Platycladus orientalis*	500	28	380	15	武都区两水镇杜家沟村庙后	杜家沟村委会
62120200046	侧柏	*Platycladus orientalis*	500	26	350	15	武都区两水镇杜家沟村庙内	杜家沟村委会
62120200047	侧柏	*Platycladus orientalis*	350	24	230	13	武都区两水镇杜家沟村条尖坟地东	杜家沟村委会
62120200048	侧柏	*Platycladus orientalis*	350	27	280	12	武都区两水镇杜家沟村条尖坟地西	杜家沟村委会
62120200051	侧柏	*Platycladus orientalis*	120	17	130	10	武都区两水镇段河坝村太清殿门前	段河坝村委会
62120200052	侧柏	*Platycladus orientalis*	300	17	150	10	武都区两水镇段河坝村关爷庙内	段河坝村委会
62120200053	侧柏	*Platycladus orientalis*	300	23	220	12	武都区两水镇段河坝村关爷庙前	段河坝村委会
62120200054	侧柏	*Platycladus orientalis*	300	17	180	12	武都区两水镇段河坝村关爷庙前	段河坝村委会
62120200056	侧柏	*Platycladus orientalis*	300	17	200	14	武都区两水镇段河坝村庙左侧	段河坝村委会
62120200057	侧柏	*Platycladus orientalis*	300	21	210	12	武都区两水镇段河坝村庙左侧	段河坝村委会
62120200063	侧柏	*Platycladus orientalis*	300	30	230	9	武都区两水镇黄栌坝村西坡	黄栌坝村委会
62120200064	侧柏	*Platycladus orientalis*	350	27	260	13	武都区两水镇黄栌坝村	黄栌坝村委会

古树编号	树种	树种拉丁名	估测树龄	树高 (m)	树围 (cm)	平均冠幅 (m)	具体地点	管护单位 / 人
62120200065	侧柏	*Platycladus orientalis*	300	25	230	13	武都区两水镇黄栌坝村	黄栌坝村委会
62120200066	侧柏	*Platycladus orientalis*	150	18	160	9	武都区两水镇黄栌坝村腰家湾	黄栌坝村委会
62120200067	侧柏	*Platycladus orientalis*	300	21	220	9	武都区两水镇两水村小学门前	两水村委会
62120200068	侧柏	*Platycladus orientalis*	400	22	290	12	武都区两水镇两水村小学门前	两水村委会
62120200069	侧柏	*Platycladus orientalis*	150	17	140	7	武都区两水镇两水村小学门前	两水村委会
62120200070	侧柏	*Platycladus orientalis*	150	17	160	12	武都区两水镇后村阿婆庙院内	后村村委会
62120200071	侧柏	*Platycladus orientalis*	200	18	180	11	武都区两水镇后村马家院内	后村村委会
62120200075	侧柏	*Platycladus orientalis*	130	14	150	10	武都区两水镇清水坪村	清水坪村委会
62120200076	侧柏	*Platycladus orientalis*	100	11	110	9	武都区两水镇清水坪村	清水坪村委会
62120200082	侧柏	*Platycladus orientalis*	300	18	190	11	武都区两水镇清水坪村宗家门前	清水坪村委会
62120200083	侧柏	*Platycladus orientalis*	200	16	150	9	武都区两水镇土门垭村陈家坟地右侧	土门垭村委会
62120200084	侧柏	*Platycladus orientalis*	250	19	200	9	武都区两水镇土门垭村陈家坟地中间	土门垭村委会
62120200085	侧柏	*Platycladus orientalis*	150	20	200	11	武都区两水镇土门垭村陈家坟地左侧	土门垭村委会
62120200086	侧柏	*Platycladus orientalis*	150	18	150	8	武都区两水镇土门垭村公路边	土门垭村委会
62120200087	侧柏	*Platycladus orientalis*	450	18	290	20	武都区两水镇土门垭村寺庙内	土门垭村委会
62120200108	侧柏	*Platycladus orientalis*	200	22	160	10	武都区江南街道办事处渭子沟社区	渭子沟社区
62120200114	侧柏	*Platycladus orientalis*	300	19	210	10	武都区江南街道办事处柏水沟社区	柏水沟社区
62120200126	侧柏	*Platycladus orientalis*	350	16	170	4	武都区马街镇大李家村回龙寺背后	大李家村委会
62120200128	侧柏	*Platycladus orientalis*	350	25	220	7	武都区马街镇大李家村回龙寺	大李家村委会
62120200129	侧柏	*Platycladus orientalis*	350	25	180	6	武都区马街镇大李家村回龙寺	大李家村委会
62120200130	侧柏	*Platycladus orientalis*	350	25	150	6	武都区马街镇大李家村回龙寺	大李家村委会
62120200148	侧柏	*Platycladus orientalis*	500	28	350	17	武都区汉林乡唐坪村唐坪小学院内	唐坪村委会
62120200167	侧柏	*Platycladus orientalis*	350	28	220	10	武都区柏林镇石桥子村焦家坝社柏树院	石桥子村委会
62120200291	侧柏	*Platycladus orientalis*	300	27	230	11	武都区桔柑镇陈家坝村陈家院内	陈家坝村委会
62120200294	侧柏	*Platycladus orientalis*	200	20	180	11	武都区桔柑镇大元坝村杨家门前	大元坝村委会
62120200296	侧柏	*Platycladus orientalis*	200	18	160	10	武都区桔柑镇大元坝村油盘子	大元坝村委会
62120200300	侧柏	*Platycladus orientalis*	400	21	260	14	武都区桔柑镇东村杨家坟地	东村村委会
62120200301	侧柏	*Platycladus orientalis*	400	21	270	14	武都区桔柑镇东村杨家坟地	东村村委会
62120200302	侧柏	*Platycladus orientalis*	400	21	270	14	武都区桔柑镇东村杨家坟地	东村村委会
62120200303	侧柏	*Platycladus orientalis*	400	21	260	14	武都区桔柑镇东村杨家坟地	东村村委会
62120200304	侧柏	*Platycladus orientalis*	360	20	260	13	武都区桔柑镇贺家坪村党员活动室院内	贺家坪村委会
62120200305	侧柏	*Platycladus orientalis*	350	19	250	11	武都区桔柑镇贺家坪村坟园	贺家坪村委会
62120200306	侧柏	*Platycladus orientalis*	320	24	240	9	武都区桔柑镇贺家坪村潘家门前	贺家坪村委会
62120200308	侧柏	*Platycladus orientalis*	300	21	210	14	武都区桔柑镇贺家坪村潘家屋后	贺家坪村委会
62120200310	侧柏	*Platycladus orientalis*	350	31	270	11	武都区桔柑镇贾家坪村贺家院内	贾家坪村委会
62120200312	侧柏	*Platycladus orientalis*	500	30	300	14	武都区桔柑镇朱元山村杜家沟社	朱元山村委会
62120200313	侧柏	*Platycladus orientalis*	350	25	230	13	武都区桔柑镇朱元山村熊池三娘前	朱元山村委会
62120200336	侧柏	*Platycladus orientalis*	750	25	510	14	武都区磨坝藏族乡曹家湾村村口坟地	曹家湾村委会
62120200338	侧柏	*Platycladus orientalis*	250	28	240	10	武都区磨坝藏族乡曹家湾村	曹家湾村委会
62120200339	侧柏	*Platycladus orientalis*	500	28	360	11	武都区磨坝藏族乡曹家湾村	曹家湾村委会
62120200341	侧柏	*Platycladus orientalis*	150	22	170	10	武都区磨坝藏族乡曹家湾村王家门前	曹家湾村委会

古树编号	树种	树种拉丁名	估测树龄	树高 (m)	树围 (cm)	平均冠幅 (m)	具体地点	管护单位 / 人
62120200342	侧柏	*Platycladus orientalis*	200	20	180	11	武都区磨坝藏族乡曹家湾村王家门前	曹家湾村委会
62120200343	侧柏	*Platycladus orientalis*	900	33	500	13	武都区磨坝藏族乡磨坝村柏林寺对面	磨坝村委会
62120200344	侧柏	*Platycladus orientalis*	400	25	300	14	武都区磨坝藏族乡磨坝村磨坝社小巷	磨坝村委会
62120200345	侧柏	*Platycladus orientalis*	450	35	330	9	武都区磨坝藏族乡磨坝村	磨坝村委会
62120200346	侧柏	*Platycladus orientalis*	350	20	260	10	武都区磨坝藏族乡磨坝村王家门前	磨坝村委会
62120200347	侧柏	*Platycladus orientalis*	350	26	280	12	武都区磨坝藏族乡磨坝村	磨坝村委会
62120200348	侧柏	*Platycladus orientalis*	600	30	400	15	武都区磨坝藏族乡磨坝村王家门前	磨坝村委会
62120200349	侧柏	*Platycladus orientalis*	400	30	280	12	武都区磨坝藏族乡磨坝村杨家社杨家屋后	磨坝村委会
62120200350	侧柏	*Platycladus orientalis*	500	32	350	14	武都区磨坝藏族乡磨坝村杨家社杨家屋后	磨坝村委会
62120200351	侧柏	*Platycladus orientalis*	350	32	270	15	武都区磨坝藏族乡磨坝村杨家门前	磨坝村委会
62120200356	侧柏	*Platycladus orientalis*	500	26	410	15	武都区磨坝藏族乡潘家湾村王家寨社王家院内	潘家湾村委会
62120200357	侧柏	*Platycladus orientalis*	150	17	150	15	武都区磨坝藏族乡潘家湾村王家寨社王家坟地	潘家湾村委会
62120200358	侧柏	*Platycladus orientalis*	150	20	140	12	武都区磨坝藏族乡潘家湾村王家寨社王家坟地	潘家湾村委会
62120200359	侧柏	*Platycladus orientalis*	350	24	250	15	武都区磨坝藏族乡潘家湾村王家寨社王家坟地	潘家湾村委会
62120200360	侧柏	*Platycladus orientalis*	300	18	220	11	武都区磨坝藏族乡潘家湾村王家寨杨家院旁	潘家湾村委会
62120200361	侧柏	*Platycladus orientalis*	300	22	210	8	武都区磨坝藏族乡潘家湾村王家寨路边	潘家湾村委会
62120200362	侧柏	*Platycladus orientalis*	350	29	290	12	武都区磨坝藏族乡潘家湾村王家寨路边	潘家湾村委会
62120200363	侧柏	*Platycladus orientalis*	350	30	280	13	武都区磨坝藏族乡潘家湾村王家寨路边	潘家湾村委会
62120200364	侧柏	*Platycladus orientalis*	200	16	160	10	武都区磨坝藏族乡潘家湾村王家寨路边	潘家湾村委会
62120200365	侧柏	*Platycladus orientalis*	350	19	280	11	武都区磨坝藏族乡唐家村机房旁	唐家村委会
62120200367	侧柏	*Platycladus orientalis*	360	16	250	12	武都区磨坝藏族乡唐家村	唐家村委会
62120200368	侧柏	*Platycladus orientalis*	530	20	400	12	武都区磨坝藏族乡唐家村	唐家村委会
62120200369	侧柏	*Platycladus orientalis*	350	13	250	10	武都区磨坝藏族乡唐家村	唐家村委会
62120200370	侧柏	*Platycladus orientalis*	400	21	290	11	武都区磨坝藏族乡唐家村	唐家村委会
62120200371	侧柏	*Platycladus orientalis*	300	20	220	14	武都区磨坝藏族乡唐家村	唐家村委会
62120200372	侧柏	*Platycladus orientalis*	900	23	530	14	武都区磨坝藏族乡唐家村杨爷庙	唐家村委会
62120200373	侧柏	*Platycladus orientalis*	350	20	270	14	武都区磨坝藏族乡唐家村	唐家村委会
62120200374	侧柏	*Platycladus orientalis*	370	19	260	12	武都区磨坝藏族乡唐家村	唐家村委会
62120200376	侧柏	*Platycladus orientalis*	500	15	340	11	武都区磨坝藏族乡唐家村公路旁	唐家村委会
62120200378	侧柏	*Platycladus orientalis*	300	21	200	10	武都区磨坝藏族乡中腰村王家门前	中腰村委会
62120200379	侧柏	*Platycladus orientalis*	350	20	260	13	武都区磨坝藏族乡中腰村王家坟地	中腰村委会
62120200380	侧柏	*Platycladus orientalis*	350	20	250	12	武都区磨坝藏族乡中腰村王家庙院内	中腰村委会
62120200381	侧柏	*Platycladus orientalis*	400	31	280	15	武都区磨坝藏族乡中腰村王家小路旁	中腰村委会
62120200382	侧柏	*Platycladus orientalis*	700	20	480	14	武都区磨坝藏族乡中腰村王家门前	中腰村委会
62120200384	侧柏	*Platycladus orientalis*	500	25	340	9	武都区磨坝藏族乡中腰村黑爷庙大门口	中腰村委会
62120200385	侧柏	*Platycladus orientalis*	150	18	150	5	武都区磨坝藏族乡中腰村黑爷庙院外	中腰村委会
62120200386	侧柏	*Platycladus orientalis*	250	22	200	6	武都区磨坝藏族乡中腰村黑爷庙院外	中腰村委会
62120200388	侧柏	*Platycladus orientalis*	350	21	250	9	武都区磨坝藏族乡竹园子村赵家坟地	竹园子村委会
62120200390	侧柏	*Platycladus orientalis*	430	27	320	13	武都区磨坝藏族乡竹园子村大爷庙	竹园子村委会
62120200395	侧柏	*Platycladus orientalis*	1200	30	530	15	武都区三河镇柏林村福津寺院背	柏林村委会
62120200414	侧柏	*Platycladus orientalis*	320	18	210	14	武都区三河镇张半山村张半山社	张半山村委会

古树编号	树种	树种拉丁名	估测树龄	树高 (m)	树围 (cm)	平均冠幅 (m)	具体地点	管护单位 / 人
62120200427	侧柏	*Platycladus orientalis*	200	22	160	13	武都区玉皇乡大坪村大坪社公路	大坪村委会
62120200428	侧柏	*Platycladus orientalis*	350	19	240	12	武都区玉皇乡大坪村大坪社公路	大坪村委会
62120200473	侧柏	*Platycladus orientalis*	400	19	260	12	武都区郭河乡八海村梁上	八海村委会
62120200477	侧柏	*Platycladus orientalis*	250	16	170	9	武都区郭河乡柏桃村柏头社仓库前	柏桃村委会
62120200489	侧柏	*Platycladus orientalis*	200	20	160	8	武都区郭河乡传子山村	传子山村委会
62120200491	侧柏	*Platycladus orientalis*	580	31	380	11	武都区郭河乡传子山村王家门前	传子山村委会
62120200492	侧柏	*Platycladus orientalis*	400	32	260	8	武都区郭河乡传子山村王家门前	传子山村委会
62120200493	侧柏	*Platycladus orientalis*	850	34	490	9	武都区郭河乡传子山村王家门前	传子山村委会
62120200494	侧柏	*Platycladus orientalis*	350	28	240	9	武都区郭河乡传子山村杨家后场	传子山村委会
62120200500	侧柏	*Platycladus orientalis*	400	17	270	12	武都区郭河乡符家山村赵家湾殿子梁	符家山村委会
62120200517	侧柏	*Platycladus orientalis*	350	24	250	13	武都区郭河乡王董村王家老坟地	王董村委会
62120200529	侧柏	*Platycladus orientalis*	1500	30	750	15	武都区外纳镇艾下村瓦石寺梁	艾下村委会
62120200530	侧柏	*Platycladus orientalis*	300	25	190	9	武都区外纳镇艾下村瓦石下	艾下村委会
62120200531	侧柏	*Platycladus orientalis*	200	24	110	8	武都区外纳镇艾下村瓦石下	艾下村委会
62120200532	侧柏	*Platycladus orientalis*	500	25	320	9	武都区外纳镇艾下村瓦石嘴套梁	艾下村委会
62120200536	侧柏	*Platycladus orientalis*	250	18	220	10	武都区外纳镇沟渠村田家沟社寺坪里	沟渠村委会
62120200540	侧柏	*Platycladus orientalis*	700	24	400	5	武都区外纳镇沟渠村张家坝社大路边	沟渠村委会
62120200541	侧柏	*Platycladus orientalis*	250	28	200	6	武都区外纳镇沟渠村张家坝社石台寺院内正殿右	沟渠村委会
62120200542	侧柏	*Platycladus orientalis*	300	28	200	6	武都区外纳镇沟渠村张家坝社石台寺院内正殿左	沟渠村委会
62120200543	侧柏	*Platycladus orientalis*	200	21	150	6	武都区外纳镇沟渠村张家坝社张家院内	沟渠村委会
62120200545	侧柏	*Platycladus orientalis*	300	16	210	6	武都区外纳镇立亭村庙儿沟社柏树梁	立亭村委会
62120200546	侧柏	*Platycladus orientalis*	260	18	150	10	武都区外纳镇立亭村庙儿沟社旧院里	立亭村委会
62120200547	侧柏	*Platycladus orientalis*	500	25	290	13	武都区外纳镇立亭村庙儿沟社学校梁	立亭村委会
62120200549	侧柏	*Platycladus orientalis*	600	26	350	16	武都区外纳镇稻畦村瓦山社大水沟	稻畦村委会
62120200550	侧柏	*Platycladus orientalis*	420	23	260	9	武都区外纳镇透防村村公路边	透防村委会
62120200551	侧柏	*Platycladus orientalis*	350	19	220	7	武都区外纳镇透防村黄土山	透防村委会
62120200552	侧柏	*Platycladus orientalis*	450	18	260	7	武都区外纳镇透防村黄土山	透防村委会
62120200553	侧柏	*Platycladus orientalis*	900	28	470	13	武都区外纳镇透防村学校院内	透防村委会
62120200554	侧柏	*Platycladus orientalis*	350	28	220	5	武都区外纳镇外纳村王家院内	外纳村委会
62120200555	侧柏	*Platycladus orientalis*	1000	32	400	7	武都区外纳镇外纳村王家房内	外纳村委会
62120200557	侧柏	*Platycladus orientalis*	350	26	220	14	武都区外纳镇张河坝村王家寺	张河坝村委会
62120200559	侧柏	*Platycladus orientalis*	350	18	230	9	武都区外纳镇周家山村阳山社周家房前	周家山村委会
62120200560	侧柏	*Platycladus orientalis*	500	26	350	12	武都区外纳镇周家山村阳山社周家房前	周家山村委会
62120200570	侧柏	*Platycladus orientalis*	100	10	90	5	武都区琵琶镇王家上沟村一社	王家上沟村委会
62120200585	侧柏	*Platycladus orientalis*	250	31	170	12	武都区洛塘镇苹果村苹果社沟边	苹果村委会
62120200595	侧柏	*Platycladus orientalis*	350	32	240	10	武都区五马镇马坝村上坝里活动室	马坝村委会
62120200624	侧柏	*Platycladus orientalis*	700	32	440	14	武都区五库镇安家坝村李家湾社核桃地	安家坝村委会
62120200625	侧柏	*Platycladus orientalis*	1200	32	580	13	武都区五库镇安家坝村李树坪	安家坝村委会
62120200628	侧柏	*Platycladus orientalis*	300	23	190	11	武都区五库镇沙坝村沙坝社李家左侧	沙坝村委会
62120200629	侧柏	*Platycladus orientalis*	300	23	210	11	武都区五库镇沙坝村沙坝社李家右侧	沙坝村委会
62120200631	侧柏	*Platycladus orientalis*	500	27	370	17	武都区五库镇上高家坝村上坝社大沟里	上高家坝村委会

古树编号	树种	树种拉丁名	估测树龄	树高 (m)	树围 (cm)	平均冠幅 (m)	具体地点	管护单位 / 人
62120200639	侧柏	*Platycladus orientalis*	350	26	210	16	武都区五库镇下高家坝村下坝社	下高家坝村委会
62120200640	侧柏	*Platycladus orientalis*	700	22	400	19	武都区五库镇袁家坝村蔡家社蔡家房门前	袁家坝村委会
62120200646	侧柏	*Platycladus orientalis*	350	24	230	16	武都区五库镇张家坝村闸院社寺梁	张家坝村委会
62120200648	侧柏	*Platycladus orientalis*	350	23	220	21	武都区五库镇张家坝村张坝社二郎庙	张家坝村委会
62120200649	侧柏	*Platycladus orientalis*	350	22	210	8	武都区五库镇张家坝村张坝社二郎庙	张家坝村委会
62120200650	侧柏	*Platycladus orientalis*	300	22	150	17	武都区五库镇张家坝村张坝社二郎庙	张家坝村委会
62120200668	侧柏	*Platycladus orientalis*	550	27	330	16	武都区三仓镇闸院村闸院子社路上	闸院村委会
62120200669	侧柏	*Platycladus orientalis*	500	42	340	15	武都区三仓镇坪头村楚家坝社公路边	坪头村委会
62120200671	侧柏	*Platycladus orientalis*	600	41	420	15	武都区三仓镇坪头村大阴湾社	坪头村委会
62120200672	侧柏	*Platycladus orientalis*	900	57	520	17	武都区三仓镇坪头村大阴湾社	坪头村委会
62120200673	侧柏	*Platycladus orientalis*	800	48	480	15	武都区三仓镇坪头村平头坝社房背	坪头村委会
62120200674	侧柏	*Platycladus orientalis*	900	30	500	15	武都区三仓镇坪头村平头坝社房背	坪头村委会
62120200679	侧柏	*Platycladus orientalis*	300	37	220	15	武都区三仓镇坪头村小阴湾社	坪头村委会
62120200681	侧柏	*Platycladus orientalis*	500	25	340	8	武都区三仓镇罗家山村郭家山社	罗家山村委会
62120218001	侧柏	*Platycladus orientalis*	650	29	410	10	武都区三仓镇代洛山村老坟地	代洛山村委会
62120218002	侧柏	*Platycladus orientalis*	350	28	250	9	武都区三仓镇代洛山村老坟地	代洛山村委会
62120218003	侧柏	*Platycladus orientalis*	500	28	350	9	武都区三仓镇代洛山村老坟地	代洛山村委会
62120218004	侧柏	*Platycladus orientalis*	300	30	190	7	武都区三仓镇代洛山村小路	代洛山村委会
62120218005	侧柏	*Platycladus orientalis*	300	24	280	7	武都区三仓镇代洛山村房背后	代洛山村委会
62120218006	侧柏	*Platycladus orientalis*	300	20	240	8	武都区三仓镇代洛山村房背后	代洛山村委会
62122200013	侧柏	*Platycladus orientalis*	100	18	185	8	文县石坊镇汤卜沟村	汤卜沟村委会
62122400062	侧柏	*Platycladus orientalis*	200	14	250	7	康县大堡镇黄家山村下黄坝	黄家山村委会
62120200001	侧柏	*Platycladus orientalis*	200	18	200	9	武都区角弓镇百草沟村国道边	百草沟村委会
62120200006	侧柏	*Platycladus orientalis*	150	9	120	7	武都区角弓镇构林坪村	构林坪村委会
62120200007	侧柏	*Platycladus orientalis*	250	31	200	13	武都区角弓镇构林坪村	构林坪村委会
62120200022	侧柏	*Platycladus orientalis*	250	26	180	14	武都区角弓镇下侯子村庄后	下侯子村委会
62120200026	侧柏	*Platycladus orientalis*	300	22	210	7	武都区角弓镇下侯子村大爷庙后	下侯子村委会
62120200033	侧柏	*Platycladus orientalis*	200	8	170	8	武都区坪垭藏族乡赵杨坪村中华儿房前路边	赵杨坪村委会
62120200034	侧柏	*Platycladus orientalis*	100	9	90	7	武都区坪垭藏族乡坪牙村寺庙	坪牙村委会
62120200037	侧柏	*Platycladus orientalis*	200	17	130	4	武都区石门镇水地坝村迎龙寺院内	水地坝村委会
62120200038	侧柏	*Platycladus orientalis*	200	25	200	11	武都区石门镇水地坝村朱家屋后	水地坝村委会
62120200041	侧柏	*Platycladus orientalis*	350	13	230	9	武都区石门镇小山坪村	小山坪村委会
62120200055	侧柏	*Platycladus orientalis*	300	14	190	11	武都区两水镇段河坝村关爷庙前院内	段河坝村委会
62120200077	侧柏	*Platycladus orientalis*	350	23	260	10	武都区两水镇清水坪村九天庙后	清水坪村委会
62120200078	侧柏	*Platycladus orientalis*	400	17	300	15	武都区两水镇清水坪村九天庙后	清水坪村委会
62120200079	侧柏	*Platycladus orientalis*	200	11	130	16	武都区两水镇清水坪村九天庙后	清水坪村委会
62120200080	侧柏	*Platycladus orientalis*	400	17	280	19	武都区两水镇清水坪村九天庙前	清水坪村委会
62120200081	侧柏	*Platycladus orientalis*	400	17	300	19	武都区两水镇清水坪村九天庙前	清水坪村委会
62120200092	侧柏	*Platycladus orientalis*	350	23	240	11	武都区钟楼滩街道办事处腰道山社区巷道	腰道山社区
62120200093	侧柏	*Platycladus orientalis*	300	23	180	11	武都区钟楼滩街道办事处腰道山社区巷道	腰道山社区
62120200096	侧柏	*Platycladus orientalis*	200	10	140	7	武都区城关镇店沟村半坡房前	店沟村委会

古树编号	树种	树种拉丁名	估测树龄	树高 (m)	树围 (cm)	平均冠幅 (m)	具体地点	管护单位 / 人
62120200097	侧柏	*Platycladus orientalis*	200	15	150	3	武都区城关镇黑坝村白马寺后	黑坝村委会
62120200116	侧柏	*Platycladus orientalis*	600	14	400	16	武都区姚寨镇民族村农家乐下东坪入口	民族村委会
62120200134	侧柏	*Platycladus orientalis*	300	25	160	8	武都区马街镇寺背村卧虎寺	寺背村委会
62120200135	侧柏	*Platycladus orientalis*	300	27	180	8	武都区马街镇寺背村卧虎寺	寺背村委会
62120200136	侧柏	*Platycladus orientalis*	300	27	190	8	武都区马街镇寺背村卧虎寺	寺背村委会
62120200150	侧柏	*Platycladus orientalis*	250	8	180	8	武都区汉林乡周家山村	周家山村委会
62120200153	侧柏	*Platycladus orientalis*	150	9	150	9	武都区汉林乡周家山村周家院旁	周家山村委会
62120200154	侧柏	*Platycladus orientalis*	250	17	190	12	武都区柏林镇浩家沟村浩家坟地	浩家沟村委会
62120200155	侧柏	*Platycladus orientalis*	250	17	150	11	武都区柏林镇浩家沟村浩家坟地	浩家沟村委会
62120200157	侧柏	*Platycladus orientalis*	150	11	120	10	武都区柏林镇浩家沟村	浩家沟村委会
62120200158	侧柏	*Platycladus orientalis*	150	12	110	10	武都区柏林镇浩家沟村	浩家沟村委会
62120200159	侧柏	*Platycladus orientalis*	300	20	210	10	武都区柏林镇李家山村坟地边	李家山村委会
62120200160	侧柏	*Platycladus orientalis*	200	14	160	5	武都区柏林镇李家山村坟地边	李家山村委会
62120200161	侧柏	*Platycladus orientalis*	150	16	130	10	武都区柏林镇李家山村坟地中间	李家山村委会
62120200163	侧柏	*Platycladus orientalis*	200	18	160	6	武都区柏林镇李家山村田家坟地	李家山村委会
62120200164	侧柏	*Platycladus orientalis*	200	18	150	6	武都区柏林镇李家山村田家坟地	李家山村委会
62120200168	侧柏	*Platycladus orientalis*	150	16	120	8	武都区柏林镇石桥子村焦家院内	石桥子村委会
62120200170	侧柏	*Platycladus orientalis*	400	15	260	20	武都区柏林镇田家沟村田家门前	田家沟村委会
62120200171	侧柏	*Platycladus orientalis*	250	16	180	8	武都区柏林镇湾儿下村杜家坟地	湾儿下村委会
62120200172	侧柏	*Platycladus orientalis*	150	14	120	7	武都区柏林镇湾儿下村杜家坟地	湾儿下村委会
62120200173	侧柏	*Platycladus orientalis*	700	21	410	15	武都区柏林镇下渠道村柏林小学院内	下渠道村委会
62120200174	侧柏	*Platycladus orientalis*	350	18	220	11	武都区柏林镇下渠道村柏林小学院内	下渠道村委会
62120200181	侧柏	*Platycladus orientalis*	150	9	120	10	武都区安化镇樊家坝村樊家坟地	樊家坝村委会
62120200182	侧柏	*Platycladus orientalis*	300	16	230	12	武都区安化镇樊家坝村	樊家坝村委会
62120200183	侧柏	*Platycladus orientalis*	200	16	160	7	武都区安化镇樊家坝村	樊家坝村委会
62120200186	侧柏	*Platycladus orientalis*	150	7	130	5	武都区安化镇樊家坝村广场后坟地	樊家坝村委会
62120200189	侧柏	*Platycladus orientalis*	300	15	220	5	武都区安化镇官沟村高寺院内	官沟村委会
62120200190	侧柏	*Platycladus orientalis*	250	15	160	5	武都区安化镇官沟村高寺院内	官沟村委会
62120200196	侧柏	*Platycladus orientalis*	300	23	170	9	武都区甘泉镇旗杆村王家湾场后	旗杆村委会
62120200206	侧柏	*Platycladus orientalis*	120	13	130	8	武都区佛崖乡歇马村歇马小学院内	歇马村委会
62120200241	侧柏	*Platycladus orientalis*	400	15	150	7	文县堡子坝镇朱家台村	朱家台村委会
62120200317	侧柏	*Platycladus orientalis*	500	15	380	10	武都区龙凤乡艾蒿坪村方家院内	艾蒿坪村委会
62120200319	侧柏	*Platycladus orientalis*	700	20	390	14	武都区龙凤乡草舌坪村庙右侧	草舌坪村委会
62120200320	侧柏	*Platycladus orientalis*	1400	21	670	21	武都区龙凤乡草舌坪村庙左侧	草舌坪村委会
62120200393	侧柏	*Platycladus orientalis*	900	6	230	6	武都区三河镇柏林村福津寺背梁	柏林村委会
62120200394	侧柏	*Platycladus orientalis*	900	6	160	5	武都区三河镇柏林村福津寺背梁	柏林村委会
62120200396	侧柏	*Platycladus orientalis*	900	18	170	10	武都区三河镇柏林村福津寺背梁	柏林村委会
62120200399	侧柏	*Platycladus orientalis*	900	6	220	8	武都区三河镇柏林村福津寺背梁	柏林村委会
62120200400	侧柏	*Platycladus orientalis*	900	6	230	8	武都区三河镇柏林村福津寺背梁	柏林村委会
62120200401	侧柏	*Platycladus orientalis*	900	6	160	8	武都区三河镇柏林村福津寺背梁	柏林村委会
62120200402	侧柏	*Platycladus orientalis*	900	4	150	3	武都区三河镇柏林村福津寺背梁	柏林村委会

古树编号	树种	树种拉丁名	估测树龄	树高 (m)	树围 (cm)	平均冠幅 (m)	具体地点	管护单位 / 人
62120200406	侧柏	*Platycladus orientalis*	130	17	100	8	武都区三河镇宣河村宣河道观	宣河村委会
62120200409	侧柏	*Platycladus orientalis*	300	25	210	14	武都区三河镇杨坪村三河小学	杨坪村委会
62120200411	侧柏	*Platycladus orientalis*	170	21	140	9	武都区三河镇张半山村陈家底下社史家院内	张半山村委会
62120200412	侧柏	*Platycladus orientalis*	250	24	170	9	武都区三河镇张半山村坪道社	张半山村委会
62120200423	侧柏	*Platycladus orientalis*	550	10	340	8	武都区玉皇乡安寨村雀坪里坟地	安寨村委会
62120200424	侧柏	*Platycladus orientalis*	750	13	420	9	武都区玉皇乡安寨村雀坪里坟地	安寨村委会
62120200425	侧柏	*Platycladus orientalis*	450	17	290	6	武都区玉皇乡安寨村雀坪里坟地	安寨村委会
62120200426	侧柏	*Platycladus orientalis*	300	21	200	9	武都区玉皇乡大坪村大坪社公路地下	大坪村委会
62120200429	侧柏	*Platycladus orientalis*	600	25	370	18	武都区玉皇乡大坪村大坪社庙坪公路边	大坪村委会
62120200430	侧柏	*Platycladus orientalis*	750	24	400	17	武都区玉皇乡老庄村楼子门口	老庄村委会
62120200431	侧柏	*Platycladus orientalis*	950	25	490	11	武都区玉皇乡老庄村李家坟地	老庄村委会
62120200432	侧柏	*Platycladus orientalis*	400	19	270	8	武都区玉皇乡老庄村坟地	老庄村委会
62120200433	侧柏	*Platycladus orientalis*	350	17	230	8	武都区玉皇乡老庄村坟地	老庄村委会
62120200434	侧柏	*Platycladus orientalis*	230	19	180	8	武都区玉皇乡老庄村坟地	老庄村委会
62120200435	侧柏	*Platycladus orientalis*	400	23	320	9	武都区玉皇乡老庄村坟地	老庄村委会
62120200436	侧柏	*Platycladus orientalis*	400	18	310	7	武都区玉皇乡老庄村坟地	老庄村委会
62120200437	侧柏	*Platycladus orientalis*	600	18	330	12	武都区玉皇乡马家山村瓦窑上面	马家山村委会
62120200438	侧柏	*Platycladus orientalis*	400	14	260	12	武都区玉皇乡马家山村马家门前	马家山村委会
62120200440	侧柏	*Platycladus orientalis*	350	17	210	12	武都区玉皇乡马家山村村内台子上	马家山村委会
62120200442	侧柏	*Platycladus orientalis*	400	27	230	7	武都区玉皇乡小石村石家寺院后	小石村委会
62120200443	侧柏	*Platycladus orientalis*	600	25	360	13	武都区玉皇乡小石村石家寺院内	小石村委会
62120200444	侧柏	*Platycladus orientalis*	350	21	210	22	武都区玉皇乡小石村石家寺院前	小石村委会
62120200445	侧柏	*Platycladus orientalis*	350	12	220	11	武都区玉皇乡羊圈头村柏林嘴	羊圈头村委会
62120200449	侧柏	*Platycladus orientalis*	500	28	290	9	武都区玉皇乡玉皇坪村	玉皇坪村委会
62120200450	侧柏	*Platycladus orientalis*	500	23	280	8	武都区玉皇乡玉皇坪村	玉皇坪村委会
62120200451	侧柏	*Platycladus orientalis*	500	22	280	11	武都区玉皇乡玉皇坪村玉皇卫生院房后	玉皇坪村委会
62120200452	侧柏	*Platycladus orientalis*	420	17	250	9	武都区玉皇乡玉皇坪村乡政府门口	玉皇坪村委会
62120200453	侧柏	*Platycladus orientalis*	420	18	270	11	武都区玉皇乡玉皇坪村乡政府门口	玉皇坪村委会
62120200454	侧柏	*Platycladus orientalis*	350	15	230	9	武都区玉皇乡玉皇坪村学校门口	玉皇坪村委会
62120200455	侧柏	*Platycladus orientalis*	500	24	300	12	武都区玉皇乡玉皇坪村园地儿坟地	玉皇坪村委会
62120200456	侧柏	*Platycladus orientalis*	300	15	190	8	武都区玉皇乡玉皇坪村园地儿坟地	玉皇坪村委会
62120200458	侧柏	*Platycladus orientalis*	350	12	230	11	武都区玉皇乡院子村空儿社	院子村委会
62120200459	侧柏	*Platycladus orientalis*	350	15	240	13	武都区玉皇乡院子村空儿社	院子村委会
62120200462	侧柏	*Platycladus orientalis*	300	11	200	8	武都区玉皇乡张底下村李家屋后	张底下村委会
62120200463	侧柏	*Platycladus orientalis*	350	17	230	11	武都区玉皇乡张底下村李家屋后	张底下村委会
62120200464	侧柏	*Platycladus orientalis*	1100	21	560	18	武都区玉皇乡张底下村李家屋后	张底下村委会
62120200465	侧柏	*Platycladus orientalis*	500	17	320	11	武都区玉皇乡张底下村李家屋后	张底下村委会
62120200466	侧柏	*Platycladus orientalis*	1000	24	500	21	武都区玉皇乡张底下村李家屋后	张底下村委会
62120200485	侧柏	*Platycladus orientalis*	350	19	240	9	武都区郭河乡赤洛村赤洛小庄	赤洛村委会
62120200501	侧柏	*Platycladus orientalis*	350	13	250	17	武都区郭河乡郭河村李家坝石梁上	郭河村委会
62120218014	侧柏	*Platycladus orientalis*	350	12	310	4	武都区汉王镇甘家沟村赵家坟地	甘家沟村委会

古树编号	树种	树种拉丁名	估测树龄	树高 (m)	树围 (cm)	平均冠幅 (m)	具体地点	管护单位 / 人
62122100004	侧柏	*Platycladus orientalis*	400	15	80	3	成县红川镇席郝村	红川镇政府
62122100005	侧柏	*Platycladus orientalis*	450	16	100	4	成县红川镇席郝村	红川镇政府
62122100006	侧柏	*Platycladus orientalis*	450	15	100	5	成县红川镇席郝村	红川镇政府
62122100008	侧柏	*Platycladus orientalis*	450	17	200	7	成县红川镇席郝村	红川镇政府
62122100010	侧柏	*Platycladus orientalis*	400	14	160	6	成县红川镇席郝村	红川镇政府
62122100011	侧柏	*Platycladus orientalis*	350	17	160	4	成县红川镇席郝村	红川镇政府
62122100012	侧柏	*Platycladus orientalis*	350	18	160	3	成县红川镇席郝村	红川镇政府
62122100013	侧柏	*Platycladus orientalis*	450	13	200	4	成县红川镇席郝村	红川镇政府
62122100014	侧柏	*Platycladus orientalis*	450	15	210	4	成县红川镇席郝村	红川镇政府
62122100018	侧柏	*Platycladus orientalis*	300	12	160	3	成县红川镇席郝村	红川镇政府
62122100020	侧柏	*Platycladus orientalis*	300	7	160	3	成县红川镇席郝村	红川镇政府
62122100021	侧柏	*Platycladus orientalis*	300	7	140	3	成县红川镇席郝村	红川镇政府
62122100022	侧柏	*Platycladus orientalis*	300	10	140	4	成县红川镇席郝村	红川镇政府
62122100023	侧柏	*Platycladus orientalis*	300	9	100	3	成县红川镇席郝村	红川镇政府
62122100024	侧柏	*Platycladus orientalis*	300	10	100	4	成县红川镇席郝村	红川镇政府
62122100035	侧柏	*Platycladus orientalis*	200	8	140	6	成县镡河乡石榴坝村	镡河乡政府
62122100037	侧柏	*Platycladus orientalis*	400	16	200	4	成县店村镇尹家寨村	店村镇政府
62122100039	侧柏	*Platycladus orientalis*	450	17	260	5	成县店村镇尹家寨村	店村镇政府
62122100040	侧柏	*Platycladus orientalis*	1200	11	280	6	成县城关镇石沟村	城关镇政府
62122100042	侧柏	*Platycladus orientalis*	1300	18	520	13	成县城关镇石沟村	城关镇政府
62122100043	侧柏	*Platycladus orientalis*	800	15	340	6	成县城关镇李武村	城关镇政府
62122100046	侧柏	*Platycladus orientalis*	300	15	280	6	成县城关镇李武村	城关镇政府
62122100048	侧柏	*Platycladus orientalis*	500	20	380	6	成县城关镇石碑村	城关镇政府
62122100064	侧柏	*Platycladus orientalis*	300	12	240	6	成县抛沙镇乐楼村	抛沙镇政府
62122100067	侧柏	*Platycladus orientalis*	200	12	150	6	成县鸡峰镇长沟村	鸡峰镇政府
62122100071	侧柏	*Platycladus orientalis*	400	12	280	6	成县苏元镇包家寺村	苏元镇政府
62122100074	侧柏	*Platycladus orientalis*	300	8	320	11	成县苏元镇大坡村	苏元镇政府
62122100075	侧柏	*Platycladus orientalis*	200	8	180	4	成县苏元镇庙垭村	苏元镇政府
62122100076	侧柏	*Platycladus orientalis*	120	10	140	4	成县苏元镇庙垭村	苏元镇政府
62122100082	侧柏	*Platycladus orientalis*	130	12	180	6	成县纸坊镇老庄村	纸坊镇政府
62122100083	侧柏	*Platycladus orientalis*	200	12	200	4	成县纸坊镇老庄村	纸坊镇政府
62122100084	侧柏	*Platycladus orientalis*	150	10	150	5	成县纸坊镇老庄村	纸坊镇政府
62122100085	侧柏	*Platycladus orientalis*	120	10	120	7	成县纸坊镇老庄村	纸坊镇政府
62122100086	侧柏	*Platycladus orientalis*	140	10	120	6	成县纸坊镇老庄村	纸坊镇政府
62122100087	侧柏	*Platycladus orientalis*	300	12	220	8	成县纸坊镇老庄村	纸坊镇政府
62122100111	侧柏	*Platycladus orientalis*	100	12	120	5	成县王磨镇陈家庄村	王磨镇政府
62122100122	侧柏	*Platycladus orientalis*	100	12	150	6	成县王磨镇韦山村	王磨镇政府
62122100123	侧柏	*Platycladus orientalis*	300	15	210	11	成县王磨镇韦山村	王磨镇政府
62122100124	侧柏	*Platycladus orientalis*	320	16	210	10	成县王磨镇韦山村	王磨镇政府
62122100125	侧柏	*Platycladus orientalis*	320	15	220	11	成县王磨镇韦山村	王磨镇政府
62122100126	侧柏	*Platycladus orientalis*	150	12	160	9	成县王磨镇韦山村	王磨镇政府

古树编号	树种	树种拉丁名	估测树龄	树高 (m)	树围 (cm)	平均冠幅 (m)	具体地点	管护单位 / 人
62122100127	侧柏	*Platycladus orientalis*	120	11	170	7	成县王磨镇韦山村	王磨镇政府
62122100128	侧柏	*Platycladus orientalis*	180	12	200	9	成县王磨镇韦山村	王磨镇政府
62122100140	侧柏	*Platycladus orientalis*	400	15	300	10	成县二郎乡严河村	二郎乡政府
62122100145	侧柏	*Platycladus orientalis*	200	10	280	8	成县陈院镇大垭村	陈院镇政府
62122100164	侧柏	*Platycladus orientalis*	120	22	113	7	成县城关镇李武村泰山庙戏台后	城关镇政府
62122100186	侧柏	*Platycladus orientalis*	120	15	100	9	成县沙坝镇赵坝村上庄社	沙坝镇政府
62122100188	侧柏	*Platycladus orientalis*	110	15	100	6	成县沙坝镇赵坝村王沟山	沙坝镇政府
62122100205	侧柏	*Platycladus orientalis*	120	17	200	6	成县纸坊镇马寨村高山上	纸坊镇政府
62122100206	侧柏	*Platycladus orientalis*	100	19	200	6	成县纸坊镇老庄村	纸坊镇政府
62122100207	侧柏	*Platycladus orientalis*	1800	26	414	14	成县城关镇石沟村	城关镇政府
62122100208	侧柏	*Platycladus orientalis*	800	15	400	21	成县城关镇石沟村阴山	城关镇政府
62122100209	侧柏	*Platycladus orientalis*	1500	23	400	21	成县城关镇石沟村宋庄大场	城关镇政府
62122100218	侧柏	*Platycladus orientalis*	100	17	100	6	成县红川镇吕坝村吕坝学校院内	红川镇政府
62122100219	侧柏	*Platycladus orientalis*	100	13	200	8	成县红川镇吕坝村吕坝学校院内	红川镇政府
62122100220	侧柏	*Platycladus orientalis*	1000	20	300	9	成县城关镇北山村坪道	城关镇政府
62122100221	侧柏	*Platycladus orientalis*	1000	13	300	13	成县城关镇北山村东下社土地庙	城关镇政府
62122100222	侧柏	*Platycladus orientalis*	1000	17	300	12	成县城关镇北山村东下社庙嘴	城关镇政府
62122100223	侧柏	*Platycladus orientalis*	1000	25	300	12	成县城关镇北山村垭合	城关镇政府
62122200161	侧柏	*Platycladus orientalis*	150	14	150	6	文县城关镇滴水崖村庙	滴水崖村委会
62122300068	侧柏	*Platycladus orientalis*	250	14	85	6	宕昌县新寨乡普光寺村	宕昌县林草局
62122300069	侧柏	*Platycladus orientalis*	220	12	200	5	宕昌县新寨乡普光寺村	宕昌县林草局
62122400019	侧柏	*Platycladus orientalis*	150	15	208	9	康县王坝镇鸡山坝村鸡山坝社鸡山寺	鸡山坝村委会
62122400061	侧柏	*Platycladus orientalis*	200	14	235	15	康县大堡镇大方山村二社麻刺梁	大方山村委会
62122400070	侧柏	*Platycladus orientalis*	400	17	340	15	康县云台镇铺坝村黄老庄社	铺坝村委会
62122400072	侧柏	*Platycladus orientalis*	320	16	310	13	康县迷坝乡孟家坝村孟家坝社大柏树院	孟家坝村委会
62122400073	侧柏	*Platycladus orientalis*	260	15	271	17	康县迷坝乡孟家坝村孟家坝社	孟家坝村委会
62122400079	侧柏	*Platycladus orientalis*	410	16	343	15	康县云台镇唐坝村乔山社	唐坝村委会
62122400080	侧柏	*Platycladus orientalis*	300	15	300	15	康县周家坝镇李家坪村一社广场背后	李家坪村委会
62122400083	侧柏	*Platycladus orientalis*	160	12	230	14	康县周家坝镇李家坪村一社	李家坪村委会
62122400086	侧柏	*Platycladus orientalis*	1300	17	580	16	康县寺台乡杨家湾村杨家湾社学校门口	杨家湾村委会
62122500004	侧柏	*Platycladus orientalis*	500	13	110	12	西和县西高山乡上寨村	王玉良
62122500009	侧柏	*Platycladus orientalis*	260	15	70	14	西和县大桥镇龙凤村	闫举儿
62122500010	侧柏	*Platycladus orientalis*	260	12	54	16	西和县大桥镇龙凤村	闫举儿
62122500012	侧柏	*Platycladus orientalis*	400	18	90	16	西和县太石河乡龙山村	蔚凤成
62122500013	侧柏	*Platycladus orientalis*	400	20	110	19	西和县太石河乡龙山村	蔚凤成
62122500014	侧柏	*Platycladus orientalis*	300	18	100	16	西和县六巷乡郭坝村	李三会
62122500019	侧柏	*Platycladus orientalis*	300	16	120	16	西和县兴隆乡下川村	牟幸福
62122500021	侧柏	*Platycladus orientalis*	400	25	150	17	西和县长道镇乔杨村	杨双银
62122500025	侧柏	*Platycladus orientalis*	450	36	400	34	西和县西高山镇冯坪村	冯坪村委会
62122500027	侧柏	*Platycladus orientalis*	150	8	120	8	西和县西高山镇马莲村	马莲村委会
62122500028	侧柏	*Platycladus orientalis*	450	12	280	11	西和县西高山镇冉山村	冉山村委会

古树编号	树种	树种拉丁名	估测树龄	树高(m)	树围(cm)	平均冠幅(m)	具体地点	管护单位/人
62122500030	侧柏	*Platycladus orientalis*	120	11	240	5	西和县西高山镇下寨村	下寨村委会
62122500032	侧柏	*Platycladus orientalis*	160	10	194	11	西和县长道镇宁家村	宁家村委会
62122500033	侧柏	*Platycladus orientalis*	160	10	197	12	西和县长道镇宁家村	宁家村委会
62122500038	侧柏	*Platycladus orientalis*	120	13	210	7	西和县稍峪镇碑楼村	碑楼村委会
62122500041	侧柏	*Platycladus orientalis*	200	19	340	6	西和县马元镇金泉村	金泉村委会
62122500043	侧柏	*Platycladus orientalis*	120	13	180	7	西和县何坝镇南义村	南义村委会
62122500052	侧柏	*Platycladus orientalis*	300	18	180	4	西和县卢河镇王堡村	王堡村委会
62122500056	侧柏	*Platycladus orientalis*	150	21	220	10	西和县西峪镇白雀村	白雀村委会
62122601002	侧柏	*Platycladus orientalis*	420	11	410	17	礼县城关镇赤土山村	赤土山村委会
62122601006	侧柏	*Platycladus orientalis*	500	22	157	5	礼县城关镇青林寺	青林寺
62122601007	侧柏	*Platycladus orientalis*	220	18	44	6	礼县城关镇上寺村	上寺村委会
62122602003	侧柏	*Platycladus orientalis*	300	13	64	9	礼县盐官镇马坪山村太平山	马坪山村委会
62122603001	侧柏	*Platycladus orientalis*	130	29	67	8	礼县石桥镇石桥村	石桥村柏林寺
62122607004	侧柏	*Platycladus orientalis*	1200	7	83	14	礼县祁山镇谢集寨村	谢集寨
62122608002	侧柏	*Platycladus orientalis*	380	16	105	8	礼县红河镇花石村	花石村委会
62122617001	侧柏	*Platycladus orientalis*	400	5	74	8	礼县江口乡店门村	店门村委会
62122700001	侧柏	*Platycladus orientalis*	2000	28	845	14	徽县伏家镇中坝村支伏路边	徽县林草局
62122700020	侧柏	*Platycladus orientalis*	300	16	220	12	徽县栗川镇耿寺村杨沟社梁顶	耿寺村委会
62122700021	侧柏	*Platycladus orientalis*	800	21	320	18	徽县栗川镇范山村尚山社	范山村委会
62122700022	侧柏	*Platycladus orientalis*	500	17	301	13	徽县栗川镇范山村尚山社	范山村委会
62122700023	侧柏	*Platycladus orientalis*	800	21	352	20	徽县栗川镇范山村尚山社	范山村委会
62122700024	侧柏	*Platycladus orientalis*	300	15	132	13	徽县栗川镇范山村尚山社	范山村委会
62122700025	侧柏	*Platycladus orientalis*	300	11	220	14	徽县栗川镇范山村尚山社	范山村委会
62122700027	侧柏	*Platycladus orientalis*	1000	14	185	13	徽县栗川镇龙洞村烟东梁顶	龙洞村委会
62122700028	侧柏	*Platycladus orientalis*	600	24	358	13	徽县栗川镇龙洞村草坝梁	龙洞村委会
62122700031	侧柏	*Platycladus orientalis*	600	14	223	11	徽县栗川镇阎庄村张湾梁	阎庄村委会
62122700037	侧柏	*Platycladus orientalis*	700	17	383	15	徽县永宁镇高庙村杨旮旯	徽县林草局
62122700038	侧柏	*Platycladus orientalis*	500	24	349	9	徽县伏家镇前进村文昌观	徽县林草局
62122700040	侧柏	*Platycladus orientalis*	600	22	229	17	徽县伏家镇前进村蔡庄路边	徽县林草局
62122700041	侧柏	*Platycladus orientalis*	800	22	292	14	徽县伏家镇西沟村卧龙寺	徽县林草局
62122700042	侧柏	*Platycladus orientalis*	800	18	204	9	徽县伏家镇西沟村卧龙寺	徽县林草局
62122700044	侧柏	*Platycladus orientalis*	500	11	276	12	徽县泥阳镇雷庄村柏垭梁	徽县林草局
62122700050	侧柏	*Platycladus orientalis*	500	19	314	13	徽县嘉陵镇草滩村圆柏树社	徽县林草局
62122700051	侧柏	*Platycladus orientalis*	1000	19	380	13	徽县嘉陵镇草滩村莲花寺路口	徽县林草局
62122700052	侧柏	*Platycladus orientalis*	300	15	198	14	徽县嘉陵镇草滩村牟家梁	徽县林草局
62122700056	侧柏	*Platycladus orientalis*	900	23	358	8	徽县嘉陵镇严坪村	徽县林草局
62122700058	侧柏	*Platycladus orientalis*	200	20	142	9	徽县嘉陵镇严坪村	徽县林草局
62122700059	侧柏	*Platycladus orientalis*	150	17	110	6	徽县嘉陵镇严坪村	徽县林草局
62122700060	侧柏	*Platycladus orientalis*	150	16	106	6	徽县嘉陵镇严坪村	徽县林草局
62122700062	侧柏	*Platycladus orientalis*	300	18	163	9	徽县嘉陵镇庙垭村火焰山后院内	徽县林草局
62122700068	侧柏	*Platycladus orientalis*	150	16	117	9	徽县嘉陵镇庙垭村火焰山后院	徽县林草局

古树编号	树种	树种拉丁名	估测树龄	树高 (m)	树围 (cm)	平均冠幅 (m)	具体地点	管护单位 / 人
62122700069	侧柏	*Platycladus orientalis*	150	17	100	7	徽县嘉陵镇庙垭村火焰山后院	徽县林草局
62122700071	侧柏	*Platycladus orientalis*	200	23	168	13	徽县嘉陵镇庙垭村火焰山戏楼前	徽县林草局
62122700072	侧柏	*Platycladus orientalis*	300	23	157	13	徽县嘉陵镇庙垭村火焰山戏楼前	徽县林草局
62122700073	侧柏	*Platycladus orientalis*	800	18	138	7	徽县嘉陵镇庙垭村火焰山戏楼前	徽县林草局
62122700074	侧柏	*Platycladus orientalis*	150	26	290	16	徽县嘉陵镇庙垭村火焰山戏楼前	徽县林草局
62122700076	侧柏	*Platycladus orientalis*	150	17	110	10	徽县嘉陵镇庙垭村火焰山戏楼前	徽县林草局
62122700077	侧柏	*Platycladus orientalis*	150	17	138	9	徽县嘉陵镇庙垭村火焰山戏楼前	徽县林草局
62122700078	侧柏	*Platycladus orientalis*	250	22	148	6	徽县嘉陵镇庙垭村火焰山戏楼前	徽县林草局
62122700079	侧柏	*Platycladus orientalis*	250	20	223	8	徽县嘉陵镇庙垭村火焰山戏楼前	徽县林草局
62122700080	侧柏	*Platycladus orientalis*	200	17	118	6	徽县嘉陵镇庙垭村火焰山戏楼前	徽县林草局
62122700082	侧柏	*Platycladus orientalis*	250	25	165	9	徽县嘉陵镇庙垭村火焰山戏楼前	徽县林草局
62122700083	侧柏	*Platycladus orientalis*	250	17	114	7	徽县嘉陵镇庙垭村火焰山戏楼前	徽县林草局
62122700084	侧柏	*Platycladus orientalis*	200	20	150	8	徽县嘉陵镇庙垭村火焰山戏楼前	徽县林草局
62122700085	侧柏	*Platycladus orientalis*	200	18	144	7	徽县嘉陵镇庙垭村火焰山戏楼前	徽县林草局
62122700086	侧柏	*Platycladus orientalis*	200	20	150	8	徽县嘉陵镇庙垭村火焰山戏楼前	徽县林草局
62122700093	侧柏	*Platycladus orientalis*	500	16	320	16	徽县嘉陵镇张滩村柏树咀	徽县林草局
62122700216	侧柏	*Platycladus orientalis*	500	25	280	14	徽县江洛镇上坝村庙门前	徽县林草局
62122700223	侧柏	*Platycladus orientalis*	200	21	140	5	徽县榆树乡杨河村凤凰山	徽县林草局
62122700224	侧柏	*Platycladus orientalis*	250	23	200	9	徽县榆树乡杨河村凤凰山	徽县林草局
62122700225	侧柏	*Platycladus orientalis*	250	31	210	9	徽县榆树乡杨河村凤凰山	徽县林草局
62122700226	侧柏	*Platycladus orientalis*	200	19	150	9	徽县榆树乡杨河村凤凰山	徽县林草局
62122700227	侧柏	*Platycladus orientalis*	150	20	105	7	徽县榆树乡杨河村凤凰山	徽县林草局
62122700228	侧柏	*Platycladus orientalis*	200	14	163	8	徽县榆树乡杨河村凤凰山	徽县林草局
62122700239	侧柏	*Platycladus orientalis*	200	19	150	6	徽县高桥镇高桥村下关庙前	徽县林草局
62122700270	侧柏	*Platycladus orientalis*	150	22	126	8	徽县大河店镇下山村	徽县林草局
62122700282	侧柏	*Platycladus orientalis*	500	27	245	10	徽县大河店镇下山村庙旁	徽县林草局
62122700287	侧柏	*Platycladus orientalis*	1200	32	314	15	徽县大河店镇下山村庙旁	徽县林草局
62122700288	侧柏	*Platycladus orientalis*	200	28	176	14	徽县大河店镇下山村庙后	徽县林草局
62122700289	侧柏	*Platycladus orientalis*	1000	30	236	16	徽县大河店镇下山村庙后	徽县林草局
62122700290	侧柏	*Platycladus orientalis*	300	27	157	12	徽县大河店镇下山村庙后	徽县林草局
62122700291	侧柏	*Platycladus orientalis*	300	21	144	12	徽县大河店镇下山村庙后	徽县林草局
62122700292	侧柏	*Platycladus orientalis*	300	25	163	12	徽县大河店镇下山村庙后	徽县林草局
62122700299	侧柏	*Platycladus orientalis*	1000	16	215	12	徽县大河店镇三泉村	徽县林草局
62122700301	侧柏	*Platycladus orientalis*	600	16	242	8	徽县大河店镇柳树村庙前	徽县林草局
62122700315	侧柏	*Platycladus orientalis*	600	14	220	12	徽县大河店镇硬湾村	徽县林草局
62122700372	侧柏	*Platycladus orientalis*	1000	24	210	7	徽县银杏树镇中川村中心学校	徽县林草局
62122700373	侧柏	*Platycladus orientalis*	1000	23	235	8	徽县银杏树镇中川村中心学校	徽县林草局
62122700377	侧柏	*Platycladus orientalis*	300	16	188	10	徽县水阳镇水莲村朱庄社	徽县林草局
62122700378	侧柏	*Platycladus orientalis*	500	26	220	11	徽县水阳镇峪山村庙旁	徽县林草局
62122700379	侧柏	*Platycladus orientalis*	1000	24	293	10	徽县水阳镇南山村白音庙旁	徽县林草局
62122700386	侧柏	*Platycladus orientalis*	400	17	239	10	徽县水阳镇石滩村高楼梁	徽县林草局

古树编号	树种	树种拉丁名	估测树龄	树高 (m)	树围 (cm)	平均冠幅 (m)	具体地点	管护单位 / 人
62122700397	侧柏	*Platycladus orientalis*	600	24	267	8	徽县城关镇桥西社区周主山庙前	徽县林草局
62122700398	侧柏	*Platycladus orientalis*	400	22	173	6	徽县城关镇桥西社区周主山庙前	徽县林草局
62122700400	侧柏	*Platycladus orientalis*	150	21	129	6	徽县城关镇桥西社区党校院内	徽县林草局
62122700401	侧柏	*Platycladus orientalis*	300	24	188	11	徽县城关镇桥西社区党校院内	徽县林草局
62122700402	侧柏	*Platycladus orientalis*	150	21	116	5	徽县城关镇桥西社区党校院内	徽县林草局
62122700403	侧柏	*Platycladus orientalis*	150	23	170	13	徽县城关镇东关村清真寺院内	徽县林草局
62122700404	侧柏	*Platycladus orientalis*	100	23	113	10	徽县城关镇东关村清真寺后院	徽县林草局
62122700405	侧柏	*Platycladus orientalis*	150	19	119	6	徽县城关镇东关村清真寺后院	徽县林草局
62122700407	侧柏	*Platycladus orientalis*	150	12	94	9	徽县城关镇东关村清真寺院前	徽县林草局
62122700408	侧柏	*Platycladus orientalis*	200	20	170	12	徽县城关镇东关村清真寺院前	徽县林草局
62122700409	侧柏	*Platycladus orientalis*	200	22	138	5	徽县城关镇东关村清真寺院前	徽县林草局
62122700410	侧柏	*Platycladus orientalis*	200	17	110	6	徽县城关镇东关村清真寺院前	徽县林草局
62122700411	侧柏	*Platycladus orientalis*	200	23	151	9	徽县城关镇东关村清真寺院前	徽县林草局
62122800001	侧柏	*Platycladus orientalis*	800	14	256	5	两当县城关镇西南街城关小学院内	城关小学
62122800002	侧柏	*Platycladus orientalis*	800	16	307	13	两当县城关镇西南街城关小学院内	城关小学
62122800003	侧柏	*Platycladus orientalis*	800	20	350	22	两当县城关镇西南街城关小学院内	城关小学
62122800004	侧柏	*Platycladus orientalis*	800	19	473	18	两当县城关镇西南街城关小学院内	城关小学
62122800005	侧柏	*Platycladus orientalis*	800	20	285	10	两当县城关镇西南街城关小学院内	城关小学
62122800006	侧柏	*Platycladus orientalis*	500	22	277	9	两当县城关镇香泉村香泉寺院内	香泉寺
62122800007	侧柏	*Platycladus orientalis*	500	18	242	10	两当县城关镇香泉村香泉寺院内	香泉寺
62122800008	侧柏	*Platycladus orientalis*	500	21	247	9	两当县城关镇香泉村香泉寺院内	香泉寺
62122800009	侧柏	*Platycladus orientalis*	500	19	229	21	两当县城关镇香泉村香泉寺院内	香泉寺
62122800019	侧柏	*Platycladus orientalis*	230	12	258	15	两当县鱼池乡下滩村张家坪组道路旁	下滩村委会
62122800035	侧柏	*Platycladus orientalis*	150	18	197	24	两当县站儿巷镇冯河村盛家埡组吕家房后	冯河村委会
62122800070	侧柏	*Platycladus orientalis*	160	21	98	5	两当县兴化乡潘家村民房后	潘家村委会
62122800081	侧柏	*Platycladus orientalis*	500	21	332	13	两当县杨店镇颜家河村贯平组三清观院内	三清观
62122800082	侧柏	*Platycladus orientalis*	500	23	225	19	两当县杨店镇颜家河村贯平组三清观院内	三清观
62122800090	侧柏	*Platycladus orientalis*	350	19	190	9	两当县张家乡张家村张家庄下街大路旁	张家村委会
62122800091	侧柏	*Platycladus orientalis*	350	17	145	5	两当县张家乡张家村张家村下街大路旁	张家村委会
红豆杉科								
62120200580	三尖杉	*Cephalotaxus fortunei*	500	13	260	13	武都区洛塘镇聂家沟村坝里	聂家沟村委会
62120200590	三尖杉	*Cephalotaxus fortunei*	500	15	310	21	武都区洛塘镇钟山里村埡口大场边	钟山里村委会
62122100041	三尖杉	*Cephalotaxus fortunei*	300	10	160	6	成县城关镇北山村	城关镇政府
62122400099	三尖杉	*Cephalotaxus fortunei*	180	15	251	22	康县城关镇东沟村冯坪社	东沟村委会
62122400101	三尖杉	*Cephalotaxus fortunei*	400	12	365	12	康县岸门口镇吊桥沟村二社	吊桥沟村委会
62120218010	粗榧	*Cephalotaxus sinensis*	300	13	200	7	武都区枫相乡磨坝村王家门前	磨坝村委会
62122800043	粗榧	*Cephalotaxus sinensis*	500	22	202	16	两当县站儿巷镇银杏村寺沟组山坡	银杏村委会
62120200118	红豆杉	*Taxus wallichiana* var. *chinensis*	150	13	120	12	武都区姚寨镇四合村庙	四合村委会
62120200193	红豆杉	*Taxus wallichiana* var. *chinensis*	100	20	80	8	武都区甘泉镇甘泉街村赵家院内	甘泉街村委会
62120200202	红豆杉	*Taxus wallichiana* var. *chinensis*	150	8	120	9	武都区佛崖镇贾店村	贾店村委会
62120200204	红豆杉	*Taxus wallichiana* var. *chinensis*	250	13	170	15	武都区佛崖镇民委村刘家坟地	民委村委会

古树编号	树种	树种拉丁名	估测树龄	树高 (m)	树围 (cm)	平均冠幅 (m)	具体地点	管护单位 / 人
62120200562	红豆杉	*Taxus wallichiana* var. *chinensis*	500	7	280	10	武都区琵琶镇鸡公眼村三社	鸡公眼村委会
62120200591	红豆杉	*Taxus wallichiana* var. *chinensis*	350	14	220	14	武都区五马镇陈坝村二社石家梁	陈坝村委会
62120200592	红豆杉	*Taxus wallichiana* var. *chinensis*	350	7	240	7	武都区五马镇郭家坪村椒园坝河边	郭家坪村委会
62120200601	红豆杉	*Taxus wallichiana* var. *chinensis*	200	14	100	11	武都区五马镇市场村一社庙梁上	市场村委会
62120200641	红豆杉	*Taxus wallichiana* var. *chinensis*	200	8	130	14	武都区五库镇袁家坝村上沟社磨子崖	袁家坝村委会
62120200658	红豆杉	*Taxus wallichiana* var. *chinensis*	350	14	220	10	武都区三仓镇沟口坝村公路边路上	沟口坝村委会
62120200659	红豆杉	*Taxus wallichiana* var. *chinensis*	500	13	310	10	武都区三仓镇沟口坝村沟口坝社对面坡上	沟口坝村委会
62122100093	红豆杉	*Taxus wallichiana* var. *chinensis*	200	10	180	10	成县黄渚镇张庄村	黄渚镇政府
62122100094	红豆杉	*Taxus wallichiana* var. *chinensis*	120	9	130	11	成县黄渚镇王庄村	黄渚镇政府
62122100107	红豆杉	*Taxus wallichiana* var. *chinensis*	100	8	120	7	成县王磨镇陈家庄村	王磨镇政府
62122100109	红豆杉	*Taxus wallichiana* var. *chinensis*	150	10	180	9	成县王磨镇陈家庄村	王磨镇政府
62122100110	红豆杉	*Taxus wallichiana* var. *chinensis*	150	10	180	9	成县王磨镇陈家庄村	王磨镇政府
62122100135	红豆杉	*Taxus wallichiana* var. *chinensis*	150	10	160	10	成县二郎乡崖背村	二郎乡政府
62122100178	红豆杉	*Taxus wallichiana* var. *chinensis*	800	23	300	14	成县黄渚镇麻石村后坪上赵家屋后	麻石村委会
62122200008	红豆杉	*Taxus wallichiana* var. *chinensis*	700	9	100	5	文县天池镇天池村	天池村委会
62122300036	红豆杉	*Taxus wallichiana* var. *chinensis*	150	8	70	5	宕昌县新城子藏族乡拉界村鸭子滩	岷江林业总厂
62122300103	红豆杉	*Taxus wallichiana* var. *chinensis*	400	7	150	8	宕昌县沙湾镇杨何家村寺庙对面	杨何家村委会
62122400003	红豆杉	*Taxus wallichiana* var. *chinensis*	240	19	283	10	康县王坝镇何家庄村寇家庄社	何家庄村委会
62122400005	红豆杉	*Taxus wallichiana* var. *chinensis*	180	13	239	13	康县望关镇贯上村乱石窖社党员活动室	贯上村委会
62122400016	红豆杉	*Taxus wallichiana* var. *chinensis*	150	8	215	15	康县王坝镇廖家沟村廖家院社	廖家沟村委会
62122400020	红豆杉	*Taxus wallichiana* var. *chinensis*	140	8	221	9	康县王坝镇李家庄村东庄社	李家庄村委会
62122400037	红豆杉	*Taxus wallichiana* var. *chinensis*	260	9	302	10	康县城关镇江家湾村黑潭寺社小学旁边	江家湾村委会
62122400046	红豆杉	*Taxus wallichiana* var. *chinensis*	560	13	410	13	康县城关镇郑家沟村付家沟社	郑家沟村委会
62122400047	红豆杉	*Taxus wallichiana* var. *chinensis*	110	12	187	13	康县岸门口镇許家河村上峡社大峡口	許家河村委会
62122400054	红豆杉	*Taxus wallichiana* var. *chinensis*	300	14	330	21	康县长坝镇范家寺村荀家山社沟底	范家寺村委会
62122400055	红豆杉	*Taxus wallichiana* var. *chinensis*	170	13	237	17	康县长坝镇范家寺村许家沟社阴坡	范家寺村委会
62122400082	红豆杉	*Taxus wallichiana* var. *chinensis*	220	12	270	15	康县周家坝镇李坝村老王坪社	李坝村委会
62122400100	红豆杉	*Taxus wallichiana* var. *chinensis*	150	4	220	3	康县岸门口镇吊桥沟村王社柏树坎	吊桥沟村委会
62122400102	红豆杉	*Taxus wallichiana* var. *chinensis*	230	14	278	15	康县岸门口镇吊桥沟村四社	吊桥沟村委会
62122400108	红豆杉	*Taxus wallichiana* var. *chinensis*	270	14	307	7	康县长坝镇田家坝村田家坝社	田家坝村委会
62122400109	红豆杉	*Taxus wallichiana* var. *chinensis*	270	14	312	16	康县长坝镇老庄里村老庄社	老庄里村委会
62122400110	红豆杉	*Taxus wallichiana* var. *chinensis*	200	15	261	16	康县长坝镇田家坝村九股社六房沟	田家坝村委会
62122400111	红豆杉	*Taxus wallichiana* var. *chinensis*	260	13	302	8	康县长坝镇田家坝村九股社六房沟	田家坝村委会
62122500049	红豆杉	*Taxus wallichiana* var. *chinensis*	250	18	230	10	西和县晒经乡张河村	张河村委会
62122500050	红豆杉	*Taxus wallichiana* var. *chinensis*	120	16	120	5	西和县晒经乡兰湾村	兰湾村委会
62122500051	红豆杉	*Taxus wallichiana* var. *chinensis*	120	12	120	4	西和县晒经乡大庄村	大庄村委会
62122700032	红豆杉	*Taxus wallichiana* var. *chinensis*	500	21	195	15	徽县伏家镇贺店村红旗山北禅寺	红旗山北禅寺
62122700033	红豆杉	*Taxus wallichiana* var. *chinensis*	500	23	201	15	徽县伏家镇贺店村红旗山北禅寺	红旗山北禅寺
62122700219	红豆杉	*Taxus wallichiana* var. *chinensis*	200	10	163	6	徽县榆树乡东坡村	徽县林草局
62122700252	红豆杉	*Taxus wallichiana* var. *chinensis*	1100	17	349	26	徽县麻沿河镇屈兰村魏子沟	徽县林草局
62122700253	红豆杉	*Taxus wallichiana* var. *chinensis*	1100	17	236	27	徽县麻沿河镇屈兰村魏子沟	徽县林草局

古树编号	树种	树种拉丁名	估测树龄	树高 (m)	树围 (cm)	平均冠幅 (m)	具体地点	管护单位 / 人
62122700256	红豆杉	*Taxus wallichiana* var. *chinensis*	350	12	250	8	徽县麻沿河镇麻沿河村	徽县林草局
62122700257	红豆杉	*Taxus wallichiana* var. *chinensis*	1000	14	236	13	徽县麻沿河镇麻安村下庙	徽县林草局
62122700258	红豆杉	*Taxus wallichiana* var. *chinensis*	800	17	245	18	徽县麻沿河镇麻安村下庙	徽县林草局
62122700259	红豆杉	*Taxus wallichiana* var. *chinensis*	150	17	133	6	徽县麻沿河镇麻安村	徽县林草局
62122700367	红豆杉	*Taxus wallichiana* var. *chinensis*	350	19	210	14	徽县虞关乡山岔村梁沟社	徽县林草局
62122700395	红豆杉	*Taxus wallichiana* var. *chinensis*	200	9	210	5	徽县城关镇先农街道滨河路	徽县林草局
62122800053	红豆杉	*Taxus wallichiana* var. *chinensis*	1200	12	218	9	两当县云屏镇常河村松坪子组王勇家地边	常河村委会
62120200221	红豆杉	*Taxus wallichiana* var. *chinensis*	400	10	170	8	文县堡子坝镇福场村岷堡社	福场村委会
62120200261	红豆杉	*Taxus wallichiana* var. *chinensis*	800	8	270	8	文县铁楼乡草河坝村柏树地	草河坝村委会
62120200270	红豆杉	*Taxus wallichiana* var. *chinensis*	200	12	140	6	文县铁楼乡铁楼村	铁楼村委会
62122100189	红豆杉	*Taxus wallichiana* var. *chinensis*	110	8	100	5	成县沙坝镇赵坝村王沟上湾	赵坝村委会
62122100210	红豆杉	*Taxus wallichiana* var. *chinensis*	1000	23	400	13	成县黄渚镇柏湾村柏湾社	柏湾村委会
62122700046	巴山榧	*Torreya fargesii*	200	7	101	8	徽县嘉陵镇稻坪村	徽县林草局
62122700302	巴山榧	*Torreya fargesii*	500	15	160	8	徽县大河店镇柳树村庙旁	徽县林草局
62122700303	巴山榧	*Torreya fargesii*	600	15	192	11	徽县大河店镇柳树村庙旁	徽县林草局
62122700304	巴山榧	*Torreya fargesii*	600	15	251	8	徽县大河店镇余家沟村阴坡	徽县林草局
杨柳科								
62122200010	银白杨	*Populus alba*	600	30	400	17	文县临江镇月亮坝村	月亮坝村委会
62122200142	银白杨	*Populus alba*	100	25	370	20	文县天池镇屯寨村城门处	屯寨村委会
62122200071	青杨	*Populus cathayana*	200	25	430	15	文县临江镇寨子村一社	高玉生
62120200581	山杨	*Populus davidiana*	200	21	300	15	武都区洛塘镇聂家沟村坪里社河坝	聂家沟村委会
62120200582	山杨	*Populus davidiana*	150	19	250	15	武都区洛塘镇聂家沟村坪里社河坝	聂家沟村委会
62122200091	山杨	*Populus davidiana*	300	20	350	16	文县中寨镇中寨三村	中寨三村委会
62122300004	山杨	*Populus davidiana*	230	16	101	5	宕昌县新城子藏族乡岳藏甫村	宕昌县林草局
62122300005	山杨	*Populus davidiana*	200	18	145	5	宕昌县新城子藏族乡路岗头村路文化节点对面	宕昌县林草局
62122300006	山杨	*Populus davidiana*	100	15	101	5	宕昌县哈达铺镇下罗村李献忠家门前	宕昌县林草局
62122300007	山杨	*Populus davidiana*	150	13	150	6	宕昌县狮子乡阴山村学房河坝	宕昌县林草局
62122300008	山杨	*Populus davidiana*	100	15	103	4	宕昌县哈达铺镇下罗村李献忠家门前	宕昌县林草局
62122300012	山杨	*Populus davidiana*	200	13	1135	7	宕昌县南河镇任藏村	宕昌县林草局
62122300014	山杨	*Populus davidiana*	100	15	71	6	宕昌县南河镇花儿坡村桥头河坝	宕昌县林草局
62122300015	山杨	*Populus davidiana*	100	13	71	5	宕昌县南河镇花儿坡村桥头河坝	宕昌县林草局
62122300021	山杨	*Populus davidiana*	110	13	91	5	宕昌县何家堡乡大堡子村上水沟	宕昌县林草局
62122300025	山杨	*Populus davidiana*	130	15	142	6	宕昌县城关镇下坝社区阴坪庄	宕昌县林草局
62122300026	山杨	*Populus davidiana*	130	8	135	7	宕昌县城关镇下坝社区阴坪庄	宕昌县林草局
62122300027	山杨	*Populus davidiana*	130	15	146	7	宕昌县城关镇下坝社区阴坪庄	宕昌县林草局
62122300039	山杨	*Populus davidiana*	100	10	67	5	宕昌县城关镇玉地河村	宕昌县林草局
62122300054	山杨	*Populus davidiana*	100	20	87	4	宕昌县两河口镇清水子村	宕昌县林草局
62122300055	山杨	*Populus davidiana*	120	18	109	6	宕昌县沙湾镇董家村	宕昌县林草局
62122300056	山杨	*Populus davidiana*	140	18	88	6	宕昌县沙湾镇董家村	宕昌县林草局
62122300059	山杨	*Populus davidiana*	100	19	87	5	宕昌县沙湾镇老庄村青羊寺门前	宕昌县林草局
62122300060	山杨	*Populus davidiana*	100	19	88	6	宕昌县沙湾镇老庄村青羊寺门前	宕昌县林草局

古树编号	树种	树种拉丁名	估测树龄	树高 (m)	树围 (cm)	平均冠幅 (m)	具体地点	管护单位 / 人
62122300070	山杨	*Populus davidiana*	110	9	99	6	宕昌县狮子乡大许沟村河坝边	宕昌县林草局
62122300075	山杨	*Populus davidiana*	120	20	114	7	宕昌县狮子乡狮子村汤池庄	宕昌县林草局
62122300076	山杨	*Populus davidiana*	110	18	96	6	宕昌县狮子乡狮子村汤池庄	宕昌县林草局
62122300077	山杨	*Populus davidiana*	120	20	109	6	宕昌县狮子乡狮子村汤池庄	宕昌县林草局
62122300078	山杨	*Populus davidiana*	130	15	119	7	宕昌县狮子乡为石村为石村小学门前	宕昌县林草局
62122300079	山杨	*Populus davidiana*	130	17	118	7	宕昌县狮子乡为石村为石村小学侧边	宕昌县林草局
62122300082	山杨	*Populus davidiana*	100	10	90	6	宕昌县狮子乡阴山村石家欲河坝	宕昌县林草局
62122300083	山杨	*Populus davidiana*	200	21	122	7	宕昌县狮子乡阴山村上河家河坝	宕昌县林草局
62122300084	山杨	*Populus davidiana*	200	22	122	6	宕昌县狮子乡阴山村上河家河坝	宕昌县林草局
62122300085	山杨	*Populus davidiana*	120	12	106	5	宕昌县狮子乡阴山村学房河坝	宕昌县林草局
62122300086	山杨	*Populus davidiana*	150	20	108	5	宕昌县狮子乡阴山村学房河坝	宕昌县林草局
62122500042	山杨	*Populus davidiana*	120	12	290	10	西和县何坝镇马寨村	马寨村委会
62122500060	山杨	*Populus davidiana*	120	35	376	13	西和县姜席镇席川村	席川村委会
62122500063	山杨	*Populus davidiana*	140	20	470	20	西和县姜席镇北庄科村	北庄科村委会
62122200062	小叶杨	*Populus simonii*	300	30	260	13	文县梨坪镇九原村	九原村委会
62122200168	毛白杨	*Populus tomentosa*	150	32	365	21	文县城关镇贾昌村罗家坝	贾昌村委会
62122609001	毛白杨	*Populus tomentosa*	410	24	649	11	礼县红河镇菜子沟村	菜子沟村委会
62122500037	垂柳	*Salix babylonica*	200	7	400	6	西和县长道镇陈沟村	陈刚强
62122500039	垂柳	*Salix babylonica*	110	23	240	4	西和县稍峪镇符庄村	符庄村委会
62122100061	旱柳	*Salix matsudana*	120	12	180	8	成县抛沙镇坪岛村	抛沙镇政府
62122100090	旱柳	*Salix matsudana*	400	9	240	5	成县纸坊镇大营村	纸坊镇政府
62122100183	旱柳	*Salix matsudana*	100	22	300	11	成县沙坝镇牛窑村门前	牛窑村委会
62122300009	旱柳	*Salix matsudana*	110	10	75	5	宕昌县哈达铺镇下罗村	宕昌县林草局
62122500031	旱柳	*Salix matsudana*	110	11	100	7	西和县西高山镇下寨村	下寨村委会
62122500059	旱柳	*Salix matsudana*	110	14	190	10	西和县十里镇杨河村	杨河村委会
62122500062	旱柳	*Salix matsudana*	250	20	690	10	西和县姜席镇马沟村	马沟村委会
胡桃科								
62122100184	胡桃楸	*Juglans mandshurica*	200	19	30	11	成县沙坝镇芦湾村贾家门前	芦湾村委会
62122100185	胡桃楸	*Juglans mandshurica*	120	29	25	15	成县沙坝镇开元村徐家屋后	开元村委会
62120200031	胡桃	*Juglans regia*	500	25	460	30	武都区坪垭藏族乡赵杨坪村寺庙西南方	赵杨坪村委会
62120200117	胡桃	*Juglans regia*	300	18	310	18	武都区姚寨镇四合村公路左侧	四合村委会
62120200119	胡桃	*Juglans regia*	350	16	310	14	武都区姚寨镇四合村张家院旁	四合村委会
62120200253	胡桃	*Juglans regia*	300	10	360	12	文县铁楼乡李子坝一社	李子坝村委会
62120200258	胡桃	*Juglans regia*	250	16	330	8	文县铁楼乡李子坝房背后	李子坝村委会
62122100077	胡桃	*Juglans regia*	300	14	180	11	成县苏元镇庙垭村	苏元镇政府
62122100091	胡桃	*Juglans regia*	300	15	240	15	成县纸坊镇韩山村	纸坊镇政府
62122100100	胡桃	*Juglans regia*	200	12	330	12	成县黄渚镇吴湾村	黄渚镇政府
62122200063	胡桃	*Juglans regia*	100	20	240	15	文县梨坪镇九原村下寨	九原村委会
62122200189	胡桃	*Juglans regia*	150	25	370	16	文县桥头镇草坪村四沟	草坪村委会
62122300010	胡桃	*Juglans regia*	100	10	160	8	宕昌县哈达铺镇下罗村	宕昌县林草局
62122300016	胡桃	*Juglans regia*	120	8	180	7	宕昌县何家堡乡小堡子村陈家屋后	宕昌县林草局

古树编号	树种	树种拉丁名	估测树龄	树高 (m)	树围 (cm)	平均冠幅 (m)	具体地点	管护单位 / 人
62122300017	胡桃	*Juglans regia*	120	8	74	7	宕昌县何家堡乡小堡子村渠边	宕昌县林草局
62122300024	胡桃	*Juglans regia*	120	9	74	7	宕昌县城关镇下坝社区瓦石坪村阴坪庄	宕昌县林草局
62122300029	胡桃	*Juglans regia*	310	11	124	7	宕昌县城关镇下坝社区阴坪庄	宕昌县林草局
62122300040	胡桃	*Juglans regia*	130	7	93	6	宕昌县临江铺镇临江村	宕昌县林草局
62122300052	胡桃	*Juglans regia*	180	14	86	7	宕昌县官亭镇大村老庄后	宕昌县林草局
62122400014	胡桃	*Juglans regia*	200	17	386	21	康县王坝镇青林沟村张家院社谈家院	青林沟村委会
62122400059	胡桃	*Juglans regia*	350	19	355	21	康县大堡镇漆树沟村药地坝	漆树沟村委会
62122500024	胡桃	*Juglans regia*	150	9	285	10	西和县西高山镇杜坪村	杜坪村委会
62122700007	胡桃	*Juglans regia*	300	18	364	17	徽县柳林镇谢坪村庞山社路边	徽县林草局
62122400008	枫杨	*Pterocarya stenoptera*	900	22	534	20	康县岸门口镇严家坝村严家坝社党员活动室	严家坝村委会
62122400011	枫杨	*Pterocarya stenoptera*	900	21	624	27	康县岸门口镇街道朱家沟社	街道村委会
62122400040	枫杨	*Pterocarya stenoptera*	350	16	440	17	康县阳坝镇叶子坝村叶子坝一社	叶子坝村委会
桦木科								
62122700417	千金榆	*Carpinus cordata*	200	14	141	12	徽县大河店镇小地坝村花莲洞庙旁	徽县林草局
62122700418	千金榆	*Carpinus cordata*	300	17	188	13	徽县大河店镇小地坝村花莲洞庙旁	徽县林草局
62122700244	鹅耳枥	*Carpinus turczaninowii*	300	25	280	19	徽县高桥镇崔坝村祁庄庙	徽县林草局
62122700368	榛	*Corylus heterophylla*	550	15	339	22	徽县虞关乡山岔村梁沟社	徽县林草局
壳斗科								
62122100092	栗	*Castanea mollissima*	120	8	160	9	成县黄渚镇张庄村	黄渚镇政府
62122700222	栗	*Castanea mollissima*	200	18	371	13	徽县榆树乡东坡村庄阔社	徽县林草局
62122700319	栗	*Castanea mollissima*	400	14	333	14	徽县大河店镇硬湾村	徽县林草局
62122800055	栗	*Castanea mollissima*	350	19	217	18	两当县泰山乡双河村河对面山坡	双河村委会
62122800056	栗	*Castanea mollissima*	300	25	220	18	两当县泰山乡双河村小河口坡上	双河村委会
62122800057	栗	*Castanea mollissima*	300	16	197	15	两当县泰山乡新崖村新庄蒜地垭河坎边	新崖村委会
62122800051	岩栎	*Quercus acrodonta*	550	12	175	9	两当县云屏镇常河村松坪子组王勇家房后山崖	常河村委会
62122800052	岩栎	*Quercus acrodonta*	550	12	165	7	两当县云屏镇常河村松坪子组王勇家房后山崖	常河村委会
62120200606	麻栎	*Quercus acutissima*	360	17	190	12	武都区裕河镇梨树湾村碌础岭公路边	梨树湾村委会
62122100157	青冈	*Quercus glauca*	210	33	380	31	成县小川镇单山学校门前	单山村委会
62122100158	青冈	*Quercus glauca*	210	32	262	15	成县小川镇单山学校门前	单山村委会
62122100159	青冈	*Quercus glauca*	200	35	210	15	成县小川镇单山学校门前	单山村委会
62120200149	青冈	*Quercus glauca*	250	9	190	12	武都区汉林镇西山地村青冈树坟地	西山地村委会
62120200316	青冈	*Quercus glauca*	500	13	370	23	武都区桔柑镇桔柑村半沟社庙梁	桔柑村委会
62120200323	青冈	*Quercus glauca*	400	10	250	14	武都区龙凤乡李家湾村李根福家房右侧	李家湾村委会
62120200324	青冈	*Quercus glauca*	400	8	240	11	武都区龙凤乡李家湾村	李家湾村委会
62120200325	青冈	*Quercus glauca*	400	8	230	11	武都区龙凤乡李家湾村	李家湾村委会
62120200326	青冈	*Quercus glauca*	400	9	260	11	武都区龙凤乡李家湾村	李家湾村委会
62120200447	青冈	*Quercus glauca*	420	15	270	17	武都区玉皇乡羊圈头村庙梁	羊圈头村委会
62120200448	青冈	*Quercus glauca*	400	15	280	18	武都区玉皇乡羊圈头村庙梁	羊圈头村委会
62120200496	青冈	*Quercus glauca*	300	14	210	12	武都区郭河乡斗子坪村庙梁	斗子坪村委会
62120200498	青冈	*Quercus glauca*	200	12	180	11	武都区郭河乡斗子坪村张家山	斗子坪村委会
62120200524	青冈	*Quercus glauca*	600	18	430	27	武都区郭河乡玉头村歇台社老场梁石崖	玉头村委会

古树编号	树种	树种拉丁名	估测树龄	树高 (m)	树围 (cm)	平均冠幅 (m)	具体地点	管护单位 / 人
62120200561	青冈	*Quercus glauca*	500	27	380	17	武都区琵琶镇高家坝村阴坡庙梁	高家坝村委会
62120200565	青冈	*Quercus glauca*	400	24	290	18	武都区琵琶镇麻崖村寺沟社	麻崖村委会
62120200571	青冈	*Quercus glauca*	550	12	300	8	武都区琵琶镇武家山村韩家磨社	武家山村委会
62120200599	青冈	*Quercus glauca*	350	15	230	9	武都区五马镇石家坝村店子梁	石家坝村委会
62120200603	青冈	*Quercus glauca*	650	18	440	21	武都区五马镇西山村王家河	西山村委会
62120200612	青冈	*Quercus glauca*	750	33	460	22	武都区裕河镇孙家湾村大峁垭社	孙家湾村委会
62120200613	青冈	*Quercus glauca*	700	32	450	23	武都区裕河镇孙家湾村盘盘树梁	孙家湾村委会
62120200614	青冈	*Quercus glauca*	600	33	350	20	武都区裕河镇孙家湾村盘盘树梁	孙家湾村委会
62120200617	青冈	*Quercus glauca*	360	25	220	20	武都区裕河镇余家河村余家河社	余家河村委会
62120200618	青冈	*Quercus glauca*	400	27	240	21	武都区裕河镇余家河村余家河社	余家河村委会
62120200630	青冈	*Quercus glauca*	400	15	270	5	武都区五库镇上高家坝村二郎庙	上高家坝村委会
62120200655	青冈	*Quercus glauca*	300	20	250	9	武都区三仓镇成坝村阳西山社	成坝村委会
62120200656	青冈	*Quercus glauca*	400	21	300	10	武都区三仓镇成坝村阳西山社	成坝村委会
62122400043	青冈	*Quercus glauca*	220	15	315	20	康县阳坝镇蒋家坝村蒋家坝一社	蒋家坝村委会
62122400045	青冈	*Quercus glauca*	300	21	350	23	康县阳坝镇田坝里村田坝社老房子	田坝里村委会
62122400069	青冈	*Quercus glauca*	600	18	478	22	康县云台镇杜坝村上坝社	杜坝村委会
62122400112	青冈	*Quercus glauca*	380	15	360	19	康县云台镇铺坝村刘坪社	铺坝村委会
62122800038	青冈	*Quercus glauca*	350	39	389	36	两当县站儿巷镇马庄村许家山组	马庄村委会
62122100118	青冈	*Quercus glauca*	300	15	300	13	成县王磨镇黄山村	王磨镇政府
62122100119	青冈	*Quercus glauca*	300	14	310	12	成县王磨镇黄山村	王磨镇政府
62122100120	青冈	*Quercus glauca*	300	14	300	12	成县王磨镇黄山村	王磨镇政府
62122100121	青冈	*Quercus glauca*	350	16	350	13	成县王磨镇黄山村	王磨镇政府
62122100134	青冈	*Quercus glauca*	500	12	320	12	成县二郎乡潭河村	二郎乡政府
62122100143	青冈	*Quercus glauca*	200	14	260	13	成县二郎乡刘坪村	二郎乡政府
62122100144	青冈	*Quercus glauca*	220	15	280	13	成县二郎乡刘坪村	二郎乡政府
62122100146	青冈	*Quercus glauca*	300	14	300	9	成县陈院镇大垭村	陈院镇政府
62122400035	青冈	*Quercus glauca*	150	16	213	17	康县长坝镇傅家坝村沙坡社树林湾	傅家坝村委会
62122400053	青冈	*Quercus glauca*	130	14	220	18	康县两河镇吴营村楼房坪社卢家河坝	吴营村委会
62122400066	青冈	*Quercus glauca*	240	14	288	16	康县大堡镇庄子村李家山社石嘴底下	庄子村委会
62122400067	青冈	*Quercus glauca*	180	15	235	14	康县大堡镇庄子村李家山社观音庙	庄子村委会
62122800093	青冈	*Quercus glauca*	800	9	153	11	两当县金洞乡任湾村公路右侧大石头旁	任湾村委会
62122200198	蒙古栎	*Quercus mongolica*	500	33	480	15	文县桥头镇黄家村岳家山	黄家村委会
62122300087	蒙古栎	*Quercus mongolica*	200	9	85	5	宕昌县狮子乡狮子村寺庙对面	宕昌县林草局
62122300093	蒙古栎	*Quercus mongolica*	300	17	90	6	宕昌县狮子乡狮子村寺庙路边	宕昌县林草局
62122300094	蒙古栎	*Quercus mongolica*	320	20	101	7	宕昌县狮子乡狮子村寺庙路边	宕昌县林草局
62122300095	蒙古栎	*Quercus mongolica*	360	20	134	6	宕昌县狮子乡狮子村寺庙路边	宕昌县林草局
62122300096	蒙古栎	*Quercus mongolica*	320	23	104	6	宕昌县狮子乡狮子村寺庙路边	宕昌县林草局
62122300097	蒙古栎	*Quercus mongolica*	290	24	78	6	宕昌县狮子乡狮子村寺庙路边	宕昌县林草局
62122300098	蒙古栎	*Quercus mongolica*	310	12	80	7	宕昌县狮子乡狮子村寺庙旁	宕昌县林草局
62122700269	蒙古栎	*Quercus mongolica*	800	11	427	5	徽县大河店镇文池村中学旁	徽县林草局
62122700296	蒙古栎	*Quercus mongolica*	800	21	320	19	徽县大河店镇上山村	徽县林草局

古树编号	树种	树种拉丁名	估测树龄	树高 (m)	树围 (cm)	平均冠幅 (m)	具体地点	管护单位 / 人
62122700376	蒙古栎	*Quercus mongolica*	600	16	220	13	徽县银杏树镇宏化村海龙山顶	徽县林草局
62122800058	蒙古栎	*Quercus mongolica*	490	22	297	19	两当县泰山乡李山村寺庙旁	李山村委会
62122100003	蒙古栎	*Quercus mongolica*	400	10	250	19	成县宋坪乡田柳村	郑永立
62122100026	蒙古栎	*Quercus mongolica*	300	12	200	13	成县红川镇席郝村	红川镇政府
62122100049	蒙古栎	*Quercus mongolica*	300	15	420	6	成县小川镇联合村孟家山	小川镇政府
62122100051	蒙古栎	*Quercus mongolica*	150	15	250	7	成县索池镇索池村	索池镇政府
62122100070	蒙古栎	*Quercus mongolica*	400	10	240	7	成县鸡峰镇朝霞村	鸡峰镇政府
62122100073	蒙古栎	*Quercus mongolica*	800	15	450	13	成县苏元镇虎垭村	苏元镇政府
62122100081	蒙古栎	*Quercus mongolica*	150	12	180	12	成县纸坊镇梁河村	纸坊镇政府
62122100089	蒙古栎	*Quercus mongolica*	200	12	200	12	成县纸坊镇小路村	纸坊镇政府
62122100132	蒙古栎	*Quercus mongolica*	600	16	350	14	成县二郎乡店子村	二郎乡政府
62122100133	蒙古栎	*Quercus mongolica*	480	14	260	12	成县二郎乡店子村	二郎乡政府
62122100136	蒙古栎	*Quercus mongolica*	500	15	340	13	成县二郎乡崖背村	二郎乡政府
62122100137	蒙古栎	*Quercus mongolica*	150	12	200	10	成县二郎乡崖背村	二郎乡政府
62122100138	蒙古栎	*Quercus mongolica*	150	12	180	10	成县二郎乡崖背村	二郎乡政府
62122100148	蒙古栎	*Quercus mongolica*	400	16	350	16	成县沙坝镇桦树村	沙坝镇政府
62122100149	蒙古栎	*Quercus mongolica*	300	12	320	10	成县沙坝镇桦树村	沙坝镇政府
62122100150	蒙古栎	*Quercus mongolica*	350	15	360	16	成县沙坝镇桦树村	沙坝镇政府
62120200194	刺叶高山栎	*Quercus spinosa*	500	15	270	17	武都区甘泉镇李河村圆坪	李河村委会
62120200198	刺叶高山栎	*Quercus spinosa*	360	13	130	9	武都区甘泉镇杨家庙村张家院边	杨家庙村委会
62120200203	刺叶高山栎	*Quercus spinosa*	400	10	150	15	武都区佛崖镇民委村刘家坟地	民委村委会
62120200208	刺叶高山栎	*Quercus spinosa*	600	13	320	22	武都区佛崖镇冉儿沟村房背	冉儿沟村委会
62120200331	刺叶高山栎	*Quercus spinosa*	500	17	210	13	武都区龙凤乡寺塄坎村祁和富房前	寺塄坎村委会
62120200506	刺叶高山栎	*Quercus spinosa*	400	14	170	9	武都区郭河乡旧面下村	旧面下村委会
62120200507	刺叶高山栎	*Quercus spinosa*	500	13	260	16	武都区郭河乡绿化村绿化社坟梁	绿化村委会
62120200516	刺叶高山栎	*Quercus spinosa*	600	13	280	9	武都区郭河乡王董村王河大家场边	王董村委会
62120200525	刺叶高山栎	*Quercus spinosa*	600	18	260	18	武都区郭河乡玉头村玉头社	玉头村委会
62120200578	刺叶高山栎	*Quercus spinosa*	500	20	220	23	武都区洛塘镇架子石村	架子石村委会
62120200579	刺叶高山栎	*Quercus spinosa*	600	28	300	19	武都区洛塘镇架子石村	架子石村委会
62120200600	刺叶高山栎	*Quercus spinosa*	500	27	210	16	武都区五马镇石家坝村店子梁崖套子	石家坝村委会
62120200643	刺叶高山栎	*Quercus spinosa*	500	23	220	17	武都区五库镇袁家坝村上沟社张家湾	袁家坝村委会
62120200662	刺叶高山栎	*Quercus spinosa*	600	26	230	23	武都区三仓镇罗车寺村对河沟边梁	罗车寺村委会
62120200663	刺叶高山栎	*Quercus spinosa*	400	21	160	13	武都区三仓镇罗车寺村上庄庙梁	罗车寺村委会
62120200664	刺叶高山栎	*Quercus spinosa*	350	21	140	17	武都区三仓镇罗车寺村上庄庙梁	罗车寺村委会
62120200665	刺叶高山栎	*Quercus spinosa*	500	24	210	21	武都区三仓镇罗车寺村上庄庙梁	罗车寺村委会
62120218008	刺叶高山栎	*Quercus spinosa*	400	16	240	10	武都区三仓镇代洛山村房背后	代洛山村委会
62122100153	刺叶高山栎	*Quercus spinosa*	130	12	190	8	成县黄陈镇中湾村	王小平
62122100163	刺叶高山栎	*Quercus spinosa*	210	15	310	23	成县鸡峰镇张坪村小学后面	张坪村委会
62122100166	刺叶高山栎	*Quercus spinosa*	1100	18	300	10	成县陈院镇龙门村	龙门村委会
62122100171	刺叶高山栎	*Quercus spinosa*	120	14	120	8	成县陈院镇冰林村	冰林村委会
62122100172	刺叶高山栎	*Quercus spinosa*	600	18	300	15	成县陈院镇马坝村狗窝里	马坝村委会

古树编号	树种	树种拉丁名	估测树龄	树高 (m)	树围 (cm)	平均冠幅 (m)	具体地点	管护单位 / 人
62122100187	刺叶高山栎	*Quercus spinosa*	210	15	100	8	成县沙坝镇赵坝村郭湾	赵坝村委会
62122400034	刺叶高山栎	*Quercus spinosa*	300	15	265	15	康县长坝镇山根村山根社	山根村委会
62122400049	刺叶高山栎	*Quercus spinosa*	380	16	360	23	康县白杨乡池家营村池家营社党员活动室后	池家营村委会
62122400051	刺叶高山栎	*Quercus spinosa*	280	15	376	15	康县两河镇疗坝村张家坝社响潭子	疗坝村委会
62122400065	刺叶高山栎	*Quercus spinosa*	360	13	343	21	康县大堡镇大城村盘桃社	大城村委会
62122400090	刺叶高山栎	*Quercus spinosa*	180	12	250	16	康县寺台镇寺台村安房社蒲家山	寺台村委会
62122400091	刺叶高山栎	*Quercus spinosa*	140	17	190	17	康县迷坝乡十字村十字社	十字村委会
62122400113	刺叶高山栎	*Quercus spinosa*	200	17	295	19	康县云台镇铺坝村刘坪社	铺坝村委会
62122500002	刺叶高山栎	*Quercus spinosa*	1000	17	130	22	西和县西高山镇寇山村	杨福厚
62122500023	刺叶高山栎	*Quercus spinosa*	300	20	315	12	西和县西高山镇成集村	成集村委会
62122500026	刺叶高山栎	*Quercus spinosa*	1000	15	325	16	西和县西高山镇寇山村	寇山村委会
62122500029	刺叶高山栎	*Quercus spinosa*	200	10	100	7	西和县西高山镇新庄村	新庄村委会
62122500045	刺叶高山栎	*Quercus spinosa*	800	7	320	10	西和县洛峪镇灯塔村	灯塔村委会
62122500046	刺叶高山栎	*Quercus spinosa*	180	20	185	6	西和县六巷乡花桥村	花桥村委会
62122500047	刺叶高山栎	*Quercus spinosa*	400	20	340	10	西和县六巷乡杜台村	杜台村委会
62122500058	刺叶高山栎	*Quercus spinosa*	160	10	266	13	西和县十里镇元滩村	元滩村委会
62122500061	刺叶高山栎	*Quercus spinosa*	500	6	157	4	西和县姜席镇马集村	马集村委会
62122500067	刺叶高山栎	*Quercus spinosa*	1000	15	350	7	西和县石峡镇青坝村	青坝村委会
62122700217	刺叶高山栎	*Quercus spinosa*	200	20	242	13	徽县江洛镇徐杨村	徽县林草局
62122700262	刺叶高山栎	*Quercus spinosa*	200	14	192	11	徽县麻沿河镇麻安村	徽县林草局
62122700264	刺叶高山栎	*Quercus spinosa*	300	21	251	13	徽县麻沿河镇四坪村爱和平社	徽县林草局
62122700265	刺叶高山栎	*Quercus spinosa*	250	19	198	12	徽县麻沿河镇四坪村爱和平社	徽县林草局
62122700266	刺叶高山栎	*Quercus spinosa*	1000	25	380	27	徽县麻沿河镇四坪村宽沟	徽县林草局
62122700268	刺叶高山栎	*Quercus spinosa*	400	23	290	15	徽县大河店镇白崖村	徽县林草局
62122700416	刺叶高山栎	*Quercus spinosa*	250	16	126	14	徽县大河店镇小地坝村花莲洞庙旁	徽县林草局
62122200016	栓皮栎	*Quercus variabilis*	200	22	280	11	文县丹堡镇岔沟村神仙梁	岔沟村委会
62122200048	栓皮栎	*Quercus variabilis*	100	12	290	18	文县碧口镇白果村白果社	白果村委会
62122200049	栓皮栎	*Quercus variabilis*	160	18	420	28	文县碧口镇石土地村	石土地村委会
62122700061	栓皮栎	*Quercus variabilis*	300	22	314	12	徽县嘉陵镇严坪村	徽县林草局
62122700221	栓皮栎	*Quercus variabilis*	300	18	380	10	徽县榆树乡东坡村	徽县林草局
62122700297	栓皮栎	*Quercus variabilis*	400	26	232	15	徽县大河店镇上山村	徽县林草局
62122700314	栓皮栎	*Quercus variabilis*	300	33	289	19	徽县大河店镇硬湾村	徽县林草局
62122700316	栓皮栎	*Quercus variabilis*	500	33	280	15	徽县大河店镇硬湾村	徽县林草局
62122700317	栓皮栎	*Quercus variabilis*	300	29	204	13	徽县大河店镇硬湾村	徽县林草局
62122800067	栓皮栎	*Quercus variabilis*	300	11	179	19	两当县兴化乡化垭村贾山组土地庙	化垭村委会
62122800068	栓皮栎	*Quercus variabilis*	300	13	167	17	两当县兴化乡化垭村贾山组土地庙	化垭村委会
榆科								
62120200298	榔榆	*Ulmus parvifolia*	160	19	210	13	武都区桔柑乡东村贾家坟地	东村村委会
62120200337	榔榆	*Ulmus parvifolia*	300	12	250	17	武都区磨坝藏族乡曹家湾村公路边	曹家湾村委会
62120200352	榔榆	*Ulmus parvifolia*	150	17	180	14	武都区磨坝藏族乡磨坝村赵家门外	磨坝村委会
62120200366	榔榆	*Ulmus parvifolia*	400	16	360	16	武都区磨坝藏族乡唐家村机房旁	唐家村委会

古树编号	树种	树种拉丁名	估测树龄	树高 (m)	树围 (cm)	平均冠幅 (m)	具体地点	管护单位 / 人
62120200375	榔榆	*Ulmus parvifolia*	300	15	270	15	武都区磨坝藏族乡唐家村地坎	唐家村委会
62120200383	榔榆	*Ulmus parvifolia*	400	18	360	15	武都区磨坝藏族乡中腰村嘟罗梁	中腰村委会
62120200474	榔榆	*Ulmus parvifolia*	330	13	260	10	武都区郭河乡柏桃村	柏桃村委会
62120200475	榔榆	*Ulmus parvifolia*	400	17	310	14	武都区郭河乡柏桃村	柏桃村委会
62120200480	榔榆	*Ulmus parvifolia*	400	23	290	19	武都区郭河乡赤洛村赤洛社	赤洛村委会
62120200481	榔榆	*Ulmus parvifolia*	500	21	360	26	武都区郭河乡赤洛村赤洛社者家湾	赤洛村委会
62120200482	榔榆	*Ulmus parvifolia*	300	21	250	23	武都区郭河乡赤洛村赤洛社者家湾	赤洛村委会
62120200483	榔榆	*Ulmus parvifolia*	500	23	270	29	武都区郭河乡赤洛村赤洛社者家湾	赤洛村委会
62120200484	榔榆	*Ulmus parvifolia*	200	26	180	11	武都区郭河乡赤洛村赤洛社者家湾	赤洛村委会
62120200486	榔榆	*Ulmus parvifolia*	240	21	210	12	武都区郭河乡赤洛村赤洛小庄	赤洛村委会
62120200488	榔榆	*Ulmus parvifolia*	420	29	350	18	武都区郭河乡赤洛村张家社椽子林	赤洛村委会
62120200518	榔榆	*Ulmus parvifolia*	300	16	250	15	武都区郭河乡王董村王河寺头嘴	王董村委会
62120200519	榔榆	*Ulmus parvifolia*	250	16	200	11	武都区郭河乡王董村王河寺头嘴	王董村委会
62120200520	榔榆	*Ulmus parvifolia*	150	16	170	9	武都区郭河乡王董村王河寺头嘴	王董村委会
62120200537	榔榆	*Ulmus parvifolia*	300	18	300	10	武都区外纳镇沟渠村田家沟社张家门前	沟渠村委会
62120200538	榔榆	*Ulmus parvifolia*	300	18	260	10	武都区外纳镇沟渠村田家沟社张家门前	沟渠村委会
62120200539	榔榆	*Ulmus parvifolia*	300	18	260	10	武都区外纳镇沟渠村田家沟社张家门前	沟渠村委会
62120200583	榔榆	*Ulmus parvifolia*	350	26	270	15	武都区洛塘镇苹果村苹果社哆罗树梁	苹果村委会
62120200584	榔榆	*Ulmus parvifolia*	500	24	460	21	武都区洛塘镇苹果村苹果社哆罗树梁	苹果村委会
62120200632	榔榆	*Ulmus parvifolia*	300	15	250	13	武都区五库镇土地沟村麻地沟社	土地沟村委会
62120200634	榔榆	*Ulmus parvifolia*	300	16	200	14	武都区五库镇土地沟村麻地沟社	土地沟村委会
62120200635	榔榆	*Ulmus parvifolia*	500	17	360	13	武都区五库镇王坝村一社庙梁	王坝村委会
62120200636	榔榆	*Ulmus parvifolia*	380	19	280	14	武都区五库镇王坝村一社庙梁	王坝村委会
62120200637	榔榆	*Ulmus parvifolia*	400	22	320	18	武都区五库镇王坝村一社庙梁	王坝村委会
62120200638	榔榆	*Ulmus parvifolia*	350	15	260	8	武都区五库镇下高家坝村下坝社	下高家坝村委会
62120200647	榔榆	*Ulmus parvifolia*	120	9	100	7	武都区五库镇张家坝村闾院社中关寺	张家坝村委会
62120200670	榔榆	*Ulmus parvifolia*	500	30	400	15	武都区三仓镇坪头村楚家坝社河边	坪头村委会
62120200677	榔榆	*Ulmus parvifolia*	1000	32	620	29	武都区三仓镇坪头村台子上公路边	坪头村委会
62120200678	榔榆	*Ulmus parvifolia*	500	18	390	12	武都区三仓镇坪头村台子上社上庄里	坪头村委会
62120218007	榔榆	*Ulmus parvifolia*	350	18	310	10	武都区三仓镇代洛山村	代洛山村委会
62122400010	榔榆	*Ulmus parvifolia*	580	14	420	15	康县岸门口镇贾家坝村寺庙后	贾家坝村委会
62122400027	榔榆	*Ulmus parvifolia*	1400	20	650	33	康县碾坝镇大庄村	大庄村委会
62122400038	榔榆	*Ulmus parvifolia*	1500	17	797	24	康县阳坝镇小沟村庄园山	小沟村委会
62122800036	榔榆	*Ulmus parvifolia*	350	27	450	27	两当县站儿巷镇马庄村火崖子组田志明家房后	马庄村委会
62122800037	榔榆	*Ulmus parvifolia*	350	27	450	25	两当县站儿巷镇马庄村火崖子组田志明家房后	马庄村委会
62122800046	榔榆	*Ulmus parvifolia*	500	19	97	11	两当县云屏乡店子村村民活动广场	店子村委会
62122800061	榔榆	*Ulmus parvifolia*	1200	29	580	25	两当县西坡镇东坡村水泉组小路旁	东坡村委会
62122800063	榔榆	*Ulmus parvifolia*	300	26	175	24	两当县西坡镇东坡村碾子组桑园台路旁	东坡村委会
62122800064	榔榆	*Ulmus parvifolia*	400	18	121	19	两当县西坡镇东坡村水泉组	东坡村委会
62120200032	榆树	*Ulmus pumila*	350	20	280	16	武都区坪垭藏族乡赵杨坪村王有才家房前路边	赵杨坪村委会
62120200049	榆树	*Ulmus pumila*	350	18	300	20	武都区两水镇杜家沟村原小学院内	杜家沟村委会

古树编号	树种	树种拉丁名	估测树龄	树高 (m)	树围 (cm)	平均冠幅 (m)	具体地点	管护单位 / 人
62120200098	榆树	*Ulmus pumila*	100	15	160	7	武都区城关镇教场社区居银监局院内	教场社区
62120200099	榆树	*Ulmus pumila*	100	15	230	9	武都区城关镇教场社区牛奶厂入口处	教场社区
62120200100	榆树	*Ulmus pumila*	100	15	170	6	武都区城关镇教场社区牛奶厂入口处	教场社区
62120200102	榆树	*Ulmus pumila*	100	21	170	16	武都区城关镇北山社区市农牧局右侧	北山社区
62120200103	榆树	*Ulmus pumila*	100	21	190	6	武都区城关镇北山社区市农牧局右侧	北山社区
62120200104	榆树	*Ulmus pumila*	100	21	180	13	武都区城关镇北山社区市农牧局右侧	北山社区
62120200105	榆树	*Ulmus pumila*	100	21	180	9	武都区城关镇北山社区市农牧局右侧	北山社区
62120200219	榆树	*Ulmus pumila*	1200	27	520	17	文县堡子坝乡福场村	王步红
62120200284	榆树	*Ulmus pumila*	350	15	310	20	武都区汉王镇汉王街村汉王小学门前	汉王街村委会
62120200285	榆树	*Ulmus pumila*	300	15	270	12	武都区汉王镇汉王街村汉王小学院内	汉王街村委会
62120200446	榆树	*Ulmus pumila*	150	10	160	12	武都区玉皇乡羊圈头村	羊圈头村委会
62120200566	榆树	*Ulmus pumila*	200	23	190	13	武都区琵琶镇毛坡村河坝社	毛坡村委会
62120200567	榆树	*Ulmus pumila*	200	17	190	11	武都区琵琶镇琵琶街村	琵琶街村委会
62120200610	榆树	*Ulmus pumila*	400	26	310	14	武都区裕河乡庙坝村文家河社	庙坝村委会
62122100101	榆树	*Ulmus pumila*	300	12	330	11	成县黄渚镇茨坝村	黄渚镇政府
62122100105	榆树	*Ulmus pumila*	120	12	200	12	成县王磨镇杨庄村	王磨镇政府
62122100147	榆树	*Ulmus pumila*	240	12	300	12	成县陈院镇龙门村	陈院镇政府
62122100200	榆树	*Ulmus pumila*	100	16	200	11	成县城关镇袁大村	袁大村委会
62122200015	榆树	*Ulmus pumila*	450	20	260	18	文县丹堡镇前山村石家山	前山村委会
62122200158	榆树	*Ulmus pumila*	600	25	400	10	文县城关镇滴水崖村大地社	滴水崖村委会
62122601005	榆树	*Ulmus pumila*	120	15	72	7	礼县城关镇旧一中	旧一中
62122607003	榆树	*Ulmus pumila*	400	15	80	13	礼县祁山镇靳坪村	靳坪村委会
62122700254	榆树	*Ulmus pumila*	450	34	236	14	徽县麻沿河镇麻安村	徽县林草局
62122700255	榆树	*Ulmus pumila*	420	33	192	14	徽县麻沿河镇麻安村	徽县林草局
62122700261	榆树	*Ulmus pumila*	300	26	314	19	徽县麻沿河镇熊北村	徽县林草局
62122200061	榉树	*Zelkova serrata*	1000	25	580	15	文县梨坪镇九原村上寨	九原村委会
62122200326	榉树	*Zelkova serrata*	300	13	240	8	文县铁楼乡麦贡山村	麦贡山村委会
62122200328	榉树	*Zelkova serrata*	500	10	440	4	文县铁楼乡麦贡山村	麦贡山村委会
62122615001	榉树	*Zelkova serrata*	420	15	135	5	礼县龙林镇杜坝村	杜坝村委会
62122100216	大果榉	*Zelkova sinica*	300	22	200	11	成县王磨镇周堺村磨子沟口	周堺村委会
桑科								
62122400105	柘树	*Maclura tricuspidata*	150	12	228	14	康县铜钱镇八仙位村岗家坪	八仙位村委会
62120200165	桑	*Morus alba*	250	13	200	12	武都区柏林镇上渠道村村内路边	上渠道村委会
62120200169	桑	*Morus alba*	300	9	250	17	武都区柏林镇田家沟村	田家沟村委会
62122100214	桑	*Morus alba*	120	13	200	11	成县王磨镇周堺村旧村门前	周堺村委会
62122200070	桑	*Morus alba*	300	15	250	13	文县临江镇大坪村大梁	大坪村委会
62122400056	桑	*Morus alba*	170	12	452	12	康县大堡镇宋家坝村宋家坝社	宋家坝村委会
62122400085	桑	*Morus alba*	120	13	230	14	康县寺台镇寺台村邱家坝社	寺台村委会
62122700103	桑	*Morus alba*	120	9	188	7	徽县嘉陵镇黄桥村	徽县林草局
62122700104	桑	*Morus alba*	150	19	258	15	徽县嘉陵镇黄桥村	徽县林草局
62122700392	桑	*Morus alba*	200	13	157	7	徽县水阳镇胡河村大坪社吴家扁	徽县林草局

古树编号	树种	树种拉丁名	估测树龄	树高 (m)	树围 (cm)	平均冠幅 (m)	具体地点	管护单位 / 人
连香树科								
62122400023	连香树	*Cercidiphyllum japonicum*	220	18	329	8	康县豆坝镇长沟村	长沟村委会
木兰科								
62122300033	鹅掌楸	*Liriodendron chinensis*	200	17	66	6	宕昌县城关镇下坝社区阴坪庄	宕昌县林草局
62122300033	鹅掌楸	*Liriodendron chinensis*	200	17	66	6	宕昌县城关镇下坝社区阴坪庄	宕昌县林草局
62120200642	玉兰	*Yulania denudata*	200	22	180	9	武都区五库镇袁家坝村上沟社寺坪里	袁家坝村委会
62122400025	玉兰	*Yulania denudata*	200	12	270	19	康县豆坝镇长沟村	长沟村委会
62122200009	玉兰	*Yulania denudata*	120	20	200	4	文县天池镇天池村	天池村委会
62122200188	紫玉兰	*Yulania liliiflora*	200	18	490	12	文县桥头镇建华村上窑	建华村委会
62122700048	紫玉兰	*Yulania liliiflora*	350	22	352	21	徽县嘉陵镇稻坪村郭山	徽县林草局
樟科								
62122700309	黑壳楠	*Lindera megaphylla*	500	14	286	10	徽县大河店镇大地坝村庄阔社	徽县林草局
62122700350	黑壳楠	*Lindera megaphylla*	300	18	314	21	徽县虞关乡山岔村山岔沟路边	徽县林草局
62120200654	楠木	*Phoebe zhennan*	500	14	250	10	武都区三仓镇草河坝村楠木树湾公路边	草河坝村委会
62122400041	楠木	*Phoebe zhennan*	150	16	229	13	康县阳坝镇康家坡村土地坪社尖尖崖	康家坡村委会
62122400107	楠木	*Phoebe zhennan*	110	15	234	18	康县阳坝镇老江坝村三社罗家河坝	老江坝村委会
杜仲科								
62122200042	杜仲	*Eucommia ulmoides*	130	16	220	15	文县玉垒乡冉家村冉家坪	冉家村委会
蔷薇科								
62122700311	枇杷	*Eriobotrya japonica*	300	15	195	10	徽县大河店镇大河村	徽县林草局
62122700312	枇杷	*Eriobotrya japonica*	350	15	207	12	徽县大河店镇大河村	徽县林草局
62122700394	杏	*Prunus armeniaca*	150	14	182	13	徽县水阳镇胡河村峡口社白寺坝	徽县林草局
62122800083	杏	*Prunus armeniaca*	300	20	108	12	两当县杨店镇颜家河村贯平组三清观广场边	三清观
62122100155	稠李	*Prunus padus*	1000	15	320	22	成县二郎乡刘坪村王沟社庙门口	刘坪村委会
62120200014	白梨	*Pyrus bretschneideri*	240	18	250	19	武都区角弓镇鹿坝村广场东	鹿坝村委会
62120200015	白梨	*Pyrus bretschneideri*	200	17	210	23	武都区角弓镇鹿坝村广场西	鹿坝村委会
62120200497	白梨	*Pyrus bretschneideri*	200	11	210	9	武都区郭河乡斗子坪村庙梁上张家山	斗子坪村委会
62122300011	白梨	*Pyrus bretschneideri*	110	6	80	6	宕昌县哈达铺镇王家村高志豪家房后	宕昌县林草局
62122300013	白梨	*Pyrus bretschneideri*	170	11	101	6	宕昌县南河镇花儿坡村八路川场边	宕昌县林草局
62122300072	白梨	*Pyrus bretschneideri*	120	14	72	6	宕昌县狮子乡大许沟村小水沟坟地	宕昌县林草局
62122400064	白梨	*Pyrus bretschneideri*	300	14	324	20	康县大堡镇管家沟村冯家山社梨树场	管家沟村委会
62122611002	秋子梨	*Pyrus ussuriensis*	230	15	242	14	礼县固城镇芦化村圆树梁	芦化村委会
62122200190	木梨	*Pyrus xerophila*	150	18	210	5	文县桥头镇丰坡村山王家院内	丰坡村委会
豆科								
62122100139	紫荆	*Cercis chinensis*	150	10	180	8	成县二郎乡崖背村	二郎乡政府
62120200279	皂荚	*Gleditsia sinensis*	1000	15	350	14	文县铁楼乡入贡山村二社	入贡山村委会
62122100165	皂荚	*Gleditsia sinensis*	130	13	181	15	成县城关镇李武村书房二社	李武村委会
62122100213	皂荚	*Gleditsia sinensis*	120	21	200	14	成县王磨镇周塄村旧村门前	周塄村委会
62122200047	皂荚	*Gleditsia sinensis*	120	25	220	16	文县碧口镇白果村	白果村委会
62122200076	皂荚	*Gleditsia sinensis*	250	20	238	17	文县尚德镇水坝村水坝社	张建红
62122200080	皂荚	*Gleditsia sinensis*	130	18	152	9	文县尚德镇尹家坝村寺庙	尹家坝村委会

古树编号	树种	树种拉丁名	估测树龄	树高 (m)	树围 (cm)	平均冠幅 (m)	具体地点	管护单位 / 人
62122200108	皂荚	*Gleditsia sinensis*	300	16	480	12	文县尖山乡尚家山村莲花池	尚家山村委会
62122200166	皂荚	*Gleditsia sinensis*	1000	21	180	12	文县城关镇元茨头村	元茨头村委会
62122200167	皂荚	*Gleditsia sinensis*	1000	22	340	16	文县城关镇元茨头村	元茨头村委会
62122607001	皂荚	*Gleditsia sinensis*	310	7	198	8	礼县祁山镇祁山村祁山堡院内	祁山堡公园
62120200017	皂荚	*Gleditsia sinensis*	300	16	260	20	武都区角弓镇年家村党员活动室后	年家村委会
62120200039	皂荚	*Gleditsia sinensis*	250	16	150	12	武都区石门镇小山坪村九天圣母殿右侧	小山坪村委会
62120200044	皂荚	*Gleditsia sinensis*	300	15	230	19	武都区两水镇杜家沟村查录秀家门前	杜家沟村委会
62120200059	皂荚	*Gleditsia sinensis*	350	10	250	9	武都区两水镇段河坝村路边	段河坝村委会
62120200060	皂荚	*Gleditsia sinensis*	120	15	160	15	武都区两水镇段河坝村磨坊后坎	段河坝村委会
62120200156	皂荚	*Gleditsia sinensis*	250	17	190	9	武都区柏林镇浩家沟村浩家门前	浩家沟村委会
62120200289	皂荚	*Gleditsia sinensis*	300	9	210	18	武都区汉王镇汉王街村镇政府院内	汉王街村委会
62120200415	皂荚	*Gleditsia sinensis*	400	17	310	15	武都区三河镇竹林村党员活动室对面	竹林村委会
62120200416	皂荚	*Gleditsia sinensis*	190	16	160	12	武都区三河镇竹林村党员活动室对面	竹林村委会
62120200544	皂荚	*Gleditsia sinensis*	400	20	300	14	武都区外纳镇沟渠村张家河社石台寺外墙边	沟渠村委会
62120200558	皂荚	*Gleditsia sinensis*	350	20	310	16	武都区外纳镇张河坝村张河坝社	张河坝村委会
62120200569	皂荚	*Gleditsia sinensis*	500	19	320	20	武都区琵琶镇谈坝村扁家坝社	谈坝村委会
62120200573	皂荚	*Gleditsia sinensis*	400	17	250	18	武都区琵琶镇玄湾村二社	玄湾村委会
62120200576	皂荚	*Gleditsia sinensis*	520	18	320	17	武都区琵琶镇玄湾村赵坪社	玄湾村委会
62120200586	皂荚	*Gleditsia sinensis*	300	17	210	14	武都区洛塘镇青崖沟村缺坝社公路边	青崖沟村委会
62120200622	皂荚	*Gleditsia sinensis*	500	20	270	8	武都区五库镇安家坝村安家坝社沟边上	安家坝村委会
62120200651	皂荚	*Gleditsia sinensis*	300	25	180	19	武都区五库镇张家坝村张坝社老庄里	张家坝村委会
62120200652	皂荚	*Gleditsia sinensis*	300	26	220	19	武都区五库镇张家坝村张坝社老庄里	张家坝村委会
62120200653	皂荚	*Gleditsia sinensis*	350	25	260	17	武都区五库镇张家坝村张坝社老庄里	张家坝村委会
62122100002	皂荚	*Gleditsia sinensis*	300	15	240	21	成县宋坪乡格楼坝村	郑永立
62122100017	皂荚	*Gleditsia sinensis*	300	18	160	7	成县红川镇席郝村	红川镇政府
62122100031	皂荚	*Gleditsia sinensis*	300	14	180	15	成县镡河乡建村	武向宁
62122100079	皂荚	*Gleditsia sinensis*	300	15	200	11	成县苏元镇庙垭村	苏元镇政府
62122100113	皂荚	*Gleditsia sinensis*	220	12	280	8	成县王磨镇杨庄村	王磨镇政府
62122100179	皂荚	*Gleditsia sinensis*	300	21	300	15	成县黄渚镇吴湾村土坑里	吴湾村委会
62122300034	皂荚	*Gleditsia sinensis*	120	9	78	6	宕昌县城关镇下坝社区十字路口	宕昌县林草局
62122300035	皂荚	*Gleditsia sinensis*	200	15	96	7	宕昌县城关镇下坝社区十字路口	宕昌县林草局
62122300043	皂荚	*Gleditsia sinensis*	360	11	123	7	宕昌县官亭镇大村寺庙后	宕昌县林草局
62122300044	皂荚	*Gleditsia sinensis*	190	10	95	6	宕昌县官亭镇大村寺庙路边	宕昌县林草局
62122300045	皂荚	*Gleditsia sinensis*	170	8	90	7	宕昌县官亭镇大村寺庙路边	宕昌县林草局
62122300057	皂荚	*Gleditsia sinensis*	190	8	94	6	宕昌县沙湾镇董家村高庙山旁	宕昌县林草局
62122300058	皂荚	*Gleditsia sinensis*	140	7	84	6	宕昌县沙湾镇董家村庙山门旁	宕昌县林草局
62122400115	皂荚	*Gleditsia sinensis*	200	18	310	15	康县大南峪镇花庙村王山社党员活动室	花庙村委会
62122500003	皂荚	*Gleditsia sinensis*	500	18	110	13	西和县西高山镇寇山村	杨福厚
62122612002	皂荚	*Gleditsia sinensis*	400	19	115	12	礼县雷坝镇魏磨村	魏磨村委会
62122700004	皂荚	*Gleditsia sinensis*	300	22	301	13	徽县永宁镇高山村四方沟场边	徽县林草局
62122700057	皂荚	*Gleditsia sinensis*	600	21	390	15	徽县嘉陵镇严坪村	徽县林草局

古树编号	树种	树种拉丁名	估测树龄	树高 (m)	树围 (cm)	平均冠幅 (m)	具体地点	管护单位 / 人
62122700091	皂荚	*Gleditsia sinensis*	300	26	229	13	徽县嘉陵镇稻坪村尹坪社	徽县林草局
62122700098	皂荚	*Gleditsia sinensis*	500	24	330	18	徽县嘉陵镇嘉陵村姚坪路	徽县林草局
62122700100	皂荚	*Gleditsia sinensis*	300	26	295	10	徽县嘉陵镇嘉陵村姚坪路	徽县林草局
62122700108	皂荚	*Gleditsia sinensis*	500	22	239	13	徽县嘉陵镇大滩村高崖社	徽县林草局
62122700112	皂荚	*Gleditsia sinensis*	200	19	188	15	徽县嘉陵镇大滩村范家窑	徽县林草局
62122700113	皂荚	*Gleditsia sinensis*	200	22	188	14	徽县嘉陵镇嘉陵村赵坪社	徽县林草局
62122700117	皂荚	*Gleditsia sinensis*	400	24	320	16	徽县嘉陵镇大山村王庄社	徽县林草局
62122700130	皂荚	*Gleditsia sinensis*	250	22	177	13	徽县嘉陵镇田河村关神堡社	徽县林草局
62122700192	皂荚	*Gleditsia sinensis*	220	18	192	14	徽县嘉陵镇田河村下坝社河对面	徽县林草局
62122700208	皂荚	*Gleditsia sinensis*	200	16	188	14	徽县嘉陵镇田河村下坝社河对面	徽县林草局
62122700215	皂荚	*Gleditsia sinensis*	200	15	261	6	徽县江洛镇赵湾村石门子社	徽县林草局
62122700218	皂荚	*Gleditsia sinensis*	300	22	290	20	徽县江洛镇清河村隧道口	徽县林草局
62122700233	皂荚	*Gleditsia sinensis*	300	28	427	8	徽县高桥镇徐沟村	徽县林草局
62122700236	皂荚	*Gleditsia sinensis*	120	15	192	16	徽县高桥镇徐沟村	徽县林草局
62122700237	皂荚	*Gleditsia sinensis*	200	17	258	11	徽县高桥镇徐沟村	徽县林草局
62122700238	皂荚	*Gleditsia sinensis*	150	17	220	13	徽县高桥镇徐沟村	徽县林草局
62122700300	皂荚	*Gleditsia sinensis*	200	17	261	17	徽县大河店镇柳树村	徽县林草局
62122700306	皂荚	*Gleditsia sinensis*	250	21	242	14	徽县大河店镇余家沟村阳坡	徽县林草局
62122700320	皂荚	*Gleditsia sinensis*	300	19	305	13	徽县虞关乡末子村泥山社	徽县林草局
62122700321	皂荚	*Gleditsia sinensis*	500	24	415	17	徽县虞关乡末子村大坪社	徽县林草局
62122700323	皂荚	*Gleditsia sinensis*	250	24	214	14	徽县虞关乡末子村闻梁社	徽县林草局
62122700325	皂荚	*Gleditsia sinensis*	300	26	314	17	徽县虞关乡末子村闻梁社	徽县林草局
62122700330	皂荚	*Gleditsia sinensis*	600	27	421	22	徽县虞关乡末子村闻梁社	徽县林草局
62122700332	皂荚	*Gleditsia sinensis*	200	23	195	18	徽县虞关乡末子村闻梁社	徽县林草局
62122700337	皂荚	*Gleditsia sinensis*	200	22	258	10	徽县虞关乡穆坪村合寨	徽县林草局
62122700338	皂荚	*Gleditsia sinensis*	400	27	371	18	徽县虞关乡穆坪村	徽县林草局
62122700339	皂荚	*Gleditsia sinensis*	500	21	245	17	徽县虞关乡许坝村中坝社	徽县林草局
62122700342	皂荚	*Gleditsia sinensis*	100	18	144	15	徽县虞关乡许坝村中坝社	徽县林草局
62122700351	皂荚	*Gleditsia sinensis*	150	19	220	13	徽县虞关乡山岔村山岔沟路边	徽县林草局
62122700388	皂荚	*Gleditsia sinensis*	400	16	371	14	徽县水阳镇泰山村	徽县林草局
62122700390	皂荚	*Gleditsia sinensis*	120	11	132	9	徽县水阳镇泰山村石峡河对面	徽县林草局
62122700393	皂荚	*Gleditsia sinensis*	500	27	314	13	徽县水阳镇胡河村大坪社吴家扁	徽县林草局
62122700412	皂荚	*Gleditsia sinensis*	120	19	182	10	徽县城关镇北街吴山路口	徽县林草局
62122800013	皂荚	*Gleditsia sinensis*	100	14	223	21	两当县金洞乡贯沟村柴家窑小路旁	贯沟村委会
62122800023	皂荚	*Gleditsia sinensis*	100	14	148	11	两当县鱼池乡乔河村水沟组活动广场边	乔河村委会
62122800024	皂荚	*Gleditsia sinensis*	110	15	230	15	两当县显龙镇聂沟村王坪组大路旁	聂沟村委会
62122800060	皂荚	*Gleditsia sinensis*	300	19	268	16	两当县西坡镇东坡村碾子组庄边大路旁	东坡村委会
62122800062	皂荚	*Gleditsia sinensis*	300	18	152	15	两当县西坡镇东坡村碾子组大麦场边	东坡村委会
62122800069	皂荚	*Gleditsia sinensis*	350	16	235	14	两当县兴化乡树林村王垭河组小路口	树林村委会
62122800072	皂荚	*Gleditsia sinensis*	300	18	360	11	两当县兴化乡柳树村二组常家阙公路边	柳树村委会
62122800088	皂荚	*Gleditsia sinensis*	300	24	108	20	两当县左家乡大庄村旮旯组路边院内	大庄村委会

古树编号	树种	树种拉丁名	估测树龄	树高 (m)	树围 (cm)	平均冠幅 (m)	具体地点	管护单位 / 人
62122400104	油麻藤	*Mucuna sempervirens*	100	7	72	10	康县铜钱镇罗家坪村罗家坪社党员活动室	罗家坪村委会
62122400044	红豆树	*Ormosia hosiei*	110	17	253	19	康县阳坝镇田坝里村阴山社黑潭河边	田坝里村委会
62122300042	刺槐	*Robinia pseudoacacia*	100	11	79	6	宕昌县官亭镇大村村口	宕昌县林草局
62122500035	刺槐	*Robinia pseudoacacia*	150	25	398	11	西和县长道镇小峪村	小峪村委会
62122500036	刺槐	*Robinia pseudoacacia*	150	23	289	20	西和县长道镇小峪村	小峪村委会
62122500053	刺槐	*Robinia pseudoacacia*	120	15	262	9	西和县苏合镇丁河村	张彦
62112603005	槐	*Styphnolobium japonicum*	320	13	127	10	礼县石桥镇瑶峪村	瑶峪村委会
62120200212	槐	*Styphnolobium japonicum*	500	16	320	12	文县桥头镇安子坡村	安子坡村委会
62120200213	槐	*Styphnolobium japonicum*	600	25	350	18	文县桥头镇安子坡村	安子坡村委会
62120200218	槐	*Styphnolobium japonicum*	500	15	320	7	文县堡子坝镇新胜村张家社	新胜村委会
62120200223	槐	*Styphnolobium japonicum*	1200	28	510	20	文县堡子坝镇八字河村	八字河村委会
62120200226	槐	*Styphnolobium japonicum*	1000	18	350	12	文县堡子坝镇柏树坪村王家堡	柏树坪村委会
62120200234	槐	*Styphnolobium japonicum*	500	24	320	20	文县堡子坝镇白崖山村二社	白崖山村委会
62120200236	槐	*Styphnolobium japonicum*	500	23	400	18	文县堡子坝镇白崖山村	白崖山村委会
62120200237	槐	*Styphnolobium japonicum*	1200	10	330	14	文县堡子坝镇朱家台村	朱家台村委会
62120200238	槐	*Styphnolobium japonicum*	1200	25	500	14	文县堡子坝镇朱家台村	朱家台村委会
62120200239	槐	*Styphnolobium japonicum*	1000	18	360	11	文县堡子坝镇朱家台村	朱家台村委会
62120200240	槐	*Styphnolobium japonicum*	500	18	300	10	文县堡子坝镇朱家台村	朱家台村委会
62120200242	槐	*Styphnolobium japonicum*	400	15	300	15	文县堡子坝镇朱家台村	朱家台村委会
62120200244	槐	*Styphnolobium japonicum*	800	19	450	11	文县堡子坝镇朱家台村	朱家台村委会
62120200246	槐	*Styphnolobium japonicum*	300	20	210	12	文县堡子坝镇中岭山村斉山社	中岭山村委会
62120200247	槐	*Styphnolobium japonicum*	300	20	230	10	文县堡子坝镇中岭山村	中岭山村委会
62120200248	槐	*Styphnolobium japonicum*	1000	22	370	11	文县堡子坝镇中岭山村	中岭山村委会
62120200249	槐	*Styphnolobium japonicum*	500	19	270	12	文县堡子坝镇中岭山村	中岭山村委会
62120200250	槐	*Styphnolobium japonicum*	1000	16	380	16	文县堡子坝镇中岭山村	中岭山村委会
62120200251	槐	*Styphnolobium japonicum*	1000	18	350	16	文县堡子坝镇中岭山村	中岭山村委会
62120200252	槐	*Styphnolobium japonicum*	500	13	280	11	文县堡子坝镇中岭山村	中岭山村委会
62120200259	槐	*Styphnolobium japonicum*	300	26	250	8	文县铁楼乡李子坝村二社	李子坝村委会
62120200260	槐	*Styphnolobium japonicum*	120	11	210	11	文县铁楼乡寨科桥村一社	寨科桥村委会
62120200262	槐	*Styphnolobium japonicum*	300	17	200	14	文县铁楼乡草河坝村二社	草河坝村委会
62120200263	槐	*Styphnolobium japonicum*	600	6	340	8	文县铁楼乡枕头坝村一社	枕头坝村委会
62120200265	槐	*Styphnolobium japonicum*	500	23	300	14	文县铁楼乡铁楼村五社	铁楼村委会
62120200266	槐	*Styphnolobium japonicum*	300	18	315	15	文县铁楼乡铁楼村五社	铁楼村委会
62120200267	槐	*Styphnolobium japonicum*	500	18	320	15	文县铁楼乡铁楼村五社	铁楼村委会
62120200268	槐	*Styphnolobium japonicum*	200	8	240	9	文县铁楼乡铁楼村五社	铁楼村委会
62120200269	槐	*Styphnolobium japonicum*	200	10	210	5	文县铁楼乡铁楼村五社	铁楼村委会
62120200271	槐	*Styphnolobium japonicum*	200	24	200	14	文县铁楼乡铁楼村四社	铁楼村委会
62120200273	槐	*Styphnolobium japonicum*	150	14	160	13	文县铁楼乡铁楼村四社	铁楼村委会
62120200274	槐	*Styphnolobium japonicum*	650	19	290	10	文县铁楼乡铁楼村二社	铁楼村委会
62120200275	槐	*Styphnolobium japonicum*	250	15	220	18	文县铁楼乡铁楼村二社	铁楼村委会
62120200276	槐	*Styphnolobium japonicum*	150	15	190	15	文县铁楼乡铁楼村二社	铁楼村委会

古树编号	树种	树种拉丁名	估测树龄	树高 (m)	树围 (cm)	平均冠幅 (m)	具体地点	管护单位 / 人
62120200277	槐	*Styphnolobium japonicum*	300	16	250	15	文县铁楼乡铁楼村二社	铁楼村委会
62120200278	槐	*Styphnolobium japonicum*	600	8	320	8	文县铁楼乡铁楼村二社	铁楼村委会
62122100007	槐	*Styphnolobium japonicum*	300	15	170	11	成县红川镇席郝村	红川镇政府
62122100015	槐	*Styphnolobium japonicum*	450	15	180	8	成县红川镇席郝村	红川镇政府
62122100029	槐	*Styphnolobium japonicum*	400	12	280	15	成县镡河乡半山村	武向宁
62122100030	槐	*Styphnolobium japonicum*	160	8	170	6	成县镡河乡镡河村	武向宁
62122100066	槐	*Styphnolobium japonicum*	100	10	150	9	成县鸡峰镇长沟村	鸡峰镇政府
62122100068	槐	*Styphnolobium japonicum*	280	18	260	13	成县鸡峰镇化垭村	鸡峰镇政府
62122100096	槐	*Styphnolobium japonicum*	350	18	350	14	成县黄渚镇柏湾村	黄渚镇政府
62122100097	槐	*Styphnolobium japonicum*	240	15	280	12	成县黄渚镇柏湾村	黄渚镇政府
62122100099	槐	*Styphnolobium japonicum*	150	10	160	11	成县黄渚镇柏湾村	黄渚镇政府
62122100103	槐	*Styphnolobium japonicum*	120	12	180	12	成县黄渚镇茨坝村	黄渚镇政府
62122100104	槐	*Styphnolobium japonicum*	1000	16	650	16	成县王磨镇杨庄村	王磨镇政府
62122100108	槐	*Styphnolobium japonicum*	100	13	150	10	成县王磨镇陈家庄村	王磨镇政府
62122100131	槐	*Styphnolobium japonicum*	1000	12	500	14	成县二郎乡店子村	二郎乡政府
62122100141	槐	*Styphnolobium japonicum*	350	15	300	13	成县二郎乡刘坪村	二郎乡政府
62122100151	槐	*Styphnolobium japonicum*	700	15	500	11	成县沙坝镇李坝村	沙坝镇政府
62122100167	槐	*Styphnolobium japonicum*	1000	19	400	13	成县陈院镇龙门村	龙门村委会
62122100168	槐	*Styphnolobium japonicum*	800	19	300	13	成县陈院镇龙门村	龙门村委会
62122100169	槐	*Styphnolobium japonicum*	1200	19	500	18	成县陈院镇龙门村	龙门村委会
62122100211	槐	*Styphnolobium japonicum*	100	17	200	9	成县王磨镇王磨村	王磨村委会
62122200006	槐	*Styphnolobium japonicum*	800	30	450	28	文县天池镇王家庄村	王家庄村委会
62122200012	槐	*Styphnolobium japonicum*	450	15	320	10	文县石坊镇石坊二村	石坊二村委会
62122200018	槐	*Styphnolobium japonicum*	500	20	370	18	文县丹堡镇张家坪村低山里	张家坪村委会
62122200019	槐	*Styphnolobium japonicum*	500	18	430	22	文县丹堡镇上丹村	上丹村委会
62122200020	槐	*Styphnolobium japonicum*	150	20	204	7	文县丹堡镇古坪沟村上坝	古坪沟村委会
62122200040	槐	*Styphnolobium japonicum*	1700	20	380	14	文县玉垒乡冉家村	袁汉泽
62122200043	槐	*Styphnolobium japonicum*	350	23	360	18	文县玉垒乡玉垒坪村	袁世学
62122200068	槐	*Styphnolobium japonicum*	300	28	380	15	文县临江镇大坪村巩家坪	大坪村委会
62122200069	槐	*Styphnolobium japonicum*	300	23	230	16	文县临江镇大坪村大坪社	大坪村委会
62122200078	槐	*Styphnolobium japonicum*	150	18	250	16	文县尚德镇田家坝村田家坝社	田家坝村委会
62122200079	槐	*Styphnolobium japonicum*	120	15	220	23	文县尚德镇尹家坝村尹家坝社	周玉军
62122200089	槐	*Styphnolobium japonicum*	1000	23	450	26	文县中寨镇峡沟村	峡沟村委会
62122200097	槐	*Styphnolobium japonicum*	500	18	520	13	文县中寨镇黄土地村	黄土地村委会
62122200101	槐	*Styphnolobium japonicum*	300	16	400	16	文县尖山乡铁古村铁古社	铁古村委会
62122200102	槐	*Styphnolobium japonicum*	300	30	420	18	文县尖山乡铁古村一社	铁古村委会
62122200109	槐	*Styphnolobium japonicum*	300	21	320	15	文县尖山乡尚家山村张家那	尚家山村委会
62122200111	槐	*Styphnolobium japonicum*	500	26	430	17	文县尖山乡尖山村尖山子	曹卫民
62122200112	槐	*Styphnolobium japonicum*	500	23	480	17	文县尖山乡尖山村尖山子	尖山村委会
62122200118	槐	*Styphnolobium japonicum*	800	25	320	22	文县石鸡坝镇哈南村南佛寺	哈南村委会
62122200119	槐	*Styphnolobium japonicum*	800	19	340	18	文县石鸡坝镇哈南村梁上	哈南村委会

古树编号	树种	树种拉丁名	估测树龄	树高 (m)	树围 (cm)	平均冠幅 (m)	具体地点	管护单位 / 人
62122200120	槐	*Styphnolobium japonicum*	1000	15	340	16	文县石鸡坝镇哈南村东城楼	哈南村委会
62122200121	槐	*Styphnolobium japonicum*	500	20	280	17	文县石鸡坝镇朱元坝村哈南一社	朱元坝村委会
62122200123	槐	*Styphnolobium japonicum*	150	17	322	11	文县石鸡坝镇沙渠村郭家坝	沙渠村委会
62122200126	槐	*Styphnolobium japonicum*	500	15	280	18	文县石坊镇上柳元村	上柳元村委会
62122200127	槐	*Styphnolobium japonicum*	200	12	190	11	文县石坊镇下柳元村二社	下柳元村委会
62122200129	槐	*Styphnolobium japonicum*	600	12	320	12	文县石坊镇石坊二村政府门口	石坊二村委会
62122200131	槐	*Styphnolobium japonicum*	300	15	231	7	文县石坊镇石坊二村寺下社	石坊二村委会
62122200132	槐	*Styphnolobium japonicum*	900	30	480	20	文县石坊镇槐树村楼子社	槐树村委会
62122200133	槐	*Styphnolobium japonicum*	400	18	220	20	文县石坊镇槐树村楼子社	槐树村委会
62122200138	槐	*Styphnolobium japonicum*	200	18	250	9	文县石坊镇东峪口村三社	东峪口村委会
62122200139	槐	*Styphnolobium japonicum*	1200	20	530	22	文县石坊镇东峪口村一社	东峪口村委会
62122200147	槐	*Styphnolobium japonicum*	800	32	630	26	文县天池镇王家庄村青泉堡	王家庄村委会
62122200148	槐	*Styphnolobium japonicum*	600	16	460	20	文县天池镇王家庄村	赵发德
62122200149	槐	*Styphnolobium japonicum*	700	20	520	19	文县天池镇王家庄村青泉堡	王家庄村委会
62122200150	槐	*Styphnolobium japonicum*	300	23	290	23	文县天池镇关坪村高树坪社	关坪村委会
62122200151	槐	*Styphnolobium japonicum*	300	20	330	25	文县天池镇关坪村三社	关坪村委会
62122200152	槐	*Styphnolobium japonicum*	300	22	320	16	文县天池镇关坪村关坪子社	关坪村委会
62122200155	槐	*Styphnolobium japonicum*	300	16	530	12	文县天池镇鹞子坪社武家庄社	鹞子坪村委会
62122200156	槐	*Styphnolobium japonicum*	300	12	580	10	文县天池镇鹞子坪社武家庄社	鹞子坪村委会
62122200159	槐	*Styphnolobium japonicum*	600	25	400	10	文县城关镇滴水崖村	滴水崖村委会
62122200164	槐	*Styphnolobium japonicum*	400	13	230	10	文县城关镇凡昌村凡昌半坡	凡昌村委会
62122200173	槐	*Styphnolobium japonicum*	2000	30	570	11	文县桥头镇罗家坪村麻地边	罗家坪村委会
62122200175	槐	*Styphnolobium japonicum*	500	15	410	14	文县桥头镇安子坡村寺庙前	安子坡村委会
62122200178	槐	*Styphnolobium japonicum*	800	26	570	19	文县桥头镇杨家山村杨家山社	杨家山村委会
62122200179	槐	*Styphnolobium japonicum*	400	20	470	20	文具桥头镇杨家山村	杨家山村委会
62122200181	槐	*Styphnolobium japonicum*	400	18	610	18	文县桥头镇扎河村任家山	扎河村委会
62122200182	槐	*Styphnolobium japonicum*	400	25	530	18	文县桥头镇扎河村任家山	扎河村委会
62122200186	槐	*Styphnolobium japonicum*	200	15	280	15	文县桥头镇新舍村水湾社	新舍村委会
62122200187	槐	*Styphnolobium japonicum*	500	15	410	16	文县桥头镇新舍村上寨社	新舍村委会
62122200193	槐	*Styphnolobium japonicum*	500	12	460	6	文县桥头镇椿树坪村椿树坪	椿树坪村委会
62122200194	槐	*Styphnolobium japonicum*	500	20	380	15	文县桥头镇椿树坪村椿树坪	椿树坪村委会
62122200195	槐	*Styphnolobium japonicum*	500	28	390	16	文县桥头镇椿树坪村上社	椿树坪村委会
62122200196	槐	*Styphnolobium japonicum*	200	28	300	19	文县桥头镇椿树坪村上社	椿树坪村委会
62122200204	槐	*Styphnolobium japonicum*	500	22	435	12	文县桥头镇张家湾村坟地	张家湾村委会
62122200208	槐	*Styphnolobium japonicum*	500	30	510	26	文县桥头镇大城家村	大城家村委会
62122200280	槐	*Styphnolobium japonicum*	800	18	430	21	文县铁楼乡入贡山村一社	入贡山村委会
62122200281	槐	*Styphnolobium japonicum*	800	22	290	11	文县铁楼乡强曲村二社	强曲村委会
62122200282	槐	*Styphnolobium japonicum*	800	22	280	11	文县铁楼乡强曲村二社	强曲村委会
62122200283	槐	*Styphnolobium japonicum*	800	20	290	10	文县铁楼乡强曲村二社	强曲村委会
62122200284	槐	*Styphnolobium japonicum*	800	24	310	12	文县铁楼乡强曲村二社	强曲村委会
62122200285	槐	*Styphnolobium japonicum*	800	15	360	13	文县铁楼乡强曲村二社	强曲村委会

古树编号	树种	树种拉丁名	估测树龄	树高 (m)	树围 (cm)	平均冠幅 (m)	具体地点	管护单位 / 人
62122200286	槐	*Styphnolobium japonicum*	800	23	270	15	文县铁楼乡强曲村二社	强曲村委会
62122200287	槐	*Styphnolobium japonicum*	800	25	420	24	文县铁楼乡强曲村一社	强曲村委会
62122200288	槐	*Styphnolobium japonicum*	500	22	280	20	文县铁楼乡旧寨村二社	旧寨村委会
62122200289	槐	*Styphnolobium japonicum*	350	20	270	20	文县铁楼乡旧寨村一社	旧寨村委会
62122200290	槐	*Styphnolobium japonicum*	300	18	200	15	文县铁楼乡旧寨村一社	旧寨村委会
62122200291	槐	*Styphnolobium japonicum*	350	16	250	16	文县铁楼乡旧寨村一社	旧寨村委会
62122200292	槐	*Styphnolobium japonicum*	130	15	150	14	文县铁楼乡旧寨村一社	旧寨村委会
62122200293	槐	*Styphnolobium japonicum*	400	18	250	16	文县铁楼乡旧寨村一社寺庙旁	旧寨村委会
62122200295	槐	*Styphnolobium japonicum*	260	15	200	7	文县铁楼乡旧寨村一社	旧寨村委会
62122200297	槐	*Styphnolobium japonicum*	260	16	260	20	文县铁楼乡旧寨村五社	旧寨村委会
62122200298	槐	*Styphnolobium japonicum*	300	18	280	16	文县铁楼乡旧寨村二社	旧寨村委会
62122200299	槐	*Styphnolobium japonicum*	500	16	270	20	文县铁楼乡小沟桥村寺庙前	小沟桥村委会
62122200300	槐	*Styphnolobium japonicum*	400	17	270	17	文县铁楼乡小沟桥村寺庙前	小沟桥村委会
62122200301	槐	*Styphnolobium japonicum*	400	19	210	14	文县铁楼乡小沟桥村寺庙前	小沟桥村委会
62122200302	槐	*Styphnolobium japonicum*	600	10	360	16	文县铁楼乡麦贡山村一社	麦贡山村委会
62122200303	槐	*Styphnolobium japonicum*	1100	26	550	27	文县铁楼乡小沟桥村	小沟桥村委会
62122200304	槐	*Styphnolobium japonicum*	300	19	250	13	文县铁楼乡小沟桥村二社	小沟桥村委会
62122200305	槐	*Styphnolobium japonicum*	300	16	230	12	文县铁楼乡小沟桥村	小沟桥村委会
62122200306	槐	*Styphnolobium japonicum*	300	16	310	15	文县铁楼乡小沟桥村	小沟桥村委会
62122200307	槐	*Styphnolobium japonicum*	450	18	320	15	文县铁楼乡小沟桥村	小沟桥村委会
62122200308	槐	*Styphnolobium japonicum*	300	18	260	12	文县铁楼乡小沟桥村	小沟桥村委会
62122200309	槐	*Styphnolobium japonicum*	400	18	330	15	文县铁楼乡小沟桥村	小沟桥村委会
62122200311	槐	*Styphnolobium japonicum*	350	25	260	17	文县铁楼乡石门沟村	石门沟村委会
62122200313	槐	*Styphnolobium japonicum*	1000	20	500	16	文县铁楼乡石门沟村	石门沟村委会
62122200314	槐	*Styphnolobium japonicum*	800	20	420	16	文县铁楼乡石门沟村	石门沟村委会
62122200315	槐	*Styphnolobium japonicum*	200	17	210	9	文县铁楼乡石门沟村	石门沟村委会
62122200316	槐	*Styphnolobium japonicum*	200	18	180	13	文县铁楼乡石门沟村	石门沟村委会
62122200317	槐	*Styphnolobium japonicum*	200	18	250	19	文县铁楼乡石门沟村	石门沟村委会
62122200318	槐	*Styphnolobium japonicum*	1200	20	750	18	文县铁楼乡新寨村	新寨村委会
62122200319	槐	*Styphnolobium japonicum*	550	12	300	5	文县铁楼乡新寨村	新寨村委会
62122200320	槐	*Styphnolobium japonicum*	550	17	300	13	文县铁楼乡新寨村	新寨村委会
62122200322	槐	*Styphnolobium japonicum*	300	12	240	15	文县铁楼乡演武坪村	演武坪村委会
62122200323	槐	*Styphnolobium japonicum*	300	15	250	15	文县铁楼乡演武坪村	演武坪村委会
62122200324	槐	*Styphnolobium japonicum*	500	14	330	10	文县铁楼乡演武坪村	演武坪村委会
62122200325	槐	*Styphnolobium japonicum*	400	18	320	15	文县铁楼乡演武坪村	演武坪村委会
62122200327	槐	*Styphnolobium japonicum*	300	11	270	15	文县铁楼乡麦贡山村	麦贡山村委会
62122200329	槐	*Styphnolobium japonicum*	500	18	270	9	文县铁楼乡麦贡山村	麦贡山村委会
62122200330	槐	*Styphnolobium japonicum*	700	25	400	18	文县铁楼乡麦贡山村	麦贡山村委会
62122300018	槐	*Styphnolobium japonicum*	340	10	121	5	宕昌县何家堡乡小堡子村李家门前	宕昌县林草局
62122300019	槐	*Styphnolobium japonicum*	400	13	154	8	宕昌县何家堡乡小堡子村彭家门前	宕昌县林草局
62122300020	槐	*Styphnolobium japonicum*	500	13	185	8	宕昌县何家堡乡小堡子村杜家门前	宕昌县林草局

古树编号	树种	树种拉丁名	估测树龄	树高 (m)	树围 (cm)	平均冠幅 (m)	具体地点	管护单位 / 人
62122300022	槐	*Styphnolobium japonicum*	380	13	148	7	宕昌县何家堡乡大堡子村罗家门前	宕昌县林草局
62122300037	槐	*Styphnolobium japonicum*	350	13	141	7	宕昌县城关镇下坝社区路边	宕昌县林草局
62122300038	槐	*Styphnolobium japonicum*	300	12	121	7	宕昌县城关镇下坝社区县医院	宕昌县林草局
62122300041	槐	*Styphnolobium japonicum*	300	9	115	8	宕昌县官亭镇官亭村清林子水沟旁	宕昌县林草局
62122300053	槐	*Styphnolobium japonicum*	1700	12	184	6	宕昌县两河口乡两河口村 212 路边	宕昌县林草局
62122300066	槐	*Styphnolobium japonicum*	310	15	117	7	宕昌县沙湾镇雅园村泰山庙旁	宕昌县林草局
62122300067	槐	*Styphnolobium japonicum*	800	12	103	7	宕昌县新寨乡许家村河坝边	宕昌县林草局
62122400004	槐	*Styphnolobium japonicum*	100	26	238	15	康县平洛镇团庄村团庄社龙凤桥	团庄村委会
62122400063	槐	*Styphnolobium japonicum*	770	15	526	27	康县大堡镇管家沟村冯家山社	管家沟村委会
62122400077	槐	*Styphnolobium japonicum*	220	16	320	18	康县大南峪镇万家山村万家山社	万家山村委会
62122400087	槐	*Styphnolobium japonicum*	220	18	320	17	康县寺台镇袁家山村袁家山社	袁家山村委会
62122400088	槐	*Styphnolobium japonicum*	330	18	380	18	康县寺台镇袁家山村袁家山社	袁家山村委会
62122400089	槐	*Styphnolobium japonicum*	260	16	342	16	康县大堡镇黄家山村下黄家山社	黄家山村委会
62122400092	槐	*Styphnolobium japonicum*	300	16	361	14	康县迷坝乡十字村陈家山社	十字村委会
62122400093	槐	*Styphnolobium japonicum*	160	15	280	13	康县迷坝乡十字村	十字村委会
62122400095	槐	*Styphnolobium japonicum*	580	12	465	13	康县迷坝乡姚家山村碌碰坪社	姚家山村委会
62122400114	槐	*Styphnolobium japonicum*	460	17	424	21	康县云台镇铺坝村田山社	铺坝村委会
62122500001	槐	*Styphnolobium japonicum*	500	30	120	17	西和县洛峪镇何胡村	何育良
62122500005	槐	*Styphnolobium japonicum*	800	22	160	28	西和县长道镇陈沟村	杨治军
62122500008	槐	*Styphnolobium japonicum*	300	21	110	17	西和县洛峪镇杨咀村	王金焕
62122500011	槐	*Styphnolobium japonicum*	500	30	120	16	西和县太石河乡崖湾村	王西有
62122500015	槐	*Styphnolobium japonicum*	300	21	110	15	西和县六巷乡郭坝村	李三会
62122500016	槐	*Styphnolobium japonicum*	300	18	80	15	西和县六巷乡郭坝村	李三会
62122500017	槐	*Styphnolobium japonicum*	300	18	80	13	西和县六巷乡郭坝村	李三会
62122500018	槐	*Styphnolobium japonicum*	300	30	110	15	西和县兴隆乡上庙村	王鹏子
62122500057	槐	*Styphnolobium japonicum*	250	30	345	18	西和县兴隆镇上庙村	上庙村委会
62122500064	槐	*Styphnolobium japonicum*	300	12	395	10	西和县石峡镇库根村	库根村委会
62122601001	槐	*Styphnolobium japonicum*	1000	28	1001	22	礼县城关镇东台村	东台村委会
62122601003	槐	*Styphnolobium japonicum*	620	22	290	18	礼县城关镇东台村	东台村委会
62122601004	槐	*Styphnolobium japonicum*	430	18	120	15	礼县城关镇火神庙旁	火神庙村委会
62122602002	槐	*Styphnolobium japonicum*	370	23	594	10	礼县盐官镇牟联村	牟联村委会
62122603002	槐	*Styphnolobium japonicum*	630	23	312	17	礼县石桥镇贾家山村	贾家山村委会
62122603003	槐	*Styphnolobium japonicum*	540	25	113	18	礼县石桥镇圣泉村	圣泉村委会
62122606001	槐	*Styphnolobium japonicum*	810	18	836	28	礼县永兴镇杜河村	杜河村委会
62122607005	槐	*Styphnolobium japonicum*	600	14	73	16	礼县祁山镇李集村	李集村委会
62122607006	槐	*Styphnolobium japonicum*	230	14	82	13	礼县祁山镇漆家那下村	漆家那下村委会
62122611001	槐	*Styphnolobium japonicum*	610	30	638	18	礼县固城镇固城村东城组	固城村委会
62122612001	槐	*Styphnolobium japonicum*	250	18	88	12	礼县雷坝镇坪头村	坪头村委会
62122615002	槐	*Styphnolobium japonicum*	350	13	93	14	礼县龙林镇潘坪村	潘坪村委会
62122628002	槐	*Styphnolobium japonicum*	540	24	123	22	礼县三峪乡三房村	三房村委会
62122700005	槐	*Styphnolobium japonicum*	300	18	258	21	徽县永宁镇高山村四方沟	徽县林草局

古树编号	树种	树种拉丁名	估测树龄	树高 (m)	树围 (cm)	平均冠幅 (m)	具体地点	管护单位 / 人
62122700006	槐	*Styphnolobium japonicum*	500	18	314	25	徽县柳林镇谢坪村庞山社	徽县林草局
62122700011	槐	*Styphnolobium japonicum*	400	18	345	21	徽县柳林镇江口村路边	江口村委会
62122700014	槐	*Styphnolobium japonicum*	300	17	226	7	徽县柳林镇庙坪村甘沟社	庙坪村委会
62122700053	槐	*Styphnolobium japonicum*	1200	22	427	16	徽县嘉陵镇上滩村西湾社	徽县林草局
62122700054	槐	*Styphnolobium japonicum*	1500	26	542	23	徽县嘉陵镇上滩村西湾社	徽县林草局
62122700055	槐	*Styphnolobium japonicum*	300	17	264	16	徽县嘉陵镇上滩村路边	徽县林草局
62122700099	槐	*Styphnolobium japonicum*	600	25	345	23	徽县嘉陵镇嘉陵村姚坪垭豁	徽县林草局
62122700116	槐	*Styphnolobium japonicum*	300	18	239	16	徽县嘉陵镇嘉陵村赵坪社	徽县林草局
62122700230	槐	*Styphnolobium japonicum*	110	17	148	12	徽县榆树乡山王村	徽县林草局
62122700234	槐	*Styphnolobium japonicum*	200	16	226	16	徽县高桥镇徐沟村	徽县林草局
62122700235	槐	*Styphnolobium japonicum*	150	19	210	15	徽县高桥镇徐沟村	徽县林草局
62122700245	槐	*Styphnolobium japonicum*	1500	32	550	14	徽县麻沿河镇王集村桃园	徽县林草局
62122700246	槐	*Styphnolobium japonicum*	280	18	190	10	徽县麻沿河镇王集村桃园	徽县林草局
62122700249	槐	*Styphnolobium japonicum*	500	22	330	14	徽县麻沿河镇王集村寺庙旁	徽县林草局
62122700250	槐	*Styphnolobium japonicum*	400	16	226	8	徽县麻沿河镇党政村柴山	徽县林草局
62122700251	槐	*Styphnolobium japonicum*	150	22	160	8	徽县麻沿河镇党政村柴山	徽县林草局
62122700275	槐	*Styphnolobium japonicum*	600	17	220	14	徽县大河店镇下山村	徽县林草局
62122700280	槐	*Styphnolobium japonicum*	500	19	195	13	徽县大河店镇下山村寺庙旁	徽县林草局
62122700281	槐	*Styphnolobium japonicum*	600	29	251	21	徽县大河店镇下山村寺庙旁	徽县林草局
62122700293	槐	*Styphnolobium japonicum*	1000	20	430	19	徽县大河店镇上山村寺庙旁	徽县林草局
62122700310	槐	*Styphnolobium japonicum*	150	26	188	15	徽县大河店镇王河村水沟门	徽县林草局
62122700313	槐	*Styphnolobium japonicum*	400	17	267	18	徽县大河店镇三泉村宋坝社	徽县林草局
62122700333	槐	*Styphnolobium japonicum*	300	24	292	12	徽县虞关乡穆坪村荀家山	徽县林草局
62122700352	槐	*Styphnolobium japonicum*	400	13	261	17	徽县虞关乡许坝村阳市坝	徽县林草局
62122700371	槐	*Styphnolobium japonicum*	800	28	383	24	徽县虞关乡山岔村西坡社	徽县林草局
62122700381	槐	*Styphnolobium japonicum*	600	15	276	16	徽县水阳镇南山村袁咀	徽县林草局
62122800011	槐	*Styphnolobium japonicum*	500	8	438	12	两当县城关镇戚家村崖头庄大路旁	戚家村委会
62122800014	槐	*Styphnolobium japonicum*	490	10	438	15	两当县金洞乡五一村王坪组	五一村委会
62122800018	槐	*Styphnolobium japonicum*	120	17	251	10	两当县金洞乡新潮村瓦窑坪杜军祥家房后	新潮村委会
62122800020	槐	*Styphnolobium japonicum*	660	20	488	20	两当县鱼池乡上滩村刘家大门口	上滩村委会
62122800021	槐	*Styphnolobium japonicum*	290	23	356	22	两当县鱼池乡双场村	双场村委会
62122800027	槐	*Styphnolobium japonicum*	150	18	276	20	两当县显龙镇王堡村和平组文化广场路边	王堡村委会
62122800029	槐	*Styphnolobium japonicum*	140	21	190	20	两当县显龙镇野林村大麦组王俊家院边	野林村委会
62122800030	槐	*Styphnolobium japonicum*	660	23	490	36	两当县显龙镇野林村梁家大门旁	野林村委会
62122800032	槐	*Styphnolobium japonicum*	480	23	430	27	两当县显龙镇梁垭村垭河组小路口旁	梁垭村委会
62122800065	槐	*Styphnolobium japonicum*	600	28	590	24	两当县西坡镇苍坪村塄坎组学校门前	苍坪村委会
62122800066	槐	*Styphnolobium japonicum*	600	36	480	22	两当县西坡镇三坪村李家湾组李春江家门前	三坪村委会
62122800071	槐	*Styphnolobium japonicum*	450	35	292	14	两当县兴化乡红京村红京村庄边护坡	红京村委会
62122800073	槐	*Styphnolobium japonicum*	490	20	435	24	两当县兴化乡红庙村桑园组庄边	红庙村委会
62122800074	槐	*Styphnolobium japonicum*	600	35	429	23	两当县杨店镇杨店村老街道	杨店村委会
62122800075	槐	*Styphnolobium japonicum*	600	38	452	31	两当县杨店镇杨店村老街道	杨店村委会

古树编号	树种	树种拉丁名	估测树龄	树高 (m)	树围 (cm)	平均冠幅 (m)	具体地点	管护单位 / 人
62122800076	槐	*Styphnolobium japonicum*	600	38	300	27	两当县杨店镇杨店村老街道	杨店村委会
62122800077	槐	*Styphnolobium japonicum*	550	38	230	25	两当县杨店镇杨店村老街道	杨店村委会
62122800078	槐	*Styphnolobium japonicum*	500	23	380	30	两当县杨店镇石马坪村文化广场	石马坪村委会
62122800079	槐	*Styphnolobium japonicum*	350	23	285	24	两当县杨店镇石马坪村半山组庄地	石马坪村委会
62122800085	槐	*Styphnolobium japonicum*	550	23	580	28	两当县左家乡权家坪村权坪庄路边	权家坪村委会
62122800086	槐	*Styphnolobium japonicum*	290	18	114	16	两当县左家乡大庄村旮旯组庄后路边	大庄村委会
62122800087	槐	*Styphnolobium japonicum*	290	15	118	16	两当县左家乡大庄村旮旯组庄后路边	大庄村委会
62122800089	槐	*Styphnolobium japonicum*	500	26	220	16	两当县张家乡两当桥村巷道院墙边	两当桥村委会
62122800092	槐	*Styphnolobium japonicum*	600	22	417	27	两当县金洞乡太阳村街道广场边	太阳村委会
62122800094	槐	*Styphnolobium japonicum*	490	22	305	15	两当县金洞乡火神庙村路牌对面山包	火神庙村委会
62120200004	槐	*Styphnolobium japonicum*	400	24	300	21	武都区角弓镇构林坪村白家坟地	构林坪村委会
62120200005	槐	*Styphnolobium japonicum*	300	23	210	23	武都区角弓镇构林坪村白家坟地	构林坪村委会
62120200009	槐	*Styphnolobium japonicum*	500	20	390	24	武都区角弓镇构林坪村李家坟地	构林坪村委会
62120200016	槐	*Styphnolobium japonicum*	350	18	270	15	武都区角弓镇鹿坝村广场	鹿坝村委会
62120200035	槐	*Styphnolobium japonicum*	500	21	370	18	武都区石门镇上沟村林树元家院内	上沟村委会
62120200043	槐	*Styphnolobium japonicum*	250	21	200	10	武都区石门镇苏家堡村龙山爷庙	苏家堡村委会
62120200050	槐	*Styphnolobium japonicum*	350	18	260	18	武都区两水镇段河坝村北刀坪	段河坝村委会
62120200058	槐	*Styphnolobium japonicum*	150	14	170	15	武都区两水镇段河坝村龙凤寺院内	段河坝村委会
62120200061	槐	*Styphnolobium japonicum*	350	21	280	16	武都区两水镇黄栌坝村曹家门前	黄栌坝村委会
62120200062	槐	*Styphnolobium japonicum*	300	16	160	13	武都区两水镇黄栌坝村寺庙院内	黄栌坝村委会
62120200072	槐	*Styphnolobium japonicum*	350	23	370	24	武都区两水镇马尾巴村	马尾巴村委会
62120200073	槐	*Styphnolobium japonicum*	300	19	270	18	武都区两水镇马尾巴村小路边	马尾巴村委会
62120200074	槐	*Styphnolobium japonicum*	500	22	370	21	武都区两水镇马尾巴村小路边	马尾巴村委会
62120200089	槐	*Styphnolobium japonicum*	600	26	480	19	武都区两水镇朱家山村五爷庙前	朱家山村委会
62120200090	槐	*Styphnolobium japonicum*	300	16	220	17	武都区钟楼滩街道水子山社区庙后	水子山社区
62120200091	槐	*Styphnolobium japonicum*	200	15	170	14	武都区钟楼滩街道水子山社区庙后	水子山社区
62120200094	槐	*Styphnolobium japonicum*	350	24	240	15	武都区钟楼滩街道腰道山社区党巷道	腰道山社区
62120200095	槐	*Styphnolobium japonicum*	120	15	200	10	武都区城关镇北山社区北山粮站前	北山社区
62120200101	槐	*Styphnolobium japonicum*	150	20	180	6	武都区城关镇人民街社区郭家门前	人民街社区
62120200107	槐	*Styphnolobium japonicum*	120	12	210	15	武都区城关镇人民街社区公路总段家属院	人民街社区
62120200109	槐	*Styphnolobium japonicum*	500	22	370	20	武都区江南街道张家咀社区本村进口	张家咀社区
62120200110	槐	*Styphnolobium japonicum*	300	20	270	17	武都区江南街道张家咀社区马家门前	张家咀社区
62120200111	槐	*Styphnolobium japonicum*	150	12	160	16	武都区江南街道张家咀社区张家院内	张家咀社区
62120200112	槐	*Styphnolobium japonicum*	150	9	140	12	武都区江南街道张家咀社区张家门前	张家咀社区
62120200113	槐	*Styphnolobium japonicum*	150	16	160	10	武都区江南街道张家咀社区张家院内	张家咀社区
62120200115	槐	*Styphnolobium japonicum*	300	21	290	18	武都区江南街道办事处柏水沟社区	柏水沟社区
62120200122	槐	*Styphnolobium japonicum*	400	22	340	20	武都区姚寨镇下东坪村张家院内	下东坪村委会
62120200123	槐	*Styphnolobium japonicum*	250	12	180	7	武都区姚寨镇姚寨村老君观门前	姚寨村委会
62120200124	槐	*Styphnolobium japonicum*	400	21	300	13	武都区姚寨镇姚寨村老君观门前	姚寨村委会
62120200125	槐	*Styphnolobium japonicum*	400	18	290	14	武都区姚寨镇姚寨村老君观门前	姚寨村委会
62120200127	槐	*Styphnolobium japonicum*	200	17	140	12	武都区马街镇大李家村回龙寺门前	大李家村委会

古树编号	树种	树种拉丁名	估测树龄	树高 (m)	树围 (cm)	平均冠幅 (m)	具体地点	管护单位 / 人
62120200132	槐	*Styphnolobium japonicum*	200	13	150	12	武都区马街镇大李家村李家门前	大李家村委会
62120200133	槐	*Styphnolobium japonicum*	150	10	180	10	武都区马街镇官化村	官化村委会
62120200138	槐	*Styphnolobium japonicum*	600	9	440	18	武都区汉林镇三家地村李家门前	三家地村委会
62120200139	槐	*Styphnolobium japonicum*	100	20	120	11	武都区汉林镇三家地村李家门前	三家地村委会
62120200140	槐	*Styphnolobium japonicum*	400	27	300	15	武都区汉林镇唐坪村李家门前	唐坪村委会
62120200141	槐	*Styphnolobium japonicum*	400	24	320	14	武都区汉林镇唐坪村李家门前	唐坪村委会
62120200142	槐	*Styphnolobium japonicum*	200	17	170	10	武都区汉林镇唐坪村李家门前	唐坪村委会
62120200143	槐	*Styphnolobium japonicum*	150	15	140	8	武都区汉林镇唐坪村农场边	唐坪村委会
62120200144	槐	*Styphnolobium japonicum*	260	20	180	11	武都区汉林镇唐坪村唐家院内	唐坪村委会
62120200145	槐	*Styphnolobium japonicum*	700	25	460	15	武都区汉林镇唐坪村唐家院内	唐坪村委会
62120200162	槐	*Styphnolobium japonicum*	650	18	450	18	武都区柏林镇李家山村李家山庄	李家山村委会
62120200166	槐	*Styphnolobium japonicum*	300	28	240	12	武都区柏林镇上渠道村杨家院内	上渠道村委会
62120200175	槐	*Styphnolobium japonicum*	250	16	190	11	武都区柏林镇牙头里村二爷庙前	牙头里村委会
62120200176	槐	*Styphnolobium japonicum*	700	19	480	22	武都区安化镇安化街安化小学院内	安化街村委会
62120200177	槐	*Styphnolobium japonicum*	300	9	200	13	武都区安化镇大坪村进村公路左侧	大坪村委会
62120200178	槐	*Styphnolobium japonicum*	150	14	190	11	武都区安化镇杜家塄村杜家坝杜家门前	杜家塄村委会
62120200179	槐	*Styphnolobium japonicum*	150	12	140	9	武都区安化镇杜家塄村杜家坝杜家门前	杜家塄村委会
62120200180	槐	*Styphnolobium japonicum*	150	13	150	11	武都区安化镇杜家塄村杜家坝杜家院内	杜家塄村委会
62120200184	槐	*Styphnolobium japonicum*	310	25	220	18	武都区安化镇樊家坝村广场背后	樊家坝村委会
62120200185	槐	*Styphnolobium japonicum*	250	14	190	10	武都区安化镇樊家坝村广场背后	樊家坝村委会
62120200188	槐	*Styphnolobium japonicum*	200	16	160	8	武都区安化镇官沟村高寺外坎边	官沟村委会
62120200192	槐	*Styphnolobium japonicum*	400	32	330	9	武都区甘泉镇樊坝村庞家院内	樊坝村委会
62120200199	槐	*Styphnolobium japonicum*	400	23	300	18	武都区佛崖镇东古城村上庄	东古城村委会
62120200207	槐	*Styphnolobium japonicum*	300	15	220	14	武都区佛崖镇歇马村歇马小学院内	歇马村委会
62120200280	槐	*Styphnolobium japonicum*	400	17	310	18	武都区汉王镇陈李家村大岸庙院内	陈李家村委会
62120200281	槐	*Styphnolobium japonicum*	250	15	180	16	武都区汉王镇陈李家村关圣爷庙后	陈李家村委会
62120200282	槐	*Styphnolobium japonicum*	400	17	320	16	武都区汉王镇陈李家村奎醒爷庙前	陈李家村委会
62120200283	槐	*Styphnolobium japonicum*	400	19	330	19	武都区汉王镇陈李家村李家门前	陈李家村委会
62120200286	槐	*Styphnolobium japonicum*	350	18	270	18	武都区汉王镇汉王街村王家门前	汉王街村委会
62120200287	槐	*Styphnolobium japonicum*	200	9	180	17	武都区汉王镇汉王街村王家门前	汉王街村委会
62120200288	槐	*Styphnolobium japonicum*	200	19	180	16	武都区汉王镇汉王街村赵家院内	汉王街村委会
62120200290	槐	*Styphnolobium japonicum*	450	12	360	16	武都区汉王镇杨家坝村杨家门前	杨家坝村委会
62120200293	槐	*Styphnolobium japonicum*	250	17	220	16	武都区桔柑镇大元坝村刘家门前	大元坝村委会
62120200295	槐	*Styphnolobium japonicum*	150	16	210	14	武都区桔柑镇大元坝村油盘子	大元坝村委会
62120200307	槐	*Styphnolobium japonicum*	420	13	300	13	武都区桔柑镇贺家坪村潘家门前	贺家坪村委会
62120200309	槐	*Styphnolobium japonicum*	300	13	230	11	武都区桔柑镇贺家坪村湾凌坎梁上	贺家坪村委会
62120200311	槐	*Styphnolobium japonicum*	250	13	240	12	武都区桔柑镇贾家坪村李家门前	贾家坪村委会
62120200314	槐	*Styphnolobium japonicum*	300	19	350	22	武都区桔柑镇曹家湾村雀皂湾社	曹家湾村委会
62120200315	槐	*Styphnolobium japonicum*	750	19	495	21	武都区桔柑镇曹家湾村躺坡社	曹家湾村委会
62120200318	槐	*Styphnolobium japonicum*	600	12	420	8	武都区龙凤镇艾蒿坪村符家门前	艾蒿坪村委会
62120200322	槐	*Styphnolobium japonicum*	400	10	320	14	武都区龙凤镇李家湾村李家门前	李家湾村委会

古树编号	树种	树种拉丁名	估测树龄	树高 (m)	树围 (cm)	平均冠幅 (m)	具体地点	管护单位 / 人
62120200328	槐	*Styphnolobium japonicum*	350	12	270	15	武都区龙凤乡李家湾村五棵松树边	李家湾村委会
62120200330	槐	*Styphnolobium japonicum*	400	11	290	15	武都区龙凤乡上祁家村沟里	上祁家村委会
62120200332	槐	*Styphnolobium japonicum*	1000	13	580	12	武都区龙凤乡杨坪村场边	杨坪村委会
62120200333	槐	*Styphnolobium japonicum*	700	11	450	10	武都区龙凤乡杨坪村场边	杨坪村委会
62120200334	槐	*Styphnolobium japonicum*	500	10	380	11	武都区龙凤乡杨坪村望塄干社	杨坪村委会
62120200335	槐	*Styphnolobium japonicum*	600	18	410	22	武都区磨坝藏族乡曹家湾村	曹家湾村委会
62120200340	槐	*Styphnolobium japonicum*	500	16	400	20	武都区磨坝藏族乡曹家湾村	曹家湾村委会
62120200397	槐	*Styphnolobium japonicum*	900	20	250	28	武都区三河镇柏林村福津寺院内	柏林村委会
62120200398	槐	*Styphnolobium japonicum*	900	17	220	23	武都区三河镇柏林村福津寺院内	柏林村委会
62120200408	槐	*Styphnolobium japonicum*	600	20	430	15	武都区三河镇宣河村王家湾社	宣河村委会
62120200410	槐	*Styphnolobium japonicum*	300	16	230	18	武都区三河镇张半山村党员活动室旁边	张半山村委会
62120200413	槐	*Styphnolobium japonicum*	460	18	330	17	武都区三河镇张半山村坪道社	张半山村委会
62120200419	槐	*Styphnolobium japonicum*	700	21	430	18	武都区三河镇马河村红岸社	马河村委会
62120200420	槐	*Styphnolobium japonicum*	400	21	310	16	武都区三河镇马河村红岸社	马河村委会
62120200421	槐	*Styphnolobium japonicum*	500	18	380	16	武都区三河镇庙坪村二社	庙坪村委会
62120200422	槐	*Styphnolobium japonicum*	1000	15	570	21	武都区三河镇歇台村吊塄社	歇台村委会
62120200439	槐	*Styphnolobium japonicum*	200	15	170	10	武都区玉皇乡马家山村	马家山村委会
62120200441	槐	*Styphnolobium japonicum*	300	18	200	21	武都区玉皇乡马家山村	马家山村委会
62120200457	槐	*Styphnolobium japonicum*	300	16	210	18	武都区玉皇乡院子村空儿社渠地边	院子村委会
62120200460	槐	*Styphnolobium japonicum*	450	35	330	23	武都区玉皇乡院子村李家门前	院子村委会
62120200461	槐	*Styphnolobium japonicum*	750	23	470	25	武都区玉皇乡张底下村党员活动室院边	张底下村委会
62120200471	槐	*Styphnolobium japonicum*	200	16	180	14	武都区郭河乡八海村庙梁	八海村委会
62120200476	槐	*Styphnolobium japonicum*	350	13	260	18	武都区郭河乡柏桃村柏头社仓库前场	柏桃村委会
62120200490	槐	*Styphnolobium japonicum*	500	28	380	18	武都区郭河乡传子山村石垭子社	传子山村委会
62120200502	槐	*Styphnolobium japonicum*	300	13	260	17	武都区郭河乡郭河村乡政府大门口	郭河村委会
62120200503	槐	*Styphnolobium japonicum*	500	17	370	18	武都区郭河乡候家湾村侯家湾杜	候家湾村委会
62120200512	槐	*Styphnolobium japonicum*	530	37	420	17	武都区郭河乡寺山村寺山社	寺山村委会
62120200513	槐	*Styphnolobium japonicum*	350	24	280	18	武都区郭河乡寺山村寺山社李家门前	寺山村委会
62120200514	槐	*Styphnolobium japonicum*	180	9	200	14	武都区郭河乡寺山村寺山社	寺山村委会
62120200521	槐	*Styphnolobium japonicum*	250	19	220	23	武都区郭河乡下成村	下成村委会
62120200522	槐	*Styphnolobium japonicum*	250	18	200	18	武都区郭河乡下成村	下成村委会
62120200523	槐	*Styphnolobium japonicum*	1200	27	610	28	武都区郭河乡下成村李家门前	下成村委会
62120200526	槐	*Styphnolobium japonicum*	300	19	310	10	武都区郭河乡营寨村柏树坪社	营寨村委会
62120200528	槐	*Styphnolobium japonicum*	400	31	340	6	武都区郭河乡营寨村成家门前	营寨村委会
62120200556	槐	*Styphnolobium japonicum*	900	28	520	22	武都区外纳镇张河坝村王家寺	张河坝村委会
62120200572	槐	*Styphnolobium japonicum*	350	21	220	18	武都区琵琶镇玄湾村二社	玄湾村委会
62120200611	槐	*Styphnolobium japonicum*	500	20	310	22	武都区裕河乡孙家湾村大峁丫社	孙家湾村委会
62120200626	槐	*Styphnolobium japonicum*	500	18	370	23	武都区五库乡佛殿坝村	佛殿坝村委会
62120218012	槐	*Styphnolobium japonicum*	1000	17	620	12	武都区汉王镇大坪山村	大坪山村委会
62120218013	槐	*Styphnolobium japonicum*	1200	14	640	11	武都区汉王镇大坪山村李家门前	大坪山村委会
62120218015	槐	*Styphnolobium japonicum*	300	14	200	16	武都区汉王镇甘家沟村赵家社	甘家沟村委会

古树编号	树种	树种拉丁名	估测树龄	树高 (m)	树围 (cm)	平均冠幅 (m)	具体地点	管护单位 / 人
62122100072	槐	*Styphnolobium japonicum*	300	12	280	9	成县苏元镇包家寺村	苏元镇政府
62122100181	槐	*Styphnolobium japonicum*	500	24	300	19	成县黄渚镇清水村	清水村委会
62122500040	槐	*Styphnolobium japonicum*	380	14	200	10	西和县石堡镇石堡村	石堡村委会
62122500048	槐	*Styphnolobium japonicum*	700	20	360	16	西和县六巷乡杜台村	杜台村委会
62122400103	紫藤	*Wisteria sinensis*	110	12	100	7	康县白杨镇枫岭村桂花庄	枫岭村委会
苦木科								
62120200013	臭椿	*Ailanthus altissima*	200	15	180	14	武都区角弓镇柳树城村土地庙院内	柳树城村委会
62120200106	臭椿	*Ailanthus altissima*	300	24	300	22	武都区城关镇人民街社区杨家院内	人民街社区
62120200195	臭椿	*Ailanthus altissima*	300	15	250	9	武都区甘泉镇旗杆村王家湾	旗杆村委会
62120200227	臭椿	*Ailanthus altissima*	200	16	280	14	文县堡子坝镇月元村	月元村委会
62120200407	臭椿	*Ailanthus altissima*	180	18	220	8	武都区三河镇宣河村宣河四社赵家门前	宣河村委会
62120200478	臭椿	*Ailanthus altissima*	200	21	210	16	武都区郭河乡柏桃村柏头社	柏桃村委会
62120200479	臭椿	*Ailanthus altissima*	200	19	200	17	武都区郭河乡柏桃村柏头社	柏桃村委会
62122200105	臭椿	*Ailanthus altissima*	200	26	290	14	文县尖山乡铁古村候家湾	铁古村委会
62122200144	臭椿	*Ailanthus altissima*	100	18	280	20	文县天池镇天池村民房后	天池村委会
62122200199	臭椿	*Ailanthus altissima*	300	23	310	13	文县桥头镇固镇村广场	固镇村委会
62122200310	臭椿	*Ailanthus altissima*	500	30	400	21	文县铁楼乡石门沟村	石门沟村委会
62122200312	臭椿	*Ailanthus altissima*	450	30	380	15	文县铁楼乡石门沟村	石门沟村委会
楝科								
62122200021	香椿	*Toona sinensis*	150	17	220	10	文县丹堡镇古坪沟村	古坪沟村委会
62122200103	香椿	*Toona sinensis*	200	25	310	18	文县尖山乡铁古村赵家社	铁古村委会
黄杨科								
62122300061	黄杨	*Buxus sinica*	120	10	51	5	宕昌县沙湾镇老庄村青杨寺门前	宕昌县林草局
62122300062	黄杨	*Buxus sinica*	120	11	56	5	宕昌县沙湾镇老庄村老爷庙前	宕昌县林草局
漆树科								
62120200002	黄连木	*Pistacia chinensis*	150	12	150	9	武都区角弓镇百草沟村龙王爷庙东	百草沟村委会
62120200003	黄连木	*Pistacia chinensis*	150	12	130	9	武都区角弓镇百草沟村龙王爷庙西	百草沟村委会
62120200200	黄连木	*Pistacia chinensis*	200	9	160	12	武都区佛崖镇东古城村五台山寺院内	东古城村委会
62120200201	黄连木	*Pistacia chinensis*	500	12	340	17	武都区佛崖镇贾店村漫漫社	贾店村委会
62120200210	黄连木	*Pistacia chinensis*	300	25	233	22	文县桥头镇张家坝村南山	张家坝村委会
62120200211	黄连木	*Pistacia chinensis*	300	27	340	20	文县桥头镇坪上村	坪上村委会
62120200230	黄连木	*Pistacia chinensis*	600	17	340	9	文县堡子坝镇堡子坝村五社	堡子坝村委会
62120200292	黄连木	*Pistacia chinensis*	550	20	390	20	武都区桔柑镇大元坝村	大元坝村委会
62120200297	黄连木	*Pistacia chinensis*	150	12	170	12	武都区桔柑镇大元坝村油盘子	大元坝村委会
62120200354	黄连木	*Pistacia chinensis*	300	16	260	13	武都区磨坝藏族乡潘家湾村王家寨公路边	潘家湾村委会
62120200355	黄连木	*Pistacia chinensis*	300	17	240	20	武都区磨坝藏族乡潘家湾村王家寨公路边	潘家湾村委会
62120200403	黄连木	*Pistacia chinensis*	300	15	240	11	武都区三河镇宣河村党员活动室旁	宣河村委会
62120200404	黄连木	*Pistacia chinensis*	300	18	250	13	武都区三河镇宣河村党员活动室旁	宣河村委会
62120200405	黄连木	*Pistacia chinensis*	300	16	220	13	武都区三河镇宣河村党员活动室旁	宣河村委会
62120200417	黄连木	*Pistacia chinensis*	500	21	390	21	武都区三河镇马河村艾底下社	马河村委会
62120200418	黄连木	*Pistacia chinensis*	300	21	260	17	武都区三河镇马河村艾底下社	马河村委会

古树编号	树种	树种拉丁名	估测树龄	树高 (m)	树围 (cm)	平均冠幅 (m)	具体地点	管护单位 / 人
62120200574	黄连木	*Pistacia chinensis*	350	19	210	19	武都区琵琶镇玄湾村一社沟边	玄湾村委会
62120200575	黄连木	*Pistacia chinensis*	500	22	270	19	武都区琵琶镇玄湾村一社沟边	玄湾村委会
62120200597	黄连木	*Pistacia chinensis*	350	12	250	13	武都区五马镇石家坝村店子梁	石家坝村委会
62120200598	黄连木	*Pistacia chinensis*	200	8	170	7	武都区五马镇石家坝村店子梁	石家坝村委会
62120200608	黄连木	*Pistacia chinensis*	1100	32	520	19	武都区裕河镇庙坝村文家河路边	庙坝村委会
62120200609	黄连木	*Pistacia chinensis*	350	18	190	11	武都区裕河镇庙坝村文家河路边	庙坝村委会
62120200616	黄连木	*Pistacia chinensis*	900	27	500	26	武都区裕河镇余家河村余家河路边	余家河村委会
62120200619	黄连木	*Pistacia chinensis*	650	28	420	23	武都区月照镇专木子村大庄社	专木子村委会
62120200623	黄连木	*Pistacia chinensis*	2800	23	900	30	武都区五库镇安家坝村安家坝杜牌坊	安家坝村委会
62120200644	黄连木	*Pistacia chinensis*	400	23	280	14	武都区五库镇张家坝村闹院社河堤	张家坝村委会
62120200645	黄连木	*Pistacia chinensis*	400	19	260	15	武都区五库镇张家坝村闹院社寺梁	张家坝村委会
62120200657	黄连木	*Pistacia chinensis*	500	22	330	14	武都区三仓镇大石村黄连树坝公路边	大石村委会
62120200660	黄连木	*Pistacia chinensis*	500	26	350	16	武都区三仓镇核桃庄村村中房坝庙梁	核桃庄村委会
62120200661	黄连木	*Pistacia chinensis*	400	18	270	12	武都区三仓镇核桃庄村村中房坝庙梁	核桃庄村委会
62120200683	黄连木	*Pistacia chinensis*	300	32	230	19	武都区枫相乡张家院村曹家河社湾里	张家院村委会
62120200684	黄连木	*Pistacia chinensis*	300	31	270	25	武都区枫相乡张家院村刘家坪社蹇家院内	张家院村委会
62120200685	黄连木	*Pistacia chinensis*	350	33	300	26	武都区枫相乡张家院村刘家坪社蹇家院内	张家院村委会
62120200686	黄连木	*Pistacia chinensis*	300	30	260	27	武都区枫相乡张家院村刘家坪社蹇家院内	张家院村委会
62120200687	黄连木	*Pistacia chinensis*	250	20	180	11	武都区枫相乡张家院村张家湾瓦房里	张家院村委会
62120200688	黄连木	*Pistacia chinensis*	350	26	300	9	武都区枫相乡张家院村张家湾瓦房里	张家院村委会
62122100009	黄连木	*Pistacia chinensis*	400	16	260	15	成县红川镇席郝村	红川镇政府
62122100044	黄连木	*Pistacia chinensis*	300	17	240	7	成县城关镇李武村	城关镇政府
62122100047	黄连木	*Pistacia chinensis*	300	15	220	5	成县城关镇李武村	城关镇政府
62122100078	黄连木	*Pistacia chinensis*	200	12	150	9	成县苏元镇庙垭村	苏元镇政府
62122100102	黄连木	*Pistacia chinensis*	200	15	240	13	成县黄渚镇茨坝村	黄渚镇政府
62122100106	黄连木	*Pistacia chinensis*	100	10	160	9	成县王磨镇王磨村	王磨镇政府
62122100173	黄连木	*Pistacia chinensis*	600	16	200	16	成县陈院镇李家山村	李家山村委会
62122100212	黄连木	*Pistacia chinensis*	100	22	300	16	成县王磨镇王磨村	王磨村委会
62122200004	黄连木	*Pistacia chinensis*	400	28	400	21	文县玉垒乡筏子坝村	王建军
62122200030	黄连木	*Pistacia chinensis*	230	30	230	15	文县范坝镇关子村	关子村委会
62122200037	黄连木	*Pistacia chinensis*	300	30	350	21	文县玉垒乡筏子坝村	筏子坝村委会
62122200050	黄连木	*Pistacia chinensis*	200	10	290	7	文县碧口镇井地村水井子	张君慧
62122200051	黄连木	*Pistacia chinensis*	200	16	300	13	文县碧口镇碧峰村后坝	碧峰村委会
62122200065	黄连木	*Pistacia chinensis*	300	25	410	13	文县梨坪镇李家坝村学校对面	李家坝村委会
62122200073	黄连木	*Pistacia chinensis*	500	16	209	15	文县尚德镇李家沟村	李家沟村委会
62122200085	黄连木	*Pistacia chinensis*	200	12	200	12	文县口头坝乡柳家村刘家堡	柳家村委会
62122200086	黄连木	*Pistacia chinensis*	500	27	340	22	文县口头坝乡柳家坝村邓家坝	柳家坝村委会
62122200113	黄连木	*Pistacia chinensis*	200	25	200	18	文县尖山乡尖山村老马子	张小平
62122200202	黄连木	*Pistacia chinensis*	300	18	300	20	文县桥头镇固镇村岳家河	固镇村委会
62122200294	黄连木	*Pistacia chinensis*	180	19	160	10	文县铁楼乡旧寨村寺庙旁	旧寨村委会
62122400001	黄连木	*Pistacia chinensis*	120	18	240	14	康县太石乡巩家山村老庄	巩家山村委会

古树编号	树种	树种拉丁名	估测树龄	树高 (m)	树围 (cm)	平均冠幅 (m)	具体地点	管护单位/人
62122400050	黄连木	*Pistacia chinensis*	200	15	310	18	康县白杨镇池家营村池家营社党员活动室	池家营村委会
62122400057	黄连木	*Pistacia chinensis*	430	17	472	22	康县大堡镇宋家坝村宋家坝社	宋家坝村委会
62122400075	黄连木	*Pistacia chinensis*	470	15	450	19	康县铜钱镇罗家坪村党员活动室边	罗家坪村委会
62122400078	黄连木	*Pistacia chinensis*	420	18	420	12	康县大南峪镇万家山村万家山社	万家山村委会
62122400116	黄连木	*Pistacia chinensis*	360	18	340	18	康县三河坝乡石碑岭村大岩社	石碑岭村委会
62122700010	黄连木	*Pistacia chinensis*	300	27	345	18	徽县柳林镇沙坝村	沙坝村委会
62122700016	黄连木	*Pistacia chinensis*	500	21	455	11	徽县柳林镇江口村景坪	江口村委会
62122700018	黄连木	*Pistacia chinensis*	300	20	251	12	徽县柳林镇庙坪村姚庄社	庙坪村委会
62122700049	黄连木	*Pistacia chinensis*	300	16	289	8	徽县嘉陵镇周咀村腰庄社	徽县林草局
62122700063	黄连木	*Pistacia chinensis*	200	19	175	12	徽县嘉陵镇庙垭村火焰山后院内	徽县林草局
62122700064	黄连木	*Pistacia chinensis*	200	15	165	9	徽县嘉陵镇庙垭村火焰山后院内	徽县林草局
62122700065	黄连木	*Pistacia chinensis*	300	19	195	15	徽县嘉陵镇庙垭村火焰山后院内	徽县林草局
62122700066	黄连木	*Pistacia chinensis*	120	12	117	9	徽县嘉陵镇庙垭村火焰山后院内	徽县林草局
62122700067	黄连木	*Pistacia chinensis*	180	17	115	12	徽县嘉陵镇庙垭村火焰山后院内	徽县林草局
62122700070	黄连木	*Pistacia chinensis*	150	11	150	11	徽县嘉陵镇庙垭村火焰山戏楼前	徽县林草局
62122700075	黄连木	*Pistacia chinensis*	150	20	160	14	徽县嘉陵镇庙垭村火焰山戏楼前	徽县林草局
62122700081	黄连木	*Pistacia chinensis*	1000	22	418	14	徽县嘉陵镇庙垭村火焰山戏楼前	徽县林草局
62122700087	黄连木	*Pistacia chinensis*	300	16	223	15	徽县嘉陵镇庙垭村火焰山戏楼前	徽县林草局
62122700088	黄连木	*Pistacia chinensis*	300	26	170	13	徽县嘉陵镇庙垭村柏湾社	徽县林草局
62122700101	黄连木	*Pistacia chinensis*	400	20	290	14	徽县嘉陵镇黄桥村庙前	徽县林草局
62122700102	黄连木	*Pistacia chinensis*	200	21	180	13	徽县嘉陵镇黄桥村面前	徽县林草局
62122700105	黄连木	*Pistacia chinensis*	200	22	185	16	徽县嘉陵镇黄桥村北雀社	徽县林草局
62122700106	黄连木	*Pistacia chinensis*	200	18	160	13	徽县嘉陵镇黄桥村北雀社	徽县林草局
62122700107	黄连木	*Pistacia chinensis*	250	17	214	13	徽县嘉陵镇大滩村高崖社	徽县林草局
62122700109	黄连木	*Pistacia chinensis*	500	26	512	15	徽县嘉陵镇大滩村高崖社	徽县林草局
62122700111	黄连木	*Pistacia chinensis*	200	13	195	10	徽县嘉陵镇大滩村范家窑	徽县林草局
62122700126	黄连木	*Pistacia chinensis*	150	18	182	14	徽县嘉陵镇田河村关神堡社	徽县林草局
62122700127	黄连木	*Pistacia chinensis*	150	14	175	10	徽县嘉陵镇田河村关神堡社	徽县林草局
62122700131	黄连木	*Pistacia chinensis*	200	12	217	6	徽县嘉陵镇田河村关神堡社	徽县林草局
62122700193	黄连木	*Pistacia chinensis*	200	23	188	12	徽县嘉陵镇田河村下坝社河对面	徽县林草局
62122700194	黄连木	*Pistacia chinensis*	250	19	195	13	徽县嘉陵镇田河村下坝社苟家庄边	徽县林草局
62122700195	黄连木	*Pistacia chinensis*	100	15	148	14	徽县嘉陵镇田河村下坝社苟家庄后	徽县林草局
62122700267	黄连木	*Pistacia chinensis*	320	27	270	12	徽县大河店镇小地坝村廖家坝	徽县林草局
62122700271	黄连木	*Pistacia chinensis*	350	26	254	15	徽县大河店镇下山村	徽县林草局
62122700272	黄连木	*Pistacia chinensis*	160	22	170	14	徽县大河店镇下山村	徽县林草局
62122700273	黄连木	*Pistacia chinensis*	500	25	305	15	徽县大河店镇下山村	徽县林草局
62122700274	黄连木	*Pistacia chinensis*	500	18	534	16	徽县大河店镇下山村	徽县林草局
62122700276	黄连木	*Pistacia chinensis*	200	16	220	13	徽县大河店镇下山村	徽县林草局
62122700277	黄连木	*Pistacia chinensis*	100	18	157	9	徽县大河店镇下山村	徽县林草局
62122700284	黄连木	*Pistacia chinensis*	600	30	258	18	徽县大河店镇下山村寺庙旁	徽县林草局
62122700285	黄连木	*Pistacia chinensis*	500	30	207	16	徽县大河店镇下山村寺庙旁	徽县林草局

古树编号	树种	树种拉丁名	估测树龄	树高 (m)	树围 (cm)	平均冠幅 (m)	具体地点	管护单位 / 人
62122700286	黄连木	*Pistacia chinensis*	550	29	239	16	徽县大河店镇下山村寺庙旁	徽县林草局
62122700324	黄连木	*Pistacia chinensis*	300	21	280	15	徽县虞关乡未子村闻梁社	徽县林草局
62122700326	黄连木	*Pistacia chinensis*	200	25	166	14	徽县虞关乡未子村闻梁社	徽县林草局
62122700327	黄连木	*Pistacia chinensis*	150	26	182	14	徽县虞关乡未子村闻梁社	徽县林草局
62122700328	黄连木	*Pistacia chinensis*	150	25	188	14	徽县虞关乡未子村闻梁社	徽县林草局
62122700329	黄连木	*Pistacia chinensis*	100	18	160	12	徽县虞关乡未子村闻梁社	徽县林草局
62122700335	黄连木	*Pistacia chinensis*	300	24	242	17	徽县虞关乡穆坪村二寨	徽县林草局
62122700336	黄连木	*Pistacia chinensis*	250	26	289	14	徽县虞关乡穆坪村合寨	徽县林草局
62122700341	黄连木	*Pistacia chinensis*	500	25	323	22	徽县虞关乡许坝村中坝社	徽县林草局
62122700344	黄连木	*Pistacia chinensis*	250	23	214	13	徽县虞关乡许坝村中坝社	徽县林草局
62122700345	黄连木	*Pistacia chinensis*	200	24	163	15	徽县虞关乡许坝村中坝社	徽县林草局
62122700349	黄连木	*Pistacia chinensis*	300	23	270	15	徽县虞关乡许坝村中坝社	徽县林草局
62122700356	黄连木	*Pistacia chinensis*	200	22	248	12	徽县虞关乡八渡沟村尖崖社	徽县林草局
62122700357	黄连木	*Pistacia chinensis*	180	20	207	9	徽县虞关乡八渡沟村尖崖社	徽县林草局
62122700358	黄连木	*Pistacia chinensis*	250	23	264	10	徽县虞关乡八渡沟村尖崖社	徽县林草局
62122700359	黄连木	*Pistacia chinensis*	150	19	182	7	徽县虞关乡八渡沟村尖崖社	徽县林草局
62122700360	黄连木	*Pistacia chinensis*	200	21	232	12	徽县虞关乡八渡沟村尖崖社	徽县林草局
62122700361	黄连木	*Pistacia chinensis*	220	26	301	11	徽县虞关乡八渡沟村尖崖社	徽县林草局
62122700362	黄连木	*Pistacia chinensis*	260	28	327	16	徽县虞关乡八渡沟村尖崖社	徽县林草局
62122700364	黄连木	*Pistacia chinensis*	240	20	289	9	徽县虞关乡八渡沟村尖崖社	徽县林草局
62122700365	黄连木	*Pistacia chinensis*	330	23	336	19	徽县虞关乡穆坪村龙山社	徽县林草局
62122700366	黄连木	*Pistacia chinensis*	300	19	188	17	徽县虞关乡穆坪村龙山社	徽县林草局
62122700369	黄连木	*Pistacia chinensis*	600	27	330	18	徽县虞关乡山岔村孔坪社阳山扁	徽县林草局
62122700382	黄连木	*Pistacia chinensis*	180	25	226	16	徽县水阳镇南山村成庄	徽县林草局
62122700383	黄连木	*Pistacia chinensis*	1000	20	488	16	徽县水阳镇南山村成庄	徽县林草局
62122700384	黄连木	*Pistacia chinensis*	1000	26	490	25	徽县水阳镇南山村刘崖	徽县林草局
62122700385	黄连木	*Pistacia chinensis*	300	17	314	13	徽县水阳镇南山村刘崖	徽县林草局
62122700391	黄连木	*Pistacia chinensis*	250	16	236	14	徽县水阳镇胡河村大坪社	徽县林草局
62122700396	黄连木	*Pistacia chinensis*	400	22	399	20	徽县城关镇樊塄村	徽县林草局
62122800012	黄连木	*Pistacia chinensis*	450	14	378	17	两当县金洞乡李家村孙家院内	李家村委会
62122800015	黄连木	*Pistacia chinensis*	600	15	323	13	两当县金洞乡五一村刘坪组老学校旧址路边	五一村委会
62122800016	黄连木	*Pistacia chinensis*	600	12	296	9	两当县金洞乡五一村刘坪组老学校旧址路边	五一村委会
62122800022	黄连木	*Pistacia chinensis*	650	22	449	24	两当县鱼池乡蒲家湾村道路中央	蒲家湾村委会
62122800025	黄连木	*Pistacia chinensis*	400	15	240	12	两当县显龙镇白崖村烧锅里	白崖村委会
62122800026	黄连木	*Pistacia chinensis*	600	20	347	20	两当县显龙镇板凳村文昌宫后院	文昌宫
62122800039	黄连木	*Pistacia chinensis*	400	20	353	20	两当县站儿巷镇南坪村瓦房组唐福家房后	南坪村委会
62122800040	黄连木	*Pistacia chinensis*	400	19	325	19	两当县站儿巷镇南坪村瓦房组唐福家房后	南坪村委会
62122800059	黄连木	*Pistacia chinensis*	350	12	127	7	两当县西坡镇东坡村碾子组大路旁	东坡村委会
62122800080	黄连木	*Pistacia chinensis*	350	27	315	27	两当县杨店镇颜家河村月亮寺院内	月亮寺
62122500034	青麸杨	*Rhus potaninii*	120	12	188	11	西和县长道镇宁家村	宁家村委会
62120200254	漆	*Toxicodendron vernicifluum*	200	10	310	9	文县铁楼乡李子坝村阳尕山	李子坝村委会
卫矛科								
62122300065	卫矛	*Euonymus alatus*	100	9	55	6	宕昌县沙湾镇寺上村寺庙旁	宕昌县林草局
62120200088	冬青卫矛	*Euonymus japonicus*	300	19	240	18	武都区两水镇朱家山村五爷庙前	朱家山村委会

古树编号	树种	树种拉丁名	估测树龄	树高 (m)	树围 (cm)	平均冠幅 (m)	具体地点	管护单位/人
62120200131	冬青卫矛	*Euonymus japonicus*	280	16	110	7	武都区马街镇大李家村回龙寺院内	大李家村委会
62120200137	冬青卫矛	*Euonymus japonicus*	300	12	230	11	武都区马街镇寺背村卧虎寺	寺背村委会
62120200605	冬青卫矛	*Euonymus japonicus*	350	24	230	13	武都区裕河乡梨树湾村碌础岭公路边	梨树湾村委会
62122100016	冬青卫矛	*Euonymus japonicus*	200	8	140	9	成县红川镇席郝村	红川镇政府
62122100032	冬青卫矛	*Euonymus japonicus*	180	10	180	10	成县镡河乡建村	武向宁
无患子科								
62122200027	梣叶槭	*Acer negundo*	200	18	370	14	文县范坝镇坪上村	张永强
62122200088	梣叶槭	*Acer negundo*	200	12	160	12	文县口头坝乡柏林村柏林社	柏林村委会
62122200122	梣叶槭	*Acer negundo*	800	25	380	16	文县石鸡坝镇薛堡寨村拔达峰	薛堡寨村委会
62122700415	飞蛾槭	*Acer oblongum*	180	28	295	20	徽县大河店镇小地坝村花莲洞庙旁	徽县林草局
62122700420	飞蛾槭	*Acer oblongum*	350	30	286	15	徽县大河店镇小地坝村花莲洞庙旁	徽县林草局
62120200255	五角槭	*Acer pictum* subsp. *mono*	400	26	260	12	文县铁楼乡李子坝河啦沟	李子坝村委会
62120200508	五角槭	*Acer pictum* subsp. *mono*	350	17	230	15	武都区郭河乡绿化村绿化社坟梁	绿化村委会
62122100142	五角槭	*Acer pictum* subsp. *mono*	500	15	320	13	成县二郎乡刘坪村	二郎乡政府
62122200064	五角槭	*Acer pictum* subsp. *mono*	200	26	380	15	文县梨坪镇九原村小学背后	九原村委会
62122300088	五角槭	*Acer pictum* subsp. *mono*	200	20	87	5	宕昌县狮子乡狮子村寺庙旁	宕昌县林草局
62122300089	五角槭	*Acer pictum* subsp. *mono*	160	21	78	5	宕昌县狮子乡狮子村寺庙旁	宕昌县林草局
62122300090	五角槭	*Acer pictum* subsp. *mono*	130	20	74	5	宕昌县狮子乡狮子村寺庙旁	宕昌县林草局
62122300092	五角槭	*Acer pictum* subsp. *mono*	120	20	70	5	宕昌县狮子乡狮子村寺庙旁	宕昌县林草局
62122400015	五角槭	*Acer pictum* subsp. *mono*	450	17	416	11	康县王坝镇青林沟村张家院社	青林沟村委会
62122400029	五角槭	*Acer pictum* subsp. *mono*	450	17	390	20	康县碾坝镇青岗坝村陈家沟	青岗坝村委会
62122400042	五角槭	*Acer pictum* subsp. *mono*	1250	20	673	25	康县阳坝镇大庄子村春树坝社	大庄子村委会
62122500065	五角槭	*Acer pictum subsp. mono*	200	15	220	4	西和县石峡镇高河村	高河村委会
62122800054	五角槭	*Acer pictum* subsp. *mono*	300	27	309	19	两当县泰山乡泰柳村泰柳村至云屏镇公路边	泰柳村委会
62120200548	五角槭	*Acer pictum* subsp. *mono*	500	17	280	16	武都区外纳镇稻畦村瓦山社大水沟	稻畦村委会
62120200563	五角槭	*Acer pictum* subsp. *mono*	500	17	250	10	武都区琵琶镇龙潭村龙潭社	龙潭村委会
62120200633	五角槭	*Acer pictum* subsp. *mono*	300	12	120	6	武都区五库镇土地沟村麻地沟社四方沟口	土地沟村委会
62120200666	五角槭	*Acer pictum* subsp. *mono*	350	25	200	17	武都区三仓镇罗车寺村上庄庙梁	罗车寺村委会
62122627001	七叶树	*Aesculus chinensis*	210	19	259	17	礼县肖良乡安子村桫椤组	安子村委会
62122100059	七叶树	*Aesculus chinensis*	200	12	180	10	成县抛沙镇胡寨村	抛沙镇政府
62122400006	七叶树	*Aesculus chinensis*	910	20	530	17	康县长坝镇花桥村花桥社菩提广场	花桥村委会
62122400026	七叶树	*Aesculus chinensis*	210	15	223	18	康县豆坝镇栗子坪村谈家院	栗子坪村委会
62122400036	七叶树	*Aesculus chinensis*	230	18	310	19	康县长坝镇吴家坝村吴家坝社小学旁边	吴家坝村委会
62122400081	七叶树	*Aesculus chinensis*	420	14	380	11	康县周家坝镇李坝村一社李坝金竹园	李坝村委会
62122700043	七叶树	*Aesculus chinensis*	300	18	358	22	徽县泥阳镇张垭豁村双庙梁顶	徽县林草局
62122700241	七叶树	*Aesculus chinensis*	200	21	280	17	徽县高桥镇崔坝村同瓦社	徽县林草局
62122700305	七叶树	*Aesculus chinensis*	200	21	220	15	徽县大河店镇余家沟村阳坡新社	徽县林草局
62122800050	七叶树	*Aesculus chinensis*	200	15	115	6	两当县云屏镇龙王庙村李爱宏家院内	龙王庙村委会
62122200045	七叶树	*Aesculus chinensis*	150	11	280	10	文县玉垒乡冉家村	冉家村委会
62120200577	七叶树	*Aesculus chinensis*	500	21	290	18	武都区琵琶镇张坝村张坝社	张坝村委会
62120200593	七叶树	*Aesculus chinensis*	1000	28	430	21	武都区五马镇河口里村松树坝社	河口里村委会
62120200217	栾	*Koelreuteria paniculata*	500	11	260	9	文县堡子坝镇马河坝村	马河坝村委会
62120200243	栾	*Koelreuteria paniculata*	500	24	320	12	文县堡子坝镇朱家台村	朱家台村委会
62120200245	栾	*Koelreuteria paniculata*	400	15	220	14	文县堡子坝镇朱家台村	朱家台村委会

古树编号	树种	树种拉丁名	估测树龄	树高 (m)	树围 (cm)	平均冠幅 (m)	具体地点	管护单位 / 人
62120200256	栾	*Koelreuteria paniculata*	600	25	230	20	文县铁楼乡李子坝村	李子坝村委会
62120200257	栾	*Koelreuteria paniculata*	700	26	280	22	文县铁楼乡李子坝村	李子坝村委会
62122200055	栾	*Koelreuteria paniculata*	300	36	320	13	文县舍书乡坪湾村梨树坪	坪湾村委会
62122200098	栾	*Koelreuteria paniculata*	200	12	310	16	文县中寨镇通屯沟村黄土根	通屯沟村委会
62122200134	栾	*Koelreuteria paniculata*	500	19	320	19	文县石坊镇槐树村寺庙后	槐树村委会
62122200136	栾	*Koelreuteria paniculata*	500	10	205	7	文县石坊镇槐树村三社	槐树村委会
62122200143	栾	*Koelreuteria paniculata*	300	22	370	20	文县天池镇天池村民房对面	天池村委会
62122200145	栾	*Koelreuteria paniculata*	500	32	610	28	文县天池镇王家庄村梁上	王家庄村委会
62122200153	栾	*Koelreuteria paniculata*	500	23	580	16	文县天池镇关坪村梁上	关坪村委会
62122200205	栾	*Koelreuteria paniculata*	300	26	350	28	文县桥头镇张家湾村王家山社	张家湾村委会
62122700242	栾	*Koelreuteria paniculata*	300	16	195	15	徽县高桥镇崔坝村祁庄庙	徽县林草局
62122700243	栾	*Koelreuteria paniculata*	300	10	220	5	徽县高桥镇崔坝村祁庄庙	徽县林草局
62122700260	栾	*Koelreuteria paniculata*	350	26	289	14	徽县麻沿河镇麻安村下庙	徽县林草局
鼠李科								
62122700095	枳椇	*Hovenia acerba*	120	16	182	7	徽县嘉陵镇嘉陵村落圣沟庙旁	徽县林草局
62122100095	枣	*Ziziphus jujuba*	100	10	150	11	成县黄渚镇赵河村	黄渚镇政府
锦葵科								
62120200391	少脉椴	*Tilia paucicostata*	500	8	330	15	武都区磨坝藏族乡竹园子村大爷庙	竹园子村委会
62122300099	少脉椴	*Tilia paucicostata*	110	12	104	6	宕昌县狮子乡狮子村寺庙旁	宕昌县林草局
柽柳科								
62120200146	柽柳	*Tamarix chinensis*	100	8	160	5	武都区汉林镇唐坪村唐坪小学院内	唐坪村委会
62120200147	柽柳	*Tamarix chinensis*	100	7	180	7	武都区汉林镇唐坪村唐坪小学院内	唐坪村委会
大风子科								
62120200604	柞木	*Xylosma congesta*	300	9	160	6	武都区裕河乡梨树湾村碌础岭公路边	梨树湾村委会
千屈菜科								
62122100114	紫薇	*Lagerstroemia indica*	100	7	75	8	成县王磨镇杨庄村	王磨镇政府
62122700008	紫薇	*Lagerstroemia indica*	600	11	194	12	徽县柳林镇洛坝村青阳寺院内	洛坝村委会
62122700034	紫薇	*Lagerstroemia indica*	400	7	75	7	徽县伏家镇贺店村红旗山北禅寺	红旗山北禅寺
62122700389	紫薇	*Lagerstroemia indica*	400	6	210	8	徽县水阳镇新寺村明德学校院内	徽县林草局
62122700399	紫薇	*Lagerstroemia indica*	300	6	102	5	徽县城关镇桥西社区党校院内	徽县林草局
62122700406	紫薇	*Lagerstroemia indica*	150	6	75	9	徽县城关镇东关村清真寺后院	徽县林草局
62122800010	紫薇	*Lagerstroemia indica*	1100	11	240	20	两当县城关镇香泉村香泉寺院内	香泉寺
62122200023	紫薇	*Lagerstroemia indica*	100	8	80	5	文县范坝镇店坝村村民院内	店坝村委会
62122200038	紫薇	*Lagerstroemia indica*	150	21	90	16	文县玉垒乡筏子坝村	筏子坝村委会
62122200321	石榴	*Punica granatum*	300	8	75	4	文县铁楼乡演武坪村	演武坪村委会
山茱萸科								
62120200472	沙梾	*Cornus bretschneideri*	300	12	190	13	武都区郭河乡八海村庙梁	八海村委会
62122700092	梾木	*Cornus macrophylla*	300	22	258	13	徽县嘉陵镇稻坪村尹坪社	徽县林草局
62122500066	毛梾	*Cornus walteri*	450	16	200	5	西和县石峡镇双庙村	双庙村委会
62122100170	光皮梾木	*Cornus wilsoniana*	800	11	300	14	成县陈院镇龙门村最疙瘩梁	龙门村委会
62122500020	光皮梾木	*Cornus wilsoniana*	300	12	160	11	西和县兴隆镇下川村	牟幸福
杜鹃花科								
62122100069	杜鹃	*Rhododendron simsii*	100	6	80	4	成县鸡峰镇朝霞村	鸡峰镇政府
柿科								

古树编号	树种	树种拉丁名	估测树龄	树高 (m)	树围 (cm)	平均冠幅 (m)	具体地点	管护单位 / 人
62120200018	柿	*Diospyros kaki*	150	18	190	16	武都区角弓镇西坪村老水泉	西坪村委会
62120200019	柿	*Diospyros kaki*	150	19	200	13	武都区角弓镇西坪村老水泉	西坪村委会
62120200020	柿	*Diospyros kaki*	150	18	180	13	武都区角弓镇西坪村老水泉	西坪村委会
62120200021	柿	*Diospyros kaki*	150	15	180	14	武都区角弓镇西坪村老水泉	西坪村委会
62122100056	柿	*Diospyros kaki*	300	12	360	9	成县抛沙镇广化村	抛沙镇政府
62122100057	柿	*Diospyros kaki*	200	12	180	9	成县抛沙镇东罗村	抛沙镇政府
62122100062	柿	*Diospyros kaki*	150	14	180	9	成县抛沙镇坪岛村	抛沙镇政府
62122100063	柿	*Diospyros kaki*	200	12	200	9	成县抛沙镇坪岛村	抛沙镇政府
62122100098	柿	*Diospyros kaki*	350	16	300	13	成县黄渚镇柏湾村	黄渚镇政府
62122100112	柿	*Diospyros kaki*	110	11	160	8	成县王磨镇陈家庄村陈	王磨镇政府
62122100162	柿	*Diospyros kaki*	110	18	180	10	成县王磨镇祁坝村贾河社路边广场	祁坝村委会
62122100174	柿	*Diospyros kaki*	120	5	24	11	成县陈院镇梁楼村桑树园子	梁楼村委会
62122100175	柿	*Diospyros kaki*	230	19	40	19	成县陈院镇梁楼村石马坝	梁楼村委会
62122100182	柿	*Diospyros kaki*	100	13	20	8	成县沙坝镇闫山村乔垭社毕家门前	闫山村委会
62122100202	柿	*Diospyros kaki*	100	14	30	12	成县城关镇袁大村朱家湾	袁大村委会
62122300046	柿	*Diospyros kaki*	260	9	98	5	宕昌县官亭镇大村学校旁	宕昌县林草局
62122300047	柿	*Diospyros kaki*	200	9	88	6	宕昌县官亭镇大村民房后	宕昌县林草局
62122300048	柿	*Diospyros kaki*	200	9	90	6	宕昌县官亭镇大村学校旁	宕昌县林草局
62122300049	柿	*Diospyros kaki*	150	6	78	6	宕昌县官亭镇大村学校旁	宕昌县林草局
62122300050	柿	*Diospyros kaki*	230	9	98	7	宕昌县官亭镇大村寺庙旁	宕昌县林草局
62122300051	柿	*Diospyros kaki*	230	9	90	6	宕昌县官亭镇大村老庄后	宕昌县林草局
62122300063	柿	*Diospyros kaki*	100	9	80	6	宕昌县沙湾镇老庄村八腊庙边	宕昌县林草局
62122300064	柿	*Diospyros kaki*	100	7	63	6	宕昌县沙湾镇老庄村八腊庙边	宕昌县林草局
62122800017	柿	*Diospyros kaki*	220	18	275	17	两当县金洞乡新潮村瓦窑坪王家屋后	新潮村委会
62122400084	柿	*Diospyros kaki*	120	13	220	15	康县周家坝镇張赵村赵坝社	張赵村委会
62122400094	柿	*Diospyros kaki*	150	13	226	16	康县迷坝乡十字村陈家山社	十字村委会
62122700220	柿	*Diospyros kaki*	150	12	308	7	徽县榆树乡东坡村	徽县林草局
62122700374	柿	*Diospyros kaki*	300	17	295	12	徽县银杏树镇中川村中心学校	徽县林草局
62122100019	君迁子	*Diospyros lotus*	260	8	160	7	成县红川镇席郝村	红川镇政府
62122100080	君迁子	*Diospyros lotus*	100	14	80	4	成县苏元镇庙垭村	苏元镇政府
山矾科								
62122300100	白檀	*Symplocos tanakana*	240	9	238	8	宕昌县贾河乡扎尕村庙台台	扎尕村委会
62122300101	白檀	*Symplocos tanakana*	220	9	220	7	宕昌县贾河乡扎尕村庙台台	扎尕村委会
安息香科								
62120200602	栓叶安息香	*Styrax suberifolius*	300	16	210	21	武都区五马镇西山村王家河	西山村委会
木犀科								
62122700414	白蜡树	*Fraxinus chinensis*	180	16	130	9	徽县大河店镇小地坝村花莲洞庙旁	徽县林草局
62122700419	白蜡树	*Fraxinus chinensis*	300	26	211	17	徽县大河店镇小地坝村花莲洞庙旁	徽县林草局
62122100001	木樨	*Osmanthus fragrans*	750	9	280	10	成县宋坪乡桂花村	桂花村委会
62122200005	木樨	*Osmanthus fragrans*	150	16	190	16	文县碧口镇上街社区镇政府院内	王建军
62122200029	木樨	*Osmanthus fragrans*	300	11	220	9	文县范坝镇关子村	梁小平
62122200046	木樨	*Osmanthus fragrans*	120	28	200	12	文县碧口镇上街社区	上街社区
62122200116	木樨	*Osmanthus fragrans*	300	12	170	9	文县石鸡坝镇哈南村祠堂内	哈南村委会
62122200117	木樨	*Osmanthus fragrans*	300	15	190	9	文县石鸡坝镇哈南村祠堂内	哈南村委会

古树编号	树种	树种拉丁名	估测树龄	树高 (m)	树围 (cm)	平均冠幅 (m)	具体地点	管护单位 / 人
62122200137	木樨	*Osmanthus fragrans*	120	8	120	4	文县石坊镇东峪口村三社	东峪口村委会
62122400012	木樨	*Osmanthus fragrans*	300	13	310	15	康县白杨镇枫岭村新房坝社桂花崖	枫岭村委会
62122100161	流苏树	*Chionanthus retusus*	110	9	110	8	成县王磨镇陈家庄村陈家庄四社水泉边	陈家庄村委会
62122100176	流苏树	*Chionanthus retusus*	200	13	100	11	成县黄渚镇王庄村石嘴崖	王庄村委会
62122100177	流苏树	*Chionanthus retusus*	240	24	200	11	成县黄渚镇王庄村	王庄村委会
62120200692	木樨榄	*Olea europaea*	600	3	340	6	武都区吉石坝街道吉石坝社区长江大道边	吉石坝社区
62120200693	木樨榄	*Olea europaea*	600	3	370	7	武都区吉石坝街道吉石坝社区长江大道边	吉石坝社区
62120200694	木樨榄	*Olea europaea*	500	3	210	7	武都区吉石坝街道吉石坝社区长江大道边	吉石坝社区
62122500054	蜡子树	*Ligustrum leucanthum*	130	5	250	5	西和县苏合镇燕王村	王业手
紫葳科								
62120200151	灰楸	*Catalpa fargesii*	300	20	280	15	武都区汉林镇周家山村小学旁边	周家山村委会
62120200152	灰楸	*Catalpa fargesii*	100	15	140	6	武都区汉林镇周家山村小学旁边	周家山村委会
62120200197	灰楸	*Catalpa fargesii*	200	15	200	8	武都区甘泉镇杨家庙村庙旁	杨家庙村委会
62120200209	灰楸	*Catalpa fargesii*	680	32	500	14	武都区佛崖镇冉儿沟村楸木树沟	冉儿沟村委会
62122500055	灰楸	*Catalpa fargesii*	210	9	286	8	西和县苏合镇苏合村	苏合村委会
茜草科								
62122400060	香果树	*Emmenopterys henryi*	380	16	388	18	康县大堡镇巩集村巩集社丁木树湾	巩集村委会
大麻科								
62122700009	糙叶树	*Aphananthe aspera*	800	27	678	25	徽县柳林镇洛坝村董家庄	洛坝村委会
62122700012	糙叶树	*Aphananthe aspera*	400	23	283	24	徽县柳林镇庙坪村甘沟社董志江家门前	庙坪村委会
62122700013	糙叶树	*Aphananthe aspera*	400	21	258	24	徽县柳林镇庙坪村甘沟社	庙坪村委会
62122700015	糙叶树	*Aphananthe aspera*	200	15	210	15	徽县柳林镇庙坪村甘沟社	庙坪村委会
62122700017	糙叶树	*Aphananthe aspera*	800	16	251	13	徽县柳林镇庙坪村姚庄社	徽县林草局
62122700247	糙叶树	*Aphananthe aspera*	200	16	188	9	徽县麻沿河镇王集村	徽县林草局
62122700248	糙叶树	*Aphananthe aspera*	260	17	204	9	徽县麻沿河镇王集村	徽县林草局
62122700263	糙叶树	*Aphananthe aspera*	400	23	383	12	徽县麻沿河镇麻沿河村山庄社	徽县林草局
62122700294	糙叶树	*Aphananthe aspera*	300	24	195	13	徽县大河店镇上山村寺庙庙前	徽县林草局
62122700295	糙叶树	*Aphananthe aspera*	350	24	220	18	徽县大河店镇上山村路旁	徽县林草局
62122700307	糙叶树	*Aphananthe aspera*	300	33	458	21	徽县大河店镇余家沟村阳坡	徽县林草局
62122700318	糙叶树	*Aphananthe aspera*	300	26	251	13	徽县大河店镇硬湾村	徽县林草局
62122700380	糙叶树	*Aphananthe aspera*	300	11	270	7	徽县水阳镇南山村南山白音庙旁	徽县林草局
62122700413	糙叶树	*Aphananthe aspera*	200	28	130	9	徽县大河店镇小地坝村花莲洞庙旁	徽县林草局
62122300032	黑弹树	*Celtis bungeana*	120	7	153	5	宕昌县城关镇下坝社区阴坪庄	宕昌县林草局
62122700026	珊瑚朴	*Celtis julianae*	200	24	301	21	徽县栗川镇范山村唐沟社	范山村委会
62122700322	珊瑚朴	*Celtis julianae*	150	23	157	12	徽县虞关乡未子村闻梁社	徽县林草局
62122700331	珊瑚朴	*Celtis julianae*	150	21	176	15	徽县虞关乡未子村闻梁社	徽县林草局
62122700334	珊瑚朴	*Celtis julianae*	150	22	182	14	徽县虞关乡穆坪村	徽县林草局
62122200032	朴树	*Celtis sinensis*	200	20	240	14	文县中庙镇余家湾村	余家湾村委会
62122200172	朴树	*Celtis sinensis*	200	15	166	11	文县城关镇贾昌村	贾昌村委会
62122200074	青檀	*Pteroceltis tatarinowii*	200	20	169	8	文县尚德镇李家沟村	李家沟村委会
62122200084	青檀	*Pteroceltis tatarinowii*	500	25	350	15	文县口头坝乡寺坝村冉家嘴	寺坝村委会
62122400013	青檀	*Pteroceltis tatarinowii*	120	17	249	12	康县白杨镇枫岭村新房坝社桂花崖	枫岭村委会

陇南市古树群

古树群编号	主要树种	株数	平均树高（m）	平均树围（cm）	平均树龄	具体地点	管护单位
62122862274	刺叶高山栎	3	19	119	300	两当县寺河村寺稞里元龙寺院	元龙寺
62122862273	板栗	5	19	169	300	两当县泰山乡新崖村新庄鼻梁坡	新崖村委会
62122862272	侧柏	6	20	61	600	两当县显龙镇梁垭村垭河组山梁	梁垭村委会
62122862271	白皮松	5	17	65	310	两当县显龙镇白崖村兴隆山关帝庙	兴隆山关帝庙
62122762270	槲栎	7	28	62	240	徽县嘉陵镇张滩村张下社	徽县林草局
62122762269	侧柏	81	18	47	300	徽县水阳镇泰山庙	徽县林草局
62122762268	侧柏	78	21	39	120	徽县城关镇吴山	徽县林草局
62122762267	侧柏	22	18	48	200	徽县大河镇三泉村老学校旁	徽县林草局
62122762266	刺叶高山栎	21	19	52	200	徽县麻沿镇糜岭村顾家沟	徽县林草局
62122762265	红豆杉	7	16	42	150	徽县麻沿镇麻安村下庙社	徽县林草局
62122762264	槐	5	21	56	220	徽县麻沿镇胡广村张湾	徽县林草局
62122762263	槲栎	5	24	82	300	徽县高桥镇崔坝村祁庄社	徽县林草局
62122762262	侧柏	28	15	36	200	徽县伏镇向阳山	徽县林草局
62122762261	侧柏	236	18	52	240	徽县伏镇红旗山	徽县林草局
62122762260	侧柏	3	13	45	200	徽县柳林镇峡口村胡家山社	徽县林草局
62122762259	黄连木	22	20	65	150	徽县柳林沙坝	徽县林草局
62122662258	侧柏	8	18	56	120	礼县祁山镇祁山堡公园	祁山堡公园
62122662257	圆柏	5000	22	91	280	礼县祁山镇何台村房背后	何台村委会
62122462256	枫杨	297	15	49	110	康县阳坝镇阴坝村	阴坝村委会
62122462255	柿	5	15	70	140	康县寺台乡袁山村	袁山村委会
62122462254	槐	5	18	89	160	康县寺台乡马连村	马连村委会
62122462253	刺叶高山栎	8	15	78	200	康县周家坝镇李家安村	李家安村委会
62122462252	侧柏	21	16	63	150	康县大堡镇黄山村	东岳山管委会
62122462251	红豆杉	8	12	65	150	康县城关镇郑家沟村	郑家沟村委会
62122162248	侧柏	222	24	80	120	成县城关镇李武村泰山庙	李武村委会
62120262247	云杉	12	24	48	150	武都区池坝乡范家岭	范家岭村委会
62120262246	黄连木	21	23	98	600	武都区枫相乡垭谭村石梁上	垭谭村委会
62120262245	红豆杉	89	12	60	200	武都区三仓乡玉才沟社	玉才沟社
62120262244	皂荚	12	18	82	400	武都区三仓乡坪头村台子上社	坪头村委会
62120262243	五角槭	5	22	90	500	武都区五马乡西山村西山里	西山村委会
62120262242	麻栎	16	19	80	300	武都区琵琶镇下高家村尹家沟河坝	高家村委会
62120262241	侧柏	381	28	78	350	武都区磨坝乡磨坝村柏林寺	磨坝村柏林寺
62120262240	青冈	25	12	64	350	武都区蒲池乡湾里村庙后	湾里村委会
62120262239	刺叶高山栎	24	14	64	500	武都区隆兴乡蛇崖村	蛇崖村委会
62120262238	华山松	12	25	54	260	武都区黄坪乡钟李村	钟李村委会
62120262237	麻栎	13	8	110	300	武都区佛崖乡燕崖村庙	燕崖村委会
62120262236	刺叶高山栎	25	11	50	400	武都区柏林镇牙头里村庙	牙头里村委会
62120262235	榔榆	5	20	80	200	武都区坪垭藏族乡坪牙村寺庙	坪牙村委会

平凉市古树名木

古树编号	树种	树种拉丁名	估测树龄	树高 (m)	树围 (cm)	平均冠幅 (m)	具体地点	管护单位 / 人
银杏科								
62080203081	银杏	*Ginkgo biloba*	150	16	113	7	崆峒区中心城区平凉实验中学	实验中学
62082206005	银杏	*Ginkgo biloba*	100	13	156	7	灵台县什字镇 202 省道	什字镇政府
松科								
62080203072	雪松	*Cedrus deodara*	140	18	152	9	崆峒区中心城区平凉实验中学	实验中学
62080203073	雪松	*Cedrus deodara*	140	23	213	11	崆峒区中心城区平凉实验中学	实验中学
62080203074	雪松	*Cedrus deodara*	150	18	154	12	崆峒区中心城区平凉实验中学	实验中学
62080203075	雪松	*Cedrus deodara*	160	16	187	13	崆峒区中心城区平凉实验中学	实验中学
62080203076	雪松	*Cedrus deodara*	160	19	153	11	崆峒区中心城区平凉实验中学	实验中学
62080203077	雪松	*Cedrus deodara*	180	23	213	11	崆峒区中心城区平凉实验中学	实验中学
62080203078	雪松	*Cedrus deodara*	230	23	185	13	崆峒区中心城区平凉实验中学	实验中学
62080203126	雪松	*Cedrus deodara*	150	21	192	14	崆峒区中心城区西南东路 94 号	崆峒区林草局
62080203127	雪松	*Cedrus deodara*	160	17	197	14	崆峒区中心城区东湖路 20 号	崆峒区林草局
62080203162	雪松	*Cedrus deodara*	160	21	195	13	崆峒区中心城区东湖路 20 号	崆峒区林草局
62080203163	雪松	*Cedrus deodara*	160	18	170	10	崆峒区中心城区东湖路 19 号	崆峒区林草局
62080203164	雪松	*Cedrus deodara*	180	18	210	13	崆峒区中心城区东湖路 18 号	崆峒区林草局
62080203201	雪松	*Cedrus deodara*	150	21	189	5	崆峒区中心城区市委大院	崆峒区林草局
62080203202	雪松	*Cedrus deodara*	160	18	195	7	崆峒区中心城区市委大院	崆峒区林草局
62080203203	雪松	*Cedrus deodara*	290	16	154	6	崆峒区中心城区市委大院	崆峒区林草局
62080203216	雪松	*Cedrus deodara*	150	21	189	10	崆峒区中心城区市委大院	崆峒区林草局
62080203392	雪松	*Cedrus deodara*	150	12	99	6	崆峒区柳湖公园	柳湖公园
62080203393	雪松	*Cedrus deodara*	180	15	156	12	崆峒区柳湖公园	柳湖公园
62080203394	雪松	*Cedrus deodara*	330	14	118	8	崆峒区柳湖公园	柳湖公园
62080203423	雪松	*Cedrus deodara*	170	23	208	9	崆峒区西阳乡清明村一社	清明村委会
62082101038	雪松	*Cedrus deodara*	250	15	188	15	泾川县玉都镇镇政府院内	玉都镇政府
62082101042	雪松	*Cedrus deodara*	280	12	120	8	泾川县高平镇官山林场教育基地门口	官山林场
62082101092	雪松	*Cedrus deodara*	460	20	250	16	泾川县丰台镇镇政府院内	丰台镇政府
62082101094	雪松	*Cedrus deodara*	110	8	120	8	泾川县党原镇镇政府院内	党原镇政府
62082101095	雪松	*Cedrus deodara*	470	9	140	9	泾川县党原镇镇政府院内	党原镇政府
62082101096	雪松	*Cedrus deodara*	110	8	140	8	泾川县党原镇镇政府院内	党原镇政府
62082101171	雪松	*Cedrus deodara*	110	8	100	8	泾川县太平镇镇政府院内	太平镇政府
62082101187	雪松	*Cedrus deodara*	250	13	100	8	泾川县罗汉洞乡官山林场教育基地门口	官山林场
62082206003	雪松	*Cedrus deodara*	120	21	141	18	灵台县什字镇胜利村	胜利村委会

古树编号	树种	树种拉丁名	估测树龄	树高(m)	树围(cm)	平均冠幅(m)	具体地点	管护单位/人
62082206007	雪松	*Cedrus deodara*	100	19	173	11	灵台县什字镇胜利村	胜利村委会
62082213002	雪松	*Cedrus deodara*	100	11	128	8	灵台县蒲窝镇卫生院	蒲窝镇政府
62080203422	云杉	*Picea asperata*	260	14	104	9	崆峒区中心城区塔路40号	崆峒区林草局
62088107001	云杉	*Picea asperata*	100	15	75	6	华亭市西华镇096乡道	草滩村委会
62080200002	紫果云杉	*Picea purpurea*	650	18	230	7	崆峒区崆峒山景区招鹤堂院内	崆峒山景区管委会
62080200106	华山松	*Pinus armandii*	150	19	150	7	崆峒区崆峒山景区静乐宫北侧	崆峒山景区管委会
62080200107	华山松	*Pinus armandii*	150	17	130	9	崆峒区崆峒山景区静乐宫北侧	崆峒山景区管委会
62082101091	华山松	*Pinus armandii*	260	25	249	9	泾川县丰台镇通尔沟村	通尔沟村委会
62082505039	华山松	*Pinus armandii*	100	8	150	5	庄浪县通化镇野赵村	野赵村委会
62082507051	华山松	*Pinus armandii*	120	16	160	6	庄浪县柳梁镇吊咀村松树湾	吊咀村委会
62082507053	华山松	*Pinus armandii*	130	17	190	10	庄浪县柳梁镇阳坡村松树坟地	阳坡村委会
62082300046	白皮松	*Pinus bungeana*	300	22	200	13	崇信县锦屏镇杜家沟村新崖湾社	杜喜存
62080200104	油松	*Pinus tabuliformis*	100	13	155	9	崆峒区崆峒山景区隍城处	崆峒山景区管委会
62080200105	油松	*Pinus tabuliformis*	200	18	170	13	崆峒区崆峒山景区静乐宫东北侧	崆峒山景区管委会
62080200108	油松	*Pinus tabuliformis*	150	14	160	9	崆峒区崆峒山景区静乐宫东南侧	崆峒山景区管委会
62080200109	油松	*Pinus tabuliformis*	150	13	170	12	崆峒区崆峒山景区苍松岭	崆峒山景区管委会
62080200110	油松	*Pinus tabuliformis*	100	13	123	10	崆峒区崆峒山景区苍松岭观景台	崆峒山景区管委会
62080200111	油松	*Pinus tabuliformis*	100	13	135	9	崆峒区崆峒山景区苍松岭观景台	崆峒山景区管委会
62080200112	油松	*Pinus tabuliformis*	130	10	153	9	崆峒区崆峒山景区苍松岭观景台	崆峒山景区管委会
62080200113	油松	*Pinus tabuliformis*	150	17	143	10	崆峒区崆峒山景区隍城山门	崆峒山景区管委会
62080200114	油松	*Pinus tabuliformis*	150	17	157	10	崆峒区崆峒山景区隍城山门	崆峒山景区管委会
62080200115	油松	*Pinus tabuliformis*	150	17	130	8	崆峒区崆峒山景区隍城山门	崆峒山景区管委会
62080200118	油松	*Pinus tabuliformis*	600	18	240	9	崆峒区崆峒山景区雷祖殿	崆峒山景区管委会
62080200119	油松	*Pinus tabuliformis*	300	17	195	6	崆峒区崆峒山景区棋盘岭	崆峒山景区管委会
62080200120	油松	*Pinus tabuliformis*	300	17	223	10	崆峒区崆峒山景区棋盘岭	崆峒山景区管委会
62080200121	油松	*Pinus tabuliformis*	260	20	210	9	崆峒区崆峒山景区棋盘岭	崆峒山景区管委会
62080200122	油松	*Pinus tabuliformis*	300	19	250	5	崆峒区崆峒山景区棋盘岭	崆峒山景区管委会
62080200123	油松	*Pinus tabuliformis*	300	17	180	6	崆峒区崆峒山景区洗眼泉	崆峒山景区管委会
62082101097	油松	*Pinus tabuliformis*	510	18	202	11	泾川县党原镇赵家村	赵家村委会
62082300178	油松	*Pinus tabuliformis*	300	25	120	13	崇信县锦屏镇梁坡村龙泉寺	龙泉寺
62082501027	油松	*Pinus tabuliformis*	110	15	185	14	庄浪县岳堡镇岳堡村南峰寺	南峰寺
62082506067	油松	*Pinus tabuliformis*	110	17	100	11	庄浪县永宁镇阳洼村	阳洼村委会
62082510015	油松	*Pinus tabuliformis*	110	11	190	13	庄浪县卧龙镇棉沟村松树湾	魏民琪
62088109001	油松	*Pinus tabuliformis*	170	16	108	7	华亭市上关镇磨坪村上石咀凤凰庙	凤凰庙
62088109002	油松	*Pinus tabuliformis*	170	14	110	7	华亭市上关镇碾子沟河滩海龙庙	海龙庙
62080200003	油松	*Pinus tabuliformis*	230	5	80	6	崆峒区崆峒山景区凌空塔尖	崆峒山景区管委会
62080200005	油松	*Pinus tabuliformis*	700	21	245	14	崆峒区崆峒山景区	崆峒山景区管委会
62080200006	油松	*Pinus tabuliformis*	700	21	214	8	崆峒区崆峒山景区	崆峒山景区管委会
62080200027	油松	*Pinus tabuliformis*	800	19	230	8	崆峒区崆峒山景区	崆峒山景区管委会
62080200028	油松	*Pinus tabuliformis*	800	20	220	9	崆峒区崆峒山景区	崆峒山景区管委会
62080200029	油松	*Pinus tabuliformis*	600	18	170	10	崆峒区崆峒山景区	崆峒山景区管委会

古树编号	树种	树种拉丁名	估测树龄	树高 (m)	树围 (cm)	平均冠幅 (m)	具体地点	管护单位/人
62080200030	油松	*Pinus tabuliformis*	800	22	260	7	崆峒区崆峒山景区	崆峒山景区管委会
62080200037	油松	*Pinus tabuliformis*	600	15	220	9	崆峒区崆峒山景区	崆峒山景区管委会
62080200038	油松	*Pinus tabuliformis*	600	18	230	7	崆峒区崆峒山景区	崆峒山景区管委会
62080200039	油松	*Pinus tabuliformis*	600	18	210	7	崆峒区崆峒山景区	崆峒山景区管委会
62080200040	油松	*Pinus tabuliformis*	600	19	190	8	崆峒区崆峒山景区	崆峒山景区管委会
62080200063	油松	*Pinus tabuliformis*	900	26	240	8	崆峒区崆峒山景区	崆峒山景区管委会
62080200064	油松	*Pinus tabuliformis*	900	26	300	9	崆峒区崆峒山景区	崆峒山景区管委会
62080200065	油松	*Pinus tabuliformis*	120	14	125	7	崆峒区崆峒山景区南台路前	崆峒山景区管委会
62080200068	油松	*Pinus tabuliformis*	600	16	200	10	崆峒区崆峒山景区南台路前	崆峒山景区管委会
62080200070	油松	*Pinus tabuliformis*	400	15	160	11	崆峒区崆峒山景区南台路前	崆峒山景区管委会
62080200087	油松	*Pinus tabuliformis*	800	27	310	7	崆峒区崆峒山景区西台处	崆峒山景区管委会
62080200088	油松	*Pinus tabuliformis*	700	25	220	9	崆峒区崆峒山景区西台处	崆峒山景区管委会
62080200089	油松	*Pinus tabuliformis*	600	10	210	12	崆峒区崆峒山景区西台山顶	崆峒山景区管委会
62080200090	油松	*Pinus tabuliformis*	600	15	220	10	崆峒区崆峒山景区西台山顶	崆峒山景区管委会
62080200092	油松	*Pinus tabuliformis*	150	18	125	7	崆峒区崆峒山景区	崆峒山景区管委会
62080200093	油松	*Pinus tabuliformis*	150	18	110	10	崆峒区崆峒山景区	崆峒山景区管委会
62080200094	油松	*Pinus tabuliformis*	200	20	153	8	崆峒区崆峒山景区	崆峒山景区管委会
62080200099	油松	*Pinus tabuliformis*	100	15	150	11	崆峒区崆峒山景区香山观景台	崆峒山景区管委会
62080200100	油松	*Pinus tabuliformis*	150	15	195	13	崆峒区崆峒山景区静乐宫西南侧	崆峒山景区管委会
62080200101	油松	*Pinus tabuliformis*	150	13	148	11	崆峒区崆峒山景区静乐宫东南侧	崆峒山景区管委会
62080200102	油松	*Pinus tabuliformis*	200	17	255	7	崆峒区崆峒山景区静乐宫东侧	崆峒山景区管委会
62080200103	油松	*Pinus tabuliformis*	100	13	140	9	崆峒区崆峒山景区隍城处	崆峒山景区管委会
62082207011	油松	*Pinus tabuliformis*	100	17	168	8	灵台县上良镇043县道	上良镇政府
62082207017	油松	*Pinus tabuliformis*	140	17	200	11	灵台县上良镇043县道	上良镇政府
柏科								
62080203193	圆柏	*Juniperus chinensis*	150	50	210	13	崆峒区中心城区建华厂家属院	崆峒区林草局
62080203389	圆柏	*Juniperus chinensis*	140	3	82	6	崆峒区柳湖公园	柳湖公园
62080203390	圆柏	*Juniperus chinensis*	180	4	87	5	崆峒区市场监督管理局院内	崆峒区林草局
62080203419	圆柏	*Juniperus chinensis*	220	4	117	6	崆峒区柳湖公园	柳湖公园
62080203317	圆柏	*Juniperus chinensis*	600	18	214	10	崆峒区中心城区平凉四中	平凉四中
62080203359	圆柏	*Juniperus chinensis*	370	17	171	10	崆峒区中心城区平凉四中	平凉四中
62080203005	圆柏	*Juniperus chinensis*	340	17	157	5	崆峒区安国乡安国镇安国村	安国村委会
62080203176	圆柏	*Juniperus chinensis*	560	16	190	5	崆峒区上扬镇旱庄村后沟社	旱庄村委会
62080203217	圆柏	*Juniperus chinensis*	220	9	96	3	崆峒区中心城区市委大院	崆峒区林草局
62080203218	圆柏	*Juniperus chinensis*	280	9	123	3	崆峒区中心城区市委大院	崆峒区林草局
62080203435	圆柏	*Juniperus chinensis*	570	19	197	6	崆峒区峡门乡二沟村四社八里庙	二沟村委会
62080203436	圆柏	*Juniperus chinensis*	580	21	280	7	崆峒区峡门乡关梁村华家社	关梁村委会
62088103001	圆柏	*Juniperus chinensis*	250	17	122	7	华亭市策底镇策底坡村杜家庄社青龙庙	青龙庙
62088103002	圆柏	*Juniperus chinensis*	250	18	130	6	华亭市策底镇策底坡村杜家庄社青龙庙	青龙庙
62088104001	圆柏	*Juniperus chinensis*	170	20	120	5	华亭市砚峡乡东沟社区	东沟社区
62088106004	圆柏	*Juniperus chinensis*	100	15	216	8	华亭市东大街华亭市幼儿园	华亭市幼儿园

古树编号	树种	树种拉丁名	估测树龄	树高 (m)	树围 (cm)	平均冠幅 (m)	具体地点	管护单位 / 人
62088106005	圆柏	*Juniperus chinensis*	190	17	226	4	华亭市东大街华亭市幼儿园	华亭市幼儿园
62088106006	圆柏	*Juniperus chinensis*	100	18	271	5	华亭市东大街华亭市幼儿园	华亭市幼儿园
62088109003	圆柏	*Juniperus chinensis*	110	26	166	8	华亭市上关镇磨坪村下尖坪	磨坪村委会
62088109004	圆柏	*Juniperus chinensis*	260	26	172	9	华亭市上关镇碾子沟村下尖坪凤凰庙	凤凰庙
62088110001	圆柏	*Juniperus chinensis*	450	17	162	10	华亭市神峪乡殿山上	下关村委会
62088110005	圆柏	*Juniperus chinensis*	250	10	220	9	华亭市神峪乡下塬村山神庙	山神庙
62088110007	圆柏	*Juniperus chinensis*	110	12	230	8	华亭市神峪乡新寨塬村关帝庙	关帝庙
62088110010	圆柏	*Juniperus chinensis*	250	18	267	9	华亭市神峪乡新寨塬村关帝庙	关帝庙
62080200001	圆柏	*Juniperus chinensis*	2300	22	395	14	崆峒区崆峒山景区凤凰岭	崆峒山景区管委会
62080200011	圆柏	*Juniperus chinensis*	200	10	145	8	崆峒区崆峒山景区中台	崆峒山景区管委会
62080200031	圆柏	*Juniperus chinensis*	1000	23	310	12	崆峒区崆峒山景区塔院法轮禅寺凌空碑	崆峒山景区管委会
62080200033	圆柏	*Juniperus chinensis*	150	11	110	5	崆峒区崆峒山景区塔院法轮禅寺凌空碑	崆峒山景区管委会
62080200034	圆柏	*Juniperus chinensis*	180	14	140	8	崆峒区崆峒山景区塔院法轮禅寺凌空碑	崆峒山景区管委会
62080200035	圆柏	*Juniperus chinensis*	350	16	170	6	崆峒区崆峒山景区塔院法轮禅寺凌空碑	崆峒山景区管委会
62080200041	圆柏	*Juniperus chinensis*	350	11	180	7	崆峒区崆峒山景区招鹤堂门前	崆峒山景区管委会
62080200042	圆柏	*Juniperus chinensis*	350	15	210	7	崆峒区崆峒山景区招鹤堂门前	崆峒山景区管委会
62080200043	圆柏	*Juniperus chinensis*	350	14	210	10	崆峒区崆峒山景区三清殿门前	崆峒山景区管委会
62080200044	圆柏	*Juniperus chinensis*	350	15	210	8	崆峒区崆峒山景区招鹤堂后院	崆峒山景区管委会
62080200045	圆柏	*Juniperus chinensis*	350	16	200	8	崆峒区崆峒山景区招鹤堂后院	崆峒山景区管委会
62080200046	圆柏	*Juniperus chinensis*	350	16	220	8	崆峒区崆峒山景区招鹤堂后院	崆峒山景区管委会
62080200051	圆柏	*Juniperus chinensis*	350	14	200	8	崆峒区崆峒山景区东台处	崆峒山景区管委会
62080200052	圆柏	*Juniperus chinensis*	350	12	165	6	崆峒区崆峒山景区紫霄宫门前	崆峒山景区管委会
62080200057	圆柏	*Juniperus chinensis*	160	15	120	6	崆峒区崆峒山景区紫霄宫院内	崆峒山景区管委会
62080200058	圆柏	*Juniperus chinensis*	160	15	115	8	崆峒区崆峒山景区紫霄宫院内	崆峒山景区管委会
62080200059	圆柏	*Juniperus chinensis*	160	16	120	8	崆峒区崆峒山景区紫霄宫院内	崆峒山景区管委会
62080200066	圆柏	*Juniperus chinensis*	160	11	135	8	崆峒区崆峒山景区南台路前	崆峒山景区管委会
62080200067	圆柏	*Juniperus chinensis*	160	12	160	8	崆峒区崆峒山景区南台路前	崆峒山景区管委会
62080200069	圆柏	*Juniperus chinensis*	1100	16	290	10	崆峒区崆峒山景区南台路前	崆峒山景区管委会
62080200091	圆柏	*Juniperus chinensis*	150	13	105	6	崆峒区崆峒山景区	崆峒山景区管委会
62080203068	刺柏	*Juniperus formosana*	140	10	221	12	崆峒区中心城区平凉实验中学	实验中学
62080203106	刺柏	*Juniperus formosana*	150	15	123	4	崆峒区崆峒镇蒋家沟一社	陈玉龙
62080203107	刺柏	*Juniperus formosana*	340	16	156	5	崆峒区崆峒镇韩家沟元朝庙	崆峒镇政府
62080200048	刺柏	*Juniperus formosana*	160	13	140	7	崆峒区崆峒山景区东台岔路口	崆峒山景区管委会
62080203070	刺柏	*Juniperus formosana*	100	25	223	12	崆峒区中心城区平凉实验中学	实验中学
62080203128	刺柏	*Juniperus formosana*	100	15	200	3	崆峒区中心城区军事区	相关单位
62080203159	刺柏	*Juniperus formosana*	100	11	186	4	崆峒区中心城区林草局院旁	崆峒区林草局
62080203160	刺柏	*Juniperus formosana*	100	11	185	5	崆峒区中心城区林草局院旁	崆峒区林草局
62080203161	刺柏	*Juniperus formosana*	100	12	190	4	崆峒区中心城区林草局院旁	崆峒区林草局
62080203200	刺柏	*Juniperus formosana*	100	35	180	8	崆峒区中心城区建华厂家属院	崆峒区林草局
62082101186	刺柏	*Juniperus formosana*	100	12	80	8	泾川县罗汉洞乡西湾里	官山林场
62082201031	刺柏	*Juniperus formosana*	100	17	152	9	灵台县中台镇灵台县人民医院	灵台县医院

古树编号	树种	树种拉丁名	估测树龄	树高 (m)	树围 (cm)	平均冠幅 (m)	具体地点	管护单位 / 人
62082201043	刺柏	*Juniperus formosana*	100	21	173	7	灵台县中台镇灵台县人民医院	灵台县医院
62082201061	刺柏	*Juniperus formosana*	100	23	212	11	灵台县中台镇灵台县人民医院	灵台县医院
62082210003	刺柏	*Juniperus formosana*	100	14	169	8	灵台县龙门乡湫子沟	珍珠山林场
62082210004	刺柏	*Juniperus formosana*	100	15	183	9	灵台县龙门乡湫子沟	珍珠山林场
62082212002	刺柏	*Juniperus formosana*	100	16	165	7	灵台县百里镇候家桥	百里林场
62082212011	刺柏	*Juniperus formosana*	100	13	187	7	灵台县百里镇麻湾	百里林场
62082212021	刺柏	*Juniperus formosana*	100	15	210	7	灵台县百里镇候家桥	百里林场
62088108008	刺柏	*Juniperus formosana*	100	23	175	6	华亭市石堡子开发区神家庄社裕华公司	裕华公司
62088108013	刺柏	*Juniperus formosana*	100	24	180	6	华亭市石堡子开发区甘肃庆华建材有限公司	庆华建材有限公司
62088108018	刺柏	*Juniperus formosana*	100	24	190	6	华亭市石堡子开发区神家庄社裕华公司	裕华公司
62080203001	侧柏	*Platycladus orientalis*	510	15	240	8	崆峒区安国乡东沟村甘门社娘娘庙	东沟村委会
62080203012	侧柏	*Platycladus orientalis*	600	13	210	3	崆峒区白水镇打虎村二社	打虎村委会
62080203017	侧柏	*Platycladus orientalis*	240	11	104	4	崆峒区白水镇甘沟村二社莲花山庙	甘沟村委会
62080203018	侧柏	*Platycladus orientalis*	590	15	209	4	崆峒区白水镇打虎村	打虎村委会
62080203019	侧柏	*Platycladus orientalis*	590	19	282	7	崆峒区白水镇段堡村三社	段堡村委会
62080203032	侧柏	*Platycladus orientalis*	610	25	216	3	崆峒区大秦乡刘庙村老清真寺	刘庙村委会
62080203034	侧柏	*Platycladus orientalis*	620	15	221	4	崆峒区大秦乡刘庙村三队	刘庙村委会
62080203039	侧柏	*Platycladus orientalis*	270	13	141	3	崆峒区大寨乡赵塬村一社	赵塬村委会
62080203051	侧柏	*Platycladus orientalis*	270	12	120	3	崆峒区大寨乡赵塬村一社	赵塬村委会
62080203054	侧柏	*Platycladus orientalis*	320	18	145	3	崆峒区大寨乡桂花村二社清真寺	桂花村委会
62080203064	侧柏	*Platycladus orientalis*	250	6	112	3	崆峒区中心城区专院	崆峒区林草局
62080203083	侧柏	*Platycladus orientalis*	360	20	165	4	崆峒区花所镇花所村五社	花所村委会
62080203085	侧柏	*Platycladus orientalis*	240	11	105	4	崆峒区花所镇花所村四社	花所村委会
62080203086	侧柏	*Platycladus orientalis*	360	23	166	4	崆峒区花所镇寺沟村一社	寺沟村委会
62080203094	侧柏	*Platycladus orientalis*	220	14	95	3	崆峒区崆峒镇政府院内	崆峒镇政府
62080203095	侧柏	*Platycladus orientalis*	330	23	153	5	崆峒区崆峒镇政府院内	崆峒镇政府
62080203096	侧柏	*Platycladus orientalis*	340	14	156	5	崆峒区崆峒镇庙湾大王庙院内	崆峒镇政府
62080203097	侧柏	*Platycladus orientalis*	580	15	200	4	崆峒区崆峒镇庙湾大王庙院内	崆峒镇政府
62080203098	侧柏	*Platycladus orientalis*	600	19	289	12	崆峒区崆峒镇庙湾大王庙院内	崆峒镇政府
62080203105	侧柏	*Platycladus orientalis*	330	18	150	6	崆峒区崆峒镇太统村张巴沟藏龙寺	崆峒镇政府
62080203116	侧柏	*Platycladus orientalis*	280	16	127	5	崆峒区中心城区平凉拱北	崆峒区林草局
62080203123	侧柏	*Platycladus orientalis*	240	10	104	5	崆峒区中心城区南山生态公园	崆峒区林草局
62080203124	侧柏	*Platycladus orientalis*	360	14	167	5	崆峒区中心城区平凉拱北	崆峒区林草局
62080203125	侧柏	*Platycladus orientalis*	830	14	461	7	崆峒区中心城区东关街道清真南大寺	崆峒区林草局
62080203149	侧柏	*Platycladus orientalis*	270	7	120	5	崆峒区中心城区南山生态公园	崆峒区林草局
62080203172	侧柏	*Platycladus orientalis*	270	18	121	5	崆峒区上扬镇早庄村翟家沟社	早庄村委会
62080203173	侧柏	*Platycladus orientalis*	520	18	249	5	崆峒区上扬镇早庄村后沟社	早庄村委会
62080203183	侧柏	*Platycladus orientalis*	250	18	110	4	崆峒区索罗乡汝林村玉黄庙	汝林村委会
62080203184	侧柏	*Platycladus orientalis*	280	18	125	4	崆峒区索罗乡汝林村玉黄庙	汝林村委会
62080203185	侧柏	*Platycladus orientalis*	280	19	126	4	崆峒区索罗乡汝林村玉黄庙	汝林村委会
62080203189	侧柏	*Platycladus orientalis*	290	7	133	5	崆峒区中心城区市委大院	崆峒区林草局

古树编号	树种	树种拉丁名	估测树龄	树高 (m)	树围 (cm)	平均冠幅 (m)	具体地点	管护单位 / 人
62080203190	侧柏	*Platycladus orientalis*	240	12	104	4	崆峒区中心城区市委大院	崆峒区林草局
62080203191	侧柏	*Platycladus orientalis*	330	8	149	4	崆峒区中心城区市委大院	崆峒区林草局
62080203204	侧柏	*Platycladus orientalis*	330	14	150	5	崆峒区中心城区市政府院外街道旁	崆峒区林草局
62080203205	侧柏	*Platycladus orientalis*	330	13	152	4	崆峒区中心城区平凉市政府院内	崆峒区林草局
62080203219	侧柏	*Platycladus orientalis*	220	11	94	3	崆峒区中心城区市委大院	崆峒区林草局
62080203382	侧柏	*Platycladus orientalis*	200	10	152	7	崆峒区柳湖公园	柳湖公园
62082101001	侧柏	*Platycladus orientalis*	300	19	84	14	泾川县城关镇水泉寺	泾川县教育局
62082101002	侧柏	*Platycladus orientalis*	310	14	93	14	泾川县城关镇水泉寺	泾川县教育局
62082101003	侧柏	*Platycladus orientalis*	350	14	118	16	泾川县城关镇水泉寺	泾川县教育局
62082101004	侧柏	*Platycladus orientalis*	250	23	119	8	泾川县城关镇水泉寺	泾川县教育局
62082101005	侧柏	*Platycladus orientalis*	120	20	123	14	泾川县城关镇瑶池胜境王母宫山	泾川县大景区管委会
62082101006	侧柏	*Platycladus orientalis*	330	20	126	9	泾川县城关镇水泉寺	泾川县教育局
62082101008	侧柏	*Platycladus orientalis*	300	22	132	9	泾川县城关镇水泉寺	泾川县教育局
62082101009	侧柏	*Platycladus orientalis*	360	17	132	9	泾川县城关镇枣园（公交站）	东庵村委会
62082101010	侧柏	*Platycladus orientalis*	250	18	141	10	泾川县城关镇瓦窑坡	瓦窑坡村委会
62082101012	侧柏	*Platycladus orientalis*	190	14	171	9	泾川县城关镇盘口村	盘口村委会
62082101027	侧柏	*Platycladus orientalis*	440	14	256	14	泾川县城关镇 G22 青兰高速	凤凰村委会
62082101030	侧柏	*Platycladus orientalis*	150	13	281	9	泾川县城关镇盘口村	盘口村委会
62082101039	侧柏	*Platycladus orientalis*	300	15	225	14	泾川县玉都镇康家村柏林组柏坪寺	康家村委会
62082101043	侧柏	*Platycladus orientalis*	110	12	130	7	泾川县高平镇许家坡村南庄组	许家坡村委会
62082101044	侧柏	*Platycladus orientalis*	110	13	140	9	泾川县高平镇官山林场场部门口	泾川县官山林场
62082101045	侧柏	*Platycladus orientalis*	380	15	155	10	泾川县高平镇原尚村北庄组	原尚村委会
62082101046	侧柏	*Platycladus orientalis*	270	15	160	11	泾川县高平镇原尚村北庄组	原尚村委会
62082101055	侧柏	*Platycladus orientalis*	110	16	152	11	泾川县荔堡镇崖窑村	崖窑村委会
62082101056	侧柏	*Platycladus orientalis*	100	19	210	9	泾川县荔堡镇崖窑村	崖窑村委会
62082101059	侧柏	*Platycladus orientalis*	360	19	292	15	泾川县温泉经济开发区凤凰村	凤凰村委会
62082101065	侧柏	*Platycladus orientalis*	390	16	90	7	泾川县窑店镇东高寺村西头组云寂院	东高寺村委会
62082101066	侧柏	*Platycladus orientalis*	100	17	140	9	泾川县窑店镇东高寺村西头组云寂院	东高寺村委会
62082101074	侧柏	*Platycladus orientalis*	110	10	106	7	泾川县飞云镇毛彦章中医诊所	毛家村委会
62082101075	侧柏	*Platycladus orientalis*	250	18	131	8	泾川县飞云镇毛家村	毛家村委会
62082101076	侧柏	*Platycladus orientalis*	130	14	135	9	泾川县飞云镇毛家村	毛家村委会
62082101077	侧柏	*Platycladus orientalis*	120	16	137	7	泾川县飞云镇毛家村	毛家村委会
62082101078	侧柏	*Platycladus orientalis*	130	13	140	10	泾川县飞云镇毛家村	毛家村委会
62082101079	侧柏	*Platycladus orientalis*	250	9	90	5	泾川县丰台镇通尔沟村老庄组庙沟	通尔沟村委会
62082101080	侧柏	*Platycladus orientalis*	120	11	100	6	泾川县丰台镇盖郭村	盖郭村委会
62082101082	侧柏	*Platycladus orientalis*	340	10	110	6	泾川县丰台镇通尔沟村	通尔沟村委会
62082101083	侧柏	*Platycladus orientalis*	110	12	120	8	泾川县丰台镇丰台墩村	丰台墩村委会
62082101084	侧柏	*Platycladus orientalis*	110	10	120	8	泾川县丰台镇盖郭村	盖郭村委会
62082101086	侧柏	*Platycladus orientalis*	330	14	165	8	泾川县丰台镇丰台墩村	丰台墩村委会
62082101172	侧柏	*Platycladus orientalis*	440	9	150	10	泾川县太平镇焦村	焦村村委会
62082101173	侧柏	*Platycladus orientalis*	130	14	180	11	泾川县太平镇盘口村	盘口村委会

古树编号	树种	树种拉丁名	估测树龄	树高 (m)	树围 (cm)	平均冠幅 (m)	具体地点	管护单位 / 人
62082101174	侧柏	*Platycladus orientalis*	210	14	182	11	泾川县太平镇盘口村	盘口村委会
62082101180	侧柏	*Platycladus orientalis*	250	15	269	11	泾川县太平镇盘口村	盘口村委会
62082101189	侧柏	*Platycladus orientalis*	120	15	110	5	泾川县罗汉洞乡柿子文化主题公园	罗汉洞乡政府
62082101190	侧柏	*Platycladus orientalis*	150	21	117	9	泾川县罗汉洞乡挽头坪小学	挽头坪村委会
62082101191	侧柏	*Platycladus orientalis*	100	14	123	4	泾川县罗汉洞乡川口白家	罗汉洞乡政府
62082101192	侧柏	*Platycladus orientalis*	170	21	125	7	泾川县罗汉洞乡挽头坪小学	挽头坪村委会
62082101210	侧柏	*Platycladus orientalis*	130	18	130	15	泾川县泾明乡白家村	白家村委会
62082201003	侧柏	*Platycladus orientalis*	170	9	77	9	灵台县中台镇马边里	马永刚
62082201006	侧柏	*Platycladus orientalis*	190	14	83	10	灵台县中台镇 053 县道坷台村	坷台村委会
62082201008	侧柏	*Platycladus orientalis*	130	12	84	11	灵台县中台镇许家沟村	马永刚
62082201011	侧柏	*Platycladus orientalis*	190	9	85	9	灵台县中台镇马边里	马永刚
62082201013	侧柏	*Platycladus orientalis*	210	10	92	9	灵台县中台镇车厘子大樱桃种植基地	马永刚
62082201014	侧柏	*Platycladus orientalis*	210	7	92	6	灵台县中台镇荆山森林公园	荆山森林公园
62082201015	侧柏	*Platycladus orientalis*	210	8	93	8	灵台县中台镇滨河路星辰宾馆	荆山森林公园
62082201016	侧柏	*Platycladus orientalis*	210	16	94	6	灵台县中台镇 244 国道	康家沟村委会
62082201018	侧柏	*Platycladus orientalis*	240	14	108	11	灵台县中台镇许家沟村	马永刚
62082201019	侧柏	*Platycladus orientalis*	270	15	109	7	灵台县中台镇舒逸佳苑小区	巩玉梅
62082201022	侧柏	*Platycladus orientalis*	290	13	115	7	灵台县中台镇灵台工委纪念馆	荆山森林公园
62082201023	侧柏	*Platycladus orientalis*	290	13	116	11	灵台县中台镇康家沟村	康家沟村委会
62082201024	侧柏	*Platycladus orientalis*	290	14	118	6	灵台县中台镇西大街烟草专卖局	荆山森林公园
62082201025	侧柏	*Platycladus orientalis*	310	12	120	7	灵台县中台镇许家沟村	马永刚
62082201028	侧柏	*Platycladus orientalis*	340	15	131	11	灵台县中台镇中学路	下河村委会
62082201032	侧柏	*Platycladus orientalis*	100	15	154	11	灵台县中台镇灵台县烟草专卖局	荆山森林公园
62082201037	侧柏	*Platycladus orientalis*	100	18	162	7	灵台县中台镇汇佳购物广场	城关村委会
62082201055	侧柏	*Platycladus orientalis*	110	10	208	18	灵台县中台镇曹家坡	中台镇政府
62082201060	侧柏	*Platycladus orientalis*	110	15	209	15	灵台县中台镇东沟西路文化广场	下河村委会
62082201071	侧柏	*Platycladus orientalis*	500	14	278	6	灵台县中台镇中学路	荆山学校
62082201072	侧柏	*Platycladus orientalis*	500	9	278	8	灵台县中台镇中学路	荆山学校
62082201078	侧柏	*Platycladus orientalis*	590	11	331	13	灵台县中台镇中学路	荆山学校
62082201085	侧柏	*Platycladus orientalis*	720	17	405	9	灵台县中台镇中学路	荆山学校
62082201086	侧柏	*Platycladus orientalis*	790	23	445	7	灵台县中台镇中学路	荆山学校
62082202002	侧柏	*Platycladus orientalis*	380	8	146	6	灵台县新开乡底庄村	底庄村委会
62082202003	侧柏	*Platycladus orientalis*	380	21	147	8	灵台县新开乡圪垯庙	新开乡政府
62082202004	侧柏	*Platycladus orientalis*	100	23	168	8	灵台县新开乡圪垯庙	新开乡政府
62082202030	侧柏	*Platycladus orientalis*	650	26	365	11	灵台县新开乡下周村	下周村委会
62082204001	侧柏	*Platycladus orientalis*	290	14	114	7	灵台县独店镇龙翻头村	龙翻头村委会
62082204003	侧柏	*Platycladus orientalis*	340	15	130	5	灵台县独店镇龙翻头村	龙翻头村委会
62082204005	侧柏	*Platycladus orientalis*	170	14	141	7	灵台县独店镇龙翻头村	龙翻头村委会
62082204007	侧柏	*Platycladus orientalis*	370	15	142	7	灵台县独店镇龙翻头村	龙翻头村委会
62082204008	侧柏	*Platycladus orientalis*	380	15	148	7	灵台县独店镇龙翻头村	龙翻头村委会
62082204014	侧柏	*Platycladus orientalis*	480	17	181	9	灵台县独店镇龙翻头村	龙翻头村委会

古树编号	树种	树种拉丁名	估测树龄	树高 (m)	树围 (cm)	平均冠幅 (m)	具体地点	管护单位 / 人
62082205028	侧柏	*Platycladus orientalis*	430	14	243	11	灵台县西屯镇姜家庄村朱家庄	姜家庄村委会
62082206001	侧柏	*Platycladus orientalis*	200	10	88	5	灵台县什字镇南沟村	南沟村委会
62082206002	侧柏	*Platycladus orientalis*	220	14	97	6	灵台县什字镇宅阳村	宅阳村委会
62082206004	侧柏	*Platycladus orientalis*	100	9	144	9	灵台县什字镇南沟村	南沟村委会
62082207001	侧柏	*Platycladus orientalis*	190	16	87	8	灵台县上良镇北张村	上良镇政府
62082207002	侧柏	*Platycladus orientalis*	300	15	119	5	灵台县上良镇西沟村	上良镇政府
62082207003	侧柏	*Platycladus orientalis*	310	9	120	5	灵台县上良镇北张村	上良镇政府
62082207007	侧柏	*Platycladus orientalis*	420	15	161	14	灵台县上良镇旧集	上良镇政府
62082207008	侧柏	*Platycladus orientalis*	420	13	161	9	灵台县上良镇旧集	上良镇政府
62082208001	侧柏	*Platycladus orientalis*	410	9	159	8	灵台县朝那镇老庄村	老庄村委会
62082208002	侧柏	*Platycladus orientalis*	120	10	184	9	灵台县朝那镇小寨村	小寨村委会
62082208003	侧柏	*Platycladus orientalis*	130	8	190	5	灵台县朝那镇小寨村	小寨村委会
62082209001	侧柏	*Platycladus orientalis*	400	14	154	12	灵台县梁原乡王家沟村庞坳社	王家沟村委会
62082209006	侧柏	*Platycladus orientalis*	110	14	160	12	灵台县梁原乡东村	东村村委会
62082209016	侧柏	*Platycladus orientalis*	120	25	218	11	灵台县梁原乡 052 县道	付家沟村委会
62082212008	侧柏	*Platycladus orientalis*	110	16	174	10	灵台县百里镇 053 县道	百里镇政府
62082212012	侧柏	*Platycladus orientalis*	130	15	193	10	灵台县百里镇 053 县道	百里镇政府
62082212016	侧柏	*Platycladus orientalis*	460	15	198	11	灵台县百里镇 053 县道	百里镇政府
62082212036	侧柏	*Platycladus orientalis*	730	13	409	12	灵台县百里镇芦子集村安定社	芦子集村委会
62082213001	侧柏	*Platycladus orientalis*	100	10	124	5	灵台县蒲窝镇卫生院	蒲窝镇政府
62082300002	侧柏	*Platycladus orientalis*	1500	12	110	11	崇信县锦屏镇关村朱家寨子	张选生
62082300004	侧柏	*Platycladus orientalis*	1200	23	320	10	崇信县锦屏镇龙泉寺中台	龙泉寺管理局
62082300005	侧柏	*Platycladus orientalis*	300	18	200	14	崇信县锦屏镇九功村九功社北山根	王兆明
62082300006	侧柏	*Platycladus orientalis*	300	18	170	11	崇信县锦屏镇九功村九功社北山根	王兆明
62082300028	侧柏	*Platycladus orientalis*	200	29	140	9	崇信县锦屏镇魏家沟村狼沟社	朱继欣
62082300029	侧柏	*Platycladus orientalis*	260	21	110	11	崇信县锦屏镇杜家沟村	杜万元
62082300034	侧柏	*Platycladus orientalis*	300	30	140	10	崇信县锦屏镇杜家沟村赵老沟关帝庙院内	赵有定
62082300035	侧柏	*Platycladus orientalis*	300	27	140	9	崇信县锦屏镇杜家沟村赵老沟关帝庙院内	赵有定
62082300038	侧柏	*Platycladus orientalis*	150	18	100	10	崇信县锦屏镇于家湾村中庄社	章夺奎
62082300045	侧柏	*Platycladus orientalis*	300	22	145	12	崇信县锦屏镇杜家沟村新崖湾社北山根	杜喜存
62082300048	侧柏	*Platycladus orientalis*	300	17	150	9	崇信县锦屏镇姚洼村泗郎湾社	陈党学
62082300049	侧柏	*Platycladus orientalis*	260	19	200	8	崇信县锦屏镇姚洼村泗郎湾社	陈党学
62082300050	侧柏	*Platycladus orientalis*	300	14	170	6	崇信县锦屏镇姚洼村泗郎湾社	陈党学
62082300051	侧柏	*Platycladus orientalis*	300	13	145	7	崇信县锦屏镇姚洼村泗郎湾社	陈党学
62082300052	侧柏	*Platycladus orientalis*	300	18	150	10	崇信县锦屏镇姚洼村泗郎湾社	陈党学
62082300053	侧柏	*Platycladus orientalis*	300	15	160	8	崇信县锦屏镇姚洼村泗郎湾社	关占发
62082300054	侧柏	*Platycladus orientalis*	300	20	210	9	崇信县锦屏镇姚洼村泗郎湾社	陈党学
62082300055	侧柏	*Platycladus orientalis*	300	15	200	8	崇信县锦屏镇姚洼村泗郎湾社	陈党学
62082300063	侧柏	*Platycladus orientalis*	350	22	166	9	崇信县锦屏镇关村缺湾社	李军
62082300064	侧柏	*Platycladus orientalis*	350	17	140	7	崇信县锦屏镇关村缺湾社	李军
62082300070	侧柏	*Platycladus orientalis*	200	9	125	10	崇信县锦屏镇文家咀村银山社	李军

古树编号	树种	树种拉丁名	估测树龄	树高 (m)	树围 (cm)	平均冠幅 (m)	具体地点	管护单位 / 人
62082300071	侧柏	*Platycladus orientalis*	200	11	140	8	崇信县锦屏镇文家咀村杨湾社	李军
62082300087	侧柏	*Platycladus orientalis*	300	13	140	7	崇信县黄寨镇黄寨村下庄社老庙	肖罗通
62082300120	侧柏	*Platycladus orientalis*	70	10	45	8	崇信县木林乡桃花岭村关老爷庙	丰明才
62082300152	侧柏	*Platycladus orientalis*	200	20	140	10	崇信县黄花乡凉水泉村老庄子	袁志华
62082300179	侧柏	*Platycladus orientalis*	300	19	100	12	崇信县锦屏镇梁坡村龙泉寺中台	龙泉寺管理局
62082300193	侧柏	*Platycladus orientalis*	200	16	210	8	崇信县锦屏镇赵湾村五龙山景区	五龙山景区管委会
62082501026	侧柏	*Platycladus orientalis*	310	12	301	13	庄浪县岳堡镇蒋寺村小学	蒋寺村委会
62082503033	侧柏	*Platycladus orientalis*	180	16	220	9	庄浪县南湖镇曹湾村部	曹湾村委会
62082504028	侧柏	*Platycladus orientalis*	130	15	180	10	庄浪县杨河乡张沟村	张玉卓
62082504030	侧柏	*Platycladus orientalis*	130	13	175	10	庄浪县杨河乡张沟村	张玉卓
62082506068	侧柏	*Platycladus orientalis*	110	17	120	9	庄浪县永宁乡阳洼村	阳洼村委会
62082506069	侧柏	*Platycladus orientalis*	160	17	200	11	庄浪县永宁乡阳洼村	阳洼村委会
62082507052	侧柏	*Platycladus orientalis*	310	15	200	7	庄浪县柳梁乡阳坡村甘霖寺	阳坡村委会
62082509044	侧柏	*Platycladus orientalis*	200	9	116	6	庄浪县郑河乡龙湾村	龙湾村委会
62082510018	侧柏	*Platycladus orientalis*	350	14	318	14	庄浪县卧龙镇石山村三社	石山村委会
62082510019	侧柏	*Platycladus orientalis*	350	14	256	13	庄浪县卧龙镇石山村三社	石山村委会
62082511062	侧柏	*Platycladus orientalis*	120	14	132	10	庄浪县水洛镇新光村柳家新庄	柳栓平
62082511064	侧柏	*Platycladus orientalis*	180	13	216	6	庄浪县水洛镇西关村紫荆山公园	紫荆山公园
62082511065	侧柏	*Platycladus orientalis*	180	13	210	9	庄浪县水洛镇西关村紫荆山公园	紫荆山公园
62082512057	侧柏	*Platycladus orientalis*	100	14	114	6	庄浪县南坪镇寺门村龙泉寺	寺门村龙泉寺
62082517001	侧柏	*Platycladus orientalis*	270	15	276	8	庄浪县朱店镇河北村新磨坪庙院	河北村委会
62082517002	侧柏	*Platycladus orientalis*	150	13	160	6	庄浪县朱店镇河北村新磨坪庙院	河北村委会
62082517010	侧柏	*Platycladus orientalis*	220	13	250	12	庄浪县朱店镇杨湾村庙院内	杨湾村委会
62082517011	侧柏	*Platycladus orientalis*	220	12	245	8	庄浪县朱店镇杨湾村庙院内	杨湾村委会
62082517012	侧柏	*Platycladus orientalis*	100	12	130	7	庄浪县朱店镇杨湾村	柳德世
62082517013	侧柏	*Platycladus orientalis*	100	12	115	6	庄浪县朱店镇杨湾村	柳德世
62082518037	侧柏	*Platycladus orientalis*	120	6	160	7	庄浪县万泉镇崔坪村马家源	崔坪村委会
62082619001	侧柏	*Platycladus orientalis*	400	18	220	14	静宁县雷大镇秀锦村王家阳山	秀锦村委会
62082619002	侧柏	*Platycladus orientalis*	100	16	180	11	静宁县雷大镇秀锦村阳山	王牛子
62088107002	侧柏	*Platycladus orientalis*	440	15	120	4	华亭市西华镇 096 乡道	草滩村委会
62080200049	侧柏	*Platycladus orientalis*	150	8	110	6	崆峒区崆峒山景区东台处	崆峒山景区管委会
62080200050	侧柏	*Platycladus orientalis*	200	9	150	8	崆峒区崆峒山景区东台处	崆峒山景区管委会
62080200072	侧柏	*Platycladus orientalis*	160	14	130	8	崆峒区崆峒山景区南台处	崆峒山景区管委会
62080200073	侧柏	*Platycladus orientalis*	160	14	140	8	崆峒区崆峒山景区南台处	崆峒山景区管委会
62080200074	侧柏	*Platycladus orientalis*	110	11	90	6	崆峒区崆峒山景区王母宫院内	崆峒山景区管委会
62082204002	千头柏	*Platycladus orientalis* 'Sieboldii'	320	12	124	8	灵台县独店镇姚李村西庄社	姚李村委会
62082205004	千头柏	*Platycladus orientalis* 'Sieboldii'	390	11	150	7	灵台县西屯镇南头村一社	南头村委会
62082205009	千头柏	*Platycladus orientalis* 'Sieboldii'	120	12	178	6	灵台县西屯镇南头村一社	南头村委会
62082212007	千头柏	*Platycladus orientalis* 'Sieboldii'	440	10	171	8	灵台县百里镇石塘村	石塘村委会
杨柳科								
62080203079	山杨	*Populus davidiana*	230	23	242	15	崆峒区柳湖公园	柳湖公园

古树编号	树种	树种拉丁名	估测树龄	树高 (m)	树围 (cm)	平均冠幅 (m)	具体地点	管护单位 / 人
62080203080	山杨	*Populus davidiana*	230	23	251	15	崆峒区柳湖公园	柳湖公园
62080203170	山杨	*Populus davidiana*	230	20	505	12	崆峒区麻武乡城子村二社	城子村委会
62080203395	山杨	*Populus davidiana*	140	19	231	19	崆峒区柳湖公园	柳湖公园
62080203396	山杨	*Populus davidiana*	180	17	502	18	崆峒区柳湖公园	柳湖公园
62080203432	山杨	*Populus davidiana*	160	9	350	7	崆峒区峡门乡关梁村华家社	关梁村委会
62080203433	山杨	*Populus davidiana*	180	20	375	8	崆峒区峡门乡关梁村华家社	关梁村委会
62080203434	山杨	*Populus davidiana*	580	14	420	5	崆峒区峡门乡关梁村华家社	关梁村委会
62082101028	山杨	*Populus davidiana*	110	24	263	17	泾川县城关镇王母宫	泾川县大景区管委会
62082101029	山杨	*Populus davidiana*	110	30	280	16	泾川县城关镇瑶池胜境	泾川县大景区管委会
62082101072	山杨	*Populus davidiana*	350	15	270	9	泾川县窑店镇将军村东社	将军村委会
62082101073	山杨	*Populus davidiana*	100	20	308	17	泾川县窑店镇将军村韩路社	将军村委会
62082101093	山杨	*Populus davidiana*	340	22	295	16	泾川县丰台镇杨涝池村涝池边	杨涝池村委会
62082101128	山杨	*Populus davidiana*	300	24	205	5	泾川县汭丰镇 312 国道	汭丰镇政府
62082101147	山杨	*Populus davidiana*	350	22	233	5	泾川县汭丰镇 312 国道	汭丰镇政府
62082101149	山杨	*Populus davidiana*	170	20	235	5	泾川县汭丰镇市场监督管理局院内	汭丰镇政府
62082101175	山杨	*Populus davidiana*	130	23	198	10	泾川县上良镇 202 省道	上良镇政府
62082201063	山杨	*Populus davidiana*	120	24	225	18	灵台县中台镇康家沟村龙泉山庄	康家沟村委会
62082202012	山杨	*Populus davidiana*	120	13	221	13	灵台县新开乡寨坡村老庄	寨坡村委会
62082202021	山杨	*Populus davidiana*	190	25	300	14	灵台县新开乡 080 乡道	新开乡政府
62082202031	山杨	*Populus davidiana*	200	29	438	15	灵台县新开乡 080 乡道	新开乡政府
62082204033	山杨	*Populus davidiana*	130	23	323	15	灵台县独店镇马家愣村万岭社	马家愣村委会
62082205021	山杨	*Populus davidiana*	110	19	217	11	灵台县西屯镇爱子村	爱子村委会
62082205049	山杨	*Populus davidiana*	180	19	401	29	灵台县西屯镇东湾村西屯中学	东湾村委会
62082207042	山杨	*Populus davidiana*	140	21	352	17	灵台县上良镇北张村	上良镇政府
62082208013	山杨	*Populus davidiana*	120	7	308	9	灵台县朝那镇后沟村前庄社	后沟村委会
62082209010	山杨	*Populus davidiana*	100	23	198	13	灵台县梁原乡新庄塬村阎家店	新庄塬村委会
62082209013	山杨	*Populus davidiana*	110	25	210	11	灵台县梁原乡新庄塬村阎家店	新庄塬村委会
62082209030	山杨	*Populus davidiana*	210	16	455	19	灵台县梁原乡新庄塬村阎家店	新庄塬村委会
62082210001	山杨	*Populus davidiana*	210	9	471	9	灵台县龙门乡代家庄村	代家庄村委会
62082210014	山杨	*Populus davidiana*	120	16	308	11	灵台县龙门乡民乐村	民乐村委会
62082210016	山杨	*Populus davidiana*	140	11	348	9	灵台县龙门乡英武村	英武村委会
62082210019	山杨	*Populus davidiana*	150	8	377	10	灵台县龙门乡英武村	英武村委会
62082210020	山杨	*Populus davidiana*	220	15	405	12	灵台县龙门乡嵎岘村	嵎岘村委会
62082210022	山杨	*Populus davidiana*	200	15	440	18	灵台县龙门乡英武村周家𪩘	英武村委会
62082210025	山杨	*Populus davidiana*	340	13	461	13	灵台县龙门乡英武村	英武村委会
62082210026	山杨	*Populus davidiana*	210	13	463	11	灵台县龙门乡高家山村	高家山村委会
62082210027	山杨	*Populus davidiana*	210	9	465	15	灵台县龙门乡嵎岘村武家崖窑	嵎岘村委会
62082210028	山杨	*Populus davidiana*	240	10	533	11	灵台县龙门乡嵎岘村武家崖窑	嵎岘村委会
62082211002	山杨	*Populus davidiana*	130	13	267	13	灵台县星火乡程家塬村马家咀涝池边	程家塬村委会
62082211008	山杨	*Populus davidiana*	140	9	361	10	灵台县星火乡程家塬村	程家塬村委会
62082212025	山杨	*Populus davidiana*	100	22	239	14	灵台县百里镇 053 县道	百里镇政府

古树编号	树种	树种拉丁名	估测树龄	树高 (m)	树围 (cm)	平均冠幅 (m)	具体地点	管护单位/人
62082212029	山杨	*Populus davidiana*	100	19	247	14	灵台县百里镇053县道	百里镇政府
62082212037	山杨	*Populus davidiana*	220	13	478	12	灵台县百里镇053县道李家坡村	李家坡村委会
62082213032	山杨	*Populus davidiana*	140	9	362	12	灵台县蒲窝镇郑家洼村郑家庄社	郑家洼村委会
62082300158	山杨	*Populus davidiana*	100	17	110	11	崇信县新窑镇赤城村赵堡社老庄子	于治文
62082300173	山杨	*Populus davidiana*	210	18	320	7	崇信县新窑镇黄庄村山庄社山神庙	黄庄村委会
62082300174	山杨	*Populus davidiana*	240	22	280	10	崇信县新窑镇黄庄村山庄社山神庙	黄庄村委会
62082513047	山杨	*Populus davidiana*	120	32	314	19	庄浪县韩店镇石桥村石桥林场管护站	石桥林场
62088103004	山杨	*Populus davidiana*	250	16	163	17	华亭市策底镇盘坡村石嘴子社	盘坡村委会
62088104002	山杨	*Populus davidiana*	170	17	200	17	华亭市砚峡乡罗家坪村	砚峡乡政府
62088108010	山杨	*Populus davidiana*	120	17	180	9	华亭市安口镇125乡道	安口镇政府
62088108031	山杨	*Populus davidiana*	310	21	260	19	华亭市安口镇137乡道石坪村石庙社	石坪村委会
62088108045	山杨	*Populus davidiana*	360	32	314	34	华亭市安口镇344国道关庄村关庄社	关庄村委会
62088110002	山杨	*Populus davidiana*	450	28	165	22	华亭市神峪乡新寨塬村	新寨塬村委会
62082505041	山杨	*Populus davidiana*	150	18	340	22	庄浪县通化镇陈堡村四社	陈堡村委会
62080200152	小叶杨	*Populus simonii*	200	13	470	19	崆峒区麻武乡城子村大壑岘	城子村委会
62080200153	小叶杨	*Populus simonii*	100	13	240	13	崆峒区麻武乡城子村大壑岘	城子村委会
62080200157	小叶杨	*Populus simonii*	100	13	200	14	崆峒区麻武乡杨家山村	杨家山村委会
62080200158	小叶杨	*Populus simonii*	100	13	200	12	崆峒区麻武乡杨家山村	杨家山村委会
62080200160	小叶杨	*Populus simonii*	100	14	210	11	崆峒区麻武乡城子村大壑岘	城子村委会
62080200161	小叶杨	*Populus simonii*	100	13	220	11	崆峒区麻武乡城子村大壑岘	城子村委会
62080200162	小叶杨	*Populus simonii*	100	13	220	11	崆峒区麻武乡城子村大壑岘	城子村委会
62080200163	小叶杨	*Populus simonii*	100	13	220	11	崆峒区麻武乡城子村大壑岘	城子村委会
62080200164	小叶杨	*Populus simonii*	100	12	197	12	崆峒区麻武乡城子村大壑岘	城子村委会
62080200165	小叶杨	*Populus simonii*	100	12	205	10	崆峒区麻武乡城子村大壑岘	城子村委会
62080200166	小叶杨	*Populus simonii*	100	12	235	12	崆峒区麻武乡城子村大壑岘	城子村委会
62080200167	小叶杨	*Populus simonii*	100	15	240	9	崆峒区麻武乡城子村20号门口处	城子村委会
62080200168	小叶杨	*Populus simonii*	150	16	320	15	崆峒区麻武乡城子村水塔旁	城子村委会
62080200177	小叶杨	*Populus simonii*	100	21	225	15	崆峒区崆峒镇甘沟村甘沟油库处	甘沟村委会
62080200179	小叶杨	*Populus simonii*	150	19	340	18	崆峒区崆峒镇甘沟村甘沟油库处	甘沟村委会
62080200180	小叶杨	*Populus simonii*	100	20	210	10	崆峒区崆峒镇甘沟村甘沟油库处	甘沟村委会
62080200181	小叶杨	*Populus simonii*	100	20	230	8	崆峒区崆峒镇甘沟村甘沟油库处	甘沟村委会
62080200182	小叶杨	*Populus simonii*	100	19	240	12	崆峒区崆峒镇甘沟村甘沟油库桥旁	甘沟村委会
62088108030	小叶杨	*Populus simonii*	120	25	250	15	华亭市安口镇立新村涧子河	立新村委会
62082101011	白柳	*Salix alba*	150	21	163	19	泾川县城关镇王母宫	泾川县大景区管委会
62082101013	白柳	*Salix alba*	150	26	173	11	泾川县城关镇王母宫	泾川县大景区管委会
62082101019	白柳	*Salix alba*	150	22	210	12	泾川县城关镇瑶池胜境	泾川县大景区管委会
62082101020	白柳	*Salix alba*	150	20	219	17	泾川县城关镇王母宫	泾川县大景区管委会
62082101021	白柳	*Salix alba*	150	23	220	16	泾川县城关镇王母宫	泾川县大景区管委会
62082101022	白柳	*Salix alba*	150	18	220	14	泾川县城关镇泾川县公安消防大队院内	泾川县大景区管委会
62082101024	白柳	*Salix alba*	150	23	230	13	泾川县城关镇瑶池胜境	泾川县大景区管委会
62082101026	白柳	*Salix alba*	150	10	253	9	泾川县城关镇泾川县大云寺停车场	城关镇政府

古树编号	树种	树种拉丁名	估测树龄	树高 (m)	树围 (cm)	平均冠幅 (m)	具体地点	管护单位 / 人
62082101031	白柳	*Salix alba*	150	24	281	12	泾川县城关镇瑶池胜境	泾川县大景区管委会
62082101032	白柳	*Salix alba*	150	20	282	13	泾川县城关镇王母宫	泾川县大景区管委会
62082101033	白柳	*Salix alba*	150	26	283	16	泾川县城关镇王母宫	泾川县大景区管委会
62082101035	白柳	*Salix alba*	150	21	301	20	泾川县城关镇王母宫	泾川县大景区管委会
62082101036	白柳	*Salix alba*	150	9	330	7	泾川县城关镇王母宫	泾川县大景区管委会
62082101049	白柳	*Salix alba*	150	15	280	11	泾川县高平镇黄家铺村	黄家铺村委会
62082101050	白柳	*Salix alba*	150	15	360	11	泾川县高平镇黄家铺村北庄组	黄家铺村委会
62082101052	白柳	*Salix alba*	150	16	416	19	泾川县高平镇黄家铺村	黄家铺村委会
62082101060	白柳	*Salix alba*	150	19	508	21	泾川县温泉经济开发区明锋职业培训学校	甘家沟村委会
62082101062	白柳	*Salix alba*	150	17	237	20	泾川县王村镇掌曲村	掌曲村委会
62082101064	白柳	*Salix alba*	150	20	266	17	泾川县王村镇掌曲村	掌曲村委会
62082101070	白柳	*Salix alba*	150	18	210	17	泾川县窑店镇南头湾村坡里社	南头湾村委会
62082101088	白柳	*Salix alba*	150	14	210	12	泾川县大景区管委会院内	泾川县大景区管委会
62082101089	白柳	*Salix alba*	150	15	230	21	泾川县丰台镇盖郭村老君宫	盖郭村委会
62082101098	白柳	*Salix alba*	150	12	300	11	泾川县党原镇赵家村寺坳社	赵家村委会
62082101099	白柳	*Salix alba*	150	9	110	6	泾川县汭丰镇三十梁村	汭丰镇政府
62082101100	白柳	*Salix alba*	150	17	136	6	泾川县汭丰镇三十梁村	汭丰镇政府
62082101101	白柳	*Salix alba*	150	13	145	5	泾川县汭丰镇 312 国道	汭丰镇政府
62082101102	白柳	*Salix alba*	150	11	150	8	泾川县汭丰镇 078 乡道	汭丰镇政府
62082101103	白柳	*Salix alba*	150	17	157	7	泾川县汭丰镇 312 国道	汭丰镇政府
62082101104	白柳	*Salix alba*	150	16	159	7	泾川县汭丰镇 312 国道	汭丰镇政府
62082101105	白柳	*Salix alba*	150	17	161	10	泾川县汭丰镇 312 国道	汭丰镇政府
62082101106	白柳	*Salix alba*	150	10	166	7	泾川县汭丰镇 312 国道	汭丰镇政府
62082101107	白柳	*Salix alba*	150	18	167	8	泾川县汭丰镇 312 国道	汭丰镇政府
62082101110	白柳	*Salix alba*	150	18	180	7	泾川县汭丰镇 078 乡道	汭丰镇政府
62082101113	白柳	*Salix alba*	150	17	183	8	泾川县汭丰镇 312 国道	汭丰镇政府
62082101114	白柳	*Salix alba*	150	15	184	8	泾川县汭丰镇 078 乡道	汭丰镇政府
62082101115	白柳	*Salix alba*	150	15	184	7	泾川县汭丰镇 078 乡道	汭丰镇政府
62082101116	白柳	*Salix alba*	150	16	185	3	泾川县汭丰镇 312 国道	汭丰镇政府
62082101119	白柳	*Salix alba*	150	9	195	4	泾川县汭丰镇 312 国道	汭丰镇政府
62082101120	白柳	*Salix alba*	150	15	195	10	泾川县汭丰镇三十梁村	汭丰镇政府
62082101121	白柳	*Salix alba*	150	9	197	7	泾川县汭丰镇 312 国道	汭丰镇政府
62082101123	白柳	*Salix alba*	150	18	200	7	泾川县汭丰镇 312 国道	汭丰镇政府
62082101124	白柳	*Salix alba*	150	19	200	6	泾川县汭丰镇三十梁村	汭丰镇政府
62082101125	白柳	*Salix alba*	150	17	203	7	泾川县汭丰镇 312 国道	汭丰镇政府
62082101126	白柳	*Salix alba*	150	17	205	4	泾川县汭丰镇 312 国道	汭丰镇政府
62082101129	白柳	*Salix alba*	150	16	208	4	泾川县汭丰镇 312 国道	汭丰镇政府
62082101130	白柳	*Salix alba*	150	18	208	12	泾川县汭丰镇 312 国道	汭丰镇政府
62082101131	白柳	*Salix alba*	150	17	209	6	泾川县汭丰镇 312 国道	汭丰镇政府
62082101132	白柳	*Salix alba*	150	16	210	8	泾川县汭丰镇 078 乡道	汭丰镇政府
62082101134	白柳	*Salix alba*	150	16	212	10	泾川县汭丰镇 312 国道	汭丰镇政府

古树编号	树种	树种拉丁名	估测树龄	树高 (m)	树围 (cm)	平均冠幅 (m)	具体地点	管护单位 / 人
62082101135	白柳	*Salix alba*	150	4	212	3	泾川县汭丰镇 312 国道	汭丰镇政府
62082101136	白柳	*Salix alba*	150	7	214	6	泾川县汭丰镇 312 国道	汭丰镇政府
62082101137	白柳	*Salix alba*	150	16	215	8	泾川县汭丰镇 312 国道	汭丰镇政府
62082101138	白柳	*Salix alba*	150	19	220	9	泾川县汭丰镇 312 国道	汭丰镇政府
62082101139	白柳	*Salix alba*	150	11	220	10	泾川县汭丰镇 312 国道	汭丰镇政府
62082101140	白柳	*Salix alba*	150	19	221	5	泾川县汭丰镇三十梁村	汭丰镇政府
62082101141	白柳	*Salix alba*	150	9	223	6	泾川县汭丰镇三十梁村	汭丰镇政府
62082101142	白柳	*Salix alba*	150	18	225	8	泾川县汭丰镇 312 国道	汭丰镇政府
62082101143	白柳	*Salix alba*	150	16	227	6	泾川县汭丰镇 312 国道	汭丰镇政府
62082101144	白柳	*Salix alba*	150	16	228	9	泾川县汭丰镇 312 国道	汭丰镇政府
62082101145	白柳	*Salix alba*	150	13	231	4	泾川县汭丰镇三十梁村	汭丰镇政府
62082101146	白柳	*Salix alba*	150	19	232	10	泾川县汭丰镇 312 国道	汭丰镇政府
62082101148	白柳	*Salix alba*	150	9	235	6	泾川县汭丰镇 312 国道	汭丰镇政府
62082101150	白柳	*Salix alba*	150	11	236	7	泾川县汭丰镇 312 国道	枣庄村委会
62082101151	白柳	*Salix alba*	150	12	240	10	泾川县汭丰镇 312 国道	枣庄村委会
62082101152	白柳	*Salix alba*	150	10	240	10	泾川县汭丰镇 312 国道	枣庄村委会
62082101153	白柳	*Salix alba*	150	16	251	4	泾川县汭丰镇 078 乡道	汭丰镇政府
62082101154	白柳	*Salix alba*	150	19	260	6	泾川县汭丰镇 312 国道	汭丰镇政府
62082101155	白柳	*Salix alba*	150	13	265	9	泾川县汭丰镇 312 国道	汭丰镇政府
62082101156	白柳	*Salix alba*	150	16	265	8	泾川县汭丰镇 312 国道	汭丰镇政府
62082101157	白柳	*Salix alba*	150	15	265	6	泾川县汭丰镇 312 国道	汭丰镇政府
62082101158	白柳	*Salix alba*	150	12	305	8	泾川县汭丰镇 312 国道	汭丰镇政府
62082101159	白柳	*Salix alba*	150	17	312	9	泾川县汭丰镇 312 国道	汭丰镇政府
62082101161	白柳	*Salix alba*	150	12	320	9	泾川县汭丰镇 312 国道	汭丰镇政府
62082101162	白柳	*Salix alba*	150	17	325	9	泾川县汭丰镇 312 国道	汭丰镇政府
62082101163	白柳	*Salix alba*	150	7	345	4	泾川县汭丰镇 078 乡道	汭丰镇政府
62082101164	白柳	*Salix alba*	150	8	401	11	泾川县汭丰镇 312 国道	枣林村委会
62082101165	白柳	*Salix alba*	150	14	416	7	泾川县汭丰镇 312 国道	汭丰镇政府
62082101167	白柳	*Salix alba*	150	13	495	11	泾川县汭丰镇汭丰镇中心小学	汭丰镇政府
62082101168	白柳	*Salix alba*	150	21	535	15	泾川县汭丰镇 312 国道	汭丰镇政府
62082101169	白柳	*Salix alba*	150	20	559	8	泾川县汭丰镇三十梁村	三十梁村委会
62082101170	白柳	*Salix alba*	150	13	625	15	泾川县汭丰镇焦家会村	焦家会村委会
62082101211	白柳	*Salix alba*	150	15	310	16	泾川县泾明乡算李村	算李村委会
62080203065	垂柳	*Salix babylonica*	160	21	248	15	崆峒区中心城区专院	崆峒区林草局
62080203120	乌柳	*Salix cheilophila*	160	15	230	4	崆峒区柳湖镇土坝村三里塬社	土坝村委会
62080203391	乌柳	*Salix cheilophila*	140	9	174	6	崆峒区柳湖公园	柳湖公园
62080200155	旱柳	*Salix matsudana*	150	14	380	20	崆峒区麻武乡城子村二社 1 号门口处	城子村委会
62080200159	旱柳	*Salix matsudana*	100	13	210	13	崆峒区麻武乡城子村山顶处	城子村委会
62080200169	旱柳	*Salix matsudana*	100	16	250	18	崆峒区崆峒镇寨子街村党家山	寨子街村委会
62080200170	旱柳	*Salix matsudana*	100	16	260	16	崆峒区崆峒镇寨子街村党家山	寨子街村委会
62080200171	旱柳	*Salix matsudana*	100	16	220	14	崆峒区崆峒镇寨子街村党家山	寨子街村委会

古树编号	树种	树种拉丁名	估测树龄	树高 (m)	树围 (cm)	平均冠幅 (m)	具体地点	管护单位 / 人
62080200172	旱柳	*Salix matsudana*	100	12	210	15	崆峒区崆峒镇寨子街村党家山山神庙	寨子街村委会
62080200173	旱柳	*Salix matsudana*	100	15	215	10	崆峒区崆峒镇马家峰村	马家峰村委会
62080200174	旱柳	*Salix matsudana*	100	15	190	8	崆峒区崆峒镇马家峰村	马家峰村委会
62080200178	旱柳	*Salix matsudana*	100	15	240	18	崆峒区崆峒镇甘沟村甘沟油库处	甘沟村委会
62080200183	旱柳	*Salix matsudana*	100	14	230	10	崆峒区崆峒镇甘沟村甘沟油库桥旁	甘沟村委会
62080203003	旱柳	*Salix matsudana*	150	21	229	5	崆峒区安国镇东沟村委会门口	东沟村委会
62080203004	旱柳	*Salix matsudana*	200	26	290	10	崆峒区安国镇东沟村	东沟村委会
62080203007	旱柳	*Salix matsudana*	60	18	235	10	崆峒区白庙乡柴寺村四社	柴寺村委会
62080203008	旱柳	*Salix matsudana*	160	17	247	9	崆峒区白庙乡柴寺村	柴寺村委会
62080203009	旱柳	*Salix matsudana*	170	16	195	13	崆峒区白庙乡柴寺村合抱谷四社	柴寺村委会
62080203010	旱柳	*Salix matsudana*	280	15	440	12	崆峒区白庙乡文邓村路	白庙乡政府
62080203011	旱柳	*Salix matsudana*	280	17	461	17	崆峒区白庙乡柴寺村合抱谷四社	白庙乡政府
62080203015	旱柳	*Salix matsudana*	140	11	203	7	崆峒区白水镇马莲村一社	马莲村委会
62080203016	旱柳	*Salix matsudana*	210	12	311	6	崆峒区白水镇史家沟村一社	史家沟村委会
62080203025	旱柳	*Salix matsudana*	220	15	336	11	崆峒区草峰镇峁洼村集	峁洼村委会
62080203026	旱柳	*Salix matsudana*	240	20	365	9	崆峒区草峰镇峁洼村集上社	峁洼村委会
62080203028	旱柳	*Salix matsudana*	250	20	383	15	崆峒区草峰镇岭北后村寨洼社	岭北后村委会
62080203029	旱柳	*Salix matsudana*	270	4	412	5	崆峒区草峰镇草滩村吕山社	草滩村委会
62080203033	旱柳	*Salix matsudana*	240	25	359	17	崆峒区大秦乡梁西村一社	梁西村委会
62080203035	旱柳	*Salix matsudana*	190	24	276	14	崆峒区大秦乡西九村二社	西九村委会
62080203036	旱柳	*Salix matsudana*	200	21	305	12	崆峒区大秦乡三树村一社	三树村委会
62080203037	旱柳	*Salix matsudana*	260	24	400	13	崆峒区大秦乡沙塬村三社	沙塬村委会
62080203038	旱柳	*Salix matsudana*	520	23	602	17	崆峒区大秦乡沙塬村三社凤凰卯	沙塬村委会
62080203045	旱柳	*Salix matsudana*	150	16	225	12	崆峒区大寨乡赵塬村一社	赵塬村委会
62080203046	旱柳	*Salix matsudana*	150	18	225	8	崆峒区大寨乡赵塬村一社	赵塬村委会
62080203047	旱柳	*Salix matsudana*	290	23	460	15	崆峒区大寨乡张庄村李洼社	张庄村委会
62080203052	旱柳	*Salix matsudana*	310	19	485	16	崆峒区大寨乡赵塬村一社	赵塬村委会
62080203063	旱柳	*Salix matsudana*	250	19	382	19	崆峒区大寨乡老庄洼村二社清真寺	老庄洼村委会
62080203087	旱柳	*Salix matsudana*	160	35	190	5	崆峒区花所镇二社	花所镇政府
62080203088	旱柳	*Salix matsudana*	230	35	345	5	崆峒区花所镇二社	花所镇政府
62080203091	旱柳	*Salix matsudana*	190	31	281	4	崆峒区花所镇二社	花所镇政府
62080203092	旱柳	*Salix matsudana*	200	37	298	5	崆峒区花所镇二社	花所镇政府
62080203093	旱柳	*Salix matsudana*	330	21	525	21	崆峒区花所镇寺沟村	寺沟村委会
62080203099	旱柳	*Salix matsudana*	160	17	245	14	崆峒区崆峒镇北岭村	崆峒镇政府
62080203100	旱柳	*Salix matsudana*	170	18	295	8	崆峒区崆峒镇西沟村口	崆峒镇政府
62080203101	旱柳	*Salix matsudana*	190	18	283	16	崆峒区崆峒镇北岭村	崆峒镇政府
62080203102	旱柳	*Salix matsudana*	200	17	290	7	崆峒区崆峒镇太统村张巴沟社	崆峒镇政府
62080203103	旱柳	*Salix matsudana*	240	12	361	15	崆峒区崆峒镇北岭村贺家湾社雷祖庙	崆峒镇政府
62080203108	旱柳	*Salix matsudana*	140	22	205	9	崆峒区崆峒镇太统村张巴社	太统村委会
62080203109	旱柳	*Salix matsudana*	160	17	247	8	崆峒区崆峒镇太统村张巴社	太统村委会
62080203112	旱柳	*Salix matsudana*	200	19	305	16	崆峒区崆峒镇韩家沟三社	崆峒镇政府

古树编号	树种	树种拉丁名	估测树龄	树高 (m)	树围 (cm)	平均冠幅 (m)	具体地点	管护单位 / 人
62080203113	旱柳	*Salix matsudana*	170	18	195	6	崆峒区崆峒镇西沟村口	崆峒镇政府
62080203114	旱柳	*Salix matsudana*	220	18	335	9	崆峒区崆峒镇韩家沟三社路边	刘金柱
62080203115	旱柳	*Salix matsudana*	160	20	245	10	崆峒区中心城区平凉拱北	崆峒区林草局
62080203117	旱柳	*Salix matsudana*	150	11	220	6	崆峒区柳湖镇土坝村三里塬社	土坝村委会
62080203118	旱柳	*Salix matsudana*	190	17	285	10	崆峒区柳湖镇土坝村三里塬社	土坝村委会
62080203129	旱柳	*Salix matsudana*	160	27	184	6	崆峒区中心城区东湖路 91 号	崆峒区林草局
62080203130	旱柳	*Salix matsudana*	190	28	280	10	崆峒区中心城区东湖路 91 号	崆峒区林草局
62080203131	旱柳	*Salix matsudana*	200	27	295	11	崆峒区中心城区东湖路 91 号	崆峒区林草局
62080203132	旱柳	*Salix matsudana*	180	25	265	9	崆峒区中心城区东湖路 91 号	崆峒区林草局
62080203133	旱柳	*Salix matsudana*	160	22	245	9	崆峒区中心城区东湖路 91 号	崆峒区林草局
62080203134	旱柳	*Salix matsudana*	190	28	287	13	崆峒区中心城区东湖路 91 号	崆峒区林草局
62080203135	旱柳	*Salix matsudana*	200	21	291	14	崆峒区中心城区东湖路 91 号	崆峒区林草局
62080203136	旱柳	*Salix matsudana*	210	26	321	8	崆峒区中心城区东湖路 89 号	崆峒区林草局
62080203137	旱柳	*Salix matsudana*	220	16	329	7	崆峒区中心城区东湖路	崆峒区林草局
62080203138	旱柳	*Salix matsudana*	260	26	404	10	崆峒区中心城区东湖路 91 号	崆峒区林草局
62080203139	旱柳	*Salix matsudana*	270	19	421	15	崆峒区中心城区东湖路 91 号	崆峒区林草局
62080203140	旱柳	*Salix matsudana*	210	29	310	11	崆峒区中心城区东湖路 91 号	崆峒区林草局
62080203144	旱柳	*Salix matsudana*	180	15	264	7	崆峒区中心城区东湖路 91 号	崆峒区林草局
62080203145	旱柳	*Salix matsudana*	210	22	313	13	崆峒区中心城区东湖路	崆峒区林草局
62080203146	旱柳	*Salix matsudana*	230	25	346	10	崆峒区中心城区东湖路	崆峒区林草局
62080203147	旱柳	*Salix matsudana*	250	26	379	19	崆峒区中心城区东湖路 91 号	崆峒区林草局
62080203148	旱柳	*Salix matsudana*	150	27	214	11	崆峒区中心城区东湖路 89 号	崆峒区林草局
62080203150	旱柳	*Salix matsudana*	140	19	211	9	崆峒区中心城区东湖路 95 号	崆峒区林草局
62080203151	旱柳	*Salix matsudana*	150	7	200	7	崆峒区中心城区林草局院旁	崆峒区林草局
62080203152	旱柳	*Salix matsudana*	160	20	231	9	崆峒区中心城区东湖路 101 号	崆峒区林草局
62080203153	旱柳	*Salix matsudana*	200	10	230	7	崆峒区中心城区林草局院旁	崆峒区林草局
62080203154	旱柳	*Salix matsudana*	210	22	310	13	崆峒区中心城区东湖路 91 号	崆峒区林草局
62080203155	旱柳	*Salix matsudana*	210	20	316	10	崆峒区中心城区东湖路 97 号	崆峒区林草局
62080203156	旱柳	*Salix matsudana*	210	20	317	10	崆峒区中心城区东湖路 22 号	崆峒区林草局
62080203157	旱柳	*Salix matsudana*	250	21	390	11	崆峒区中心城区东湖路 23 号	崆峒区林草局
62080203158	旱柳	*Salix matsudana*	260	24	405	13	崆峒区中心城区东湖路 9 号	崆峒区林草局
62080203167	旱柳	*Salix matsudana*	160	21	240	8	崆峒区麻武乡石家沟村一社	石家沟村委会
62080203168	旱柳	*Salix matsudana*	230	19	346	19	崆峒区麻武乡石家沟村	石家沟村委会
62080203169	旱柳	*Salix matsudana*	270	19	415	16	崆峒区麻武乡城子村二社	韩云鹏
62080203171	旱柳	*Salix matsudana*	230	19	353	15	崆峒区麻武乡石家沟村一社	石家沟村委会
62080203175	旱柳	*Salix matsudana*	150	16	225	10	崆峒区上扬镇早庄村后沟社	早庄村委会
62080203178	旱柳	*Salix matsudana*	190	19	340	21	崆峒区上杨镇小石山村	上杨回族乡政府
62080203179	旱柳	*Salix matsudana*	270	17	320	16	崆峒区上杨镇小石山村	上杨回族乡政府
62080203181	旱柳	*Salix matsudana*	220	18	329	9	崆峒区索罗乡政府对面	索罗乡政府
62080203182	旱柳	*Salix matsudana*	250	17	351	10	崆峒区索罗乡政府对面	索罗乡政府
62080203187	旱柳	*Salix matsudana*	250	21	384	14	崆峒区索罗乡政府对面	索罗乡政府

古树编号	树种	树种拉丁名	估测树龄	树高 (m)	树围 (cm)	平均冠幅 (m)	具体地点	管护单位 / 人
62080203188	旱柳	*Salix matsudana*	300	19	476	13	崆峒区索罗乡政府对面	索罗乡政府
62080203197	旱柳	*Salix matsudana*	150	18	216	10	崆峒区中心城区市委大院	崆峒区林草局
62080203221	旱柳	*Salix matsudana*	150	22	221	13	崆峒区柳湖公园	柳湖公园
62080203222	旱柳	*Salix matsudana*	160	23	191	11	崆峒区柳湖公园	柳湖公园
62080203223	旱柳	*Salix matsudana*	160	20	180	15	崆峒区柳湖公园	柳湖公园
62080203224	旱柳	*Salix matsudana*	170	24	207	8	崆峒区柳湖公园	柳湖公园
62080203225	旱柳	*Salix matsudana*	190	23	277	8	崆峒区柳湖公园	柳湖公园
62080203226	旱柳	*Salix matsudana*	220	21	340	16	崆峒区柳湖公园	柳湖公园
62080203227	旱柳	*Salix matsudana*	140	20	202	8	崆峒区柳湖公园	柳湖公园
62080203228	旱柳	*Salix matsudana*	140	22	205	10	崆峒区柳湖公园	柳湖公园
62080203229	旱柳	*Salix matsudana*	140	15	209	11	崆峒区柳湖公园	柳湖公园
62080203230	旱柳	*Salix matsudana*	140	13	204	5	崆峒区柳湖公园	柳湖公园
62080203231	旱柳	*Salix matsudana*	140	22	180	12	崆峒区柳湖公园	柳湖公园
62080203232	旱柳	*Salix matsudana*	140	20	339	11	崆峒区柳湖公园	柳湖公园
62080203233	旱柳	*Salix matsudana*	140	22	210	7	崆峒区柳湖公园	柳湖公园
62080203234	旱柳	*Salix matsudana*	140	19	211	10	崆峒区柳湖公园	柳湖公园
62080203235	旱柳	*Salix matsudana*	150	21	218	10	崆峒区柳湖公园	柳湖公园
62080203236	旱柳	*Salix matsudana*	150	21	220	9	崆峒区柳湖公园	柳湖公园
62080203237	旱柳	*Salix matsudana*	160	19	230	16	崆峒区柳湖公园	柳湖公园
62080203238	旱柳	*Salix matsudana*	160	5	147	4	崆峒区柳湖公园	柳湖公园
62080203239	旱柳	*Salix matsudana*	160	19	191	9	崆峒区柳湖公园	柳湖公园
62080203240	旱柳	*Salix matsudana*	160	7	186	5	崆峒区柳湖公园	柳湖公园
62080203241	旱柳	*Salix matsudana*	160	21	246	14	崆峒区柳湖公园	柳湖公园
62080203242	旱柳	*Salix matsudana*	160	22	231	7	崆峒区柳湖公园	柳湖公园
62080203243	旱柳	*Salix matsudana*	170	24	253	14	崆峒区柳湖公园	柳湖公园
62080203244	旱柳	*Salix matsudana*	210	21	318	6	崆峒区柳湖公园	柳湖公园
62080203245	旱柳	*Salix matsudana*	210	22	318	9	崆峒区柳湖公园	柳湖公园
62080203246	旱柳	*Salix matsudana*	230	22	345	14	崆峒区柳湖公园	柳湖公园
62080203247	旱柳	*Salix matsudana*	230	22	204	11	崆峒区柳湖公园	柳湖公园
62080203248	旱柳	*Salix matsudana*	230	4	152	4	崆峒区柳湖公园	柳湖公园
62080203249	旱柳	*Salix matsudana*	150	20	227	12	崆峒区柳湖公园	柳湖公园
62080203250	旱柳	*Salix matsudana*	160	12	235	6	崆峒区柳湖公园	柳湖公园
62080203251	旱柳	*Salix matsudana*	160	23	235	8	崆峒区柳湖公园	柳湖公园
62080203252	旱柳	*Salix matsudana*	160	23	237	16	崆峒区柳湖公园	柳湖公园
62080203253	旱柳	*Salix matsudana*	160	26	220	19	崆峒区柳湖公园	柳湖公园
62080203254	旱柳	*Salix matsudana*	160	29	186	9	崆峒区柳湖公园	柳湖公园
62080203255	旱柳	*Salix matsudana*	170	23	255	11	崆峒区柳湖公园	柳湖公园
62080203256	旱柳	*Salix matsudana*	190	22	285	19	崆峒区柳湖公园	柳湖公园
62080203257	旱柳	*Salix matsudana*	200	27	205	9	崆峒区柳湖公园	柳湖公园
62080203258	旱柳	*Salix matsudana*	200	28	226	10	崆峒区柳湖公园	柳湖公园
62080203259	旱柳	*Salix matsudana*	200	27	222	7	崆峒区柳湖公园	柳湖公园

古树编号	树种	树种拉丁名	估测树龄	树高 (m)	树围 (cm)	平均冠幅 (m)	具体地点	管护单位 / 人
62080203260	旱柳	*Salix matsudana*	200	17	300	9	崆峒区柳湖公园	柳湖公园
62080203261	旱柳	*Salix matsudana*	200	5	98	5	崆峒区柳湖公园	柳湖公园
62080203262	旱柳	*Salix matsudana*	210	19	320	13	崆峒区柳湖公园	柳湖公园
62080203263	旱柳	*Salix matsudana*	210	8	320	5	崆峒区柳湖公园	柳湖公园
62080203264	旱柳	*Salix matsudana*	220	24	325	11	崆峒区柳湖公园	柳湖公园
62080203265	旱柳	*Salix matsudana*	220	19	140	8	崆峒区柳湖公园	柳湖公园
62080203266	旱柳	*Salix matsudana*	230	13	350	7	崆峒区柳湖公园	柳湖公园
62080203267	旱柳	*Salix matsudana*	160	22	241	11	崆峒区柳湖公园	柳湖公园
62080203269	旱柳	*Salix matsudana*	140	28	198	11	崆峒区柳湖公园	柳湖公园
62080203270	旱柳	*Salix matsudana*	140	20	206	7	崆峒区柳湖公园	柳湖公园
62080203271	旱柳	*Salix matsudana*	160	15	241	9	崆峒区柳湖公园	柳湖公园
62080203272	旱柳	*Salix matsudana*	170	29	246	13	崆峒区柳湖公园	柳湖公园
62080203273	旱柳	*Salix matsudana*	180	19	262	14	崆峒区柳湖公园	柳湖公园
62080203274	旱柳	*Salix matsudana*	190	30	300	9	崆峒区柳湖公园	柳湖公园
62080203275	旱柳	*Salix matsudana*	200	29	230	12	崆峒区柳湖公园	柳湖公园
62080203276	旱柳	*Salix matsudana*	140	5	197	4	崆峒区柳湖公园	柳湖公园
62080203277	旱柳	*Salix matsudana*	140	21	202	12	崆峒区柳湖公园	柳湖公园
62080203278	旱柳	*Salix matsudana*	140	20	205	13	崆峒区柳湖公园	柳湖公园
62080203279	旱柳	*Salix matsudana*	140	18	213	8	崆峒区柳湖公园	柳湖公园
62080203280	旱柳	*Salix matsudana*	140	18	207	5	崆峒区柳湖公园	柳湖公园
62080203281	旱柳	*Salix matsudana*	150	6	220	6	崆峒区柳湖公园	柳湖公园
62080203282	旱柳	*Salix matsudana*	150	19	223	9	崆峒区柳湖公园	柳湖公园
62080203283	旱柳	*Salix matsudana*	150	25	190	7	崆峒区柳湖公园	柳湖公园
62080203284	旱柳	*Salix matsudana*	160	27	234	10	崆峒区柳湖公园	柳湖公园
62080203285	旱柳	*Salix matsudana*	160	19	193	9	崆峒区柳湖公园	柳湖公园
62080203286	旱柳	*Salix matsudana*	160	25	235	7	崆峒区柳湖公园	柳湖公园
62080203287	旱柳	*Salix matsudana*	160	17	235	13	崆峒区柳湖公园	柳湖公园
62080203288	旱柳	*Salix matsudana*	160	25	236	9	崆峒区柳湖公园	柳湖公园
62080203289	旱柳	*Salix matsudana*	160	24	166	14	崆峒区柳湖公园	柳湖公园
62080203290	旱柳	*Salix matsudana*	160	27	243	10	崆峒区柳湖公园	柳湖公园
62080203291	旱柳	*Salix matsudana*	160	25	192	9	崆峒区柳湖公园	柳湖公园
62080203292	旱柳	*Salix matsudana*	160	26	243	10	崆峒区柳湖公园	柳湖公园
62080203293	旱柳	*Salix matsudana*	160	19	192	11	崆峒区柳湖公园	柳湖公园
62080203294	旱柳	*Salix matsudana*	170	15	195	4	崆峒区柳湖公园	柳湖公园
62080203295	旱柳	*Salix matsudana*	170	22	252	14	崆峒区柳湖公园	柳湖公园
62080203296	旱柳	*Salix matsudana*	170	20	253	14	崆峒区柳湖公园	柳湖公园
62080203297	旱柳	*Salix matsudana*	170	26	255	10	崆峒区柳湖公园	柳湖公园
62080203298	旱柳	*Salix matsudana*	170	18	187	9	崆峒区柳湖公园	柳湖公园
62080203299	旱柳	*Salix matsudana*	170	18	258	12	崆峒区柳湖公园	柳湖公园
62080203300	旱柳	*Salix matsudana*	170	23	204	9	崆峒区柳湖公园	柳湖公园
62080203301	旱柳	*Salix matsudana*	180	19	260	7	崆峒区柳湖公园	柳湖公园

古树编号	树种	树种拉丁名	估测树龄	树高 (m)	树围 (cm)	平均冠幅 (m)	具体地点	管护单位 / 人
62080203302	旱柳	*Salix matsudana*	180	16	265	8	崆峒区柳湖公园	柳湖公园
62080203303	旱柳	*Salix matsudana*	180	25	267	16	崆峒区柳湖公园	柳湖公园
62080203304	旱柳	*Salix matsudana*	180	17	269	10	崆峒区柳湖公园	柳湖公园
62080203305	旱柳	*Salix matsudana*	190	23	260	11	崆峒区柳湖公园	柳湖公园
62080203306	旱柳	*Salix matsudana*	190	23	248	11	崆峒区柳湖公园	柳湖公园
62080203307	旱柳	*Salix matsudana*	190	19	270	13	崆峒区柳湖公园	柳湖公园
62080203308	旱柳	*Salix matsudana*	190	16	188	4	崆峒区柳湖公园	柳湖公园
62080203309	旱柳	*Salix matsudana*	190	16	273	10	崆峒区柳湖公园	柳湖公园
62080203310	旱柳	*Salix matsudana*	200	21	290	15	崆峒区柳湖公园	柳湖公园
62080203311	旱柳	*Salix matsudana*	200	6	295	5	崆峒区柳湖公园	柳湖公园
62080203312	旱柳	*Salix matsudana*	200	18	170	5	崆峒区柳湖公园	柳湖公园
62080203313	旱柳	*Salix matsudana*	200	15	297	10	崆峒区柳湖公园	柳湖公园
62080203314	旱柳	*Salix matsudana*	200	6	150	5	崆峒区柳湖公园	柳湖公园
62080203315	旱柳	*Salix matsudana*	160	22	235	14	崆峒区柳湖公园	柳湖公园
62080203320	旱柳	*Salix matsudana*	140	25	243	11	崆峒区柳湖公园	柳湖公园
62080203321	旱柳	*Salix matsudana*	140	23	205	11	崆峒区柳湖公园	柳湖公园
62080203322	旱柳	*Salix matsudana*	150	24	305	13	崆峒区柳湖公园	柳湖公园
62080203323	旱柳	*Salix matsudana*	150	24	223	14	崆峒区柳湖公园	柳湖公园
62080203324	旱柳	*Salix matsudana*	150	23	226	9	崆峒区柳湖公园	柳湖公园
62080203325	旱柳	*Salix matsudana*	160	23	235	22	崆峒区柳湖公园	柳湖公园
62080203326	旱柳	*Salix matsudana*	160	21	240	10	崆峒区柳湖公园	柳湖公园
62080203327	旱柳	*Salix matsudana*	170	25	195	8	崆峒区柳湖公园	柳湖公园
62080203328	旱柳	*Salix matsudana*	170	24	257	13	崆峒区柳湖公园	柳湖公园
62080203329	旱柳	*Salix matsudana*	190	25	273	11	崆峒区柳湖公园	柳湖公园
62080203330	旱柳	*Salix matsudana*	200	21	290	19	崆峒区柳湖公园	柳湖公园
62080203331	旱柳	*Salix matsudana*	200	21	170	5	崆峒区柳湖公园	柳湖公园
62080203332	旱柳	*Salix matsudana*	200	23	176	9	崆峒区柳湖公园	柳湖公园
62080203333	旱柳	*Salix matsudana*	230	24	345	14	崆峒区柳湖公园	柳湖公园
62080203336	旱柳	*Salix matsudana*	140	17	198	7	崆峒区柳湖公园	柳湖公园
62080203337	旱柳	*Salix matsudana*	140	22	207	6	崆峒区柳湖公园	柳湖公园
62080203338	旱柳	*Salix matsudana*	140	22	151	6	崆峒区柳湖公园	柳湖公园
62080203339	旱柳	*Salix matsudana*	150	24	220	14	崆峒区柳湖公园	柳湖公园
62080203340	旱柳	*Salix matsudana*	150	18	190	7	崆峒区柳湖公园	柳湖公园
62080203341	旱柳	*Salix matsudana*	160	23	233	15	崆峒区柳湖公园	柳湖公园
62080203342	旱柳	*Salix matsudana*	160	15	235	13	崆峒区柳湖公园	柳湖公园
62080203343	旱柳	*Salix matsudana*	160	5	235	4	崆峒区柳湖公园	柳湖公园
62080203344	旱柳	*Salix matsudana*	160	21	292	10	崆峒区柳湖公园	柳湖公园
62080203345	旱柳	*Salix matsudana*	160	18	266	11	崆峒区柳湖公园	柳湖公园
62080203346	旱柳	*Salix matsudana*	160	20	291	12	崆峒区柳湖公园	柳湖公园
62080203347	旱柳	*Salix matsudana*	160	9	247	4	崆峒区柳湖公园	柳湖公园
62080203348	旱柳	*Salix matsudana*	160	24	237	12	崆峒区柳湖公园	柳湖公园

古树编号	树种	树种拉丁名	估测树龄	树高 (m)	树围 (cm)	平均冠幅 (m)	具体地点	管护单位/人
62080203349	旱柳	*Salix matsudana*	160	21	244	14	崆峒区柳湖公园	柳湖公园
62080203350	旱柳	*Salix matsudana*	160	24	290	12	崆峒区柳湖公园	柳湖公园
62080203351	旱柳	*Salix matsudana*	170	21	215	13	崆峒区柳湖公园	柳湖公园
62080203352	旱柳	*Salix matsudana*	170	19	195	17	崆峒区柳湖公园	柳湖公园
62080203353	旱柳	*Salix matsudana*	190	24	270	17	崆峒区柳湖公园	柳湖公园
62080203354	旱柳	*Salix matsudana*	190	11	277	8	崆峒区柳湖公园	柳湖公园
62080203355	旱柳	*Salix matsudana*	190	21	285	13	崆峒区柳湖公园	柳湖公园
62080203356	旱柳	*Salix matsudana*	200	20	154	8	崆峒区柳湖公园	柳湖公园
62080203368	旱柳	*Salix matsudana*	150	18	204	6	崆峒区柳湖公园	柳湖公园
62080203369	旱柳	*Salix matsudana*	150	21	150	8	崆峒区柳湖公园	柳湖公园
62080203370	旱柳	*Salix matsudana*	160	23	240	14	崆峒区柳湖公园	柳湖公园
62080203371	旱柳	*Salix matsudana*	160	20	233	15	崆峒区柳湖公园	柳湖公园
62080203372	旱柳	*Salix matsudana*	160	9	150	4	崆峒区柳湖公园	柳湖公园
62080203373	旱柳	*Salix matsudana*	170	23	250	14	崆峒区柳湖公园	柳湖公园
62080203374	旱柳	*Salix matsudana*	170	24	213	9	崆峒区柳湖公园	柳湖公园
62080203375	旱柳	*Salix matsudana*	180	25	268	12	崆峒区柳湖公园	柳湖公园
62080203376	旱柳	*Salix matsudana*	190	23	235	13	崆峒区柳湖公园	柳湖公园
62080203377	旱柳	*Salix matsudana*	190	22	248	12	崆峒区柳湖公园	柳湖公园
62080203378	旱柳	*Salix matsudana*	200	22	289	16	崆峒区柳湖公园	柳湖公园
62080203379	旱柳	*Salix matsudana*	200	21	225	13	崆峒区柳湖公园	柳湖公园
62080203380	旱柳	*Salix matsudana*	230	21	345	8	崆峒区柳湖公园	柳湖公园
62080203381	旱柳	*Salix matsudana*	200	20	302	13	崆峒区柳湖公园	柳湖公园
62080203424	旱柳	*Salix matsudana*	240	22	373	17	崆峒区西阳乡唐湾村扎木湾社	唐湾村委会
62080203425	旱柳	*Salix matsudana*	270	21	420	16	崆峒区西阳乡西阳村北山社路	西阳村委会
62080203426	旱柳	*Salix matsudana*	280	25	446	19	崆峒区西阳乡上马村堡子沟	上马村委会
62080203437	旱柳	*Salix matsudana*	230	24	355	4	崆峒区香莲乡什字村冯晚社	什字村委会
62080203442	旱柳	*Salix matsudana*	270	31	412	4	崆峒区寨河乡瓦赵村二社	瓦赵村委会
62080203443	旱柳	*Salix matsudana*	200	25	298	4	崆峒区寨河乡瓦赵村二社	瓦赵村委会
62080203444	旱柳	*Salix matsudana*	210	19	310	5	崆峒区寨河乡瓦赵村二社	瓦赵村委会
62080203445	旱柳	*Salix matsudana*	310	16	496	4	崆峒区寨河乡郭河村三社	郭河村委会
62080203446	旱柳	*Salix matsudana*	330	24	520	4	崆峒区寨河乡灏寨村五社	灏寨村委会
62082201075	旱柳	*Salix matsudana*	110	22	300	12	灵台县中台镇灵雷公路	许家沟村委会
62082201084	旱柳	*Salix matsudana*	280	17	397	22	灵台县中台镇车厘子大樱桃种植基地	许家沟村委会
62082201087	旱柳	*Salix matsudana*	330	12	450	4	灵台县中台镇灵雷公路	中台镇政府
62082201088	旱柳	*Salix matsudana*	390	22	531	25	灵台县中台镇荀家庙涝池边	中台镇政府
62082201091	旱柳	*Salix matsudana*	110	16	277	17	灵台县中台镇许家沟村	许家沟村委会
62082202005	旱柳	*Salix matsudana*	470	13	174	14	灵台县新开乡寨坡村	寨坡村委会
62082202015	旱柳	*Salix matsudana*	130	14	273	14	灵台县新开乡寨坡村	寨坡村委会
62082202020	旱柳	*Salix matsudana*	190	9	290	14	灵台县新开乡寨坡村	寨坡村委会
62082202026	旱柳	*Salix matsudana*	200	8	317	15	灵台县新开乡底庄村郭家庄	底庄村委会
62082202034	旱柳	*Salix matsudana*	540	9	709	30	灵台县新开乡寨坡村	寨坡村委会

古树编号	树种	树种拉丁名	估测树龄	树高	树围	平均冠幅	具体地点	管护单位 / 人
				(m)	(cm)	(m)		
62082203005	旱柳	*Salix matsudana*	240	17	198	18	灵台县邵寨镇东庄村	邵寨镇政府
62082203007	旱柳	*Salix matsudana*	110	22	210	15	灵台县邵寨镇灵雷公路	邵寨镇政府
62082203008	旱柳	*Salix matsudana*	110	20	210	9	灵台县邵寨镇唐槐景区	邵寨镇政府
62082203012	旱柳	*Salix matsudana*	310	19	425	10	灵台县邵寨镇东庄村	邵寨镇政府
62082204026	旱柳	*Salix matsudana*	140	14	256	12	灵台县独店镇瓦峪村	瓦峪村委会
62082204037	旱柳	*Salix matsudana*	240	16	372	23	灵台县独店镇沟沟王村北洼社	沟沟王村委会
62082204039	旱柳	*Salix matsudana*	210	8	392	10	灵台县独店镇中庆村	中庆村委会
62082204040	旱柳	*Salix matsudana*	290	21	408	27	灵台县独店镇瓦峪村	瓦峪村委会
62082205006	旱柳	*Salix matsudana*	430	5	168	4	灵台县西屯镇南头村一社	南头村委会
62082205010	旱柳	*Salix matsudana*	130	16	194	7	灵台县西屯镇店子村涝池边	店子村委会
62082205013	旱柳	*Salix matsudana*	100	13	201	9	灵台县西屯镇南头村一社	南头村委会
62082205015	旱柳	*Salix matsudana*	560	17	209	9	灵台县西屯镇东湾村	东湾村委会
62082205017	旱柳	*Salix matsudana*	290	17	214	7	灵台县西屯镇南头村	南头村委会
62082205019	旱柳	*Salix matsudana*	120	12	216	16	灵台县西屯镇东湾村	东湾村委会
62082205020	旱柳	*Salix matsudana*	120	16	216	18	灵台县西屯镇小小村	小小村委会
62082205022	旱柳	*Salix matsudana*	580	14	218	10	灵台县西屯镇店子村涝池边	店子村委会
62082205025	旱柳	*Salix matsudana*	130	23	227	14	灵台县西屯镇小小村	小小村委会
62082205026	旱柳	*Salix matsudana*	130	14	229	14	灵台县西屯镇柳家铺村杏花沟社	柳家铺村委会
62082205027	旱柳	*Salix matsudana*	130	12	236	8	灵台县西屯镇店子村涝池边	店子村委会
62082205029	旱柳	*Salix matsudana*	140	12	255	19	灵台县西屯镇柳家堡村杏花沟社	柳家堡村委会
62082205030	旱柳	*Salix matsudana*	150	13	259	9	灵台县西屯镇柳家堡村杏花沟社	柳家堡村委会
62082205032	旱柳	*Salix matsudana*	100	11	262	25	灵台县西屯镇上孙村	上孙村委会
62082205033	旱柳	*Salix matsudana*	170	5	265	8	灵台县西屯镇东湾村南屲边	东湾村委会
62082205036	旱柳	*Salix matsudana*	180	12	281	13	灵台县西屯镇小小村	小小村委会
62082205039	旱柳	*Salix matsudana*	180	18	286	11	灵台县西屯镇店子村涝池边	店子村委会
62082205043	旱柳	*Salix matsudana*	210	10	335	11	灵台县西屯镇东湾村	东湾村委会
62082205044	旱柳	*Salix matsudana*	220	17	342	12	灵台县西屯镇南头村一社	南头村委会
62082205045	旱柳	*Salix matsudana*	220	10	343	8	灵台县西屯镇东湾村	东湾村委会
62082205046	旱柳	*Salix matsudana*	220	19	344	27	灵台县西屯镇南头村三社	南头村委会
62082205050	旱柳	*Salix matsudana*	290	7	410	10	灵台县西屯镇姜家庄村	姜家庄村委会
62082205054	旱柳	*Salix matsudana*	370	16	500	22	灵台县西屯镇东湾村	东湾村委会
62082206013	旱柳	*Salix matsudana*	110	20	210	21	灵台县什字镇胜利村	胜利村委会
62082206014	旱柳	*Salix matsudana*	110	25	210	25	灵台县什字镇胜利村	胜利村委会
62082206017	旱柳	*Salix matsudana*	130	24	236	21	灵台县什字镇胜利村	胜利村委会
62082206020	旱柳	*Salix matsudana*	280	9	388	17	灵台县什字镇草脉村斜角社	草脉村委会
62082207005	旱柳	*Salix matsudana*	120	17	151	13	灵台县上良镇三村张村	上良镇政府
62082207012	旱柳	*Salix matsudana*	110	20	175	15	灵台县上良镇合集村	上良镇政府
62082207013	旱柳	*Salix matsudana*	120	25	182	11	灵台县上良镇朱家堡村	上良镇政府
62082207015	旱柳	*Salix matsudana*	130	18	195	12	灵台县上良镇塬边村	上良镇政府
62082207016	旱柳	*Salix matsudana*	100	21	198	13	灵台县上良镇糖坊村	上良镇政府
62082207019	旱柳	*Salix matsudana*	110	21	204	15	灵台县上良镇北湾村	上良镇政府

古树编号	树种	树种拉丁名	估测树龄	树高 (m)	树围 (cm)	平均冠幅 (m)	具体地点	管护单位 / 人
62082207020	旱柳	*Salix matsudana*	130	21	208	16	灵台县上良镇糖坊村	上良镇政府
62082207021	旱柳	*Salix matsudana*	110	16	210	14	灵台县上良镇塬边村	上良镇政府
62082207022	旱柳	*Salix matsudana*	110	19	213	14	灵台县上良镇西沟村	上良镇政府
62082207024	旱柳	*Salix matsudana*	320	19	229	14	灵台县上良镇庙前村	上良镇政府
62082207027	旱柳	*Salix matsudana*	130	22	236	23	灵台县上良镇北湾村	上良镇政府
62082207031	旱柳	*Salix matsudana*	140	20	251	12	灵台县上良镇朱家堡村	上良镇政府
62082207032	旱柳	*Salix matsudana*	170	23	265	10	灵台县上良镇灵华高速	上良镇政府
62082207033	旱柳	*Salix matsudana*	170	18	266	15	灵台县上良镇合集村	上良镇政府
62082207034	旱柳	*Salix matsudana*	130	17	269	22	灵台县上良镇 043 县道	上良镇政府
62082207036	旱柳	*Salix matsudana*	130	22	280	9	灵台县上良镇 043 县道	上良镇政府
62082207037	旱柳	*Salix matsudana*	190	17	298	16	灵台县上良镇塬边村	上良镇政府
62082207038	旱柳	*Salix matsudana*	200	18	312	14	灵台县上良镇老虎沟	上良镇政府
62082207043	旱柳	*Salix matsudana*	310	21	418	15	灵台县上良镇西沟村	上良镇政府
62082208004	旱柳	*Salix matsudana*	120	10	216	11	灵台县朝那镇老庄村李家洼	老庄村委会
62082208005	旱柳	*Salix matsudana*	130	11	227	11	灵台县朝那镇老庄村李家洼	老庄村委会
62082208007	旱柳	*Salix matsudana*	110	14	251	19	灵台县朝那镇西张村半坡社	西张村委会
62082208009	旱柳	*Salix matsudana*	120	21	264	20	灵台县朝那镇大觉寺	朝那镇政府
62082208011	旱柳	*Salix matsudana*	140	10	295	13	灵台县朝那镇盘头村	盘头村委会
62082208012	旱柳	*Salix matsudana*	190	12	297	13	灵台县朝那镇社古村	社古村委会
62082208014	旱柳	*Salix matsudana*	480	13	336	19	灵台县朝那镇大觉寺	朝那镇政府
62082208016	旱柳	*Salix matsudana*	340	13	457	21	灵台县朝那镇 043 县道	社古村委会
62082209002	旱柳	*Salix matsudana*	320	14	231	23	灵台县梁原乡王家沟村庞坳社	王家沟村委会
62082209004	旱柳	*Salix matsudana*	190	17	301	15	灵台县梁原乡王家沟村	王家沟村委会
62082209005	旱柳	*Salix matsudana*	130	18	236	19	灵台县梁原乡王家沟村西庄社	王家沟村委会
62082209011	旱柳	*Salix matsudana*	130	15	283	14	灵台县梁原乡新庄塬村阎家店	新庄塬村委会
62082209014	旱柳	*Salix matsudana*	140	16	305	11	灵台县梁原乡新庄塬村阎家店	新庄塬村委会
62082209015	旱柳	*Salix matsudana*	200	16	311	13	灵台县梁原乡新庄塬村阎家店	新庄塬村委会
62082209017	旱柳	*Salix matsudana*	120	13	267	13	灵台县梁原乡新庄塬村	新庄塬村委会
62082209018	旱柳	*Salix matsudana*	100	17	201	17	灵台县梁原乡新庄塬村	新庄塬村委会
62082209022	旱柳	*Salix matsudana*	180	21	286	19	灵台县梁原乡王家沟村	王家沟村委会
62082209025	旱柳	*Salix matsudana*	190	16	298	17	灵台县梁原乡王家沟村	王家沟村委会
62082209026	旱柳	*Salix matsudana*	190	15	298	19	灵台县梁原乡安冯村	安冯村委会
62082209027	旱柳	*Salix matsudana*	190	17	301	14	灵台县梁原乡杜家沟村新庄社	杜家沟村委会
62082209028	旱柳	*Salix matsudana*	140	13	303	11	灵台县梁原乡王家沟村庞坳社	王家沟村委会
62082209029	旱柳	*Salix matsudana*	230	17	364	18	灵台县梁原乡王家沟村	梁原乡政府
62082210006	旱柳	*Salix matsudana*	130	13	234	11	灵台县龙门乡王家山村柳树沟	王家山村委会
62082210013	旱柳	*Salix matsudana*	190	10	301	9	灵台县龙门乡官庄沟村	官庄沟村委会
62082210021	旱柳	*Salix matsudana*	310	7	417	9	灵台县龙门乡官庄沟村	官庄沟村委会
62082210023	旱柳	*Salix matsudana*	340	13	456	13	灵台县龙门乡官庄沟村	官庄沟村委会
62082210024	旱柳	*Salix matsudana*	210	8	461	11	灵台县龙门乡王家山村柳树沟	王家山村委会
62082211004	旱柳	*Salix matsudana*	190	15	296	7	灵台县星火乡程家塬村	程家塬村委会

古树编号	树种	树种拉丁名	估测树龄	树高 (m)	树围 (cm)	平均冠幅 (m)	具体地点	管护单位 / 人
62082211005	旱柳	*Salix matsudana*	200	9	311	12	灵台县星火乡蔡家塬村	蔡家塬村委会
62082211006	旱柳	*Salix matsudana*	200	8	317	8	灵台县星火乡蔡家塬村	蔡家塬村委会
62082211007	旱柳	*Salix matsudana*	210	8	330	9	灵台县星火乡蔡家塬村	蔡家塬村委会
62082211009	旱柳	*Salix matsudana*	230	10	366	17	灵台县星火乡蔡家塬村	蔡家塬村委会
62082211010	旱柳	*Salix matsudana*	270	8	384	11	灵台县星火乡蔡家塬村	蔡家塬村委会
62082211011	旱柳	*Salix matsudana*	340	9	458	13	灵台县星火乡蔡家塬村	蔡家塬村委会
62082211012	旱柳	*Salix matsudana*	470	11	619	23	灵台县星火乡程家塬村马家咀	程家塬村委会
62082212033	旱柳	*Salix matsudana*	220	27	346	23	灵台县百里镇 053 县道	百里镇政府
62082213007	旱柳	*Salix matsudana*	130	16	158	9	灵台县蒲窝镇青山村温家庄梨树ㄎ	青山村委会
62082213008	旱柳	*Salix matsudana*	100	15	166	9	灵台县蒲窝镇青山村温家庄梨树ㄎ	青山村委会
62082213011	旱柳	*Salix matsudana*	130	17	195	20	灵台县蒲窝镇卫生院	蒲窝镇政府
62082213012	旱柳	*Salix matsudana*	100	14	202	13	灵台县蒲窝镇任家坡村	任家坡村委会
62082213014	旱柳	*Salix matsudana*	110	12	205	8	灵台县蒲窝镇韩家洼村	韩家洼村委会
62082213015	旱柳	*Salix matsudana*	110	14	206	12	灵台县蒲窝镇崔家山任家塬村	任家塬村委会
62082213016	旱柳	*Salix matsudana*	110	17	206	20	灵台县蒲窝镇卫生院	蒲窝镇政府
62082213019	旱柳	*Salix matsudana*	130	11	273	15	灵台县蒲窝镇关庄村	关庄村委会
62082213021	旱柳	*Salix matsudana*	130	17	237	11	灵台县蒲窝镇韩家洼村任家湾社	韩家洼村委会
62082213022	旱柳	*Salix matsudana*	100	10	245	18	灵台县蒲窝镇青山村温家庄	青山村委会
62082213029	旱柳	*Salix matsudana*	190	7	349	7	灵台县蒲窝镇宁子村曹家沟	宁子村委会
62082213030	旱柳	*Salix matsudana*	220	18	350	23	灵台县蒲窝镇任家坡村团庄社	任家坡村委会
62082213031	旱柳	*Salix matsudana*	230	13	359	21	灵台县蒲窝镇青山村青山社	青山村委会
62082213033	旱柳	*Salix matsudana*	150	10	261	11	灵台县蒲窝镇 128 乡道郑家洼村	郑家洼村委会
62082213034	旱柳	*Salix matsudana*	240	16	372	14	灵台县蒲窝镇五星村平道口社	五星村委会
62082213036	旱柳	*Salix matsudana*	240	18	379	14	灵台县蒲窝镇韩家洼村任家湾社	韩家洼村委会
62082213038	旱柳	*Salix matsudana*	280	13	390	13	灵台县蒲窝镇周家山	青山村委会
62082300042	旱柳	*Salix matsudana*	300	9	530	7	崇信县锦屏镇关村朱家寨进村路边	李会明
62082300113	旱柳	*Salix matsudana*	300	18	314	12	崇信县柏树镇党洼村党洼社	路峰
62082300114	旱柳	*Salix matsudana*	100	14	370	8	崇信县柏树镇马新庄村里庄社老庄子	马仁民
62082300115	旱柳	*Salix matsudana*	100	15	240	8	崇信县柏树镇吴家湾村吴北社雷祖爷庙前	吴建文
62082300118	旱柳	*Salix matsudana*	110	16	348	12	崇信县柏树镇柏树村三岔路口	谢新民
62082300123	旱柳	*Salix matsudana*	240	19	310	7	崇信县木林乡崖窑村关咀社	冯彩梅
62082300125	旱柳	*Salix matsudana*	100	15	82	13	崇信县木林乡大庄村庙前	大庄村委会
62082300127	旱柳	*Salix matsudana*	60	17	62	13	崇信县木林乡金龙村关帝庙前	王书贝
62082300128	旱柳	*Salix matsudana*	120	9	65	9	崇信县木林乡东阳寨村里湾社当庄	吕栓福
62082300142	旱柳	*Salix matsudana*	200	15	340	10	崇信县黄花乡杨家沟村铁沟社村口场边	杨家沟村委会
62082300144	旱柳	*Salix matsudana*	370	16	300	9	崇信县黄花乡油府庄村大庄庙	油府庄村委会
62082300162	旱柳	*Salix matsudana*	100	26	80	14	崇信县新窑镇宰相村宰东社	张马娃
62082300187	旱柳	*Salix matsudana*	100	35	280	20	崇信县锦屏镇文化广场	城市执法局
62082300188	旱柳	*Salix matsudana*	100	34	340	20	崇信县锦屏镇文化广场	城市执法局
62082300196	旱柳	*Salix matsudana*	100	14	240	15	崇信县黄花乡高庄沟社	李树涛
62082300199	旱柳	*Salix matsudana*	100	17	260	16	崇信县木林乡涝坝边	木林乡政府

古树编号	树种	树种拉丁名	估测树龄	树高 (m)	树围 (cm)	平均冠幅 (m)	具体地点	管护单位 / 人
62082300218	旱柳	*Salix matsudana*	150	13	290	15	崇信县锦屏镇赵老沟社	锦屏镇政府
62082501024	旱柳	*Salix matsudana*	150	11	350	17	庄浪县岳堡乡蔡家村	蔡家村委会
62082504031	旱柳	*Salix matsudana*	110	15	270	15	庄浪县杨河乡大庄村	大庄村委会
62082507055	旱柳	*Salix matsudana*	150	17	345	13	庄浪县柳梁乡徐家村一社	徐家村委会
62082508070	旱柳	*Salix matsudana*	100	21	360	15	庄浪县良邑乡大坪村	大坪村委会
62082510021	旱柳	*Salix matsudana*	110	9	265	10	庄浪县卧龙镇何家村	何家村委会
62082513049	旱柳	*Salix matsudana*	100	20	280	16	庄浪县韩店镇聂坪村	聂坪村委会
62082604003	旱柳	*Salix matsudana*	200	9	310	28	静宁县界石铺镇祁岔村	祁岔村委会
62088103006	旱柳	*Salix matsudana*	340	20	225	19	华亭市策底镇大南裕村文昌庙	文昌庙
62088103007	旱柳	*Salix matsudana*	340	25	236	19	华亭市策底镇大南裕村文昌庙	文昌庙
62088103009	旱柳	*Salix matsudana*	350	25	245	17	华亭市策底镇大南裕村文昌庙	文昌庙
62088103011	旱柳	*Salix matsudana*	110	29	304	27	华亭市策底镇盘坡村	盘坡村委会
62088103012	旱柳	*Salix matsudana*	110	25	330	26	华亭市策底镇景洼村	景洼村委会
62088103013	旱柳	*Salix matsudana*	110	10	473	14	华亭市策底镇景洼村	景洼村委会
62088104003	旱柳	*Salix matsudana*	120	15	262	15	华亭市砚峡乡曹家沟村龙王庙社	曹家沟村委会
62088108016	旱柳	*Salix matsudana*	130	26	190	18	华亭市安口镇立新村	立新村委会
62088108027	旱柳	*Salix matsudana*	130	20	239	19	华亭市安口镇立新村	立新村委会
62088108041	旱柳	*Salix matsudana*	350	15	297	15	华亭市石堡子开发区华煤甲醇厂	纪家庄社区
62088108053	旱柳	*Salix matsudana*	170	23	636	20	华亭市石堡子开发区三星村	三星村委会
62088109005	旱柳	*Salix matsudana*	280	23	173	7	华亭市上关镇西庄村薛家庄	西庄村委会
62088110008	旱柳	*Salix matsudana*	240	27	240	11	华亭市神峪回族乡张家磨村	张家磨村委会
胡桃科								
62080200184	胡桃	*Juglans regia*	150	19	220	16	崆峒区崆峒山景区中台广场	崆峒山景区管委会
62080200185	胡桃	*Juglans regia*	100	17	230	14	崆峒区崆峒山景区中台广场	崆峒山景区管委会
62080200186	胡桃	*Juglans regia*	150	16	215	13	崆峒区崆峒山景区中台广场	崆峒山景区管委会
62080203048	胡桃	*Juglans regia*	580	17	519	14	崆峒区大寨乡赵塬村云家湾社	赵塬村委会
62080203110	胡桃	*Juglans regia*	180	17	200	8	崆峒区崆峒镇太统村侯家沟	太统村委会
62080203199	胡桃	*Juglans regia*	150	35	200	10	崆峒区中心城区建华厂家属院	崆峒区林草局
62082101063	胡桃	*Juglans regia*	300	18	204	17	泾川县王村镇掌曲村红军楼	掌曲村委会
62082101166	胡桃	*Juglans regia*	150	15	417	9	泾川县汭丰镇市场监督管理所院内	汭丰镇政府
62082101177	胡桃	*Juglans regia*	170	16	226	15	泾川县太平镇焦村	焦村村委会
62082101178	胡桃	*Juglans regia*	120	18	238	9	泾川县太平镇焦村	焦村村委会
62082101204	胡桃	*Juglans regia*	110	17	282	9	泾川县罗汉洞乡 202 省道	罗汉洞乡政府
62082101205	胡桃	*Juglans regia*	110	17	288	11	泾川县罗汉洞乡 202 省道	罗汉洞乡政府
62082101206	胡桃	*Juglans regia*	250	21	305	13	泾川县罗汉洞乡 202 省道	罗汉洞乡政府
62082101208	胡桃	*Juglans regia*	210	17	330	15	泾川县罗汉洞乡 202 省道	罗汉洞乡政府
62082101209	胡桃	*Juglans regia*	120	15	431	10	泾川县罗汉洞乡 202 省道	罗汉洞乡政府
62082201001	胡桃	*Juglans regia*	140	28	65	20	灵台县中台镇水泉村	水泉村委会
62082201002	胡桃	*Juglans regia*	110	18	76	20	灵台县中台镇水泉村	水泉村委会
62082201004	胡桃	*Juglans regia*	110	22	78	21	灵台县中台镇水泉村	水泉村委会
62082201005	胡桃	*Juglans regia*	150	11	80	21	灵台县中台镇水泉村	水泉村委会

古树编号	树种	树种拉丁名	估测树龄	树高 (m)	树围 (cm)	平均冠幅 (m)	具体地点	管护单位 / 人
62082201007	胡桃	*Juglans regia*	190	18	84	21	灵台县中台镇水泉村	水泉村委会
62082201009	胡桃	*Juglans regia*	130	24	85	18	灵台县中台镇水泉村	水泉村委会
62082201010	胡桃	*Juglans regia*	130	26	85	25	灵台县中台镇水泉村	水泉村委会
62082201012	胡桃	*Juglans regia*	110	23	92	23	灵台县中台镇水泉村	水泉村委会
62082201020	胡桃	*Juglans regia*	110	27	110	28	灵台县中台镇水泉村	水泉村委会
62082201047	胡桃	*Juglans regia*	490	8	184	5	灵台县中台镇水泉村	水泉村委会
62082201051	胡桃	*Juglans regia*	110	20	198	14	灵台县中台镇水泉村	水泉村委会
62082201058	胡桃	*Juglans regia*	100	16	74	16	灵台县中台镇水泉村	水泉村委会
62082201059	胡桃	*Juglans regia*	130	14	104	17	灵台县中台镇水泉村	水泉村委会
62082201062	胡桃	*Juglans regia*	290	17	215	17	灵台县中台镇水泉村	水泉村委会
62082201065	胡桃	*Juglans regia*	130	13	229	22	灵台县中台镇水泉村	水泉村委会
62082201068	胡桃	*Juglans regia*	360	21	262	24	灵台县中台镇水泉村	水泉村委会
62082201074	胡桃	*Juglans regia*	410	22	299	14	灵台县中台镇水泉村	水泉村委会
62082201082	胡桃	*Juglans regia*	530	13	367	21	灵台县中台镇水泉村	水泉村委会
62082202025	胡桃	*Juglans regia*	430	8	311	5	灵台县新开乡梁家庄村	梁家庄村委会
62082202028	胡桃	*Juglans regia*	470	16	330	19	灵台县新开乡梁家庄村	梁家庄村委会
62082202029	胡桃	*Juglans regia*	210	13	336	20	灵台县新开乡梁家庄村	梁家庄村委会
62082203003	胡桃	*Juglans regia*	220	20	181	11	灵台县邵寨镇灵雷公路	邵寨镇政府
62082205001	胡桃	*Juglans regia*	140	10	135	10	灵台县西屯镇爱子村	爱子村委会
62082205016	胡桃	*Juglans regia*	110	12	210	29	灵台县西屯镇爱子村	爱子村委会
62082206015	胡桃	*Juglans regia*	120	23	214	18	灵台县什字镇胜利村	胜利村委会
62082207014	胡桃	*Juglans regia*	120	22	185	11	灵台县上良镇朱家堡村	上良镇政府
62082207026	胡桃	*Juglans regia*	130	13	231	15	灵台县上良镇王新庄村	上良镇政府
62082207028	胡桃	*Juglans regia*	130	13	239	11	灵台县上良镇朱家堡村	上良镇政府
62082207030	胡桃	*Juglans regia*	340	20	242	20	灵台县上良镇西沟村	上良镇政府
62082207044	胡桃	*Juglans regia*	630	21	439	20	灵台县上良镇新湾里村	上良镇政府
62082209019	胡桃	*Juglans regia*	150	23	279	23	灵台县梁原乡新庄塬村	新庄塬村委会
62082210015	胡桃	*Juglans regia*	460	8	324	13	灵台县龙门乡崾岘村	崾岘村委会
62082210017	胡桃	*Juglans regia*	500	11	352	16	灵台县龙门乡崾岘村	崾岘村委会
62082212003	胡桃	*Juglans regia*	100	17	166	15	灵台县百里镇 053 县道	百里镇政府
62082212026	胡桃	*Juglans regia*	100	9	240	16	灵台县百里镇新集九年制学校	新集九年制学校
62082213027	胡桃	*Juglans regia*	130	9	276	16	灵台县蒲窝镇五星村	五星村委会
62082300009	胡桃	*Juglans regia*	110	23	390	19	崇信县锦屏镇关河村赵岭社	孙万明
62082300011	胡桃	*Juglans regia*	110	12	250	9	崇信县锦屏镇关河村关河沟	孙天荣
62082300012	胡桃	*Juglans regia*	150	17	380	11	崇信县锦屏镇关河村关河沟大槐树景区	朱安世
62082300013	胡桃	*Juglans regia*	100	13	310	9	崇信县锦屏镇关河村路口	李国平
62082300096	胡桃	*Juglans regia*	200	31	380	25	崇信县崇信县铜城工业园区庙台村河湾社	庙台村委会
62082300215	胡桃	*Juglans regia*	120	21	250	19	崇信县锦屏镇关河村大槐树景区	锦屏镇政府
62082300216	胡桃	*Juglans regia*	300	18	310	20	崇信县锦屏镇庙台村河湾社塬子渠	锦屏镇政府
62082300217	胡桃	*Juglans regia*	200	18	320	25	崇信县锦屏镇庙台村河湾社	锦屏镇政府
62082604004	胡桃	*Juglans regia*	110	15	260	20	静宁县界石铺镇关湾村关地湾	张稳全

古树编号	树种	树种拉丁名	估测树龄	树高 (m)	树围 (cm)	平均冠幅 (m)	具体地点	管护单位 / 人
62082614001	胡桃	*Juglans regia*	300	15	240	13	静宁县威戎镇马山村	马康乐
62082614002	胡桃	*Juglans regia*	300	18	310	17	静宁县威戎镇马山村核桃园	马山村委会
62082614003	胡桃	*Juglans regia*	180	18	182	9	静宁县威戎镇马山村核桃园	马山村委会
62082619003	胡桃	*Juglans regia*	200	17	208	14	静宁县雷大镇陈局村陈局社	王小平
62082619004	胡桃	*Juglans regia*	200	18	235	15	静宁县雷大镇陈局村陈局社	王继恩
62088107007	胡桃	*Juglans regia*	450	17	299	17	华亭市西华镇草滩村	草滩村委会
62088108001	胡桃	*Juglans regia*	250	18	76	20	华亭市安口镇陶家坪村	陶家坪村委会
62088108002	胡桃	*Juglans regia*	460	11	80	21	华亭市安口镇陶家坪村	陶家坪村委会
62088108003	胡桃	*Juglans regia*	250	23	92	23	华亭市安口镇陶家坪村	陶家坪村委会
62088108006	胡桃	*Juglans regia*	470	20	163	15	华亭市安口镇陶家坪村	陶家坪村委会
62088108009	胡桃	*Juglans regia*	120	24	179	12	华亭市安口镇陶家坪村	陶家坪村委会
62088108014	胡桃	*Juglans regia*	270	8	184	5	华亭市安口镇陶家坪村	陶家坪村委会
62088108015	胡桃	*Juglans regia*	130	26	188	16	华亭市安口镇陶家坪村	陶家坪村委会
62088108019	胡桃	*Juglans regia*	110	20	198	14	华亭市安口镇陶家坪村	陶家坪村委会
62088108020	胡桃	*Juglans regia*	130	28	204	20	华亭市安口镇陶家坪村	陶家坪村委会
62088108021	胡桃	*Juglans regia*	550	17	215	17	华亭市安口镇陶家坪村	陶家坪村委会
62088108025	胡桃	*Juglans regia*	560	13	229	22	华亭市安口镇陶家坪村	陶家坪村委会
62088108026	胡桃	*Juglans regia*	300	22	230	28	华亭市安口镇陶家坪村	陶家坪村委会
62088108028	胡桃	*Juglans regia*	110	20	240	13	华亭市安口镇陶家坪村	陶家坪村委会
62088108029	胡桃	*Juglans regia*	130	22	245	21	华亭市安口镇陶家坪村	陶家坪村委会
62088108033	胡桃	*Juglans regia*	130	21	262	24	华亭市安口镇陶家坪村	陶家坪村委会
62088108034	胡桃	*Juglans regia*	150	24	267	18	华亭市安口镇陶家坪村	陶家坪村委会
62088108035	胡桃	*Juglans regia*	120	26	267	25	华亭市安口镇陶家坪村	陶家坪村委会
62088108039	胡桃	*Juglans regia*	110	13	286	11	华亭市安口镇陶家坪村	陶家坪村委会
62088108042	胡桃	*Juglans regia*	110	22	299	14	华亭市安口镇陶家坪村	陶家坪村委会
62088108044	胡桃	*Juglans regia*	170	19	303	18	华亭市安口镇陶家坪村	陶家坪村委会
62088108046	胡桃	*Juglans regia*	610	14	327	17	华亭市安口镇陶家坪村	陶家坪村委会
62088108047	胡桃	*Juglans regia*	170	27	345	28	华亭市安口镇陶家坪村	陶家坪村委会
62088108050	胡桃	*Juglans regia*	150	13	367	21	华亭市安口镇陶家坪村	陶家坪村委会
62088109007	胡桃	*Juglans regia*	370	25	181	21	华亭市上关镇西庄村	西庄村委会
62088109008	胡桃	*Juglans regia*	380	21	182	16	华亭市上关镇薛家庄村	薛家庄村委会
62088109009	胡桃	*Juglans regia*	100	25	187	17	华亭市上关镇西庄村	西庄村委会
62088109010	胡桃	*Juglans regia*	100	28	222	20	华亭市上关镇西庄村	西庄村委会
62088109011	胡桃	*Juglans regia*	100	20	280	18	华亭市上关镇水联村	水联村委会
62088109012	胡桃	*Juglans regia*	440	26	318	30	华亭市上关镇薛家庄村	薛家庄村委会
62088109013	胡桃	*Juglans regia*	110	35	356	26	华亭市上关镇西庄村	西庄村委会
62088110003	胡桃	*Juglans regia*	210	19	180	18	华亭市神峪乡新寨塬村	新寨塬村委会
62088110004	胡桃	*Juglans regia*	120	17	197	21	华亭市神峪乡新寨塬村	新寨塬村委会
62088110006	胡桃	*Juglans regia*	460	16	225	19	华亭市神峪乡新寨塬村	新寨塬村委会
62088110009	胡桃	*Juglans regia*	120	22	241	23	华亭市神峪乡张家磨村	张家磨村委会
62088110011	胡桃	*Juglans regia*	460	23	269	20	华亭市神峪乡张家磨村	张家磨村委会

古树编号	树种	树种拉丁名	估测树龄	树高 (m)	树围 (cm)	平均冠幅 (m)	具体地点	管护单位 / 人
62088110012	胡桃	*Juglans regia*	470	30	271	28	华亭市神峪乡张家磨村	张家磨村委会
62088110013	胡桃	*Juglans regia*	110	26	330	20	华亭市神峪乡新寨塬村	新寨塬村委会
62080200016	胡桃	*Juglans regia*	160	15	180	8	崆峒区崆峒山景区中台三元堂	崆峒山景区管委会
62080200017	胡桃	*Juglans regia*	160	16	230	11	崆峒区崆峒山景区中台三元堂	崆峒山景区管委会
62080200018	胡桃	*Juglans regia*	200	14	265	18	崆峒区崆峒山景区中台崆峒山庄	崆峒山景区管委会
桦木科								
62088107004	白桦	*Betula platyphylla*	110	20	270	19	华亭市西华镇西华中心小学	关山管理局海龙林场
62088107005	白桦	*Betula platyphylla*	450	20	270	22	华亭市西华镇西华中心小学	关山管理局海龙林场
壳斗科								
62082300189	蒙古栎	*Quercus mongolica*	800	14	310	10	崇信县锦屏镇赵湾村五龙山景区药王洞	五龙山景区
62082300190	蒙古栎	*Quercus mongolica*	900	20	258	11	崇信县锦屏镇赵湾村五龙山景区药王洞	五龙山景区
62082300191	蒙古栎	*Quercus mongolica*	1500	27	370	14	崇信县锦屏镇赵湾村五龙山景区药王洞	五龙山景区
62082300192	蒙古栎	*Quercus mongolica*	600	11	300	10	崇信县锦屏镇赵湾村五龙山景区药王洞	五龙山景区
62082300200	蒙古栎	*Quercus mongolica*	600	11	400	9	崇信县锦屏镇赵湾村五龙山景区药王洞	五龙山景区
62080203049	蒙古栎	*Quercus mongolica*	360	18	340	9	崆峒区大寨乡白土村蝥岘社	白土村委会
62080203058	蒙古栎	*Quercus mongolica*	150	16	318	13	崆峒区大寨乡赵塬村一社	赵塬村委会
62080203427	蒙古栎	*Quercus mongolica*	160	20	304	6	崆峒区峡门乡关梁村华家社	关梁村委会
62080203428	蒙古栎	*Quercus mongolica*	200	16	220	3	崆峒区峡门乡关梁村华家社	关梁村委会
62080203429	蒙古栎	*Quercus mongolica*	230	16	140	4	崆峒区峡门乡关梁村华家社	关梁村委会
62080203430	蒙古栎	*Quercus mongolica*	270	15	120	4	崆峒区峡门乡关梁村华家社	关梁村委会
62082300056	蒙古栎	*Quercus mongolica*	120	12	100	7	崇信县锦屏镇姚洼村泗郎湾社尖骨山	关占发
62082300182	蒙古栎	*Quercus mongolica*	1400	14	80	9	崇信县新窑镇后庄村新窑林场	后庄村委会
62082509043	蒙古栎	*Quercus mongolica*	500	17	210	9	庄浪县郑河乡龙湾村	龙湾村委会
62080200124	蒙古栎	*Quercus mongolica*	200	14	220	7	崆峒区崆峒山景区四海龙王殿	崆峒山景区管委会
62080200128	蒙古栎	*Quercus mongolica*	150	13	220	12	崆峒区崆峒山景区凤凰岭	崆峒山景区管委会
62080200129	蒙古栎	*Quercus mongolica*	150	13	230	12	崆峒区崆峒山景区凤凰岭	崆峒山景区管委会
62080200130	蒙古栎	*Quercus mongolica*	150	13	210	13	崆峒区崆峒山景区凤凰岭太清宫	崆峒山景区管委会
62080200133	蒙古栎	*Quercus mongolica*	300	20	375	13	崆峒区崆峒山景区凤凰岭	崆峒山景区管委会
62080200134	蒙古栎	*Quercus mongolica*	250	15	320	11	崆峒区崆峒山景区凤凰岭	崆峒山景区管委会
62080200135	蒙古栎	*Quercus mongolica*	250	17	320	10	崆峒区崆峒山景区凤凰岭	崆峒山景区管委会
62080200145	蒙古栎	*Quercus mongolica*	150	15	210	10	崆峒区崆峒山景区车道	崆峒山景区管委会
62080200146	蒙古栎	*Quercus mongolica*	300	21	400	14	崆峒区崆峒山景区车道	崆峒山景区管委会
62080200149	蒙古栎	*Quercus mongolica*	300	15	360	14	崆峒区崆峒山景区车道	崆峒山景区管委会
62080200150	蒙古栎	*Quercus mongolica*	200	13	150	10	崆峒区崆峒山景区车道	崆峒山景区管委会
62080200151	蒙古栎	*Quercus mongolica*	150	14	210	10	崆峒区崆峒山景区车道	崆峒山景区管委会
62080200007	蒙古栎	*Quercus mongolica*	160	14	160	9	崆峒区崆峒山景区西巡崆峒登临处	崆峒山景区管委会
62080200008	蒙古栎	*Quercus mongolica*	200	14	170	13	崆峒区崆峒山景区西巡崆峒登临处	崆峒山景区管委会
62080200025	蒙古栎	*Quercus mongolica*	120	14	150	9	崆峒区崆峒山景区塔院法轮禅寺	崆峒山景区管委会
62080200026	蒙古栎	*Quercus mongolica*	100	13	130	8	崆峒区崆峒山景区塔院法轮禅寺	崆峒山景区管委会
62080200047	蒙古栎	*Quercus mongolica*	200	17	260	10	崆峒区崆峒山景区招鹤堂后院	崆峒山景区管委会
62080200071	蒙古栎	*Quercus mongolica*	450	15	420	11	崆峒区崆峒山景区南台	崆峒山景区管委会

古树编号	树种	树种拉丁名	估测树龄	树高 (m)	树围 (cm)	平均冠幅 (m)	具体地点	管护单位 / 人
62080200075	蒙古栎	*Quercus mongolica*	180	11	160	13	崆峒区崆峒山景区朝天门	崆峒山景区管委会
62080200076	蒙古栎	*Quercus mongolica*	350	14	240	13	崆峒区崆峒山景区朝天门	崆峒山景区管委会
62080200077	蒙古栎	*Quercus mongolica*	280	13	210	13	崆峒区崆峒山景区药王洞	崆峒山景区管委会
62080200078	蒙古栎	*Quercus mongolica*	200	11	190	12	崆峒区崆峒山景区西台小径	崆峒山景区管委会
62080200079	蒙古栎	*Quercus mongolica*	200	12	190	10	崆峒区崆峒山景区西台小径	崆峒山景区管委会
62080200080	蒙古栎	*Quercus mongolica*	200	11	210	9	崆峒区崆峒山景区西台小径	崆峒山景区管委会
62080200081	蒙古栎	*Quercus mongolica*	200	11	200	12	崆峒区崆峒山景区西台小径	崆峒山景区管委会
62080200082	蒙古栎	*Quercus mongolica*	200	12	210	10	崆峒区崆峒山景区西台小径	崆峒山景区管委会
62080200083	蒙古栎	*Quercus mongolica*	300	12	275	12	崆峒区崆峒山景区西台小径	崆峒山景区管委会
62080200084	蒙古栎	*Quercus mongolica*	200	8	160	9	崆峒区崆峒山景区西台	崆峒山景区管委会
62080200085	蒙古栎	*Quercus mongolica*	200	11	160	8	崆峒区崆峒山景区西台	崆峒山景区管委会
62080200086	蒙古栎	*Quercus mongolica*	280	11	230	11	崆峒区崆峒山景区西台	崆峒山景区管委会
62080200095	蒙古栎	*Quercus mongolica*	260	12	220	16	崆峒区崆峒山景区皇帝问道处	崆峒山景区管委会
62080200096	蒙古栎	*Quercus mongolica*	260	10	200	13	崆峒区崆峒山景区皇帝问道处	崆峒山景区管委会
62080200097	蒙古栎	*Quercus mongolica*	260	13	220	8	崆峒区崆峒山景区皇帝问道处	崆峒山景区管委会
62080200098	蒙古栎	*Quercus mongolica*	200	11	190	12	崆峒区崆峒山景区药王殿	崆峒山景区管委会
62088109006	栓皮栎	*Quercus variabilis*	250	18	175	15	华亭市上关镇西庄村薛家庄	西庄村委会
榆科								
62080203053	旱榆	*Ulmus glaucescens*	150	15	215	15	崆峒区大寨乡赵塬村一社	赵塬村委会
62080203057	旱榆	*Ulmus glaucescens*	160	19	208	6	崆峒区大寨乡桂花村三社学校	桂花村委会
62080203089	旱榆	*Ulmus glaucescens*	160	18	196	5	崆峒区花所村四社	花所村委会
62080203104	旱榆	*Ulmus glaucescens*	340	8	165	10	崆峒区崆峒镇庙湾大王庙院内	崆峒镇政府
62080203119	旱榆	*Ulmus glaucescens*	210	20	330	7	崆峒区柳湖镇土坝村三里塬社	土坝村委会
62080203198	旱榆	*Ulmus glaucescens*	150	45	200	19	崆峒区中心城区建华厂家属院	崆峒区林草局
62080203438	旱榆	*Ulmus glaucescens*	190	17	302	4	崆峒区香莲乡马寨社	香莲乡政府
62080203439	旱榆	*Ulmus glaucescens*	220	29	360	4	崆峒区香莲乡三社	香莲乡政府
62080203030	旱榆	*Ulmus glaucescens*	220	21	350	15	崆峒区草峰镇峁洼村集上社	峁洼村委会
62080200060	大果榆	*Ulmus macrocarpa*	160	12	340	15	崆峒区崆峒山景区紫霄宫	崆峒山景区管委会
62082101053	榔榆	*Ulmus parvifolia*	350	10	483	16	泾川县高平镇城南村	城南村委会
62080200156	榆树	*Ulmus pumila*	150	15	330	22	崆峒区麻武乡城子村二社 1 号	城子村委会
62080203031	榆树	*Ulmus pumila*	200	20	318	17	崆峒区草峰镇丁寨村斜尖社	丁寨村委会
62080203082	榆树	*Ulmus pumila*	150	14	104	9	崆峒区中心城区平凉实验中学	实验中学
62080203111	榆树	*Ulmus pumila*	150	15	238	16	崆峒区崆峒镇蒋家沟村一社	蒋家沟村委会
62080203141	榆树	*Ulmus pumila*	140	31	220	9	崆峒区中心城区东湖路 91 号	崆峒区林草局
62080203142	榆树	*Ulmus pumila*	140	32	211	7	崆峒区中心城区东湖路 91 号	崆峒区林草局
62080203143	榆树	*Ulmus pumila*	180	29	200	9	崆峒区中心城区东湖路 91 号	崆峒区林草局
62080203358	榆树	*Ulmus pumila*	140	17	166	7	崆峒区中心城区红峰院	崆峒区林草局
62080203397	榆树	*Ulmus pumila*	140	19	132	11	崆峒区柳湖公园	柳湖公园
62080203398	榆树	*Ulmus pumila*	140	23	160	6	崆峒区柳湖公园	柳湖公园
62080203399	榆树	*Ulmus pumila*	150	14	257	16	崆峒区柳湖公园	柳湖公园
62080203400	榆树	*Ulmus pumila*	150	21	221	17	崆峒区柳湖公园	柳湖公园

古树编号	树种	树种拉丁名	估测树龄	树高 (m)	树围 (cm)	平均冠幅 (m)	具体地点	管护单位 / 人
62080203401	榆树	*Ulmus pumila*	160	19	223	19	崆峒区柳湖公园	柳湖公园
62080203402	榆树	*Ulmus pumila*	160	17	207	7	崆峒区柳湖公园	柳湖公园
62080203403	榆树	*Ulmus pumila*	180	21	229	12	崆峒区柳湖公园	柳湖公园
62080203404	榆树	*Ulmus pumila*	180	16	174	11	崆峒区柳湖公园	柳湖公园
62080203405	榆树	*Ulmus pumila*	180	14	176	5	崆峒区柳湖公园	柳湖公园
62080203406	榆树	*Ulmus pumila*	190	17	195	19	崆峒区柳湖公园	柳湖公园
62080203407	榆树	*Ulmus pumila*	190	12	292	25	崆峒区柳湖公园	柳湖公园
62080203408	榆树	*Ulmus pumila*	210	14	342	23	崆峒区柳湖公园	柳湖公园
62080203409	榆树	*Ulmus pumila*	210	15	216	18	崆峒区柳湖公园	柳湖公园
62080203410	榆树	*Ulmus pumila*	220	18	163	9	崆峒区柳湖公园	柳湖公园
62080203411	榆树	*Ulmus pumila*	220	12	222	20	崆峒区市场监督管理局院内	崆峒区林草局
62080203412	榆树	*Ulmus pumila*	230	22	210	11	崆峒区柳湖公园	柳湖公园
62080203413	榆树	*Ulmus pumila*	250	15	189	8	崆峒区柳湖公园	柳湖公园
62080203414	榆树	*Ulmus pumila*	250	14	173	10	崆峒区柳湖公园	柳湖公园
62080203415	榆树	*Ulmus pumila*	260	14	173	9	崆峒区柳湖公园	柳湖公园
62080203416	榆树	*Ulmus pumila*	260	12	237	16	崆峒区柳湖公园	柳湖公园
62080203417	榆树	*Ulmus pumila*	270	15	176	13	崆峒区柳湖公园	柳湖公园
62080203418	榆树	*Ulmus pumila*	330	17	198	13	崆峒区柳湖公园	柳湖公园
62080203440	榆树	*Ulmus pumila*	180	26	278	5	崆峒区香莲乡三社	香莲乡政府
62082101111	榆树	*Ulmus pumila*	110	7	180	15	泾川县汭丰镇龙王村	龙王村委会
62082101112	榆树	*Ulmus pumila*	110	10	181	10	泾川县汭丰镇龙王村	龙王村委会
62082101117	榆树	*Ulmus pumila*	300	16	187	9	泾川县汭丰镇 312 国道	汭丰镇政府
62082101118	榆树	*Ulmus pumila*	110	18	195	8	泾川县汭丰镇 312 国道	汭丰镇政府
62082101176	榆树	*Ulmus pumila*	150	8	224	11	泾川县太平镇焦村	焦村村委会
62082101179	榆树	*Ulmus pumila*	120	12	240	17	泾川县太平镇焦村	焦村村委会
62082101201	榆树	*Ulmus pumila*	330	16	194	10	泾川县罗汉洞乡 202 省道	罗汉洞乡政府
62082101202	榆树	*Ulmus pumila*	260	7	225	3	泾川县罗汉洞乡 202 省道	罗汉洞乡政府
62082201053	榆树	*Ulmus pumila*	130	22	204	11	灵台县中台镇康家沟村	康家沟村委会
62082201064	榆树	*Ulmus pumila*	130	17	227	17	灵台县中台镇水泉村	水泉村委会
62082207009	榆树	*Ulmus pumila*	120	16	164	9	灵台县上良镇朱家堡村	上良镇政府
62082207035	榆树	*Ulmus pumila*	390	16	279	11	灵台县上良镇北张村	上良镇政府
62082207039	榆树	*Ulmus pumila*	200	19	327	22	灵台县上良镇北张村	上良镇政府
62082209009	榆树	*Ulmus pumila*	100	14	198	16	灵台县梁原乡王家沟村	王家沟村委会
62082212001	榆树	*Ulmus pumila*	110	8	143	6	灵台县百里镇石塘村	石塘村委会
62082212013	榆树	*Ulmus pumila*	120	14	194	10	灵台县百里镇 053 县道	百里镇政府
62082212034	榆树	*Ulmus pumila*	210	15	349	15	灵台县百里镇新集村	新集村委会
62082300025	榆树	*Ulmus pumila*	200	17	180	12	崇信县锦屏镇姚洼村泗郎湾老庄子	关占发
62082300027	榆树	*Ulmus pumila*	200	20	170	12	崇信县锦屏镇姚洼村泗郎湾老庄子	陈天寿
62082300031	榆树	*Ulmus pumila*	230	10	190	7	崇信县锦屏镇曹庄村	朱雪峰
62082300044	榆树	*Ulmus pumila*	150	24	270	23	崇信县锦屏镇梁坡村湫浥沟	张宏斌
62082300084	榆树	*Ulmus pumila*	160	10	230	15	崇信县黄寨镇马寨村南头社长湾	赵存政

古树编号	树种	树种拉丁名	估测树龄	树高 (m)	树围 (cm)	平均冠幅 (m)	具体地点	管护单位 / 人
62082300085	榆树	*Ulmus pumila*	180	15	240	12	崇信县黄寨镇马寨村马郎洼社	赵德金
62082300089	榆树	*Ulmus pumila*	160	24	580	26	崇信县黄寨镇屈家洼村屈家洼社	刘世伟
62082300092	榆树	*Ulmus pumila*	410	19	365	10	崇信县黄寨镇屈家洼村屈家洼黑沟社	刘世伟
62082300103	榆树	*Ulmus pumila*	100	13	150	7	崇信县铜城工业园区赵湾村赵湾社	李崇得
62082300104	榆树	*Ulmus pumila*	100	10	130	6	崇信县铜城工业园区赵湾村赵湾社	赵喜荣
62082300109	榆树	*Ulmus pumila*	150	9	420	11	崇信县铜城工业园区赵湾村赵湾社	张斌
62082300110	榆树	*Ulmus pumila*	120	10	110	11	崇信县铜城工业园区赵湾村赵湾社	张生善
62082300111	榆树	*Ulmus pumila*	120	11	105	10	崇信县铜城工业园区赵湾村赵湾社	张满世
62082300146	榆树	*Ulmus pumila*	320	16	200	8	崇信县黄花乡黄花塬村	黄花塬村委会
62082300150	榆树	*Ulmus pumila*	190	14	170	8	崇信县黄花乡凉水泉村	凉水泉村委会
62082300164	榆树	*Ulmus pumila*	400	20	140	18	崇信县新窑镇周寨村周寨社	张根锁
62082300165	榆树	*Ulmus pumila*	230	17	215	13	崇信县新窑镇黄庄村尖山社	黄庄村委会
62082300221	榆树	*Ulmus pumila*	200	21	170	27	崇信县锦屏镇姚洼村高洼社	锦屏镇政府
62082501023	榆树	*Ulmus pumila*	120	13	316	8	庄浪县岳堡镇蔡家村一社	蔡小斌
62082505040	榆树	*Ulmus pumila*	300	9	430	14	庄浪县通化镇中庄村	中庄村委会
62082510017	榆树	*Ulmus pumila*	240	14	280	12	庄浪县卧龙镇棉沟村二社	棉沟村委会
62082511060	榆树	*Ulmus pumila*	120	18	310	11	庄浪县水洛镇二李村学校	二李村委会
62082517009	榆树	*Ulmus pumila*	120	10	240	10	庄浪县朱店镇三合村	三合村委会
62082604002	榆树	*Ulmus pumila*	110	9	270	17	静宁县界石铺镇赵岔村高庄	赵铁军
62082608002	榆树	*Ulmus pumila*	100	10	205	10	静宁县细巷镇郭尹村	靳天勤
62088107006	榆树	*Ulmus pumila*	210	27	271	15	华亭市西华镇草滩村	草滩村委会
62088108037	榆树	*Ulmus pumila*	330	20	280	15	华亭市安口镇关庄村关庄小学	关庄村委会
62082206018	榆树	*Ulmus pumila*	130	13	246	13	灵台县什字镇庞家村	什字镇政府
62080200136	榉树	*Zelkova serrata*	150	16	220	16	崆峒区崆峒山景区车道	崆峒山景区管委会
62080200137	榉树	*Zelkova serrata*	150	16	210	13	崆峒区崆峒山景区车道	崆峒山景区管委会
62080200138	榉树	*Zelkova serrata*	150	13	190	11	崆峒区崆峒山景区车道	崆峒山景区管委会
62080200147	榉树	*Zelkova serrata*	150	10	200	14	崆峒区崆峒山景区车道	崆峒山景区管委会
62080200013	榉树	*Zelkova serrata*	130	14	170	11	崆峒区崆峒山景区中台	崆峒山景区管委会
大麻科								
62082300124	黑弹树	*Celtis bungeana*	200	12	72	10	崇信县木林乡崖窑村新庄社	崖窑村委会
62088106007	黑弹树	*Celtis bungeana*	190	20	408	17	华亭市东华街道菊苑路世纪花园 A 区	上亭村委会
62082300181	朴树	*Celtis sinensis*	160	16	160	8	崇信县新窑镇后庄村唐帽山管护站	唐帽山管护站
桑科								
62082201044	桑	*Morus alba*	110	11	177	12	灵台县中台镇下河村	下河村委会
62082201050	桑	*Morus alba*	130	11	197	17	灵台县中台镇下河村	下河村委会
62082201056	桑	*Morus alba*	560	14	208	11	灵台县中台镇下河村	薛志强
62082202022	桑	*Morus alba*	400	8	302	6	灵台县新开乡下周村	下周村委会
62082205003	桑	*Morus alba*	370	11	144	23	灵台县西屯镇爱子村	爱子村委会
62082212027	桑	*Morus alba*	140	9	245	8	灵台县百里镇新集村	新集村委会
62082213023	桑	*Morus alba*	100	10	302	13	灵台县蒲窝镇关庄村	关庄村委会
62082300219	桑	*Morus alba*	120	12	210	9	崇信县锦屏镇关河村大槐树景区	锦屏镇政府

古树编号	树种	树种拉丁名	估测树龄	树高 (m)	树围 (cm)	平均冠幅 (m)	具体地点	管护单位 / 人
62082300220	桑	*Morus alba*	110	11	190	8	崇信县锦屏镇关河村大槐树景区	锦屏镇政府
悬铃木科								
62080203071	二球悬铃木	*Platanus acerifolia*	180	15	209	10	崆峒区柳湖公园纪念碑	崆峒区林草局
62080203207	二球悬铃木	*Platanus acerifolia*	140	30	250	8	崆峒区中心城区建华厂家属院	崆峒区林草局
62080203208	二球悬铃木	*Platanus acerifolia*	140	50	260	18	崆峒区中心城区建华厂家属院	崆峒区林草局
62080203209	二球悬铃木	*Platanus acerifolia*	140	38	260	6	崆峒区中心城区建华厂区家属院	崆峒区林草局
62080203210	二球悬铃木	*Platanus acerifolia*	150	36	280	7	崆峒区中心城区建华厂区家属院	崆峒区林草局
62080203211	二球悬铃木	*Platanus acerifolia*	170	29	329	8	崆峒区中心城区建华厂区家属院	崆峒区林草局
62080203212	二球悬铃木	*Platanus acerifolia*	180	29	330	5	崆峒区中心城区建华厂区家属院	崆峒区林草局
62080203213	二球悬铃木	*Platanus acerifolia*	180	33	330	7	崆峒区中心城区建华厂区家属院	崆峒区林草局
62080203214	二球悬铃木	*Platanus acerifolia*	180	29	180	8	崆峒区中心城区建华厂区家属院	崆峒区林草局
62080203215	二球悬铃木	*Platanus acerifolia*	250	30	490	11	崆峒区中心城区建华厂区家属院	崆峒区林草局
62080203220	二球悬铃木	*Platanus acerifolia*	150	34	290	9	崆峒区中心城区建华厂区家属院	崆峒区林草局
62082300183	二球悬铃木	*Platanus acerifolia*	100	32	210	15	崇信县锦屏街道文化广场	城市执法局
62082300184	二球悬铃木	*Platanus acerifolia*	100	32	240	17	崇信县锦屏街道文化广场	城市执法局
62082300185	二球悬铃木	*Platanus acerifolia*	100	33	290	19	崇信县锦屏街道文化广场	城市执法局
62082300186	二球悬铃木	*Platanus acerifolia*	100	32	240	17	崇信县锦屏街道文化广场	城市执法局
62080203421	二球悬铃木	*Platanus acerifolia*	140	16	279	9	崆峒区中心城区双拥路	崆峒区林草局
62082101015	三球悬铃木	*Platanus orientalis*	110	23	176	20	泾川县城关镇王母宫	泾川县大景区管委会
62088108022	三球悬铃木	*Platanus orientalis*	300	20	215	12	华亭市石堡子开发区华亭市乐华冶化有限责任公司	石堡子村委会
62088108023	三球悬铃木	*Platanus orientalis*	300	25	218	14	华亭市石堡子开发区华亭市乐华冶化有限责任公司	石堡子村委会
62088108024	三球悬铃木	*Platanus orientalis*	300	16	227	9	华亭市石堡子开发区华亭市乐华冶化有限责任公司	石堡子村委会
62088108036	三球悬铃木	*Platanus orientalis*	330	17	273	9	华亭市石堡子开发区华亭市乐华冶化有限责任公司	石堡子村委会
蔷薇科								
62082202024	杏	*Prunus armeniaca*	100	5	305	10	灵台县新开乡大户村底庄南岭塬	大户村委会
62082207010	杏	*Prunus armeniaca*	100	16	167	13	灵台县上良镇王新庄村	上良镇政府
62088108007	李	*Prunus salicina*	110	11	172	8	华亭市安口镇石坪村祝家湾社	石坪村委会
62080200176	杜梨	*Pyrus betulifolia*	150	11	220	15	崆峒区崆峒镇高岭村	
62080203002	杜梨	*Pyrus betulifolia*	160	17	452	13	崆峒区安国镇王堡村徐家沟社	王堡村委会
62080203165	杜梨	*Pyrus betulifolia*	140	14	225	16	崆峒区麻武乡城子村二社	城子村委会
62080203177	杜梨	*Pyrus betulifolia*	150	13	185	14	崆峒区上杨镇小岔沟村	上杨回族乡政府
62082201034	杜梨	*Pyrus betulifolia*	410	22	160	17	灵台县中台镇灵雷公路	马永刚
62082206006	杜梨	*Pyrus betulifolia*	110	14	172	11	灵台县什字镇赵家沟村	赵家沟村委会
62082210010	杜梨	*Pyrus betulifolia*	180	9	277	9	灵台县龙门乡英武村	英武村委会
62082213026	杜梨	*Pyrus betulifolia*	150	14	262	13	灵台县蒲窝镇关庄村范庄社	关庄村委会
62082300032	杜梨	*Pyrus betulifolia*	230	9	220	6	崇信县锦屏镇曹庄村	朱雪峰
62082300059	杜梨	*Pyrus betulifolia*	260	16	225	7	崇信县锦屏镇梁坡村玉皇阁	梁坡村委会
62082300090	杜梨	*Pyrus betulifolia*	270	19	230	10	崇信县黄寨镇屈家洼村屈家洼社	屈家洼村委会
62082300129	杜梨	*Pyrus betulifolia*	110	16	160	12	崇信县黄花乡马寨子村上驮社	马寨子村委会
62082300143	杜梨	*Pyrus betulifolia*	400	18	300	13	崇信县黄花乡杨家沟村铁沟社	杨家沟村委会
62082300145	杜梨	*Pyrus betulifolia*	390	15	330	10	崇信县黄花乡黄花塬村	黄花塬村委会

古树编号	树种	树种拉丁名	估测树龄	树高 (m)	树围 (cm)	平均冠幅 (m)	具体地点	管护单位 / 人
62082300175	杜梨	*Pyrus betulifolia*	310	12	220	9	崇信县新窑镇黄庄村山庄社东湾梁	黄庄村委会
62088108004	杜梨	*Pyrus betulifolia*	110	15	120	13	华亭市安口镇 125 乡道	安口镇政府
62088108017	杜梨	*Pyrus betulifolia*	110	16	190	7	华亭市安口镇新民村	安口镇政府
62088108032	杜梨	*Pyrus betulifolia*	310	16	260	9	华亭市安口镇新民村	安口镇政府
62088108040	杜梨	*Pyrus betulifolia*	160	21	296	18	华亭市安口镇平家梁村	安口镇政府
62082504032	白梨	*Pyrus bretschneideri*	200	14	184	13	庄浪县杨河乡寺岔村	王锋东
62082507056	白梨	*Pyrus bretschneideri*	240	19	290	11	庄浪县柳梁镇徐家村一社	徐家村委会
62082509042	白梨	*Pyrus bretschneideri*	600	17	220	9	庄浪县郑河乡龙湾村	龙湾村委会
62082513046	白梨	*Pyrus bretschneideri*	310	16	380	15	庄浪县韩店镇岔沟村一社	岔沟村委会
62082513048	白梨	*Pyrus bretschneideri*	180	12	283	16	庄浪县韩店镇刘河村二社	刘河村委会
62082517014	白梨	*Pyrus bretschneideri*	150	15	210	12	庄浪县朱店镇大曹村三社	李贵满
62082212022	白梨	*Pyrus bretschneideri*	120	14	214	9	灵台县百里镇 053 县道	百里镇政府
62088104004	豆梨	*Pyrus calleryana*	180	18	412	16	华亭市砚峡乡曹家沟村龙王庙社	曹家沟村委会
62088101001	秋子梨	*Pyrus ussuriensis*	160	25	321	25	华亭市河西镇新庄村	新庄村委会
62088107008	秋子梨	*Pyrus ussuriensis*	120	15	300	20	华亭市西华镇草滩村	草滩村委会
豆科								
62082101007	合欢	*Albizia julibrissin*	460	10	128	14	泾川县城关镇泾州街广场	泾川县园林处
62080203448	黄檀	*Dalbergia hupeana*	250	8	121	4	崆峒区中心城区美食城	崆峒区林草局
62080203050	皂荚	*Gleditsia sinensis*	150	19	371	12	崆峒区大寨乡桂花村五社	桂花村委会
62080203121	皂荚	*Gleditsia sinensis*	150	12	188	12	崆峒区柳湖镇土坝村郑家沟社	土坝村委会
62082101048	皂荚	*Gleditsia sinensis*	100	15	190	11	泾川县高平镇 068 乡道	代喜林
62082201017	皂荚	*Gleditsia sinensis*	210	12	94	11	灵台县中台镇许家沟村	马永刚
62082201027	皂荚	*Gleditsia sinensis*	100	9	127	12	灵台县中台镇下河村	下河村委会
62082201029	皂荚	*Gleditsia sinensis*	190	9	140	6	灵台县中台镇红崖沟村	红崖沟村委会
62082204024	皂荚	*Gleditsia sinensis*	100	17	253	22	灵台县独店镇张家山村	柳大昌
62082204027	皂荚	*Gleditsia sinensis*	110	9	201	15	灵台县独店镇姚李村	杜海军
62082205002	皂荚	*Gleditsia sinensis*	100	10	137	10	灵台县西屯镇北庄村	北庄村委会
62082212023	皂荚	*Gleditsia sinensis*	320	14	220	18	灵台县百里镇新集村	新集村委会
62082300007	皂荚	*Gleditsia sinensis*	200	21	200	8	崇信县锦屏镇东庄村麻堡子社	朱仁学
62082300039	皂荚	*Gleditsia sinensis*	120	9	140	9	崇信县锦屏镇于家湾村中庄社	章勤录
62082300040	皂荚	*Gleditsia sinensis*	300	12	140	6	崇信县锦屏镇梁坡村梁坡社	梁文新
62082300057	皂荚	*Gleditsia sinensis*	120	15	120	10	崇信县锦屏镇姚洼村泗郎湾社	关浩杰
62082300067	皂荚	*Gleditsia sinensis*	400	19	172	12	崇信县锦屏镇九功村河畔社	王高军
62082300072	皂荚	*Gleditsia sinensis*	380	22	145	12	崇信县锦屏镇九功村河畔社	王高军
62082300074	皂荚	*Gleditsia sinensis*	80	10	96	9	崇信县锦屏镇李家沟村李家沟社	李世安
62080203069	刺槐	*Robinia pseudoacacia*	160	16	229	11	崆峒区中心城区平凉实验中学	实验中学
62080203383	刺槐	*Robinia pseudoacacia*	140	22	165	13	崆峒区柳湖公园	柳湖公园
62080203384	刺槐	*Robinia pseudoacacia*	160	17	204	16	崆峒区柳湖公园	柳湖公园
62080203385	刺槐	*Robinia pseudoacacia*	200	16	246	17	崆峒区柳湖公园	柳湖公园
62080203386	刺槐	*Robinia pseudoacacia*	210	21	160	11	崆峒区柳湖公园	柳湖公园
62080203387	刺槐	*Robinia pseudoacacia*	330	20	165	11	崆峒区柳湖公园	柳湖公园

古树编号	树种	树种拉丁名	估测树龄	树高 (m)	树围 (cm)	平均冠幅 (m)	具体地点	管护单位 / 人
62080203388	刺槐	*Robinia pseudoacacia*	330	15	176	15	崆峒区柳湖公园	柳湖公园
62082101087	刺槐	*Robinia pseudoacacia*	510	15	200	7	泾川县丰台镇湫池沟村高家组	湫池沟村委会
62082204030	刺槐	*Robinia pseudoacacia*	130	20	287	13	灵台县独店镇白峪村任家庄	贾林勤
62088103003	刺槐	*Robinia pseudoacacia*	270	18	159	15	华亭市策底镇盘坡村	盘坡村委会
62088108005	刺槐	*Robinia pseudoacacia*	470	23	161	11	华亭市石堡子开发区石堡村石堡子社	石堡村委会
62088108011	刺槐	*Robinia pseudoacacia*	260	23	180	10	华亭市石堡子开发区石堡村石堡子社	石堡村委会
62088108012	刺槐	*Robinia pseudoacacia*	100	24	180	11	华亭市石堡子开发区石堡村石堡子社	石堡村委会
62080200131	槐	*Styphnolobium japonicum*	150	18	100	9	崆峒区崆峒山景区凤凰岭	崆峒山景区管委会
62080200154	槐	*Styphnolobium japonicum*	120	14	210	15	崆峒区麻武乡城子村二社 1 号	城子村委会
62080200175	槐	*Styphnolobium japonicum*	160	13	235	15	崆峒区崆峒镇马家峰村	马家峰村委会
62080203006	槐	*Styphnolobium japonicum*	1200	21	247	13	崆峒区白庙乡柴寺村四社	柴寺村委会
62080203013	槐	*Styphnolobium japonicum*	150	18	255	10	崆峒区白水镇甘沟村二社	甘沟村委会
62080203014	槐	*Styphnolobium japonicum*	210	16	376	11	崆峒区白水镇大陈村四社	大陈村委会
62080203020	槐	*Styphnolobium japonicum*	150	9	264	7	崆峒区白水镇大陈村四社	大陈村委会
62080203021	槐	*Styphnolobium japonicum*	150	9	275	10	崆峒区白水镇大陈村四社	大陈村委会
62080203022	槐	*Styphnolobium japonicum*	160	17	285	12	崆峒区白水镇马莲村二社	马莲村委会
62080203023	槐	*Styphnolobium japonicum*	230	7	424	10	崆峒区白水镇大陈村四社	大陈村委会
62080203024	槐	*Styphnolobium japonicum*	210	9	376	13	崆峒区白水镇大陈村四社	大陈村委会
62080203027	槐	*Styphnolobium japonicum*	200	17	346	14	崆峒区草峰镇祁段村大庄社	祁段村委会
62080203040	槐	*Styphnolobium japonicum*	140	17	241	9	崆峒区大寨乡小马村张潘社	小马村委会
62080203041	槐	*Styphnolobium japonicum*	150	16	258	6	崆峒区大寨乡政府院内	大寨乡政府
62080203042	槐	*Styphnolobium japonicum*	160	16	141	8	崆峒区大寨乡大寨村出坨社	大寨村委会
62080203043	槐	*Styphnolobium japonicum*	340	16	663	11	崆峒区大寨乡大寨村出坨社	大寨村委会
62080203044	槐	*Styphnolobium japonicum*	340	19	661	8	崆峒区大寨乡大寨村出坨社	大寨村委会
62080203055	槐	*Styphnolobium japonicum*	140	13	253	16	崆峒区大寨乡桂花村三社	桂花村委会
62080203056	槐	*Styphnolobium japonicum*	150	17	271	9	崆峒区大寨乡桂花村二社	桂花村委会
62080203060	槐	*Styphnolobium japonicum*	140	21	248	19	崆峒区大寨乡白土村水泉社	白土村委会
62080203061	槐	*Styphnolobium japonicum*	150	29	267	11	崆峒区大寨乡白土村西庄社	白土村委会
62080203062	槐	*Styphnolobium japonicum*	160	18	280	17	崆峒区大寨乡白土村西庄社	白土村委会
62080203066	槐	*Styphnolobium japonicum*	200	21	345	14	崆峒区中心城区宝塔公园	崆峒区林草局
62080203067	槐	*Styphnolobium japonicum*	160	19	229	12	崆峒区中心城区人民广场	崆峒区林草局
62080203166	槐	*Styphnolobium japonicum*	140	17	235	15	崆峒区麻武乡城子村二社	韩云鹏
62080203174	槐	*Styphnolobium japonicum*	150	17	240	10	崆峒区上扬镇早庄村后沟社	早庄村委会
62080203180	槐	*Styphnolobium japonicum*	220	16	394	15	崆峒区四十里铺镇下甲村二社	下甲村委会
62080203186	槐	*Styphnolobium japonicum*	150	9	265	8	崆峒区索罗乡汝林村六社	汝林村委会
62080203194	槐	*Styphnolobium japonicum*	140	7	167	4	崆峒区中心城区市委大院	崆峒区林草局
62080203195	槐	*Styphnolobium japonicum*	140	8	246	4	崆峒区中心城区市政府门口	崆峒区林草局
62080203196	槐	*Styphnolobium japonicum*	180	18	320	9	崆峒区中心城区市委大院	崆峒区林草局
62080203206	槐	*Styphnolobium japonicum*	140	18	236	9	崆峒区中心城区市委大院	崆峒区林草局
62080203268	槐	*Styphnolobium japonicum*	160	19	245	16	崆峒区中心城区人民广场	崆峒区林草局
62080203316	槐	*Styphnolobium japonicum*	160	19	286	13	崆峒区中心城区人民广场	崆峒区林草局

古树编号	树种	树种拉丁名	估测树龄	树高 (m)	树围 (cm)	平均冠幅 (m)	具体地点	管护单位 / 人
62080203318	槐	*Styphnolobium japonicum*	180	15	316	12	崆峒区中心城区人民广场	崆峒区林草局
62080203319	槐	*Styphnolobium japonicum*	190	20	330	20	崆峒区中心城区政府南广场	崆峒区林草局
62080203334	槐	*Styphnolobium japonicum*	160	19	220	12	崆峒区中心城区人民广场	崆峒区林草局
62080203335	槐	*Styphnolobium japonicum*	160	19	282	10	崆峒区中心城区人民广场	崆峒区林草局
62080203360	槐	*Styphnolobium japonicum*	180	16	244	13	崆峒区中心城区人民广场	崆峒区林草局
62080203361	槐	*Styphnolobium japonicum*	110	17	235	16	崆峒区中心城区人民广场	崆峒区林草局
62080203362	槐	*Styphnolobium japonicum*	110	19	265	20	崆峒区中心城区人民广场	崆峒区林草局
62080203363	槐	*Styphnolobium japonicum*	110	18	255	19	崆峒区中心城区人民广场	崆峒区林草局
62080203364	槐	*Styphnolobium japonicum*	150	17	271	14	崆峒区中心城区人民广场	崆峒区林草局
62080203365	槐	*Styphnolobium japonicum*	150	19	220	15	崆峒区中心城区人民广场	崆峒区林草局
62080203366	槐	*Styphnolobium japonicum*	160	18	228	12	崆峒区中心城区人民广场	崆峒区林草局
62080203367	槐	*Styphnolobium japonicum*	180	14	361	14	崆峒区中心城区人民广场	崆峒区林草局
62080203441	槐	*Styphnolobium japonicum*	140	21	235	4	崆峒区寨河乡五社	寨河乡政府
62080203447	槐	*Styphnolobium japonicum*	220	25	395	15	崆峒区中心城区歇马殿	崆峒区林草局
62080203449	槐	*Styphnolobium japonicum*	220	33	423	15	崆峒区中心城区歇马殿	崆峒区林草局
62080203450	槐	*Styphnolobium japonicum*	160	28	230	12	崆峒区中心城区广成路社区	崆峒区林草局
62082101018	槐	*Styphnolobium japonicum*	250	20	207	20	泾川县城关镇阳坡村	阳坡村委会
62082101023	槐	*Styphnolobium japonicum*	210	17	226	23	泾川县城关镇阳坡村	阳坡村委会
62082101034	槐	*Styphnolobium japonicum*	250	22	291	23	泾川县城关镇水泉村	泾川县教育局
62082101037	槐	*Styphnolobium japonicum*	450	12	345	20	泾川县城关镇凤凰村	凤凰村委会
62082101040	槐	*Styphnolobium japonicum*	130	15	240	18	泾川县玉都镇康家村	康家村委会
62082101041	槐	*Styphnolobium japonicum*	260	21	490	25	泾川县玉都镇端贤村	端贤村委会
62082101047	槐	*Styphnolobium japonicum*	130	13	180	10	泾川县高平镇许家村	许家坡村委会
62082101051	槐	*Styphnolobium japonicum*	130	12	399	15	泾川县高平镇东坡村	东坡村委会
62082101054	槐	*Styphnolobium japonicum*	470	20	588	22	泾川县高平镇城南村	城南村委会
62082101057	槐	*Styphnolobium japonicum*	440	19	176	23	泾川县温泉经济开发区明锋职业培训学校	甘家沟村委会
62082101058	槐	*Styphnolobium japonicum*	450	20	201	15	泾川县温泉经济开发区明锋职业培训学校	甘家沟村委会
62082101061	槐	*Styphnolobium japonicum*	600	16	234	13	泾川县温泉经济开发区明锋职业培训学校	甘家沟村委会
62082101067	槐	*Styphnolobium japonicum*	100	11	140	8	泾川县窑店镇东坡村小学	东坡村小学
62082101068	槐	*Styphnolobium japonicum*	120	11	175	12	泾川县窑店镇东坡村小学	东坡村小学
62082101069	槐	*Styphnolobium japonicum*	250	12	180	12	泾川县窑店镇东坡村小学	东坡村小学
62082101071	槐	*Styphnolobium japonicum*	100	11	220	8	泾川县窑店镇东坡村小学	东坡村小学
62082101085	槐	*Styphnolobium japonicum*	240	12	160	12	泾川县丰台镇丰台墩村	丰台墩村委会
62082101090	槐	*Styphnolobium japonicum*	100	8	230	9	泾川县丰台镇南堡子村上吴组	南堡子村委会
62082101108	槐	*Styphnolobium japonicum*	100	10	172	10	泾川县汭丰镇百烟村小学	百烟村委会
62082101122	槐	*Styphnolobium japonicum*	340	9	197	16	泾川县汭丰镇百烟村小学	百烟村委会
62082101133	槐	*Styphnolobium japonicum*	110	25	211	11	泾川县汭丰镇百烟村小学	百烟村委会
62082101181	槐	*Styphnolobium japonicum*	130	13	317	17	泾川县太平镇朱家沟村	朱家沟村委会
62082101182	槐	*Styphnolobium japonicum*	120	15	375	12	泾川县太平镇焦村	焦村村委会
62082101183	槐	*Styphnolobium japonicum*	250	22	633	22	泾川县太平镇口家村	口家村委会
62082201030	槐	*Styphnolobium japonicum*	380	17	148	17	灵台县中台镇许家沟村	马永刚

古树编号	树种	树种拉丁名	估测树龄	树高 (m)	树围 (cm)	平均冠幅 (m)	具体地点	管护单位 / 人
62082201033	槐	*Styphnolobium japonicum*	100	22	155	13	灵台县中台镇 244 国道	王德财
62082201035	槐	*Styphnolobium japonicum*	110	14	160	21	灵台县中台镇下河村中学路	下河村委会
62082201036	槐	*Styphnolobium japonicum*	100	24	161	15	灵台县中台镇许家沟村	牛正华
62082201038	槐	*Styphnolobium japonicum*	110	10	162	13	灵台县中台镇许家沟村	马正义
62082201039	槐	*Styphnolobium japonicum*	100	20	165	15	灵台县中台镇下河村	下河村委会
62082201040	槐	*Styphnolobium japonicum*	200	17	166	16	灵台县中台镇许家沟村	马永刚
62082201042	槐	*Styphnolobium japonicum*	110	12	172	23	灵台县中台镇荆山森林公园	荆山森林公园
62082201045	槐	*Styphnolobium japonicum*	120	17	178	13	灵台县中台镇下河村碑子沟	下河村委会
62082201046	槐	*Styphnolobium japonicum*	110	19	178	13	灵台县中台镇下河村	下河村委会
62082201048	槐	*Styphnolobium japonicum*	130	12	188	18	灵台县中台镇下河村	下河村委会
62082201049	槐	*Styphnolobium japonicum*	130	23	189	11	灵台县中台镇许家沟村	马永刚
62082201052	槐	*Styphnolobium japonicum*	110	21	198	19	灵台县中台镇糟家塬	下河村委会
62082201054	槐	*Styphnolobium japonicum*	110	18	207	23	灵台县中台镇下河村碑子沟	下河村委会
62082201057	槐	*Styphnolobium japonicum*	110	21	209	21	灵台县中台镇 053 县道	刘改兴
62082201066	槐	*Styphnolobium japonicum*	130	20	232	21	灵台县中台镇许家沟村	马永刚
62082201067	槐	*Styphnolobium japonicum*	110	19	245	18	灵台县中台镇官村	姚玉凤
62082201069	槐	*Styphnolobium japonicum*	130	16	268	19	灵台县中台镇罗家湾村	刘健
62082201073	槐	*Styphnolobium japonicum*	140	20	294	27	灵台县中台镇下河村	下河村委会
62082201076	槐	*Styphnolobium japonicum*	170	13	322	27	灵台县中台镇下河村	下河村委会
62082201079	槐	*Styphnolobium japonicum*	180	16	340	21	灵台县中台镇罗家湾村	罗家湾村委会
62082201080	槐	*Styphnolobium japonicum*	180	20	345	19	灵台县中台镇 053 县道	刘建军
62082201081	槐	*Styphnolobium japonicum*	190	20	350	20	灵台县中台镇胡家店村	胡家店村委会
62082201083	槐	*Styphnolobium japonicum*	280	13	392	15	灵台县中台镇 244 国道	中台镇政府
62082202006	槐	*Styphnolobium japonicum*	110	12	176	9	灵台县新开乡大户村	大户村委会
62082202007	槐	*Styphnolobium japonicum*	130	10	186	13	灵台县新开乡大户村	大户村委会
62082202008	槐	*Styphnolobium japonicum*	130	9	192	14	灵台县新开乡大户村	大户村委会
62082202009	槐	*Styphnolobium japonicum*	520	14	193	13	灵台县新开乡下周村	下周村委会
62082202010	槐	*Styphnolobium japonicum*	110	21	207	12	灵台县新开乡下周村	下周村委会
62082202011	槐	*Styphnolobium japonicum*	120	14	215	5	灵台县新开乡大户村	大户村委会
62082202013	槐	*Styphnolobium japonicum*	130	14	225	10	灵台县新开乡大户村	大户村委会
62082202014	槐	*Styphnolobium japonicum*	110	21	248	17	灵台县新开乡圪垯庙	新开乡政府
62082202017	槐	*Styphnolobium japonicum*	180	18	280	15	灵台县新开乡寨坡村	新开乡政府
62082202018	槐	*Styphnolobium japonicum*	130	13	282	23	灵台县新开乡大户村	大户村委会
62082202019	槐	*Styphnolobium japonicum*	130	19	285	16	灵台县新开乡圪垯庙	新开乡政府
62082202023	槐	*Styphnolobium japonicum*	140	21	302	14	灵台县新开乡寨坡村	新开乡政府
62082202027	槐	*Styphnolobium japonicum*	170	19	326	24	灵台县新开乡下周村	下周村委会
62082202032	槐	*Styphnolobium japonicum*	270	9	456	9	灵台县新开乡底庄村	底庄村委会
62082202033	槐	*Styphnolobium japonicum*	280	13	473	27	灵台县新开乡大户村	大户村委会
62082203001	槐	*Styphnolobium japonicum*	100	15	161	13	灵台县邵寨镇灵雷公路	邵寨镇政府
62082203002	槐	*Styphnolobium japonicum*	110	17	173	12	灵台县邵寨镇灵雷公路	邵寨镇政府
62082203004	槐	*Styphnolobium japonicum*	220	18	185	13	灵台县邵寨镇灵雷公路	邵寨镇政府

古树编号	树种	树种拉丁名	估测树龄	树高 (m)	树围 (cm)	平均冠幅 (m)	具体地点	管护单位 / 人
62082203009	槐	*Styphnolobium japonicum*	140	21	298	17	灵台县邵寨镇石坊村	邵寨镇政府
62082203010	槐	*Styphnolobium japonicum*	170	19	326	22	灵台县邵寨镇新庄子村	邵寨镇政府
62082203011	槐	*Styphnolobium japonicum*	210	19	387	19	灵台县邵寨镇下小塬村	邵寨镇政府
62082203013	槐	*Styphnolobium japonicum*	240	24	453	19	灵台县邵寨镇东庄村	邵寨镇政府
62082203014	槐	*Styphnolobium japonicum*	280	23	470	20	灵台县邵寨镇灵雷公路	邵寨镇政府
62082203015	槐	*Styphnolobium japonicum*	290	27	480	22	灵台县邵寨镇唐槐景区	邵寨镇政府
62082204006	槐	*Styphnolobium japonicum*	360	8	141	13	灵台县独店镇马家楞村	马家楞村委会
62082204009	槐	*Styphnolobium japonicum*	110	12	162	11	灵台县独店镇告王村	告王村委会
62082204010	槐	*Styphnolobium japonicum*	420	19	162	8	灵台县独店镇中庆村中原社	中庆村委会
62082204011	槐	*Styphnolobium japonicum*	100	14	164	9	灵台县独店镇龙翻头村	龙翻头村委会
62082204013	槐	*Styphnolobium japonicum*	110	16	172	13	灵台县独店镇龙翻头村	龙翻头村委会
62082204015	槐	*Styphnolobium japonicum*	130	9	191	10	灵台县独店镇范老庄马家楞村	马家楞村委会
62082204016	槐	*Styphnolobium japonicum*	130	12	192	25	灵台县独店镇告王村黑牛沟	告王村委会
62082204018	槐	*Styphnolobium japonicum*	110	11	209	11	灵台县独店镇张鳌坡村什字社	张鳌坡村委会
62082204019	槐	*Styphnolobium japonicum*	130	21	227	15	灵台县独店镇马家楞村万北社	马家楞村委会
62082204020	槐	*Styphnolobium japonicum*	130	13	233	20	灵台县独店镇白峪村	刘贵生
62082204021	槐	*Styphnolobium japonicum*	130	11	234	13	灵台县独店镇姚李村卫家湾社	姚李村委会
62082204022	槐	*Styphnolobium japonicum*	130	17	234	15	灵台县独店镇中庆村薛家咀社	中庆村委会
62082204023	槐	*Styphnolobium japonicum*	330	13	239	9	灵台县独店镇沟沟王村南庄社	沟沟王村委会
62082204028	槐	*Styphnolobium japonicum*	130	12	270	18	灵台县独店镇何屯坡村	何屯坡村委会
62082204029	槐	*Styphnolobium japonicum*	130	11	286	21	灵台县独店镇秋射村旧堡社	秋射村委会
62082204031	槐	*Styphnolobium japonicum*	190	17	303	20	灵台县独店镇龙翻头村	龙翻头村委会
62082204032	槐	*Styphnolobium japonicum*	140	13	306	19	灵台县独店镇张家山村	贾栓梅
62082204034	槐	*Styphnolobium japonicum*	180	14	342	27	灵台县独店镇范老庄村	范老庄村委会
62082204035	槐	*Styphnolobium japonicum*	180	11	345	24	灵台县独店镇何屯坡村	何屯坡村委会
62082204036	槐	*Styphnolobium japonicum*	190	13	361	27	灵台县独店镇瓦峪村	瓦峪村委会
62082204038	槐	*Styphnolobium japonicum*	190	17	392	29	灵台县独店镇黑牛沟村	黑牛沟村委会
62082205005	槐	*Styphnolobium japonicum*	100	19	161	13	灵台县西屯镇爱子村	爱子村委会
62082205007	槐	*Styphnolobium japonicum*	100	13	169	8	灵台县西屯镇店子村	店子村委会
62082205008	槐	*Styphnolobium japonicum*	110	13	170	8	灵台县西屯镇柳家铺村	柳家铺村委会
62082205011	槐	*Styphnolobium japonicum*	130	15	194	19	灵台县西屯镇小小村	小小村委会
62082205018	槐	*Styphnolobium japonicum*	120	13	214	15	灵台县西屯镇大王村	姚斌锋
62082205023	槐	*Styphnolobium japonicum*	120	6	218	11	灵台县西屯镇大王村	大王村委会
62082205024	槐	*Styphnolobium japonicum*	130	17	227	7	灵台县西屯镇大王村	大王村委会
62082205031	槐	*Styphnolobium japonicum*	120	17	260	11	灵台县西屯镇大王村	大王村委会
62082205034	槐	*Styphnolobium japonicum*	170	16	269	19	灵台县西屯镇柳家铺村	柳家铺村委会
62082205035	槐	*Styphnolobium japonicum*	130	15	276	14	灵台县西屯镇东湾村	东湾村委会
62082205037	槐	*Styphnolobium japonicum*	130	20	282	30	灵台县西屯镇上孙村	马喜堂
62082205038	槐	*Styphnolobium japonicum*	130	21	284	18	灵台县西屯镇南头村	南头村委会
62082205040	槐	*Styphnolobium japonicum*	140	12	288	25	灵台县西屯镇姜家庄村	姜家庄村委会
62082205041	槐	*Styphnolobium japonicum*	140	12	300	17	灵台县西屯镇大社村	大社村委会

古树编号	树种	树种拉丁名	估测树龄	树高 (m)	树围 (cm)	平均冠幅 (m)	具体地点	管护单位 / 人
62082205042	槐	*Styphnolobium japonicum*	190	15	305	22	灵台县西屯镇小小村	小小村委会
62082205047	槐	*Styphnolobium japonicum*	200	13	369	21	灵台县西屯镇柳家铺村	柳家铺村委会
62082205048	槐	*Styphnolobium japonicum*	200	25	379	23	灵台县西屯镇东沟里	王录祥
62082205051	槐	*Styphnolobium japonicum*	220	16	416	30	灵台县西屯镇爱子村	爱子村委会
62082205052	槐	*Styphnolobium japonicum*	230	8	437	7	灵台县西屯镇柳家铺村	柳家铺村委会
62082205053	槐	*Styphnolobium japonicum*	210	11	398	7	灵台县西屯镇南头村	南头村委会
62082205055	槐	*Styphnolobium japonicum*	170	15	267	19	灵台县西屯镇上孙村	上孙村委会
62082205056	槐	*Styphnolobium japonicum*	390	12	640	29	灵台县西屯镇姜家庄村	姜家庄村委会
62082205057	槐	*Styphnolobium japonicum*	120	14	217	12	灵台县西屯镇店子村	店子村委会
62082205058	槐	*Styphnolobium japonicum*	500	13	792	29	灵台县西屯镇姜家庄村	姜家庄村委会
62082206008	槐	*Styphnolobium japonicum*	120	15	184	17	灵台县什字镇沟泉村	沟泉村委会
62082206009	槐	*Styphnolobium japonicum*	120	13	187	14	灵台县什字镇曹老庄村	曹老庄村委会
62082206010	槐	*Styphnolobium japonicum*	510	11	190	14	灵台县什字镇曹老庄村	曹老庄村委会
62082206011	槐	*Styphnolobium japonicum*	130	14	191	18	灵台县什字镇南沟村	南沟村委会
62082206012	槐	*Styphnolobium japonicum*	100	16	198	12	灵台县什字镇赵家沟村	赵家沟村委会
62082206016	槐	*Styphnolobium japonicum*	110	11	227	14	灵台县什字镇孙家坡村	什字镇政府
62082206019	槐	*Styphnolobium japonicum*	130	14	272	8	灵台县什字镇赵家沟村	赵家沟村委会
62082206021	槐	*Styphnolobium japonicum*	280	11	467	19	灵台县什字镇中永村	中永村委会
62082207006	槐	*Styphnolobium japonicum*	400	18	154	9	灵台县上良镇北张村	上良镇政府
62082207018	槐	*Styphnolobium japonicum*	100	16	201	16	灵台县上良镇合集村	上良镇政府
62082207023	槐	*Styphnolobium japonicum*	120	19	220	19	灵台县上良镇糖坊村	上良镇政府
62082207025	槐	*Styphnolobium japonicum*	130	20	231	15	灵台县上良镇庙前村	上良镇政府
62082207029	槐	*Styphnolobium japonicum*	330	11	240	11	灵台县上良镇王龙村	上良镇政府
62082207040	槐	*Styphnolobium japonicum*	180	22	339	17	灵台县上良镇旧集	上良镇政府
62082208006	槐	*Styphnolobium japonicum*	110	14	245	19	灵台县朝那镇三里村	三里村委会
62082208008	槐	*Styphnolobium japonicum*	120	14	258	21	灵台县朝那镇后沟村	后沟村委会
62082208010	槐	*Styphnolobium japonicum*	180	21	283	12	灵台县朝那镇三里村	三里村委会
62082208015	槐	*Styphnolobium japonicum*	230	8	441	14	灵台县朝那镇街子村	街子村委会
62082209003	槐	*Styphnolobium japonicum*	170	20	273	22	灵台县梁原乡王家沟村	王家沟村委会
62082209007	槐	*Styphnolobium japonicum*	130	22	168	17	灵台县梁原乡东门村	东门村委会
62082209008	槐	*Styphnolobium japonicum*	120	39	182	18	灵台县梁原乡东门村	东门村委会
62082209012	槐	*Styphnolobium japonicum*	340	20	132	13	灵台县梁原乡新庄源村	新庄源村委会
62082209020	槐	*Styphnolobium japonicum*	180	27	276	18	灵台县梁原乡横渠村	横渠村委会
62082209021	槐	*Styphnolobium japonicum*	130	39	276	30	灵台县梁原乡东门村	东门村委会
62082209023	槐	*Styphnolobium japonicum*	140	24	289	19	灵台县梁原乡横渠村	横渠村委会
62082209024	槐	*Styphnolobium japonicum*	140	34	294	20	灵台县梁原乡东门村	横渠村委会
62082210002	槐	*Styphnolobium japonicum*	150	10	314	5	灵台县龙门乡代家庄村	代家庄村委会
62082210007	槐	*Styphnolobium japonicum*	110	14	251	22	灵台县龙门乡王家山村	王家山村委会
62082210008	槐	*Styphnolobium japonicum*	150	12	264	10	灵台县龙门乡官庄沟村	官庄沟村委会
62082210009	槐	*Styphnolobium japonicum*	130	17	275	12	灵台县龙门乡英武村	英武村委会
62082210011	槐	*Styphnolobium japonicum*	140	9	289	10	台县龙门乡崾岘村	崾岘村委会

古树编号	树种	树种拉丁名	估测树龄	树高 (m)	树围 (cm)	平均冠幅 (m)	具体地点	管护单位 / 人
62082210012	槐	*Styphnolobium japonicum*	140	12	296	9	灵台县龙门乡官庄沟村	官庄沟村委会
62082210018	槐	*Styphnolobium japonicum*	190	11	353	15	灵台县龙门乡官庄沟村	官庄沟村委会
62082211001	槐	*Styphnolobium japonicum*	110	13	210	14	灵台县星火乡程家塬村	程家塬村委会
62082211003	槐	*Styphnolobium japonicum*	130	14	284	16	灵台县星火乡蔡家塬村	蔡家塬村委会
62082212004	槐	*Styphnolobium japonicum*	150	14	167	13	灵台县百里镇 053 县道	百里镇政府
62082212005	槐	*Styphnolobium japonicum*	100	15	168	12	灵台县百里镇 053 县道	百里镇政府
62082212006	槐	*Styphnolobium japonicum*	110	13	170	10	灵台县百里镇 053 县道	百里镇政府
62082212009	槐	*Styphnolobium japonicum*	480	7	178	6	灵台县百里镇百里中学	百里镇政府
62082212010	槐	*Styphnolobium japonicum*	120	18	178	14	灵台县百里镇蒙家庄村	百里镇政府
62082212014	槐	*Styphnolobium japonicum*	130	22	198	16	灵台县百里镇 053 县道	百里镇政府
62082212015	槐	*Styphnolobium japonicum*	530	16	198	14	灵台县百里镇 053 县道	百里镇政府
62082212017	槐	*Styphnolobium japonicum*	130	16	199	16	灵台县百里镇新集村	新集村委会
62082212018	槐	*Styphnolobium japonicum*	110	19	205	16	灵台县百里镇蒙家庄村	百里镇政府
62082212019	槐	*Styphnolobium japonicum*	280	13	210	12	灵台县百里镇新集村	新集村委会
62082212020	槐	*Styphnolobium japonicum*	110	15	210	11	灵台县百里镇川根村	百里镇政府
62082212024	槐	*Styphnolobium japonicum*	130	8	223	15	灵台县百里镇崖湾村	崖湾村委会
62082212028	槐	*Styphnolobium japonicum*	110	9	245	15	灵台县百里镇新集村邮政所	新集村委会
62082212030	槐	*Styphnolobium japonicum*	170	15	273	14	灵台县百里镇新集村	新集村委会
62082212031	槐	*Styphnolobium japonicum*	140	14	307	23	灵台县百里镇新集村	新集村委会
62082212032	槐	*Styphnolobium japonicum*	180	17	334	31	灵台县百里镇石塘村	石塘村委会
62082212035	槐	*Styphnolobium japonicum*	200	13	371	11	灵台县百里镇川口村	川口村委会
62082213004	槐	*Styphnolobium japonicum*	390	11	150	7	灵台县蒲窝镇蒲窝村崖窑社	蒲窝村委会
62082213006	槐	*Styphnolobium japonicum*	100	12	158	9	灵台县蒲窝镇蒲窝村崖窑社	蒲窝村委会
62082213009	槐	*Styphnolobium japonicum*	100	16	167	7	灵台县蒲窝镇任家塬村团庄社	任家塬村委会
62082213010	槐	*Styphnolobium japonicum*	220	9	184	14	灵台县蒲窝镇任家塬村团庄社	任家塬村委会
62082213013	槐	*Styphnolobium japonicum*	110	16	204	18	灵台县蒲窝镇塔贤村	塔贤村委会
62082213017	槐	*Styphnolobium japonicum*	110	12	211	19	灵台县蒲窝镇韩家洼村任家塬社	韩家洼村委会
62082213018	槐	*Styphnolobium japonicum*	120	9	214	18	灵台县蒲窝镇郑家洼村圪塔社	郑家洼村委会
62082213020	槐	*Styphnolobium japonicum*	130	14	224	13	灵台县蒲窝镇韩家洼村任家塬社	韩家洼村委会
62082213024	槐	*Styphnolobium japonicum*	140	11	251	16	灵台县蒲窝镇蒲窝村崖窑社	蒲窝村委会
62082213025	槐	*Styphnolobium japonicum*	110	14	254	20	灵台县蒲窝镇韩家洼村任家塬社	韩家洼村委会
62082213028	槐	*Styphnolobium japonicum*	190	15	295	19	灵台县蒲窝镇宁子村	宁子村委会
62082213035	槐	*Styphnolobium japonicum*	200	14	374	15	灵台县蒲窝镇塔贤村	塔贤村委会
62082213037	槐	*Styphnolobium japonicum*	210	15	386	18	灵台县蒲窝镇任家坡村	任家坡村委会
62082213039	槐	*Styphnolobium japonicum*	180	13	405	25	灵台县蒲窝镇青山村涝池社	青山村委会
62082213040	槐	*Styphnolobium japonicum*	220	14	416	19	灵台县蒲窝镇五星村平道口社	五星村委会
62082213041	槐	*Styphnolobium japonicum*	340	13	559	33	灵台县蒲窝镇蒲窝镇卫生院	蒲窝镇政府
62082300001	槐	*Styphnolobium japonicum*	3200	26	1300	36	崇信县锦屏镇关河村大槐树景区	李军
62082300008	槐	*Styphnolobium japonicum*	500	22	240	12	崇信县锦屏镇关河村大槐树景区	张万林
62082300010	槐	*Styphnolobium japonicum*	2000	20	690	15	崇信县锦屏镇关河村大槐树景区	朱银换
62082300014	槐	*Styphnolobium japonicum*	120	25	190	17	崇信县锦屏镇关河村大槐树景区	马三贝
62082300015	槐	*Styphnolobium japonicum*	600	23	270	26	崇信县锦屏镇关河村大槐树景区	朱存德
62082300017	槐	*Styphnolobium japonicum*	300	25	157	19	崇信县锦屏镇关河村大槐树景区	梁正银
62082300018	槐	*Styphnolobium japonicum*	1000	12	510	6	崇信县锦屏镇姚洼村高洼社	关占发
62082300019	槐	*Styphnolobium japonicum*	260	12	220	8	崇信县锦屏镇姚洼村高洼社	关占发
62082300020	槐	*Styphnolobium japonicum*	200	20	240	14	崇信县锦屏镇姚洼村高洼社	关占发

古树编号	树种	树种拉丁名	估测树龄	树高 (m)	树围 (cm)	平均冠幅 (m)	具体地点	管护单位 / 人
62082300021	槐	*Styphnolobium japonicum*	200	15	180	11	崇信县锦屏镇姚洼村高洼社	陈党学
62082300022	槐	*Styphnolobium japonicum*	200	20	210	11	崇信县锦屏镇姚洼村高洼社	陈社安
62082300023	槐	*Styphnolobium japonicum*	180	12	190	7	崇信县锦屏镇姚洼村高洼社	张义生
62082300024	槐	*Styphnolobium japonicum*	200	25	190	14	崇信县锦屏镇姚洼村高洼社	张贵祥
62082300026	槐	*Styphnolobium japonicum*	200	17	190	10	崇信县锦屏镇姚洼村高洼社	关浩杰
62082300030	槐	*Styphnolobium japonicum*	300	20	300	16	崇信县锦屏镇东庄村东庄社	甘五银
62082300033	槐	*Styphnolobium japonicum*	300	28	200	19	崇信县锦屏镇杜家沟村	赵有定
62082300036	槐	*Styphnolobium japonicum*	160	9	200	7	崇信县锦屏镇于家湾村西沟社	于存生
62082300037	槐	*Styphnolobium japonicum*	300	13	200	7	崇信县锦屏镇于家湾村中庄社	关永红
62082300041	槐	*Styphnolobium japonicum*	600	12	460	6	崇信县锦屏镇东街村	关永昌
62082300043	槐	*Styphnolobium japonicum*	150	15	180	11	崇信县锦屏镇薛家湾村蔺家沟社	梁明生
62082300060	槐	*Styphnolobium japonicum*	160	14	255	11	崇信县锦屏镇刘家沟村马湾社	李军
62082300061	槐	*Styphnolobium japonicum*	300	20	360	20	崇信县锦屏镇关村缺湾社	李军
62082300062	槐	*Styphnolobium japonicum*	500	18	300	13	崇信县锦屏镇关村缺湾社	李军
62082300075	槐	*Styphnolobium japonicum*	240	6	240	8	崇信县锦屏镇李家沟村李家沟社	李尚瑞
62082300076	槐	*Styphnolobium japonicum*	150	24	200	14	崇信县锦屏镇李家沟村李家沟社	单鸿明
62082300077	槐	*Styphnolobium japonicum*	3000	28	460	23	崇信县黄寨镇水泉洼村于家咀社	高宏伟
62082300078	槐	*Styphnolobium japonicum*	1200	13	330	14	崇信县黄寨镇水泉洼村于家咀社	于得有
62082300079	槐	*Styphnolobium japonicum*	500	26	260	16	崇信县黄寨镇水泉洼村于家咀社	高宏伟
62082300080	槐	*Styphnolobium japonicum*	1000	22	380	17	崇信县黄寨镇茜洼村雷祖庙	刘宏珍
62082300081	槐	*Styphnolobium japonicum*	2100	24	410	19	崇信县黄寨镇茜洼村雷祖庙	刘宏珍
62082300082	槐	*Styphnolobium japonicum*	260	14	180	10	崇信县黄寨镇茜洼村茜洼社	年金铎
62082300083	槐	*Styphnolobium japonicum*	900	23	360	19	崇信县黄寨镇甘庄村老下社	侯祥荣
62082300086	槐	*Styphnolobium japonicum*	1100	15	380	9	崇信县黄寨镇黄寨村康洼社	朱映风
62082300088	槐	*Styphnolobium japonicum*	160	11	160	8	崇信县黄寨镇黄寨村下庄社	肖罗通
62082300091	槐	*Styphnolobium japonicum*	2100	23	410	27	崇信县黄寨镇屈家洼村屈家洼社	刘世伟
62082300093	槐	*Styphnolobium japonicum*	1200	11	310	6	崇信县铜城工业园区庙台村庙台社	朱拴银
62082300094	槐	*Styphnolobium japonicum*	3200	18	600	10	崇信县铜城工业园区庙台村庙台社	杨浩伟
62082300095	槐	*Styphnolobium japonicum*	1200	15	340	11	崇信县铜城工业园区庙台村庙台社	刘柳贤
62082300097	槐	*Styphnolobium japonicum*	3000	18	590	20	崇信县铜城工业园区赵湾村赵湾社	朱辉伟
62082300098	槐	*Styphnolobium japonicum*	2000	21	330	16	崇信县铜城工业园区赵湾村赵湾社	朱红顺
62082300099	槐	*Styphnolobium japonicum*	800	15	513	11	崇信县铜城工业园区赵湾村赵湾社	李崇华
62082300100	槐	*Styphnolobium japonicum*	2000	11	399	10	崇信县铜城工业园区赵湾村赵湾社	朱卫国
62082300101	槐	*Styphnolobium japonicum*	2000	15	520	17	崇信县铜城工业园区赵湾村赵湾社	赵银壁
62082300102	槐	*Styphnolobium japonicum*	500	9	170	8	崇信县铜城工业园区赵湾村赵湾社	朱银琴
62082300105	槐	*Styphnolobium japonicum*	500	8	203	8	崇信县铜城工业园区赵湾村赵湾社	赵转荣
62082300106	槐	*Styphnolobium japonicum*	300	7	150	7	崇信县铜城工业园区赵湾村赵湾社	张世忠
62082300107	槐	*Styphnolobium japonicum*	200	10	168	7	崇信县铜城工业园区赵湾村赵湾社	张银胜
62082300108	槐	*Styphnolobium japonicum*	200	10	150	6	崇信县铜城工业园区赵湾村赵湾社	张旺盛
62082300116	槐	*Styphnolobium japonicum*	200	32	260	13	崇信县柏树镇三星村草滩社	张万军
62082300117	槐	*Styphnolobium japonicum*	110	17	232	10	崇信县柏树镇柏树村	谢等义
62082300119	槐	*Styphnolobium japonicum*	100	13	380	10	崇信县柏树镇柏树村	朱斌
62082300130	槐	*Styphnolobium japonicum*	2900	24	440	21	崇信县黄花乡凉水泉村凉水泉社	张崇平
62082300131	槐	*Styphnolobium japonicum*	110	22	110	15	崇信县黄花乡黄花塬村黄花塬社	黄花塬村委会
62082300132	槐	*Styphnolobium japonicum*	110	27	120	15	崇信县黄花乡水磨村梁胡同社	水磨村委会
62082300133	槐	*Styphnolobium japonicum*	1500	25	280	16	崇信县黄花乡高庄子村高庄子社	高庄子村委会

古树编号	树种	树种拉丁名	估测树龄	树高 (m)	树围 (cm)	平均冠幅 (m)	具体地点	管护单位 / 人
62082300134	槐	*Styphnolobium japonicum*	800	14	200	5	崇信县黄花乡高庄子村高庄子社	高庄子村委会
62082300135	槐	*Styphnolobium japonicum*	300	19	210	13	崇信县黄花乡水磨村旱洼社	水磨村委会
62082300136	槐	*Styphnolobium japonicum*	300	18	200	10	崇信县黄花乡水磨村旱洼社	水磨村委会
62082300137	槐	*Styphnolobium japonicum*	2200	21	340	20	崇信县黄花乡水磨村旱洼社	水磨村委会
62082300138	槐	*Styphnolobium japonicum*	160	17	150	15	崇信县黄花乡水磨村旱洼社	水磨村委会
62082300139	槐	*Styphnolobium japonicum*	160	16	150	11	崇信县黄花乡水磨村旱洼社	水磨村委会
62082300140	槐	*Styphnolobium japonicum*	160	18	150	11	崇信县黄花乡水磨村旱洼社	水磨村委会
62082300141	槐	*Styphnolobium japonicum*	2000	20	149	12	崇信县黄花乡水磨村旱洼社	水磨村委会
62082300147	槐	*Styphnolobium japonicum*	260	22	180	11	崇信县黄花乡凉水泉村	凉水泉村委会
62082300148	槐	*Styphnolobium japonicum*	220	16	180	9	崇信县黄花乡凉水泉村	凉水泉村委会
62082300149	槐	*Styphnolobium japonicum*	220	17	180	11	崇信县黄花乡凉水泉村	凉水泉村委会
62082300151	槐	*Styphnolobium japonicum*	1100	30	260	11	崇信县黄花乡凉水泉村	凉水泉村委会
62082300153	槐	*Styphnolobium japonicum*	220	29	190	12	崇信县黄花乡凉水泉村	凉水泉村委会
62082300154	槐	*Styphnolobium japonicum*	150	15	165	12	崇信县黄花乡高庄子村白崖沟社	高庄子村委会
62082300155	槐	*Styphnolobium japonicum*	2500	11	400	7	崇信县黄花乡高庄子村剪子沟社	高庄子村委会
62082300156	槐	*Styphnolobium japonicum*	100	16	110	9	崇信县新窑镇赤城村赵堡社	赤城村委会
62082300157	槐	*Styphnolobium japonicum*	180	15	120	9	崇信县新窑镇赤城村赵堡社	李春生
62082300159	槐	*Styphnolobium japonicum*	100	24	120	10	崇信县新窑镇赤城村东沟社	梁步鹏
62082300160	槐	*Styphnolobium japonicum*	100	15	140	10	崇信县新窑镇赤城村东沟社	梁改成
62082300161	槐	*Styphnolobium japonicum*	300	23	130	12	崇信县新窑镇大兴村花儿坪社	叶德怀
62082300163	槐	*Styphnolobium japonicum*	300	25	160	15	崇信县新窑镇新窑村新窑社	王润连
62082300166	槐	*Styphnolobium japonicum*	2800	13	450	7	崇信县新窑镇黄庄村尖山社	张世仓
62082300169	槐	*Styphnolobium japonicum*	280	22	300	5	崇信县新窑镇黄庄村尖山社	李志杰
62082300170	槐	*Styphnolobium japonicum*	220	22	180	8	崇信县新窑镇黄庄村尖山社	李志杰
62082300171	槐	*Styphnolobium japonicum*	180	20	185	9	崇信县新窑镇黄庄村尖山社	韩永光
62082300172	槐	*Styphnolobium japonicum*	330	21	190	11	崇信县新窑镇黄庄村山庄社山神庙	黄庄村委会
62082300176	槐	*Styphnolobium japonicum*	500	18	480	13	崇信县新窑镇杨安村	杨安村委会
62082300177	槐	*Styphnolobium japonicum*	500	17	410	14	崇信县新窑镇杨安村	杨安村委会
62082300180	槐	*Styphnolobium japonicum*	280	20	130	13	崇信县锦屏镇梁坡村龙泉寺中台	龙泉寺管理局
62082300194	槐	*Styphnolobium japonicum*	100	20	110	16	崇信县柏树镇东风村切洼社	柏树镇政府
62082300195	槐	*Styphnolobium japonicum*	160	8	120	12	崇信县黄花乡水磨村旱洼社	黄花乡政府
62082300197	槐	*Styphnolobium japonicum*	1200	16	650	10	崇信县黄寨镇黄土寺村	黄寨镇政府
62082300198	槐	*Styphnolobium japonicum*	1000	20	500	10	崇信县黄寨镇茜洼村茜洼社雷祖爷庙	黄寨镇政府
62082300201	槐	*Styphnolobium japonicum*	500	30	600	17	崇信县新窑镇黄庄村山庄社	新窑镇政府
62082300202	槐	*Styphnolobium japonicum*	200	31	300	15	崇信县新窑镇宰相村宰东社	新窑镇政府
62082300203	槐	*Styphnolobium japonicum*	300	20	300	10	崇信县新窑镇宰相村宰东社	新窑镇政府
62082300204	槐	*Styphnolobium japonicum*	220	34	280	13	崇信县新窑镇西刘村东刘社	新窑镇政府
62082300205	槐	*Styphnolobium japonicum*	220	34	300	18	崇信县新窑镇西刘村东刘社	新窑镇政府
62082300206	槐	*Styphnolobium japonicum*	300	30	310	24	崇信县新窑镇西刘村东刘社	新窑镇政府
62082300207	槐	*Styphnolobium japonicum*	280	25	280	34	崇信县新窑镇西刘村东刘社	新窑镇政府
62082300208	槐	*Styphnolobium japonicum*	280	30	260	23	崇信县新窑镇西刘村东刘社	新窑镇政府
62082300209	槐	*Styphnolobium japonicum*	180	26	300	28	崇信县新窑镇西刘村西刘社	新窑镇政府
62082300210	槐	*Styphnolobium japonicum*	120	20	300	19	崇信县新窑镇西刘村西刘社	新窑镇政府
62082300211	槐	*Styphnolobium japonicum*	500	18	210	15	崇信县锦屏镇李家沟村	锦屏镇政府
62082300212	槐	*Styphnolobium japonicum*	180	12	200	7	崇信县锦屏镇姚洼村高洼社	锦屏镇政府
62082300213	槐	*Styphnolobium japonicum*	200	25	250	24	崇信县锦屏镇赵湾村康沟社	锦屏镇政府

古树编号	树种	树种拉丁名	估测树龄	树高 (m)	树围 (cm)	平均冠幅 (m)	具体地点	管护单位 / 人
62082300214	槐	*Styphnolobium japonicum*	500	20	420	21	崇信县锦屏镇薛家湾村梁湾社	锦屏镇政府
62082502022	槐	*Styphnolobium japonicum*	310	20	435	21	庄浪县赵墩乡赵墩村赵湾二社	赵鹏
62082506066	槐	*Styphnolobium japonicum*	430	17	420	13	庄浪县永宁镇阳洼村	阳洼村委会
62082507054	槐	*Styphnolobium japonicum*	210	21	315	12	庄浪县柳梁镇李堡村	李建光
62082510020	槐	*Styphnolobium japonicum*	160	22	286	15	庄浪县卧龙镇何家村	何根朱
62082511063	槐	*Styphnolobium japonicum*	150	17	205	9	庄浪县水洛镇西关村紫荆山公园	紫荆山公园
62082517003	槐	*Styphnolobium japonicum*	100	26	167	15	庄浪县朱店镇新王村	王金洲
62082517004	槐	*Styphnolobium japonicum*	110	23	214	12	庄浪县朱店镇新王村新王二社	新王村委会
62082517005	槐	*Styphnolobium japonicum*	100	25	172	11	庄浪县朱店镇新王村新王二社	新王村委会
62082517006	槐	*Styphnolobium japonicum*	110	22	204	12	庄浪县朱店镇新王村	王双正
62082517007	槐	*Styphnolobium japonicum*	150	27	270	18	庄浪县朱店镇西街村	西街村委会
62082517008	槐	*Styphnolobium japonicum*	150	26	270	19	庄浪县朱店镇小湾村	邵德文
62082518036	槐	*Styphnolobium japonicum*	110	19	240	12	庄浪县万泉镇刘家村	刘旭宁
62082518038	槐	*Styphnolobium japonicum*	260	15	340	13	庄浪县万泉镇万川村	万川村委会
62082608001	槐	*Styphnolobium japonicum*	100	7	120	11	静宁县细巷镇谭店村	谭店村委会
62088103005	槐	*Styphnolobium japonicum*	330	16	190	13	华亭市策底镇策底坡村杜家庄社	策底坡村委会
62088103008	槐	*Styphnolobium japonicum*	340	16	240	15	华亭市策底镇策底坡村杜家庄社	策底坡村委会
62088103010	槐	*Styphnolobium japonicum*	110	30	295	17	华亭市策底镇 098 乡道	策底镇政府
62088106001	槐	*Styphnolobium japonicum*	470	21	510	11	华亭市东升市场	北大街社区
62088106002	槐	*Styphnolobium japonicum*	110	25	188	18	华亭市东华街道金华庭院	金华庭院
62088106003	槐	*Styphnolobium japonicum*	110	23	191	17	华亭市东华街道南新街小区	新街小区
62088107003	槐	*Styphnolobium japonicum*	110	26	190	13	华亭市西华镇草滩村	草滩村委会
62088108038	槐	*Styphnolobium japonicum*	330	17	280	10	华亭市安口镇陶坪村许家沟社	陶坪村委会
62088108048	槐	*Styphnolobium japonicum*	110	18	360	9	华亭市安口镇陶坪村陶坪社	陶坪村委会
62088108049	槐	*Styphnolobium japonicum*	390	18	363	17	华亭市石堡子开发区纪家庄社区	纪家庄社区
62088108051	槐	*Styphnolobium japonicum*	150	15	380	13	华亭市安口镇立新村	立新村委会
62088108052	槐	*Styphnolobium japonicum*	160	17	405	19	华亭市石堡子开发区三星村彭家湾社	三星村委会
62080200032	槐	*Styphnolobium japonicum*	120	10	170	13	崆峒区崆峒山景区塔院法轮禅寺凌空碑	崆峒山景区管委会
62080200054	槐	*Styphnolobium japonicum*	650	17	380	20	崆峒区崆峒山景区紫霄宫	崆峒山景区管委会
62080200056	槐	*Styphnolobium japonicum*	350	14	280	13	崆峒区崆峒山景区紫霄宫	崆峒山景区管委会
62080200062	槐	*Styphnolobium japonicum*	350	13	350	12	崆峒区崆峒山景区紫霄宫	崆峒山景区管委会
62082101109	槐	*Styphnolobium japonicum*	210	19	174	7	泾川县汭丰镇 312 国道	汭丰镇镇政府
62082101127	槐	*Styphnolobium japonicum*	270	19	205	10	泾川县汭丰镇 312 国道	汭丰镇镇政府
62082101200	槐	*Styphnolobium japonicum*	100	22	183	8	泾川县罗汉洞乡 202 省道	罗汉洞乡政府
62082101207	槐	*Styphnolobium japonicum*	100	17	330	10	泾川县罗汉洞乡 202 省道	罗汉洞乡政府
62082207004	槐	*Styphnolobium japonicum*	380	17	145	9	灵台县上良镇北张村	上良镇政府
62082207041	槐	*Styphnolobium japonicum*	220	23	349	17	灵台县上良镇北张村	上良镇政府
62082604001	槐	*Styphnolobium japonicum*	140	15	135	9	静宁县界石铺镇四福村韩岔社	韩向阳
62082204012	龙爪槐	*Styphnolobium japonicum* 'Pendula'	100	4	165	4	灵台县独店镇中庆村中原社	中庆村委会
62082204017	龙爪槐	*Styphnolobium japonicum* 'Pendula'	130	6	194	6	灵台县独店镇中庆村中原社	中庆村委会
苦木科								
62080203192	臭椿	*Ailanthus altissima*	150	18	167	9	崆峒区中心城区市委大院	崆峒区林草局
62082300058	臭椿	*Ailanthus altissima*	120	33	130	6	崇信县锦屏镇魏家沟村狼沟社	魏家沟村委会
62082300068	臭椿	*Ailanthus altissima*	180	16	160	11	崇信县锦屏镇李家沟村李家沟社	李家沟村委会

古树编号	树种	树种拉丁名	估测树龄	树高 (m)	树围 (cm)	平均冠幅 (m)	具体地点	管护单位 / 人
62082300069	臭椿	*Ailanthus altissima*	180	18	180	12	崇信县锦屏镇李家沟村李家沟社	李家沟村委会
62082501025	臭椿	*Ailanthus altissima*	120	18	400	18	庄浪县岳堡镇蒋寺村	李峰军
楝科								
62082101014	香椿	*Toona sinensis*	110	19	173	16	泾川县城关镇县医院	泾川县县医院
62082201021	香椿	*Toona sinensis*	130	17	110	7	灵台县中台镇许家沟村	马永刚
62082201070	香椿	*Toona sinensis*	380	14	276	21	灵台县中台镇 244 国道	姚和平
62082201077	香椿	*Toona sinensis*	190	14	328	21	灵台县中台镇 244 国道	姚忠明
62082204025	香椿	*Toona sinensis*	240	14	254	11	灵台县独店镇沟沟王村	沟沟王村委会
62082205012	香椿	*Toona sinensis*	100	16	198	13	灵台县西屯镇南头村	南头村委会
62082205014	香椿	*Toona sinensis*	220	17	203	12	灵台县西屯镇柳家铺村	柳家铺村委会
62082207045	香椿	*Toona sinensis*	480	18	630	9	灵台县上良镇县道	上良镇政府
62082213005	香椿	*Toona sinensis*	100	9	156	11	灵台县蒲窝镇任家坡村	任家坡村委会
62082509045	香椿	*Toona sinensis*	120	19	220	13	庄浪县郑河乡卢洼村三社	卢洼村委会
卫矛科								
62080203059	白杜	*Euonymus maackii*	270	21	307	14	崆峒区大寨乡白土村水泉社	白土村委会
62088108043	白杜	*Euonymus maackii*	100	20	300	21	华亭市安口镇广场街东大寺	安口镇政府
62080200004	白杜	*Euonymus maackii*	700	13	380	13	崆峒区崆峒山景区紫霄宫	崆峒山景区管委会
62080200012	白杜	*Euonymus maackii*	150	12	156	9	崆峒区崆峒山景区中台	崆峒山景区管委会
62080200014	白杜	*Euonymus maackii*	200	8	200	8	崆峒区崆峒山景区中台	崆峒山景区管委会
62080200015	白杜	*Euonymus maackii*	150	5	168	6	崆峒区崆峒山景区中台	崆峒山景区管委会
62080200021	白杜	*Euonymus maackii*	200	14	265	14	崆峒区崆峒山景区中台	崆峒山景区管委会
62080200022	白杜	*Euonymus maackii*	150	16	170	8	崆峒区崆峒山景区中台	崆峒山景区管委会
62080200023	白杜	*Euonymus maackii*	200	16	205	10	崆峒区崆峒山景区中台	崆峒山景区管委会
62080200024	白杜	*Euonymus maackii*	120	15	160	8	崆峒区崆峒山景区中台	崆峒山景区管委会
62080200036	白杜	*Euonymus maackii*	160	11	180	8	崆峒区崆峒山景区塔院法轮禅寺	崆峒山景区管委会
62080200055	白杜	*Euonymus maackii*	160	14	160	10	崆峒区崆峒山景区紫霄宫	崆峒山景区管委会
62082204004	白杜	*Euonymus maackii*	140	10	137	6	灵台县独店镇龙翻头村	龙翻头村委会
62082300126	白杜	*Euonymus maackii*	200	8	150	9	崇信县木林乡崖窑村新庄社	王高平
62082300167	白杜	*Euonymus maackii*	310	14	170	6	崇信县新窑镇黄庄村尖山社	黄庄村委会
62082300168	白杜	*Euonymus maackii*	310	14	170	5	崇信县新窑镇黄庄村尖山社	黄庄村委会
62082518039	白杜	*Euonymus maackii*	300	11	215	9	庄浪县万泉镇田坪村田坪小学	田坪小学
62082518071	白杜	*Euonymus maackii*	300	10	215	9	庄浪县万泉镇田坪村田坪小学	田坪小学
无患子科								
62082300121	五角槭	*Acer pictum* subsp. *mono*	200	8	49	10	崇信县木林乡东阳寨村	杨荣辉
62082300122	五角槭	*Acer pictum* subsp. *mono*	500	7	77	12	崇信县木林乡东阳寨村	吕志刚
62080200116	元宝槭	*Acer truncatum*	150	17	245	11	崆峒区崆峒山景区隍城	崆峒山景区管委会
62080200117	元宝槭	*Acer truncatum*	150	10	200	8	崆峒区崆峒山景区紫霄宫	崆峒山景区管委会
62080200125	元宝槭	*Acer truncatum*	150	18	250	15	崆峒区崆峒山景区狐仙桥	崆峒山景区管委会
62080200126	元宝槭	*Acer truncatum*	150	16	220	14	崆峒区崆峒山景区狐仙桥	崆峒山景区管委会
62080200127	元宝槭	*Acer truncatum*	100	14	130	8	崆峒区崆峒山景区狐仙桥	崆峒山景区管委会
62080200139	元宝槭	*Acer truncatum*	150	15	210	11	崆峒区崆峒山景区车道	崆峒山景区管委会
62080200140	元宝槭	*Acer truncatum*	150	14	200	10	崆峒区崆峒山景区车道	崆峒山景区管委会
62080200141	元宝槭	*Acer truncatum*	150	14	220	16	崆峒区崆峒山景区车道	崆峒山景区管委会
62080200142	元宝槭	*Acer truncatum*	150	16	200	14	崆峒区崆峒山景区车道	崆峒山景区管委会
62080200143	元宝槭	*Acer truncatum*	150	23	200	13	崆峒区崆峒山景区车道	崆峒山景区管委会
62080200144	元宝槭	*Acer truncatum*	200	15	200	14	崆峒区崆峒山景区车道	崆峒山景区管委会

古树编号	树种	树种拉丁名	估测树龄	树高 (m)	树围 (cm)	平均冠幅 (m)	具体地点	管护单位 / 人
62080200148	元宝槭	*Acer truncatum*	150	19	240	18	崆峒区崆峒山景区车道	崆峒山景区管委会
62080200009	元宝槭	*Acer truncatum*	150	14	205	13	崆峒区崆峒山景区西巡崆峒登临处	崆峒山景区管委会
62080200061	元宝槭	*Acer truncatum*	220	15	180	15	崆峒区崆峒山景区紫霄宫门	崆峒山景区管委会
62082300003	七叶树	*Aesculus chinensis*	1400	16	300	9	崇信县黄花乡黄花塬村	陈会清
62082201089	文冠果	*Xanthoceras sorbifolium*	120	10	181	5	灵台县中台镇胡家店村	胡家店村委会
62082201090	文冠果	*Xanthoceras sorbifolium*	120	9	192	11	灵台县中台镇胡家店村	胡家店村委会
62082202001	文冠果	*Xanthoceras sorbifolium*	100	6	110	15	灵台县新开乡圪垯庙	新开乡政府
鼠李科								
62082101184	枣	*Ziziphus jujuba*	250	12	45	4	泾川县罗汉洞乡 G22 青兰高速	罗汉洞乡政府
62082101185	枣	*Ziziphus jujuba*	370	9	46	4	泾川县罗汉洞乡 202 省道	罗汉洞乡政府
62082101193	枣	*Ziziphus jujuba*	260	12	129	4	泾川县罗汉洞乡 202 省道	罗汉洞乡政府
62082101196	枣	*Ziziphus jujuba*	100	17	143	5	泾川县罗汉洞乡 202 省道	罗汉洞乡政府
62082101197	枣	*Ziziphus jujuba*	110	11	143	5	泾川县罗汉洞乡 202 省道	罗汉洞乡政府
62082101198	枣	*Ziziphus jujuba*	170	16	146	9	泾川县罗汉洞乡 202 省道	罗汉洞乡政府
62082101199	枣	*Ziziphus jujuba*	110	16	163	4	泾川县罗汉洞乡 202 省道	罗汉洞乡政府
62082300016	枣	*Ziziphus jujuba*	220	11	270	8	崇信县锦屏镇关河村大槐树景区	孙义琪
62082300065	枣	*Ziziphus jujuba*	150	12	150	7	崇信县锦屏镇长新村下庄社	闫红卫
62082300066	枣	*Ziziphus jujuba*	150	14	155	6	崇信县锦屏镇长新村下庄社	李元昌
62082300073	枣	*Ziziphus jujuba*	150	11	125	6	崇信县锦屏镇九功村河畔社	余爱平
62082300112	枣	*Ziziphus jujuba*	460	12	180	7	崇信县铜城工业园区赵湾村	赵湾村委会
62082300222	枣	*Ziziphus jujuba*	150	6	100	5	崇信县锦屏镇赵湾村康沟门社	赵湾村委会
锦葵科								
62080200132	华椴	*Tilia chinensis*	150	18	180	9	崆峒区崆峒山景区凤凰岭	崆峒山景区管委会
柽柳科								
62082101081	柽柳	*Tamarix chinensis*	260	8	110	5	泾川县丰台镇丰台墩村	丰台墩村委会
62082503034	柽柳	*Tamarix chinensis*	120	4	190	6	庄浪县南湖镇高房村	高房村委会
木犀科								
62080203122	绒毛白蜡	*Fraxinus tomentosa*	150	13	225	19	崆峒区中心城区东湖路 109 号	崆峒区林草局
62080200053	暴马丁香	*Syringa reticulata* subsp. *amurensis*	160	12	135	9	崆峒区崆峒山景区紫霄宫	崆峒山景区管委会
泡桐科								
62082101016	白花泡桐	*Paulownia fortunei*	120	18	192	18	泾川县城关镇王母宫	泾川县大景区管委会
62082101017	白花泡桐	*Paulownia fortunei*	120	19	201	16	泾川县城关镇王母宫	泾川县大景区管委会
62082101025	白花泡桐	*Paulownia fortunei*	130	15	231	11	泾川县城关镇王母宫	泾川县大景区管委会
62080203357	毛泡桐	*Paulownia tomentosa*	140	20	260	9	崆峒区中心城区红峰院	崆峒区林草局
62080203420	毛泡桐	*Paulownia tomentosa*	140	16	229	11	崆峒区中心城区塔路 40 号	崆峒区林草局
紫葳科								
62080203084	灰楸	*Catalpa fargesii*	150	14	102	5	崆峒区花所镇二社	花所镇政府
62080203090	灰楸	*Catalpa fargesii*	190	15	113	5	崆峒区花所镇二社	花所镇政府
62082101194	灰楸	*Catalpa fargesii*	290	15	133	7	泾川县罗汉洞乡 202 省道	罗汉洞乡政府
62082201026	灰楸	*Catalpa fargesii*	320	22	124	9	灵台县中台镇康家沟村龙泉山庄	康家沟村委会
62082201041	灰楸	*Catalpa fargesii*	320	13	167	16	灵台县中台镇胡家店初级小学	胡家店初级小学
62082203006	灰楸	*Catalpa fargesii*	100	22	198	12	灵台县邵寨镇唐槐景区	邵寨镇政府
62082210005	灰楸	*Catalpa fargesii*	100	12	199	16	灵台县龙门乡王家山村	王家山村委会
62082213003	灰楸	*Catalpa fargesii*	330	10	128	8	灵台县蒲窝镇新庙村	新庙村委会
62082503035	灰楸	*Catalpa fargesii*	140	22	210	7	庄浪县南湖镇高房村	高房村委会
62082510016	灰楸	*Catalpa fargesii*	110	13	180	9	庄浪县卧龙镇棉沟村二社	棉沟村委会

古树编号	树种	树种拉丁名	估测树龄	树高 (m)	树围 (cm)	平均冠幅 (m)	具体地点	管护单位 / 人
62082512058	灰楸	*Catalpa fargesii*	110	22	160	6	庄浪县南坪镇史湾村	史湾村委会
62082512059	灰楸	*Catalpa fargesii*	130	15	200	9	庄浪县南坪镇中靳村	中靳村委会
忍冬科								
62080200010	忍冬	*Lonicera japonica*	120	4	174	7	崆峒区崆峒山景区中台	崆峒山景区管委会
荚蒾科								
62080200019	接骨木	*Sambucus williamsii*	260	5	230	7	崆峒区崆峒山景区中台	崆峒山景区管委会
62080200020	接骨木	*Sambucus williamsii*	260	7	78	7	崆峒区崆峒山景区中台	崆峒山景区管委会
柿科								
62082101188	柿	*Diospyros kaki*	170	6	101	6	泾川县罗汉洞乡挽头坪村	挽头坪村委会
62082101195	柿	*Diospyros kaki*	340	14	135	6	泾川县罗汉洞乡柿子文化主题公园	罗汉洞乡政府
62082101203	柿	*Diospyros kaki*	260	15	232	9	泾川县罗汉洞乡川口村	川口村委会
62082300047	君迁子	*Diospyros lotus*	260	15	250	8	崇信县锦屏镇杜家沟村新崖湾社	刘鹤民

平凉市古树群

古树群编号	主要树种	株数	平均树高 (m)	平均树围 (cm)	平均树龄	具体地点	管护单位
62080262179	旱柳	146	20	95	120	崆峒区柳湖公园内	柳湖公园
62082162180	柿	30	6	103	150	泾川县城关镇凤凰村大岭社湾口子	凤凰村委会
62082162181	柿	52	6	119	150	泾川县城关镇凤凰村下岭壕口	凤凰村委会
62082162182	侧柏	14	18	107	110	泾川县罗汉洞乡挽头坪村什字社	挽头坪村委会
62082162183	柿	55	10	155	150	泾川县罗汉洞乡挽头坪村什字社	挽头坪村委会
62082162184	侧柏	6	13	152	150	泾川县太平镇口家村韩家塬	口家村委会
62082162185	山杨	10	14	210	350	泾川县窑店乡将军村东社	将军村委会
62082162186	侧柏	6	12	100	150	泾川县丰台镇盖郭村	盖郭村委会
62082162187	旱柳，榆树	29	17	254	150	泾川县汭丰镇三十梁村	三十梁村委会
62082162188	旱柳	4	16	279	150	泾川县汭丰镇枣林村	枣林村委会
62082162189	旱柳，槐，榆树	23	15	198	150	泾川县汭丰镇郑家沟村郑家沟	郑家沟村委会
62082162190	旱柳	26	14	182	150	泾川县汭丰镇龙王村	龙王村委会
62082162191	旱柳，槐	25	16	173	150	泾川县城关镇甘家沟村	甘家沟村委会
62082162192	旱柳，槐	40	15	195	150	泾川县王母宫景区	王母宫景区管委会
62082162193	侧柏	5	14	198	170	泾川县太平镇盘口村赵家台	盘口村委会
62082162194	胡桃	3	16	256	110	泾川县罗汉洞乡罗汉洞村巨西社	罗汉洞村委会
62082562195	二球悬铃木	4	15	200	110	庄浪县水洛镇东街	东街社区
62082562196	侧柏	4	17	110	170	庄浪县南坪镇史湾村	史湾村委会
62082562197	白梨	15	17	65	240	庄浪县朱店镇西关村郭家大梨园	西关村委会

庆阳市古树名木

古树编号	树种	树种拉丁名	估测树龄	树高(m)	树围(cm)	平均冠幅(m)	具体地点	管护单位/人
松科								
62102700005	华山松	*Pinus armandi*	200	14	169	12	镇原县新集镇永丰村官坪	新集镇政府
62100200010	油松	*Pinus tabuliformis*	110	15	140	11	西峰区什社乡新庄村当庄组	西峰区林草局
62100200011	油松	*Pinus tabuliformis*	110	15	140	11	西峰区什社乡新庄村当庄组	西峰区林草局
62100200019	油松	*Pinus tabuliformis*	100	13	111	6	西峰区彭原镇鄢旗坳村西庄队杨家老庄子门前	西峰区林草局
62102100006	油松	*Pinus tabuliformis*	230	20	361	17	庆城县南庄乡何家塬村	庆城县林草局
62102100007	油松	*Pinus tabuliformis*	160	14	286	14	庆城县南庄乡何家塬村	庆城县林草局
62102100013	油松	*Pinus tabuliformis*	130	14	119	5	庆城县玄马镇柏塬村	庆城县林草局
62102200035	油松	*Pinus tabuliformis*	260	12	82	6	环县耿湾乡四合原村东老爷山南峁	东老爷山森林公园管委会
62102200036	油松	*Pinus tabuliformis*	260	12	117	7	环县耿湾乡四合原村东老爷山南峁	东老爷山森林公园管委会
62102200037	油松	*Pinus tabuliformis*	260	11	137	11	环县耿湾乡四合原村东老爷山南峁	东老爷山森林公园管委会
62102200038	油松	*Pinus tabuliformis*	260	10	104	9	环县耿湾乡四合原村东老爷山南峁	东老爷山森林公园管委会
62102200039	油松	*Pinus tabuliformis*	260	9	119	10	环县耿湾乡四合原村东老爷山南峁	东老爷山森林公园管委会
62102200040	油松	*Pinus tabuliformis*	260	9	107	8	环县耿湾乡四合原村东老爷山南峁	东老爷山森林公园管委会
62102200041	油松	*Pinus tabuliformis*	260	8	102	8	环县耿湾乡四合原村东老爷山南峁	东老爷山森林公园管委会
62102300007	油松	*Pinus tabuliformis*	250	15	175	8	华池县城壕镇城壕村	庞家奎
62102300030	油松	*Pinus tabuliformis*	100	14	182	12	华池县城壕镇城壕林场	城壕林场
62102300031	油松	*Pinus tabuliformis*	100	8	160	9	华池县城壕镇城壕林场	城壕林场
62102507009	油松	*Pinus tabuliformis*	150	14	239	18	正宁县永和镇安兴村南头组	张万里
62102507011	油松	*Pinus tabuliformis*	150	11	228	16	正宁县永和镇安兴村南头组东坳	张万里
62102508006	油松	*Pinus tabuliformis*	120	15	225	16	正宁县湫头镇西沟村小学院内	王诚
62102600066	油松	*Pinus tabuliformis*	100	18	180	14	宁县九岘乡鲁家村石望掌队组石望掌	鲁家村委会
62102600143	油松	*Pinus tabuliformis*	110	12	165	11	宁县良平镇贾家村四组老祠堂门口	贾家村委会
62102600144	油松	*Pinus tabuliformis*	150	9	136	9	宁县平子镇北堡村五组南庙寺院	北堡村委会
62102600212	油松	*Pinus tabuliformis*	100	18	150	6	宁县平子镇吕村	王根战
62102600213	油松	*Pinus tabuliformis*	100	15	150	5	宁县平子镇吕村	王根战
62102600223	油松	*Pinus tabuliformis*	150	16	220	9	宁县南义乡张堡村张堡组	王云
柏科								
62102300008	圆柏	*Juniperus chinensis*	180	16	400	10	华池县城壕镇余家砭村白岔沟门	赵志张
62102200042	刺柏	*Juniperus formosana*	200	13	178	5	环县秦团庄乡新峁村松树峁	王培军
62100200004	侧柏	*Platycladus orientalis*	180	14	118	7	西峰区显胜乡冉李村小河袁组	西峰区林草局
62100200018	侧柏	*Platycladus orientalis*	240	7	137	6	西峰区彭原镇鄢旗坳村东队庆西公路边	西峰区林草局
62102100008	侧柏	*Platycladus orientalis*	300	16	204	8	庆城县南庄乡何家塬村	庆城县林草局
62102100009	侧柏	*Platycladus orientalis*	300	16	210	9	庆城县庆城镇西塬村	庆城县林草局
62102100010	侧柏	*Platycladus orientalis*	300	14	220	11	庆城县庆城镇西塬村	庆城县林草局
62102100015	侧柏	*Platycladus orientalis*	160	13	144	8	庆城县赤城乡万胜堡村	庆城县林草局

古树编号	树种	树种拉丁名	估测树龄	树高 (m)	树围 (cm)	平均冠幅 (m)	具体地点	管护单位 / 人
62102100016	侧柏	*Platycladus orientalis*	300	20	258	15	庆城县庆城镇店子坪村	庆城县林草局
62102100021	侧柏	*Platycladus orientalis*	500	16	259	16	庆城县白马铺镇白马村	庆城县林草局
62102100045	侧柏	*Platycladus orientalis*	500	12	215	12	庆城县翟家河乡路家掌村	王平
62102100050	侧柏	*Platycladus orientalis*	150	10	130	8	庆城县卅铺镇百步寺村	百步寺村委会
62102100052	侧柏	*Platycladus orientalis*	240	9	202	9	庆城县玄马镇桑梨塬村	桑梨塬村委会
62102100054	侧柏	*Platycladus orientalis*	150	8	135	7	庆城县驿马镇安家寺村	高顺祥
62102200001	侧柏	*Platycladus orientalis*	500	14	180	11	环县天池乡大方山村大方山林场	大方山林场
62102200002	侧柏	*Platycladus orientalis*	500	14	240	13	环县天池乡碾盘岭村寺庙内	碾盘岭村委会
62102200012	侧柏	*Platycladus orientalis*	350	13	360	10	环县木钵镇高寨村岳王庙	高寨村委会
62102200031	侧柏	*Platycladus orientalis*	300	8	150	6	环县环城镇周原村柏树园子	周士顺
62102300001	侧柏	*Platycladus orientalis*	150	8	127	7	华池县城壕镇张川村	庞清帮
62102300002	侧柏	*Platycladus orientalis*	150	8	130	7	华池县城壕镇张川村	庞清帮
62102300003	侧柏	*Platycladus orientalis*	150	8	110	6	华池县城壕镇杨寺岔村	钟占东
62102300004	侧柏	*Platycladus orientalis*	150	8	132	8	华池县城壕镇杨寺岔村	钟占东
62102300005	侧柏	*Platycladus orientalis*	250	14	158	8	华池县城壕镇城壕村	庞家奎
62102300006	侧柏	*Platycladus orientalis*	400	15	230	11	华池县城壕镇城壕村	庞家奎
62102300011	侧柏	*Platycladus orientalis*	300	17	205	11	华池县城壕镇余家砭村白岔沟门	赵志张
62102300023	侧柏	*Platycladus orientalis*	200	13	174	9	华池县紫坊畔乡庙沟村孙台组	孙忠虎
62102300024	侧柏	*Platycladus orientalis*	200	13	174	9	华池县紫坊畔乡庙沟村孙台组	孙忠虎
62102400019	侧柏	*Platycladus orientalis*	120	12	170	10	合水县段家集乡化沟村	化沟村委会
62102400021	侧柏	*Platycladus orientalis*	120	17	173	11	合水县肖咀镇老庄村弯子	老庄村委会
62102400024	侧柏	*Platycladus orientalis*	130	18	180	10	合水县老城镇东关村南寺塬	东关村委会
62102400026	侧柏	*Platycladus orientalis*	200	12	245	14	合水县老城镇小塬子村	小塬子村委会
62102400130	侧柏	*Platycladus orientalis*	200	14	246	18	合水县吉岘镇宫合村东畔组	宫合村东畔组
62102400143	侧柏	*Platycladus orientalis*	200	9	155	9	合水县肖咀镇石家老庄南头组	石家老庄南头组
62102400144	侧柏	*Platycladus orientalis*	200	9	155	10	合水县肖咀镇石家老庄南头组	石家老庄南头组
62102501003	侧柏	*Platycladus orientalis*	130	9	189	9	正宁县西坡镇柴桥子村二组	赵元辉
62102507001	侧柏	*Platycladus orientalis*	600	13	170	8	正宁县永和镇罗川九年制学校院内	罗川九年制学校
62102507016	侧柏	*Platycladus orientalis*	1800	15	390	12	正宁县永和镇罗川九年制学校院内文庙大成殿前	罗川九年制学校
62102508005	侧柏	*Platycladus orientalis*	140	15	170	10	正宁县湫头镇西沟村园子组柏树底	袁学瑞
62102600006	侧柏	*Platycladus orientalis*	120	17	120	5	宁县春荣镇白公村四组白公庙院内	白公村委会
62102600024	侧柏	*Platycladus orientalis*	2000	16	510	13	宁县湘乐镇宇村古柏庙院	宇村村委会
62102600025	侧柏	*Platycladus orientalis*	2000	15	420	9	宁县湘乐镇宇村古柏庙院	宇村村委会
62102600026	侧柏	*Platycladus orientalis*	500	14	216	9	宁县湘乐镇宇村古柏庙院门口	宇村村委会
62102600033	侧柏	*Platycladus orientalis*	350	14	200	13	宁县湘乐镇南仓村谢畔组	南仓村委会
62102600036	侧柏	*Platycladus orientalis*	100	11	120	4	宁县湘乐镇宇村三教洞口	宇村村委会
62102600037	侧柏	*Platycladus orientalis*	100	11	120	4	宁县湘乐镇宇村三教洞口	宇村村委会
62102600062	侧柏	*Platycladus orientalis*	180	15	150	6	宁县金村乡金村古庙门口	金村村委会
62102600096	侧柏	*Platycladus orientalis*	200	10	100	6	宁县焦村镇宫刘村二组庙门前	宫刘村委会
62102600097	侧柏	*Platycladus orientalis*	200	11	120	6	宁县焦村镇宫刘村二组庙门前	宫刘村委会
62102600106	侧柏	*Platycladus orientalis*	260	18	220	13	宁县新庄镇郧家村八组郭家院内	郧家村委会
62102600123	侧柏	*Platycladus orientalis*	100	17	120	7	宁县中村镇乔家村四组庙院内	乔家村委会
62102600125	侧柏	*Platycladus orientalis*	160	12	125	8	宁县中村镇西华村一组四组交界处	西华村委会
62102600133	侧柏	*Platycladus orientalis*	200	9	180	9	宁县早胜镇曹家村二组	曹家村委会
62102600139	侧柏	*Platycladus orientalis*	150	8	180	8	宁县良平镇三乐村三组庙咀子	三乐村委会
62102600154	侧柏	*Platycladus orientalis*	230	12	200	12	宁县米桥镇红星村二组庙院	红星村委会

古树编号	树种	树种拉丁名	估测树龄	树高 (m)	树围 (cm)	平均冠幅 (m)	具体地点	管护单位 / 人
62102600155	侧柏	*Platycladus orientalis*	200	12	160	8	宁县米桥镇红星村二组庙院	红星村委会
62102600159	侧柏	*Platycladus orientalis*	180	8	145	8	宁县米桥镇红星村二组沟边	红星村委会
62102600160	侧柏	*Platycladus orientalis*	200	10	180	11	宁县米桥镇红星村四组沟畔	红星村委会
62102600161	侧柏	*Platycladus orientalis*	200	9	180	6	宁县米桥镇红星村四组沟畔	红星村委会
62102600162	侧柏	*Platycladus orientalis*	200	9	140	8	宁县米桥镇红星村四组马家后院	红星村委会
62102600166	侧柏	*Platycladus orientalis*	190	13	170	8	宁县新宁镇巩范村赵北组庙前	巩范村委会
62102600174	侧柏	*Platycladus orientalis*	350	15	210	13	宁县盘克镇罗后村堡子组	罗后村委会
62102600175	侧柏	*Platycladus orientalis*	200	15	180	14	宁县盘克镇罗后村堡子组	罗后村委会
62102600176	侧柏	*Platycladus orientalis*	500	14	260	12	宁县盘克镇罗后村堡子组杨家后院	罗后村委会
62102600177	侧柏	*Platycladus orientalis*	200	16	210	13	宁县盘克镇罗后村堡子组杨家后院	罗后村委会
62102600218	侧柏	*Platycladus orientalis*	110	11	135	8	宁县春荣镇白公村	梁虎平
62102600219	侧柏	*Platycladus orientalis*	120	10	110	7	宁县春荣镇白公村	张四财
62102600220	侧柏	*Platycladus orientalis*	120	10	125	8	宁县春荣镇白公村	张四财
62102600221	侧柏	*Platycladus orientalis*	120	8	100	5	宁县春荣镇白公村	张四财
62102600222	侧柏	*Platycladus orientalis*	120	11	136	8	宁县春荣镇白公村	张四财
62102700001	侧柏	*Platycladus orientalis*	530	18	274	14	镇原县平泉镇湫池村大庄	平泉镇政府
62102700002	侧柏	*Platycladus orientalis*	560	12	175	9	镇原县庙渠乡常俭村牛塬	庙渠乡政府
62102700003	侧柏	*Platycladus orientalis*	550	15	193	15	镇原县殷家城乡寺山村柏树台	殷家城乡政府
62102700004	侧柏	*Platycladus orientalis*	500	14	185	13	镇原县城关镇东关村庙沟	城关镇政府
62102700026	侧柏	*Platycladus orientalis*	430	12	150	9	镇原县城关镇莲池村贺堡子	城关镇政府
62102700027	侧柏	*Platycladus orientalis*	430	13	135	8	镇原县城关镇莲池村贺堡子	城关镇政府
62102700028	侧柏	*Platycladus orientalis*	430	12	140	8	镇原县城关镇莲池村贺堡子	城关镇政府
杨柳科								
62102200079	青杨	*Populus cathayana*	500	18	620	20	环县罗山川乡山水湾滩村	吴世钢
62102200084	青杨	*Populus cathayana*	130	18	541	21	环县木钵镇高寨村张李塬组涝坝堰	张广东
62100200032	青甘杨	*Populus przewalskii*	100	18	240	17	西峰区显胜乡铁楼村	铁楼村委会
62102600022	青甘杨	*Populus przewalskii*	500	23	500	21	宁县湘乐镇庞川村河北组	庞川村河北组
62102600052	青甘杨	*Populus przewalskii*	250	22	380	8	宁县金村乡崔庄村罗畔组	崔庄村委会
62102600053	青甘杨	*Populus przewalskii*	300	25	490	27	宁县金村乡崔庄村梁掌组梁家门前	崔庄村委会
62102600055	青甘杨	*Populus przewalskii*	300	18	440	20	宁县金村乡麻子掌村涝池畔	麻子掌村委会
62102600170	青甘杨	*Populus przewalskii*	300	33	560	27	宁县盘克镇武洛村上疙瘩组	武洛村委会
62102200003	小叶杨	*Populus simonii*	410	23	491	21	环县天池乡张邓原村赵北掌组赵家门前	赵世清
62102200004	小叶杨	*Populus simonii*	400	23	390	20	环县演武乡曳郭咀村三麦园子	曳郭咀村委会
62102200005	小叶杨	*Populus simonii*	250	19	390	18	环县演武乡杨家洼村三合洼	白珍龙
62102200011	小叶杨	*Populus simonii*	300	13	360	16	环县木钵镇二合原村庙崾岘	盘龙小学校长
62102200018	小叶杨	*Populus simonii*	300	21	390	21	环县八珠乡瓦崾岘村赵崾岘村	黄国虎
62102200019	小叶杨	*Populus simonii*	300	20	430	22	环县八珠乡瓦崾岘村赵崾岘村	赵志龙
62102200027	小叶杨	*Populus simonii*	130	17	248	17	环县环城镇冉旗寨村范阴山	范米安
62102200047	小叶杨	*Populus simonii*	150	21	435	21	环县小南沟乡李上山村	李上山村委会
62102200048	小叶杨	*Populus simonii*	150	22	356	24	环县小南沟乡李上山村	李上山村委会
62102200052	小叶杨	*Populus simonii*	140	25	350	29	环县小南沟乡小南沟村中渠组	拓俊耀
62102200054	小叶杨	*Populus simonii*	300	26	408	21	环县车道镇代掌村树崾岘	苏勇
62102200067	小叶杨	*Populus simonii*	300	22	435	19	环县八珠乡杏树沟村陶老庄组宽掌湾	杏树沟村委会
62102200068	小叶杨	*Populus simonii*	300	25	500	17	环县八珠乡杏树沟村陶老庄组宽掌湾	杏树沟村委会
62102200072	小叶杨	*Populus simonii*	150	18	510	13	环县演武乡曳郭咀村肖山组青石咀	曳郭咀村委会
62102200073	小叶杨	*Populus simonii*	150	20	460	13	环县演武乡曳郭咀村肖山组青石咀	肖登攀

古树编号	树种	树种拉丁名	估测树龄	树高 (m)	树围 (cm)	平均冠幅 (m)	具体地点	管护单位 / 人
62102200074	小叶杨	*Populus simonii*	150	19	350	13	环县演武乡曳郭咀村肖山组青石咀	肖登攀
62102200089	小叶杨	*Populus simonii*	160	6	301	6	环县八珠乡湫坝沟村郑掌组南掌湾	湫坝沟村委会
62102200090	小叶杨	*Populus simonii*	200	13	401	18	环县八珠乡湫坝沟村郑掌组	湫坝沟村委会
62102200091	小叶杨	*Populus simonii*	200	12	365	11	环县八珠乡杏树沟村许旗寨组李崾岘	黄钰
62102200095	小叶杨	*Populus simonii*	300	21	421	9	环县八珠乡瓦崾岘村三合渠组大树崾岘	黄成员
62102200099	小叶杨	*Populus simonii*	200	5	351	9	环县木钵镇水坝滩村中山梁头	魏向荣
62102200102	小叶杨	*Populus simonii*	300	12	415	8	环县曲子乡许家塬芦草茆	王步满
62102300012	小叶杨	*Populus simonii*	200	23	460	12	华池县紫坊畔乡刘坪村	高飞
62102300016	小叶杨	*Populus simonii*	250	14	480	30	华池县柔远镇城关村西关组	赵高振
62102300017	小叶杨	*Populus simonii*	250	23	430	25	华池县紫坊畔乡刘坪村	刘生贵
62102400001	小叶杨	*Populus simonii*	120	21	380	15	合水县店子乡双柳树村柳家畔	双柳树村委会
62102400002	小叶杨	*Populus simonii*	100	19	300	18	合水县店子乡双柳树村楼子底	双柳树村委会
62102400005	小叶杨	*Populus simonii*	150	29	315	15	合水县蒿咀铺乡陈家河村王咀子	陈家河村委会
62102400009	小叶杨	*Populus simonii*	200	18	453	19	合水县老城镇庙庄村划岭	庙庄村委会
62102509010	小叶杨	*Populus simonii*	160	16	313	21	正宁县五顷原乡西头村大路边	秦军军
62102600142	小叶杨	*Populus simonii*	100	21	290	15	宁县良平镇新庄村四组	新庄村委会
62102600150	小叶杨	*Populus simonii*	100	17	190	7	宁县米桥镇高仓村垂钓园涝池	高仓村委会
62102600172	小叶杨	*Populus simonii*	120	12	300	6	宁县盘克镇武洛村下坑崂马路边	武洛村委会
62102600173	小叶杨	*Populus simonii*	120	13	400	19	宁县盘克镇武洛村下坑崂马路边	武洛村委会
62102600191	小叶杨	*Populus simonii*	600	14	690	22	宁县盘克镇界村东庄组涝池畔	界村村委会
62102600193	小叶杨	*Populus simonii*	150	18	333	14	宁县盘克镇界村东庄组董家门前	界村村委会
62102600206	小叶杨	*Populus simonii*	150	12	260	14	宁县盘克镇豆湾村豆湾组	豆湾村委会
62102700023	小叶杨	*Populus simonii*	130	26	330	16	镇原县新集镇永丰村	新集乡政府
62102700024	小叶杨	*Populus simonii*	100	17	343	17	镇原县南川乡上庄村俭坪	南川乡政府
62102700025	小叶杨	*Populus simonii*	100	22	330	23	镇原县南川乡上庄村街道	南川乡政府
62102200055	毛白杨	*Populus tomentosa*	130	14	245	17	环县环城镇肖川村张庄场	杨万存
62102200096	毛白杨	*Populus tomentosa*	200	28	596	26	环县山城乡谢庄村谢庄组	谢庄村委会
62100200007	旱柳	*Salix matsudana*	240	21	470	11	西峰区董志镇胡同赵村左畔组公路边	西峰区林草局
62100200008	旱柳	*Salix matsudana*	200	24	260	14	西峰区董志镇南庄村公路边	西峰区林草局
62102100001	旱柳	*Salix matsudana*	200	25	320	9	庆城县太白梁乡庙山村	庆城县林草局
62102100002	旱柳	*Salix matsudana*	180	25	396	23	庆城县庆城镇西塬村	庆城县林草局
62102100004	旱柳	*Salix matsudana*	130	18	509	18	庆城县玄马镇桑塬村	庆城县林草局
62102100011	旱柳	*Salix matsudana*	200	17	430	20	庆城县庆城镇田城社区	庆城县林草局
62102100029	旱柳	*Salix matsudana*	150	19	468	24	庆城县蔡口集乡周家塬村	庆城县林草局
62102100053	旱柳	*Salix matsudana*	200	14	370	22	庆城县驿马镇安家寺村	安家寺村委会
62102200026	旱柳	*Salix matsudana*	130	20	282	16	环县环城镇冉旗寨村范阴山	范米安
62102200028	旱柳	*Salix matsudana*	130	23	345	20	环县环城镇冉旗寨村范阴山	范米安
62102200053	旱柳	*Salix matsudana*	300	8	465	11	环县车道镇万安村狼掌腰岘	胡世宏
62102200058	旱柳	*Salix matsudana*	300	10	345	13	环县天池乡四合掌村二合掌	罗如伸
62102200059	旱柳	*Salix matsudana*	300	9	540	19	环县天池乡四合掌村二合掌	罗如伸
62102200062	旱柳	*Salix matsudana*	400	12	520	18	环县环城镇张滩滩村马连台子敬家掌	张滩滩村委会
62102200069	旱柳	*Salix matsudana*	200	16	500	18	环县樊家川乡李崾岘村朱上掌组木瓜沟	郭国鹏
62102200070	旱柳	*Salix matsudana*	100	20	350	11	环县车道镇万安村叶掌组苦水沟龙凤山庙	万安村委会
62102200080	旱柳	*Salix matsudana*	110	20	320	9	环县罗山川乡陈渠子村大掌子	高清君
62102200085	旱柳	*Salix matsudana*	130	18	705	23	环县木钵镇高寨村张李塬组涝坝堰	张广东
62102200086	旱柳	*Salix matsudana*	800	13	471	15	环县合道镇杨坪沟村宋家堡子	王怀昌

古树编号	树种	树种拉丁名	估测树龄	树高 (m)	树围 (cm)	平均冠幅 (m)	具体地点	管护单位 / 人
62102400003	旱柳	*Salix matsudana*	100	11	350	14	合水县店子乡连家庄村南岭	连家庄村委会
62102400008	旱柳	*Salix matsudana*	100	20	330	9	合水县何家畔镇盘马村姜庄	盘马村委会
62102400012	旱柳	*Salix matsudana*	150	29	380	16	合水县老城镇水沟村	水沟村委会
62102400014	旱柳	*Salix matsudana*	150	24	360	16	合水县老城镇赵塬村南咀	赵塬村委会
62102400134	旱柳	*Salix matsudana*	100	15	290	16	合水县肖咀镇老庄村湾子组	老庄村湾子组
62102400135	旱柳	*Salix matsudana*	100	14	237	16	合水县肖咀镇老庄村湾子组	老庄村湾子组
62102400136	旱柳	*Salix matsudana*	100	14	236	15	合水县肖咀镇老庄村湾子组	老庄村湾子组
62102400137	旱柳	*Salix matsudana*	100	14	220	16	合水县肖咀镇老庄村湾子组	老庄村湾子组
62102400138	旱柳	*Salix matsudana*	100	14	275	16	合水县肖咀镇老庄村湾子组	老庄村湾子组
62102400139	旱柳	*Salix matsudana*	100	15	295	15	合水县肖咀镇老庄村湾子组	老庄村湾子组
62102400140	旱柳	*Salix matsudana*	100	15	290	16	合水县肖咀镇老庄村湾子组	老庄村湾子组
62102400141	旱柳	*Salix matsudana*	100	14	260	16	合水县肖咀镇老庄村湾子组	老庄村湾子组
62102400146	旱柳	*Salix matsudana*	300	15	400	15	合水县店子乡连家庄村高家西庄	连家庄村委会
62102400147	旱柳	*Salix matsudana*	200	18	375	20	合水县太莪乡罗塬村北头组	索广军
62102400148	旱柳	*Salix matsudana*	200	16	304	17	合水县太莪乡罗塬村北头组	索广军
62102400156	旱柳	*Salix matsudana*	200	19	390	18	合水县老城镇赵塬村南咀组	赵塬村委会
62102400157	旱柳	*Salix matsudana*	200	19	415	17	合水县老城镇赵塬村南咀组	赵塬村委会
62102501006	旱柳	*Salix matsudana*	160	15	450	15	正宁县西坡镇月南村咀头峁	月南村委会
62102502001	旱柳	*Salix matsudana*	500	15	548	20	正宁县山河镇解家川村钿里组大路边	解家川村委会
62102502002	旱柳	*Salix matsudana*	110	16	310	12	正宁县山河镇松树村解家桥	松树村委会
62102502003	旱柳	*Salix matsudana*	110	15	335	14	正宁县山河镇松树村解家桥	松树村委会
62102504007	旱柳	*Salix matsudana*	120	19	325	22	正宁县榆林子镇党家村一组涝池畔	党家村委会
62102506004	旱柳	*Salix matsudana*	250	16	309	18	正宁县周家镇下冯村大涝池	张军印
62102600004	旱柳	*Salix matsudana*	150	20	340	5	宁县春荣镇路户村	孙继睿
62102600008	旱柳	*Salix matsudana*	120	16	310	13	宁县春荣镇赤堡村赤中组涝池旁	赤堡村委会
62102600040	旱柳	*Salix matsudana*	100	12	220	12	宁县湘乐镇任劳村俭南组涝池旁	任劳村委会
62102600054	旱柳	*Salix matsudana*	100	11	300	9	宁县金村乡麻子掌村涝池畔	麻子掌村委会
62102600069	旱柳	*Salix matsudana*	100	16	320	15	宁县九岘乡鲁家村庄里队组	鲁家村委会
62102600071	旱柳	*Salix matsudana*	100	16	310	10	宁县九岘乡北庄村西庄组	北庄村委会
62102600072	旱柳	*Salix matsudana*	100	17	350	10	宁县九岘乡北庄村西庄组	北庄村委会
62102600075	旱柳	*Salix matsudana*	200	20	450	24	宁县九岘乡马洼村良庄组涝池畔	马洼村委会
62102600100	旱柳	*Salix matsudana*	130	18	310	23	宁县和盛镇杨庄村六组	杨庄村委会
62102600119	旱柳	*Salix matsudana*	130	19	320	17	宁县中村镇邓家村四组	邓家村委会
62102600120	旱柳	*Salix matsudana*	100	13	330	13	宁县中村镇邓家村五组水房前	邓家村委会
62102600122	旱柳	*Salix matsudana*	100	20	325	23	宁县中村镇弥家村一组	弥家村委会
62102600149	旱柳	*Salix matsudana*	100	15	220	16	宁县米桥镇高仓村垂钓园涝池	高仓村委会
62102600151	旱柳	*Salix matsudana*	120	6	260	11	宁县米桥镇高仓村垂钓园涝池	高仓村委会
62102600156	旱柳	*Salix matsudana*	100	13	280	11	宁县米桥镇红星村二组庙东坡口	红星村委会
62102600171	旱柳	*Salix matsudana*	130	14	302	13	宁县盘克镇形赤村前梁	形赤村委会
62102600181	旱柳	*Salix matsudana*	100	19	320	18	宁县盘克镇杏洼村长床组涝池畔	杏洼村委会
62102600182	旱柳	*Salix matsudana*	100	19	310	18	宁县盘克镇杏洼村长床组涝池畔	杏洼村委会
62102600183	旱柳	*Salix matsudana*	100	19	400	19	宁县盘克镇杏洼村长床组涝池畔	杏洼村委会
62102600184	旱柳	*Salix matsudana*	100	19	350	17	宁县盘克镇杏洼村长床组涝池畔	杏洼村委会
62102600185	旱柳	*Salix matsudana*	100	18	380	17	宁县盘克镇杏洼村长床组涝池畔	杏洼村委会
62102600186	旱柳	*Salix matsudana*	100	18	310	18	宁县盘克镇杏洼村长床组涝池畔	杏洼村委会
62102600187	旱柳	*Salix matsudana*	100	16	290	13	宁县盘克镇杏洼村长床组涝池畔	杏洼村委会

古树编号	树种	树种拉丁名	估测树龄	树高 (m)	树围 (cm)	平均冠幅 (m)	具体地点	管护单位 / 人
62102600188	旱柳	*Salix matsudana*	300	16	610	17	宁县盘克镇杏洼村长床组涝池畔	杏洼村委会
62102600198	旱柳	*Salix matsudana*	110	13	270	16	宁县盘克镇上庄村徐峁组公路边	上庄村委会
62102600199	旱柳	*Salix matsudana*	170	16	310	17	宁县盘克镇萝卜咀村岘子峁组涝池边	萝卜咀村委会
62102600216	旱柳	*Salix matsudana*	100	22	310	15	宁县春荣镇铁王村黑庄组	吕俊英
62102600232	旱柳	*Salix matsudana*	110	14	300	20	宁县盘克镇宋庄村邓庄组	宋庄村委会
62102700017	旱柳	*Salix matsudana*	150	21	524	27	镇原县屯字镇曹路村张渠	屯字镇政府
62102700019	旱柳	*Salix matsudana*	300	24	553	18	镇原县平泉镇南徐村关道	平泉镇政府
62102700020	旱柳	*Salix matsudana*	200	20	460	17	镇原县三岔镇榆杨湾村沟畔	三岔镇政府
62102700021	旱柳	*Salix matsudana*	170	12	435	17	镇原县三岔镇董渠村	三岔镇政府
胡桃科								
62102200063	胡桃	*Juglans regia*	110	14	178	15	环县环城镇冉旗寨白草掌	漫百平
62100200009	胡桃	*Juglans regia*	100	18	185	9	西峰区什社乡什丰村袁台组	西峰区林草局
62100200012	胡桃	*Juglans regia*	200	7	257	11	西峰区什社乡新庄村新庄组	西峰区林草局
62100200021	胡桃	*Juglans regia*	230	10	294	15	西峰区后官寨镇司官寨村中心组	西峰区林草局
62100200023	胡桃	*Juglans regia*	150	16	216	18	西峰区后官寨镇中心村中心组	西峰区林草局
62102100003	胡桃	*Juglans regia*	200	15	200	19	庆城县高楼乡太乐沟村	庆城县林草局
62102100005	胡桃	*Juglans regia*	150	19	258	18	庆城县高楼乡太乐沟村	庆城县林草局
62102100055	胡桃	*Juglans regia*	240	15	238	18	庆城县赤城镇武庄村	武庄村委会
62102100056	胡桃	*Juglans regia*	240	18	202	19	庆城县赤城镇武庄村	武庄村委会
62102200023	胡桃	*Juglans regia*	140	12	215	16	环县环城镇冉旗寨村文旗寨	王白军
62102200024	胡桃	*Juglans regia*	110	15	172	22	环县环城镇冉旗寨村文旗寨	王白军
62102200066	胡桃	*Juglans regia*	150	13	335	17	环县耿湾乡许家掌村龚家掌	龚建章
62102300013	胡桃	*Juglans regia*	140	23	380	27	华池县悦乐镇新堡村田沟	张耀彬
62102300014	胡桃	*Juglans regia*	300	15	430	12	华池县悦乐镇上堡子村上堡子组	张武骞
62102300025	胡桃	*Juglans regia*	140	18	180	17	华池县悦乐镇新堡村朱堡子组	张耀彬
62102300026	胡桃	*Juglans regia*	180	19	245	22	华池县悦乐镇新堡村朱堡子组	朱全宏
62102300027	胡桃	*Juglans regia*	180	18	220	21	华池县悦乐镇新堡村朱堡子组	朱全宏
62102300028	胡桃	*Juglans regia*	180	19	240	17	华池县悦乐镇新堡村朱堡子组	朱全宏
62102400022	胡桃	*Juglans regia*	150	25	330	21	合水县店子乡双柳树村吕家房	双柳树村委会
62102400023	胡桃	*Juglans regia*	100	20	245	20	合水县店子乡双柳树村吕家房	双柳树村委会
62102400132	胡桃	*Juglans regia*	100	7	303	12	合水县肖咀镇卓堡村蔡家洼组	武光彩
62102400145	胡桃	*Juglans regia*	200	16	265	24	合水县店子乡连庄村高家西庄	连庄村委会
62102400152	胡桃	*Juglans regia*	150	9	175	13	合水县太莪乡黑木村	陈明照
62102400154	胡桃	*Juglans regia*	200	19	320	19	合水县蒿咀铺乡张举塬村后塬组	张举塬村后塬组
62102400159	胡桃	*Juglans regia*	120	13	245	10	合水县蒿咀铺乡张举塬村后塬组	张举塬村后塬组
62102400160	胡桃	*Juglans regia*	220	22	342	16	合水县蒿咀铺乡张举塬村后塬组	张举塬村后塬组
62102505001	胡桃	*Juglans regia*	200	11	293	15	正宁县宫河镇东山头村四组崖崾	东山头村委会
62102505002	胡桃	*Juglans regia*	100	12	224	16	正宁县宫河镇南庄村七组北咀	南庄村委会
62102508001	胡桃	*Juglans regia*	120	16	458	21	正宁县湫头镇王郎坡村新庄子	赵占宁
62102600012	胡桃	*Juglans regia*	130	10	320	11	宁县春荣镇高寺村董家组庙上	高寺村委会
62102600013	胡桃	*Juglans regia*	150	18	350	18	宁县春荣镇苏城村苏家组	苏城村委会
62102600031	胡桃	*Juglans regia*	500	18	390	17	宁县湘乐镇南仓村杨峁组崖后	南仓村委会
62102600034	胡桃	*Juglans regia*	300	13	380	16	宁县湘乐镇南仓村南头组庄里	南仓村委会
62102600038	胡桃	*Juglans regia*	150	20	315	17	宁县湘乐镇任劳村堡子涝池畔	任劳村委会
62102600039	胡桃	*Juglans regia*	100	15	220	16	宁县湘乐镇任劳村堡子涝池畔	任劳村委会
62102600041	胡桃	*Juglans regia*	500	19	610	24	宁县湘乐镇方寨村	方寨村委会

古树编号	树种	树种拉丁名	估测树龄	树高 (m)	树围 (cm)	平均冠幅 (m)	具体地点	管护单位/人
62102600042	胡桃	*Juglans regia*	120	12	290	18	宁县湘乐镇任劳村趄洼组老场畔	任劳村委会
62102600044	胡桃	*Juglans regia*	110	15	280	17	宁县湘乐镇任劳村畅咀组涝池畔	任劳村委会
62102600050	胡桃	*Juglans regia*	110	22	290	17	宁县金村乡崔庄村	崔庄村委会
62102600056	胡桃	*Juglans regia*	150	15	300	15	宁县金村乡麻子掌村涝池畔汪堡子塬边	麻子掌村委会
62102600057	胡桃	*Juglans regia*	150	15	280	15	宁县金村乡麻子掌村涝池畔汪堡子塬边	麻子掌村委会
62102600058	胡桃	*Juglans regia*	150	15	290	15	宁县金村乡麻子掌村涝池畔汪堡子塬边	麻子掌村委会
62102600067	胡桃	*Juglans regia*	130	4	320	10	宁县九岘乡鲁家村石望联合组联合路口	鲁家村委会
62102600068	胡桃	*Juglans regia*	130	8	290	16	宁县九岘乡鲁家村石望联合组联合路口	鲁家村委会
62102600073	胡桃	*Juglans regia*	500	15	450	25	宁县九岘乡北庄村西庄组	北庄村委会
62102600095	胡桃	*Juglans regia*	150	8	280	8	宁县焦村镇桌子头村三组杨全宁门前	桌子头村委会
62102600098	胡桃	*Juglans regia*	180	14	390	16	宁县和盛镇西刘村九组	西刘村委会
62102600099	胡桃	*Juglans regia*	150	18	310	23	宁县和盛镇西刘村三组	西刘村委会
62102600109	胡桃	*Juglans regia*	100	16	310	17	宁县长庆桥镇叶王村石沟山	叶王村委会
62102600113	胡桃	*Juglans regia*	160	18	370	18	宁县南义乡马泉村三组	马泉村委会
62102600128	胡桃	*Juglans regia*	200	16	230	15	宁县早胜镇曹家村小户曹家一组	曹家村委会
62102600163	胡桃	*Juglans regia*	200	13	325	17	宁县米桥镇巩雷村二组	吉满元
62102600179	胡桃	*Juglans regia*	500	19	610	22	宁县盘克镇茬掌村生王组	茬掌村委会
62102600180	胡桃	*Juglans regia*	300	15	380	23	宁县盘克镇杏洼村杏北组	杏洼村委会
62102600197	胡桃	*Juglans regia*	150	13	310	16	宁县盘克镇界村东组李永儒院内	界村村委会
62102700022	胡桃	*Juglans regia*	100	18	327	20	镇原县城关镇丰台村范洼	城关镇政府
壳斗科								
62102100012	蒙古栎	*Quercus mongolica*	130	19	223	14	庆城县玄马镇柏塬村	庆城县林草局
62102509005	蒙古栎	*Quercus mongolica*	150	15	264	14	正宁县五顷原乡孟河村小沟岭	安明乾
62102600018	蒙古栎	*Quercus mongolica*	150	25	240	11	宁县春荣镇古城村	闫天虎
榆科								
62102200081	旱榆	*Ulmus glaucescens*	150	15	160	10	环县罗山川乡陈渠子村高大掌组大掌子	高清君
62100200013	榆树	*Ulmus pumila*	100	13	350	11	西峰区什社乡文安村任洼组	西峰区林草局
62102100046	榆树	*Ulmus pumila*	120	13	292	18	庆城县马岭镇黄嵕岘村	贺向奇
62102100051	榆树	*Ulmus pumila*	320	13	287	15	庆城县玄马镇孔桥村	孔桥村委会
62102200057	榆树	*Ulmus pumila*	100	11	230	13	环县毛井镇砖城子村席芨滩	姚志奎
62102200076	榆树	*Ulmus pumila*	150	8	460	6	环县合道镇大路洼村杨寨柯	杨万兴
62102200098	榆树	*Ulmus pumila*	200	12	510	25	环县山城乡郝掌村朱庄组	郝掌村委会
62102300018	榆树	*Ulmus pumila*	260	14	370	18	华池县紫坊畔乡刘坪村刘坪组	高飞
62102400028	榆树	*Ulmus pumila*	100	12	230	8	合水县太白镇连家砭村苗村	连家砭村委会
62102509006	榆树	*Ulmus pumila*	120	13	250	14	正宁县五顷原乡孟河村小沟岭	胡广学
62102600127	榆树	*Ulmus pumila*	120	14	280	14	宁县中村镇孙安村二组老城庙	孙安村委会
62102200046	榆树	*Ulmus pumila*	150	18	280	15	环县小南沟乡李上山村黄西掌黄家崖头峁	李上山村委会
62102200049	榆树	*Ulmus pumila*	200	16	310	16	环县小南沟乡李上山村北张湾组碾子湾	陈怀珠
62102200051	榆树	*Ulmus pumila*	170	13	285	16	环县小南沟乡小南沟村中渠组	小南沟村委会
62102200065	榆树	*Ulmus pumila*	200	9	280	16	环县甜水堡镇鲁掌村樊老庄	樊治林
62102200071	榆树	*Ulmus pumila*	150	22	500	19	环县车道镇杨掌村高台子组九条俭	郝选军
62102200083	榆树	*Ulmus pumila*	110	20	370	14	环县罗山川乡西阳洼村西阳洼塬头	西阳洼村委会
62102200094	榆树	*Ulmus pumila*	120	22	230	14	环县山城乡八里铺村刘塬组鲁家塬	八里铺村委会
62102600101	榆树	*Ulmus pumila*	200	6	490	23	宁县和盛镇杨庄村老庙咀	杨庄村委会
62102600134	榆树	*Ulmus pumila*	100	14	215	13	宁县早胜镇寺底村四组路边	寺底村委会
62102600140	榆树	*Ulmus pumila*	100	14	200	13	宁县良平镇王乐村二组	王乐村委会

古树编号	树种	树种拉丁名	估测树龄	树高 (m)	树围 (cm)	平均冠幅 (m)	具体地点	管护单位 / 人
62102600147	榆树	*Ulmus pumila*	450	10	230	10	宁县平子镇下塬村四组庙前	下塬村委会
62102600204	榆树	*Ulmus pumila*	200	10	280	12	宁县盘克镇咀头村西组路边东	咀头村委会
大麻科								
62102100022	黑弹树	*Celtis bungeana*	100	6	101	7	庆城县赤城乡武庄村	庆城县林草局
62102200022	黑弹树	*Celtis bungeana*	130	11	130	13	环县环城镇冉旗寨村文旗寨	张鸿昌
62102200092	黑弹树	*Celtis bungeana*	130	12	180	14	环县八珠乡杏树沟村许旗寨组	黄海
62102200093	黑弹树	*Celtis bungeana*	130	12	212	18	环县八珠乡杏树沟村许旗寨组	李春林
62102300010	黑弹树	*Celtis bungeana*	200	14	166	15	华池县悦乐镇杜河村海沟岔组	张明
62102400017	黑弹树	*Celtis bungeana*	150	15	210	16	合水县板桥镇刘家庄村李渠	刘家庄村委会
62102507002	黑弹树	*Celtis bungeana*	100	11	148	11	正宁县永和镇罗川村小河沟崂	路宏军
62102600169	黑弹树	*Celtis bungeana*	150	13	220	13	宁县盘克镇潘村胡掌湾	潘村村委会
桑科								
62102300020	桑	*Morus alba*	80	15	188	13	华池县南梁镇荔园堡村荔园堡组	李林涛
62102300021	桑	*Morus alba*	80	15	187	13	华池县南梁镇荔园堡村荔园堡组	李林涛
62102400027	桑	*Morus alba*	120	16	215	13	合水县老城镇东关村倒钟寺	东关村委会
62102400149	桑	*Morus alba*	100	9	205	12	合水县太莪乡罗塬村段庄组	罗塬村委会
62102509001	桑	*Morus alba*	80	5	58	6	正宁县五顷原乡南邑村习仲勋旧居	李明华
蔷薇科								
62102509011	樱桃	*Prunus pseudocerasus*	560	15	268	12	正宁县五顷原乡中湾林场	中湾林场
62100200001	杏	*Prunus armeniaca*	150	8	260	14	西峰区显胜乡唐苟村	西峰区林草局
62102200029	杏	*Prunus armeniaca*	150	15	285	7	环县环城镇五里屯村崔阳山	崔占军
62102200082	杏	*Prunus armeniaca*	210	20	290	6	环县罗山川乡龙柏山村阴庄崾岘	龙柏山村委会
62102600126	杏	*Prunus armeniaca*	100	10	200	11	宁县中村镇西华村一组	西华村委会
62102600129	杏	*Prunus armeniaca*	150	16	230	15	宁县早胜镇曹家村小户曹家一组	曹家村委会
62102600132	杏	*Prunus armeniaca*	150	15	210	10	宁县早胜镇曹家村小户曹家一组	曹家村委会
62102100047	山杏	*Prunus sibirica*	100	12	320	13	庆城县马岭镇黄崾岘村	黄崾岘村委会
62102200056	山杏	*Prunus sibirica*	100	8	175	12	环县环城镇冉旗寨村范阴山	范鹏春
62102502004	山杏	*Prunus sibirica*	110	13	165	12	正宁县山河镇西关村南沟	西关村委会
62102600131	山杏	*Prunus sibirica*	100	16	180	11	宁县早胜镇曹家村小户曹家一组	曹家村委会
62102100023	杜梨	*Pyrus betulifolia*	160	7	217	5	庆城县庆城镇周祖森林公园生活区	周祖森林公园
62102100030	杜梨	*Pyrus betulifolia*	120	12	138	8	庆城县蔡口集乡周家塬村	庆城县林草局
62102100048	杜梨	*Pyrus betulifolia*	200	8	273	8	庆城县马岭镇黄崾岘村	黄崾岘村委会
62102200020	杜梨	*Pyrus betulifolia*	350	13	265	14	环县八珠乡湫坝沟村余家老庄	余天蒲
62102400158	杜梨	*Pyrus betulifolia*	200	11	260	13	合水县老城镇赵塬村上庄组	赵塬村委会
62102502005	杜梨	*Pyrus betulifolia*	110	14	145	11	正宁县山河镇西关村南沟畔	西关村委会
62102509004	杜梨	*Pyrus betulifolia*	700	12	240	13	正宁县五顷原乡孟河村小沟岭	安明乾
62102509007	杜梨	*Pyrus betulifolia*	100	9	150	8	正宁县五顷原乡西头村三组沟崂	秦刚
62102600070	杜梨	*Pyrus betulifolia*	150	14	180	10	宁县九岘乡北庄村西庄组	北庄村委会
62102600192	杜梨	*Pyrus betulifolia*	150	10	250	15	宁县盘克镇界村东庄组	界村村委会
豆科								
62100200022	皂荚	*Gleditsia sinensis*	800	19	390	19	西峰区九龙南路庆阳三中校园内	西峰区林草局
62102100014	皂荚	*Gleditsia sinensis*	160	15	223	13	庆城县赤城乡万胜堡村	庆城县林草局
62102100020	皂荚	*Gleditsia sinensis*	100	16	160	11	庆城县赤城乡武庄村	庆城县林草局
62102100024	皂荚	*Gleditsia sinensis*	120	10	78	9	庆城县庆城镇周祖森林公园生活区	周祖森林公园
62102600014	皂荚	*Gleditsia sinensis*	300	15	330	20	宁县春荣镇徐家村暖泉组庙院观音庙	徐家村委会
62102600093	皂荚	*Gleditsia sinensis*	2000	21	470	17	宁县焦村镇森王村	森王村委会

古树编号	树种	树种拉丁名	估测树龄	树高 (m)	树围 (cm)	平均冠幅 (m)	具体地点	管护单位 / 人
62102600105	皂荚	*Gleditsia sinensis*	2100	16	580	17	宁县新庄镇新华村九组沟畔	新华村委会
62102600164	皂荚	*Gleditsia sinensis*	300	13	360	13	宁县新宁镇马坪居委会宁县新区办公区门前	宁县园林局
62100200033	皂荚	*Gleditsia sinensis*	200	7	230	9	西峰区显胜乡毛家寺村河西组	毛家寺村委会
62100200034	皂荚	*Gleditsia sinensis*	200	6	203	9	西峰区显胜乡毛家寺村河西组	毛家寺村委会
62100200035	皂荚	*Gleditsia sinensis*	200	7	275	8	西峰区显胜乡毛家寺村	毛家寺村委会
62102400129	刺槐	*Robinia pseudoacacia*	100	12	245	16	合水县吉岘镇吉岘村南头组	吉岘村南头组
62102600153	刺槐	*Robinia pseudoacacia*	100	14	200	9	宁县米桥镇高仓村剧院内广场	高仓村委会
62100200002	槐	*Styphnolobium japonicum*	150	16	203	11	西峰区显胜乡冉李村北头组	西峰区林草局
62100200003	槐	*Styphnolobium japonicum*	150	12	205	11	西峰区显胜乡显胜村小河袁组	西峰区林草局
62100200006	槐	*Styphnolobium japonicum*	400	26	550	25	西峰区董志镇八年村老庄组岳克岗自留地内	西峰区林草局
62100200017	槐	*Styphnolobium japonicum*	250	7	310	5	西峰区彭原镇顾咀村东庄村道	西峰区林草局
62100200020	槐	*Styphnolobium japonicum*	350	11	440	13	西峰区后官寨镇中心村中心组	西峰区林草局
62100200027	槐	*Styphnolobium japonicum*	500	10	580	14	西峰区显胜乡岳岭村低庄组	西峰区林草局
62100200028	槐	*Styphnolobium japonicum*	100	14	205	17	西峰区后官寨镇司官寨村沟东队	司官寨村委会
62100200029	槐	*Styphnolobium japonicum*	170	14	230	19	西峰区显胜乡铁楼村	铁楼村委会
62100200030	槐	*Styphnolobium japonicum*	100	13	160	11	西峰区显胜乡铁楼村	铁楼村委会
62100200031	槐	*Styphnolobium japonicum*	100	14	225	20	西峰区显胜乡铁楼村	铁楼村委会
62102100017	槐	*Styphnolobium japonicum*	400	24	502	21	庆城县驿马镇熊家庙村	庆城县林草局
62102100018	槐	*Styphnolobium japonicum*	300	19	361	16	庆城县蔡家庙乡二郎山村	庆城县林草局
62102100025	槐	*Styphnolobium japonicum*	150	9	220	4	庆城县庆城镇周祖森林公园生活区	周祖森林公园
62102100026	槐	*Styphnolobium japonicum*	550	20	570	15	庆城县三十里铺镇百步寺村	庆城县林草局
62102100027	槐	*Styphnolobium japonicum*	550	19	500	10	庆城县三十里铺镇百步寺村	庆城县林草局
62102100028	槐	*Styphnolobium japonicum*	150	12	122	7	庆城县三十里铺镇百步寺村	庆城县林草局
62102100049	槐	*Styphnolobium japonicum*	200	13	280	17	庆城县马岭镇马岭村	马岭村委会
62102200010	槐	*Styphnolobium japonicum*	200	14	284	15	环县曲子镇刘旗村张旗	张鹏
62102200013	槐	*Styphnolobium japonicum*	200	10	314	14	环县木钵镇关营村起楼堡	李义国
62102200014	槐	*Styphnolobium japonicum*	350	20	471	23	环县木钵镇韩洼子村韩考进家门前	韩考进
62102200015	槐	*Styphnolobium japonicum*	400	20	502	24	环县木钵镇木钵街村木钵西街 64 号	胡彦刚
62102200016	槐	*Styphnolobium japonicum*	120	20	471	23	环县木钵镇韩洼子村韩万象家	韩万象
62102200017	槐	*Styphnolobium japonicum*	400	19	285	20	环县木钵镇韩洼子村刘王有家	刘王有
62102200021	槐	*Styphnolobium japonicum*	300	20	502	15	环县八珠乡八珠原村西庄	八珠原村委会
62102200032	槐	*Styphnolobium japonicum*	600	17	414	11	环县环城镇马坊塬村部	马坊塬村委会
62102200033	槐	*Styphnolobium japonicum*	2000	13	840	24	环县洪德镇私盐路村大台	张金国
62102200044	槐	*Styphnolobium japonicum*	300	14	258	16	环县虎洞镇半个城村关王庙	半个城村委会
62102200045	槐	*Styphnolobium japonicum*	300	12	190	13	环县虎洞镇半个城村关王庙院内	半个城村委会
62102200060	槐	*Styphnolobium japonicum*	100	18	230	20	环县天池乡四合掌村二合掌	罗如伸
62102200077	槐	*Styphnolobium japonicum*	100	13	180	12	环县罗山川乡陈渠子村陈洼子组李家山李家院子	李相治
62102200088	槐	*Styphnolobium japonicum*	120	18	210	17	环县八珠乡八珠塬村吴广军家院内	吴广军
62102200097	槐	*Styphnolobium japonicum*	200	12	480	21	环县山城乡郝掌村朱庄组	郝掌村委会
62102200101	槐	*Styphnolobium japonicum*	150	25	313	24	环县木钵镇郭西掌村袁家庄	袁海龙
62102200103	槐	*Styphnolobium japonicum*	200	18	394	16	环县曲子镇高李湾村红沟门	高李湾村委会
62102300009	槐	*Styphnolobium japonicum*	300	9	408	13	华池县悦乐镇杜河村海沟岔组	张明
62102300015	槐	*Styphnolobium japonicum*	130	7	147	9	华池县柔远镇孙家川村山根底组	刘峰
62102300022	槐	*Styphnolobium japonicum*	150	18	296	17	华池县王咀子乡井子塬村新庄塬组	李志堂
62102400004	槐	*Styphnolobium japonicum*	110	17	243	17	合水县肖咀镇老庄村石家湾子	老庄村委会
62102400006	槐	*Styphnolobium japonicum*	630	17	480	16	合水县太莪乡罗塬村段川	罗塬村委会

古树编号	树种	树种拉丁名	估测树龄	树高 (m)	树围 (cm)	平均冠幅 (m)	具体地点	管护单位 / 人
62102400007	槐	*Styphnolobium japonicum*	150	24	275	19	合水县何家畔镇产白村南畔	产白村委会
62102400010	槐	*Styphnolobium japonicum*	800	23	540	17	合水县蒿咀铺乡张举塬村董家塬	张举塬村委会
62102400011	槐	*Styphnolobium japonicum*	1200	25	655	21	合水县蒿咀铺乡张举塬村前塬	张举塬村委会
62102400013	槐	*Styphnolobium japonicum*	580	29	465	21	合水县老城镇寺儿塬村	寺儿塬村委会
62102400015	槐	*Styphnolobium japonicum*	430	23	415	19	合水县板桥镇刘家庄村李渠	刘家庄村委会
62102400020	槐	*Styphnolobium japonicum*	640	13	485	11	合水县肖咀镇老庄村南庄	老庄村委会
62102400025	槐	*Styphnolobium japonicum*	120	16	258	15	合水县老城镇小塬子村小崂沟岭	小塬子村委会
62102400133	槐	*Styphnolobium japonicum*	100	12	255	18	合水县肖咀镇卓堡村蔡家洼组	卓堡村蔡家洼组
62102400150	槐	*Styphnolobium japonicum*	300	9	450	9	合水县太莪乡罗塬村段庄组	罗塬村段庄组
62102501001	槐	*Styphnolobium japonicum*	260	14	235	17	正宁县西坡镇五畔村四组庙院	张志旺
62102503001	槐	*Styphnolobium japonicum*	230	16	338	21	正宁县永正镇佛堂村樊西组平路	佛堂村委会
62102503002	槐	*Styphnolobium japonicum*	230	17	369	31	正宁县永正镇佛堂村樊西组平路	佛堂村委会
62102504001	槐	*Styphnolobium japonicum*	120	15	225	13	正宁县榆林子镇小寺头村柳树梁	小寺头村委会
62102504002	槐	*Styphnolobium japonicum*	110	14	233	16	正宁县榆林子镇马家村仵家堡路边	马家村委会
62102504006	槐	*Styphnolobium japonicum*	110	17	325	19	正宁县榆林子镇石家村邓家沟圈	石家村委会
62102506003	槐	*Styphnolobium japonicum*	250	13	255	15	正宁县周家镇车家沟村燕家坡	燕新全
62102506005	槐	*Styphnolobium japonicum*	100	13	218	13	正宁县周家镇下冯村城门咀	冯猪蛮
62102507005	槐	*Styphnolobium japonicum*	500	15	410	14	正宁县永和镇下南坡头村前庄组沟圈	林义
62102507008	槐	*Styphnolobium japonicum*	1000	17	490	21	正宁县永和镇安兴村堡子组房门	巩锁印
62102507010	槐	*Styphnolobium japonicum*	130	14	246	14	正宁县永和镇寺村四组庄畔	雷世博
62102507012	槐	*Styphnolobium japonicum*	500	14	393	14	正宁县永和镇樊村三组房底	李孙民
62102507013	槐	*Styphnolobium japonicum*	210	9	272	14	正宁县永和镇樊村二组里头门	彭养宗
62102507014	槐	*Styphnolobium japonicum*	320	17	306	14	正宁县永和镇寺村文昌宫	高西宁
62102507015	槐	*Styphnolobium japonicum*	310	15	316	19	正宁县永和镇寺村三组庄子湾	徐庚戌
62102508003	槐	*Styphnolobium japonicum*	500	22	422	21	正宁县湫头镇西沟村园子组涝池畔	袁学瑞
62102508004	槐	*Styphnolobium japonicum*	500	23	470	30	正宁县湫头镇西沟村园子组涝池畔	袁学瑞
62102508007	槐	*Styphnolobium japonicum*	120	13	225	13	正宁县湫头镇张村张东组场畔	文锁明
62102509008	槐	*Styphnolobium japonicum*	240	14	302	11	正宁县五顷原乡西头村三组点坡里	彭三文
62102509009	槐	*Styphnolobium japonicum*	140	15	252	16	正宁县五顷原乡西头村范洼	秦军军
62102510016	槐	*Styphnolobium japonicum*	330	13	323	9	正宁县三嘉乡关家川村香台组羊场门前	关启荣
62102510017	槐	*Styphnolobium japonicum*	420	14	376	14	正宁县三嘉乡关家川村学校东侧	关争争
62102510019	槐	*Styphnolobium japonicum*	460	10	328	12	正宁县三嘉乡琅琊洼村秦渠组	吕关平
62102510020	槐	*Styphnolobium japonicum*	460	11	405	17	正宁县三嘉乡琅琊洼村秦渠组	吕关平
62102600001	槐	*Styphnolobium japonicum*	450	15	420	14	宁县春荣镇新庄村石东组	新庄村委会
62102600002	槐	*Styphnolobium japonicum*	500	16	450	16	宁县春荣镇白公村	白公村委会
62102600003	槐	*Styphnolobium japonicum*	200	19	300	13	宁县春荣镇路户村路户孙咀组	路户村委会
62102600005	槐	*Styphnolobium japonicum*	200	11	242	17	宁县春荣镇白公村一组	白公村委会
62102600007	槐	*Styphnolobium japonicum*	150	18	280	18	宁县春荣镇赤堡村赤南组涝池	赤堡村委会
62102600010	槐	*Styphnolobium japonicum*	300	15	420	15	宁县春荣镇高寺村三组槐树台	高寺村委会
62102600011	槐	*Styphnolobium japonicum*	130	20	340	18	宁县春荣镇高寺村董家组庙上	高寺村委会
62102600015	槐	*Styphnolobium japonicum*	180	11	250	10	宁县春荣镇徐家村陡沟组杨维亭门前	徐家村委会
62102600016	槐	*Styphnolobium japonicum*	180	9	225	12	宁县春荣镇徐家村陡沟组杨维亭门前	徐家村委会
62102600017	槐	*Styphnolobium japonicum*	150	25	240	11	宁县春荣镇徐家村闫堡组庙院	徐家村委会
62102600019	槐	*Styphnolobium japonicum*	300	20	350	11	宁县湘乐镇柏树底村西壕	柏树底村委会
62102600020	槐	*Styphnolobium japonicum*	200	17	240	11	宁县湘乐镇庞川村崔西大场	庞川村委会
62102600021	槐	*Styphnolobium japonicum*	200	20	260	17	宁县湘乐镇庞川村崔西大场	庞川村委会

古树编号	树种	树种拉丁名	估测树龄	树高 (m)	树围 (cm)	平均冠幅 (m)	具体地点	管护单位 / 人
62102600023	槐	*Styphnolobium japonicum*	500	11	425	16	宁县湘乐镇瓦窑村	瓦窑村委会
62102600027	槐	*Styphnolobium japonicum*	120	21	200	14	宁县湘乐镇柏树底村西壕	柏树底村委会
62102600028	槐	*Styphnolobium japonicum*	200	20	250	15	宁县湘乐镇湘乐村	湘乐村委会
62102600029	槐	*Styphnolobium japonicum*	150	22	310	22	宁县湘乐镇湘乐村湘乐林场门前	湘乐村委会
62102600030	槐	*Styphnolobium japonicum*	300	20	260	17	宁县湘乐镇湘乐村崔东组	湘乐村委会
62102600043	槐	*Styphnolobium japonicum*	200	12	380	20	宁县湘乐镇任劳村张西组洞子口	任劳村委会
62102600045	槐	*Styphnolobium japonicum*	600	19	566	26	宁县湘乐镇任劳村建南组庙旁	任劳村委会
62102600047	槐	*Styphnolobium japonicum*	1300	23	823	23	宁县湘乐镇小坳村	小坳村委会
62102600048	槐	*Styphnolobium japonicum*	300	30	460	12	宁县湘乐镇小坳村	小坳村委会
62102600049	槐	*Styphnolobium japonicum*	120	18	275	10	宁县金村乡崔庄村	崔庄村委会
62102600051	槐	*Styphnolobium japonicum*	300	13	430	12	宁县金村乡崔庄村	崔庄村委会
62102600059	槐	*Styphnolobium japonicum*	1000	13	660	18	宁县金村乡麻子掌村麻子掌组汪堡子沟	麻子掌村委会
62102600060	槐	*Styphnolobium japonicum*	500	10	690	18	宁县金村乡麻子掌村木瓜塬组	麻子掌村委会
62102600061	槐	*Styphnolobium japonicum*	220	28	350	15	宁县金村乡金村古庙门口	金村村委会
62102600063	槐	*Styphnolobium japonicum*	150	13	310	14	宁县金村乡金村当庄组	金村村委会
62102600064	槐	*Styphnolobium japonicum*	150	6	180	7	宁县金村乡金村老庄组村部西边山上	金村村委会
62102600074	槐	*Styphnolobium japonicum*	200	19	320	19	宁县九岘乡北庄村西庄组	北庄村委会
62102600076	槐	*Styphnolobium japonicum*	300	13	260	26	宁县九岘乡马洼村良庄组张家门前	马洼村委会
62102600078	槐	*Styphnolobium japonicum*	100	21	220	16	宁县九岘乡马洼村良庄组	马洼村委会
62102600079	槐	*Styphnolobium japonicum*	150	20	300	20	宁县九岘乡马洼村良庄组仵家田地	马洼村委会
62102600080	槐	*Styphnolobium japonicum*	120	20	260	19	宁县九岘乡马洼村良庄组仵家田地	马洼村委会
62102600081	槐	*Styphnolobium japonicum*	250	16	370	16	宁县九岘乡马洼村里庄组涝池畔	马洼村委会
62102600082	槐	*Styphnolobium japonicum*	100	17	250	9	宁县九岘乡马洼村里庄组涝池畔	马洼村委会
62102600083	槐	*Styphnolobium japonicum*	150	12	240	11	宁县九岘乡马洼村里庄组涝池畔	马洼村委会
62102600084	槐	*Styphnolobium japonicum*	350	14	570	8	宁县九岘乡马洼村里庄组场畔	马洼村委会
62102600085	槐	*Styphnolobium japonicum*	190	7	180	7	宁县九岘乡马洼村老庄组涝池畔	马洼村委会
62102600087	槐	*Styphnolobium japonicum*	300	12	420	14	宁县九岘乡马洼村老庄组涝池畔下	马洼村委会
62102600091	槐	*Styphnolobium japonicum*	160	15	280	13	宁县九岘乡左川村枣林广场北	左川村委会
62102600092	槐	*Styphnolobium japonicum*	150	14	220	13	宁县九岘乡左川村枣林广场北	左川村委会
62102600102	槐	*Styphnolobium japonicum*	200	13	320	20	宁县和盛镇湫包头村	湫包头村委会
62102600103	槐	*Styphnolobium japonicum*	200	14	290	12	宁县和盛镇湫包头村五组公墓	湫包头村委会
62102600107	槐	*Styphnolobium japonicum*	300	15	325	13	宁县新庄镇山王村三组城里头	山王村委会
62102600108	槐	*Styphnolobium japonicum*	150	18	220	15	宁县长庆桥镇先锋村任家沟	先锋村委会
62102600110	槐	*Styphnolobium japonicum*	600	33	650	16	宁县南义乡吴家村	吴家村委会
62102600112	槐	*Styphnolobium japonicum*	200	15	330	14	宁县南义乡张堡村李庄组三官庙前	张堡村委会
62102600114	槐	*Styphnolobium japonicum*	200	20	310	23	宁县南义乡屯庄村屯庄组	屯庄村委会
62102600115	槐	*Styphnolobium japonicum*	100	13	220	10	宁县南义乡北庄村	北庄村委会
62102600116	槐	*Styphnolobium japonicum*	100	11	220	7	宁县南义乡北庄村柴湾组	北庄村委会
62102600117	槐	*Styphnolobium japonicum*	200	18	290	15	宁县中村镇邓家村四组	邓家村委会
62102600124	槐	*Styphnolobium japonicum*	100	13	245	22	宁县中村镇新城村三组姜家	新城村委会
62102600130	槐	*Styphnolobium japonicum*	200	9	245	8	宁县早胜镇曹家村小户曹家一组	曹家村委会
62102600135	槐	*Styphnolobium japonicum*	150	15	270	15	宁县早胜镇遇村三组涝池旁	遇村村委会
62102600141	槐	*Styphnolobium japonicum*	150	15	235	19	宁县良平镇新庄村二组北庄路口	新庄村委会
62102600145	槐	*Styphnolobium japonicum*	500	15	500	19	宁县平子镇修果王家村四组小学东侧	修果王家村委会
62102600146	槐	*Styphnolobium japonicum*	120	15	280	17	宁县平子镇半坡村八组关公庙旁边	半坡村委会
62102600148	槐	*Styphnolobium japonicum*	500	13	240	18	宁县平子镇下塬村四组庙前	下塬村委会

古树编号	树种	树种拉丁名	估测树龄	树高 (m)	树围 (cm)	平均冠幅 (m)	具体地点	管护单位 / 人
62102600168	槐	*Styphnolobium japonicum*	150	14	290	18	宁县盘克镇武洛村元合岭庙院	武洛村委会
62102600178	槐	*Styphnolobium japonicum*	150	14	330	7	宁县盘克镇罗后村堡子组	罗后村委会
62102600189	槐	*Styphnolobium japonicum*	120	9	265	13	宁县盘克镇胡堡村老庄组	胡堡村委会
62102600190	槐	*Styphnolobium japonicum*	300	15	400	15	宁县盘克镇胡堡村老庄组	胡堡村委会
62102600194	槐	*Styphnolobium japonicum*	150	14	320	22	宁县盘克镇界村西庄组涝池畔	界村村委会
62102600195	槐	*Styphnolobium japonicum*	350	16	470	24	宁县盘克镇界村东组水沟畔	界村村委会
62102600201	槐	*Styphnolobium japonicum*	300	16	520	13	宁县盘克镇形赤村东庄组涝池对面	形赤村委会
62102600202	槐	*Styphnolobium japonicum*	200	18	300	12	宁县盘克镇形赤村东庄组涝池对面	形赤村委会
62102600203	槐	*Styphnolobium japonicum*	250	18	340	15	宁县盘克镇形赤村东庄组涝池对面	形赤村委会
62102600205	槐	*Styphnolobium japonicum*	200	9	230	14	宁县盘克镇咀头村西组路边西	咀头村委会
62102600207	槐	*Styphnolobium japonicum*	350	10	430	14	宁县盘克镇宋庄村白吉坡水库边	宋庄村委会
62102600208	槐	*Styphnolobium japonicum*	500	10	500	20	宁县盘克镇宋庄村白吉坡水库边	宋庄村委会
62102600210	槐	*Styphnolobium japonicum*	120	15	285	16	宁县米桥镇老庙村六组	冯继新
62102600211	槐	*Styphnolobium japonicum*	500	20	510	21	宁县平子镇西堡村	王毛虎
62102600214	槐	*Styphnolobium japonicum*	200	20	260	22	宁县良平镇屯庄村	马建峰
62102600215	槐	*Styphnolobium japonicum*	150	14	240	20	宁县盘克镇咀头村	张发权
62102600217	槐	*Styphnolobium japonicum*	120	9	280	15	宁县春荣镇铁王村东组	王发虎
62102600224	槐	*Styphnolobium japonicum*	100	11	230	13	宁县南义镇北庄村	柴盘龙
62102700008	槐	*Styphnolobium japonicum*	430	22	533	21	镇原县临泾镇十里墩村	临泾镇政府
62102700009	槐	*Styphnolobium japonicum*	240	13	295	12	镇原县上肖镇净口村	上肖乡政府
62102700010	槐	*Styphnolobium japonicum*	240	16	299	14	镇原县上肖镇净口村什字	上肖乡政府
62102700011	槐	*Styphnolobium japonicum*	360	25	455	22	镇原县上肖镇西岭村	上肖乡政府
62102700012	槐	*Styphnolobium japonicum*	290	20	360	19	镇原县上肖镇姜曹村北坪	上肖乡政府
62102700013	槐	*Styphnolobium japonicum*	350	24	420	20	镇原县屯字镇曹路村地庄	屯字镇政府
62102700014	槐	*Styphnolobium japonicum*	500	12	480	8	镇原县临泾镇祁焦村焦渠	临泾镇政府
62102700015	槐	*Styphnolobium japonicum*	200	14	253	14	镇原县临泾镇祁焦村焦渠	临泾镇政府
62102700016	槐	*Styphnolobium japonicum*	210	14	260	14	镇原县太平镇南庄村断岘	太平镇政府
62102508002	龙爪槐	*Styphnolobium japonicum* 'Pendula'	410	7	250	6	正宁县湫头镇双佛堂村上岭	杨毛蛋
楝科								
62102503003	香椿	*Toona sinensis*	110	17	190	15	正宁县永正镇南住村庙背后	南住村委会
大戟科								
62102400131	油桐	*Vernicia fordii*	100	15	272	14	合水县吉岘镇宫合村东畔组	宫合村东畔组
漆树科								
62102600035	青麸杨	*Rhus potaninii*	200	7	140	5	宁县湘乐镇于家村于家圪崂山神庙门前	于家村委会
卫矛科								
62102600086	白杜	*Euonymus maackii*	150	9	200	5	宁县九岘乡马洼村老庄组涝池畔下	马洼村委会
62102600138	白杜	*Euonymus maackii*	100	14	250	12	宁县良平镇屯庄村八组路边	屯庄村委会
62102700007	白杜	*Euonymus maackii*	340	7	210	10	镇原县城关镇丰台村范洼	城关镇政府
无患子科								
62100200005	三角槭	*Acer buergerianum*	560	15	240	8	西峰区董志镇八年村西庄组	西峰区林草局
62102100019	三角槭	*Acer buergeriamum*	120	13	207	15	庆城县玄马镇桑塬村	庆城县林草局
62102200008	五角槭	*Acer pictum* subsp. *mono*	400	9	295	10	环县曲子镇董家塬村公路边	胡学林
62102200009	五角槭	*Acer pictum* subsp. *mono*	150	11	157	18	环县曲子镇董家塬村公路附近	胡学林
62102200034	五角槭	*Acer pictum* subsp. *mono*	280	10	150	13	环县四合原旅游开发办公室四合原村东老爷山玉皇峁	东老爷山森林公园管委会
62102300032	五角槭	*Acer pictum* subsp. *mono*	480	13	315	17	华池县王咀子乡宪塬村宪塬组	李志堂
62102600009	五角槭	*Acer pictum* subsp. *mono*	120	8	160	10	宁县春荣镇赤堡村赤中组涝池旁	赤堡村委会

古树编号	树种	树种拉丁名	估测树龄	树高 (m)	树围 (cm)	平均冠幅 (m)	具体地点	管护单位/人
62102600032	五角槭	*Acer pictum* subsp. *mono*	260	9	145	7	宁县湘乐镇南仓村谢畔组	南仓村委会
62102600077	五角槭	*Acer pictum* subsp. *mono*	100	6	144	8	宁县九岘乡马洼村良庄组胡家门前	马洼村委会
62102600088	五角槭	*Acer pictum* subsp. *mono*	200	10	200	9	宁县九岘乡马洼村老庄组米家门前	马洼村委会
62102600089	五角槭	*Acer pictum* subsp. *mono*	300	16	300	12	宁县九岘乡左家川村阳山组段社	左家川村委会
62102600118	五角槭	*Acer pictum* subsp. *mono*	200	8	101	7	宁县中村镇刘家村东庄六组	刘家村委会
62102600196	五角槭	*Acer pictum subsp. mono*	200	8	180	6	宁县盘克镇界村东组水沟南	界村村委会
62102600200	五角槭	*Acer pictum* subsp. *mono*	300	11	170	12	宁县盘克镇形赤村前梁组李兴来门前	形赤村委会
62102200087	细裂槭	*Acer pilosum* var. *stenolobum*	260	12	351	16	环县曲子镇金村寺村田塬畔组老坟院	天恒
62102200100	细裂槭	*Acer pilosum* var. *stenolobum*	200	6	130	8	环县木钵镇木钵东街村药王庙	药王庙
62102400142	细裂槭	*Acer pilosum* var. *stenolobum*	150	9	215	10	合水县肖咀镇老庄村湾子组	老庄村湾子组
62102400153	细裂槭	*Acer pilosum* var. *stenolobum*	200	12	253	13	合水县蒿咀铺乡张举塬村后塬组	张举塬村后塬组
62102400155	细裂槭	*Acer pilosum* var. *stenolobum*	150	12	213	18	合水县蒿咀铺乡张举塬村董家塬组	张举塬村董家塬组
62102507003	细裂槭	*Acer pilosum* var. *stenolobum*	140	16	263	16	正宁县永和镇罗儿沟圈村沟圈组	梁万纯
62100200024	文冠果	*Xanthoceras sorbifolium*	110	11	239	4	西峰区彭原镇上何村付庄组	西峰区林草局
62100200025	文冠果	*Xanthoceras sorbifolium*	110	7	79	4	西峰区彭原镇上何村付庄组	西峰区林草局
62100200026	文冠果	*Xanthoceras sorbifolium*	110	4	63	4	西峰区环城镇五里屯村上周塬组	西峰区林草局
62102100043	文冠果	*Xanthoceras sorbifolium*	600	13	166	11	庆城县翟家河乡路家掌村	王万恒
62102200006	文冠果	*Xanthoceras sorbifolium*	410	9	147	9	环县合道镇陶洼子村钻洞子	苏占武
62102200007	文冠果	*Xanthoceras sorbifolium*	410	7	200	10	环县合道镇陶洼子村钻洞子	苏占武
62102400151	文冠果	*Xanthoceras sorbifolium*	100	9	98	5	合水县太莪乡黑木村文山组	黑木村文山组
62102600111	文冠果	*Xanthoceras sorbifolium*	200	9	150	6	宁县南义乡马户村梁川林场	马户村委会
62102600136	文冠果	*Xanthoceras sorbifolium*	300	6	220	5	宁县早胜镇南庄村四组王家院内	南庄村委会
62102700006	文冠果	*Xanthoceras sorbifolium*	600	10	202	6	镇原县屯字镇曹路村颜庄	屯字镇政府
鼠李科								
62102200078	柳叶鼠李	*Rhamnus erythroxylum*	110	8	100	7	环县罗山川乡山水湾村滩阳洼祖坟	吴世钢
62100200014	枣	*Ziziphus jujuba*	200	10	110	8	西峰区什社乡新兴村聂川队	西峰区林草局
62100200015	枣	*Ziziphus jujuba*	200	8	150	8	西峰区什社乡新兴村聂川队	西峰区林草局
62100200016	枣	*Ziziphus jujuba*	150	8	156	6	西峰区什社乡庆丰村三姓马泉组	西峰区林草局
62102100033	枣	*Ziziphus jujuba*	170	13	122	10	庆城县马岭镇马岭村	庆城县林草局
62102100034	枣	*Ziziphus jujuba*	170	14	151	10	庆城县马岭镇马岭村	庆城县林草局
62102100035	枣	*Ziziphus jujuba*	170	5	110	10	庆城县马岭镇马岭村	庆城县林草局
62102100036	枣	*Ziziphus jujuba*	170	13	147	13	庆城县马岭镇马岭村	庆城县林草局
62102100037	枣	*Ziziphus jujuba*	240	18	160	7	庆城县马岭镇马岭村	庆城县林草局
62102100038	枣	*Ziziphus jujuba*	240	10	129	9	庆城县马岭镇马岭村	庆城县林草局
62102100039	枣	*Ziziphus jujuba*	240	11	117	5	庆城县马岭镇马岭村	庆城县林草局
62102100040	枣	*Ziziphus jujuba*	270	13	163	7	庆城县马岭镇马岭村	庆城县林草局
62102100041	枣	*Ziziphus jujuba*	240	15	179	7	庆城县马岭镇马岭村	庆城县林草局
62102100042	枣	*Ziziphus jujuba*	240	13	141	8	庆城县马岭镇马岭村	庆城县林草局
62102100044	枣	*Ziziphus jujuba*	200	9	160	12	庆城县翟家河乡路家掌村	王志新
62102500070	枣	*Ziziphus jujuba*	230	5	160	5	正宁县三嘉乡关川村关西组	王志新、张宝西
62102500071	枣	*Ziziphus jujuba*	150	5	112	7	正宁县三嘉乡关川村关西组	王志新、张宝西
62102200030	酸枣	*Ziziphus jujuba* var. *spinosa*	200	6	75	5	环县环城镇白草原村赵沟门赵阳山	赵亭延
62102400018	酸枣	*Ziziphus jujuba* var. *spinosa*	1300	17	295	9	合水县固城乡董家寺村	董家寺村委会
62102600090	酸枣	*Ziziphus jujuba* var. *spinosa*	500	11	134	15	宁县九岘乡左川村枣林广场	左川村委会
62102600165	酸枣	*Ziziphus jujuba* var. *spinosa*	120	9	120	7	宁县新宁镇高山堡村弯大台	高山堡村委会
62102700018	酸枣	*Ziziphus jujuba* var. *spinosa*	700	5	180	5	镇原县临泾镇毛头村柳咀	临泾镇政府

古树编号	树种	树种拉丁名	估测树龄	树高 (m)	树围 (cm)	平均冠幅 (m)	具体地点	管护单位 / 人
柽柳科								
62102200025	柽柳	*Tamarix chinensis*	150	9	172	9	环县环城镇冉旗寨村范阴山	范米安
62102200043	柽柳	*Tamarix chinensis*	500	5	300	7	环县虎洞镇砂井子村拓儿塬	苗志正
62102200050	柽柳	*Tamarix chinensis*	270	16	157	7	环县小南沟乡丁寨柯村吕庄组张家山	姚志雄
62102200061	柽柳	*Tamarix chinensis*	200	8	180	10	环县天池乡四合掌村二合掌	罗如伸
62102300019	柽柳	*Tamarix chinensis*	100	6	125	6	华池县王咀子乡井子塬村井子塬组	李广年
62102300029	柽柳	*Tamarix chinensis*	260	26	500	22	华池县山庄乡大庄村	高锋
胡颓子科								
62102200064	沙枣	*Elaeagnus angustifolia*	100	9	130	10	环县甜水镇甜水村阳洼	王汉平
柿科								
62102600094	柿	*Diospyros kaki*	300	13	160	7	宁县焦村镇南堡村六组	南堡村委会
62102600104	柿	*Diospyros kaki*	150	12	155	9	宁县新庄镇桥子村三组	桥子村委会
紫葳科								
62102100031	灰楸	*Catalpa bungei*	270	10	210	6	庆城县三十里铺镇韩台村	庆城县林草局
62102100032	灰楸	*Catalpa bungei*	270	9	208	5	庆城县三十里铺镇韩台村	庆城县林草局
62102400016	灰楸	*Catalpa bungei*	700	20	460	16	合水县板桥镇刘家庄村李渠	刘家庄村委会
62102600046	灰楸	*Catalpa bungei*	1300	22	734	17	宁县湘乐镇小坳村董家洼组八庙岭	小坳村委会
62102600121	灰楸	*Catalpa bungei*	200	13	310	12	宁县中村镇弥家村三组庙前	弥家村委会
62102600152	灰楸	*Catalpa bungei*	100	15	220	13	宁县米桥镇高仓村剧院内广场	高仓村委会
62102600157	灰楸	*Catalpa bungei*	100	15	225	11	宁县米桥镇红星村二组庙前	红星村委会
62102600158	灰楸	*Catalpa bungei*	100	15	220	11	宁县米桥镇红星村二组庙前	红星村委会

庆阳市古树群

古树群编号	主要树种	株数	平均树高 (m)	平均树围 (cm)	平均树龄	具体地点	管护单位
62102762217	侧柏	93	15	100	430	镇原县城关镇潜伏山	潜伏山森林公园
62102662216	杜梨	30	14	102	110	宁县金村乡麻子掌村	麻子掌村委会
62102662215	枣	20	14	57	110	宁县焦村镇渭一口村二组	渭一口村委会
62102662214	胡桃	10	19	90	120	宁县湘乐镇湘乐村	湘乐村委会
62102662213	枣	145	10	44	140	宁县新宁镇高山堡	高山堡村委会
62102662212	枣	21	10	44	120	宁县春荣镇王台村赵沟组	王台村委会
62102662211	枣	17	11	42	120	宁县春荣镇王台村	王台村委会
62102662210	侧柏	112	10	38	100	宁县新庄镇桥子东坡	桥子村委会
62102662209	柿	32	13	46	100	宁县新庄镇桥子东坡	桥子村委会
62102562208	旱柳	5	10	98	100	正宁县西坡镇五畔村四组涝池畔	五畔村委会
62102362207	胡桃	7	10	70	140	华池县悦乐镇悦乐村田沟沟组	悦乐村委会
62102362206	侧柏	17	7	105	150	华池县紫坊畔乡高庄村郭畔组城山	南梁林场
62102162205	侧柏	15	11	30	190	庆城县马岭镇黄嵝岘村凤凰山景区	凤凰山景区管委会
62102162204	侧柏	50	14	54	130	庆城县玄马镇柏树村村部广场	庆城县林业局

临夏州古树名木

古树编号	树种	树种拉丁名	估测树龄	树高 (m)	树围 (cm)	平均冠幅 (m)	具体地点	管护单位 / 人
松科								
62292700014	雪松	*Cedrus deodara*	100	14	178	7	积石山县关家川乡杓家村邢上社	杓家村委会
62292100012	华山松	*Pinus armandi*	300	17	410	10	临夏县马集镇庙山村大庙山寺	大庙山寺
62292200006	云杉	*Picea asperata*	410	15	490	11	康乐县鸣鹿乡郭家庄村	郭家庄村委会
62292200010	云杉	*Picea asperata*	300	18	220	9	康乐县上湾乡上湾村	上湾村委会
62292200019	云杉	*Picea asperata*	100	9	155	6	康乐县莲麓镇斜角滩村阳山	斜角滩村委会
62292300005	云杉	*Picea asperata*	420	14	540	7	永靖县关山乡南堡村抱龙山	巴米山林场
62292300006	云杉	*Picea asperata*	420	13	420	5	永靖县关山乡南堡村抱龙山	巴米山林场
62292300007	云杉	*Picea asperata*	420	10	450	4	永靖县关山乡南堡村抱龙山	巴米山林场
62292300008	云杉	*Picea asperata*	420	12	435	4	永靖县关山乡南堡村抱龙山	巴米山林场
62292300023	云杉	*Picea asperata*	150	18	35	11	永靖县小岭乡土门村清真寺	土门村委会
62292500008	云杉	*Picea asperata*	720	15	217	8	和政县罗家集乡小滩村慈娲河寺	慈娲河寺
62292500046	云杉	*Picea asperata*	130	12	168	6	和政县城关镇麻藏村前结尕	麻藏村委会
62292600007	云杉	*Picea asperata*	110	21	190	13	东乡族自治县百和乡政府院内	百和乡政府
62292500117	云杉	*Picea asperata*	170	16	218	11	和政县新营尕庄一社	马尕文
62292100036	大果青杆	*Picea neoveitchii*	200	28	301	14	临夏县北塬镇大鲁家村六队	大鲁家村委会
62292500115	大果青杆	*Picea neoveitchii*	230	26	290	9	和政县新营镇尕庄村盘坡清真寺旁	王拉黑
62292500116	大果青杆	*Picea neoveitchii*	200	21	260	10	和政县新营镇尕庄村十六社	王辉
62292500126	大果青杆	*Picea neoveitchii*	150	27	188	6	和政县新庄乡奋斗村韩家苍社	斯巴司庙
62292500127	大果青杆	*Picea neoveitchii*	150	26	195	6	和政县新庄乡奋斗村韩家苍社	斯巴司庙
62292500128	大果青杆	*Picea neoveitchii*	170	29	215	7	和政县新庄乡奋斗村上大路社	斯巴司庙
62292500129	大果青杆	*Picea neoveitchii*	140	27	178	7	和政县新庄乡奋斗村上大路社	斯巴司庙
62292700007	青杆	*Picea wilsonii*	180	21	120	10	积石山县刘集乡河崖村	河崖村委会
62292600001	青杆	*Picea wilsonii*	200	9	240	4	东乡族自治县锁南镇宗教事务局院内	春台管护站
62292600002	青杆	*Picea wilsonii*	200	32	76	11	东乡族自治县锁南镇宗教事务局院内	春台管护站
62292300002	油松	*Pinus tabuliformis*	520	7	405	4	永靖县关山乡红光村神树岘	巴米山林场
62292300003	油松	*Pinus tabuliformis*	520	10	450	9	永靖县三条岘乡塔什堡村	巴米山林场
62292300024	油松	*Pinus tabuliformis*	140	6	70	6	永靖县陈井镇张家沟村方神庙	方神庙
柏科								
62290100003	侧柏	*Platycladus orientalis*	650	8	105	8	临夏市南龙镇妥家村	临夏市园林局
62292300009	侧柏	*Platycladus orientalis*	290	9	40	7	永靖县三塬镇刘家塬村庙门前	刘家塬村委会
62292300010	侧柏	*Platycladus orientalis*	290	8	70	8	永靖县三塬镇刘家塬村庙门前	刘家塬村委会
62292700035	侧柏	*Platycladus orientalis*	530	15	380	7	积石山县郭干乡酸李树村庙	酸李树村委会
62292700036	侧柏	*Platycladus orientalis*	190	12	230	6	积石山县郭干乡酸李树村庙	酸李树村委会
杨柳科								
62292100005	山杨	*Populus davidiana*	400	32	315	17	临夏县麻尼寺沟乡南岔村龙头河	李占怀

古树编号	树种	树种拉丁名	估测树龄	树高 (m)	树围 (cm)	平均冠幅 (m)	具体地点	管护单位 / 人
62292100006	山杨	*Populus davidiana*	300	22	260	16	临夏县麻尼寺沟乡南岔村龙头河	李占怀
62292100008	山杨	*Populus davidiana*	300	21	258	16	临夏县漫路乡唐家外村山神庙	唐家外村委会
62292400001	山杨	*Populus davidiana*	800	22	505	15	广河县买家巷镇李家寺村	李家寺村委会
62292400003	山杨	*Populus davidiana*	1040	17	637	13	广河县买家巷镇马家咀村	马家咀村委会
62292400005	山杨	*Populus davidiana*	410	18	437	12	广河县官坊乡山庄村	山庄村委会
62292400006	山杨	*Populus davidiana*	250	21	359	15	广河县官坊乡槐沟村	槐沟村委会
62292200001	小叶杨	*Populus simonii*	320	28	470	15	康乐县流川乡苏家村	苏家村委会
62292200003	小叶杨	*Populus simonii*	120	18	270	14	康乐县白王乡老树沟村	老树沟村委会
62292200014	小叶杨	*Populus simonii*	510	15	640	8	康乐县苏集镇马寨村	马寨村委会
62292500133	毛白杨	*Populus tomentosa*	210	17	410	12	和政县新庄乡将台村下将台社	王秀莲
62292200004	青杨	*Populus cathayana*	500	25	610	24	康乐县八松乡龚家庄村	龚家庄村委会
62292200005	青杨	*Populus cathayana*	480	27	513	27	康乐县八松乡烈洼村	烈洼村委会
62292200008	青杨	*Populus cathayana*	310	23	380	20	康乐县上湾乡三条沟村	三条沟村委会
62292400012	青杨	*Populus cathayana*	200	20	365	16	广河县官坊乡槐沟村	槐沟村委会
62292400013	青杨	*Populus cathayana*	210	19	118	19	广河县庄禾集镇庄禾集村贾家山	庄禾集村委会
62292500001	青杨	*Populus cathayana*	240	25	470	16	和政县罗家集乡小滩村	小滩村委会
62292500005	青杨	*Populus cathayana*	210	23	409	17	和政县马家堡镇马家集村联合小学	马家集村委会
62292500014	青杨	*Populus cathayana*	120	16	343	12	和政县罗家集乡大滩村上沟社	大滩村委会
62292500020	青杨	*Populus cathayana*	180	10	372	9	和政县罗家集乡大滩村立路山顶	大滩村委会
62292500047	青杨	*Populus cathayana*	100	13	241	9	和政县买家集镇石咀村柳梅滩	石咀村委会
62292500048	青杨	*Populus cathayana*	230	12	441	6	和政县买家集镇石咀村上滩社	罗延福
62292500049	青杨	*Populus cathayana*	230	12	435	4	和政县买家集镇石咀村上滩社	罗延福
62292500050	青杨	*Populus cathayana*	200	16	357	12	和政县买家集镇两关集村蜡烛沟	两关集村委会
62292500051	青杨	*Populus cathayana*	140	16	322	12	和政县新庄乡何马家村	何马家村委会
62292500052	青杨	*Populus cathayana*	140	15	387	12	和政县新庄乡何马家村	何马家村委会
62292500054	青杨	*Populus cathayana*	100	16	253	14	和政县新庄乡前进村阳洼山	前进村委会
62292500056	青杨	*Populus cathayana*	200	13	430	13	和政县新庄乡榆木村磨石沟	榆木村委会
62292500061	青杨	*Populus cathayana*	150	14	330	10	和政县新庄乡何马家村斜道坡	何马家村委会
62292500104	青杨	*Populus cathayana*	230	17	465	18	和政县城关镇咀头村山庄社 22 号	杨志红
62292500114	青杨	*Populus cathayana*	140	20	268	17	和政县新庄关滩沟赵家洼	赵军
62292500131	青杨	*Populus cathayana*	180	35	355	21	和政县新庄乡将台村上将台社	将台村委会
62292500132	青杨	*Populus cathayana*	190	36	368	21	和政县新庄乡将台村上将台社	将台村委会
62292500138	青杨	*Populus cathayana*	150	23	280	7	和政县罗家集李家山田家社	赵志平
62292500142	青杨	*Populus cathayana*	180	24	360	23	和政县买家集镇两关集九社	两关集村委会
62292500143	青杨	*Populus cathayana*	200	26	390	22	和政县买家集镇两关集九社	两关集村委会
62292700013	青杨	*Populus cathayana*	130	17	110	10	积石山县安集乡风林村马家咀	风林村委会
62292100005	山杨	*Populus davidiana*	400	32	315	17	临夏县麻尼寺沟乡南岔村龙头河	李占怀
62292100006	山杨	*Populus davidiana*	300	22	260	16	临夏县麻尼寺沟乡南岔村龙头河	李占怀
62292100008	山杨	*Populus davidiana*	300	21	258	16	临夏县漫路乡唐家外村山神庙	唐家外村委会
62292400001	山杨	*Populus davidiana*	800	22	505	15	广河县买家巷镇李家寺村	李家寺村委会
62292400003	山杨	*Populus davidiana*	1000	17	637	13	广河县买家巷镇马家咀村	马家咀村委会
62292400005	山杨	*Populus davidiana*	410	18	437	12	广河县官坊乡山庄村	山庄村委会
62292400006	山杨	*Populus davidiana*	250	21	359	15	广河县官坊乡槐沟村	槐沟村委会
62292200001	小叶杨	*Populus simonii*	320	28	470	15	康乐县流川乡苏家村	苏家村委会
62292200003	小叶杨	*Populus simonii*	120	18	270	14	康乐县白王乡老树沟村	老树沟村委会
62292200014	小叶杨	*Populus simonii*	510	15	640	8	康乐县苏集镇马寨村	马寨村委会

古树编号	树种	树种拉丁名	估测树龄	树高 (m)	树围 (cm)	平均冠幅 (m)	具体地点	管护单位 / 人
62292500133	毛白杨	*Populus tomentosa*	210	17	410	12	和政县新庄乡将台村下将台社	王秀莲
62290100002	垂柳	*Salix babylonica*	400	24	471	13	临夏市八坊街道王寺社区	临夏市园林局
62290100005	垂柳	*Salix babylonica*	260	21	453	11	临夏市城郊镇瓦窑村	临夏市园林局
62290100007	垂柳	*Salix babylonica*	530	20	330	17	临夏市折桥镇祁牟村冯家台	祁牟村委会
62290100008	垂柳	*Salix babylonica*	300	28	412	19	临夏市折桥镇祁牟村	临夏市园林局
62292500121	垂柳	*Salix babylonica*	110	21	310	13	和政县城关镇南关和政饭店斜对面	马元
62292500122	垂柳	*Salix babylonica*	110	15	370	15	和政县城关镇南关后泉街	马国海
62290100009	旱柳	*Salix matsudana*	400	32	320	23	临夏市折桥镇祁牟村	临夏市园林局
62290100010	旱柳	*Salix matsudana*	440	27	378	29	临夏市折桥镇大庄村	大庄村委会
62290100011	旱柳	*Salix matsudana*	210	18	310	11	临夏市八坊办事处北大街南口	八坊办事处
62290100012	旱柳	*Salix matsudana*	150	24	487	15	临夏市城郊镇陈方村魁星阁寺	陈方村委会
62290100013	旱柳	*Salix matsudana*	210	14	362	20	临夏市新华社区平等路城南办事处	新华社区
62292100007	旱柳	*Salix matsudana*	350	13	280	12	临夏县新集镇古城村	李虎生
62292100009	旱柳	*Salix matsudana*	150	25	400	23	临夏县新集镇杨坪村梁家山	杨坪村委会
62292200017	旱柳	*Salix matsudana*	150	20	600	11	康乐县苏集镇苏集村岸门	苏集村委会
62292200018	旱柳	*Salix matsudana*	150	20	600	11	康乐县苏集镇苏集村岸门	苏集村委会
62292300001	旱柳	*Salix matsudana*	100	13	120	14	永靖县刘家峡镇刘家峡村	刘家峡村委会
62292300025	旱柳	*Salix matsudana*	140	11	100	11	永靖县新寺乡后坪村孔氏墓	后坪村委会
62292300026	旱柳	*Salix matsudana*	140	13	110	16	永靖县新寺乡后坪村孔氏墓	后坪村委会
62292300027	旱柳	*Salix matsudana*	120	18	320	10	永靖县刘家峡镇水工厂加工中心院内	刘家峡镇政府
62292300028	旱柳	*Salix matsudana*	110	13	370	7	永靖县刘家峡镇水工厂加工中心院内	刘家峡镇政府
62292300029	旱柳	*Salix matsudana*	130	17	370	11	永靖县刘家峡镇川西路居委会门前	刘家峡镇政府
62292300030	旱柳	*Salix matsudana*	140	13	250	10	永靖县刘家峡镇川西路居委会门前	刘家峡镇政府
62292300031	旱柳	*Salix matsudana*	130	10	300	6	永靖县刘家峡镇川西路居委会门前	刘家峡镇政府
62292300032	旱柳	*Salix matsudana*	130	12	380	12	永靖县刘家峡镇川西路居委会门前	刘家峡镇政府
62292300035	旱柳	*Salix matsudana*	130	17	300	10	永靖县刘家峡镇川西路居委会大什字星光幼儿园门口	刘家峡镇政府
62292500002	旱柳	*Salix matsudana*	170	8	457	8	和政县马家堡镇马家集村上街口	马家集村委会
62292500003	旱柳	*Salix matsudana*	110	16	307	10	和政县马家堡镇马家集村柴市巷	马国锋
62292500006	旱柳	*Salix matsudana*	120	18	318	19	和政县马家堡镇脖项村	脖项村委会
62292500016	旱柳	*Salix matsudana*	130	15	376	11	和政县罗家集乡大滩村立路社	李尕芳
62292500040	旱柳	*Salix matsudana*	350	17	496	12	和政县罗家集乡三岔沟村丁家山	王克明
62292500043	旱柳	*Salix matsudana*	230	6	376	4	和政县罗家集乡三岔沟村丁家山	王珍
62292500055	旱柳	*Salix matsudana*	100	12	297	13	和政县新庄乡前进村伊家庄	何忠
62292500068	旱柳	*Salix matsudana*	120	15	218	7	和政县达浪乡李家坪村马家庄	李家坪村委会
62292500069	旱柳	*Salix matsudana*	120	16	258	8	和政县达浪乡李家坪村马家庄	李家坪村委会
62292500102	旱柳	*Salix matsudana*	160	8	318	8	和政县新庄乡槐庄村张家山	槐庄村委会
62292700009	旱柳	*Salix matsudana*	150	19	257	17	积石山县刘集乡河崖村高家地	刘和成
62292700017	旱柳	*Salix matsudana*	240	23	389	18	积石山县石塬乡秦阴村委会旁	秦阴村委会
62292700020	旱柳	*Salix matsudana*	140	13	360	10	积石山县石塬乡宋家沟村坟地	宋家沟村委会
62292700021	旱柳	*Salix matsudana*	100	22	340	17	积石山县石塬乡宋家沟村坡头坪	宋家沟村委会
62292700022	旱柳	*Salix matsudana*	110	25	310	19	积石山县柳沟乡柳沟村赵王家	柳沟村委会
62292700023	旱柳	*Salix matsudana*	130	20	358	12	积石山县柳沟乡樊家沟村四楞干	樊家沟村委会
62292700024	旱柳	*Salix matsudana*	130	20	358	12	积石山县柳沟乡樊家沟村四楞干	樊家沟村委会
62292700026	旱柳	*Salix matsudana*	140	16	760	12	积石山县关家川乡芦家庄村头	芦家庄村委会
62292700027	旱柳	*Salix matsudana*	110	21	465	24	积石山县关家川乡何家村桥头	何家村委会
62292700028	旱柳	*Salix matsudana*	110	27	465	24	积石山县关家川乡何家村桥头	何家村委会

古树编号	树种	树种拉丁名	估测树龄	树高 (m)	树围 (cm)	平均冠幅 (m)	具体地点	管护单位 / 人
62292700030	旱柳	*Salix matsudana*	110	10	360	4	积石山县郭干乡郭干村大湾	郭干村委会
62292700031	旱柳	*Salix matsudana*	110	10	360	4	积石山县郭干乡郭干村大湾	郭干村委会
62292700032	旱柳	*Salix matsudana*	230	17	610	13	积石山县郭干乡大杨家村	大杨家村委会
胡桃科								
62292500101	胡桃	*Juglans regia*	120	15	223	14	和政县新庄乡槐庄村前庄社 33 号	槐庄村委会
62292500144	胡桃	*Juglans regia*	170	13	330	17	和政县新庄乡腰套村董家山	腰套村委会
62292500152	胡桃	*Juglans regia*	160	23	387	20	和政县三十里铺马牧沟祁家社 24 号	马占英
62292700001	胡桃	*Juglans regia*	380	35	536	35	积石山县大河家镇周家村	韩哈克木
62292700002	胡桃	*Juglans regia*	280	17	496	30	积石山县大河家镇四堡子村	魏彦忠
62292700003	胡桃	*Juglans regia*	160	29	520	24	积石山县刘集乡陶家村	陶家村委会
62292700004	胡桃	*Juglans regia*	260	30	486	26	积石山县刘集乡陶家村陶家庙门口	陶家村委会
62292700005	胡桃	*Juglans regia*	160	27	460	19	积石山县刘集乡陶家村陶家	陶家村委会
62292700033	胡桃	*Juglans regia*	120	15	310	13	积石山县郭干乡酸李树村城沟	羊武才
62292700034	胡桃	*Juglans regia*	120	18	300	14	积石山县郭干乡酸李树村城沟	羊尕连
壳斗科								
62292700008	蒙古栎	*Quercus mongolica*	560	16	223	11	积石山县刘集乡河崖村河崖小学附近	刘和成
榆科								
62292100015	榆树	*Ulmus pumila*	180	13	390	16	临夏县新集镇赵牌村麦场	李万洲
62292400002	榆树	*Ulmus pumila*	710	15	503	13	广河县买家巷镇李家寺村	李家寺村委会
62292400004	榆树	*Ulmus pumila*	320	26	373	19	广河县城关镇火红村	火红村委会
62292400007	榆树	*Ulmus pumila*	250	8	342	11	广河县祁家集镇朱家坪村	朱家坪村委会
62292400008	榆树	*Ulmus pumila*	150	12	274	16	广河县三甲集镇东关村三甲集小学	三甲集小学
62292400009	榆树	*Ulmus pumila*	500	9	461	23	广河县齐家镇王家沟村	齐家镇林业站
62292400010	榆树	*Ulmus pumila*	180	13	302	22	广河县齐家镇魏家咀村	齐家镇林业站
62292700010	榆树	*Ulmus pumila*	650	17	534	14	积石山县安集乡风林村马家咀	马文武
62292700015	榆树	*Ulmus pumila*	160	20	235	14	积石山县关家川乡杓家村邢上社	杓家村委会
62292700016	榆树	*Ulmus pumila*	150	21	230	16	积石山县关家川乡杓家村邢上社	杓家村委会
62292700029	榆树	*Ulmus pumila*	1150	14	580	7	积石山县关家川乡关集村	关集村委会
62290100004	榆树	*Ulmus pumila*	500	24	277	16	临夏市枹罕镇王坪社区	临夏市园林局
62290100006	榆树	*Ulmus pumila*	500	8	310	6	临夏市枹罕镇王坪社区	临夏市园林局
62292100004	榆树	*Ulmus pumila*	150	15	300	20	临夏县土桥镇大鲁家村	大鲁家村委会
62292100013	榆树	*Ulmus pumila*	200	17	380	17	临夏县北塬乡钱家村徐家社	包文光
62292200002	榆树	*Ulmus pumila*	810	15	560	8	康乐县流川乡范家村	范家村委会
62292200007	榆树	*Ulmus pumila*	490	14	700	9	康乐县上湾乡上湾村	上湾村委会
62292200011	榆树	*Ulmus pumila*	150	22	600	22	康乐县附城镇斜路村	斜路村委会
62292200012	榆树	*Ulmus pumila*	160	18	345	12	康乐县附城镇斜路村	斜路村委会
62292200016	榆树	*Ulmus pumila*	130	12	160	7	康乐县附城镇石王村张寨	石王村委会
62292300013	榆树	*Ulmus pumila*	520	8	540	6	永靖县关山乡南堡村抱龙山	巴米山林场
62292300014	榆树	*Ulmus pumila*	160	7	140	6	永靖县关山乡南堡村抱龙山	巴米山林场
62292300015	榆树	*Ulmus pumila*	320	10	120	8	永靖县王台镇塔坪村谢社	塔坪村委会
62292300016	榆树	*Ulmus pumila*	320	9	60	7	永靖县王台镇塔坪村谢社	塔坪村委会
62292300017	榆树	*Ulmus pumila*	170	11	60	10	永靖县王台镇塔坪村谢社	塔坪村委会
62292300018	榆树	*Ulmus pumila*	320	11	140	10	永靖县王台镇塔坪村谢社	塔坪村委会
62292300019	榆树	*Ulmus pumila*	290	11	300	11	永靖县三塬镇二联村	三联村委会
62292300020	榆树	*Ulmus pumila*	220	12	330	9	永靖县红泉镇滩子村	滩子村委会
62292300021	榆树	*Ulmus pumila*	120	10	120	9	永靖县王台镇永乐村	永乐村委会

古树编号	树种	树种拉丁名	估测树龄	树高 (m)	树围 (cm)	平均冠幅 (m)	具体地点	管护单位 / 人
62292400011	榆树	*Ulmus pumila*	170	13	371	19	广河县庄禾集镇司家坪村司家坪	司家坪村委会
62292500004	榆树	*Ulmus pumila*	160	7	512	4	和政县马家堡镇马家集村马集巷	马德宏
62292500007	榆树	*Ulmus pumila*	100	8	161	5	和政县马家堡镇脖项村	脖项村委会
62292500017	榆树	*Ulmus pumila*	180	12	289	9	和政县罗家集乡大滩村立路社	李尕芳
62292500026	榆树	*Ulmus pumila*	320	20	411	24	和政县罗家集乡大坪村上大坪	王克诚
62292500059	榆树	*Ulmus pumila*	130	12	230	7	和政县新庄乡腰套村下杜	任国锋
62292500062	榆树	*Ulmus pumila*	380	10	350	7	和政县三合镇虎家村西社	虎颜
62292500063	榆树	*Ulmus pumila*	340	17	338	14	和政县三十里铺镇三十里铺村朱家社	三十里铺村委会
62292500065	榆树	*Ulmus pumila*	200	7	275	8	和政县陈家集乡陈家集村刘家沟	刘发虎
62292500067	榆树	*Ulmus pumila*	290	15	330	12	和政县达浪乡李家坪村张韩家社	李家坪村委会
62292500070	榆树	*Ulmus pumila*	130	16	177	9	和政县三十里铺镇马家河村尕集河社	马占英
62292500103	榆树	*Ulmus pumila*	180	15	302	15	和政县城关镇咀头村抽川社	梁淑琴
62292500119	榆树	*Ulmus pumila*	120	12	210	11	和政县达浪乡杜家崖五社村广场边	康学明
62292500123	榆树	*Ulmus pumila*	210	3	330	5	和政县城关镇教场村中崖社	虎生平
62292500124	榆树	*Ulmus pumila*	200	3	250	4	和政县城关镇教场村中崖社	虎生平
62292500155	榆树	*Ulmus pumila*	170	22	285	17	和政县新庄乡何马家斜道坡	李春鲜
62292600003	榆树	*Ulmus pumila*	520	16	440	20	东乡族自治县董岭乡赵家山村阳洼社	黄家清真寺
62292600004	榆树	*Ulmus pumila*	520	15	422	13	东乡族自治县董岭乡大山村范家社	大山村委会
62292600005	榆树	*Ulmus pumila*	310	20	322	19	东乡族自治县董岭乡大山村范家社涝池边	大山村委会
62292600006	榆树	*Ulmus pumila*	550	22	544	30	东乡族自治县董岭乡董家沟村阳洼社	董家沟村委会
大麻科								
62292300004	黑弹树	*Celtis bungeana*	520	10	310	7	永靖县三条岘乡塔什堡村巴米山池	巴米山林场
芍药科								
62292100003	紫斑牡丹	*Paeonia rockii*	100	1	45	1	临夏县北塬乡上石村	上石村委会
蔷薇科								
62292500110	唐棣	*Amelanchier sinica*	100	11	159	5	和政县新庄乡将台村娘娘池	李玉海
62292500154	唐棣	*Amelanchier sinica*	150	11	218	12	和政县新庄乡金场沟村高家山社龙王庙门前	金场沟村委会
62292500097	山楂	*Crataegus pinnatifida*	180	7	50	5	和政县三十里铺镇包侯家村包家社	包侯家村委会
62292500018	山荆子	*Malus baccata*	110	8	160	5	和政县罗家集乡大滩村立路社	张国俊
62292500024	山荆子	*Malus baccata*	190	9	262	6	和政县罗家集乡大坪村大山寺	赵善才
62292500023	海棠花	*Malus spectabilis*	310	12	305	8	和政县罗家集乡大坪村大山寺	赵文林
62292400014	杏	*Prunus armeniaca*	180	9	195	8	广河县祁家集镇李家湾村对八字社	李家湾村委会
62292500145	稠李	*Prunus padus*	110	6	110	8	和政县新庄乡腰套村獾猪洼社 10 号	杨进寿
62292500146	稠李	*Prunus padus*	170	8	170	8	和政县新庄乡腰套村獾猪洼社 10 号	杨进寿
62292500015	李	*Prunus salicina*	110	6	162	7	和政县罗家集乡大滩村上沟社	大滩村委会
62292700038	杜梨	*Pyrus betulifolia*	320	18	335	9	积石山县居集镇甘藏村	杨海群
62292200009	白梨	*Pyrus bretschneideri*	100	15	200	9	康乐县上湾乡马巴村	马巴村委会
62292200015	白梨	*Pyrus bretschneideri*	290	12	250	7	康乐县五户乡汪家沟村山梁	汪家沟村委会
62292700011	白梨	*Pyrus bretschneideri*	110	13	230	9	积石山县安集乡风林村马家咀	风林村委会
62292500009	秋子梨	*Pyrus ussuriensis*	130	12	212	9	和政县罗家集乡大滩村上沟社	金永明
62292500011	秋子梨	*Pyrus ussuriensis*	150	6	258	4	和政县罗家集乡大滩村上沟社	金玉宙
62292500012	秋子梨	*Pyrus ussuriensis*	150	6	242	4	和政县罗家集乡大滩村上沟社	金玉琢
62292500013	秋子梨	*Pyrus ussuriensis*	130	9	206	5	和政县罗家集乡大滩村上沟社	金玉宙
62292500019	秋子梨	*Pyrus ussuriensis*	120	7	241	6	和政县罗家集乡大滩村立路社	张国俊
62292500021	秋子梨	*Pyrus ussuriensis*	110	8	226	8	和政县罗家集乡大滩村阳洼社	赵福禄
62292500032	秋子梨	*Pyrus ussuriensis*	120	6	156	7	和政县罗家集乡大坪村下大坪	大坪村委会

古树编号	树种	树种拉丁名	估测树龄	树高 (m)	树围 (cm)	平均冠幅 (m)	具体地点	管护单位 / 人
62292500033	秋子梨	*Pyrus ussuriensis*	120	8	161	4	和政县罗家集乡大坪村下大坪	大坪村委会
62292500034	秋子梨	*Pyrus ussuriensis*	120	8	176	6	和政县罗家集乡大坪村下大坪	大坪村委会
62292500035	秋子梨	*Pyrus ussuriensis*	120	6	126	6	和政县罗家集乡大坪村下大坪	大坪村委会
62292500036	秋子梨	*Pyrus ussuriensis*	130	11	220	7	和政县三十里铺镇包侯家村包家社	马尕苏
62292500037	秋子梨	*Pyrus ussuriensis*	120	13	235	8	和政县罗家集乡小滩村塔寺	李新春
62292500038	秋子梨	*Pyrus ussuriensis*	230	10	281	7	和政县罗家集乡三岔沟村丁家山	蒲建华
62292500039	秋子梨	*Pyrus ussuriensis*	120	11	171	6	和政县罗家集乡三岔沟村丁家山	蒲建华
62292500041	秋子梨	*Pyrus ussuriensis*	260	14	251	9	和政县罗家集乡三岔沟村丁家山	王克明
62292500042	秋子梨	*Pyrus ussuriensis*	310	10	319	7	和政县罗家集乡三岔沟村丁家山	王珍
62292500044	秋子梨	*Pyrus ussuriensis*	310	8	316	4	和政县罗家集乡三岔沟村丁家山	王珍
62292500045	秋子梨	*Pyrus ussuriensis*	210	12	337	9	和政县罗家集乡三岔沟村丁家山	王珍
62292500057	秋子梨	*Pyrus ussuriensis*	160	12	256	9	和政县新庄乡腰套村下杜社	腰套村委会
62292500058	秋子梨	*Pyrus ussuriensis*	160	9	258	4	和政县新庄乡腰套村下杜社	康学军
62292500060	秋子梨	*Pyrus ussuriensis*	230	9	400	8	和政县新庄乡腰套村任家社	寺管会
62292500064	秋子梨	*Pyrus ussuriensis*	160	8	264	7	和政县陈家集乡陈家集村陈家集学校	陈军
62292500071	秋子梨	*Pyrus ussuriensis*	150	8	230	7	和政县三十里铺镇马家河村尕集河	马占英
62292500072	秋子梨	*Pyrus ussuriensis*	150	13	240	7	和政县三十里铺镇包侯家村河滩社	马海福
62292500100	秋子梨	*Pyrus ussuriensis*	190	13	310	12	和政县新庄乡槐庄村中槐庄社	槐庄村委会
62292500105	秋子梨	*Pyrus ussuriensis*	140	8	213	9	和政县城关镇咀头村大湾口	咀头村委会
62292500106	秋子梨	*Pyrus ussuriensis*	100	14	166	13	和政县城关镇张家庄前巷社	陈继武
62292500107	秋子梨	*Pyrus ussuriensis*	120	11	195	10	和政县新庄乡将台村娘娘池	杜进
62292500108	秋子梨	*Pyrus ussuriensis*	110	10	168	5	和政县新庄乡将台村娘娘池	杜进
62292500109	秋子梨	*Pyrus ussuriensis*	100	14	166	13	和政县城关镇张家庄前巷社	陈继武
62292500113	秋子梨	*Pyrus ussuriensis*	140	7	210	8	和政县新庄关滩沟寺背后社	包云
62292500118	秋子梨	*Pyrus ussuriensis*	130	8	205	12	和政县新营镇大庄村五社	闵尕奴
62292500120	秋子梨	*Pyrus ussuriensis*	120	3	240	5	和政县达浪乡大庄村它洼社	马胜华
62292500125	秋子梨	*Pyrus ussuriensis*	210	22	340	14	和政县罗家集李家山田家集	赵志平
62292500130	秋子梨	*Pyrus ussuriensis*	140	13	220	10	和政县新庄乡将台村上将台社	吴建开
62292500134	秋子梨	*Pyrus ussuriensis*	120	14	188	9	和政县新庄乡将台村金家湾	金瑛
62292500135	秋子梨	*Pyrus ussuriensis*	120	9	190	7	和政县新庄乡将台村金家湾	金瑛
62292500136	秋子梨	*Pyrus ussuriensis*	130	14	200	10	和政县新庄乡将台村金家湾	安永鹏
62292500140	秋子梨	*Pyrus ussuriensis*	180	15	280	13	和政县新庄乡前进村上庄社	孙荣
62292500141	秋子梨	*Pyrus ussuriensis*	160	18	260	7	和政县新庄乡腰套村上独庄社	康学军
62292500147	秋子梨	*Pyrus ussuriensis*	140	13	218	9	和政县新庄腰套村獾猪洼	冯学文
62292500148	秋子梨	*Pyrus ussuriensis*	150	15	230	10	和政县新庄乡腰套村吓马家社	马玉华
62292500149	秋子梨	*Pyrus ussuriensis*	160	13	250	9	和政县新庄乡腰套村吓马家社 24 号	赵怀荣
62292500151	秋子梨	*Pyrus ussuriensis*	170	16	250	12	和政县罗家集李家山村田家社	赵志平
62292500153	秋子梨	*Pyrus ussuriensis*	180	18	250	12	和政县罗家集李家山村田家	赵志辉
62292500111	木梨	*Pyrus xerophila*	110	9	183	8	和政县新庄乡关滩沟村关上大庄	李虎
62292500112	木梨	*Pyrus xerophila*	140	9	225	10	和政县新庄乡关滩沟村关上大庄	李虎
62292500139	木梨	*Pyrus xerophila*	140	18	210	12	和政县松鸣镇新集村吓族社	新集村委会
62292500150	木梨	*Pyrus xerophila*	140	10	221	13	和政县新庄乡腰套村腰套沟插排	腰套村委会
豆科								
62292500066	紫丁香	*Syringa oblata*	380	3	141	4	和政县城关镇后寨子村后寨子学校	陈继华
62292700025	紫丁香	*Syringa oblata*	110	7	180	4	积石山县柳沟乡樊家沟村上樊	樊世雷
62290100014	刺槐	*Robinia pseudoacacia*	210	23	265	13	临夏市红园街道红园新村红园广场	红园新村社区

古树编号	树种	树种拉丁名	估测树龄	树高 (m)	树围 (cm)	平均冠幅 (m)	具体地点	管护单位 / 人
62292300011	刺槐	*Robinia pseudoacacia*	140	18	80	14	永靖县徐顶乡卫生院	徐顶乡卫生院
62292100001	槐	*Styphnolobium japonicum*	800	24	411	29	临夏县北塬乡上石村	上石村委会
62292100002	槐	*Styphnolobium japonicum*	800	19	590	27	临夏县北塬乡上石村	上石村委会
62292100010	槐	*Styphnolobium japonicum*	200	23	400	23	临夏县尹集镇马九川村柏家寺	马九川村委会
62292100011	槐	*Styphnolobium japonicum*	600	15	300	12	临夏县先锋乡赵官村赵三社	赵官村委会
62292200013	槐	*Styphnolobium japonicum*	400	15	490	9	康乐县附城镇松树沟村	松树沟村委会
62292300012	槐	*Styphnolobium japonicum*	120	10	200	8	永靖县刘家峡镇刘家峡村	刘家峡村委会
62292700018	槐	*Styphnolobium japonicum*	290	22	358	16	积石山县石塬乡秦阴村秦阴小学后面	秦阴村委会
62292700019	槐	*Styphnolobium japonicum*	190	18	302	13	积石山县石塬乡秦阴村	秦阴村委会
楝科								
62292700006	香椿	*Toona sinensis*	420	13	496	4	积石山县刘集乡河崖村河崖小学附近	河崖小学
卫矛科								
62292500010	卫矛	*Euonymus alatus*	120	7	156	6	和政县罗家集乡大滩村上沟社	金玉平
62292500053	卫矛	*Euonymus alatus*	160	7	252	6	和政县新庄乡前进村阳洼山	杨珍
6229250099	卫矛	*Euonymus alatus*	110	7	137	5	和政县罗家集丁家坪社 11 号	罗万荣
62292700012	卫矛	*Euonymus alatus*	210	10	110	8	积石山县小关乡小关村小关街道	马福云
悬铃木科								
62292700037	二球悬铃木	*Platanus acerifolia*	110	21	215	12	积石山县银川乡新庄村新庄小学院内	新庄村委会
木犀科								
62292500137	暴马丁香	*Syringa reticulata* subsp. *amurensis*	300	12	160	7	和政县买家集民主村盘那寺门前	民主村委会

临夏州古树群

古树群编号	主要树种	株数	平均树高（m）	平均树围（cm）	平均树龄	具体地点	管护单位
62292162275	榆树	11	11	201	120	临夏县韩集镇烈士陵园院内	临夏县烈士陵园
62292162276	侧柏	8	8	308	120	临夏县韩集镇烈士陵园院内	临夏县烈士陵园
62292262277	白梨	7	13	160	610	康乐县景古镇牟家沟村	牟家沟村委会
62292262278	云杉	10	20	153	290	康乐县苏集镇半坡村下湾	半坡村委会
62292262279	小叶杨	7	25	330	260	康乐县苏集镇马寨村	马寨村委会
62292262280	白梨	5	15	200	110	康乐县上湾乡马巴村	马巴村委会
62292262281	青杨	4	22	370	280	康乐县白王乡新庄村何家五社	新庄村委会
62292562282	青杨	4	22	108	190	和政县罗家集镇小摊村	小摊村委会
62292562283	青杨	10	16	83	130	和政县罗家集镇大坪村	大坪村委会
62292562284	青杨	3	15	115	190	和政县买家集镇两关集村	两关集村委会
62292562285	云杉	3	14	89	240	和政县新庄镇腰套村	腰套村委会
62292562286	秋子梨	31	9.5	45	100	和政县三十里铺镇包侯家村	包侯家村委会

甘南州古树名木

古树编号	树种	树种拉丁名	估测树龄	树高 (m)	树围 (cm)	平均冠幅 (m)	具体地点	管护单位 / 人
昆栏树科								
62302315028	水青树	*Tetracentron sinense*	410	12	118	9	舟曲县峰迭镇磨沟村	磨沟管护站
62302315029	水青树	*Tetracentron sinense*	340	9	98	6	舟曲县峰迭镇磨沟村	磨沟管护站
62302315030	水青树	*Tetracentron sinense*	560	12	159	7	舟曲县峰迭镇磨沟村	磨沟管护站
62302326007	水青树	*Tetracentron sinense*	300	9	86	6	舟曲县拱坝镇片片村片片沟	片片村委会
银杏科								
62302323076	银杏	*Ginkgo biloba*	1400	15	795	8	舟曲县八楞乡花园沟村	花园沟村委会
松科								
62302310027	秦岭冷杉	*Abies chensiensis*	550	30	183	7	舟曲县曲瓦乡头沟坝村大沟	头沟坝村委会
62302310028	秦岭冷杉	*Abies chensiensis*	180	9	62	4	舟曲县曲瓦乡头沟坝村大沟	头沟坝村委会
62302323009	秦岭冷杉	*Abies chensiensis*	170	9	56	6	舟曲县八楞乡列阳斯村垫尼寺	列阳斯村委会
62302323011	秦岭冷杉	*Abies chensiensis*	240	23	78	8	舟曲县八楞乡列阳斯村阴坡	列阳斯村委会
62302323012	秦岭冷杉	*Abies chensiensis*	200	22	65	8	舟曲县八楞乡列阳斯村阴坡	列阳斯村委会
62302325013	秦岭冷杉	*Abies chensiensis*	170	13	56	11	舟曲县插岗乡亚合村	亚合村委会
62302200016	云杉	*Picea asperata*	420	42	115	12	卓尼县洮砚乡纳儿村上达勿	上达勿村民小组
62302200017	云杉	*Picea asperata*	210	28	86	11	卓尼县洮砚乡纳儿村上达勿	上达勿村民小组
62302200018	云杉	*Picea asperata*	110	27	86	8	卓尼县洮砚乡纳儿村上达勿	上达勿村民小组
62302200019	云杉	*Picea asperata*	110	25	49	6	卓尼县洮砚乡纳儿村上达勿	上达勿村民小组
62302311017	云杉	*Picea asperata*	190	20	67	8	舟曲县巴藏镇溪岭村	尚赵云
62302312039	云杉	*Picea asperata*	180	19	63	8	舟曲县大峪镇大崖村闪坎村	大崖村委会
62302325001	大果青杄	*Picea neoveitchii*	360	30	102	19	舟曲县插岗乡角绕村	角绕村委会
62302325003	大果青杄	*Picea neoveitchii*	250	13	73	8	舟曲县插岗乡角绕村	角绕村委会
62302310010	青杄	*Picea wilsonii*	250	12	73	4	舟曲县曲瓦乡霄藏村	霄藏村委会
62302310015	青杄	*Picea wilsonii*	240	19	70	4	舟曲县曲瓦乡霄藏村	霄藏村委会
62302310039	青杄	*Picea wilsonii*	360	32	104	8	舟曲县曲瓦乡水泉村路边	水泉村委会
62302310050	青杄	*Picea wilsonii*	320	32	92	7	舟曲县曲瓦乡水泉村	水泉村委会
62302311026	青杄	*Picea wilsonii*	220	22	64	8	舟曲县巴藏镇溪岭村三组草子里	溪岭村委会
62302311027	青杄	*Picea wilsonii*	220	22	64	8	舟曲县巴藏镇溪岭村三组草子里	溪岭村委会
62302311031	青杄	*Picea wilsonii*	360	32	105	8	舟曲县巴藏镇后北山村香拉村	后北山村委会
62302311035	青杄	*Picea wilsonii*	360	35	104	8	舟曲县巴藏镇上巴藏村	上巴藏村委会
62302311046	青杄	*Picea wilsonii*	370	26	105	10	舟曲县巴藏镇北山村各皂山	北山村委会
62302311057	青杄	*Picea wilsonii*	300	20	87	8	舟曲县巴藏镇溪岭村四组	溪岭村委会
62302312009	青杄	*Picea wilsonii*	210	23	61	9	舟曲县大峪镇多拉村半沟村	多拉村委会
62302312015	青杄	*Picea wilsonii*	200	22	59	9	舟曲县大峪镇多拉村年藏村	多拉村委会
62302312017	青杄	*Picea wilsonii*	220	25	63	8	舟曲县大峪镇得力村	得力村委会
62302312023	青杄	*Picea wilsonii*	200	15	57	8	舟曲县大峪镇阿布村	阿布村委会

古树编号	树种	树种拉丁名	估测树龄	树高 (m)	树围 (cm)	平均冠幅 (m)	具体地点	管护单位 / 人
62302312024	青杄	*Picea wilsonii*	480	25	137	10	舟曲县大峪镇阿布村	阿布村委会
62302312027	青杄	*Picea wilsonii*	300	30	86	8	舟曲县大峪镇多拉村大海沟	多拉村委会
62302312034	青杄	*Picea wilsonii*	220	20	65	8	舟曲县大峪镇香杭村血九村	香杭村委会
62302312035	青杄	*Picea wilsonii*	220	20	61	8	舟曲县大峪镇香杭村血九村	香杭村委会
62302312036	青杄	*Picea wilsonii*	210	18	60	6	舟曲县大峪镇香杭村豁拉里	香杭村委会
62302312038	青杄	*Picea wilsonii*	220	18	63	8	舟曲县大峪镇大崖村闪坎村	大崖村委会
62302312040	青杄	*Picea wilsonii*	360	30	103	10	舟曲县大峪镇大崖村沙地坎	大崖村委会
62302312041	青杄	*Picea wilsonii*	360	30	103	10	舟曲县大峪镇大崖村沙地坎	大崖村委会
62302312046	青杄	*Picea wilsonii*	230	18	66	8	舟曲县大峪镇大坪村	大坪村委会
62302313001	青杄	*Picea wilsonii*	310	16	89	10	舟曲县立节镇雍瓦拉阿村	雍瓦拉阿村委会
62302313002	青杄	*Picea wilsonii*	260	12	76	6	舟曲县立节镇雍瓦拉阿村	雍瓦拉阿村委会
62302313003	青杄	*Picea wilsonii*	220	12	64	6	舟曲县立节镇雍瓦拉阿村	雍瓦拉阿村委会
62302313004	青杄	*Picea wilsonii*	220	16	64	8	舟曲县立节镇雍瓦拉阿村	雍瓦拉阿村委会
62302313005	青杄	*Picea wilsonii*	210	18	60	9	舟曲县立节镇雍瓦拉阿村	雍瓦拉阿村委会
62302313006	青杄	*Picea wilsonii*	260	17	75	9	舟曲县立节镇雍瓦拉阿村广子山路边	雍瓦拉阿村委会
62302313007	青杄	*Picea wilsonii*	300	19	88	10	舟曲县立节镇雍瓦拉阿村广子山路边	雍瓦拉阿村委会
62302313008	青杄	*Picea wilsonii*	220	14	63	6	舟曲县立节镇雍瓦拉阿村广子山路边	雍瓦拉阿村委会
62302313009	青杄	*Picea wilsonii*	250	12	71	9	舟曲县立节镇拉沟村	拉沟村委会
62302313010	青杄	*Picea wilsonii*	250	15	72	10	舟曲县立节镇拉沟村	拉沟村委会
62302313011	青杄	*Picea wilsonii*	250	11	71	9	舟曲县立节镇拉沟村	拉沟村委会
62302313013	青杄	*Picea wilsonii*	300	20	87	5	舟曲县立节镇拉沟村下庄	拉沟村委会
62302313028	青杄	*Picea wilsonii*	260	19	75	7	舟曲县立节镇雍瓦拉阿村寺院旁	雍瓦拉阿村委会
62302313029	青杄	*Picea wilsonii*	300	19	88	8	舟曲县立节镇雍瓦拉阿村	雍瓦拉阿村委会
62302315018	青杄	*Picea wilsonii*	230	12	68	10	舟曲县峰迭镇沙沟村	沙沟村委会
62302315020	青杄	*Picea wilsonii*	200	16	56	9	舟曲县峰迭镇坝子村	坝子村委会
62302316005	青杄	*Picea wilsonii*	320	26	88	10	舟曲县坪定镇靖边村牛王殿	靖边村委会
62302316006	青杄	*Picea wilsonii*	320	27	91	10	舟曲县坪定镇靖边村上庄	靖边村委会
62302318001	青杄	*Picea wilsonii*	330	18	97	10	舟曲县东山镇石磊村下没水山	石磊村委会
62302318003	青杄	*Picea wilsonii*	350	18	99	9	舟曲县东山镇井坪村	井坪村委会
62302318006	青杄	*Picea wilsonii*	210	15	62	8	舟曲县东山镇鲁家村店子湾	鲁家村委会
62302318012	青杄	*Picea wilsonii*	200	20	58	10	舟曲县东山镇石家山村韩沟村	石家山村委会
62302318014	青杄	*Picea wilsonii*	280	14	81	7	舟曲县东山镇上湾里村上湾庙	上湾里村委会
62302321004	青杄	*Picea wilsonii*	240	20	62	10	舟曲县南峪乡勒地村罗家坟地	勒地村委会
62302321005	青杄	*Picea wilsonii*	240	22	69	10	舟曲县南峪乡勒地村罗家坟地	勒地村委会
62302321007	青杄	*Picea wilsonii*	230	20	66	10	舟曲县南峪乡勒地村	勒地村委会
62302322003	青杄	*Picea wilsonii*	130	20	66	8	舟曲县果耶镇拉阿村	拉阿村委会
62302322005	青杄	*Picea wilsonii*	280	32	81	6	舟曲县果耶镇牧吾协村下庄	牧吾协村委会
62302323060	青杄	*Picea wilsonii*	370	14	107	13	舟曲县八楞乡斜坡村里则汉	斜坡村委会
62302323061	青杄	*Picea wilsonii*	230	22	66	7	舟曲县八楞乡斜坡村多寺参	斜坡村委会
62302323062	青杄	*Picea wilsonii*	250	24	72	7	舟曲县八楞乡斜坡村扎万参	斜坡村委会
62302323066	青杄	*Picea wilsonii*	360	30	101	9	舟曲县八楞乡斜坡村拉句义	斜坡村委会
62302323067	青杄	*Picea wilsonii*	350	34	97	12	舟曲县八楞乡斜坡村拉句义	斜坡村委会
62302323068	青杄	*Picea wilsonii*	330	21	93	13	舟曲县八楞乡东岔村	东岔村委会
62302323073	青杄	*Picea wilsonii*	230	26	64	18	舟曲县八楞乡花园沟村曼尼寺	花园沟村委会

古树编号	树种	树种拉丁名	估测树龄	树高 (m)	树围 (cm)	平均冠幅 (m)	具体地点	管护单位 / 人
62302324028	青杆	*Picea wilsonii*	300	24	87	15	舟曲县武坪镇坝子村	王海朝
62302324029	青杆	*Picea wilsonii*	230	15	66	9	舟曲县武坪镇坝子村	仇生成
62302324032	青杆	*Picea wilsonii*	340	26	97	10	舟曲县武坪镇哈迭村	哈迭村委会
62302324038	青杆	*Picea wilsonii*	230	12	66	7	舟曲县武坪镇哈迭村	哈迭村委会
62302324039	青杆	*Picea wilsonii*	340	12	97	8	舟曲县武坪镇哈迭村	哈迭村委会
62302324040	青杆	*Picea wilsonii*	230	11	66	6	舟曲县武坪镇哈迭村	哈迭村委会
62302325005	青杆	*Picea wilsonii*	210	18	60	9	舟曲县插岗乡古当村	古当村委会
62302325006	青杆	*Picea wilsonii*	200	18	57	9	舟曲县插岗乡古当村	古当村委会
62302325008	青杆	*Picea wilsonii*	210	8	61	8	舟曲县插岗乡古当村	古当村委会
62302325011	青杆	*Picea wilsonii*	370	26	105	10	舟曲县插岗乡普岱村	普岱村委会
62302327001	青杆	*Picea wilsonii*	210	13	61	8	舟曲县曲告纳镇瓜欧村	瓜欧村委会
62302328009	青杆	*Picea wilsonii*	200	25	56	8	舟曲县博峪镇开麻古村	开麻古村委会
62302328010	青杆	*Picea wilsonii*	350	30	100	12	舟曲县博峪镇开麻古村	开麻古村委会
62302328017	青杆	*Picea wilsonii*	230	28	65	10	舟曲县博峪镇古迭村	古迭村委会
62302328028	青杆	*Picea wilsonii*	310	30	89	12	舟曲县博峪镇尖果诺村	尖果诺村委会
62302328029	青杆	*Picea wilsonii*	220	30	62	10	舟曲县博峪镇尖果诺村	尖果诺村委会
62302313030	麦吊云杉	*Picea brachytyla*	260	20	75	6	舟曲县立节镇雍瓦拉阿村	雍瓦拉阿村委会
62300100008	紫果云杉	*Picea purpurea*	200	12	160	8	合作市加道乡大庄村	大庄村委会
62300100009	紫果云杉	*Picea purpurea*	200	11	160	7	合作市加道乡大庄村	大庄村委会
62302200023	油松	*Pinus tabuliformis*	130	31	65	12	卓尼县藏巴哇乡新堡村麻木沟口	新堡村委会
62302200024	油松	*Pinus tabuliformis*	130	29	55	10	卓尼县藏巴哇乡新堡村麻木沟口	新堡村委会
62302311021	油松	*Pinus tabuliformis*	300	15	74	20	舟曲县巴藏镇溪岭村溪岭村四组	仇石代
62302311014	华山松	*Pinus armandii*	170	20	85	15	舟曲县巴藏镇溪岭村二组黑爷	溪岭村委会
62302313012	华山松	*Pinus armandii*	120	12	59	9	舟曲县立节镇拉沟村崖跟	拉沟村委会
62302312005	铁杉	*Tsuga chinensis*	250	22	70	8	舟曲县大峪镇多拉村	多拉村委会
62302323048	铁杉	*Tsuga chinensis*	190	7	54	7	舟曲县八楞乡阴山村	阴山村委会
柏科								
62302200020	岷江柏木	*Cupressus chengiana*	250	15	56	11	卓尼县藏巴哇乡恰布村纳路寺院	纳路寺村民小组
62302200025	岷江柏木	*Cupressus chengiana*	350	16	71	10	卓尼县藏巴哇乡上扎村尼木城	尼木城村民小组
6230230003	岷江柏木	*Cupressus chengiana*	1000	30	930	18	舟曲县憨班镇憨班村	憨班村委会
62302313023	岷江柏木	*Cupressus chengiana*	500	12	99	4	舟曲县立节镇杰迪村	杰迪村委会
62302313024	岷江柏木	*Cupressus chengiana*	750	18	147	8	舟曲县立节镇杰迪村	杰迪村委会
62302313025	岷江柏木	*Cupressus chengiana*	850	20	169	9	舟曲县立节镇杰迪村	杰迪村委会
62302314023	岷江柏木	*Cupressus chengiana*	530	20	105	12	舟曲县憨班镇黑峪村	黑峪村委会
62302314029	岷江柏木	*Cupressus chengiana*	520	17	102	16	舟曲县憨班镇黑峪村	黑峪村委会
62302314033	岷江柏木	*Cupressus chengiana*	350	12	70	4	舟曲县憨班镇杭嘎村	杭嘎村委会
62302315001	岷江柏木	*Cupressus chengiana*	400	14	76	13	舟曲县峰迭镇瓜咱村	瓜咱村委会
62302315017	岷江柏木	*Cupressus chengiana*	300	14	60	12	舟曲县峰迭镇吾岱村	吾岱村委会
62302315037	岷江柏木	*Cupressus chengiana*	340	18	69	6	舟曲县峰迭镇阳山村	阳山村委会
62302317048	岷江柏木	*Cupressus chengiana*	380	12	75	4	舟曲县城关镇城关七村驼岭寺	城关七村委会
62302317049	岷江柏木	*Cupressus chengiana*	390	16	77	4	舟曲县城关镇城关七村隍庙	城关七村委会
62302319018	岷江柏木	*Cupressus chengiana*	300	20	60	10	舟曲县江盘镇马土山村龙工神庙	马土山村委会
62302326005	岷江柏木	*Cupressus chengiana*	500	18	89	10	舟曲县拱坝镇拱坝寺院	拱坝寺院
62302314036	岷江柏木	*Cupressus chengiana*	1100	30	930	18	舟曲县憨班镇憨班村	憨班村委会

古树编号	树种	树种拉丁名	估测树龄	树高 (m)	树围 (cm)	平均冠幅 (m)	具体地点	管护单位 / 人
62300100010	大果圆柏	*Juniperus tibetica*	150	8	200	7	合作市加道乡大庄村	大庄村委会
62300100001	大果圆柏	*Juniperus tibetica*	380	15	260	5	合作市佐盖曼玛镇岗岔村岗岔寺院	岗岔寺院
62300100002	大果圆柏	*Juniperus tibetica*	350	12	210	8	合作市佐盖曼玛镇岗岔村岗岔寺院	岗岔寺院
62300100003	大果圆柏	*Juniperus tibetica*	260	15	300	12	合作市佐盖曼玛镇岗岔村岗岔寺院	岗岔寺院
62300100004	大果圆柏	*Juniperus tibetica*	350	7	240	8	合作市佐盖曼玛镇岗岔村岗岔寺院	岗岔寺院
62300100005	大果圆柏	*Juniperus tibetica*	360	9	360	7	合作市佐盖曼玛镇岗岔村岗岔寺院	岗岔寺院
62300100006	大果圆柏	*Juniperus tibetica*	280	6	246	4	合作市佐盖曼玛镇岗岔村岗岔寺院	岗岔寺院
62302312037	高山柏	*Juniperus squamata*	460	16	132	15	舟曲县大峪镇大崖村闪坎村	大崖村委会
62302315032	高山柏	*Juniperus squamata*	180	13	53	6	舟曲县峰迭镇磨沟村	磨沟村委会
62302324030	高山柏	*Juniperus squamata*	370	18	105	20	舟曲县武坪镇坝子村	仇玉林
62302325004	高山柏	*Juniperus squamata*	220	11	62	9	舟曲县插岗乡角绕村	角绕村委会
62302325024	高山柏	*Juniperus squamata*	210	10	59	6	舟曲县插岗乡嘎里村嘎里寺院	嘎里寺院
62302311001	刺柏	*Juniperus formosana*	180	16	52	10	舟曲县巴藏镇溪岭村一组	溪岭村委会
62302311023	刺柏	*Juniperus formosana*	190	8	54	10	舟曲县巴藏镇溪岭村三组	沈海彦
62302313017	刺柏	*Juniperus formosana*	260	15	75	9	舟曲县立节镇拉沟村	杨书平
62302313019	刺柏	*Juniperus formosana*	230	13	67	7	舟曲县立节镇花年村	尚永福
62302319009	刺柏	*Juniperus formosana*	160	13	47	10	舟曲县江盘镇姚家楞村	姚家楞村委会
62302319011	刺柏	*Juniperus formosana*	160	13	48	8	舟曲县江盘镇姚家楞村	姚家楞村委会
62302319020	刺柏	*Juniperus formosana*	160	9	47	6	舟曲县江盘镇云台村	云台村委会
62302321003	刺柏	*Juniperus formosana*	160	12	47	8	舟曲县南峪乡安门村三爷庙	安门村委会
62302324007	刺柏	*Juniperus formosana*	160	12	46	9	舟曲县武坪镇桥子村	李广忠
62302325023	刺柏	*Juniperus formosana*	190	101	55	10	舟曲县插岗乡嘎里村	嘎里村委会
62302323001	侧柏	*Platycladus orientalis*	500	13	100	10	舟曲县八楞乡下半山村	下半山村委会
62302323002	侧柏	*Platycladus orientalis*	350	13	69	8	舟曲县八楞乡下半山村	下半山村委会
62302323004	侧柏	*Platycladus orientalis*	390	9	78	7	舟曲县八楞乡列阳斯村	列阳斯村委会
62302323005	侧柏	*Platycladus orientalis*	300	9	61	6	舟曲县八楞乡列阳斯村	列阳斯村委会
62302323058	侧柏	*Platycladus orientalis*	370	16	125	13	舟曲县八楞乡林家山村寺院内	林家山村委会
62302323069	侧柏	*Platycladus orientalis*	320	12	100	4	舟曲县八楞乡东岔村	东岔村委会
62302323079	侧柏	*Platycladus orientalis*	420	8	85	7	舟曲县八楞乡列阿斯村	列阿斯村委会
红豆杉科								
62302315031	红豆杉	*Taxus wallichiana* var. *chinensis*	260	10	43	6	舟曲县峰迭镇磨沟村	磨沟村委会
62302317029	红豆杉	*Taxus wallichiana* var. *chinensis*	170	10	236	10	舟曲县城关镇庙沟村	庙沟村委会
62302321010	红豆杉	*Taxus wallichiana* var. *chinensis*	180	6	38	8	舟曲县南峪乡勒地别村	勒地别村委会
62302325027	粗榧	*Cephalotaxus sinensis*	120	3	36	4	舟曲县插岗乡亚合村	亚合村委会
杨柳科								
62302100003	青甘杨	*Populus przewalskii*	100	15	305	15	临潭县初布乡鹿台子村	鹿台子村委会
62302100004	青甘杨	*Populus przewalskii*	100	16	350	17	临潭县初布乡鹿台子村	鹿台子村委会
62302100005	青甘杨	*Populus przewalskii*	300	16	350	17	临潭县初布乡牙关村	牙关村委会
62302100006	青甘杨	*Populus przewalskii*	300	25	710	30	临潭县初布乡牙关村	牙关村委会
62302100007	青甘杨	*Populus przewalskii*	300	20	800	10	临潭县初布乡牙关村	牙关村委会
62302100008	青甘杨	*Populus przewalskii*	300	20	700	10	临潭县初布乡牙关村	牙关村委会
62302100009	青甘杨	*Populus przewalskii*	300	18	600	10	临潭县初布乡牙关村	牙关村委会
62302100010	青甘杨	*Populus przewalskii*	300	20	610	25	临潭县石门乡草山村	草山村委会
62302100012	青甘杨	*Populus przewalskii*	300	25	610	25	临潭县冶力关镇东山村	东山村委会

古树编号	树种	树种拉丁名	估测树龄	树高 (m)	树围 (cm)	平均冠幅 (m)	具体地点	管护单位 / 人
62302100013	青甘杨	*Populus przewalskii*	300	30	650	30	临潭县冶力关镇东山村	东山村委会
62302100014	青甘杨	*Populus przewalskii*	300	30	700	15	临潭县冶力关镇东山村	东山村委会
62302310007	冬瓜杨	*Populus purdomii*	220	25	143	9	舟曲县曲瓦乡雷藏村溪藏坝	雷藏村委会
62302313031	冬瓜杨	*Populus purdomii*	130	17	90	8	舟曲县立节镇雍瓦拉阿村	雍瓦拉阿村委会
62302324022	冬瓜杨	*Populus purdomii*	130	21	95	15	舟曲县武坪镇坝子村	坝子村委会
62302328003	冬瓜杨	*Populus purdomii*	150	30	100	15	舟曲县博峪镇开麻古村	开麻古村委会
62302328004	冬瓜杨	*Populus purdomii*	150	35	99	10	舟曲县博峪镇开麻古村	开麻古村委会
62302328006	冬瓜杨	*Populus purdomii*	130	22	100	12	舟曲县博峪镇开麻古村	开麻古村委会
62302328008	冬瓜杨	*Populus purdomii*	150	25	100	10	舟曲县博峪镇开麻古村	开麻古村委会
62302328011	冬瓜杨	*Populus purdomii*	150	23	100	10	舟曲县博峪镇开麻古村	开麻古村委会
62302328014	冬瓜杨	*Populus purdomii*	180	26	134	12	舟曲县博峪镇恰路诺村	恰路诺村委会
62302328027	冬瓜杨	*Populus purdomii*	150	22	102	10	舟曲县博峪镇尖果诺村	尖果诺村委会
62302200010	毛白杨	*Populus tomentosa*	100	16	63	8	卓尼县柳林镇城西社区柳林小学院内	柳林小学
62302314030	毛白杨	*Populus tomentosa*	190	15	142	11	舟曲县憨班镇杭嘎村	杭嘎村委会
62302314031	毛白杨	*Populus tomentosa*	120	25	92	10	舟曲县憨班镇杭嘎村	杭嘎村委会
62302317050	毛白杨	*Populus tomentosa*	120	21	89	13	舟曲县城关镇城关七村春场桥旁	城关七村委会
62302317051	毛白杨	*Populus tomentosa*	100	19	79	7	舟曲县城关镇城关七村春场桥旁	城关七村委会
62302320011	毛白杨	*Populus tomentosa*	150	23	115	8	舟曲县大川镇坪安子村路边	安子村委会
62302320012	毛白杨	*Populus tomentosa*	100	11	77	7	舟曲县大川镇坪安子村路边	安子村委会
62302321002	毛白杨	*Populus tomentosa*	130	32	102	14	舟曲县南峪乡旧寨村	旧寨村委会
62302200001	小叶杨	*Populus simonii*	220	18	150	19	卓尼县扎古录镇扎古录村	扎古录村委会
62302200002	小叶杨	*Populus simonii*	220	22	170	18	卓尼县扎古录镇扎古录村	扎古录村委会
62302200003	小叶杨	*Populus simonii*	220	14	160	8	卓尼县阿子塘乡达架村玉古村	达架村委会
62302200004	小叶杨	*Populus simonii*	150	20	110	12	卓尼县申藏乡冷口村卓尕湾	冷口村委会
62302200005	小叶杨	*Populus simonii*	150	18	100	9	卓尼县申藏乡冷口村卓尕湾	冷口村委会
62302200006	小叶杨	*Populus simonii*	150	16	100	8	卓尼县申藏乡冷口村卓尕湾	冷口村委会
62302200007	小叶杨	*Populus simonii*	280	17	210	13	卓尼县柳林镇白塔村	白塔村委会
62302200009	小叶杨	*Populus simonii*	100	25	103	17	卓尼县柳林镇城西社区柳林小学门口	柳林小学
62302200021	小叶杨	*Populus simonii*	200	16	56	13	卓尼县藏巴哇乡候旗村戏台后	候旗村委会
62302200022	小叶杨	*Populus simonii*	200	23	145	11	卓尼县藏巴哇乡候旗村戏台后	候旗村委会
62302310011	小叶杨	*Populus simonii*	170	24	117	8	舟曲县曲瓦乡雷藏村	雷藏村委会
62302311032	小叶杨	*Populus simonii*	310	26	153	10	舟曲县巴藏镇后北山村	后北山村委会
62302312016	小叶杨	*Populus simonii*	290	25	143	8	舟曲县大峪镇多拉村	多拉村委会
62302314019	小叶杨	*Populus simonii*	180	26	125	18	舟曲县憨班镇黑峪村	黑峪村委会
62302314021	小叶杨	*Populus simonii*	160	11	110	5	舟曲县憨班镇黑峪村	黑峪村委会
62302314022	小叶杨	*Populus simonii*	240	9	121	5	舟曲县憨班镇黑峪村	黑峪村委会
62302314024	小叶杨	*Populus simonii*	250	8	126	5	舟曲县憨班镇黑峪村	黑峪村委会
62302314025	小叶杨	*Populus simonii*	270	14	134	8	舟曲县憨班镇黑峪村	黑峪村委会
62302322001	小叶杨	*Populus simonii*	150	22	151	12	舟曲县果耶镇拉阿村	拉阿村委会
62302325002	小叶杨	*Populus simonii*	140	15	96	12	舟曲县插岗乡角绕村	角绕村委会
62302325014	小叶杨	*Populus simonii*	260	17	128	20	舟曲县插岗乡嘎里村山神爷庙	嘎里村委会
62302325016	小叶杨	*Populus simonii*	350	15	177	15	舟曲县插岗乡嘎里村山神爷庙	嘎里村委会
62302325018	小叶杨	*Populus simonii*	170	15	119	10	舟曲县插岗乡嘎里村山神爷庙	嘎里村委会
62302325022	小叶杨	*Populus simonii*	130	12	92	10	舟曲县插岗乡嘎里村	嘎里村委会

古树编号	树种	树种拉丁名	估测树龄	树高 (m)	树围 (cm)	平均冠幅 (m)	具体地点	管护单位 / 人
62302325029	小叶杨	*Populus simonii*	180	15	91	11	舟曲县插岗乡普岱村	普岱村委会
62302325030	小叶杨	*Populus simonii*	180	16	88	9	舟曲县插岗乡普岱村	普岱村委会
62302326004	小叶杨	*Populus simonii*	330	32	166	10	舟曲县拱坝镇拱玫村	拱玫村委会
62302327021	小叶杨	*Populus simonii*	160	17	110	12	舟曲县曲告纳镇托协村	托协村委会
62302328012	小叶杨	*Populus simonii*	170	30	115	10	舟曲县博峪镇吉也诺村	吉也诺村委会
62302328016	小叶杨	*Populus simonii*	300	25	145	10	舟曲县博峪镇擦合代古村	擦合代古村委会
62300100007	青杨	*Populus cathayana*	170	17	420	15	合作市通钦街道南木娄村甘南州中心实验苗圃	甘南州中心实验苗圃
62302324005	青杨	*Populus cathayana*	160	20	110	12	舟曲县武坪镇桥子村	桥子村委会
62302324014	青杨	*Populus cathayana*	160	15	105	10	舟曲县武坪镇桥子村	毛鸣忠
62302324015	青杨	*Populus cathayana*	160	15	105	10	舟曲县武坪镇桥子村	桥子村委会
62302324016	青杨	*Populus cathayana*	160	32	105	10	舟曲县武坪镇桥子村	毛德明
62302324041	青杨	*Populus cathayana*	240	17	131	11	舟曲县武坪镇哈迭村	哈迭村委会
62302327025	青杨	*Populus cathayana*	400	24	191	17	舟曲县曲告纳镇托协村公厕对面	托协村委会
62300100011	旱柳	*Salix matsudana*	130	10	300	7	合作市加道乡大庄村	大庄村委会
62300100012	旱柳	*Salix matsudana*	130	8	300	5	合作市加道乡大庄村	大庄村委会
62302100002	旱柳	*Salix matsudana*	100	15	310	15	临潭县初布乡术布村中心小学	中心小学
62302310045	旱柳	*Salix matsudana*	130	25	132	13	舟曲县曲瓦乡胥藏村	胥藏村委会
62302314014	旱柳	*Salix matsudana*	130	11	130	8	舟曲县憨班镇杭嘎村	杭嘎村委会
62302200008	垂柳	*Salix babylonica*	100	16	90	22	卓尼县柳林镇城西社区柳林小学门口	柳林小学
62302200012	垂柳	*Salix babylonica*	100	16	100	7	卓尼县木耳镇多坝村石灰窑	多坝村委会
62302200013	垂柳	*Salix babylonica*	120	19	100	14	卓尼县木耳镇多坝村石灰窑	多坝村委会
62302200014	垂柳	*Salix babylonica*	140	17	130	11	卓尼县木耳镇多坝村石灰窑	多坝村委会
62302200015	垂柳	*Salix babylonica*	150	14	160	11	卓尼县纳浪乡羊化村	羊化村委会
62302315012	垂柳	*Salix babylonica*	110	13	105	9	舟曲县峰迭镇瓜咱村	瓜咱村委会
胡桃科								
62302323088	胡桃	*Juglans regia*	170	9	59	8	舟曲县八楞乡花园沟村	花园沟村委会
62302327032	胡桃	*Juglans regia*	160	10	51	6	舟曲县曲告纳镇瓜欧村	瓜欧村委会
62302310001	胡桃	*Juglans regia*	210	17	84	13	舟曲县曲瓦乡城马村	张书生
62302310004	胡桃	*Juglans regia*	220	16	90	6	舟曲县曲瓦乡城马村	高水生
62302310005	胡桃	*Juglans regia*	220	13	89	5	舟曲县曲瓦乡城马村	李苟代
62302310008	胡桃	*Juglans regia*	250	14	102	5	舟曲县曲瓦乡胥藏村	奂宝生
62302310014	胡桃	*Juglans regia*	170	15	70	6	舟曲县曲瓦乡胥藏村	尹海成
62302310016	胡桃	*Juglans regia*	170	25	69	9	舟曲县曲瓦乡拜藏村	张全得
62302310017	胡桃	*Juglans regia*	200	18	79	7	舟曲县曲瓦乡拜藏村	马五生
62302310020	胡桃	*Juglans regia*	250	18	100	7	舟曲县曲瓦乡水泉村	张生
62302310026	胡桃	*Juglans regia*	180	17	73	6	舟曲县曲瓦乡缠藏村	李乍九
62302310029	胡桃	*Juglans regia*	200	9	82	4	舟曲县曲瓦乡城马村	刘田生
62302310030	胡桃	*Juglans regia*	180	9	72	4	舟曲县曲瓦乡城马村	洪东海
62302310031	胡桃	*Juglans regia*	300	15	114	9	舟曲县曲瓦乡拜藏村赵家坎	拜藏村委会
62302311002	胡桃	*Juglans regia*	200	19	80	16	舟曲县巴藏镇溪岭村一组	杨羊云
62302311005	胡桃	*Juglans regia*	220	21	88	20	舟曲县巴藏镇溪岭村一组	冯白代
62302311007	胡桃	*Juglans regia*	200	15	80	14	舟曲县巴藏镇溪岭村一组	姚小代
62302311008	胡桃	*Juglans regia*	250	23	100	18	舟曲县巴藏镇溪岭村一组	杨才才
62302311009	胡桃	*Juglans regia*	140	19	57	18	舟曲县巴藏镇溪岭村二组	姚永忠

古树编号	树种	树种拉丁名	估测树龄	树高 (m)	树围 (cm)	平均冠幅 (m)	具体地点	管护单位 / 人
62302311012	胡桃	*Juglans regia*	280	16	115	20	舟曲县巴藏镇溪岭村二组李家门口	杨马林
62302311015	胡桃	*Juglans regia*	170	20	70	18	舟曲县巴藏镇溪岭村二组李家门口	杨志恒
62302311016	胡桃	*Juglans regia*	220	23	89	18	舟曲县巴藏镇溪岭村四组	尚赵云
62302311018	胡桃	*Juglans regia*	180	15	75	18	舟曲县巴藏镇溪岭村四组	景论条
62302311019	胡桃	*Juglans regia*	150	24	61	20	舟曲县巴藏镇溪岭村四组	景月琴
62302311022	胡桃	*Juglans regia*	170	15	70	13	舟曲县巴藏镇溪岭村四组	仇四许
62302311024	胡桃	*Juglans regia*	190	20	76	12	舟曲县巴藏镇溪岭村三组	尚风清
62302311025	胡桃	*Juglans regia*	200	18	83	14	舟曲县巴藏镇溪岭村三组	仇丽芳
62302311034	胡桃	*Juglans regia*	200	18	80	10	舟曲县巴藏镇前北山村	魏五祥
62302311039	胡桃	*Juglans regia*	230	23	92	12	舟曲县巴藏镇下巴藏村	郭捐林
62302311040	胡桃	*Juglans regia*	240	24	96	16	舟曲县巴藏镇下巴藏村	杜韩水成
62302311041	胡桃	*Juglans regia*	250	16	102	20	舟曲县巴藏镇下巴藏村	冯晓成
62302311062	胡桃	*Juglans regia*	180	10	73	12	舟曲县巴藏镇前北山村	赵老休
62302311063	胡桃	*Juglans regia*	190	12	77	9	舟曲县巴藏镇前北山村	马六十二
62302312002	胡桃	*Juglans regia*	170	12	69	8	舟曲县大峪镇多拉村	冯严军
62302312003	胡桃	*Juglans regia*	210	16	86	12	舟曲县大峪镇多拉村	多拉村委会
62302312004	胡桃	*Juglans regia*	250	18	100	16	舟曲县大峪镇多拉村	罗宗义
62302312007	胡桃	*Juglans regia*	220	20	91	13	舟曲县大峪镇多拉村	包金林
62302312028	胡桃	*Juglans regia*	310	25	125	13	舟曲县大峪镇建力村	王五军
62302312029	胡桃	*Juglans regia*	220	22	87	12	舟曲县大峪镇建力村	房生
62302312031	胡桃	*Juglans regia*	280	16	112	18	舟曲县大峪镇建力村	冯忠合
62302312032	胡桃	*Juglans regia*	300	20	121	15	舟曲县大峪镇香杭村	李水生
62302312042	胡桃	*Juglans regia*	290	26	118	15	舟曲县大峪镇香杭村	香杭村委会
62302312043	胡桃	*Juglans regia*	280	24	112	18	舟曲县大峪镇大坪村	王路林
62302312044	胡桃	*Juglans regia*	320	26	127	12	舟曲县大峪镇老地村	李成金
62302312045	胡桃	*Juglans regia*	260	23	104	12	舟曲县大峪镇老地村	李刘青
62302312047	胡桃	*Juglans regia*	260	22	107	18	舟曲县大峪镇大坪村	白义明
62302312048	胡桃	*Juglans regia*	200	16	80	12	舟曲县大峪镇大坪村	白义明
62302312050	胡桃	*Juglans regia*	190	18	76	13	舟曲县大峪镇大坪村	高才林
62302312051	胡桃	*Juglans regia*	170	17	71	12	舟曲县大峪镇大坪村	房青林
62302312054	胡桃	*Juglans regia*	390	18	158	10	舟曲县大峪镇大坪村	大坪村委会
62302312056	胡桃	*Juglans regia*	200	18	80	12	舟曲县大峪镇多拉村	多拉村委会
62302312057	胡桃	*Juglans regia*	240	14	97	10	舟曲县大峪镇得力村	得力村委会
62302312058	胡桃	*Juglans regia*	190	15	76	8	舟曲县大峪镇得力村	得力村委会
62302313014	胡桃	*Juglans regia*	210	21	85	10	舟曲县立节镇拉沟村	张印得
62302313015	胡桃	*Juglans regia*	200	12	80	9	舟曲县立节镇拉沟村	谈张林
62302313016	胡桃	*Juglans regia*	150	11	63	8	舟曲县立节镇拉沟村	陈海金
62302313022	胡桃	*Juglans regia*	180	10	75	8	舟曲县立节镇花年村	花年村委会
62302314001	胡桃	*Juglans regia*	240	16	98	12	舟曲县憨班镇果者村	果者村委会
62302314003	胡桃	*Juglans regia*	170	9	69	15	舟曲县憨班镇果者村	李乔得
62302314004	胡桃	*Juglans regia*	170	15	68	10	舟曲县憨班镇果者村	李五十得
62302314005	胡桃	*Juglans regia*	150	15	60	11	舟曲县憨班镇果者村	马贵昌
62302314006	胡桃	*Juglans regia*	180	18	73	16	舟曲县憨班镇果者村	杜燕林
62302314008	胡桃	*Juglans regia*	160	12	66	7	舟曲县憨班镇果者村	陈建东

古树编号	树种	树种拉丁名	估测树龄	树高 (m)	树围 (cm)	平均冠幅 (m)	具体地点	管护单位 / 人
62302314020	胡桃	*Juglans regia*	170	11	71	7	舟曲县憨班镇黑峪村	何润巴
62302314035	胡桃	*Juglans regia*	230	19	94	14	舟曲县憨班镇憨班村二喜山	憨班村委会
62302315005	胡桃	*Juglans regia*	220	17	88	12	舟曲县峰迭镇城外村	李永昌
62302315019	胡桃	*Juglans regia*	160	8	66	7	舟曲县峰迭镇沙沟村	沙沟村委会
62302315021	胡桃	*Juglans regia*	210	15	84	11	舟曲县峰迭镇城内村	城内村委会
62302315022	胡桃	*Juglans regia*	170	14	71	10	舟曲县峰迭镇城内村	城内村委会
62302315023	胡桃	*Juglans regia*	170	9	69	5	舟曲县峰迭镇城内村	梁力得
62302315024	胡桃	*Juglans regia*	210	8	86	4	舟曲县峰迭镇城内村	城内村委会
62302315025	胡桃	*Juglans regia*	160	14	67	10	舟曲县峰迭镇城内村	城内村委会
62302317019	胡桃	*Juglans regia*	310	19	123	12	舟曲县城关镇半山村	杨忠堂
62302317020	胡桃	*Juglans regia*	180	15	73	10	舟曲县城关镇半山村	尹方龙
62302317021	胡桃	*Juglans regia*	200	17	83	9	舟曲县城关镇半山村	尹方龙
62302317022	胡桃	*Juglans regia*	190	16	77	10	舟曲县城关镇半山村	尹彩平
62302317023	胡桃	*Juglans regia*	220	18	89	11	舟曲县城关镇半山村	尹大约
62302317024	胡桃	*Juglans regia*	200	18	82	10	舟曲县城关镇半山村	尹舟明
62302317025	胡桃	*Juglans regia*	210	18	86	13	舟曲县城关镇半山村	冯海
62302317026	胡桃	*Juglans regia*	200	17	79	11	舟曲县城关镇半山村	杨小学
62302317032	胡桃	*Juglans regia*	170	19	70	12	舟曲县城关镇庙沟村	庙沟村委会
62302317034	胡桃	*Juglans regia*	170	16	71	10	舟曲县城关镇庙沟村	庙沟村委会
62302317035	胡桃	*Juglans regia*	190	16	76	12	舟曲县城关镇庙沟村	严土生
62302317036	胡桃	*Juglans regia*	210	19	85	13	舟曲县城关镇庙沟村	姚青生
62302317037	胡桃	*Juglans regia*	150	16	62	10	舟曲县城关镇庙沟村	姚战录
62302317052	胡桃	*Juglans regia*	260	13	105	18	舟曲县城关镇城关七村	谈爱平
62302318002	胡桃	*Juglans regia*	170	15	69	10	舟曲县东山镇石磊村	房杜云
62302318004	胡桃	*Juglans regia*	190	15	78	12	舟曲县东山镇鲁家村	鲁家村委会
62302318005	胡桃	*Juglans regia*	210	18	86	12	舟曲县东山镇鲁家村	鲁家村委会
62302318007	胡桃	*Juglans regia*	170	16	71	10	舟曲县东山镇坪里村荀家湾	坪里村委会
62302318008	胡桃	*Juglans regia*	140	14	57	10	舟曲县东山镇坪里村荀家湾	坪里村委会
62302318009	胡桃	*Juglans regia*	190	16	78	12	舟曲县东山镇坪里村荀家湾	坪里村委会
62302318010	胡桃	*Juglans regia*	150	15	61	11	舟曲县东山镇坪里村荀家湾	坪里村委会
62302318013	胡桃	*Juglans regia*	170	16	69	12	舟曲县东山镇石家山村	石家山村委会
62302319010	胡桃	*Juglans regia*	160	18	67	12	舟曲县江盘镇姚家楞村	姚家楞村委会
62302321006	胡桃	*Juglans regia*	160	16	66	10	舟曲县南峪乡勒地村	勒地村委会
62302321008	胡桃	*Juglans regia*	150	20	59	12	舟曲县南峪乡勒地村	勒地村委会
62302322002	胡桃	*Juglans regia*	150	20	71	16	舟曲县果耶镇拉阿村	徐青得
62302322006	胡桃	*Juglans regia*	320	15	129	26	舟曲县果耶镇牧吾协村	牟伍前
62302323003	胡桃	*Juglans regia*	280	12	114	11	舟曲县八楞乡列阳斯村	列阳斯村委会
62302323006	胡桃	*Juglans regia*	180	9	75	7	舟曲县八楞乡列阳斯村	列阳斯村委会
62302323010	胡桃	*Juglans regia*	250	9	101	10	舟曲县八楞乡列阳斯村	列阳斯村委会
62302324001	胡桃	*Juglans regia*	170	20	68	13	舟曲县武坪镇那下村	李六十
62302324002	胡桃	*Juglans regia*	250	17	63	12	舟曲县武坪镇那下村	李六十
62302324003	胡桃	*Juglans regia*	140	14	57	14	舟曲县武坪镇那下村	杨角角
62302324004	胡桃	*Juglans regia*	160	10	64	10	舟曲县武坪镇那下村	李路儿
62302324006	胡桃	*Juglans regia*	260	14	107	9	舟曲县武坪镇桥子村	毛危朝

古树编号	树种	树种拉丁名	估测树龄	树高 (m)	树围 (cm)	平均冠幅 (m)	具体地点	管护单位 / 人
62302324008	胡桃	*Juglans regia*	160	9	63	7	舟曲县武坪镇桥子村	毛学用
62302324009	胡桃	*Juglans regia*	140	9	56	7	舟曲县武坪镇桥子村	毛学用
62302324010	胡桃	*Juglans regia*	210	21	87	13	舟曲县武坪镇桥子村	韩贵明
62302324011	胡桃	*Juglans regia*	210	20	87	13	舟曲县武坪镇桥子村	吴江江
62302324012	胡桃	*Juglans regia*	210	20	86	12	舟曲县武坪镇桥子村	李小林
62302324013	胡桃	*Juglans regia*	260	16	106	10	舟曲县武坪镇桥子村	吴条银
62302324017	胡桃	*Juglans regia*	240	14	98	12	舟曲县武坪镇坝子村	薛小生
62302324018	胡桃	*Juglans regia*	220	15	89	10	舟曲县武坪镇坝子村	刘承德
62302324024	胡桃	*Juglans regia*	220	13	92	9	舟曲县武坪镇坝子村	王德林
62302324025	胡桃	*Juglans regia*	290	21	118	15	舟曲县武坪镇坝子村	王贵生
62302324026	胡桃	*Juglans regia*	230	18	93	14	舟曲县武坪镇坝子村	刘许朝
62302324027	胡桃	*Juglans regia*	220	15	91	9	舟曲县武坪镇坝子村	仇缠德
62302324031	胡桃	*Juglans regia*	300	20	121	8	舟曲县武坪镇坝子村	仇玉林
62302324033	胡桃	*Juglans regia*	150	15	63	10	舟曲县武坪镇哈迭村	韩文文
62302324034	胡桃	*Juglans regia*	220	18	88	13	舟曲县武坪镇哈迭村	韩文文
62302324044	胡桃	*Juglans regia*	210	22	85	18	舟曲县武坪镇吾别村	罗次得
62302324047	胡桃	*Juglans regia*	240	22	98	13	舟曲县武坪镇坝子村	坝子村委会
62302324048	胡桃	*Juglans regia*	270	18	108	21	舟曲县武坪镇坝子村	坝子村委会
62302325009	胡桃	*Juglans regia*	210	13	88	12	舟曲县插岗乡古当村	谢小军
62302325010	胡桃	*Juglans regia*	210	134	85	12	舟曲县插岗乡普岱村	陈罗罗
62302325012	胡桃	*Juglans regia*	230	15	94	10	舟曲县插岗乡普岱村	陈点点
62302325017	胡桃	*Juglans regia*	150	13	61	15	舟曲县插岗乡嘎里村山神爷庙	杨月华
62302325019	胡桃	*Juglans regia*	320	9	129	13	舟曲县插岗乡嘎里村	杨永林
62302325020	胡桃	*Juglans regia*	170	13	68	12	舟曲县插岗乡嘎里村广场	杨五斤女
62302325021	胡桃	*Juglans regia*	220	12	89	9	舟曲县插岗乡嘎里村	嘎里村委会
62302325025	胡桃	*Juglans regia*	150	16	61	12	舟曲县插岗乡嘎里村嘎里寺院	嘎里村委会
62302325026	胡桃	*Juglans regia*	150	15	59	14	舟曲县插岗乡嘎里村嘎里寺院	嘎里村委会
62302326001	胡桃	*Juglans regia*	220	18	88	12	舟曲县拱坝镇勒我村	尹素学
62302326002	胡桃	*Juglans regia*	250	20	102	12	舟曲县拱坝镇巴吾村	付强
62302326003	胡桃	*Juglans regia*	170	12	69	8	舟曲县拱坝镇陕甘西村	付强
62302327003	胡桃	*Juglans regia*	150	20	104	10	舟曲县曲告纳镇灿干村	王保成
62302327017	胡桃	*Juglans regia*	170	14	71	9	舟曲县曲告纳镇乔玉诺村	乔玉诺村委会
62302327022	胡桃	*Juglans regia*	200	14	80	12	舟曲县曲告纳镇托协村	白干也
62302327023	胡桃	*Juglans regia*	230	13	92	10	舟曲县曲告纳镇托协村	杨日茄
62302327024	胡桃	*Juglans regia*	220	10	89	8	舟曲县曲告纳镇托协村	李小锋
62302327026	胡桃	*Juglans regia*	220	11	89	14	舟曲县曲告纳镇托协村	托协村委会
62302327027	胡桃	*Juglans regia*	220	9	89	6	舟曲县曲告纳镇托协村	余得格才
62302327028	胡桃	*Juglans regia*	220	14	90	10	舟曲县曲告纳镇托协村	杨路生
62302328001	胡桃	*Juglans regia*	160	12	64	10	舟曲县博峪镇卧欧诺村	薛达拉
62302328013	胡桃	*Juglans regia*	210	18	86	12	舟曲县博峪镇恰路诺村	班宝宝
62302328015	胡桃	*Juglans regia*	300	16	124	10	舟曲县博峪镇恰路诺村	韩见有
62302328021	胡桃	*Juglans regia*	200	20	80	12	舟曲县博峪镇古迭村	杨小锋
62302328022	胡桃	*Juglans regia*	160	12	65	10	舟曲县博峪镇古迭村	杨小云
62302328023	胡桃	*Juglans regia*	140	18	56	12	舟曲县博峪镇古迭村	杨国安

古树编号	树种	树种拉丁名	估测树龄	树高 (m)	树围 (cm)	平均冠幅 (m)	具体地点	管护单位 / 人
62302328024	胡桃	*Juglans regia*	160	18	65	12	舟曲县博峪镇古迭村	金五平
62302328031	胡桃	*Juglans regia*	180	20	73	15	舟曲县博峪镇哈吾诺村	哈吾诺村委会
桦木科								
62302323046	糙皮桦	*Betula utilis*	310	8	70	7	舟曲县八楞乡阴山村	阴山村委会
62302323047	糙皮桦	*Betula utilis*	360	8	80	7	舟曲县八楞乡阴山村	阴山村委会
62302314032	鹅耳枥	*Carpinus turczaninowii*	260	15	59	10	舟曲县憨班镇宝拉村	宝拉村委会
62302323028	鹅耳枥	*Carpinus turczaninowii*	360	14	80	16	舟曲县八楞乡阴山村	阴山村委会
62302323038	鹅耳枥	*Carpinus turczaninowii*	380	8	84	8	舟曲县八楞乡阴山村	阴山村委会
62302325028	鹅耳枥	*Carpinus turczaninowii*	260	8	59	7	舟曲县插岗乡普岱村	普岱村委会
62302310038	华榛	*Corylus chinensis*	260	9	86	5	舟曲县曲瓦乡水泉村路边	水泉村委会
62302323089	华榛	*Corylus chinensis*	300	24	98	12	舟曲县八楞乡西岔村	西岔村委会
62302324021	华榛	*Corylus chinensis*	180	11	61	8	舟曲县武坪镇坝子村	王福军
62302324036	华榛	*Corylus chinensis*	320	18	105	4	舟曲县武坪镇哈迭村	哈迭村委会
62302327004	华榛	*Corylus chinensis*	210	13	68	9	舟曲县曲告纳镇灿干村	灿干村委会
62302327033	华榛	*Corylus chinensis*	390	17	128	15	舟曲县曲告纳镇灿干村	灿干村委会
壳斗科								
62302323007	刺叶高山栎	*Quercus spinosa*	510	9	78	7	舟曲县八楞乡列阳斯村垫尼寺	列阳斯村委会
62302323008	刺叶高山栎	*Quercus spinosa*	830	9	126	12	舟曲县八楞乡列阳斯村垫尼寺	列阳斯村委会
62302324023	刺叶高山栎	*Quercus spinosa*	470	19	73	13	舟曲县武坪镇坝子村	坝子村委会
62302327002	刺叶高山栎	*Quercus spinosa*	360	10	55	7	舟曲县曲告纳镇瓜欧村	瓜欧村委会
62302327029	刺叶高山栎	*Quercus spinosa*	820	10	125	6	舟曲县曲告纳镇灿干村	灿干村委会
62302327030	刺叶高山栎	*Quercus spinosa*	350	7	54	8	舟曲县曲告纳镇瓜欧村	瓜欧村委会
62302310032	橿子栎	*Quercus baronii*	370	16	81	6	舟曲县曲瓦乡拜藏村赵家坎	拜藏村委会
62302310035	橿子栎	*Quercus baronii*	290	14	64	4	舟曲县曲瓦乡拜藏村赵家坎	拜藏村委会
62302312021	橿子栎	*Quercus baronii*	370	15	81	10	舟曲县大峪镇得力村得力坎广场	得力村委会
62302312022	橿子栎	*Quercus baronii*	260	15	58	9	舟曲县大峪镇得力村得力坎广场	得力村委会
62302317014	橿子栎	*Quercus baronii*	260	13	57	10	舟曲县城关镇坝里村龙首寺门口	坝里村委会
62302317015	橿子栎	*Quercus baronii*	250	13	56	10	舟曲县城关镇坝里村龙首寺门口	坝里村委会
62302327014	橿子栎	*Quercus baronii*	340	17	74	12	舟曲县曲告纳镇盖欧村	盖欧村委会
62302310013	蒙古栎	*Quercus mongolica*	240	11	69	4	舟曲县曲瓦乡胥藏村	胥藏村委会
62302311003	蒙古栎	*Quercus mongolica*	650	26	185	15	舟曲县巴藏镇溪岭村一组李家门口	李六六
62302311006	蒙古栎	*Quercus mongolica*	610	22	174	10	舟曲县巴藏镇溪岭村一组	杨羊姓代
62302311010	蒙古栎	*Quercus mongolica*	300	15	85	8	舟曲县巴藏镇溪岭村二组	陈海林
62302312006	蒙古栎	*Quercus mongolica*	210	12	60	5	舟曲县大峪镇多拉村	多拉村委会
62302312008	蒙古栎	*Quercus mongolica*	430	16	121	14	舟曲县大峪镇多拉村	王江涛
62302312055	蒙古栎	*Quercus mongolica*	330	13	96	14	舟曲县大峪镇多拉村	多拉村委会
62302314034	蒙古栎	*Quercus mongolica*	330	12	96	14	舟曲县憨班镇憨班村二喜山	憨班村委会
62302316004	蒙古栎	*Quercus mongolica*	410	20	116	20	舟曲县坪定镇坪定村泰山爷庙	王佛堂
62302317030	蒙古栎	*Quercus mongolica*	280	20	80	12	舟曲县城关镇庙沟村	庙沟村委会
62302323032	蒙古栎	*Quercus mongolica*	330	9	96	9	舟曲县八楞乡阴山村	阴山村委会
62302323034	蒙古栎	*Quercus mongolica*	400	9	114	9	舟曲县八楞乡阴山村	阴山村委会
62302323037	蒙古栎	*Quercus mongolica*	350	22	100	17	舟曲县八楞乡阴山村	阴山村委会
62302323056	蒙古栎	*Quercus mongolica*	710	9	201	15	舟曲县八楞乡阴山村	阴山村委会
62302323059	蒙古栎	*Quercus mongolica*	440	20	140	14	舟曲县八楞乡斜坡村	斜坡村委会

古树编号	树种	树种拉丁名	估测树龄	树高 (m)	树围 (cm)	平均冠幅 (m)	具体地点	管护单位 / 人
62302324020	蒙古栎	*Quercus mongolica*	260	16	76	11	舟曲县武坪镇坝子村	王福军
62302324037	蒙古栎	*Quercus mongolica*	430	9	124	5	舟曲县武坪镇哈迭村	哈迭村委会
62302328030	蒙古栎	*Quercus mongolica*	280	20	80	10	舟曲县博峪镇尖果诺村	尖果诺村委会
榆科								
62302324043	大果榆	*Ulmus macrocarpa*	680	25	150	20	舟曲县武坪镇坝子村	坝子村委会
62302100001	榆树	*Ulmus pumila*	100	11	210	12	临潭县城关镇城中社区	临潭县政府
62302200011	榆树	*Ulmus pumila*	100	12	60	9	卓尼县柳林镇城西居委会柳林小学院内	柳林小学
62302317001	榆树	*Ulmus pumila*	230	13	86	11	舟曲县城关镇寨子村	寨子村委会
62302317002	榆树	*Ulmus pumila*	100	11	52	7	舟曲县城关镇寨子村	寨子村委会
62302317004	榆树	*Ulmus pumila*	160	12	79	6	舟曲县城关镇瓦厂村	瓦厂村委会
62302317005	榆树	*Ulmus pumila*	160	3	79	5	舟曲县城关镇瓦厂村	瓦厂村委会
62302317006	榆树	*Ulmus pumila*	140	4	72	6	舟曲县城关镇南街村旧车站院内	南街村委会
62302319012	榆树	*Ulmus pumila*	140	17	66	10	舟曲县江盘镇河南村	河南村委会
62302319013	榆树	*Ulmus pumila*	130	16	64	9	舟曲县江盘镇河南村	河南村委会
62302312011	榉树	*Zelkova serrata*	320	18	72	12	舟曲县大峪镇多拉村	多拉村委会
62302312013	榉树	*Zelkova serrata*	600	22	133	20	舟曲县大峪镇多拉村	多拉村委会
62302312025	榉树	*Zelkova serrata*	700	25	153	12	舟曲县大峪镇建力村建力坝农家乐院内	建力村委会
62302310018	大果榉	*Zelkova sinica*	310	18	70	7	舟曲县曲瓦乡拜藏村	拜藏村委会
62302310022	大果榉	*Zelkova sinica*	750	24	167	20	舟曲县曲瓦乡缠藏村	缠藏村委会
62302310025	大果榉	*Zelkova sinica*	740	20	164	20	舟曲县曲瓦乡缠藏村半山	缠藏村委会
62302310033	大果榉	*Zelkova sinica*	270	10	61	4	舟曲县曲瓦乡拜藏村赵家坎	拜藏村委会
62302310034	大果榉	*Zelkova sinica*	280	11	64	4	舟曲县曲瓦乡拜藏村赵家坎	拜藏村委会
62302311004	大果榉	*Zelkova sinica*	300	17	66	13	舟曲县巴藏镇溪岭村一组	溪岭村委会
62302311011	大果榉	*Zelkova sinica*	310	10	70	5	舟曲县巴藏镇溪岭村二组	肖先得
62302311055	大果榉	*Zelkova sinica*	360	24	79	15	舟曲县巴藏镇溪岭村一组	溪岭村委会
62302311056	大果榉	*Zelkova sinica*	320	22	71	9	舟曲县巴藏镇溪岭村一组	溪岭村委会
62302312018	大果榉	*Zelkova sinica*	230	12	51	8	舟曲县大峪镇得力村	得力村委会
62302312019	大果榉	*Zelkova sinica*	440	18	96	12	舟曲县大峪镇得力村	得力村委会
62302312020	大果榉	*Zelkova sinica*	420	16	91	10	舟曲县大峪镇得力村	得力村委会
62302314012	大果榉	*Zelkova sinica*	600	11	131	8	舟曲县憨班镇宝拉村	宝拉村委会
62302314015	大果榉	*Zelkova sinica*	380	13	82	8	舟曲县憨班镇黑峪村	黑峪村委会
62302314017	大果榉	*Zelkova sinica*	350	13	76	8	舟曲县憨班镇黑峪村	黑峪村委会
62302317010	大果榉	*Zelkova sinica*	380	16	83	10	舟曲县城关镇坝里村	坝里村委会
62302317011	大果榉	*Zelkova sinica*	300	13	68	6	舟曲县城关镇坝里村龙首寺路边	坝里村委会
62302317012	大果榉	*Zelkova sinica*	280	13	58	8	舟曲县城关镇坝里村龙首寺路边	坝里村委会
62302317013	大果榉	*Zelkova sinica*	300	13	67	8	舟曲县城关镇坝里村龙首寺路边	坝里村委会
62302317016	大果榉	*Zelkova sinica*	260	14	59	8	舟曲县城关镇坝里村龙首寺树林中	坝里村委会
62302317017	大果榉	*Zelkova sinica*	260	14	57	8	舟曲县城关镇坝里村龙首寺门口	坝里村委会
62302317018	大果榉	*Zelkova sinica*	250	13	51	7	舟曲县城关镇坝里村龙首寺门口	坝里村委会
62302317038	大果榉	*Zelkova sinica*	270	16	60	9	舟曲县城关镇庙沟村庙门前	庙沟村委会
62302319001	大果榉	*Zelkova sinica*	410	18	89	11	舟曲县江盘镇阳山村庄背后	阳山村委会
62302319002	大果榉	*Zelkova sinica*	380	17	81	10	舟曲县江盘镇阳山村庄背后	阳山村委会
62302319003	大果榉	*Zelkova sinica*	430	18	93	12	舟曲县江盘镇阳山村水池边	阳山村委会
62302321001	大果榉	*Zelkova sinica*	1000	22	175	18	舟曲县南峪乡旧寨村	旧寨村委会

古树编号	树种	树种拉丁名	估测树龄	树高 (m)	树围 (cm)	平均冠幅 (m)	具体地点	管护单位 / 人
62302323063	大果榉	*Zelkova sinica*	260	12	58	5	舟曲县八楞乡斜坡村	斜坡村委会
62302323064	大果榉	*Zelkova sinica*	260	12	53	5	舟曲县八楞乡斜坡村	斜坡村委会
62302323074	大果榉	*Zelkova sinica*	250	13	54	12	舟曲县八楞乡花园沟村	花园沟村委会
62302323075	大果榉	*Zelkova sinica*	250	12	57	6	舟曲县八楞乡花园沟村	花园沟村委会
62302323078	大果榉	*Zelkova sinica*	380	13	82	11	舟曲县八楞乡小真庄村	小真庄村委会
62302327009	大果榉	*Zelkova sinica*	360	15	80	10	舟曲县曲告纳镇盖欧村	盖欧村委会
62302327013	大果榉	*Zelkova sinica*	320	11	71	7	舟曲县曲告纳镇盖欧村	盖欧村委会
62302327016	大果榉	*Zelkova sinica*	280	15	64	10	舟曲县曲告纳镇乔玉诺村	乔玉诺村委会
62302327018	大果榉	*Zelkova sinica*	430	17	97	15	舟曲县曲告纳镇乔玉诺村	李开也
62302328018	大果榉	*Zelkova sinica*	430	7	92	4	舟曲县博峪镇古迭村	古迭村委会
62302328019	大果榉	*Zelkova sinica*	250	5	55	4	舟曲县博峪镇古迭村	古迭村委会
62302328020	大果榉	*Zelkova sinica*	550	16	124	10	舟曲县博峪镇古迭村	古迭村委会
大麻科								
62302327031	紫弹树	*Celtis biondii*	270	25	79	14	舟曲县曲告纳镇瓜欧村	瓜欧村委会
62302310002	黑弹树	*Celtis bungeana*	210	19	84	14	舟曲县曲瓦乡城马村	李保平
62302311028	黑弹树	*Celtis bungeana*	280	12	112	6	舟曲县巴藏镇后北山村宾格村广场	后北山村委会
62302314026	黑弹树	*Celtis bungeana*	350	11	136	10	舟曲县憨班镇黑峪村	黑峪村委会
62302314027	黑弹树	*Celtis bungeana*	170	7	64	4	舟曲县憨班镇黑峪村	黑峪村委会
62302314028	黑弹树	*Celtis bungeana*	170	7	64	4	舟曲县憨班镇黑峪村	黑峪村委会
62302316001	黑弹树	*Celtis bungeana*	500	25	187	20	舟曲县坪定镇坪定村泰山爷庙	王录海
62302316002	黑弹树	*Celtis bungeana*	310	20	115	13	舟曲县坪定镇坪定村泰山爷庙	王录海
62302319019	黑弹树	*Celtis bungeana*	220	12	83	8	舟曲县江盘镇马土山村停车场	马土山村委会
62302323086	大叶朴	*Celtis koraiensis*	270	22	77	17	舟曲县八楞乡斜坡村红土湾	斜坡村委会
桑科								
62302315033	桑	*Morus alba*	150	10	49	12	舟曲县峰迭镇坝子村	坝子村委会
62302318011	桑	*Morus alba*	190	16	63	10	舟曲县东山镇石家山村	石家山村委会
连香树科								
62302310047	连香树	*Cercidiphyllum japonicum*	1400	15	312	13	舟曲县曲瓦乡霄藏村野牛沟	霄藏村委会
62302310048	连香树	*Cercidiphyllum japonicum*	340	10	73	7	舟曲县曲瓦乡架然村	架然村委会
62302312001	连香树	*Cercidiphyllum japonicum*	960	16	213	13	舟曲县大峪镇多拉村	冯严军
62302317053	连香树	*Cercidiphyllum japonicum*	500	12	109	6	舟曲县城关镇庙沟村路旁	庙沟村委会
芍药科								
62302315035	紫斑牡丹	*Paeonia rockii*	110	2	151	5	舟曲县峰迭镇坝子村	舟曲盆景园
木兰科								
62302323017	望春玉兰	*Magnolia biondii*	420	20	140	14	舟曲县八楞乡西岔村	西岔村委会
62302323040	望春玉兰	*Magnolia biondii*	190	21	64	14	舟曲县八楞乡阴山村	阴山村委会
62302323077	望春玉兰	*Magnolia biondii*	280	32	92	16	舟曲县八楞乡西岔村	西岔村委会
62302328025	望春玉兰	*Magnolia biondii*	430	12	143	12	舟曲县博峪镇古迭村	古迭村委会
蔷薇科								
62302310046	楸子	*Malus prunifolia*	280	9	57	4	舟曲县曲瓦乡霄藏村	霄藏村委会
62302323035	河南海棠	*Malus honanensis*	290	9	56	5	舟曲县八楞乡阴山村	阴山村委会
62302100011	杜梨	*Pyrus betulifolia*	100	15	310	15	临潭县石门乡草山村	牟平顺
62302310003	秋子梨	*Pyrus ussuriensis*	510	10	102	6	舟曲县曲瓦乡城马村	张生才
62302310012	秋子梨	*Pyrus ussuriensis*	340	15	69	4	舟曲县曲瓦乡霄藏村	刘书生

古树编号	树种	树种拉丁名	估测树龄	树高 (m)	树围 (cm)	平均冠幅 (m)	具体地点	管护单位/人
62302311029	秋子梨	*Pyrus ussuriensis*	550	12	110	10	舟曲县巴藏镇后北山村	马奥力
62302311036	秋子梨	*Pyrus ussuriensis*	460	16	92	10	舟曲县巴藏镇上巴藏村	任丙申
62302311037	秋子梨	*Pyrus ussuriensis*	280	12	56	10	舟曲县巴藏镇上巴藏村	薛旭平
62302311038	秋子梨	*Pyrus ussuriensis*	280	13	57	10	舟曲县巴藏镇上巴藏村	薛旭平
62302312026	秋子梨	*Pyrus ussuriensis*	380	12	76	8	舟曲县大峪镇建力村建力坝	焦卯军
62302313018	秋子梨	*Pyrus ussuriensis*	350	14	70	7	舟曲县立节镇拉沟村	杨书平
62302314002	秋子梨	*Pyrus ussuriensis*	280	9	57	8	舟曲县憨班镇果者村	李军强
62302314007	秋子梨	*Pyrus ussuriensis*	320	10	65	8	舟曲县憨班镇果者村	韩军海
62302314010	秋子梨	*Pyrus ussuriensis*	440	13	87	10	舟曲县憨班镇果者村	李应得
62302314018	秋子梨	*Pyrus ussuriensis*	300	9	59	5	舟曲县憨班镇黑峪村	黑峪村寺院
62302315006	秋子梨	*Pyrus ussuriensis*	420	15	85	9	舟曲县峰迭镇城外村	梁美玲
62302320002	秋子梨	*Pyrus ussuriensis*	320	12	65	10	舟曲县大川镇石门坪村	石门坪村委会
62302320003	秋子梨	*Pyrus ussuriensis*	290	12	58	10	舟曲县大川镇石门坪村	石门坪村委会
62302325007	秋子梨	*Pyrus ussuriensis*	290	11	59	10	舟曲县插岗乡古当村	古当村委会
62302401001	秋子梨	*Pyrus ussuriensis*	410	17	476	14	迭部县多儿乡台力傲村	台力傲村委会
62302401002	秋子梨	*Pyrus ussuriensis*	320	15	320	13	迭部县多儿乡白古村白古寺院	白古寺院
62302401003	秋子梨	*Pyrus ussuriensis*	210	14	220	10	迭部县多儿乡次古村然子寺院	然子寺院
62302310049	木梨	*Pyrus xerophila*	380	14	85	7	舟曲县曲瓦乡水泉村格下	水泉村委会
62302311020	木梨	*Pyrus xerophila*	380	12	85	5	舟曲县巴藏镇溪岭村四组	景海平
62302311030	木梨	*Pyrus xerophila*	330	10	75	3	舟曲县巴藏镇后北山村	郭尕代
62302311047	木梨	*Pyrus xerophila*	470	13	107	6	舟曲县巴藏镇前北山村各皂山	前北山村委会
62302311048	木梨	*Pyrus xerophila*	330	13	74	8	舟曲县巴藏镇前北山村各皂山	前北山村委会
62302311049	木梨	*Pyrus xerophila*	470	9	106	7	舟曲县巴藏镇前北山村各皂山	前北山村委会
62302312049	木梨	*Pyrus xerophila*	380	8	86	3	舟曲县大峪镇大坪村	大坪村委会
62302316003	木梨	*Pyrus xerophila*	280	10	64	8	舟曲县坪定镇坪定村	王录海
62302319004	木梨	*Pyrus xerophila*	400	16	90	10	舟曲县江盘镇姚家楞村	姚家楞村委会
62302319006	木梨	*Pyrus xerophila*	300	12	67	8	舟曲县江盘镇姚家楞村	姚家楞村委会
62302319007	木梨	*Pyrus xerophila*	330	13	75	10	舟曲县江盘镇姚家楞村	姚家楞村委会
62302319008	木梨	*Pyrus xerophila*	290	12	64	8	舟曲县江盘镇姚家楞村	姚家楞村委会
62302319016	木梨	*Pyrus xerophila*	250	13	57	9	舟曲县江盘镇马土山村	杜斌成
62302319017	木梨	*Pyrus xerophila*	250	15	57	10	舟曲县江盘镇马土山村	杜三清
62302323013	木梨	*Pyrus xerophila*	340	9	76	7	舟曲县八楞乡西岔村黑则寺	西岔村委会
62302323019	木梨	*Pyrus xerophila*	410	9	94	8	舟曲县八楞乡西岔村	西岔村委会
62302323057	木梨	*Pyrus xerophila*	350	11	78	9	舟曲县八楞乡林家山村停车场旁	林家山村委会
62302323080	木梨	*Pyrus xerophila*	290	5	65	6	舟曲县八楞乡阿斯村凤安山	阿斯村委会
62302323081	木梨	*Pyrus xerophila*	230	8	52	7	舟曲县八楞乡阿斯村凤安山	阿斯村委会
62302323087	木梨	*Pyrus xerophila*	280	9	64	9	舟曲县八楞乡林家山村	林家山村委会
62302324046	木梨	*Pyrus xerophila*	300	10	61	7	舟曲县武坪镇吾别村	桑次茹
62302325015	木梨	*Pyrus xerophila*	390	15	78	13	舟曲县插岗乡嘎里村山神爷庙	嘎里村委会
62302326009	木梨	*Pyrus xerophila*	270	10	62	9	舟曲县拱坝镇片片村片片沟	片片村委会
62302326010	木梨	*Pyrus xerophila*	230	11	51	9	舟曲县拱坝镇片片村片片沟	片片村委会
62302327019	木梨	*Pyrus xerophila*	320	17	73	11	舟曲县曲告纳镇托协村	曹者也
62302327020	木梨	*Pyrus xerophila*	250	17	57	14	舟曲县曲告纳镇托协村	白四禁半
62302327037	木梨	*Pyrus xerophila*	390	10	87	9	舟曲县曲告纳镇托协村托希村	曹去英

古树编号	树种	树种拉丁名	估测树龄	树高 (m)	树围 (cm)	平均冠幅 (m)	具体地点	管护单位/人
62302328002	木梨	*Pyrus xerophila*	300	10	69	5	舟曲县博峪镇卧欧诺村	卧欧诺村委会
62302328005	木梨	*Pyrus xerophila*	230	10	53	6	舟曲县博峪镇开麻古村	开麻古村委会
62302328007	木梨	*Pyrus xerophila*	430	6	96	3	舟曲县博峪镇开麻古村	苗五斤
62302328026	木梨	*Pyrus xerophila*	300	12	69	8	舟曲县博峪镇尖果诺村	尖果诺村委会
62302310041	李	*Prunus salicina*	140	5	41	5	舟曲县曲瓦乡水泉村路边	水泉村委会
62302311060	李	*Prunus salicina*	160	4	47	5	舟曲县巴藏镇溪岭村四组	溪岭村委会
62302325031	李	*Prunus salicina*	180	6	52	4	舟曲县插岗乡普岱村	普岱村委会
62302319005	山杏	*Prunus sibirica*	180	10	60	6	舟曲县江盘镇姚家楞村	姚家楞村委会
62302319021	山杏	*Prunus sibirica*	140	12	47	9	舟曲县江盘镇马土山村	马土山村委会
62302310042	山樱花	*Prunus serrulata*	190	8	65	6	舟曲县曲瓦乡水泉村路边	水泉村委会
62302311059	山樱花	*Prunus serrulata*	180	9	63	9	舟曲县巴藏镇溪岭村四组	溪岭村委会
62302324045	山樱花	*Prunus serrulata*	140	10	48	14	舟曲县武坪镇哈迭村	哈迭村委会
62302310019	陕甘花楸	*Sorbus koehneana*	240	10	80	6	舟曲县曲瓦乡水泉村	水泉村委会
豆科								
62302310021	皂荚	*Gleditsia sinensis*	280	14	88	5	舟曲县曲瓦乡城马村	城马村委会
62302312010	皂荚	*Gleditsia sinensis*	200	18	69	10	舟曲县大峪镇多拉村	多拉村委会
62302315002	皂荚	*Gleditsia sinensis*	220	15	68	5	舟曲县峰迭镇瓜咱村	瓜咱村委会
62302315016	皂荚	*Gleditsia sinensis*	290	11	93	9	舟曲县峰迭镇吾岱村	吾岱村委会
62302319022	皂荚	*Gleditsia sinensis*	180	9	62	9	舟曲县江盘镇河南村	陈继生
62302320001	皂荚	*Gleditsia sinensis*	210	20	75	12	舟曲县大川镇石门坪村	仇缠录
62302320006	皂荚	*Gleditsia sinensis*	350	23	121	16	舟曲县大川镇梁家坝村	王谢家
62302320009	皂荚	*Gleditsia sinensis*	210	18	68	12	舟曲县大川镇老庄村	奂兰兰
62302320010	皂荚	*Gleditsia sinensis*	230	16	73	15	舟曲县大川镇老庄村	奂马才
62302323082	皂荚	*Gleditsia sinensis*	200	13	65	11	舟曲县八楞乡八楞寺院	八楞寺院
62302323083	皂荚	*Gleditsia sinensis*	200	13	62	11	舟曲县八楞乡八楞寺院	八楞寺院
62302327006	香槐	*Cladrastis wilsonii*	140	10	82	7	舟曲县曲告纳镇灿干村	任务金小加果
62302315011	槐	*Styphnolobium japonicum*	280	28	110	18	舟曲县峰迭镇瓜咱村	瓜咱村委会
62302315034	槐	*Styphnolobium japonicum*	220	14	85	18	舟曲县峰迭镇坝子村	坝子村委会
62302317003	槐	*Styphnolobium japonicum*	400	12	154	5	舟曲县城关镇瓦厂村	瓦厂村委会
62302317046	槐	*Styphnolobium japonicum*	400	18	157	14	舟曲县城关镇沙川村	沙川村委会
62302317054	槐	*Styphnolobium japonicum*	160	10	61	10	舟曲县城关镇坝里村路旁	坝里村委会
62302320005	槐	*Styphnolobium japonicum*	310	24	122	14	舟曲县大川镇梁家坝村	齐增平
62302323084	槐	*Styphnolobium japonicum*	350	16	137	10	舟曲县八楞乡斜坡村红土湾	斜坡村委会
62302323085	槐	*Styphnolobium japonicum*	450	23	177	25	舟曲县八楞乡斜坡村红土湾	斜坡村委会
62302327005	槐	*Styphnolobium japonicum*	180	9	70	9	舟曲县曲告纳镇灿干村	灿干村委会
62302327015	槐	*Styphnolobium japonicum*	320	21	125	22	舟曲县曲告纳镇盖欧村	盖欧村委会
62302327036	槐	*Styphnolobium japonicum*	210	15	82	12	舟曲县曲告纳镇盖欧村	盖欧村委会
芸香科								
62302311061	臭檀吴萸	*Tetradium daniellii*	110	15	52	10	舟曲县巴藏镇溪岭村一组	溪岭村委会
苦木科								
62302311042	臭椿	*Ailanthus altissima*	110	20	86	16	舟曲县巴藏镇上巴藏村	薛王平
62302311045	臭椿	*Ailanthus altissima*	120	18	90	12	舟曲县巴藏镇上巴藏村	上巴藏村委会
62302323025	臭椿	*Ailanthus altissima*	110	9	82	8	舟曲县八楞乡阳山村路边	阳山村委会
62302323070	臭椿	*Ailanthus altissima*	120	16	93	5	舟曲县八楞乡东岔村寺院	东岔村委会

古树编号	树种	树种拉丁名	估测树龄	树高 (m)	树围 (cm)	平均冠幅 (m)	具体地点	管护单位 / 人
62302327035	臭椿	*Ailanthus altissima*	110	18	81	10	舟曲县曲告纳镇盖欧村	盖欧村委会
楝科								
62302315003	香椿	*Toona sinensis*	350	13	103	14	舟曲县峰迭镇城外村	张龙照
62302315007	香椿	*Toona sinensis*	290	10	83	4	舟曲县峰迭镇城外村	洪祥合
漆树科								
62302310044	黄连木	*Pistacia chinensis*	280	18	55	7	舟曲县曲瓦乡拜藏村赵家坎	拜藏村委会
62302327008	黄连木	*Pistacia chinensis*	600	18	120	16	舟曲县曲告纳镇盖欧村	盖欧村委会
62302327010	黄连木	*Pistacia chinensis*	500	18	99	10	舟曲县曲告纳镇盖欧村	盖欧村委会
62302327011	黄连木	*Pistacia chinensis*	500	12	99	8	舟曲县曲告纳镇盖欧村	盖欧村委会
62302327012	黄连木	*Pistacia chinensis*	350	11	70	8	舟曲县曲告纳镇盖欧村	盖欧村委会
62302327034	黄连木	*Pistacia chinensis*	410	11	83	10	舟曲县曲告纳镇盖欧村	盖欧村委会
62302321009	漆	*Toxicodendron vernicifluum*	100	11	43	8	舟曲县南峪乡勒地别村	勒地别村委会
62302326008	漆	*Toxicodendron vernicifluum*	150	16	72	6	舟曲县拱坝镇片片村片片沟	片片村委会
无患子科								
62302311050	五角槭	*Acer pictum* subsp. *mono*	470	17	105	10	舟曲县巴藏镇前北山村各皂山	前北山村委会
62302311051	五角槭	*Acer pictum* subsp. *mono*	170	16	54	10	舟曲县巴藏镇前北山村各皂山	前北山村委会
62302311052	五角槭	*Acer pictum* subsp. *mono*	240	17	77	9	舟曲县巴藏镇前北山村各皂山	前北山村委会
62302310051	五角槭	*Acer pictum* subsp. *mono*	450	19	99	14	舟曲县曲瓦乡水泉村	水泉村委会
62302312012	五角槭	*Acer pictum* subsp. *mono*	320	22	72	15	舟曲县大峪镇多拉村	多拉村委会
62302312053	五角槭	*Acer pictum* subsp. *mono*	470	14	104	18	舟曲县大峪镇大坪村场边	大坪村委会
62302312014	三角槭	*Acer buergerianum*	410	18	118	9	舟曲县大峪镇多拉村	多拉村委会
62302310023	栾	*Koelreuteria paniculata*	200	12	91	12	舟曲县曲瓦乡缠藏村	缠藏村委会
62302310024	栾	*Koelreuteria paniculata*	200	12	86	12	舟曲县曲瓦乡缠藏村	缠藏村委会
62302311043	栾	*Koelreuteria paniculata*	110	10	57	8	舟曲县巴藏镇上巴藏村	上巴藏村委会
62302311044	栾	*Koelreuteria paniculata*	120	12	61	9	舟曲县巴藏镇上巴藏村	上巴藏村委会
62302313026	栾	*Koelreuteria paniculata*	200	14	99	15	舟曲县立节镇杰迪村	杰迪村委会
62302313027	栾	*Koelreuteria paniculata*	130	14	63	10	舟曲县立节镇杰迪村	杰迪村委会
62302313032	栾	*Koelreuteria paniculata*	240	15	105	13	舟曲县立节镇杰迪村占单沟	杰迪村委会
鼠李科								
62302311058	枣	*Ziziphus jujuba*	110	8	49	8	舟曲县巴藏镇后北山村宾格村	后北山村委会
62302322004	枣	*Ziziphus jujuba*	100	12	46	4	舟曲县果耶镇拉阿村磨儿里	拉阿村委会
锦葵科								
62302310036	少脉椴	*Tilia paucicostata*	280	12	89	7	舟曲县曲瓦乡水泉村路边	水泉村委会
62302310037	少脉椴	*Tilia paucicostata*	230	15	73	7	舟曲县曲瓦乡水泉村路边	水泉村委会
千屈菜科								
62302315027	石榴	*Punica granatum*	150	4	45	4	舟曲县峰迭镇吾岱村	吾岱村委会
62302315036	石榴	*Punica granatum*	160	5	151	6	舟曲县峰迭镇城内村	城内村委会
62302319023	石榴	*Punica granatum*	110	3	151	5	舟曲县江盘镇河南村	河南村委会

古树编号	树种	树种拉丁名	估测树龄	树高 (m)	树围 (cm)	平均冠幅 (m)	具体地点	管护单位 / 人
62302321011	石榴	*Punica granatum*	300	6	37	4	舟曲县南峪乡南二孙家	南二孙
山茱萸科								
62302311053	毛梾	*Cornus walteri*	170	10	54	4	舟曲县巴藏镇上巴藏村粮站	上巴藏村委会
62302311054	毛梾	*Cornus walteri*	120	8	40	7	舟曲县巴藏镇上巴藏村粮站	上巴藏村委会
62302313021	毛梾	*Cornus walteri*	500	10	159	8	舟曲县立节镇花年村	花年村委会
柿科								
62302312030	君迁子	*Diospyros lotus*	140	10	57	14	舟曲县大峪镇建力村建力坝	房生
62302317027	君迁子	*Diospyros lotus*	200	10	80	7	舟曲县城关镇半山村	半山村委会
62302317028	君迁子	*Diospyros lotus*	140	10	58	4	舟曲县城关镇半山村	半山村委会
62302313020	柿	*Diospyros kaki*	370	14	75	7	舟曲县立节镇花年村	尚永福
62302314009	柿	*Diospyros kaki*	330	6	65	6	舟曲县憨班镇果者村	李乔得
62302314011	柿	*Diospyros kaki*	320	10	63	7	舟曲县憨班镇果者村	刘成明
62302315004	柿	*Diospyros kaki*	280	8	56	5	舟曲县峰迭镇城外村	张龙照
62302315009	柿	*Diospyros kaki*	480	12	95	16	舟曲县峰迭镇城内村	奂罗平
62302315013	柿	*Diospyros kaki*	360	14	71	8	舟曲县峰迭镇瓜咱村	瓜咱村委会
62302315014	柿	*Diospyros kaki*	320	13	64	8	舟曲县峰迭镇瓜咱村	瓜咱村委会
62302315015	柿	*Diospyros kaki*	460	11	90	6	舟曲县峰迭镇吾岱村	吾岱村委会
62302317039	柿	*Diospyros kaki*	300	12	59	10	舟曲县城关镇庙沟村	姚海明
62302317040	柿	*Diospyros kaki*	300	13	59	11	舟曲县城关镇庙沟村管护站旁	庙沟村委会
62302317041	柿	*Diospyros kaki*	350	14	69	11	舟曲县城关镇庙沟村	韩海福
62302317042	柿	*Diospyros kaki*	370	15	74	10	舟曲县城关镇庙沟村	王红午
62302317043	柿	*Diospyros kaki*	350	14	70	10	舟曲县城关镇庙沟村	鲁海生
62302317044	柿	*Diospyros kaki*	400	16	78	11	舟曲县城关镇沙川村	杨全明
62302317045	柿	*Diospyros kaki*	350	15	69	9	舟曲县城关镇沙川村	李文军
62302319014	柿	*Diospyros kaki*	340	16	68	10	舟曲县江盘镇河南村沟老里	孙青爱
62302319015	柿	*Diospyros kaki*	320	15	65	10	舟曲县江盘镇河南村	陈苏林
62302320004	柿	*Diospyros kaki*	330	14	65	12	舟曲县大川镇石门坪村	彭明亮
62302320008	柿	*Diospyros kaki*	290	15	58	9	舟曲县大川镇梁家坝村	梁家坝村委会
木犀科								
62302310040	水曲柳	*Fraxinus mandshurica*	230	33	150	11	舟曲县曲瓦乡水泉村路边	水泉村委会
62302315026	水曲柳	*Fraxinus mandshurica*	230	15	149	9	舟曲县峰迭镇城内村	城内村委会
62302317031	白蜡树	*Fraxinus chinensis*	500	21	100	10	舟曲县城关镇庙沟村台子上	庙沟村委会
62302317033	白蜡树	*Fraxinus chinensis*	400	21	80	12	舟曲县城关镇庙沟村台子上	庙沟村委会
62302315010	女贞	*Ligustrum lucidum*	110	10	55	10	舟曲县峰迭镇城外村	城外村委会
62302317047	女贞	*Ligustrum lucidum*	100	9	51	8	舟曲县城关镇锁儿头村庙上	锁儿头村委会
62302320007	女贞	*Ligustrum lucidum*	170	16	75	12	舟曲县大川镇梁家坝村	王安平
62302310043	暴马丁香	*Syringa reticulata* subsp. *amurensis*	270	10	56	7	舟曲县曲瓦乡水泉村路边	水泉村委会
62302311013	暴马丁香	*Syringa reticulata* subsp. *amurensis*	300	10	63	5	舟曲县巴藏镇溪岭村二组	仇水玉

甘南州古树群

古树群编号	主要树种	株数	平均树高（m）	平均树围（cm）	平均树龄	具体地点	管护单位
62302462329	木梨	15	28	370	450	迭部县多儿乡在力傲村	在力傲村委会
62302462328	小叶杨	3	29	345	170	迭部县阿夏乡贡布龙村	多儿林场旁日管护站
62302362327	五角槭，蒙古栎	12	19	99	300	舟曲县曲瓦乡水泉村格下组	格下村民小组
62302362326	五角槭	13	22	80	250	舟曲县峰迭镇阳山村	阳山村委会
62302362325	青杆	110	21	76	200	舟曲县憨班镇汗拜拉阿村道沟组	道沟村民小组
62302362324	青杆	5	19	77	200	舟曲县巴藏镇溪岭村四组	溪岭村四组村民小组
62302362323	青杆，秦岭冷杉	35	21	79	200	舟曲县曲瓦乡头沟坝村大沟组	大沟村民小组
62302362322	柿	20	16	75	250	舟曲县南峪村南二组	南二村民小组
62302362321	冬瓜杨	15	21	110	200	舟曲县八楞乡西岔村	西岔村委会
62302362320	蒙古栎	40	19	78	250	舟曲县八楞乡阴山村	阴山村委会
62302362319	油松	100	21	76	200	舟曲县城关镇翠峰山	城关七村民小组
62302362318	小叶杨	13	19	116	200	舟曲县曲告纳镇灿干村	灿干村民小组
62302362317	五角槭	9	19	86	280	舟曲县曲告纳镇瓜欧村	瓜欧村民小组
62302362316	胡桃	5	18	90	200	舟曲县拱坝镇巴吾村麻一坪组	麻一坪村民小组
62302362315	青杆	5	23	66	130	舟曲县武坪镇坝子村青岗坡组	青岗坡村民小组
62302362314	青杆	300	28	111	300	舟曲县武坪镇亚下村	亚下村委会
62302362313	蒙古栎	53	16	71	300	舟曲县峰迭镇布迪村努拉组	努拉村民小组
62302362312	青杆	230	20	90	300	舟曲县峰迭镇布迪村阿箕坡组	阿箕坡村民小组
62302362311	刺叶高山栎	17	20	70	300	舟曲县峰迭镇沙沟村格布组	格布村民小组
62302362310	青杆	180	20	75	180	舟曲县峰迭镇沙沟村格布组	格布村民小组
62302362309	岷江柏木	20	17	48	350	舟曲县峰迭镇吾岱村	吾岱村委会
62302362308	胡桃，柿	60	16	75	200	舟曲县峰迭镇城外村	城外村委会
62302362307	岷江柏木	42	17	55	300	舟曲县憨班镇杭嘎村	杭嘎村委会
62302362306	岷江柏木	11	25	92	850	舟曲县憨班镇憨班村	憨班村委会
62302362305	青杆，油松	285	17	98	300	舟曲县憨班镇古当村	古当村委会
62302362304	岷江柏木	20	15	47	100	舟曲县憨班镇憨班村喜儿沟	憨班村委会
62302362303	青杆	59	18	73	200	舟曲县立节镇雍瓦拉阿村	雍瓦拉阿村委会
62302362302	青杆	438	19	69	200	舟曲县立节镇雍瓦拉阿村	雍瓦拉阿村委会
62302362301	青杆	84	16	83	200	舟曲县大峪镇大崖村赵家坎组	赵家坎村民小组
62302362300	蒙古栎	13	16	61	150	舟曲县大峪镇大崖村沙地坎组	沙坎村民小组
62302362299	青杆	90	26	80	300	舟曲县大峪镇大崖村闪坎组	闪坎村民小组
62302362298	榉树	11	18	90	250	舟曲县大峪镇阿布村	阿布村委会
62302362297	蒙古栎	9	20	78	200	舟曲县大峪镇阿布村	阿布村委会
62302362296	蒙古栎	10	17	73	200	舟曲县巴藏镇溪岭村四组	溪岭村四组村民小组
62302362295	大果榉，蒙古栎	17	18	56	250	舟曲县巴藏镇溪岭村一组	溪岭村一组村民小组
62302362294	青杆	343	21	65	220	舟曲县巴藏镇后北山村香拉组	香拉村民小组
62302362293	水曲柳	30	20	38	180	舟曲县曲瓦乡水泉行政村水沟那组	水沟那村民小组
62302362292	秦岭冷杉	53	26	75	400	舟曲县曲瓦乡架然行政村架然组	架然村民小组
62302362291	青杆	113	18	89	250	舟曲县曲瓦乡架然行政村茶然组	茶然村民小组
62302362290	大果榉	6	18	62	200	舟曲县江盘镇阳山村	阳山村委会
62302262289	大果圆柏	300	10	28	350	卓尼县藏巴哇镇上扎村尼木城组	尼木城村民小组
62302262288	大果圆柏	6	13	36	250	卓尼县藏巴哇镇上扎村尼木城组	尼木城村民小组
62302262287	青杆	4	32	79	210	卓尼县洮砚镇纳儿村上达勿组	上达勿村民小组
62302662002	大果圆柏	40	32	300	450	碌曲县双岔镇多落错村多松多组	多松多村民小组
62302462001	小叶杨	800	26	390	300	迭部县电尕镇白龙江沿岸	电尕镇政府